全国地层多重划分对比研究

（42）

湖北省岩石地层

主　编：陈公信　金经炜
副主编：吴细松
编　者：陈公信　金经炜　熊家枝
吴细松　刘贵兴　王义明
盛必信　张佐仁
（以编写章节为序）
技术指导：熊恩锡　李均权

中国地质大学出版社

内容简介

本书按现代地层学和沉积学理论，以《国际地层指南》和《中国地层指南及中国地层指南说明书》为指导，全面系统地研究了湖北省晚太古代至第三纪的地层资料，划分出四个大的自然断代、两个地层区及若干地层分区与地层小区，从原使用过的475个地层单位名称中选定167个岩石地层单位，组成了湖北省晚太古代至第三纪的岩石地层单位序列。对各岩石地层单位之创名及原始定义、划分沿革、现在定义、层型、地质特征等，进行了考证、厘定与科学描述，并以古生物化石与同位素年龄为依据，概述了各断代生物地层和年代地层的划分，有重点地对扬子地层区震旦纪——侏罗纪各时代岩石地层格架作了初步分析。全书集湖北省百多年地层研究之成果，充分反映了湖北省地层多重划分对比研究的最新进展，为湖北省深化现代地层学的研究打下了坚实的基础。

图书在版编目(CIP)数据

湖北省岩石地层/陈公信，金经炜主编．—武汉：中国地质大学出版社，1996.7 （2012.7 重印）
(全国地层多重划分对比研究；42)
ISBN 978-7-5625-1113-7

Ⅰ．湖…
Ⅱ．①陈…②金…
Ⅲ．地层学－湖北省
Ⅳ．P535.263

中国版本图书馆 CIP 数据核字(2008)第 062441 号

湖北省岩石地层 陈公信　金经炜　主　编

责任编辑：褚松和　责任校对：吴玥华

出版发行：中国地质大学出版社(武汉市洪山区鲁磨路 388 号)　邮编：430074
电话：(027)67883511　传真：67883580　**E-mail**：cbb @ cug. edu. cn
经　销：全国新华书店　**http**：//www. cugp. cn

开本：787 毫米×1092 毫米　1/16　字数：470 千字　印张：18.375
版次：1996 年 7 月第 1 版　印次：2012 年 7 月第 3 次印刷
印刷：武汉教文印刷厂　印数：1101—1600 册

ISBN 978-7-5625-1113-7　定价：64.00 元

序

100多年来，地层学始终是地质学的重要基础学科的支柱，甚至还可以说是基础中的基础，它为近代地质学的建立和发展发挥了十分重要的作用。随着板块构造学说的提出和发展，地质科学正经历着一场深刻的变革，古老的地层学和其他分支学科一样还面临着满足社会不断进步与发展的物质需要和解决人类的重大环境问题等双重任务的挑战。为了迎接这一挑战，依靠现代科技进步及各学科之间相互渗透，地层学的研究范围将不断扩大，研究途径更为宽广，研究方法日趋多样化，并萌发出许多新的思路和学术思想，产生出许多分支学科，如生态地层学、磁性地层学、地震地层学、化学地层学、定量地层学、事件地层学、气候地层学、构造地层学和月球地层学等等，它们的综合又导致了“综合地层学”和“全球地层学”概念的提出。所有这一切，标志着地层学研究向高度综合化方向发展。

我国的地层学和与其密切相关的古生物学早在本世纪前期的创立阶段，就涌现出一批杰出的地层古生物学家和先驱，他们的研究成果奠定了我国地层学的基础。但是大规模的进展，还是从1949年以后，尤其是随着全国中小比例尺区域地质调查的有计划开展，以及若干重大科学计划的执行而发展起来的。正像我国著名的地质学家尹赞勋先生在第一届全国地层会议上所讲：“区域地质调查成果的最大受益者就是地层古生物学。”1959年召开的中国第一届全国地层会议，总结了建国十年来所获的新资料，制定了中国第一份地层规范（草案），标志着我国地层学和地层工作进入了一个新的阶段。过了20年，地层学在国内的发展经历了几乎十年停滞以后，于1979年召开了中国第二届全国地层会议，会议在某种程度上吸收学习了国际地层学研究的新成果，还讨论制定了《中国地层指南及中国地层指南说明书》，为推动地层学在中国的发展，缩小同国际地层学研究水平的差距奠定了良好基础。这次会议以后所进行的一系列工作，包括应用地层单位的多重性概念所进行的地层划分对比研究、区域地层格架及地层模型的研究，现代地层学与沉积学相结合所进行的盆地分析以及1：5万区域地质填图方法的改进与完善等，都成为我国地层学进一步发展的强大推动力。为此，地质矿产部组织了一项“全国地层多重划分对比研究（清理）”的系统工程，在30个省、直辖市、自治区（含台湾省，不含上海市）范围内，自下而上由省（市、区）、大区和全国设立三个层次的课题，在现代地层学和沉积学理论指导下，对以往所建立的地层单位进行研究（清理），追溯地层单位创名的沿革，重新厘定单位含义、层型类型与特征、区域延伸与对比，消除同物异名，查清同名异物，在大范围内建立若干断代岩石地层单位的时空格架、编制符合现代地层学含义的新一代区域地层序列表，并与地层多重划分对比研究工作同步开展了省（市、区）和全国两级地层数据库的研建，对巩固地层多重划分对比研究（清理）成果，为地层学的科学化、系统化和现代化发展打下了良好基础。这项研究工作在部、省（市、区）各级领导的支持关怀下，全体研究人员经过5年的艰苦努力已圆满地完成了任务，高兴地看到许多成果已陆续要出版了。这项工作涉及的范围之广、参加的单位及人员之多、文件的时间跨度之长，以及现代科学理论与计算机技术的应用等各方面，都可以说是在我国地层学工作不断发展中具有里程碑意义的。这项研究中不同层次成果的出版问世，不仅对区域地质调查、地质图件的编测、区域矿产普查与勘查、地质科研和教学等方面都具有现实的指导作用和实用价值，而且对我国地层学的发展和科学化、系统化将起到积极的促进作用。

首次组织实施这样一项规模空前的全国性的研究工作，尽管全体参与人员付出了极大的辛勤劳动，全国项目办和各大区办进行了大量卓有成效和细致的组织协调工作，取得了巨大的成绩，但由于种种原因，难免会有疏漏甚至失误之处。即使这样，该系列研究是认识地层学真理长河中的一个相对真理的阶段，其成果仍不失其宝贵的科学意义和巨大的实用价值。我相信经过广大地质工作者的使用与检验，在修订再版时，其内容将会更加完美。在此祝贺这一系列地层研究成果的公开出版，它必将发挥出巨大社会经济效益，为地质科学的发展做出新的贡献。

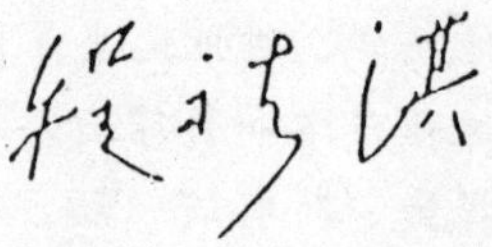

前　言

地层学在地质科学中是一门奠基性的基础学科，是基础地质的基础。自从19世纪初由W史密斯奠定的基本原理和方法以来的一个半世纪中，地层学是地质科学中最活跃的一个分支学科，对现代地质学的建立和发展产生了深刻的影响，作出了不可磨灭的贡献，特别是在20世纪60年代由于板块构造学说兴起引发的一场“地学革命”，其表现更为显著。随着板块构造学的确立，沉积学和古生态学的发展，地球历史和生物演化中的灾变论思想的复兴和地质事件概念的建立，使地层学的分支学科，如时间地层学、生态地层学、地震地层学、同位素地层学、气候地层学、磁性地层学、定量地层学和构造地层学等像雨后春笋般地蓬勃发展，这种情况必然对地层学、生物地层和沉积地层等的传统理论认识和方法提出了严峻的挑战。经过20年的论战，充分体现当代国际地质科学先进思想的《国际地层指南》（英文版）于1976年见诸于世，之后在不到20年的时间里又于1979、1987、1993年连续三次进行了修改补充，陆续补充了《磁性地层极性单位》、《不整合界限地层单位》，以及把岩浆岩与变质岩等作为广义地层学范畴纳入地层指南而又补充编写了《火成岩和变质岩岩体的地层划分与命名》等内容。

国际地层学上述重大变革，对我国地学界产生了强烈冲击，十年动乱形成的政治禁锢被打开，迎来了科学的春天，先进的科学思潮像潮水般涌来，于是在1979年第二届全国地层会议上通过并于1981年公开出版了《中国地层指南及中国地层指南说明书》，其中阐述了地层多重划分概念。于1983年按地层多重划分概念和岩石地层单位填图在安徽区调队进行了首次试点。1985年《贵州省区域地质志》中地层部分吸取了地层多重划分概念进行撰写。1986年地质矿产部设立了“七五”重点科技攻关项目——“1∶5万区调中填图方法研究项目”，把以岩石地层单位填图，多重地层划分对比，识别基本地层层序等现代地层学和现代沉积学相结合的内容列为沉积岩区区调填图方法研究课题，从此拉开了新一轮1∶5万区调填图的序幕，由试点的贵州、安徽和陕西三省逐步推向全国。

1∶5万区调填图方法研究试点中遇到的最大问题是如何按照现代地层学的理论和方法来对待与处理按传统理论和方法所建立的地层单位？如果维持长期沿用的按传统理论建立的地层单位，虽然很省事，但是又如何体现现代地层学和现代沉积学相结合的理论与方法呢？这样就谈不上紧跟世界潮流，迎接这一场由板块构造学说兴起所带来的“地学革命”。如果要坚持这一技术领域的革命性变革，就要下决心花费很大力气克服人力、财力和技术性等方面的重重困难，对长期沿用的不规范化的地层单位进行彻底的清理。经过反复研究比较，我们认识到科学技术的变革也和社会经济改革的潮流一样是不可逆转的，只有坚持改革才能前进，不进则退，否则就将被历史所淘汰，别无选择。在这一关键时刻，地质矿产部和原地矿部直管局领导作出了正确决策，从1991年开始，从地勘经费中设立一项重大基础地质研究项目——全国地层多重划分对比研究项目，简称全国地层清理项目，开始了一场地层学改革的系统工程，在全国范围内由下而上地按照现代地层学的理论和方法对原有的地层单位重新明确其定义、划分对比标准、延伸范围及各类地层单位的相互关系，与此同时研建全国地层数据库，巩固地层清理成果，推动我国地层学研究和地层单位管理的规范化和现代化，指导当前和今后一个时期1∶5万、1∶25万等区调填图等，提高我国地层学研究水平。1991年地质矿产部原直管局将地层清理作为部指令性任务以地直发(1991)005号文和1992年以地直发(1992)014号文下发了《地矿部全国地层多重划分对比（清理）研究项目第一次工作会议纪要》，明确了各省（市、自治区）地质矿产局（厅）清理研究任务，并于1993年2月补办了专项地勘科技项目合同（编号直科专92-1），并明确这一任务分别设立部、大区和省（市、自治区）三级领导小组，实行三级管理。

部级成立全国项目领导小组

组长	李廷栋	地质矿产部副总工程师
副组长	叶天竺	地质矿产部原直管局副局长
	赵　逊	中国地质科学院副院长

成立全国地层清理项目办公室，受领导小组委托对全国地层清理工作进行技术业务指导和协调以及经常性业务组织管理工作，并设立在中国地质科学院区域地质调查处（简称区调处）。

项目办公室主任	陈克强	区调处处长，教授级高级工程师
副主任	高振家	区调处总工，教授级高级工程师
	简人初	区调处高级工程师
专家	张守信	中国科学院地质研究所研究员
	魏家庸	贵州省地质矿产局区调院教授级高级工程师
成员	姜　义	区调处工程师
	李　忠	会计师
	周统顺	中国地质科学院地质研究所研究员

大区一级成立大区领导小组，由大区内各省（市、自治区）局级领导成员和地科院沈阳、天津、西安、宜昌、成都、南京六个地质矿产研究所各推荐一名专家组成。领导小组对本大区地层清理工作进行组织、指导、协调、仲裁并承担研究的职责。下设大区办公室，负责大区地层清理的技术业务指导和经常性业务技术管理工作。在全国项目办直接领导下，成立全国地层数据库研建小组，由福建区调队和部区调处承担，负责全国和省（市、自治区）二级地层数据库软件开发研制。

各省（市、自治区）成立省级领导小组，以省（市、自治区）局总工或副总工为组长，有区调主管及有关处室负责人组成，在专业区调队（所、院）等单位成立地层清理小组，具体负责地层清理工作，同时成立省级地层数据库录入小组，按照全国地层数据库研建小组研制的软件及时将本省清理的成果进行数据录入，并检验软件运行情况，及时反馈意见，不断改进和优化软件。在全国地层清理的三个级次的项目中，省级项目是基础，因此要求各省（市、自治区）地层清理工作必须实行室内清理与野外核查相结合，清理工作与区调填图相结合，清理与研究相结合，地层清理与地层数据库建立相结合，“生产”单位与科研教学单位相结合，并强调地层清理人员要用现代地层学和现代沉积学的理论武装起来，彻底打破传统观点，统一标准内容，严格要求，高标准地完成这一历史使命。实践的结果，凡是按上述五个相结合去做的效果都比较好，不仅出了好成果，而且通过地层清理培养锻炼了一支科学技术队伍，从总体上把我国区调水平提高到一个新台阶。

三年多以来，参加全国地层清理工作的人员总数达400多人，总计查阅文献约24 000份，野外核查剖面约16 472.6 km，新测剖面70余条约300 km，清理原有地层单位有12 880个，通过清查保留的地层单位约4721个（还有省与省之间重复的），占总数36.6%，建议停止使用或废弃的单位有8159个（为同物异名或非岩石地层单位等），占总数63.4%，清查中通过实测剖面新建地层单位134个。与此同时研制了地层单位的查询、检索、命名和研究对比功能的数据库，通过各省（市、自治区）数据录入小组将12 880个地层单位（每个单位5张数据卡片）和10 000多条各类层型剖面全部录入，首次建立起全国30个（不含上海市）省（市、自治区）基础地层数据库，为全国地层数据库全面建成奠定了坚实的基础。从1994年7月—11月，分七个片对30个省（市、自治区）地层清理成果报告及数据库的数据录入进行了评审验收，到1994年底可以说基本上完成了省一级地层清理任务。1995—1996年将全面完成大区和总项目的清理研究任务。由此可见，这次全国地层清理工作无论是参加人数之多，涉及面之广，新方法新技术的应用以及理论指导的高度和研究的深度都可以堪称中国地层学研究的第三个里程碑。这一系统工程所完成的成果，不仅是这次直接参加清理的400多人的成果，而且亦应该归功于全国地层工作者、区域地质调查者、地层学科研与教学人员以及为地层工作做过贡献的普查勘探人员。全国地层清理成果的公开出版，必将对提高我国地层学研究水平，统一岩石地层划分和命名指导区调填图，加强地层单位的管理以及地质勘察和科研教学等方面发挥重要的作用。

鉴于本次地层清理工作和地层数据库的研建是过去从未进行过的一项研究性很强的系统工程，涉及的范围很广，时间跨度长达100多年，参加该项工作的人员多达300～400人，由于时间短，经费有限，人员水平不一，文献资料掌握程度等种种主客观原因，尽管所有人员都尽了最大努力，但是在本书中少数地层单位的名称、出处、命名人和命名时间等不可避免地存在一些问题。本书中地层单位名称出现的“岩群”、“岩组”等名词，是根据1990年公开出版的程裕淇主编的《中国地质图（1：500万）及说明书》所阐述的定义。为了考虑不同观点的读者使用，本书对有“岩群”、“岩组”的地层单位，均暂以（岩）群、（岩）组处理。如鞍山（岩）群、迁西（岩）群。总之，本书中存在的错漏及不足之处，衷心地欢迎广大读者提出宝贵意见，以便今后不断改正和补充。

在30个省（市、自治区）地层清理系统成果即将公开出版之际，我代表全国地层清理项目办公室向参加30个省（市、自治区）地层清理、数据库研建和数据录入的同志所付出的辛勤劳动表示衷心的感谢和亲切的慰问。在全国地层清理项目立项过程中，原直管局王新华、黄崇轲副局长给予了大力支持，原直管局局长兼财务司司长现地矿部副部长陈洲其在项目论证会上作了立项论证报告，在人、财、物方面给予过很大支持；全国地层委员会副主任程裕淇院士一直对地层清理工作给予极大的关心和支持，并在立项论证会上作了重要讲话；中国地质大学教授、全国地层委员会地层分类命名小组组长王鸿祯院士是本项目的顾问，在地层清理的指导思想、方法步骤及许多重大技术问题上给予了具体的指导和帮助；中国地质大学教授杨遵仪院士对这项工作热情关心并给以指导；中国地质科学院院长、部总工程师陈毓川研究员参加了第三次全国地层清理工作会议并作了重要指示与鼓励性讲话；部科技司姜作勤高工，计算中心邬宽廉、陈传霖，信息院赵精满，地科院刘心铸等专家对地层数据库设计进行评审，为研建地层数据库提出许多有意义的建议。中国科学院地质研究所，南京古生物研究所，中国地质科学院地质研究所，天津、沈阳、南京、宜昌、成都和西安地质矿产研究所，南京大学，西北大学，中国地质大学，长春地质学院，西安地质学院等单位的知名专家、教授和学者，各省（市、自治区）地矿局领导、总工程师、区调主管、质量检查员和区调队、地研所、综合大队等单位的区域地质学家共600余人次参加了各省（市、自治区）地层清理研究成果和六个大区区域地层成果报告的评审和鉴定验收，给予了友善的帮助；各省（市、自治区）地矿局（厅）、区调队（所、院）等各级领导给予地层清理工作在人、财、物方面的大力支持。可以肯定，没有以上各有关单位和部门的领导和众多的专家教授对地层清理工作多方面的关心和支持，这项工作是难以完成的。在30个省（市、自治区）地层清理成果评审过程中一直到成果出版之前，中国地质大学出版社，特别是以褚松和副社长和刘粤湘编辑为组长的全国地层多重划分对比研究报告编辑出版组为本套书编辑出版付出了极大的辛苦劳动，使这一套系统成果能够如此快地、规范化地出版了！在全国项目办设在区调处的几年中，除了参加项目办的成员外，区调处的陈兆棉、其和日格、田玉莹、魏书章、刘凤仁多次承担地层清理会议的会务工作，赵洪伟和于庆文同志除了承担会议事务还为会议打印文稿，于庆文同志还协助绘制地层区划图及文稿复印等工作。

在此，向上面提到的单位和所有同志一并表示我们最诚挚的谢意，并希望继续得到他们的关心和支持。

全国地层清理项目办公室（陈克强执笔）

目　　录

第一章
绪论

一、目的与任务

地层学是地质学领域中的基础学科。长期以来，我省的地层研究工作在传统的统一地层划分概念影响下，着重于地层的年代顺序，强调等时面划分原则，主要以获得标准化石的年代解释进行地层划分与对比，忽视了地层体在堆积形成过程中的侧向堆积的穿时性。随着新资料、新化石的不断发现，地层年代的解释也就因时、因地、因人而异，造成地层单位界线的不断变化，新的地层单位名称不断出现，地层划分变得复杂和混乱，致使不同时期填制的地质图上同一地层界线位置不同，地质图件不稳定，不但影响区域地质调查和普查找矿工作的开展，也严重影响了地层学本身的发展，以至不能适应现代科学技术发展的需要。据此，地质矿产部根据国内外研究现状，结合我国的区调工作和基础地质研究需要，确定“八五”期间开展“全国地层多重划分对比研究”项目和建立各省与全国两级地层数据库。地矿部直管局地直发(1991)005号文要求“各省、自治区、直辖市地质矿产局要将本地区的地层划分对比研究列入1991—1995年地质勘探项目计划，并结合区调填图工作统筹安排，按全国部署要求按时完成。”与此同时，湖北省地质矿产局(以下简称湖北地矿局)以鄂地审(1991)68号文正式下达《湖北省地层多重划分对比研究任务书》，要求湖北省区域地质矿产调查所(以下简称湖北省区调所)组织项目组承担该项工作。

1992年3月在北京召开了“地质矿产部全国地层多重划分对比研究项目第一次工作会议”。会后又以地直发(1992)014号文，提出了《全国地层多重划分对比(清理)研究项目总体设计》，具体地提出了研究的目的、内容、主要任务和组织管理机构等。“湖北省地层多重划分对比研究”项目是在全国地层清理项目办公室(以下简称全国项目办)、中南区项目办公室(以下简称中南区项目办)和华北区项目办公室(以下简称华北区项目办)的指导、协调和大力支持下开展工作的。其主要目的、任务就是根据现代地层学的多重划分观点和新成果、新认识，重新明确湖北省境现有地层的划分对比标准、定义、延伸范围及各类地层单位(主要是常用的岩石地层、生物地层和年代地层)相互关系，提高地层学研究的科学性，消除混乱，建立能为大多数人接受的、客观的、稳定且实用的地层划分对比标准。通过地层数据库的建立，促进地层学研究和地层单位划分与管理的规范化、现代化，直接为区调填图、地质普查找矿和地质矿产勘探等工作服务，从而实现地质科学、地质找矿工作及地质制图的现代化，发挥其在国民经济建设中更大的作用，使我省区域地质填图和地层学研究跨入国际先进行列。

二、地层综合区划及区域地层发育概况

(一)地层综合区划

湖北省地处华南板块的昆仑-秦岭活动带(南带)的东南侧及扬子陆块的中段。各时代地层发育齐全，分布面积约176 000 km^2，占全省面积的94%，出露有晚太古代至新生代各断代地层。其中，扬子陆块的震旦纪和古生代地层最为发育，是华南标准地区之一，有不少地层单位创建于我省。从大地构造总格局看，省境属于华南地层大区，并以青峰-襄广断裂为界，明显地形成南、北不同的地质构造体系和地层特征，此界线之北为南秦岭-大别山地层区(活动区)；此界线之南为扬子地层区(稳定区)。根据全国项目办1994年7月全国地层区划工作会议纪要及中南区、华北区项目办研讨编制的划分意见，结合本省地质构造和沉积特征，省境地层综合区划如下(图1-1)：

Ⅵ：华南地层大区

$Ⅵ_3$：南秦岭-大别山地层区

$Ⅵ_3^3$：十堰-随州地层分区

$Ⅵ_3^4$：桐柏-大别山地层分区

$Ⅵ_4$：扬子地层区

$Ⅵ_4^3$：上扬子地层分区

$Ⅵ_4^4$：下扬子地层分区

$Ⅵ_4^5$：江南地层分区

(二)区域地层发育概况

1. 南秦岭-大别山地层区($Ⅵ_3$)：省境位于该地层区之东南端，地质构造复杂，断裂、褶皱发育，区域变质明显。中元古代以前的地层为中深变质表壳岩系；中、晚元古代至早古生代地层为中浅变质的基、酸性火山岩与陆源碎屑岩，碳酸盐岩；晚古生代地层以碳酸盐岩为主，夹少许碎屑岩，有轻微的变质或不变质，局限于鄂陕交界的郧西西北部；缺失三叠—侏罗纪及早白垩世地层；晚白垩世—第三纪地层为陆相沉积的红色碎屑岩，零星分布于各断陷盆地内。本地层区又以殷店-青山口断裂为界，西称十堰-随州地层分区，东称桐柏山-大别山地层分区。

(1)十堰-随州地层分区($Ⅵ_3^3$)：该地层分区只有中、晚元古代至古生代地层及零星分布的晚白垩世—第三纪地层。早震旦世及其以前的地层[耀岭河组和武当(岩)群]主要由中、浅变质沉积岩和变质火山岩组成。晚震旦世—奥陶纪地层，以轻微区域变质的碎屑岩(板岩、千枚岩)和碳酸盐岩(白云岩、结晶灰岩)为主，局部(随南)夹变玄武岩。志留纪地层为一套略有变质的深色碎屑岩及基性火山岩夹碳酸盐岩。晚古生代地层以碳酸盐岩夹碎屑岩为主，局限于郧西上津以西鄂陕交界地带。

(2)桐柏山-大别山地层分区($Ⅵ_3^4$)：本地层分区只发育晚太古代—元古宙地层及零星分布的白垩—第三纪“红层”。晚太古代—早元古代的大别山(岩)群、桐柏山(岩)群由混合岩化中高级变质表壳岩系组成，岩石多受强烈变形变质和混合岩化的改造，为无序地层。中元古代红安(岩)群由中、浅变质岩系的片麻岩、片岩及少许千枚岩、大理岩、磷锰矿层等组成。晚元古代晚期震旦纪早期以火山碎屑岩为主，晚期以碳酸盐岩为主。

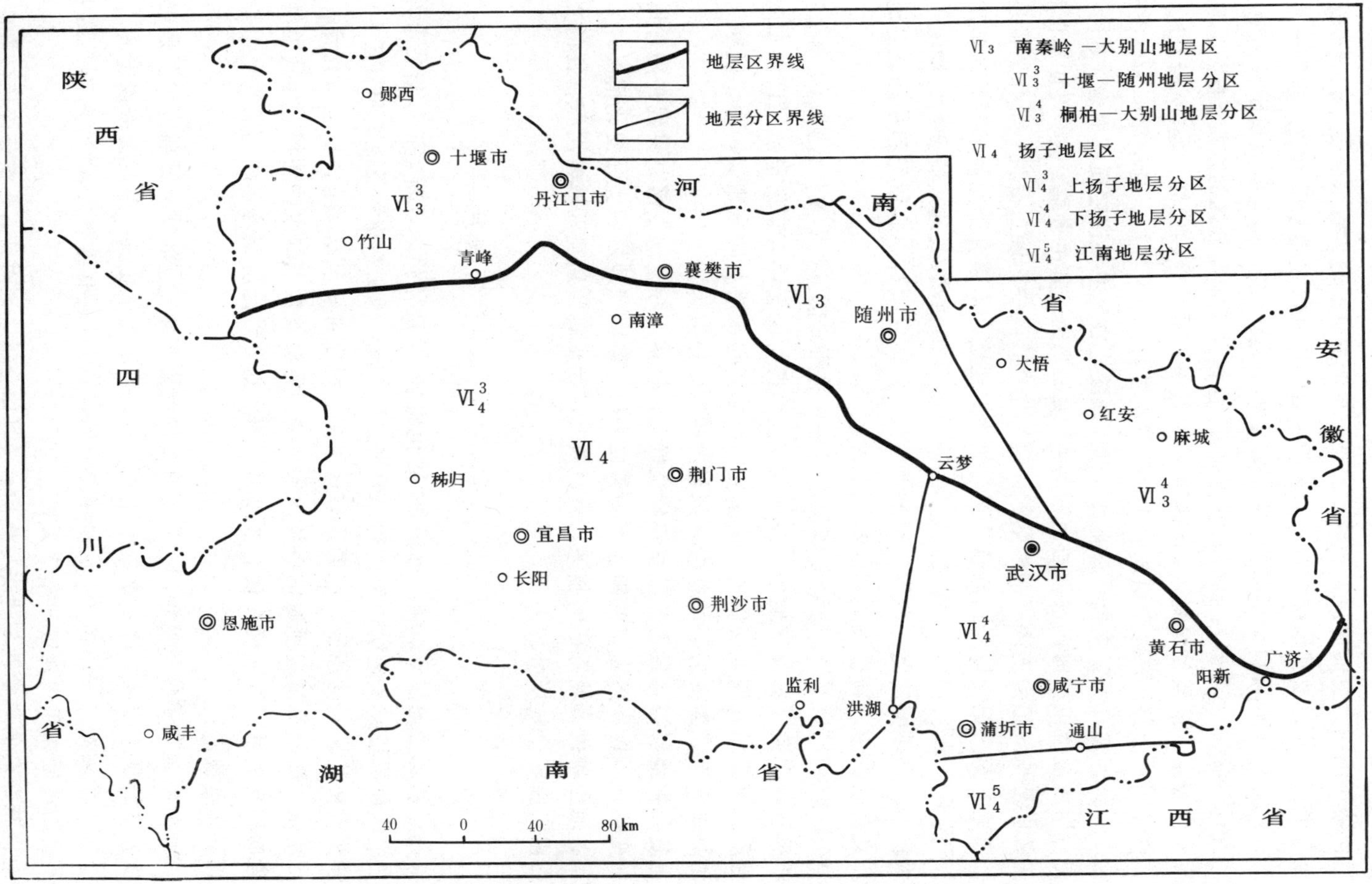

图1 湖北省地层综合区划图

2. 扬子地层区(Ⅵ$_{4}$)：湖北地处扬子地层区中部地段。各时代地层发育良好，是我国许多地层的标准剖面所在地区，岩浆活动较微弱，构造运动也不显著。概言之，中元古代地层孤立零星出露；震旦纪—早、中三叠世以海相沉积为主，主要为碳酸盐岩夹碎屑岩；中、晚三叠世以后为陆相沉积为主的碎屑岩；晚三叠世—早侏罗世普遍含可采煤层；白垩—第三纪地层主要分布于江汉盆地及其周缘。按地层发育特征，以江汉盆地东部云梦—洪湖一线为界分为上、下扬子地层分区；蒲圻赵李桥—通山横石潭、燕夏一线以南至省界属于江南地层分区。

(1)上扬子地层分区(Ⅵ$_{4}^{3}$)：就湖北省境而言，仅涉及该地层分区的东端，自前震旦纪至第四纪地层发育齐全。前震旦纪基底，出露零星，其中：水月寺(岩)群、崆岭(岩)群，为各类片麻岩、片岩、混合岩、大理岩组成的中、深变质岩系；冷家溪群、马槽园群为各类千枚岩、板岩、变火山岩组成的浅变质岩系；神农架群以碳酸盐岩为主夹浅变质碎屑岩、基性火山岩。从震旦纪—中三叠世以广海碳酸盐岩沉积为主，夹碎屑岩，其中含磷、铁、煤矿等沉积矿产。中、晚三叠世至侏罗纪为连续沉积的陆相碎屑岩地层，其中，晚三叠世—早侏罗世是主要含煤地层。白垩—第三纪为以陆相红色碎屑岩为主的地层，不整合于此前不同时代地层之上。

(2)下扬子地层分区(Ⅵ$_{4}^{4}$)：省境只涉及该地层分区的西端，其地层特征与省境上扬子地层分区基本相同。所不同的是：前震旦纪的地层只出露冷家溪群，志留纪和中三叠世地层中的碎屑岩不夹灰岩，中、新生代地层夹有火山岩系。

(3)江南地层分区(Ⅵ$_{4}^{5}$)：省境只跨该地层分区的西北部。省境该分区内地层与邻区之别，主要在于震旦、寒武、奥陶纪地层，在岩性和生物群特征上都具有扬子地层区和东南地层区的过渡性质。震旦纪晚期地层以硅质岩为主，早寒武世地层与峡东相似，中、晚寒武世—早奥陶世地层以碎屑岩为主夹碳酸盐岩，则与浙西地区相似。

以上是我省地层综合区划及其基本特征概况，但在实际上地层区划界线是随着地质时代的推进而变化，难以一条固定的地层区划界线来限定各时代地层的实际变化情况。因此，本书中对于各地层单位区域特征的描述，是反映其实际出露的地理区域内沉积特征的变化，而并不严格限定在一个地层分区内。

三、地层清理工作遵循的原则及有关规定

本课题运用现代地层学、现代沉积学、古生物学、地质年代学等新理论和新技术方法，严格遵循《中国地层指南及地层指南使用说明书》和《国际地层指南》及《沉积岩区1：5万区域地质填图方法指南》的原则，强调采用地层多重划分的概念或理论，清理研究我省已有的岩石地层单位，而不是清理所有的各类地层单位。但对较常用的生物地层、年代地层与岩石地层三者的相互关系要有明确交代。所以岩石地层划分对比研究是本课题的重点和基础。据此，有以下几点规定：

1. 由于岩石地层单位是客观的，又是直观的物质实体，它的建立或确定主要是依据其岩性在纵横方向的延展特征，而不是依据生物化石，也不是依据某一等时面来确定的。

2. 任何一个岩石地层单位，一旦被建立或确定后，都应有其时代属性，解决其测年方法，研究其与生物地层和年代地层的相互关系。

3. 在对待命名的科学性与优先原则时，应具体分析区别对待，要充分使用已有的地层名称，而习惯使用的名称，即使一些广泛常用的老的地层单位名称如果问题较多，也宜修订，不宜随意废弃另创新名。

4. 在整个岩石地层单位清理过程中，以“组”级单位为重点，因为“组”是岩石地层的

基本单位，即在任何地区的地层都应该在岩石的基础上全部无遗漏地划分成“组”。“组”是整个区域地层柱中可整分地层柱的基本正式单位。所以把组级单位的清理工作列为本次重点的研究对象。对群、段、层等单位仅作一般性清理研究。但对区域地层研究有一定意义的才划分出群、段、层。建“群”必须按并组为群的原则，但在造山带的复杂地区就目前来看不宜过分强调这一原则，部分往往采取“(岩)群”、“(岩)组”形式来清理。组级单位应具有可实践性，即坚持宏观岩性标志，组内不应有重要明显的不整合面存在。建段时，在一个组内可以全部划分出若干段，也可以仅某部分层位划出段，还可以完全不分段，段级单位名称，除有地质意义者，如找矿或矿产意义等采用正式单位名称，即用地理名称命名外，一般采用非正式单位名称，即用1、2、3……段，或上、中、下段，或用岩性命名，如砂岩段、碎屑岩段、灰岩段……等等。层级单位，只有在很明显而有特殊的标志意义时才正式建层级单位名称。

四、地层清理的范围及内容

根据《全国地层多重划分对比(清理)研究项目总体设计》要求和湖北省地矿局鄂地审(1991)68号文通知精神，结合我省地层的发育特征和研究现状，本次研究的重点是放在沉积岩区震旦纪至侏罗纪地层，以及轻微变质、浅变质成层有序的地层(神农架群、打鼓石群、马槽园群等)；对前震旦纪变质地层(红安群、随县群、武当群、耀岭河群、冷家溪群等)，以及陆相的白垩纪—第三纪地层的清理研究可宽容性大些，粗略些。关于大别山群、桐柏山群、杨坡群、崆岭群等，近年来认为是变质杂岩，本次未进行清理研究工作，只是在编写报告中根据近年来的新成果、新认识有所交代。具体的清理研究内容及要求：

1. 清理湖北省已有地层(岩石地层)单位名称，包括：创名人(单位)、创名时间、创名地点(标准剖面)，原始定义，划分标准及其沿革。通过本次清理后的定义，划分标志，明确其单位层型剖面或主要参考剖面，以及其地质特征(指岩石、生物组合、岩相、变质程度、接触关系、测年方法和地质时代、含矿性、区域展布及变化情况等)。

2. 在已有资料和初步清理的基础上，选择那些有存疑、有争议、有各种不同问题的地层单位，或重要的影响面广的地层单位层型剖面或主要参考剖面进行野外实地核查。针对上述内容要求尽量补充野外描述，以满足现代地层学和沉积学的要求，并阐明这些剖面所在的地质、地理概况及其剖面性质。

3. 编写本报告和建立湖北省岩石地层数据库。

五、基本工作方法和步骤，完成的主要工作量

在经过反复学习新理论、新观点、新方法，运用现代地层学、现代沉积学、古生物学、年代地层学的基础上，严格遵循上述原则和规定，掌握地层多重划分概念、原则、方法和要求，严格遵照地层工作程序办事，随时注意克服传统的统一地层划分观点的影响。在我省1987—1989年完成的《湖北省(台区)震旦纪—第三纪岩石地层清理与研究》的基础上，搜集资料，编写设计和工作细则，提出初步方案，拟订要进行野外核查的剖面。最后在资料综合分析研究基础上，选用167个地层单位组成我省岩石地层序列（表1-1)。本项目工作大体经历三个阶段：

1. 第一阶段：自1991年7月筹建清理研究项目组至1992年底　主要是搜集资料、综合分析资料，反复提出清理方案，反复协商讨论和进行实地核查阶段。一是在本项目组内和本单位内的反复协商与讨论；二是在本省局系统或有关单位的协商与讨论；三是在中南区项目办和华北区项目办的组织领导下对跨省区的地层单位的考查与协调讨论。如我国南方曾广为

表1　湖北省岩石地层序列综合总表

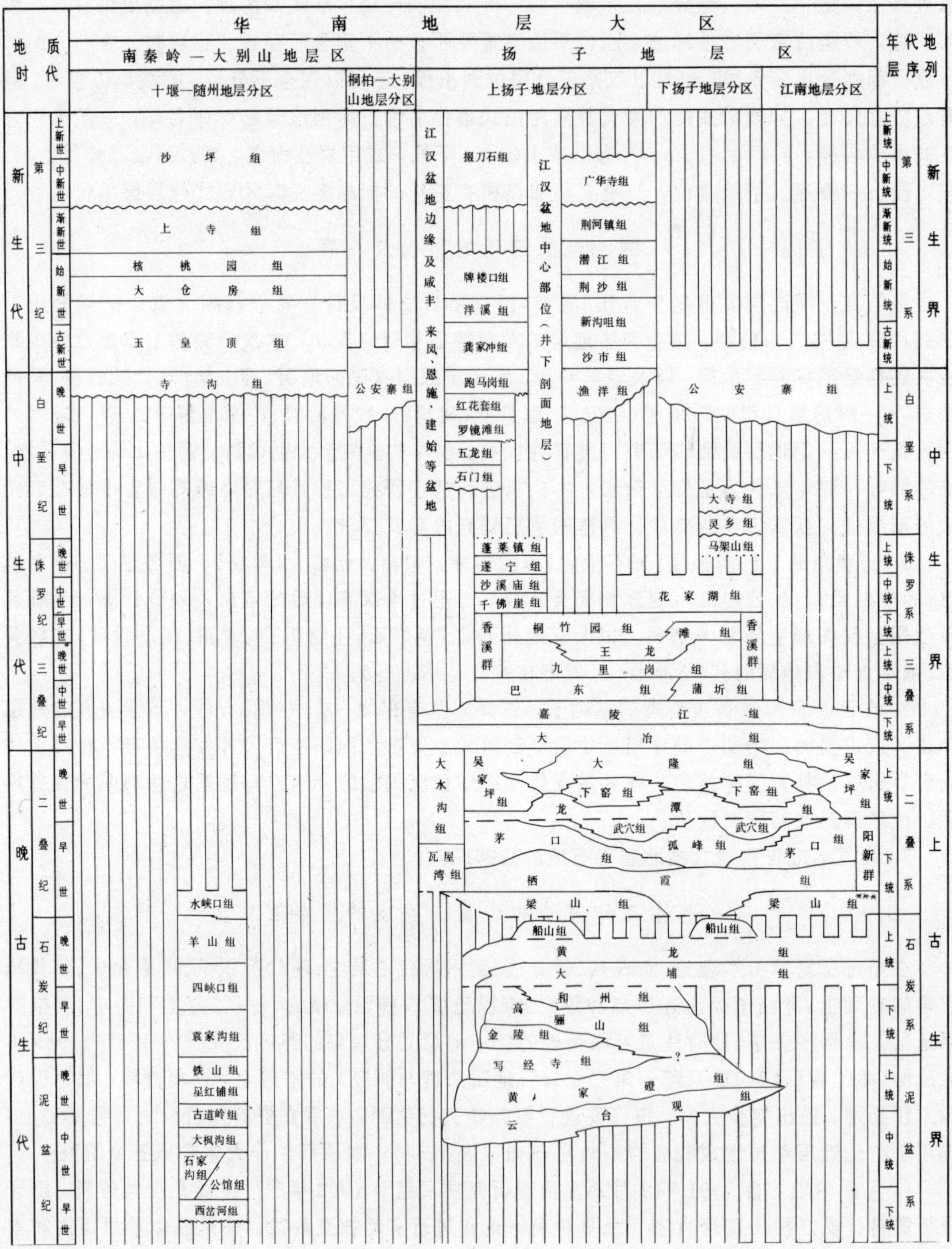

表1 湖北省岩石地层序列综合总表 （续表）

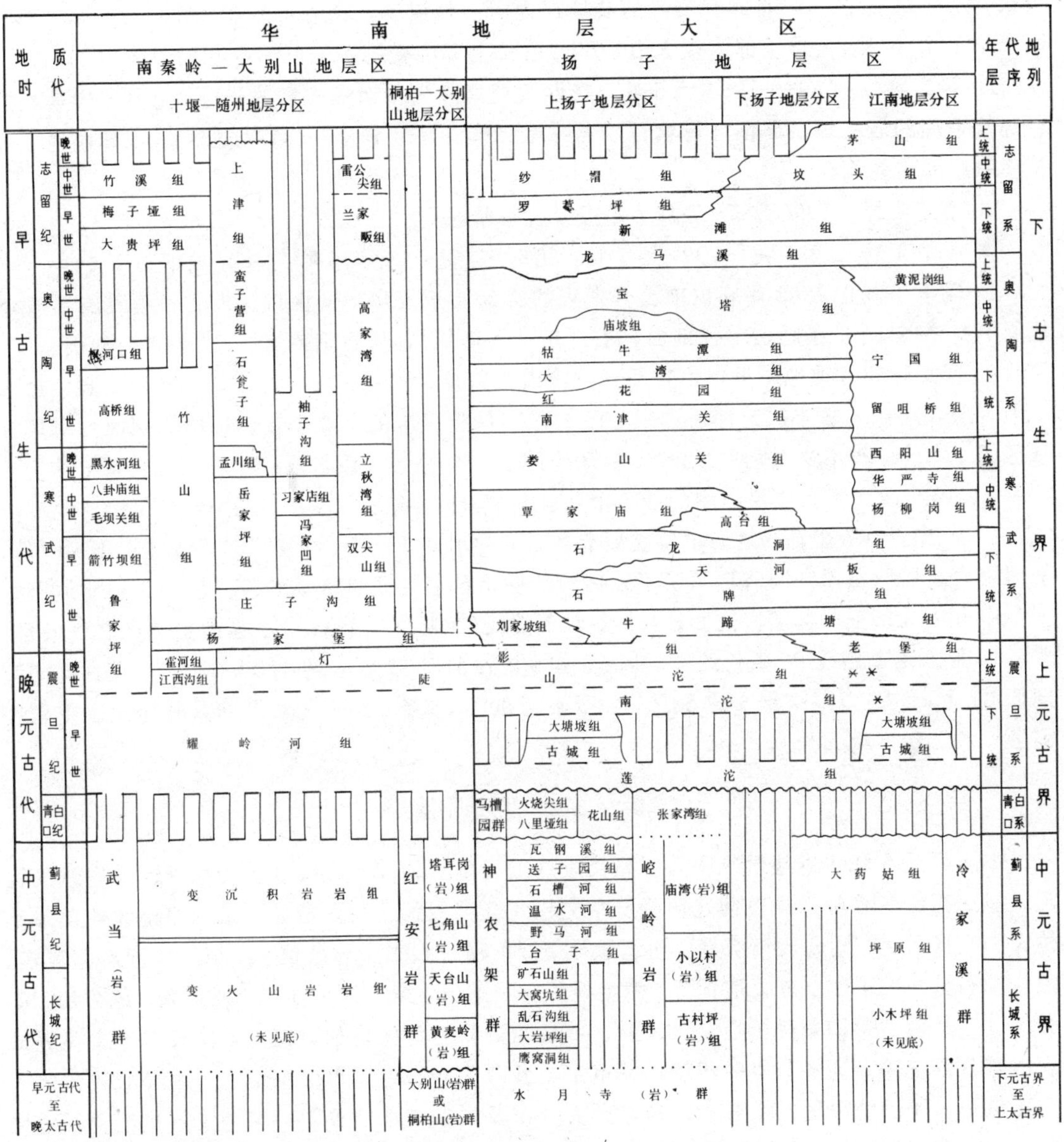

* 黄陵、神农架、西蒿坪、大洪山、大磨山等地缺失大塘坡组和古城组的地方，南沱组平行不整合在莲沱组之上，在莲沱组也缺失处，则直接不整合在前震旦纪地层之上。

** 黄陵、神农架、西蒿坪、大洪山等地缺失南沱组和莲沱组的地方，陡山沱组超覆于前震旦纪地层之上。

*** 来凤、兴山、南漳、宜城等地缺失石炭纪或缺失石炭纪和泥盆纪地层的地区，本组超覆于泥盆纪或志留纪地层之上。

使用的“五峰组”就是在中南区项目办主持召开的1993年5月桂林协调会议上经过云、桂、川、黔、湘、鄂六省协商讨论，提出停止使用由孙云铸(1931)根据一含笔石化石的手标本而创建的五峰页岩(五峰组)，恢复李四光(1924)创名的龙马页岩(龙马溪组)一名和新滩页岩(新滩组)的涵义。又如1993年9月华北区项目办在河南平顶山召开的鄂、陕、豫、皖四省协调会议，经协商确定：(1)将武当群与随县群视为同一地层体，取用武当(岩)群，(岩)群内建立两个非正式(岩)组，即下部为变火山岩(岩)组；上部为变沉积岩(岩)组。①

2. 第二阶段：1993—1994年5月　在继续搜集和完善清理方案的同时，主要工作是根据已确定采用的岩石地层单位进行填写“岩石地层单位登记卡片”(简称成果卡)，筹建地层数据库和成果卡录入。

3. 第三阶段：1994年5—7月　是报告编写阶段。

本项目自1991年7月—1994年7月，历时三年整，完成主要工作量如下：

1. 搜集了截止1993年底以前公开发表的文献及正式印刷的区调、勘查报告等有关省境地层资料中的1167条地层单位剖面，被选用录入微机(地层数据库)的597条单位剖面。

2. 从文献和各类地质报告中查阅到省境前人曾使用过的475个地层单位名称，其中命名于本省的364个，被本次清理后选用105个，即具有相应的105个正、选层型剖面；引用外省区的111个，被本次选用的62个。共计选用167个地层单位名称(群5个、(岩)群6个、组149个、(岩)组7个。建议停用的308个(其中创建于本省的259个，引用外省的49个)。

3. 填制了167套岩石地层单位登记卡片，其中卡片Ⅰ、Ⅱ、Ⅴ各167份，卡片Ⅳ597份。全部录入地层数据库。同时填写了不采用的地层单位名词条目卡308份。总之，湖北地层数据库中有105条正、选层型剖面；492条参考剖面(次层型剖面)；369条地层单位名词条目。

4. 野外踏勘路线35条长约380 km，实地核查剖面57条长约120 km，其中正、选层型剖面32条，约占总层型剖面的33%，主要参考剖面25条，约占总参考剖面的38%。重新补测了一条选层型剖面长0.8 km。

六、参加工作的人员及分工

本项目是在湖北省地质矿产局副局长兼总工程师李均权教授级高级工程师、局副总工程师熊恩锡高级工程师、局地勘处调研员左文超高级工程师的关怀指导、组织协调和各兄弟单位大力支持下，在湖北区调所具体组织领导下，由项目负责人陈公信、吴细松负责具体实施。报告编写分工：第一章陈公信，第二章金经炜、熊家枝，第三章吴细松、刘贵兴、陈公信、盛必信、王义明，第四章陈公信、王义明、盛必信，第五章张佐仁，第六章陈公信。文稿完成后由陈公信统稿，金经炜进一步统稿并审定。各断代岩石地层单位登记卡片由各断代执笔人负责填写。张丽协助编制了各章的地层露头分布及层型剖面位置图，填写了石炭纪岩石地层单位登记卡片，参加野外剖面核查和资料搜集工作。宋丽霞填写了南秦岭-大别山地层区的前震旦纪岩石地层单位登记卡片，并与赵生贵两人清抄全部文稿。还有夏醒民、金飚、赵银胜参加了部分野外剖面核查和资料搜集工作。夏建萍负责筹建地层数据库工作，并与马瑛一起将全部岩石地层单位登记卡片和不采用的地层单位名词条目卡片录入微机，完成湖北省地层数据库的建库工作。总之该项成果是我省广大地质工作者的集体劳动结晶。在此，谨向上面所提的单位和个人一并表示诚挚的感谢。

① 对武当群与随县群是否相当，以及武当(岩)群之层序划分，本省尚有不同认识，待今后研究。

第二章
前震旦纪

湖北省前震旦纪地层发育良好，均系经变质作用改造而成的变质岩系。原建有12个群级地层单位，本次清理归并为9个群级及两个组级构造地层单位与岩石地层单位：晚太古代—早元古代大别山(岩)群、桐柏山(岩)群、水月寺(岩)群；中元古代红安(岩)群、武当(岩)群、崆岭(岩)群、神农架群、冷家溪群；晚元古代马槽园群、花山组、张家湾组。各群(岩群)、组的基本特征见表2-1。它们分别出露在省境南秦岭-大别山地层区与扬子地层区的不同地层小区(图2-1)。

第一节　岩石地层单位

大别山(岩)群　Ar_3Pt_1D　(42-0746)

【创名及原始定义】　吴磊伯、宁崇质等(1959)调查大别山区地质构造时，将金寨、商城等县出露之“前寒武纪结晶变质岩系”以鄂豫皖三省交界之大别山命名为“大别山结晶变质岩系”或“大别山系”。原始定义：下部为半粘土质片麻岩，夹角闪岩层及大理岩扁豆体；中部为砂质片麻岩与半粘土质片麻岩；上部为粘土质及半粘土质片麻岩互层。总厚度约8000米。

【沿革】　北京地质学院(1961)及蔡学林等(1965)，改称“大别群”，自下而上划分三组：界岭组、新县组、黄毛眊组，时代归属太古宙。其上覆地层为苏家河群。湖北区测队(1976)将“大别群”自下而上划分六个组：方家冲组、河铺组、包头河组、铁冶组、麻桥组、飞虎山组，时代归属太古宙，其上覆地层为元古代红安群。河南区测队(1979)修测1∶20万商城幅时，将“大别群”自下而上划分为三组：斑竹园组、姜河组、青山组，时代归属太古代。同时，厘定北京地质学院(1961)原称谓的“大别群”为“天台山群”，并自下而上新划分三组：卡房组、新县组、黄毛眊组，时代改属元古代，将其置于新建“大别群”之上。鄂东北地质大队(1984—1989)曾将麻城—黄冈—浠水等县境内的“大别群”自下而上划分三组：大崎山组、仙女庙组、巴驿组，时代归属早元古代。李松生(1989)认为“大别山群”“根据岩性组合分为三个组”，“将含铁岩组命名为仙女庙组，其上称为巴驿组，其下现暂名塔坳组”，时代归属早元古代。湖北区调所(1991)改称为“大别山变质杂岩”，并将“杂岩”解体成“花岗质片麻岩系列”与“变质表壳岩系列”。“变质表壳岩系列”中有“游荡山片麻岩”、“观音崖变粒

表 2-1 湖北省前震旦纪地层概况一览表

地质时代	地层名称	基本特征						
		地层单位类别	原始沉积盆地	原岩类型	变质相	变质作用及变质岩石类型	内部划分(自上而下)	分布区
Pt_3	张家湾组	岩石地层单位	山间或山前盆地	砾岩、砂砾岩、石英砂岩、含砾石英砂岩、粉砂岩、粘土岩	板岩-千枚岩变质相	区域动力变质作用。变质石英砾岩、变质砂砾岩、变质砂岩、绢云板岩、变粉砂岩、砂质绢云板岩		扬子地层区 上扬子分区
Pt_3	花山组	岩石地层单位	山间或山前盆地	砾岩、砂砾岩、石英砂岩、泥质粉砂岩、玄武质熔岩、凝灰岩	板岩-千枚岩变质相	区域动力变质作用。变质砾岩、变质砂砾岩、变质石英砂岩、粉砂质板岩、变玄武质熔岩、凝灰质板岩		扬子地层区 上扬子分区
Pt_3	马槽园群	岩石地层单位	山间或山前盆地	白云岩质砾岩、岩屑砂岩、粉砂岩、安山质火山碎屑岩、叠层石白云岩	板岩-千枚岩变质相	区域动力变质作用。变质白云岩质砾岩、变白云岩质岩屑砂岩与粉砂岩、变安山质火山碎屑岩、叠层石白云岩	火烧尖组/八里垭组	扬子地层区 上扬子分区
Pt_2	冷家溪群	岩石地层单位	大陆坡边缘海槽	陆源碎屑浊积岩、岩屑杂砂岩、凝灰质碎屑岩、粘土质岩	板岩-千枚岩变质相	区域动力变质作用。板岩、粉砂质板岩、凝灰质板岩、变质岩屑杂砂岩、变质砂砾岩	大药姑组/坪原组/小木坪组	扬子地层区 上扬子分区 下扬子分区 江南分区
Pt_2	神农架群	岩石地层单位	陆缘浅海盆地	富含叠层石的藻礁白云岩、陆源碎屑岩、粘土岩、铁质岩、玄武质-细碧质火山熔岩与火山碎屑岩	板岩-千枚岩变质相	区域动力变质作用。叠层石白云岩、白云岩、变质砾岩、变质砂岩、板岩、铁矿、变基性熔岩、变基性火山碎屑岩	瓦岗溪组/送子园组/石槽河组/温水河组/野马河组/台子组/矿石山组/大窝坑组/乱石沟组/大岩坪组/鹰窝洞组	扬子地层区 上扬子分区
Pt_2	武当(岩)群	有序非正式构造地层单位	陆间裂陷槽盆地	富钠碱性玄武质-流纹质火山喷发岩、陆源碎屑岩、磷质粘土岩、少许碳酸盐岩	蓝闪绿片岩相 低绿片岩相 高绿片岩相	高压-中高压变质作用。阳起片岩、长英质片岩、变粒岩、碳质片岩、石英岩、大理岩、磷矿	变火山岩(岩)组/变沉积岩(岩)组	南秦岭-大别山地层区 十堰-随州分区

续表 2-1

地质时代	地层名称	基本特征						
		地层单位类别	原始沉积盆地	原岩类型	变质相	变质作用及变质岩石类型	内部划分(自上而下)	分布区
Pt_2	红安(岩)群	有序构造地层单位	陆间裂陷槽盆地	富钠碱性玄武质-流纹质火山喷发岩、陆源碎屑岩、磷锰质粘土岩、碳酸盐岩	蓝闪绿片岩相 低绿片岩相 高绿片岩相	高压-中高压变质作用。阳起石片岩、角闪片岩、长英质片麻岩、变粒岩、片岩、蓝闪片岩、变质砂岩、石英岩、大理岩、磷锰、钇矿、石墨片岩	塔耳岗(岩)组/七角山(岩)组/天台山(岩)组/黄麦岭(岩)组	南秦岭-大别山地层区 桐柏-大别山分区
Pt_2	崆岭(岩)群	无序构造地层单位	陆缘拉张盆地	富铝富碳质粘土岩、碳酸盐岩、玄武质-英安质-流纹质火山喷发岩	低角闪岩相 高角闪岩相	区域动力热流变质作用。斜长角闪岩、长英质富铝质片麻岩、石墨片麻岩、片岩、大理岩、钙硅酸盐岩	庙湾(岩)组/小以村(岩)组/古村坪(岩)组	扬子地层区 上扬子分区
Pt_1 | Ar_3	水月寺(岩)群	无序非正式构造地层单位	陆缘拉张盆地	基-中酸性火山岩、富碳富铝质粘土岩、镁质碳酸盐岩	麻粒岩相 角闪岩相	区域动力热流变质作用。角闪质、黑云质、石墨质、富铝质片麻岩、斜长角闪岩、大理岩、石英岩、钙镁硅酸盐岩	斜长-二长片麻岩(岩)组/石墨片麻岩片岩钙硅酸盐岩(岩)组/石墨片麻岩片岩含铁(岩)组/富铝质片岩大理岩(岩)组/片麻岩变粒岩(岩)组	扬子地层区 上扬子分区
Pt_1 | Ar_3	桐柏山(岩)群	无序非正式构造地层单位	陆缘拉张盆地	拉斑玄武质-英安质-流纹质火山岩、陆源碎屑岩、碳酸盐岩、粘土质岩、硅铁质岩	角闪岩相 高绿片岩相	区域动力热流变质作用。角闪质、黑云质、长英质片麻岩、变粒岩、斜长角闪岩、石英岩、浅粒岩、大理岩	片麻岩变粒岩大理岩(岩)组/片麻岩片岩大理岩(岩)组/斜长角闪岩片麻岩(岩)组	南秦岭-大别山地层区 桐柏-大别山分区
Pt_1 | Ar_3	大别山(岩)群	无序非正式构造地层单位	陆缘拉张盆地	拉斑玄武质-英安质-流纹质火山岩、陆源碎屑岩、碳酸盐岩、粘土质岩、硅铁质岩	麻粒岩相 角闪岩相 高绿片岩相	区域动力热流及高压-超高压变质作用。长英质片麻岩、斜长角闪岩、榴辉(闪)岩、变粒岩、磁铁角闪岩、磁铁石英岩、富铝质片岩、大理岩	变粒岩浅粒岩(岩)组/上含铁(岩)组/片麻岩变粒岩(岩)组/下含铁(岩)组/变粒岩大理岩(岩)组/斜长角闪岩片麻岩(岩)组	南秦岭-大别山地层区 桐柏-大别山分区

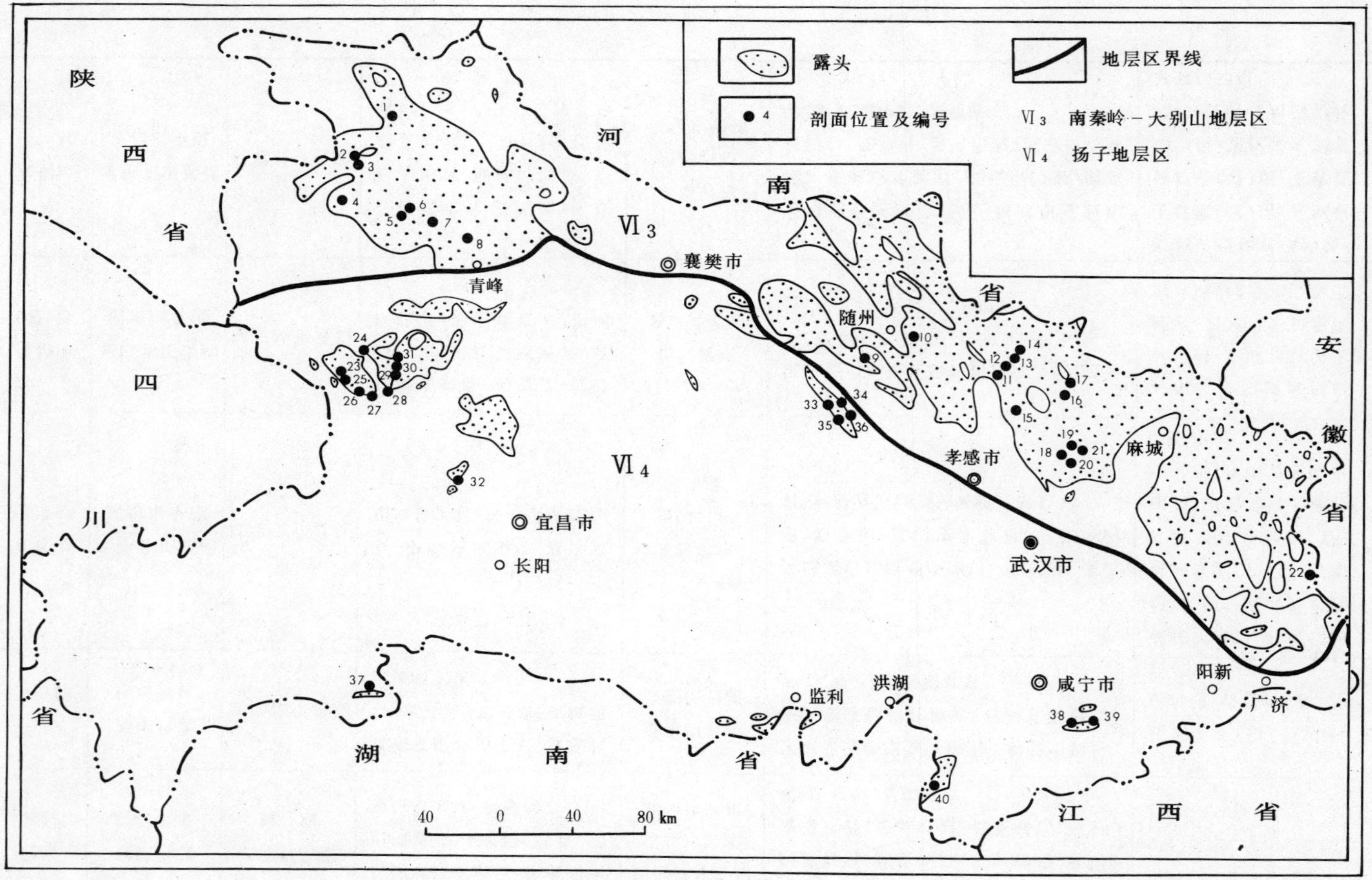

图2—1 湖北省前震旦纪地层露头分布及层型剖面位置图

1. 竹山桃园；2. 郧县湖蓝坡；3. 郧县沧浪河口；4. 郧县蒿坪；5. 房县小白复；6. 房县云采观；7. 房县解家河；8. 房县砸口崖；9. 随州张家垭；10. 应山韩家湾；11. 孝咸山脑周；12. 大悟戴家湾；13. 大悟黄麦岭；14. 大悟大魁山；15. 大悟大磊山；16. 红安吴家田；17. 红安邓家湾；18. 黄陂四方山；19. 大悟肖家冲；20. 黄陂郭家寺；21. 黄陂周家楼；22. 黄陂栗林咀；23. 蕲春狮子埝；24. 神农架矿石山；25. 神农架台子上；26. 神农架温水河；27. 神农架石槽河；28. 巴东架送子园；29. 兴山马槽园；30. 神农架乱石沟；31. 神农架大岩坪；32. 宜昌茅垭、梅子厂、长岭、庙湾；33. 京山六房；34. 京山太阳寺；35. 京山厂河；36. 京山垱铺岭；37. 鹤峰走马坪；38. 通山龙王冲；39. 通山成家洞；40. 通城大药姑岩”、“四方山浅粒岩”、“鲍家岗片岩”等。鄂东北地质大队(1991)将原“大别山群”中之变质表壳岩称“大别山岩群”，内部划分出“片麻岩组”、“变粒岩组”、“富铝片岩组”、“大理岩斜长角闪岩组”、“斜长角闪片岩组”、“含铁岩组”。本次清理将“大别山岩变质杂岩”中之变质表壳岩系称大别山(岩)群，(岩)群内按岩石组合划分出六个非正式(岩)组。

【现在定义】 大别山(岩)群系指省境襄广断裂以北、麻城-团风断裂以东大别山区广泛出露的混合岩化中高级变质杂岩内的变质表壳岩系，由斜长角闪片麻岩、黑云斜长片麻岩、变粒岩、斜长角闪岩(或片岩)、富铝片岩、磁铁角闪岩、磁铁石英岩、石英岩、浅粒岩、石墨片岩、大理岩等组成。

【层型】 大别山(岩)群是一个无序构造地层单位，以往所测制的“大别山群”剖面是按有序的地层概念、方法对待的。因而，造成混乱。本次清理以无序地层观点，按岩石组合特征的不同，进一步划分出非正式的(岩)组，选择如下剖面为主要参考剖面：(1)湖北麻城县墩口沈家庄—罗田县汤河黄家湾剖面；(2)湖北黄冈县马庙—麻城市马家湾剖面；(3)湖北罗田县白庙河—安徽太湖县北中区剖面(以上为1：20万罗田幅,1974年测制)；(4)湖北浠水县王家店—鹰武寨剖面；(5)湖北浠水县河坪—三家店剖面；安徽太湖县北中—湖北蕲春县狮子埝剖面(1：20万蕲春幅,1976年测制)。

【地质特征及区域变化】 大别山(岩)群各类变质表壳岩以不同的岩石组成大小不同的块体，呈包体状散布于变质侵入岩(花岗质片麻岩)及混合花岗岩或混合片麻岩中。在区域上，这些包体的长轴方位与区域性片麻理面走向相一致，呈断续条带状出露于大别山深变质杂岩穹窿或背、向形褶皱的核部。可以将其从老到新划分出六个非正式地层单位：斜长角闪岩片麻岩岩组、变粒岩大理岩岩组、下含铁岩组、片麻岩变粒岩岩组、上含铁岩组、变粒岩浅粒岩岩组。各岩组特征如下述：

(1)斜长角闪岩片麻岩岩组

分布于大别山穹窿核部麻城龟峰山—英山金家铺一带。相当于原方家冲组与河铺组下部的变质表壳岩组合。主要由斜长角闪岩与黑云斜长片麻岩，或与角闪黑云斜长片麻岩呈不等厚互层产出，向上斜长角闪岩渐趋减少，主要由黑云斜长片麻岩与角闪黑云斜长片麻岩呈互层产出。在区域上，本组从河铺向东西两侧，斜长角闪岩渐趋减少，呈夹层产出。岩组由黑云斜长片麻岩与角闪黑云斜长片麻岩呈互层产出，并夹有较多角闪斜长变粒岩与黑云斜长变粒岩、黑云变粒岩。本岩组顶部以出现质地不纯的大理岩作为与其上岩组的分划标志。

(2)变粒岩大理岩岩组

分布于麻城明山水库至罗田一带，以及麻城龟峰山北至罗田白庙河一带。相当于原河铺组上部及包头河组中的变质表壳岩组合。由黑云二长变粒岩、黑云斜长片麻岩、斜长角闪岩及大理岩组成，以出现大量黑云二长变粒岩，并夹有角闪变粒岩、黑云变粒岩，矽线黑云斜长(二长)片麻岩，刚玉黑云斜长(二长)片麻岩以及夹有多层质地较纯的大理岩层(或透镜体)为主要特征。本岩组自下而上，由黑云斜长片麻岩—黑云二长变粒岩—斜长角闪岩夹大理岩为基本序列叠复产出，呈现一定的韵律面貌。所夹大理岩为白云石大理岩、方解石大理岩或透辉方解石大理岩，它们多夹于斜长角闪岩中，成为岩组内不同岩段划分的标志。

(3)下含铁岩组

分布于黄冈铁冶、贾庙至罗田骆驼坳一带，以及麻城木子店至英山詹河一带。相当于原铁冶组的变质表壳岩组合。由黑云斜长片麻岩、黑云二长变粒岩组成，并夹有斜长角闪岩、磁铁角闪岩、磁铁石英岩、磁铁透闪石岩及透辉石化或透闪石化方解石大理岩，尚夹少量黑云变粒岩、黑云石英片岩及方解石透辉石透闪石岩。岩组的显著特征是夹有多层磁铁角闪岩，并可在局部地段(铁冶)形成工业矿体。磁铁角闪岩多与斜长角闪岩、大理岩、透辉石岩、磁铁石英岩相共生，均具明显的透闪石化或透辉石化，且大理岩类多为橄榄石大理岩与透辉石大理岩。在木子店一带下含铁岩组中尚有紫苏石英岩、二辉石英岩产出。区域上，本岩组构成大别山穹窿核部外围的第一个含铁岩系。这一含铁岩系从西向东，含铁岩石层数及厚度均有显著减少变薄的趋势。

(4)片麻岩变粒岩岩组

分布于新洲旧街—浠水—蕲春狮子山、檀林一线。相当于原麻桥组中的变质表壳岩组合。本岩组为夹于大别山岩群上、下两个含铁岩组之间的一个岩组，由黑云斜长片麻岩与黑云二长(或斜长)变粒岩组成，夹有斜长角闪岩、黑云斜长角闪片岩、二长浅粒岩。东部蕲春地区，本组尚有较多白云(或二云)斜长(或二长)片麻岩作为主要岩石类型，与黑云斜长片麻岩呈互层产出。区域上，自西向东斜长角闪岩渐次增多，由夹层渐变为与片麻岩或变粒岩呈互层产出。岩组顶部局部夹有大理岩透镜体。

(5)上含铁岩组

分布于黄冈总路咀至浠水飞虎山、黄冈迴龙山—蕲春茅山及蕲春莲花—望天畈等地带。相当于原飞虎山组中的变质表壳岩组合。主要由黑云斜长片麻岩、黑云二长变粒岩、斜长角闪片岩组成，夹有种类众多的富铝质片岩、各类石英岩和磁铁石英岩、磁铁变粒岩、云母片岩、云英片岩、堇青石铝直闪石片岩、大理岩及钙(镁)硅酸盐岩。磁铁矿体形成了茅山铁矿与仙女庙铁矿，矿层多少不一，最多可达八层。

上含铁岩组以下列显著特点区别于下含铁岩组：①角闪质岩石不再以斜长角闪岩面貌出现，而以斜长角闪片岩产出；②含铁岩石，不再是磁铁角闪岩，而是以众多类型的磁铁石英岩为主，并有磁铁斜长片麻岩、磁铁变粒岩产出；③众多富铝质片岩出现在本岩组，是区别于下含铁岩组的显著特色，与其相伴随的还有石英片岩、云英片岩、石墨变粒岩的出现；④本岩组之大理岩多为纯大理岩、透闪石大理岩、白云石大理岩等质较纯的大理岩，与下含铁岩组中多为成分较杂的大理岩，具有显著的差别。

(6)变粒岩浅粒岩岩组

分布于浠水巴驿、方郭、道仕桥及黄冈牛车河至溢流河等地。本岩组主要以含榴黑云二长变粒岩、黑云变粒岩与二长浅粒岩为主，夹有黑云斜长角闪片岩、石英绢云片岩与白云母片岩，偶夹大理岩或磁铁角闪石英岩透镜体。

【其他】 大别山(岩)群原岩的成岩时代至今仍难作出确切的认定。据不完全统计，自50年代特别是70年代以来，不同的研究者对大别山中高级变质杂岩中的不同变质岩采集了众多的同位素测年样品，并分别用锆石U-Pb法、全岩Rb-Sr法、Sm-Nd法、$^{40}Ar-^{39}Ar$法、K-Ar法等方法，测定出各类同位素年龄数据达300余个。统计结果表明，这些数据具有一定的规律可循：“锆石U-Pb法得出的年龄多为前中元古代，全岩Rb-Sr法得出的年龄主要属于晚元古代，而K-Ar法和$^{40}Ar-^{39}Ar$法得出的年龄则指向印支期和燕山期。”① 我们认为，对大别山(岩)群及与其伴生产出的中高级变质岩来说，据其地质特征，采用变质岩中锆石作为测年对象，并用U-Pb法进行同位素年龄测定，以此推定它的原岩成岩时代，应是优于其它样品与方法的主要依据。鉴于大别山中高级变质杂岩是经历了漫长地史时期、由多期变形变

① 周高志等，1994，鄂北蓝片岩-榴辉岩带地质特征及含矿性研究送审稿，未出版。

质作用形成的产物，故在这里获得的晚元古代抑或古生代、中生代的许多同位素测年数据，可视为反映这些相应地质时代发生过变形变质作用的信息。事实上，近年来的调查研究成果，特别是对存在于大别山中高级变质区高压-超高压变质作用的研究，已经为这一认识揭示出越来越多的地质依据。至于反映燕山期的测年数据，已被这一高级变质区大量侏罗纪—白垩纪深成花岗岩体的存在而证明其为燕山期构造-岩浆事件的信息。

基于以上认识，本次清理将大别山(岩)群原岩成岩时代推定为晚太古代—早元古代。主要依据是：

(1)在相当现划大别山(岩)群的下部三个岩组中的黑云斜长片麻岩的锆石 U－Pb 法同位素年龄样测定数据，在韦瑟里尔谐和图上的上交点年龄值为 2820 Ma；第四和第五岩组中的片麻岩锆石的 U－Pb 法同位素年龄测定数据在韦瑟里尔谐和图上的上交点年龄值为 2050 Ma，同一样品的 Pb－Pb 等时线年龄值为 2085 Ma，在韦瑟里尔谐和图上的上交点年龄值为 2460 Ma；上含铁岩组中锆石 U－Pb 法同位素年龄样测定数据，在韦瑟里尔谐和图上的上交点年龄值为 2165 Ma。在麻城龟峰山相当(岩)群上含铁岩组中的斜长角闪岩的全岩 Sm－Nd 模式年龄为 2650±100 Ma。所有这些年龄值，表明了大别山岩群原岩的晚太古代、早元古代成岩年龄信息。

(2)鄂东北地质大队曾在浠水-黄冈地区的现大别山岩群上、下含铁岩组中采集到以 *Leiominuscula* 为主体的疑源类化石 10 属 14 种，多属原核生物，证明其原岩沉积时代的古老。

(3)大别山(岩)群被时代为中元古代的红安(岩)群含磷岩系所覆盖，无论两者之间的接触关系如何(不整合，或整合—平行不整合，抑或构造-韧性剪切带接触)，似乎谁也不否认它们是下、上的层序关系，且二者无论在建造上、变形-变质改造上都迥然不同。从而证明大别山(岩)群原岩形成时代早于中元古代。

因此，将大别山(岩)群原岩的成岩地质时代推定为晚太古代—早元古代是较为客观的，更何况大别山(岩)群与其共生的古老变质侵入体及广泛强烈的区域花岗岩化混合岩化作用，作为古老的变质杂岩结晶基底，与国内外典型的太古代中高级变质杂岩，具有极大的类同，从另一侧面佐证了这一推定的可行性。

桐柏山(岩)群　$\mathbf{Ar_3Pt_1}\boldsymbol{T}$　(42－0747)

【创名及原始定义】　河南区测队(1967)创名。命名地点为鄂豫界山桐柏山。原始定义：据岩石组合特征可划分上、下两部分：下部为浅肉红、褐黄色眼球状黑云二长混合片麻岩、黑云二长混合片麻岩及黑云更长混合片麻岩，混合岩中残留有斜长角闪岩(片岩及片麻岩)及大理岩透镜体，但数量不多；上部为白云钾长混合片麻岩、白云二长混合片麻岩、白云钠长混合片麻岩、白云钾长均质混合岩，局部夹薄层石英岩，残留的原岩有黑云斜长片麻岩、白云斜长片麻岩、白云石英片岩(局部含石墨)及斜长角闪岩。厚度大于 3195 米。该群系为一套泥砂质沉积，经超变质作用而成的副变质地层。与太古界大别群相当。

【沿革】　北京地质学院(1：20 万随县幅区测报告，1961)将省境北部鄂豫交界的桐柏山及其南坡余店断裂以北的中—高级变质岩系曾命名为“大别群”，时代归属太古宙。群内自下而上划分有：浆溪店组、蔡河组、广水组、泉水寺组。湖北区测队(1980)仅将新城-黄陂断裂以北桐柏山区的混合岩化中高级变质岩系沿称“桐柏山群”，且自下而上划分有：关门山组、黄土寨组、新店组，时代亦归属太古宙。中国地质大学(武汉)(1991)与湖北区调所(1991)对该断裂以北的“桐柏山群”厘定为“桐柏山杂岩”，将“桐柏山群”含义仅限于“杂岩”内的“变质表壳岩组合”或“变质古老表壳岩系”。对于省境北部京广铁路以东至麻城-团风断裂之间鄂豫交界边境的中高级变质岩系，北京地质学院(1961)曾命名为“大别群”，时代归属太古宙，群内自下而上划分有：界岭组、新县组、黄毛眬组；湖北区测队(1975)则自下而上划分有：铁冶组、麻桥组、飞虎山组；湖北区调所(1993)将天台山背斜与浮桥河背斜核部的混合岩化中高级变质岩系厘定为“大别山杂岩”，仅将“杂岩”内的变质表壳岩系称“大别山群”，群内划分上、下两个“岩组”，时代仍归为太古宙。《湖北省区域地质志》(1990)曾将省境襄广断裂以北、麻城-团风断裂以西至南襄盆地间出露的混合岩化中高级变质岩系统称“桐柏山群”，时代归属晚太古代—早元古代，群内自下而上分有：关门山组、黄土寨组与天台山组，这一划分并没有剔除后来厘定的变质侵入岩。

【现在定义】 由白云(或黑云)钠长片麻岩、斜长角闪岩、角闪片岩、变粒岩、浅粒岩、白云片岩、石英片岩、大理岩、石英岩及角闪磁铁石英岩等组成的一套变质岩系。

【层型】 桐柏山(岩)群内的“岩组”，是在清理1：20万随县幅宜城幅区调(1982)时测制的湖北应山—河南信阳大庙畈剖面、1：5万蔡家河幅区调（1991）测制的湖北应山新店—竹林湾剖面与湖北应山杨家下西湾—狮子山剖面，以及1：5万西张店幅(1991)所测的湖北麻城河东—熊家湾剖面资料的基础上建立的。

【地质特征及区域变化】 桐柏山(岩)群各类变质表壳岩以不同的岩石类型组合成大小不等的块体，呈包体散布于由强应带围限的、主要由变质深成侵入体组成的相对应变较弱的块体中，空间延展极不连续。但在区域上、在垂直区域构造线方向上，仍可根据变质表壳岩的岩石特征，识别出变质表壳岩在褶皱构造不同部位上的不同岩石组合。

自下而上划分出三个非正式构造地层单位，依次为：

(1)斜长角闪岩片麻岩岩组

本岩组出露于桐柏山背斜核部浆溪店—关门山—大贵寺一带。相当于原关门山组中的变质表壳岩组合。由斜长角闪岩、黑云斜长片麻岩、角闪黑云斜长片麻岩组成。在大贵寺、兴旺寨等地，岩组均呈残留体断续产出；在浆溪店、登鹏岭、耙齿岩、关门山等地它们呈互层状残留岩段产出。

(2)片麻岩片岩大理岩岩组

本岩组主要出露在桐柏山背斜两翼的模香沟—北大阴沟、龙卧寨—玉皇沟—黄土关等地。相当于原黄土寨组中变质表壳岩组合。岩组下部由黑云斜长片麻岩、黑云角闪斜长片麻岩组成，夹斜长角闪岩；上部为黑云斜长片麻岩夹石英白云片岩、黑云石英钠长片岩，顶部尚夹条纹状方解石大理岩及石英岩薄层或透镜体。在广水市庙湾，尚见夹磁铁石英岩透镜体。

(3)片麻岩变粒岩大理岩岩组

本岩组出露较为广泛，除桐柏山背斜翼部岩子河—广水一带外，在大磊山穹窿、双峰尖背斜、天台山背斜等褶皱的核部广有出露。相当于原新店组或后称天台山组中变质表壳岩组合。岩组主要有黑(或白)云斜长(或钠长)片麻岩与黑云斜长变粒岩组成，夹有多层斜长角闪岩、黑云角闪斜长片麻岩、黑云钠长浅粒岩、二云钠长片麻岩、钠长角闪片岩，向上渐夹白云石英片岩、二云片岩，顶部夹有层状或透镜状大理岩。随着出露位置渐离背斜或穹窿核部，混合岩化程度减弱，本岩组岩性渐变为以白云钠长片麻岩与钠长(或二长)浅粒岩为主，夹钠长角闪片岩、白云石英片岩的组合。在西张店周围地区，本岩组偶夹磁铁角闪岩透镜体。大理岩在本组仅发育于广水一带，显示本岩组出露的最高层位。

【其他】 本次清理，将桐柏山(岩)群原岩的成岩时代仍推定为晚太古代—早元古代，主要依据如下：

(1)桐柏山(岩)群片麻岩变粒岩大理岩岩组中所夹浅粒岩的锆石 U－Pb 法同位素测年数据的一致线法获上交点年龄值为 2413 Ma，同一样品的 Pb－Pb 法同位素测年数据的等时线法获年龄值为 2322 Ma。

(2)致使桐柏山(岩)群混合岩化的混合花岗岩的锆石 U－Pb 法同位素测年数据的一致线法获上交点年龄值为 2031±56 Ma，同一样品的 Pb－Pb 等时线法获年龄值为 1973±89 Ma。

这些年龄数据较清楚地表明桐柏山(岩)群的原岩成岩时代至少是早元古代。

(3)考虑到桐柏山(岩)群与其东的大别山(岩)群均为秦岭-大别山造山带核部的高级变质杂岩的变质表壳岩系，二者在空间上具有一定的延续性，原岩建造均为陆缘拉张盆地环境中形成的钙碱性火山喷发-沉积建造，共同经历了区域中压动力热流变质作用、混合岩化作用的改造，形成了具麻粒岩相、角闪岩相与高绿片岩相的变质岩石系列，在后期碰撞造山运动中均发生了相近的退化变质，共同组成秦岭-大别山造山带东段高级变质杂岩核部，在地球物理场与地球化学场特征上也反映出共性。在变质表壳岩组合上，桐柏山(岩)群的三个岩组与大别山(岩)群的上部三个岩组可相互对比。所以，在宏观上可将两者视为一体，代表了湖北省太古宙高级变质地体。

(4)桐柏山(岩)群被时代较为确切的中元古代红安群不整合覆盖，至少说明其时代为前中元古代。

因此，目前将桐柏山(岩)群原岩成岩时代推定为晚太古代—早元古代比较客观。

水月寺(岩)群　$Ar_3Pt_1\hat{S}$　(42－0748)

【创名及原始定义】　鄂西地质大队(1987)创名“水月寺群”，同年李福喜、聂学武(1987)介绍。命名地点在兴山县水月寺。原始定义：黑云斜长片麻岩、黑云斜长变粒岩、斜长角闪岩、含石墨、富铝矿物的片麻岩、片岩夹大理岩、石英岩组合的地层，为一套以基性为主的沉凝灰岩—类似于孔兹岩系的变质建造，时代归属为晚太古—早元古代，总厚度大于6200 米，自下而上划分为野马洞组、黄良河组、周家河组。

【沿革】　黄陵断穹核部黄陵花岗岩体以北水月寺地区混合岩化中高级变质岩系原称“崆岭群”，由北京地质学院(1960)引用黄陵花岗岩体以南宜昌梅子厂地区“崆岭群”一名对比而定，自下而上亦分有“古村坪组”、“小以村组”与“庙湾组”，时代归属为前震旦纪。《湖北省区域地质志》(1990)沿称“崆岭群”，但自下而上划分为下、中、上三个岩组，时代归属为晚太古代—早元古代。李福喜、聂学武(1987)对水月寺群提出修订意见，将其划分为“(1)东冲河组，时代归属晚太古代；(2)水月寺群，划分为二组(黄凉河组、周家河组。笔者注)五段，时代归属早元古代”。其中，“东冲河组”相当于原水月寺群之“野马洞组”。鄂西地质大队(1993)对“水月寺群”提出新的划分意见：认为“原水月寺群野马洞组大部分及周家河组上段应为变质侵入岩”，“原黄凉河组及周家河组下段同属孔兹岩系夹磁铁火山-沉积岩系建造”，“原野马洞组的一部分含石榴斜长角闪岩与变粒岩组合改称为野马洞岩组，时代归属为晚太古代”。“原黄凉河组一、二段中具连续层序特征的孔兹岩系改称为黄凉河岩组”，“原黄凉河组三段中的一套基-中酸性火山碎屑岩、陆源碎屑岩夹磁铁岩组合改称为力耳坪岩组”。“黄凉河岩组及力耳坪岩组组成水月寺岩群，时代归属早元古代。”

【现在定义】　由黑云(或白云、二云)斜长(或二长)片麻岩、斜长角闪岩、富铝质片岩或片麻岩、云母或云英片岩、石墨片岩或片麻岩、大理岩、钙(镁)硅酸盐岩、石英岩、石榴石岩等众多岩石组成。

【层型】　水月寺(岩)群是属于无序构造地层。是在清理并综合 1∶5 万兴山县东半幅、水月寺幅区调时所测制的兴山县野马洞剖面、兴山县东冲河剖面、宜昌县黄良河剖面、宜昌县周家河剖面、宜昌县青家坪—巴山寺五条剖面资料基础上建立的。

【地质特征及区域变化】 水月寺(岩)群的各类变质表壳岩为经历了低压相系的麻粒岩相-高角闪岩相-低角闪岩相变质的岩石。同时又普遍遭受区域混合岩化作用较强烈的改造，并在后期构造-热事件中发生显著的退化变质作用。水月寺(岩)群变质岩石组合块体以大小不等、形态各异的包体产于变质深成岩体和混合片麻岩中，但在黄良河—后山坪—东冲河—龙头坪、花果树垭—青家坪—周家河—核桃园—老林沟、连三坡—横凳(或檺)垭—土地岭、大树垭—黄木岗—峰丰坪等地带，可见表壳岩系的某些岩石组合呈残留岩段连续分布，并可从中鉴别出四期不同样式褶皱的叠加构造。据此，水月寺(岩)群自下而上划分为5个非正式岩组：片麻岩变粒岩岩组、富铝质片岩大理岩岩组、石墨片麻岩片岩含铁岩组、石墨片麻岩钙硅酸盐岩岩组、斜长-二长片麻岩岩组。各岩组的特征如下：

(1)片麻岩变粒岩岩组

相当于原“野马洞组”(或“东冲河组”)的变质表壳岩组合。分布于圈椅埫穹窿核部的曲长岩、野马洞、东冲河、雁落坪等地。围绕圈椅埫花岗岩体作环状展布。主要由黑云斜长片麻岩与黑云变粒岩组成，下部二者与斜长角闪岩呈不等厚互层状产出，并夹有薄层石英岩、含磁铁斜长角闪岩、角闪黑云片岩；上部斜长角闪岩呈夹层状产于片麻岩或变粒岩之中，另见夹有黑云片岩。

(2)富铝质片岩大理岩岩组

相当于原“黄良河组”下段与中段中的变质表壳岩组合。主要分布于圈椅埫穹窿东翼及官庙、白竹坪、狮子坪等地。主要由含石墨石榴黑云斜长片麻岩、含石墨二云斜长片麻岩、含石墨二云片岩、含富铝质矿物(十字石、红柱石、矽线石等)的片岩或片麻岩、大理岩、钙硅酸盐(透闪石、透辉石)岩组成，夹有含磁铁石榴石英岩与石英岩。本岩组区别于其它岩组的主要标志是：片麻岩或片岩中富含石墨或富铝矿物，且由下而上减少，故岩组下部为黄陵地区重要石墨工业矿层的赋存层位；大理岩以镁橄白云石大理岩为主，局部见少量透闪白云石大理岩，其夹于薄层钙硅酸盐岩之中，与石英岩、石墨片岩和片麻岩相伴生，产出5～7层，单层厚3～40 m，且集中产于岩组下部，为大理石矿层的主要赋存层位。

(3)石墨片麻岩片岩含铁岩组

相当于原“黄良河组”上段的变质表壳岩组合，分布地区随富铝质片岩大理岩岩组。主要由含石墨石榴黑云斜长片麻岩、石墨黑云斜长片麻岩、含石墨石榴黑云片岩、含石榴绢云石榴片岩、石榴斜长石英岩、斜长角闪岩、磁铁角闪石英岩等多类岩石组成，并夹有石英斜长角闪岩、含石英黑云斜长角闪岩、含磁铁石墨黑云角闪片岩、二云片岩、石英斜长黑云片岩等。岩组的显著特征是岩石类型繁多，除上述外，尚有含紫苏辉石斜长角闪岩、含硅铝钡钙石榴云片岩等特殊的变质岩石；该岩组各类岩石中的石榴石含量明显增多，而石墨含量虽较普遍，但已构不成工业矿体；含磁铁的斜长角闪岩与角闪石英岩多层产出，已形成有诸如黄良河、周家河、后山寺、核桃园等地产出的磁铁矿工业矿体，使本岩组成为水月寺(岩)群重要的含铁层位。

(4)石墨片麻岩片岩钙硅酸盐岩岩组

相当于原“周家河组”下段的变质表壳岩组合。分布于力耳坪—秦家坪—巴山—坦荡河一带及樟村坪等地。主要由含石墨矽线石榴黑云斜长片麻岩、含石墨黑云斜长(或二长)片麻岩、含石墨黑云片岩及众多的钙硅酸盐岩组成，夹有含黑云斜长角闪岩。岩组的显著特征是石墨含量在各类岩石中显著增高，局部可形成工业矿床。种类繁多的钙硅酸盐岩产出，是本岩组区别于其他岩组的主要标志，它们有：角闪阳起-透闪石岩、透辉透闪石岩、含石墨透闪帘石岩、透闪透辉方柱石岩、黝帘透闪阳起石岩、绿泥透闪石岩、含石墨透闪帘石岩等，沿走向可过渡为方解石大理岩，可见夹2～3层，单层厚1～5 m，无论岩性特征与规模，与(岩)群下部富铝质片岩大理岩岩组之大理岩层，有显著差别。所以，本岩组代表了(岩)群的上部孔兹岩系。

(5)黑云斜长-二长片麻岩岩组

相当于原“周家河组”上段的变质表壳岩组合，分布于巴山复向斜核部的苑家沟—巴山寺—界岭垭、大岗—横凳坡—龚家河等地带，以及白竹坪背斜东南翼部。由黑云斜长(或二长)片麻岩(或变粒岩)组成，夹有斜长角闪岩、阳起黑云石榴片岩、含石墨黑云斜长片麻岩、黑云片岩等。局部见零星含磁铁石榴紫苏辉石麻粒岩与含榴黑云斜长紫苏麻粒岩产出。本(岩)组所夹之斜长角闪岩层具自下而上渐趋减少的规律。且较之其下的各岩组，本岩组岩石遭受混合岩化程度显著增强，除见各类形态混合岩外，尚发育混合片麻岩与混合花岗岩。

【其他】 水月寺(岩)群原岩的成岩时代，推定为晚太古代—早元古代。主要依据下述同位素年龄数据：

(1)采自第一岩组黑云斜长变粒岩中六组锆石的U－Pb法同位素年龄数据在韦瑟里尔谐和图上的一致曲线上交点年龄值为2891^{+60}_{-55} Ma。

(2)采自第四岩组黑云斜长变粒岩中六组锆石的U－Pb法同位素年龄数据在韦瑟里尔谐和图上的一致曲线上交点年龄值为2172^{+75}_{-57} Ma。

(3)侵入于水月寺(岩)群的黄陵花岗闪长岩的锆石Pb－Pb等时线年龄值为2375 Ma(徐志鹏,1983)。

上述同位素年龄数据表明水月寺(岩)群的成岩地质时代至少应大于2375 Ma，且其本身又有2891^{+60}_{-55} Ma的数据。因此，将水月寺(岩)群原岩成岩时代推定为晚太古代—早元古代较为适宜。

崆岭(岩)群　Pt_2K　(42－0745)

【创名及原始定义】 由李四光等(1924)在省境长江三峡峡东地区创建的“崆岭片岩”演变而来。原始定义：崆岭片岩，在三斗坪群中看来这个层位是最高的，但其时代不见得是最新的，它的性质与成因上与其它两部分有根本的区别。典型的崆岭片岩为角闪石绿泥石片岩，黄陵花岗岩必为晚于崆岭层的侵入体。除非在中国有一个岩群，被证明比五台系老而比泰山杂岩新，那么崆岭层必相当于五台系。

【沿革】 谢家荣等(1925)将“三斗坪群”中黄陵花岗岩之外的其它片麻岩与片岩称谓“前震旦系结晶片岩、片麻岩”。地质部三峡水文工程地质队(1959)将“崆岭片岩”改称“方岭片岩”，时代归属前震旦纪。北京地质学院(1960)将宜昌西部黄陵穹窿核部黄陵花岗岩之外的变质岩系称谓“崆岭群”，并自下而上划分有：古村坪组、小以村组、庙湾组，时代归属前震旦纪。湖北省区测队(1984)将黄陵穹窿黄陵花岗岩体以南宜昌梅子厂一带的崆岭群仅划分为上、中、下三个岩组，时代归属元古宙。《湖北省区域地质志》(1990)则将黄陵穹窿核部除黄陵花岗岩体和太平溪超基性岩体之外的所有中高级变质岩系均称“崆岭群”，内部仅划分上、中、下三个岩组，时代归属新晚太古代—早元古代。鄂西地质大队(1990)将“崆岭群”的地质实体仅指“黄陵花岗岩体以南”黄陵断穹南部结晶基底这套古老的变质岩系”，内部自下而上仍沿用古村坪组、小渔村组、庙湾组，时代则归属为中元古代。本次清理，改称崆岭(岩)群，内部各组仍沿用其相应名称为古村坪(岩)组，小以村(岩)组、庙湾(岩)组。

【现在定义】　由老至新见古村坪(岩)组、小以村(岩)组、庙湾(岩)组。

古村坪(岩)组　Pt_2g　(42－0723)

【创名及原始定义】　该组由北京地质学院(1∶20万宜昌西半幅区测报告，未版，1960)创建于宜昌县古村坪。原始定义：古村坪组为崆岭群下部岩组，“以灰黄色云母石英片岩及云母片岩为主，中夹有部分墨绿色角闪片岩，底部有少量细粒黑云母角闪斜长注入片麻岩及花岗片麻岩，被黄陵花岗岩侵入而不完整。顶部以角闪片岩与上覆小以村组呈整合接触。总厚1553.4 m。”

【沿革】　1965年，湖北省地质局综合研究队编制的《湖北省区域地层表》称古村坪组为“黑云母斜长花岗质渗透片麻岩段”。1984—1990年间，湖北区测队《1∶20万巴东幅区域地质调查报告》及《湖北省区域地质志》则改称为“下岩组”。上述称谓，当时均包括黄陵北部相应地层。1990年，鄂西地质大队1∶5万新滩东半幅、莲沱西半幅、过河口东半幅、三斗坪西半幅地质图说明书中，仍沿称古村坪组。本次清理，改称古村坪(岩)组。

【现在定义】　古村坪(岩)组是一套巨厚层的黑云(角闪)斜长片麻岩夹斜长角闪岩组成的变质岩系，其特征是岩石组合稳定、单一，中、下部均不含石墨、大理岩，上部开始零星出现含石墨(矽线石)黑云斜长片麻岩，与上覆小以村(岩)组的大量含石墨片麻岩呈整合接触，下部因黄陵花岗岩的侵入而不完整。

【层型】　选层型为宜昌县茅垭剖面(110°59′30″、30°56′59″；鄂西地质大队，1990，本书略有修正)。

上覆地层：小以村(岩)组　浅灰白色中厚层状黑云斜长变粒岩与浅灰色薄层状黑云斜长片麻岩互层，夹4 cm厚石英岩

——————　整　合　——————

古村坪(岩)组　总厚度＞812.00 m

72—70. 浅灰色薄层状黑云斜长片麻岩—角闪黑云斜长片麻岩夹黑云斜长变粒岩　24.72 m

69. 厚层状黑云角闪斜长片麻岩，底部夹厚层状斜长角闪岩透镜体　6.79 m

68. 浅灰色中厚—厚层状混合质黑云斜长片麻岩　42.32 m

67. 深灰色厚层状细粒斜长角闪岩夹黑云斜长片麻岩　14.80 m

66. 浅灰色薄层状黑云斜长片麻岩　21.07 m

64. 薄层状黑云斜长片麻岩　15.78 m

63. 薄—中厚层状含石墨黑云斜长片麻岩　2.95 m

62. 浅灰白色中厚层状黑云斜长片麻岩　29.20 m

61—60. 浅灰色中厚层状角闪黑云斜长片麻岩　17.73 m

59—58. 浅灰色薄—中厚层状中—细粒含石墨黑云斜长片麻岩　8.09 m

57—56. 浅灰白色薄层或厚层状中—粗粒黑云斜长片麻岩　48.64 m

55. 浅灰色薄—中厚层状角闪黑云斜长片麻岩　82.19 m

54. 灰—浅灰色薄—巨厚层状、块状细粒黑云斜长变粒岩夹中厚层状黑云斜长片麻岩　5.51 m

53. 上部灰白色薄层状角闪黑云斜长片麻岩；中部浅灰白色含石榴黑云斜长片麻岩夹15 cm厚黑色斜长角闪岩；底部黄褐色中粒黑云斜长片麻岩　22.05 m

52—46. 中粗粒辉长岩体及黄陵花岗岩脉

45. 灰白色薄层状中—细粒黑云斜长片麻岩夹斜长角闪岩条带或透镜体　24.90 m

44. 浅灰色中厚层—厚层状角闪斜长片麻岩夹深灰色中粒斜长角闪岩透镜体 23.08 m

43—41. 灰白色薄层—中层状混合质中—细粒黑云斜长片麻岩夹黑云斜长变粒岩 65.54 m

40. 深灰色块状中粒斜长角闪岩 2.29 m

39—38. 浅灰色薄层—中厚层或巨厚层状黑云斜长片麻岩夹深灰色黑云角闪斜长片麻岩条带或透镜体，偶夹浅灰白色块状含黑云长石石英岩透镜体 11.22 m

37. 深灰色中厚层—厚层状黑云母化斜长角闪岩 1.28 m

36. 浅灰色薄层—极薄层状条带状混合质黑云斜长片麻岩 18.04 m

35. 深灰色中厚—厚层状黑云母化斜长角闪岩夹浅灰白色极薄层状黑云斜长片麻岩 7.61 m

34—29. 灰白色薄—极薄层状及中厚层—块状黑云斜长片麻岩，下部夹云母阳起石化角闪岩透镜体 77.02 m

28—25. 浅灰白色黑云斜长片麻岩、黑云角闪斜长片麻岩、角闪斜长片麻岩及斜长角闪岩 121.86 m

24. 深灰色块状斜长角闪岩 3.49 m

23. 浅灰色薄层状黑云斜长片麻岩夹灰白色厚层状黑云斜长变粒岩 5.44 m

22. 深灰白色条纹状中—细粒含石榴黑云斜长角闪岩 29.19 m

21. 灰白色薄—极薄层状夹厚层状黑云斜长片麻岩 22.15 m

20. 深灰色中—厚层状片状细粒斜长角闪岩 5.04 m

19—17. 灰白色混合质薄—中厚层状中—细粒二云斜长片麻岩 29.96 m

16. 深灰色块状细粒斜长角闪岩 14.62 m

15—11. 浅灰白色混合质黑云斜长片麻岩 20.60 m

10. 深灰色片状斜长角闪岩 0.54 m

9—8. 灰白色混合质黑云斜长变粒岩 19.11 m

7—5. 浅灰白色块状—片麻状白云斜长变粒岩 0.95 m

4—3. 灰白色薄层状混合质中—细粒二云斜长片麻岩(底界侵入接触) 16.30 m

【地质特征及区域变化】 本组出露于宜昌县邓村地区古村坪—跳鱼滩、红桂香—梅家湾及长岭—石牌岭等地，组成梅纸厂向斜的北翼。全组主要由黑云斜长片麻岩(或变粒岩)与黑云角闪斜长片麻岩组成，并夹有斜长角闪岩。自下而上，斜长角闪岩夹层由多变少，上部尚见夹少量含黑云长石石英岩、含石墨(或矽线石)黑云斜长片麻岩及黑云变粒岩。在区域上，本组延伸稳定，岩貌单一，岩石有轻度混合岩化现象。据岩石地球化学特征判别，本(岩)组原岩属玄武质、英安质、安山质、流纹质火山岩，陆源碎屑岩很少。

小以村(岩)组 Pt_2x (42-0724)

【创名及原始定义】 北京地质学院(1∶20万宜昌西半幅区测报告，1960)创名“小以村组”(现查证“以”为“渔”之误)于宜昌县小渔村。原始定义：上部以灰绿色角闪片岩与黄褐色二云片岩互层及黑绿色石英角闪片岩为主，夹少量暗绿色绿泥石片岩。下部以白色、灰白色大理岩、石英岩或石英片岩及二云母斜长片麻岩、二云母注入片麻岩为主。底部有一层较厚的黄白色—暗灰色致密块状质较纯之石英岩，与下伏古村坪组呈整合接触。厚543.3 m。

【沿革】 1965年，《湖北省区域地层表》将“小以村组”归入“含石墨斜长花岗质注入混合岩段”。1984—1990年间，湖北区测队及《湖北省区域地质志》则称“中岩组”。1990年，鄂西地质大队称“小渔村组”。本次清理，改称小以村(岩)组。

【现在定义】 小以村(岩)组中、下部为含石墨黑云斜长片麻岩、大理岩、钙硅酸盐岩-石英岩组合；上部为斜长角闪岩夹黑云斜长片麻岩、石英片岩及富铝片麻岩与片岩；顶部偶见大理岩透镜体。底部以开始大量出现含石墨片麻岩及长石石英岩为标志与下伏古村坪(岩)组分界，呈整合接触；上与庙湾(岩)组整合接触。

【层型】 选层型为宜昌县茅垭剖面(110°59′30″、30°56′59″；鄂西地质大队，1990，本书略有修正)。

上覆地层：**庙湾(岩)组** 灰绿色块状、厚层状黑云斜长角闪岩夹少量石英岩条带

——————— 整 合 ———————

小以村(岩)组 总厚度 799.85 m

146—145. 灰白色薄层状透闪石英岩及石英透闪岩，夹 2 cm 宽石榴子石大理岩及透闪长石石英片岩 10.80 m

144—142. 灰绿色薄层状或片状黑云斜长角闪岩夹厚层状黑云斜长角闪岩及薄层状石英岩 71.21 m

140—138. 黄褐色黑云斜长片麻岩夹黑云斜长角闪岩 20.42 m

137—135. 灰绿色黑云斜长角闪岩夹黑云斜长片麻岩 34.88 m

133. 灰绿色透闪阳起片岩夹石英岩透镜体 26.59 m

132—131. 灰白色含透闪阳起白云斜长片麻岩，顶部见少量含透闪阳起石英片岩 24.58 m

130. 薄层状灰黑色黑云斜长角闪岩与黑云斜长片麻岩及薄层状含黄铁矿浅粒岩互层 14.69 m

129. 灰白色含石榴黑云浅粒岩夹少量黑云斜长角闪岩 10.24 m

128. 黄灰色含石墨二云斜长片麻岩 20.88 m

127—125. 上部黄褐色斜长角闪岩；下部含方解黑云阳起石英片岩 15.37 m

124—121. 灰绿色斜长角闪岩，夹黄褐色角闪斜长片麻岩薄层 50.76 m

120. 白色薄层状黑云斜长片麻岩夹石英岩条带 14.27 m

119. 白色白云透闪斜长片麻岩夹白色中厚层状透闪透辉石岩 5.71 m

118—117. 白色薄层或厚—巨厚层状透辉石岩夹方解(或透闪)白云石大理岩 50.60 m

116. 白色厚—巨厚层状含透辉方解石白云石大理岩夹透闪透辉岩 23.95 m

115—112. 浅灰白色薄—中厚层状含长石石英透闪岩，夹透闪透辉石岩 37.22 m

111. 白色带暗绿色厚层状含透闪透辉石岩夹含透闪白云石大理岩 17.76 m

110. 灰白—青灰色条带状含镁橄白云石大理岩 22.61 m

109. 白色带暗绿色巨厚—厚层状含透闪透辉岩夹含透闪白云石大理岩 7.98 m

108. 灰色薄层状黑云斜长片麻岩 3.20 m

107. 浅灰色厚—巨厚层状含二云斜长片麻岩 1.89 m

106. 浅灰白略带绿色厚—巨厚层状含石榴长石石英岩 13.19 m

105—104. 浅灰色薄层状黑云斜长片麻岩夹含石榴角闪黑云片岩透镜体 12.85 m

103—102. 上部白色巨厚层状方解石白云石大理岩，下部为透辉方解石透闪石岩 4.55 m

101. 灰色中—厚层状黑云片岩，夹 20 cm 厚石英岩 39.33 m

100. 白色中—厚层状含黑云石英岩 1.40 m

99. 白色间夹灰绿色中—厚层状含透辉方解石透闪石岩夹白色厚层状含镁橄方解白云石大理岩 16.36 m

98. 白色厚层状含橄榄方解白云石大理岩 6.62 m

97. 白色间夹灰绿色厚层状透辉透闪石岩间夹透闪白云石方解石大理岩 5.20 m

96. 浅灰白色薄—中厚层状白云斜长片麻岩 9.87 m

95—94. 灰绿色块状中粗粒含绿帘透闪石英岩 3.85 m

93. 浅灰白色极薄—薄层状及厚—巨厚层状黑云斜长片麻岩夹角闪黑云片岩 23.86 m

91—90. 青灰色厚层状含黑云长石石英岩 8.88 m

89. 灰白色薄—中厚层状黑云斜长片麻岩夹厚层状黑云长石石英岩 15.78 m

88. 白色厚—巨厚层状含黑云石英岩夹薄层状黑云斜长片麻岩 8.91 m

87—86. 浅灰白色薄层—中厚层状黑云斜长片麻岩夹闪斜长片麻岩，偶夹斜长角闪岩薄层或条带，上部夹黑云变粒岩 19.04 m

85—84. 灰白色薄层状含石墨黑云斜长片麻岩与角闪黑云斜长片麻岩互层，夹角闪黑云片岩 37.49 m

83. 灰白色薄层状黑云斜长片麻岩—角闪黑云斜长片麻岩夹角闪黑云片岩 27.05 m

82. 深灰色薄—中厚层状石墨黑云片岩与灰色含石墨黑云斜长片麻岩互层夹黑云长石石英岩 26.19 m

81. 白色巨厚层状含石榴长石石英岩 1.27 m

80—78. 深灰色中厚层状含石墨黑云片岩夹深灰色薄层状斜长角闪岩及含黑云石英岩 11.60 m

77—74. 浅灰黄色厚—巨厚层状黑云斜长片麻岩与灰白色薄—中厚层状含石墨黑云斜长片麻岩互层，夹角闪黑云斜长片麻岩及斜长角闪岩 19.54 m

73. 浅灰白色中厚层状黑云斜长变粒岩与浅灰色薄层状黑云斜长片麻岩互层，夹 4 cm 厚石英岩 0.89 m

——————整　合——————

下伏地层：古村坪(岩)组　浅灰色薄层状黑云斜长片麻岩—角闪黑云斜长片麻岩夹中厚层状黑云斜长变粒岩

【地质特征及区域变化】　本(岩)组主要出露在宜昌县梅纸厂地区的天宝山、小渔村、猴子寨、青龙包、郭家垭、小溪口、白虎包、碑坪垭和松树坪等地，组成梅纸厂向斜、端坊溪背斜及一些北东向小型褶皱的翼部。该(岩)组底部以长石石英岩与大量含石墨片麻岩组合为标志，与下伏古村坪(岩)组整合分界。(岩)组下部以黑云斜长片麻岩为主，夹有含石墨黑云斜长片麻岩、含石墨黑云片岩、含黑云长石石英岩、含矽线石榴黑云斜长片麻岩、含石榴红柱二云石英片岩、黑云矽线红柱石英片岩，以及少量黑云变粒岩与斜长角闪岩，即以富含石英岩、石墨、富铝矿物的片麻岩为特征，构成(岩)组下富铝层。中部则以大理岩及钙硅酸盐岩为主，夹黑云斜长片麻岩及少量石英岩与斜长角闪岩，方解白云石(白云石方解石)大理岩与透闪透辉岩、透辉岩、含方解斜长透辉岩及含方解透闪岩等钙硅酸盐岩共生，并且在区域上稳定延伸，构成了显著的标志。上部以斜长角闪岩为主体，间有各类角闪岩及长英质、钙硅酸盐质、铁镁质、富铝质的石英片岩、角闪片岩或榴英片岩，以及多种类石英岩产出，显示其特有的岩貌。同时，石榴子石在上部各类岩石中普遍存在，并常与红柱石、矽线石、蓝晶石和刚玉等共生，构成了小以村(岩)组上富铝层。

庙湾(岩)组　Pt_2m　(42－0725)

【创名及原始定义】　北京地质学院(1∶20万宜昌西半幅区调报告，未版，1960)于宜昌县邓村庙湾命名“庙湾组”。原始定义：“以黑绿色云母角闪片岩及石英角闪片岩为主，夹有暗绿色、灰色石墨绿泥片岩、黄褐色云母片岩、土黄色滑石片岩及壳灰色石墨片岩等，底部一般发育一层深灰色云母石英片岩或褐黄色薄层状石英岩，与下伏小以村组呈整合接触。厚547.6 m。”

【沿革】　1965年，《湖北省区域地层表》将庙湾组归入新称“崆岭群含石墨斜长花岗质注入混合岩段”内；1984—1990年，《1∶20万巴东幅区域地质调查报告》及《湖北省区域地质志》将庙湾组改称崆岭群上岩组；1990年，《1∶5万新滩东半幅、莲沱西半幅、过河口东半幅、三斗坪西半幅地质图说明书》仍沿用“庙湾组”。本次清理，改称庙湾(岩)组。

【现在定义】 为一套厚度巨大、岩性单一的、具条带、条纹构造的斜长角闪片岩，夹石英岩、角闪斜长片麻岩及石榴角闪片岩。以巨厚—厚层状斜长角闪片岩的出现与下伏小以村(岩)组整合分界，顶被震旦纪莲沱组不整合覆盖。

【层型】 选层型为宜昌县庙湾剖面(110°57′37″、30°56′34″；鄂西地质大队，1990，本书略有修正)。

庙湾(岩)组	总厚度 864.12 m
41—38. 灰色薄—中厚层及厚—巨厚层状角闪片岩(未见顶)	280.89 m
37. 灰色中厚层状含石榴角闪片岩	5.40 m
36—32. 灰色厚层—巨厚层状角闪片岩夹少量条纹—条带状角闪片岩	114.52 m
32. 灰色厚—巨厚层状条纹—条带状角闪片岩	31.32 m
31—28. 浅灰色厚—巨厚层及薄—中层状角闪片岩夹条带状角闪片岩，底部含黄铁矿并具硅质条带	95.50 m
27—26. 灰绿色巨厚层状条纹—条痕状角闪片岩	48.67 m
25. 暗灰色巨厚层状角闪片岩	40.61 m
24. 灰色巨厚层状角闪斜长片麻岩	19.32 m
23. 灰色巨厚层状含石榴角闪片岩	13.14 m
22. 灰色巨厚层状角闪斜长片麻岩，局部夹不规则石英岩	26.25 m
21. 灰色巨厚层状角闪片岩夹条纹状角闪片岩	7.70 m
20. 浅灰—灰白色厚—巨厚层状石英岩	0.69 m
19. 灰色厚层状含石榴角闪片岩	0.45 m
18—15. 灰绿色巨厚层状条纹—条带状角闪片岩夹灰绿色巨厚层状角闪片岩	179.66 m

———————— 整　合 ————————

下伏地层：小以村(岩)组　灰色中厚层状黑云斜长片麻岩

【地质特征及区域变化】 本(岩)组出露于宜昌县梅纸厂雀家坪、庙湾、青树岭、欢喜垭一带，构成梅纸厂向斜核部。该组以薄层状、中—厚层状、巨厚层状斜长角闪片岩为主，发育硅质条带、条纹构造，夹有石英岩、角闪斜长片麻岩。在区域上延伸稳定。斜长角闪片岩的岩石地球化学特征反映其为海相喷发的玄武岩变质而成。因此，该(岩)组代表了崆岭(岩)群形成时代晚期玄武岩浆喷溢作用的产物。

【其他】 崆岭(岩)群的原岩成岩时代被推定为中元古代，主要依据是：

①崆岭(岩)群不但被黄陵花岗岩与太平溪超基性岩所侵入吞噬，而且被震旦纪莲沱组不整合覆盖。

②鄂西地质大队在崆岭(岩)群小以村(岩)组与庙湾(岩)组中曾采集到丰富的疑源类化石，其中：一些相当于北方长城纪特有的膜壳很薄、纹饰简单，仍然是一种相对原始的分子，如 *Trachysphaeridium simplex*，*Leiopsophosphaera minor*，*Leiominuscula incrassatum*，“这些化石的分布层位比较稳定，虽然从建立这些属、种到现在已近 20 年的时间，但至今未在更高的地层中发现”(据邢裕盛《中国晚前寒武古生物》)。

但绝大多数为长城纪→蓟县纪具有承先继后和穿时的微古植物群，如：*Leiopsophosphaera apertus*，*L. densa*，*Asperatopsophosphaera umishanensis*，*Leiominuscula minuta*，*Taeniatum crassum*，*Trematosphaeridium minutum* 等。

也见到少量蓟县纪才出现的分子，如：*Leiopsophosphaera bullata*，*Asperatopsophosphaera umlisphanensis* var. *minor*，*Leiofusa bicornuta* 等。

从整体看，上述崆岭（岩）群的疑源类化石形成了从中元古代长城纪—蓟县纪的微古植物群落。

③鄂西地质大队于本（岩）群小以村（岩）组含石墨黑云片麻岩中，采取四组锆石进行 Pb-Pb 法同位素年龄测定，所获数据在韦瑟里尔谐和图上一致曲线的上交点年龄值为 1991^{+32}_{-30} Ma。同时，在庙湾（岩）组的斜长角闪岩中采取六种样品进行 Sm-Nd 法测定，所获数据的全岩等时年龄为 1608±81 Ma。

④侵入于崆岭（岩）群的太平溪基性-超基性杂岩体的梅纸厂基性-超基性序列各单元岩石 Sm-Nd 法等时线年龄为 1282±86 Ma；侵入于崆岭（岩）群的三斗坪角闪黑云英云闪长岩锆石 U-Pb 法同位素年龄数据在韦瑟里尔谐和图一致曲线上交点年龄为 931.69^{+69}_{-38} Ma。此外，构成黄陵花岗岩深成杂岩体主体的黄陵庙花岗岩序列，不但侵入于崆岭岩群，且侵入于梅纸厂序列与茅坪序列（包含三斗坪侵入体）。这些侵入体均被震旦纪莲沱组不整合覆盖。因此，它们的年龄数据与相互关系，为确定崆岭（岩）群原岩成岩时代为中元古代提供了重要佐证。

红安（岩）群　Pt_2H　（42-0040）

【创名及原始定义】 湖北区测队（1975）在红安县创建“红安群”。原始定义：“经浅—中区域变质作用而成的片岩及片麻岩，包括阳起片岩、钠长角闪片岩、浅粒岩、钠长石英片岩、微斜钠长片麻岩、钠长片麻岩、白云石英片岩、大理岩、白云岩、石英岩、半石墨片岩及磷锰矿层组合”。自下而上分为：天台山组、七角山组、磨盘组、塔耳岗组。该群“未见顶、底，出露最大厚度在 13 173 m 以上”，时代归为元古代。

【沿革】 省境北部随州新城—黄陂—黄冈—广济一线以北桐柏山—大别山南麓之含磷中浅变质岩系，在红安群创建之前，曾有不同的划分：宁崇质等（1959）曾将分布于蕲春、黄梅、广济、浠水、黄冈等地者称“宿松含磷片岩系”；北京地质学院（1961）则称“宿松群”，并将分布于大悟—红安一带者称“大别群”“七里坪组”、“红安组”与“高桥河组”；将分布于大悟北部鄂豫边境地区者称“大别群”“界岭组”、“新县组”与“黄毛眦组”；将分布于应山北部者称“大别群”“蔡河组”、“广水组”与“泉水寺组”。时代均归属太古宙。红安群创建后，虽被广为引用统一称谓于上述各地之中浅变质岩系，但其内部的划分在不同地点及不同年月，均有多次变革：1981 年，河南区测队对鄂豫边境地带浅—中级区域变质作用形成的片麻岩夹片岩系称“下元古界”，自下而上分为：卡房组、新县组、七角山组，时代归属为早元古代，不整合覆盖于太古代大别群之上，上被中元古代苏家河群不整合覆盖。并将其与“红安群”相对比。1986 年，鄂东北地质大队根据大悟、应山、孝感等地磷矿区勘探资料，结合区域情况，将红安群内部自下而上分为：黄麦岭组、天台山组、七角山组、磨盘组、塔耳岗组。1990 年，《湖北省区域地质志》对红安群内部的划分亦有更动：将原“天台山组”划归桐柏山群，红安群仅保留七角山组、磨盘组、塔耳岗组。1989 年，李松生将红安群的含义只限定在黄麦岭组与七角山组，而将覆于其上的浅变质火山岩、火山凝灰岩和硅质灰岩等归属为随县群。1990 年，鄂东北地质大队将蕲州一带原红安群（1：5 万蕲春幅）七角山组之上的一套片岩从红安群中分出，称“青白口系”，并内分四个岩组。1993 年，湖北区调所对红安群提出新的划分意见，红安以南地区自下而上分为黄麦岭含磷岩组、四方山含锰岩组、王家田片岩粒岩组、熊家湾绿片岩组、高家学片岩粒岩组、塔耳岗片岩绿片岩组、罗家冲片岩粒岩组；红安以北地区自下而上分为标岗钾质浅粒岩组、栗林咀片麻岩组、七角山碳质片岩组、丘家湾片麻岩组、五岳山钾质浅粒岩组、千里家片麻岩组。

本次清理，按与邻省协商意见，将原红安群改称红安(岩)群，在(岩)群内部划分黄麦岭(岩)组、七角山(岩)组与塔耳岗(岩)组。考虑在实际上界于黄麦岭(岩)组与七角山(岩)组之间存在着一套片麻岩、浅粒岩组合，与原红安群天台山组大致相当，故增加了天台山(岩)组。

【现在定义】 红安(岩)群系指出露于襄-广断裂以北、新城-黄陂断裂以东应山、大悟、红安、孝感、黄陂、黄冈、新洲、麻城、浠水、广济、蕲春等地不整合覆于大别山(岩)群或桐柏山(岩)群之上的中浅变质岩系，由片麻岩、片岩及少许千枚岩、大理岩、石英岩、磷锰矿层和钇矿层所组成。(岩)群内自下而上划分为黄麦岭(岩)组、天台山(岩)组、七角山(岩)组、塔耳岗(岩)组。时代为中元古代。

黄麦岭(岩)组　Pt_2h　(42－0035)

【创名及原始定义】 湖北省第六(现称鄂东北)地质大队(1980)于湖北省大悟县黄麦岭创名"黄麦岭组"。原始定义：红安群底部含磷岩系，可分两段：下段由白云钠长片麻岩、白云石英片岩、石英白云片岩、浅粒岩、磷灰岩、含锰大理岩及石墨片岩组成；上段由白云钠长片麻岩、白云微斜钠长片麻岩、浅粒岩、钠长石英片岩、硅质岩及磷矿层组成。两段浅粒岩中均赋存磷钇矿。全组厚 338～644 m。与下伏大别岩群呈不整合接触，其顶界以出现大量绿片岩的底界面作为与上覆天台山岩组的划分标志，二者间呈整合(渐变过渡)关系。

【沿革】 李松生(1989)将大别山—桐柏山南坡红安群的含磷锰钇变质岩组合均称"黄麦岭组"，作为该地区红安群底部岩组代表。《湖北省区域地质志》(1990)对大别山—桐柏山南坡红安群含磷锰钇变质岩组合仍称"七角山组"，所指地质实体与李氏的"黄麦岭组"一致。1993 年，湖北区调所《湖北省桐柏—大别山地区元古宙地层序列及含矿性研究》报告(未版)将上述组合划分为下部"黄麦岭含磷岩组"与上部"四方山含锰岩组"。

【现在定义】 系指不整合覆于大别山或桐柏山杂岩之上，与上覆天台山(岩)组呈整合接触的白云钠长片麻岩、石英片岩、钠长角闪片岩、微斜钠长变粒岩或浅粒岩、含锰大理岩、石墨片岩、石英岩、磷灰岩及锰土矿组合。可分两段，下段底部以磷矿为主，上段底部以锰矿为主。两段浅粒岩中均赋存重稀土矿。

【层型】 正层型为大悟县黄麦岭剖面(114°06′57″、31°28′37″；湖北省第六地质大队，1974)。

上覆地层：**天台山(岩)组**　黑云绿泥钠长片麻岩夹绿帘石岩团块

——————　整　合　——————

黄麦岭(岩)组	总厚度 316.7 m
19. 白云石英片岩及灰色斑点状白云钠长片麻岩	7.2 m
18—15. 灰白色浅粒岩夹白云(或黑云)变粒岩、白云(或二云)片岩	61.9 m
14. 斑点状钠长白云片岩与白云石英片岩互层	37.7 m
13. 灰白色浅粒岩及浅灰色白云变粒岩	17.1 m
12. 黄绿色二云片麻岩、浅灰色斑点状白云斜长片麻岩，上部为石英白云片岩	17.8 m
11. 浅灰色钠长白云片岩、白云钠长片岩，具石英条带	28.2 m
10—9. 浅灰白色白云钠长片麻岩夹二云钠长片岩、白云片岩	82.5 m
8. 灰白色浅粒岩	5.0 m
7. 白云钠长片岩	2.0 m
6. 浅灰黄色含磷变粒岩	6.6 m

5. 石英云母片岩，局部含大量褐铁矿 4.1 m

4. 眼球状白云斜长片麻岩 5.1 m

3. 石英白云片岩 0.4 m

2. 含磷变粒岩、浅粒磷灰岩、锰质磷灰岩及白云石英片岩 41.1 m

~~~~~~~~~~ 不 整 合 ~~~~~~~~~~

下伏地层：**大别山(岩)群** 花岗片麻岩

【地质特征及区域变化】 黄麦岭(岩)组清楚显示出由含磷、锰的碎屑岩与碳酸盐岩-含钇酸性火山喷发岩为组合的自下而上两个沉积-火山喷发旋回。广泛分布于桐柏山—大别山南坡有桐柏山杂岩或大别山杂岩组成核部的背斜或穹窿之翼部，并直接覆盖于杂岩之上，如桐柏山背斜南翼的应山老虎冲、陈家湾、殷家沟，桐柏山背斜南东倾伏端的应山余家北湾、冷棚；以杂岩为核部的大悟大磊山穹窿周缘黄麦岭、白云；双峰尖背斜的孝感团山沟；蕲春的松阳桥等。它也分布于由变质杂岩为翼部的一些向斜的核部，如浠水飞虎山向斜的黄冈回龙、浠水兰溪；蕲春孙冲向斜的孙冲、猪婆寨；仙人台向斜的仙人台等。

在区域上，黄麦岭(岩)组的发育程度变化极大，从西到东，以磷矿的发育程度而言，具有以下变化趋势：

在澴水断裂以西桐柏山背斜南翼，黄麦岭(岩)组底部以含铁石英岩与角砾状硅化白云岩不整合于桐柏山杂岩之上，下含磷层从西向东由含铁石英岩、白云石大理岩、含锰白云石英片岩、含石墨片岩组成，磷矿由透镜体渐向层状矿体过渡，至冷棚一带产出磷矿四层。而上含磷层亦由透镜状磷灰岩渐发育至冷棚、余家北湾成三层矿层。

澴水断裂以东之大磊山穹窿周围具有上、下含磷岩系，下含磷层及磷矿以黄麦岭、白云、石灰窑等地发育最好，北部陈茨园一带，仅为厚达 3 m 的石英岩，且无磷矿化，而在孝感双峰尖背斜翼部，下含磷钇岩系为厚达 260 m 的白云石大理岩所代替，无磷矿产出。在这一地区，下磷矿层不发育的剖面上，上磷矿层相对发育，主要由含磷白云石英片岩、含磷白云钠长变粒岩、变粒磷灰岩、含锰磷灰岩、碳酸质磷灰岩所组成，如团山沟陈茨园等地。在双峰尖背斜东翼之四方山上含磷层中磷矿为锰矿层所代替。

黄麦岭(岩)组之钇矿层发育程度与含磷岩系之上的的白云钠长(或二长)片麻岩、钠长(或二长)浅粒岩以及白云石英片岩的发育程度有关。应山—广水一带下含磷岩系之上的上述岩类发育，而绿片岩不发育，钇矿形成工业矿体，构成大—中型工业矿床，而上含磷岩系之上的浅色片麻岩、片岩、浅粒岩不发育，绿色片岩发育，则无钇矿化。在大磊山、双峰尖一带，下含磷岩系之上的钇矿化仅发育于大磊山周围，双峰尖地区无矿化，而上钇矿层在大磊山—双峰尖一带的邓家塆、马吼岭、泉水庵、四方山等地均有所发育，形成工业矿体。

麻城-团风断裂以东地区之黄麦岭(岩)组，与上述地区有显著差别。在蕲春孙冲、仙人台、黄冈回龙、浠水飞虎山等向斜中，黄麦岭(岩)组作为向斜核部地层，出露岩性可与西部黄麦岭(岩)组的岩石组合及层序对比，但这里仅在下含磷层中发育磷矿，并有工业锰矿层伴生。同时，发育大理岩与石英岩；在回龙、兰溪等地尚可见夹有硅质岩层。这里虽出露与西部下含钇岩系、上含磷层、上含钇岩系相近的岩石组合，但在这些层位中均无磷和钇的矿化。

能较清楚反映本(岩)组下重稀土矿的产出状况的是应山殷家沟、陈家湾、老虎冲等重稀土矿区的剖面，这些剖面上的下含磷(锰)钇岩系中发育钇矿体两层，矿体为浅肉红色含磷钇矿糜棱岩化白云石英钠长片岩，夹于含磷岩石组合之上的绿帘黑云钠长片岩或白云石英钠长
~~~~~~~~~~

片岩中。上钇矿化层在大悟县周家沟仙姑洞剖面中显示清楚，在剖面的上含磷钇岩系的白云微斜钠长片麻岩和白云钠长片麻岩中夹有含钇白云母片岩与浅粒岩共三层。

黄麦岭(岩)组的厚度变化急剧：黄麦岭 317 m、广水 389 m、冷棚 680 m、余家北湾 826 m、大磊山 609.7 m、四方山 1534 m、孙冲 930 m。从剖面分析，本(岩)组大理岩发育的地区厚度增大，如四方山、孙冲等地。反之，则厚度减薄，如广水、黄麦岭。

天台山(岩)组　Pt_2t　(42-0036)

【创名及原始定义】　湖北区测队(1975)于红安县七里坪北的鄂豫省界天台山创名“天台山组”。原始定义：由白云钠长片麻岩、含白云微斜钠长片麻岩、浅粒岩，夹少量白云钠长石英片岩、钠长角闪片岩、榴辉岩、榴闪岩透镜体组成。下未见底，上与七角山组呈整合接触，厚 4 709.39 m。以中段浅粒岩为标志，把天台山组分为上、中、下三个岩性段。

【沿革】　天台山组创名后，作为红安群最下部岩组，曾广泛应用于大悟、红安、麻城等地红安群划分中。河南区测队(1981)，将原天台山组下、中段归为卡房组；上段归为新县组，且将时代归属为早元古代。《湖北省区域地质志》(1990)将天台山组划归早元古代桐柏山群。1993 年，湖北区调所又将天台山组解体：下段划为桐柏山杂岩的变质表壳岩；中、上段分别称谓红安群“标岗钾质浅粒岩组”、“栗林咀片麻岩组”。前已述及，湖北省鄂东北地质大队(1981)已将大磊山地区原天台山组底部含磷锰钇岩系新建“黄麦岭组”，将天台山组实体限定在黄麦岭组之上的片麻岩-浅粒岩组合。

【现在定义】　系指红安(岩)群的第二(岩)组。下与黄麦岭(岩)组为整合接触，以大量绿片岩的产出作为底界分划标志；上与七角山(岩)组呈整合接触，以石墨片岩、石英岩(或白云石英片岩)及大理岩的产出作为七角山岩组底界标志与其分划。本组由白云钠长片麻岩、微斜钠长片麻岩、微斜钠长浅粒岩或变粒岩、白云石英片岩组成，夹多层阳起钠长片岩、钠长角闪片岩、绿帘角闪片岩、角闪钠长片麻岩，或与之呈不等厚互层。全组浅色片麻岩与浅粒岩厚度远大于绿色片岩的厚度。

【层型】　正层型为应山县戴家湾—河南省新县王茅屋剖面中胡家湾—汪家山剖面(114°03′30″、31°30′27″；湖北区测队；1973)。

上覆地层：**七角山(岩)组**　石英岩

———————— 整　合 ————————

天台山(岩)组　　总厚度 1 903.63 m

233. 上部白云二长片麻岩夹白云钠长石英片岩及含石榴绿帘角闪钠长片麻岩；下部石榴角闪钠长片麻岩　590.97 m

232. 石榴角闪钠长片麻岩夹石英云母片岩　16.79 m

231—225. 以浅粒岩为主夹(或互层)白云钠长石英片岩、白云钠长片麻岩、石榴绿帘角闪钠长片麻岩、榴闪岩、白云母片岩　728.31 m

224. 白云钠长片麻岩夹石英黑云榴闪岩　52.11 m

223. 榴闪岩与二云钠长片麻岩互层　22.98 m

222. 眼球状白云二长片麻岩　112.22 m

221. 白云二长片麻岩　67.49 m

220. 浅粒岩　48.48 m

219. 白云钠长片麻岩夹白云钠长石英片岩(未见底)　264.28 m

【地质特征及区域变化】 天台山(岩)组主要出露在麻城-团风断裂以西的大悟、红安、孝感、黄陂、广水等地，组成大磊山、天台山、游仙山、仙居顶、八里、浮桥河等背斜的翼部，在澴水断裂以西桐柏山背斜东南倾伏端翼部(原称广水背斜)亦有出露。在这些地区位于石墨片岩之下、覆于二长浅粒岩之上的这套白云钠长片麻岩-变粒岩为主的岩石组合均较稳定地存在，唯其厚度各地有所不同。其中的绿色片岩夹层，尤其(岩)组中部绿色片岩岩段的厚薄各地亦有多寡之别。(岩)组出露完整的大磊山—大魁山剖面所代表的大磊山穹窿周缘地带，岩组厚达 2 881 m，其中部绿色片岩岩段厚 215 m；八里背斜地区(岩)组厚 1 543 m。其中，中部绿色片岩仅与白云钠长片麻岩呈不等厚互层产出；天台山背斜地区，相当于本(岩)组的厚度为 852～1 498 m，仙居顶背斜厚 1 240 m，赵河厚 1 494 m，有自北西向东南增厚趋势，且绿色片岩已不再呈独立岩段产出，多为夹层。在浮桥河地区，相当本(岩)组的片麻岩变粒岩夹绿色片岩的组合，厚约 681～2 662 m；游仙山背斜南翼本(岩)组厚 2 461 m，这里主要由白云斜长片麻岩组成，仅(岩)组下部夹有斜长角闪片岩。

七角山(岩)组 Pt_2q (42－0037)

【创名及原始定义】 湖北区测队(1975)于湖北省红安县七角山创建“七角山组”。原始定义：指红安群第二岩组，下与天台山组，上与磨盘组均为整合接触。可分两段：下段底部为半石墨片岩、大理岩、磷锰矿层、石英岩，向上以白云石英片岩、白云钠长石英片岩为主，夹白云钠长片麻岩、含榴钠长角闪片岩、榴闪岩、榴辉岩及绿帘石岩透镜体；上段为白云钠长石英片岩夹浅粒岩、二云微斜钠长石英片岩及白云母片岩。全组厚 3 713～4 181 m。

【沿革】 黄占生(1979)① 认为：大悟、孝感一带红安群底部的“含磷岩系尚在七角山组底部石墨片岩以下 3285 m。这 3285 m 地层按原来红安群的划分，应为天台山组”，故“含磷层与七角山组底部石墨片岩绝非同一层位”，“建议建立黄麦岭组”。鄂东地质大队(1986)正式建立黄麦岭组后，这一问题更趋明显。《湖北省区域地质志》(1990)在处理这一问题时，将原天台山组划归桐柏山群，把含磷岩系连同其上的地层直至原七角山组在内，统称七角山组，成为区域上的红安群底部岩组，扩大了七角山组的实际含义。

【现在定义】 指红安(岩)群的中部含碳片岩(岩)组，其不含磷锰矿，更不赋存磷锰工业矿体，全(岩)组可分三段：下段为石墨片岩、白云石英片岩、片状石英岩与白云母片岩，偶夹方解石大理岩；中段为白云钠长片麻岩夹白云石英片岩与钠长角闪片岩；上段为含石墨片状石英岩、白云石英片岩，与石榴钠长角闪片岩、石榴角闪绿帘石岩、石榴角闪片岩等互层。(岩)组底界以石墨片岩为主要标志，与下伏天台山(岩)组分划；顶界以角闪片岩为主要标志，与上覆塔耳岗(岩)组分划。与上、下(岩)组均呈整合接触。

【层型】 正层型为黄陂县邓家湾剖面(114°22′32″、31°07′26″；湖北区测队，1973)。

上覆地层：**塔耳岗(岩)组** 含白云钠长石英片岩夹钠长阳起片岩、白云钠长石英片岩、白云钠长片麻岩

——————— 整　合 ———————

七角山(岩)组　　总厚度 1255.87 m

100. 透闪钠长石英片岩夹少量榴闪岩透镜体，顶部为薄层状半石墨片岩　　14.78 m

101—106. 含白云石英片岩与含榴钠长角闪片岩不等厚互层，前者具碳质条带，后者夹含榴角闪绿帘石岩透镜体　　150.76 m

① 黄占生，1979，湖北大悟孝感一带含磷地层的划分与对比。湖北区测（内刊）。

107—108. 白云石英片岩夹5～6层半石墨片岩、白云钠长片麻岩 79.03 m

109. 白云钠长片麻岩夹白云石英片岩 85.22 m

110. 角闪石英片岩夹白云钠长片麻岩及少量含石墨白云石英片岩 24.61 m

111. 含石墨白云石英片岩夹白云石英片岩 33.13 m

112. 条带状石英岩，含碳质条带，有时可见交错层 11.40 m

113. 白云石英片岩夹石墨白云石英片岩 104.99 m

114—116. 白云钠长片麻岩夹绿片岩、白云石英片岩及榴闪岩透镜体 395.60 m

117. 榴云片岩夹含石墨白云石英片岩及绿片岩 141.87 m

118—120. 半石墨片岩及白云石英片岩夹含石墨石英片岩 249.48 m

———— 整 合 ————

下伏地层：**天台山(岩)组** 白云钠长片麻岩夹白云石英片岩，少量半石墨片岩

【地质特征及区域变化】 在区域上，七角山(岩)组主要出露在大悟、红安、孝感、黄陂等地的天台山背斜南翼、仙居顶背斜西翼彭店—七角山—麻城宋埠一线以西、八里背斜两翼，大磊山穹窿东翼大魁山—雷家冲一线以东、双峰尖背斜东翼的四方山—畈上湾—竹林寺一线以东的地区，夏店岩体周围地区等，另在澴水断裂以西大山口向斜以南的十里河背斜地区亦有出露。以石墨片岩、白云石英片岩、石英岩(有时含大理岩)为主要组合的上、下两套含碳变沉积岩，其间夹白云钠长片岩、钠长角闪片岩为主要组合的变基-酸性火山岩系，作为七角山(岩)组的特征，在上述地区基本上是稳定出露的，各地的差异仅显示在碳质片岩的多少或基性、酸性变火山岩的厚薄不同。在黄陂郭家寺—易家田一带，七角山(岩)组主要由绢云石英片岩组成，夹绿帘阳起钠长片岩、黑云阳起片岩、绢云片岩、变质流纹岩和绢云石英钠长片岩，顶部以绢云母片岩夹数层含铁碳质绢云石英片岩与上覆塔耳岗(岩)组的白云钠长石英片岩呈整合接触，全组厚1 113 m。红安、大悟等地，七角山(岩)组底以夹含石墨白云石英片岩的白云钠长片麻岩与下伏天台山岩组之白云钠长片麻岩整合分界，向上为白云钠长片麻岩与钠长角闪片岩呈不等厚互层产出，上部则为白云石英片岩夹含石墨白云石英片岩与石英岩，并夹少量白云片岩与含榴黑云钠长角闪片岩、绿泥透闪阳起片岩，顶以含石墨石榴白云石英片岩与上覆塔耳岗(岩)组的白云钠长片麻岩整合接触。全(岩)组以发育白云钠长片麻岩、钠长角闪片岩、白云石英片岩为主要特征，厚484 m。因此，新含义的七角山(岩)组，作为红安(岩)群的中上部(岩)组，在区域延伸上具有稳定性。它与黄麦岭(岩)组由于共同含石墨片岩、白云石英片岩、石英岩、大理岩而常被混淆为一个(岩)组，实际上它在区域出露上均未曾与桐柏山(岩)群或大别山(岩)群有任何形式的接触，而黄麦岭(岩)组总是分布在有桐柏山(岩)群或大别山(岩)群出露的背斜和穹窿地带，而且直接覆盖于两(岩)群之上。此外，七角山(岩)组不含磷锰矿，不具含矿层位的意义，而黄麦岭(岩)组是富含磷、锰，乃至重稀土矿的(岩)组，是一个已有工业矿床产出的富矿层位。七角山岩组虽见有大理岩产出，但数量稀少，且所见为方解石大理岩，而黄麦岭(岩)组则富碳酸盐岩沉积，且所见大理岩多为白云石大理岩。所以，严格区分这两(岩)组，不但在构造地层序列的研究上，而且在找矿方向上都具有重要的意义。

塔耳岗(岩)组 Pt₂*te* (42-0038)

【创名及原始定义】 湖北区测队(1975)于黄陂县塔耳岗创名“塔耳岗组”。原始定义：指红安群顶部岩组，但未见顶，“与下伏磨盘组呈整合接触”。“按岩性组合和标志层可分上、下两段”，“下段：银灰色或灰黄绿色绢云石英片岩、绢(白)云钠长石英片岩、暗绿色阳起片岩

为主，夹银灰色绢云母片岩，底部有一层厚6米的黑云阳起片岩”；“上段：底部为灰白色—浅肉红色薄板状浅粒岩夹绢(白)云石英片岩、钠长绿帘阳起片岩，中部为浅灰白色白云夹灰黄色绢红石英片岩，钠长绿帘阳起片岩，顶部为黑色厚层状硅化灰岩、粉红—灰黄色千枚岩、黑色薄层状硅质层”。总厚度大于1 600 m。

【沿革】 湖北区测队(1976)曾将广济一带塔耳岗组片岩之上的绿泥绢云千枚岩及灰岩归入塔耳岗组顶部层段，其上为由燧石条带白云岩组成的晚震旦世地层不整合覆盖。湖北省鄂东北地质大队(1990)将同是广济地区的原红安群磨盘组与塔耳岗组合称“青白口系”，与随州地区之“随县群”相对比，而将上述千枚岩及灰岩分别划归为震旦系下统与上统。湖北区测队(1978)将黄陂白水湖畔的硅化灰岩、千枚岩及硅质岩等划归震旦系上统上部地层。李松生(1990)将原红安群出露于黄陂—广济一带的磨盘组与塔耳岗组从红安群中划出，合称“随县群”。因而，塔耳岗组实际上被震旦纪地层所覆盖，只是各地出露情况不一。

【现在定义】 塔耳岗(岩)组为桐柏山—大别山南麓元古宙红安(岩)群的顶部(岩)组，底与下伏七角山(岩)组含碳绢云石英片岩或绿色片岩呈整合接触；顶以白云钠长石英片岩与上覆震旦纪地层千枚岩呈断层接触。全(岩)组可分三段：下段为白云钠长片麻岩、白云石英片岩夹钠长角闪片岩与微斜钠长浅粒岩；中段为微斜钠长浅粒岩，夹白云钠长片麻岩与钠长角闪片岩；上段为白云钠长片麻岩或白云钠长石英片岩，夹白云石英片岩与钠长阳起片岩，为鄂北蓝闪片岩产出层位。

【层型】 正层型为黄陂县郭家寺剖面(114°24′08″、31°06′48″；湖北区测队，1973)。

塔耳岗(岩)组	总厚度约1 175.00 m
23. 白云石英片岩夹含白云石英片岩(未见顶)	>65.02 m
22. 绢云钠长石英片岩	28.87 m
21. 白云石英片岩夹绢云石英片岩	92.73 m
20. 轻微变质流纹岩	10.89 m
19. 钠长绿帘阳起片岩夹阳起绿帘石岩透镜体	38.03 m
18. 轻微变质流纹岩	28.68 m
17. 白云石英片岩夹绢云石英片岩	13.04 m
16. 轻微变质流纹岩夹白云石英片岩	22.71 m
15. 绢(白)云石英片岩	168.61 m
14. 绢云母片岩夹绢云石英片岩	22.12 m
13. 钠长绿帘黑云阳起片岩	31.30 m
12. 绢云石英片岩	137.56 m
11. 绿帘阳起片岩(变中—基性火山碎屑岩)夹绿帘钠长阳起黑云片岩，具变余杏仁构造	422.03 m
10. 上部浮土，下部白云钠长石英片岩	93.27 m

———— 整　合 ————

下伏地层：**七角山(岩)组**　绢云母片岩夹一层含绿帘钠长角闪片岩及数层含碳质绢云石英片岩

【地质特征及区域变化】 塔耳岗(岩)组出露在大磊山穹窿与仙居顶背斜之间的五岳山-余河向斜及黄陂塔耳向斜，组成向斜的槽部地层，在八里背斜组成翼部，另在广济李堂选一花园一带亦有少量出露。区域上的变化主要表现在白云钠长片麻岩广泛出露在五岳山-余河向斜地区；而塔耳向斜及广济一带，则主要为白云钠长石英片岩或白云石英钠长片岩；八里背斜地区似为二者的过渡地带。同时，塔耳岗(岩)组与下伏七角山(岩)组的界面特征，在各地亦有差异，如在五岳山-余河向斜地区，本(岩)组底部以石榴白云钠长片麻岩与下伏七角山(岩)组顶部之石榴钠长角闪片岩整合分界；在红安吴家田、大悟肖家冲等地，本(岩)组底部以含榴绿泥白云钠长片麻岩与下伏七角山(岩)组顶部含石墨石榴白云石英片岩整合分界；在八里背斜两翼，本(岩)组底部以含白云钠长片麻岩与下伏七角山(岩)组顶部半石墨片岩整合分界；在塔耳向斜地区，本(岩)组底部以白云钠长石英片岩与下伏七角山(岩)组顶部夹含铁碳质绢云石英片岩与绿帘钠长角闪片岩的绢云母片岩整合分界。这都是较易划分两(岩)组界面的清楚标志。但在更多情况下，七角山(岩)组顶部以浅色片麻岩或片岩夹多层绿色片岩产出时，塔耳岗(岩)组的底界面多划定在绿色片岩较厚或较多的顶层面。

塔耳向斜—广济一带塔耳岗(岩)组出露区是著名的鄂北蓝片岩带分布地带，蓝闪石片岩以及含多硅白云石、硬绿泥石等高压变质矿物的片岩赋存在白云钠长石英片岩、白云石英片岩及钠长阳起片岩中，具有明显的构造部位与地层层位。这在北部余河向斜地区是见不到的。

此外，塔耳岗(岩)组的绿色片岩，在浅色片麻岩为主的地区，表现为钠长角闪片岩，而在浅色片岩为主的地区，表现为钠长阳起片岩。

原红安群七角山组与塔耳岗组之间尚建有“磨盘组”。本次清理中，以含碳绢云石英片岩或绿色片岩层为标志，将原磨盘组下部含绿色片岩较多的层段归入七角山(岩)组，其上归为塔耳岗(岩)组，即已将“磨盘组”解体不存在，今后也不再使用。

【其他】 (1)塔耳岗(岩)组的地质特征及区域变化，比之红安(岩)群的其他三个(岩)组，具有显著的特殊性与复杂性。本(岩)组内蓝片岩的存在，以及七角山(岩)组底部与石墨片岩、石英岩等共生的含蓝闪石榴辉岩与大别山(岩)群中含柯石英含金刚石榴辉岩的存在，且在整个鄂北造山带内蓝片岩带东西绵延700余千米，表明造山带内板块碰撞会聚边界的存在。因此，以此边界为界，南、北红安(岩)群作为一个构造地层单位划分，还是作为两个群级构造地层单位分划更为合适。这是一个尚待解决的新课题。

(2)目前红安(岩)群的原岩成岩地质时代，被认定为中元古代。本次清理仍将其时代推定为中元古代，主要依据是：①红安(岩)群不整合覆盖于中深变质的大别山(岩)群或桐柏山(岩)群之上，尽管界面的性质已被后期构造变动所改造，目前所见，多处表现为剪切带性质，但红安(岩)群与下伏中深变质岩系无论在原始建造上，抑或变质改造特征上，都迥然不同，这是无可非议的。红安(岩)群被震旦系所覆盖，虽然二者界面性质目前亦为构造变形面，但震旦系无论在原始沉积建造与变形变质改造方面，与红安(岩)群有着显著的差异，表明红安(岩)群与下伏和上覆地层为不同地史时期的不同地质构造环境的产物，其原岩形成的地质时代至少为前震旦纪。②在被红安(岩)群黄麦岭(岩)组覆盖的桐柏山杂岩之混合花岗岩锆石U-Pb法测定的同位素年龄数据，在韦瑟里尔谐和图上的上交点年龄值为2 031±56 Ma，同一样品的Pb-Pb法测定的等时线年龄值为1 973±89 Ma。如果将震旦纪的下限年龄值定为800 Ma，那么，红安(岩)群的原岩年龄为2 000—800 Ma之间。③在红安(岩)群的黄麦岭(岩)组、七角山(岩)组、塔耳岗(岩)组中所采锆石的U-Pb法同位素视年龄值，由于样品分散，明显不一致，多数为466～740 Ma，但其中亦存在1 439 Ma与1 915 Ma(黄麦岭(岩)组)，是反映原岩时代为中元古代的重要信息。④在红安(岩)群黄麦岭(岩)组的含磷石墨片岩中曾采集少量疑源类化石：*Asperatopsophosphaerd* sp.，*Polyporata microporosa*，*P. obsoteta*，*Trematosphaeridium holtedahlii*，*T. minutum*，*Lignum* sp. 等，这些分子常见于北方中元古代地层中。

武当(岩)群　PtW　(42－0039)

【创名及原始定义】　李捷、朱森(1930)于湖北武当山创“武当片岩”。原始定义:“武当片岩限于官坊逆掩断层以北武当山及其以南诸山。武当山之东西各山间分布之绿泥片岩、石英砂质片岩及少数片麻岩，间夹变质灰岩、大理岩及片状大理岩，约可分为三部分:下部为绿片岩，间夹片麻岩、黑云母片岩、滑石片岩及一层片状大理岩。中部为砂质片岩、石英砂质片岩及石英片岩。上部为含砂质片岩及绿泥片岩。属五台系”。上为“震旦片岩”不整合覆盖。

【沿革】　地质部丹江口水文工程地质队(1958)将白河—老河口公路以南的片岩系称“武当系”，而将公路以北丹江口水库库区及外围地区的片岩系称“郧阳系”，并分为上、下“郧阳系”，时代归属为中元古代。北京地质学院(1962)将武当山区及老白公路与丹江水库间的片岩系统称武当群，内分下武当群(公路南)化口组、官坊组、杨坪组、白耳河组;上武当群(公路北)丁家营组、马鹿坪组、青山港组，二者间以界牌垭砾岩为界处理为平行不整合接触，全群时代归属为元古代。陕西区测队(1966)将两郧地区的片岩系称上部“耀岭河群”，下部“郧西群”，时代均归属为早震旦世。《湖北省区域地层表》(1965)将郧西群改称“两郧群”，时代归为元古代。郝用威、刘兴义(1982)①提出将武当山群的楼台组与银洞沟组归为下元古界，杨坪组归为中元古界，双台组归为上元古界。刘兴义、周骏华(1984)②将武当山地区原武当山群三分为:下武当群，楼台组与银洞沟组，时代为早元古代;中武当群，杨坪组与双台组，时代为中元古代;上武当群，龙王庙组与三官庙组，时代为中—晚元古代。三群间均为不整合接触。湖北区调所(1986)将武当山南、北的原“武当片岩”“武当山群”称“武当群”，群内自下而上划分为“姚坪组”、“杨坪组”、“双台组”，时代归为中元古代。

王宗合(1989)亦将“武当山群”内部自下而上划分为楼台组、挡鱼河组、杨坪组，并将前二者时代归为中元古代，将杨坪组时代归为晚元古代。

天津地矿所等(1993)提出武当地区武当群的构造-岩石地层系统，自下而上为变火山岩岩组(变基性火山岩岩段、变酸性火山岩岩段)、变沉积岩岩组(下变沉积岩岩段、上变沉积岩岩段)，并认为各组间、岩段间的“接触界面不是传统意义上的‘整合’、‘假整合’或‘不整合’等沉积界面，而是剪切滑脱为主的构造界面”，这一构造-岩石地层系统仅显示“武当推覆体内部各岩片的地层叠置关系”。

同年，湖北区调所将武当山群划分为下部变沉积岩组——杨坪组，上部变火山-沉积岩组——双台组，与上一划分不同的是:变沉积岩组在下，变火山-沉积岩组在上，且二者为整合关系。③

本次对比研究中，由于根据与邻省协商的意见，将省境北部京广线以西枣阳—随州—广水(以下简称随州地区)及武当山两区域内震旦纪耀岭河组之下的变质岩系统称“武当(岩)群”。因而，随州地区这一变质岩系[不包括中深变质的桐柏山(岩)群]的划分沿革亦成了“武当(岩)群”划分沿革的一部分。这一地区的中浅变质岩系(包括后划分的耀岭河群、震旦系、寒武—志留系和大洪山地区为花山群不整合覆盖的变质碳酸盐岩—碎屑岩系在内)曾统称“应山群”，由北京地质学院(1961，1∶20万随县幅区测报告)创名，且从下而上划分为:高城白云

---

① 郝用威、刘兴义，1982，湖北省武当山区前寒武纪变质地层时代之谜。
② 刘兴义、周骏华，1984，湖北省武当山地区前寒武系变质岩构造变形特征及变质岩地层划分的初步讨论。
③ 湖北省区调所，1993，1∶5万石花街幅粟谷庙幅地质图说明书。

母石英片岩组、平峰山下变质火山碎屑岩组、接官厅绢云母石英片岩砂质千枚岩组、环潭千枚岩硅质灰岩组、三汊湖变质凝灰质半硬砂岩组、大栗山上变质火山碎屑岩组、伏岭硅质板岩硅质灰岩组，打鼓石白云质结晶灰岩组。时代为早元古代。

同年，北京大学地质地理系(1：20万宜城幅区测报告)将枣阳南部、宜城东部、随县西部三县交界地区的片岩系引用“应山群”，从下而上划分为团山组、宋家集组、清潭组、竹林凹组、草棚岗组、茅茨畈组。时代为元古代。它不再包括大洪山区的“白云质结晶灰岩”。

1975年，北京大学《湖北大洪山震旦系》一文提出湖北大洪山区及宜城—枣阳—随县—应山地区的震旦系地层柱，将上述两个“应山群”重新划分建立了下部应山群、上部京山群，两群间作假整合接触，并将京山群(包括白果树白云岩)与北方蓟县系—长城系对比，而“应山群”则作为早于长城系的地层单位处理，内部划分了七个岩组。

湖北省第八地质大队(1978)在随县南部的“吕梁期次火山岩相变质辉绿玢岩”的沉积岩夹层中发现了奥陶纪—志留纪生物化石，确立了早古生代地层在“应山群”出露区内的存在。提出了随县南部原“应山群”地层划分的新认识，自下而上分为：元古界大狼山群，天星庙组、柳林组、过路湾组，震旦系、寒武系、奥陶—志留系、泥盆系。①

湖北区测队(1980、1982)在先后开展1：20万钟祥幅应城幅、宜城幅随县幅区调时，在原“打鼓石白云质结晶灰岩”中发现了丰富的叠层石与疑源类化石，将其从“应山群”中分出，单独建“打鼓石群”，时代归为中元古代。同时在原“伏岭组”中发现寒武纪早世和震旦纪晚世化石，确立了下寒武统与上震旦统的存在。并于1982年提出将剔除已确定的震旦纪—志留纪地层之后的原“应山群”改称“随县群”，内部自下而上划分为古井组、柳林组、垸子湾组，时代置于青白口纪—早震旦世。

《湖北区域地质志》在引用“随县群”这一地层单位时，将其时代归属为中元古代，与鄂东北红安群与鄂西北武当山群相对比。

对于随州高城以北与河南省交界的桐柏山南麓之片岩系，河南区测队(1967)曾将其命名为“万和店群”，自下而上分为定远组、狮子口组、陈家湾组，时代归为元古代。“万和店群”实际为原应山群(后称的随县群和震旦系)的北延部分。

1990年以后的1：5万区调及专题研究中，随县群、大狼山群均被分别引用，但随县群内部岩组的划分各图幅都有所不同。

综上所述，以武当(岩)群替代原“武当山群”与“随县群”之后，它的划分沿革变得十分繁杂。同时，在(岩)群内的划分上，原来两群的组级单位划分并不一致，现在要将它们统一划分，无论在实际资料依据上和对比的可能性上，都显得十分困难。

【现在定义】 武当(岩)群泛指武当山及其周缘、郧西—丹江、枣阳—随州—广水等地伏于震旦纪耀岭河组之下的中浅变质岩系，未见底，由阳起片岩、钠长片岩、绢(白)云石英片岩、碳质片岩、石英岩、变长石砂岩、变石英砂岩、变粉砂岩及少量大理岩、磷灰石岩等组成。(岩)群内分下部变质火山岩岩组，上部变质沉积岩岩组。

【层型】 鉴于以往所测之剖面并非按本次清理所拟定的变质火山岩(岩)组与变质沉积岩(岩)组划分与命名，故对该两个非正式岩石地层单位的层型，本书采用复合层型形式，以尽可能反映岩组的全貌。

(1)变质火山岩岩组

① 湖北省第八地质大队，1978，1：5万洛阳店幅区域地质矿产调查报告(上册)(未刊)。

本岩组复合层型为陕西白河黄龙洞剖面(陕西省白河县顺水寺黄龙洞950高地276°方向1000 m河边。110°07′50″、30°40′31″)与湖北省竹山县桃园—茅塔剖面的复合剖面。均由湖北省区调所1986年测制，详见1：20万竹山幅谷城幅区调报告。

在该复合剖面上，变质火山岩岩组可清楚划分出4个岩段，显示4次喷发-沉积旋回：

第一岩段：下部为变酸性晶屑凝灰岩与钠长浅粒岩互层，夹有含榴二云石英片岩及少量白云石英片岩、黑云片岩、黑云绿泥片岩、白云钠长片岩、含钙绿泥钠长石英片岩、绿泥钠长片岩；中部为钠长变粒岩与钠长浅粒岩互层，夹有绿泥钠长石英片岩、变晶屑凝灰岩、白云石英片岩、石英黑云片岩、含钙二云片岩、二云石英片岩与绢云片岩；上部为白云钠长片岩夹钠长变粒岩与含钙黑云片岩；顶部为绢云石英片岩与含黑云钠长浅粒岩互层。

第二岩段：下部以含榴二云钠长变粒岩与含榴钠长浅粒岩为主，夹含榴石英绢云片岩、绢云石英片岩、黑云片岩及含榴变石英砂岩，变粒岩中具含磷钙质浅粒岩条带与黑云片岩条带；中部为具含榴钠长石英片岩条带的含砾含榴钠长变粒岩与绢云石英钠长片岩，夹白云钠长石英片岩、薄层状含榴黑云结晶灰岩与钠长浅粒岩；上部为含黄铁矿二云钠长变粒岩与黄铁矿绢云石英片岩互层；顶部为条带状含榴绢云钠长石英片岩与绢云钠长变粒岩，夹薄层含钙钠长变粒岩与黑云片岩。

第三岩段：下部为变酸性晶屑凝灰岩与二云钠长变粒岩，夹钠长浅粒岩与绢云钠长片岩；中部为变石英角斑岩与变酸性凝灰熔岩；上部为绢云钠长变粒岩、绢云钠长石英片岩与钠长浅粒岩；顶部为含榴绢云石英钠长片岩与石英绢云片岩，夹含碳磷硅质岩、具碳磷条带变晶屑凝灰岩与条纹状二云钠长变粒岩。

第四岩段：下部为二云钠长石英片岩、绢云钠长变粒岩与钠长浅粒岩，夹变晶屑凝灰岩、绢云钠长片岩与灰岩结核；中部为钠长绢云石英岩；上部为含砾钠长绿泥透闪-阳起片岩与变石英角斑岩，夹含榴角闪黑云变粒岩；顶部为含榴绢云钠长石英片岩与白云二长变粒岩。

全岩组未见底，下与变质沉积岩(岩)组钠长石英片岩呈剪切带接触，上与上覆耀岭河组变火山角砾岩呈不整合接触，厚度大于4 196 m。

(2)变质沉积岩岩组

本岩组之复合层型为房县解家河剖面(房县割谷寺东400 m水沟，110°43′20″、32°23′01″)、房县瓦屋湾—云采观剖面、房县小白复剖面及房县石板口—砸口崖剖面等4个剖面的复合剖面。均由湖北区调所1986年测制，详见1：20万竹山幅谷城幅区调报告。

在该复合剖面上，变质沉积岩岩组可清楚划分出5个岩段，显示五次自下而上由粗变细的沉积旋回：

第一岩段：下部为巨厚层—块状变长石砂岩与含榴钠长石英岩，偶夹含榴绢云石英片岩；中部为钠长石英岩或变长石砂岩，与具碳磷条带的含榴绢云石英片岩互层，石英岩或砂岩中偶具碳、磷质条带，片岩中夹绢云片岩与绢云钠长片岩；上部为含榴绢云石英钠长片岩夹条带状石英绢云片岩(含疑源类化石)与变长石砂岩。

第二岩段：下部为变长石砂岩，层间夹有含榴碳质绢云石英片岩或石英绢云片岩、含榴钠长石英片岩或绢云石英钠长片岩，呈不等厚互层状产出，砂岩中局部夹钙质石英砂岩或具碳质绢云片岩纹带；中部为含榴钠长变粒岩与变凝灰质砂岩，夹含榴白云石英片岩与绢云钠长石英片岩；上部为具含碳绢云片岩条带的变长石砂岩，夹含磷灰石绢云石英片岩、含碳绢云石英片岩与含磷碳绢云片岩，片岩中含疑源类及原海绵骨针化石。

第三岩段：下部为变长石砂岩夹绢云石英片岩；中部为绢云石英片岩夹透镜状变砂岩；上

部为具碳、磷条带绢云石英片岩夹含十字石绢云石英磷灰石岩与极薄层硅质磷块岩。

第四岩段：下部为变长石石英砂岩与变长石砂岩，与绢云钠长石英片岩呈不等厚互层，夹变含钙长石砂岩、绢云石英片岩；上部为变泥质砂岩与绢云石英片岩，夹具碳磷条带钠长绢云片岩。

第五岩段：下部为变长石砂岩与变长石石英砂岩，与含榴绢云石英钠长片岩或绢云钠长石英片岩互层，夹二云钠长片岩；中部为含榴绢云钠长石英片岩、含榴绢云石英钠长片岩、含榴绢云石英片岩，夹变长石砂岩与绢云钠长片岩；上部为厚层—块状变长石砂岩与绢云钠长片岩互层；顶部为绢云石英钠长片岩。

全(岩)组顶、底均以剪切带与变质火山岩(岩)组接触，厚度大于 4 364 m。

【地质特征及区域变化】 (1)变火山岩岩组：复合层型代表了武当山南坡本岩组岩石组合的基本特征，总体上显示下部以含晶屑的变凝灰岩为主，中部以变沉凝灰岩为主，上部以变熔岩为主的变化规律。(岩)组所夹之沉积岩夹层具有从下至上不断增多的趋势，且下部以夹变凝灰质粉砂岩与粘土岩为主，向上则不但夹较多变凝灰质砂岩、粉砂岩、粘土岩，还夹有含磷、含碳、含钙的粘土岩、硅质岩及透镜状大理岩，形成为本岩组明显的含矿层位。在菩陀山—武当山一线，本岩组与变沉积岩岩组接触界面附近，常可见有变质凝灰质砾岩或含砾火山凝灰岩不稳定产出(习称"界牌垭砾岩")，而在其他地区则很少见到此种火山砾岩或含砾火山凝灰岩。同时，在本岩组底部，在区域上均可见有较多变基性火山岩出露，它们具有残余的气孔、杏仁、枕状构造，多为变玄武质熔岩，亦有变玄武质凝灰岩，其主要岩性为钠长绿泥阳起片岩、阳起绿泥钠长片岩、黑云钠长片岩、绿帘阳起钠长片岩，与变石英角斑岩、斜黝帘石石英岩、变粒岩呈互层或夹于其中，俗称"条带状基性岩"。这一岩段在区域填图中作为类标志层，在竹山关旺挡鱼河—房县大木厂—九口山—沙河—摩天岭—紫金一带，郧县亭竹山—十堰牛头山—武当山紫霄宫一带，以及竹山蛟龙观—马龙河等地均可见及。

在武当山北坡及白河-石花街断裂(习惯称公路断裂)以北的郧西—均县地区的郧县蒿坪苍浪河口、湖蓝坡及竹山县火烧寺等地的变火山岩岩组未见底，顶被震旦纪耀岭河组含砾二云石英片岩覆盖，(岩)组总厚大于 4 138 m。主要由钠长浅粒岩或变粒岩、钠长石英片岩、含榴白云石英片岩、绢云钠长变粒岩、石英绢云片岩、绢云石英片岩、石英岩等岩石的组合多次叠复产出组成。在每一组合中，下部以变火山岩为主，上部以变沉积碎屑岩与粘土岩为主，显示火山喷发→沉积的多个旋回性特征。岩组之顶部二云钠长石英片岩中含疑源类化石。比之武当山南坡，本地区变火山碎屑岩中，较普遍地见有砾石与岩屑。同时，在岩组顶部多处可见有粗面质火山岩产出，成为本岩组与上覆震旦纪耀岭河组划分的重要标志。

综观鄂西北地区，武当(岩)群变火山岩岩组中的火山岩在岩组中的比例有自北向南减少、沉积岩夹层有自北向南、自东向西增多的趋势，似乎显示(岩)组沉积时，盆地中火山活动北强南弱、东强西弱的特点。

桐柏山南坡枣阳—随州—广水地区的枣阳清潭—随州环潭—安陆赵棚一线以北地带，变火山岩岩组中的火山碎屑岩，特别是含砾、屑的火山碎屑岩尤为发育，普遍可见。应山县韩家湾—马坪剖面(湖北区测队，1978)集中反映了这一特色，变火山岩岩组中除少量变玄武质火山岩(阳起片岩、绿帘黑云钠长片岩)和绢云片岩、含碳质石英绢云千枚岩等沉积夹层外，绝大部分由含砾的变流纹质晶屑岩屑凝灰岩、变流纹质凝灰岩与变流纹质熔岩所组成，由这些岩石自下而上由粗至细的韵律式组合及由这些组合多次叠复产出，显示出频繁的间歇性火山喷发活动的特点。

在上述一线以南的枣阳南部及随州南部、安陆北部等地，变火山岩岩组下部由变酸性晶屑岩屑凝灰岩、变酸性凝灰岩、变流纹岩等，与变质中基性晶屑岩屑凝灰岩呈互层产出，夹有绢云片岩(与武当山南坡之“条带状基性岩”相类似)；中部则为变酸性凝灰岩与变流纹岩夹变中基性凝灰岩；上部为绢云母片岩与绢云钠长石英片岩夹钠长浅粒岩、绢云绿泥钠长片岩、绢云钠长片岩与少量钠长绿帘阳起片岩，显示变沉积岩为主导的面貌。在枣阳石盘寺、安陆赵棚—陈巷等地，岩组之顶部可见有厚近 200 m 的石英岩、石英片岩、绢云片岩组合层产出。在随州城至何店一带，则可见夹有较多变石英角斑质熔岩产出；在京山三阳牛头寨则在顶部见大理岩与硅质板岩透镜体。这个地区的变火山岩岩组总貌与武当山南坡变火山岩岩组有极大的相似性。

(2)变质沉积岩岩组：本岩组基本由厚层状、巨厚层状—块状产出的变长石砂岩、变长石石英砂岩(钠长石英岩)、变粘土质砂岩(白云石英片岩)等成熟度较高的粗碎屑岩，与具碳质、磷灰质条带的绢云石英片岩、石英绢云片岩、钠长绢云片岩等变粘土质岩石等组成，由这些粗碎屑岩与含碳磷质粘土岩的间互叠复产出，显示出全岩组自下而上由粗变细的多个沉积旋回。

在武当山南麓由房县—十堰公路的五谷庙—土城一线向东南至房县杨坪、沙河、摩天岭一带，以房县沙河—杨坪为中心，向西或向东，本岩组每一沉积旋回下部的变长石砂岩、钠长石英岩明显减少，它们的单层厚由厚层—块状产出，渐变为中厚—厚层状产出。同时，由较纯的长石砂岩、长石石英砂岩或石英砂岩，渐变为粘土质砂岩，条带状构造亦趋发育。而每一旋回上部之变粉砂岩、变粘土岩明显增多，即变砂岩总厚度由大于变粘土岩，变为小于变粘土岩，且砂岩及其它岩石中的含碳粘土质条带变得发育。整个岩组在该地区均以剪切带夹持于南、北变质火山岩岩组间。

展布于白河-石花街断裂以北两郧背斜核部之变质沉积岩岩组，具有与上一地区变质沉积岩岩组不同的特征。这里岩组下部以变粘土质长石石英砂岩与变火山岩岩组的变晶屑凝灰岩呈剪切带接触，而顶部以变粘土质石英砂岩与震旦纪耀岭河组绿帘绿泥钠长片岩呈剪切带接触，全岩组主要岩性为变粘土质长石石英砂岩(绢云钠长石英片岩)所组成，仅夹少量含榴绢云钠长变粒岩(变粘土质长石砂岩)和顶部出露有绿泥绢云石英片岩(变粘土质石英砂岩)，几乎未见粘土质岩石的出露，岩组可见厚为 339 m。

在随州地区，变质沉积岩岩组仅出露于随南柳林背斜核部随州包家巷子—紫山一带，岩组未见底，顶与寒武纪杨家堡组硅质板岩呈断层接触。岩组下部为变质含砾岩屑砂岩、不等粒岩屑砂岩与石英砂岩，夹绢云钠长片岩、绢云片岩与绢云石英钠长片岩及少量绿泥方解钠长片岩；中部为条纹构造发育的绢云钠长石英片岩、钠长石英绢云片岩、钠长绢云片岩与绢云片岩；上部为变质含岩屑砂岩与绿泥绢云石英片岩；顶部绢云片岩及含碳绢云石英片岩。基本上显示由变质砂岩与绢云片岩组合的两个沉积旋回。岩组厚 2 839 m。除含砾岩屑砂岩在区域上所含砾石的多少、大小有所变化外，其余作为主要岩性的不等粒砂岩与绢英片岩组合稳定分布。

【其他】 武当(岩)群内部变质火山岩岩组与变质沉积岩岩组间接触关系，近年来的调查研究资料，各家都一致认为属韧性剪切带构造接触。但二者的上、下层序关系尚看法不一。本次清理将变质火山岩岩组置下，变质沉积岩岩组置上，主要是采纳天津地矿所与鄂西北地调所的见解。他们在对武当山地区本(岩)群岩石各类方法测试的同位素年龄数据讨论的基础上，得出武当(岩)群变质火山岩岩组的成岩年龄为 1 935±71 Ma，1 967±3 Ma，认为变质火山岩岩组的底界年龄大于 1 900 Ma，而变质沉积岩岩组的成岩年龄应采用 1 090～1 252 Ma 这个数据为宜，底界可以限定在 1 200 Ma 左右。湖北区调所(1993)从二岩组的褶皱构造样式与构造面向，并结合岩石中残留的粒序层理构造，从露头至区域尺度，判断变质沉积岩岩组位于变质火山岩岩组之下。同时，武当(岩)群作为元古代板内裂谷的产物，其早期沉积物以成熟度较高的变质沉积岩岩组为代表，其后以双模式变质火山岩岩组代表裂谷发展时的产物，较为适合(岩)群成岩时地质构造环境的变迁规律。湖北区调所(1993)还提出将变质火山岩岩组上部变沉积岩较多，且亦含碳磷的岩段，另建变质沉积-火山岩岩组的见解①，以代表裂谷的张裂渐趋减弱，正常陆源碎屑沉积又占主导的产物，则更使武当(岩)群全部沉积物能较完备地显示裂谷环境变迁的总规律。这是值得进一步探讨的新思路。总之，变质火山岩岩组与变质沉积岩岩组，或新增一个变质沉积-火山岩岩组，它们之间的层序关系，仍是有待解决的课题。

至于武当(岩)群原岩的成岩时代，天津地矿所与鄂西北地调所依据前述同位素年龄数据推定为早元古代—中元古代，但本次清理仍将时代推定为中元古代，主要依据是：

(1)武当(岩)群两个岩组作为同一变质地体内上、下层序的不同岩石单位，是连续的整体，它们的变质程度、成岩地质构造环境、含矿性都是同一的。取于郧西茶店变质火山岩岩组中的 Sm－Nd 法测年样的模式年龄介于 1 341±20～1 488±19 Ma 之间，等时线年龄值为 1 404.1±65 Ma；取于竹山银洞沟变质火山岩岩组中全岩样的 Pb－Pb 模式年龄介于 1 235～1 275 Ma。这些数据已提供了变火山岩岩组成岩时代介于 1 200～1 400 Ma 间的重要信息。

(2)武当岩群变质沉积岩岩组与变火山岩岩组各自含碳磷的沉积岩中，除局部采到原海绵骨针外，主要含丰富的疑源类化石：*Leiominuscula* sp.，*Margominuscula verrucosa*，*M. rugosa*，*Lophominuscula* sp.，*Quadratimorpha simplisis*，*Leiofusa* cf. *digitata*.，*Taenictum crassum*，*Polyporata* sp.，*P. microporosa*，*Trematosphaeridium* cf. *minutum*，*Asperatopsophera* sp.，*A. umishanensis* var. *minor*，*Leiopsophosphaera* sp.，*Lignum* sp.，*Protonucellosphaeridium* sp.，*Taeniatum erassum*，*Nucellosphaeridium* sp.，*Leiominuscula* aff. *minuta*，*Trachysphaeridium cultum*，*Macroptycha uniplicata*，*Synsphaeridium* sp.，*Pseudofarososphaera* sp.，*Nucellospaeridium* sp.，*Archaeodiscina* sp.。它们与其南扬子区神农架群上亚群，其北华北区蓟县系的疑源类化石组合可进行对比。而神农架群上亚群底部台子组全岩 Pb－Pb 等时线年龄为 1 332 Ma。

(3)武当(岩)群下未见底，顶普遍被震旦纪耀岭河组不整合覆盖，尽管多处所见二者为断层接触，但耀岭河组底部有不少地方存在底砾岩(陕西白河卡子街、郧西天河口及观音、谷城观音坪)，表明二者原始不整合接触的存在。而耀岭河组岩石中锆石 U－Pb 法测定值的谐和曲线上交点年龄值为 795.7^{+79}_{-77} Ma，无论将该锆石作为捕虏锆石[来自武当(岩)群的沉积锆石]，还是作为自生锆石，都表明武当(岩)群成岩的上界年龄应在 800 Ma 或大于 800 Ma。

因此，将武当(岩)群成岩时代的年龄下界推定在 1 400 Ma，上界推定在 800 Ma，无论从其本身特征，还是从其与周围各地质时代的地层及侵入岩关系，或是从扬子、华北两大板块元古宙裂离，经多次开、合，至印支期完全拼合，从而在其间形成秦岭-大别造山带的整个地壳演化历史来分析，似乎更为确切妥贴。

神农架群　$Pt_2\hat{S}$　(42－0015)

① 湖北省区调所，1993，1∶5 万袁山等七幅区调填图工作小结。

【创名及原始定义】 由江涛、华媚春(1962)① 创名于神农架地区。原始定义：指“位于石槽河群之下的一套具中级变质的火山喷发岩系及变质岩系”。时代归为前震旦纪。厚度大于1 040 m。

【沿革】 杨开济(1962)把“平行不整合于南沱组以下的”一套地层统称神农架群。并根据岩性、接触关系划分下部“大神农架组”和上部“小神农架组”，其中小神农架组相当于江氏的下震旦统“石槽河群”，大神农架组相当于江氏的神农架群。湖北省综合研究队(1965)把江氏的石槽河群改称“伍子坪群”，并由下而上分为“羊圈河组”、“石槽河组”、“高桥河组”；把江氏的神农架群分为两个组，即下部“韭菜垭子组”，上部“红河组”。宜昌地质矿产研究所(1972)将神农架群分为上、下两亚群，上亚群相当于江氏的石槽河群，并由下而上划分为铁厂河组、石槽河组；下亚群相当于江氏的神农架群，自下而上划分为“玉龙亭组、荒草坪组、黑水河组”。湖北区测队(1974)把不整合伏于马槽园群之下的“一套碳酸盐岩、碎屑岩夹火山岩”组成的地层，厘定为神农架群，并根据旋回、接触关系、岩性组合、古生物特征，自下而上分下、中、上三个亚群、八个组：下亚群大岩坪组、乱石沟组、大窝坑组、矿石山组；中亚群台子组、石槽河组；上亚群送子园组、瓦钢溪组。李铨、冷坚等(1987)在原大岩坪组之下，发现一套有别于大岩坪组的岩石组合，又创建了“鹰窝洞组”。同样，在台子组和石槽河组之间，发现有前人没有归属的两套地层，又创建了“温水河组”和“野马河组”。根据“酒壶运动”在矿石山组和台子组间形成的平行不整合，把神农架群分为上、下两个亚群及11个组。同时，还对神农架群进行了生物地层、化学地层、年代地层、磁性地层等研究。

【现在定义】 神农架群是一套以白云岩为主的岩石组合；其次含有砂岩、粉砂岩、砾岩、火山岩、铁矿层等。岩石经轻微区域动力变质。底部没有出露，顶与上覆马槽园群呈不整合接触，时代为中元古代，自下而上划分有鹰窝洞组、大岩坪组、乱石沟组、大窝坑组、矿石山组、台子组、野马河组、温水河组、石槽河组、送子园组、瓦钢溪组等11个组。

【地质特征及区域变化】 本群主要分布于鄂西神农架林区和鄂中大洪山区，分别构成神农架穹窿和大洪山背斜核部。该群主要由65%的碳酸盐岩类、31%的碎屑岩类、4%的火山岩类所组成。其中，碳酸盐岩包括白云岩类、灰岩类及二者间的过渡岩石类型，这类岩石广泛分布于神农架群各岩石地层单位中；碎屑岩类主要见于大岩坪组、乱石沟组、矿石山组、台子组、送子园组等，尤以上亚群各组产出较多；火山岩类主要分布于乱石沟组(粗面岩)、温水河组(玄武岩)、送子园组(安山岩)。本群碳酸盐岩层中，盛产形态各异、大小不一的叠层石，除台子组底部和送子园组顶部见少量叠层石外，其余各组中都比较发育。此外，本群疑源类化石也较丰富，尤以下亚群乱石沟组下部灰色薄层状白云岩中和上亚群台子组粉砂岩中所产疑源类化石最甚。不论是叠层石或是疑源类，对神农架群时代的确定及进行区域地层对比都具有重要意义。本群下不见底，顶部白云岩与上覆震旦纪南沱组冰碛岩或莲沱组紫红色砂砾岩、或与青白口纪马槽园群砾岩间，均呈不整合，界线清楚，标志明显。全群总厚大于12 680 m，其中下亚群厚大于6 500 m，上亚群厚6 100 m。在大洪山地区，仅出露上亚群，厚1 943～2 320 m。本群赋存有铁、铜、钒、锰、油石、建筑石材等矿产。其中，矿石山组的沉积赤铁矿和台子组的钒矿，均形成有工业矿床。

【其他】 在大洪山地区，本群仍以白云岩为主，次为轻微变质的泥、砂砾岩，岩层中硅、泥质条纹、条带、网纹发育。北京大学地质地理系(1963)曾称这套不整合于震旦纪以下的地

---

① 江涛、华媚春，1962，神农架地质兼论中国南部震旦系的三分问题，湖北省地质学会1962年年会论文集(一)。

层为“白果树白云岩”；湖北区测队(1980)曾创名“打鼓石群”，并由下而上创建了“太阳寺组、韩家洼组、罗汉岭组、陈家冲组、李家咀组、凼铺岭组”。本次清理认为打鼓石群的岩性特征、生物特点、地层时代等和神农架群基本一致，为神农架群同物异名，故停用了打鼓石群及有关组名，并根据岩石组合特征及叠层石或疑源类组合对比，划归神农架群上亚群的不同组。

鹰窝洞组　Pt_2y　(42-0001)

【创名及原始定义】　由李铨、冷坚等(1987)于神农架林区宋洛南南西 15 km 徐家庄鹰窝洞河创名。原始定义："本组是神农架群出露的最低层位，其底部没有出露，厚度大于 1 901.61 m。""鹰窝洞组第一段，主要岩石组合是紫红色—肉红色含泥质、硅质及其条带泥晶—细晶白云岩，灰色条纹状细晶—泥晶白云岩，灰色叠层石泥晶—细晶白云岩，灰色鲕粒细晶白云岩，灰色碎屑泥晶—细晶白云岩。""第二段主要岩石组合为灰色—紫红色块状细晶—泥晶白云岩、灰色块层状细晶白岩，灰色叠层石泥晶—细晶白云岩、灰色盆屑白云岩，紫红色泥质泥晶白云岩和紫红色白云质粉砂岩夹细晶白云岩及灰色—紫红色含泥质泥晶白云岩与瘤状灰岩互层。”“鹰窝洞组位于大岩坪组之下，二者虽为连续沉积，但划分标志明显。”“与大岩坪组及已建各组有明显不同。”

【沿革】　本组自创名以来，未有变动。

【现在定义】　同原始定义。

【层型】　正层型为神农架林区宋洛鹰窝洞河剖面(110°26′30″、31°33′00″；李铨、冷坚等，1987，详见《神农架上前寒武系》)。

【地质特征及区域变化】　本组主要由灰色—紫红色具泥质、硅质纹带或含叠层石、鲕粒和碎屑的泥晶—细晶白云岩及灰色盆屑白云岩、紫红色泥质泥晶白云岩和紫红色白云质粉砂岩与瘤状灰岩等组成，岩性稳定，仅出露在神农架林区鹰窝洞河流域、摩天岭、大岩坪等地。全组厚大于 1900 m。

本组叠层石主要分子有：*Stratifera* f.，*Colonnella* cf. *discreta*，*Baicalia prima*，*Tungussia miniscula*，*Colonnella* f.，*Inzeria tylophora*，*Scopulimorpha motianlingensis*，*Omachtenia declivis* 和 *Parmites* cf. *nubilosus* 等。叠层石大多组成厚 1 m 至几米的生物岩礁或厚几至几十米的生物礁层，在区域上分布稳定。

大岩坪组　Pt_2d　(42-0002)

【创名及原始定义】　由湖北区测队(1974)于神农架林区九冲北约 8 km 的大岩坪创名。原始定义：该组主要由条带状板岩、千枚状板岩夹砂岩、砂砾岩、砾岩透镜体组成，为一套浅海相砂泥质沉积。出露厚大于 1 346 m，为本区出露最老地层，出露不全，未见其底。与上覆乱石沟组呈整合接触。

【沿革】　本组创名以来，涵义未有变更，仅李铨、冷坚等(1987)创鹰窝洞组后，将大岩坪组置于其上，不再作为神农架底部的岩石地层单位。

【现在定义】　大岩坪组可分为三段：第一段为深灰色—灰黑色薄层状含白云质粉砂岩夹杂砾岩、砂屑白云岩；第二段为薄层状白云质粉砂岩夹砂屑白云岩条带，其中夹四层叠层石灰岩及角砾岩透镜体；第三段为薄层状白云质粉砂岩及同生角砾岩夹砂屑白云岩，薄层状含泥质白云岩与瘤状灰岩互层，灰黑色叠层石灰岩，含碎屑白云岩及紫红色碎屑泥质白云岩。与上覆乱石沟组、下伏鹰窝洞组均呈整合接触。

【层型】　正层型为神农架林区红花大岩坪剖面(110°13′50″，31°18′30″；湖北区测队，1987，后经李铨、冷坚等，1987，重测，详见《神农架上前寒武系》)。

【地质特征及区域变化】 本组为一套碳酸盐复理石建造，沉积厚2810 m。主要分布于神农架林区九冲河—大岩坪、盘垭、长坊、石头屋、平水等地，呈近南北向展布，并构成梨花坪背斜核部。其岩性主要以深灰色—灰黑色薄层状白云质粉砂岩为主，夹有杂砾岩、砂屑白云岩等。在九冲—大岩坪一线以东，岩层中砂质含量及砾岩、泥质瘤状灰岩夹层有所增加，显示自西而东碳酸盐岩夹层和砾岩夹层由少变多的趋势。全组以砾岩→砂屑白云岩→白云质粉砂岩为序，组成多个沉积韵律。顶部出现泥质白云岩与浅灰紫色瘤状灰岩互层及灰黑色叠层石灰岩、块状含碎屑白云岩、紫红色含碎屑泥质白云岩。

本组叠层石多构成厚1～2米、宽几米～几十米的生物岩礁。主要分子有：*Anabaria* f.，*Jurusania* f.，? *Linella miaopingensis*，*Eucapsiphora emphysema*，*Katernia* cf. *perlina*，*Dayanpingella microcolumnaris*，*D. planicolumnaris*，*Shennongjiaella shennongjiaensis* 等。本组深灰色条带状粉砂岩中产有疑源类，主要分子有：*Trematosphaeridium holtedahlii*，*T. minutum*，*Polyporata obsoleta* 等。

乱石沟组 Pt_2l （42-0003）

【创名及原始定义】 由湖北区测队(1974)于神农架林区红花区九冲乱石沟创名。原始定义：本组“为一套浅海相砂泥质沉积。按岩性特征可分上、下两套：下为浅灰色巨厚层状泥质、硅质条带白云岩，近底部有一赤铁矿；上由紫红色泥质白云岩、白云质板岩夹砂砾岩、细碧岩所组成，中夹一层铁矿，产叠层石。”“与下伏大岩坪组连续沉积，与上覆大窝坑组呈平行不整合接触。全组厚1457 m。”

【沿革】 本组创名以来，未有变更。

【现在定义】 乱石沟组可分三段：第一段为灰色薄—中厚层状白云岩，盆屑白云岩、条带状白云岩、鲕粒白云岩和叠层石白云岩；第二段为燧石或泥质、硅质条带白云岩、白云质砾岩；第三段为紫红色凝灰质粉砂岩、灰紫色条带状和凝灰质、泥质白云岩及中厚层状白云岩，夹白云质粉砂岩及铁矿层，顶部为燧石质砾岩。与上覆大窝坑组、下伏大岩坪组均为整合接触。

【层型】 正层型为神农架林区红花西沟剖面(110°33′30″，31°27′40″；湖北区测队1987测制，李铨、冷坚等，1987，重测，详见《神农架上前寒武系》)。

【地质特征及区域变化】 乱石沟组是神农架群中分布最广的一个组。主要出露于神农架林区九冲河、宋洛河、苦水河以及大神农架西坡等地，分别构成梨花坪背斜翼部及苦水河背斜、神农架背斜核部。本组岩性主要为一套灰色中厚层状具鲕粒、藻席和硅质条带白云岩、或含叠层石、盆屑、凝灰质和含砾白云岩。同时夹有白云质角砾岩、含砾石英砂岩、粗面岩及铁质板岩、铁矿层等。发育水平层理，同时见有波状层理、斜层理、波痕、冲刷面、搅动层理、鲕粒、干裂、岩盐假晶、同生砾屑等。

本组在东部新华、白果树坪、长坊一带，砂砾岩及砾岩夹层和硅质条带白云岩明显增多，而西部大神农架西坡一带，则盆屑白云岩和紫红色泥质增多。总体上显示自西向东硅质及碎屑由少增多的趋势。此外，在九冲、人坪河、瓦屋顶等地，本组夹有铁质板岩、赤铁矿条带和由赤铁矿胶结砾石形成的含砾赤铁矿层。在咸水等地本组尚夹有变细碧岩。

本组厚度在东部九冲一带厚1 045～1 457 m，而在西部神农架主峰西坡，因未见底，仅见厚747 m。

本组叠层石主要分子有：*Stratifera umdata*，*S.* cf. *biformis*，*Cryptozoon giganteum*，*Colon-*

nella laminata, *Collumnacollenia brevicolumna*, *Kussiella xigouensis*, *Confusoconophyton multiangulum*, *Conophyton* cf. *Concellosum*, *Gongylina* f., *Scopulimoypha* cf. *irreegularis*, *Baicalia* cf. *nova*, *B.* cf. *baicalica* 等。上述叠层石大多构成厚1至几米的生物岩礁。本组下部灰色薄层状白云岩中，还发现大量疑源类化石，共计15属、37种(见本章第二节)，是疑源类化石在神农架群中出现的第一次高峰，并代表了下亚群疑源类生物群的主体，具有区域时代对比的意义。

大窝坑组　Pt_2dw　(42-0004)

【创名及原始定义】　由湖北区测队(1974)于大神农架北西4 km的大窝坑创名。原始定义：本组“是由103～267 m厚的浅海相硅质、泥质条带白云岩、鲕状白云岩、硅质砾岩所组成，以底部有2.5～9 m厚的比较稳定的杂色硅质砾岩为其特征，”白云岩中产叠层石。“与上覆、下伏均呈平行不整合接触。”

【沿革】　本组创名以来，未有变更。

【现在定义】　大窝坑组可分两段：第一段由厚层状白云岩、叠层石白云岩、黑色条纹状凝灰质白云岩、灰色中薄层状含泥质白云岩、藻席白云岩及硅质条带白云岩、灰绿色火山角砾岩所组成；第二段为灰色厚层状叠层石白云岩及其礁体，顶部为灰白色中厚层状白云岩。与上覆矿石山组、下伏乱石沟组均为整合接触。

【层型】　正层型为神农架林区主峰剖面(110°15′45″,31°26′40″；湖北区测队，1974，李铨、冷坚等，1987，重测，详见《神农架上前寒武系》)。

【地质特征及区域变化】　本组主要分布于神农架林区的神农架主峰周围及九冲、老君山、铁厂河、黑水河、老虎顶等地。另在水果园、包家山亦有小片出露。分别构成神农架背斜、梨花坪背斜之翼部。其岩性主要为灰色厚层状白云岩、叠层石白云岩、黑色条纹状含凝灰质白云岩、灰色中薄层状含泥质白云岩等，夹有藻屑白云岩、含鲕粒白云岩及盆屑白云岩和火山角砾岩等。岩层以水平层理为主，具斜层理、搅动层理、波痕构造，含同生角砾和碎屑等。在区域上岩性无大变化。本组厚度在神农架林区西部大神农架西坡为224 m；向东，在风景垭厚174 m，九冲河一带厚136 m；最东包家山一带厚103 m。显示西厚东薄之变化。该组顶部以白云岩与上覆矿石山组底部含铁岩系间呈整合接触，标志明显，容易划定；底部以黄白色中厚层状叠层石白云岩与下伏乱石沟组顶部紫红—灰白色燧石质砾岩间亦呈整合接触，界线明显，也容易划定。

大窝坑组叠层石主要分子有：*Stratifera* f., *Collumnacollenia claviformis*, *Conophyton dahongyuense*, *C. garganicum* 等，多组成礁体。本组第二段下部灰色中薄层状含硅质条带的白云岩中，有较丰富的疑源类化石，以 *Trachysphaeridium*, *Trematosphaeridium*, *Polyporata* 3属的种群为主，其次为 *Lignum* 和 *Leiopsophosphaera*。同时，出现了纹饰较复杂的 *Dictyosphaeridium* 属。

矿石山组　Pt_2k　(42-0005)

【创名及原始定义】　由湖北区测队(1974)于大神农架林区北西4 km大窝坑毗邻的矿石山创名。原始定义：本组“由含铁建造—白云岩建造组成一个海侵旋回。下部含铁岩系由铁质板岩、硅铝质板岩、粘土板岩、碳质板岩及豆状、肾状赤铁矿和角砾状、致密块状赤铁矿所组成，有时混夹凝灰质及其他火山碎屑。上部为巨厚层状硅质纹带白云岩、白云质灰岩、泥质灰岩，产丰富的叠层石”。“与下伏大窝坑组呈平行不整合接触”。“总厚88～576 m”。

【沿革】　本组自创名以来，未有变更。

【现在定义】 矿石山组可分四段：第一段为深灰色薄层状白云质粉砂岩夹泥质、铁质粉砂岩及赤铁矿层；第二段以叠层石白云岩为主，夹白云岩及鲕粒白云岩；第三段为叠层石白云岩，夹燧石团块白云岩，白云岩及中薄层状白云岩夹石英砂岩；第四段以叠层石礁体白云岩为主，夹硅质条纹白云岩、白云质角砾岩及中厚层状白云岩。与上覆台子组呈平行不整合接触，与下伏大窝坑组连续沉积。

【层型】 正层型剖面和前述大窝坑组为同一联测剖面（湖北区测队，1974，李铨、冷坚等，1987，重测。详见《神农架上前寒武系》）。

【地质特征及区域变化】 本组和大窝坑组相伴出露。下部含铁岩系出露稳定，是本组重要标志。但底部白云质粉砂岩及铁质砂岩，在矿石山、黑水河一带较为发育，向东、北东渐次变薄甚至尖灭。本组中、上部主要为薄层—厚层状乃至块状白云岩及含叠层石、鲕粒、燧石团块白云岩和硅质条纹白云岩等，具水平层理、纹带构造、冲刷面构造，含同生砾屑，夹有白云质同生角砾岩与石英砂岩。底以含铁岩系与下伏大窝坑组白云岩呈整合接触；顶以灰色竹叶状白云岩与上覆台子组砂砾岩呈平行不整合接触，二者间存在古风化壳。区域分布稳定，岩性变化不大。该组厚度各地有所不一。西部矿石山厚约 442 m，向东至大神农架厚约 400 m，至九冲、包家山等地，厚仅 88 m 和 116 m。本组含铁岩系厚度各地也不一致，如在西部神农架主峰一带厚 13～46 m，中部黑水河一带厚 12～72 m，东部金竹园一带厚仅 6～7 m。无论全组还是含铁岩系，均具西厚东薄、北厚南薄之变化规律。本组含铁岩系为我省前震旦纪重要赋铁层位，一般有赤铁矿一层，局部可见 2～3 层，偶为菱铁矿层所取代。

本组叠层石除 *Stratifera* f. 和 *Colonnella*，*Gaoyuzhuangia bulbosa* 等外，绝大部分为大型至巨型的锥叠层石 *Conophyton garganicum*，且由下而上个体愈来愈大，锥顶角愈来愈尖。但在区域上不稳定，如在黑水河至铁厂河一带以东相应层位中，几乎未见它们踪迹。表明该组叠层石仅局部构成巨型的穹窿状礁体。除叠层石外，本组下段中还产有疑源类化石，主要分子有 *Trematosphaeridium holtedahlii*，*T. minutum*，*Polyporata obsoleta* 等。

台子组　Pt_2tz　(42－0006)

【创名及原始定义】 由湖北区测队(1974)于神台架林区板仓南约 15 km 的台子上创名。原始定义：本组“岩性较为复杂，由含砾石英砂岩、石英砂岩、条带状板岩、砂质板岩、碳质粉砂质粘板岩、玄武质凝灰角砾岩、基性火山角砾岩、玻屑凝灰岩、玄武质火山凝灰岩、灰岩、碎屑白云质灰岩、白云质灰岩等组成，为一套滨海—浅海相沉积”。“厚 703 m”。“与下伏矿石山组平行不整合接触”。

【沿革】 本组创名以来，未有变更。

【现在定义】 台子组可分两段：第一段为含砾石英砂岩，条带状含碳质白云质粉砂岩，中厚层状瘤状灰岩，块状石英砂岩夹碳质粉砂岩；第二段为条纹状泥晶—细晶灰岩夹黑色含砾及豆粒状白云岩，含碳质细晶灰岩与碳质粉砂岩互层，含鲕粒豆粒细晶碎屑灰岩，含碳质硅质粉砂岩，含碳质粉砂岩，硅质页岩夹深灰色白云质灰岩。与上覆野马河组呈整合接触，与下伏矿石山组呈平行不整合接触。

【层型】 正层型为神农架林区板仓台子上剖面(110°14′30″，31°29′50″；湖北区测队，1974，李铨、冷坚等，1987，重测，详见《神农架上前寒武系》)。正层型上该组底部因有辉绿岩侵入而岩性不全，可在前述神农架主峰剖面上弥补；顶部因掩盖而出露不全，可在后述铁厂河—桥洞沟剖面上弥补。

【地质特征及区域变化】 本组分别出露于神农架林区和鄂中大洪山地区。在神农架林区，主要出露于大神农架周围和九冲河—黑叉河—铁厂河—湘江河一带，构成神农架背斜翼部及梨花坪背斜的西南翼。其岩性以深灰色白云质、条带状、碳质、碳质硅质粉砂岩及中厚层状石英砂岩为主，夹有碳质灰岩、白云质灰岩、鲕粒豆粒盆屑灰岩及含砾和豆粒白云岩，其中第二段碳酸盐岩夹层比第一段多。其岩性在各地变化不大。

在大洪山地区，本组仅在京山三阳地区有 2～3 km^2 的出露，组成太阳寺背斜核部。其岩性由泥质板岩夹变质砂、砾岩和硅质岩及碳酸盐岩组成。

本组岩层具水平层理，条带状构造也较发育。同时发育有波状层理、斜层理、波痕、瘤状构造以及豆粒和鲕粒构造等。该组顶部以深灰色硅质页岩夹深灰色白云质灰岩与上覆野马河组底部灰色白云岩呈整合接触；底以砂砾岩与下伏矿石山组竹叶状白云岩呈平行不整合接触，其间具古风化壳。

在神农架林区，本组厚 721 m，较为稳定。在大洪山区，本组下未见底，可见厚仅 300 余米。

本组叠层石仅在神农架林区长岩屋附近该组底部白云岩中见及，形成 1～2 m 厚的叠层石小礁体，主要为锥状叠层石 *Conophyton* cf. *garganicum*。但在这个组的深灰色粉砂岩中，产有大量疑源类化石，目前已发现 28 属、68 种(见本章第二节)，是继下亚群乱石沟组以后，神农架群疑源类发育的第二个高峰。

【其他】 湖北区测队(1980)进行 1∶20 万钟祥幅、应城幅区调时创立的打鼓石群“太阳寺组”和“韩家洼组”，与神农架群台子组岩性特征基本一致，实际上应是台子组在大洪山地区的出露，应属同物异名。因此，本次清理统一用台子组，停用太阳寺组和韩家洼组。

另外，在本组上段黑色碳质硅质粉砂岩中，在神农架林区台子上、湘江河等地，由于含碳量较高，可形成石煤。同时，岩层中随硅泥质、碳质的增高，含钒品位也增高，局部可形成低品位的钒矿床，是我省前震旦纪最重要含钒层位。

野马河组　Pt_2ym　(42-0007)

【创名及原始定义】 由李铨、冷坚等(1987)于神农架林区田家山药材场南西野马河创名。原始定义：“野马河组厚 1 369.04 m。第一段为灰白色—肉红色块状角砾状硅化粗晶白云岩，灰色条纹状细晶—中晶白云岩，灰色块层状含盆屑白云岩，浅褐灰色条纹状泥质泥晶—细晶白云岩夹紫红色薄层状泥晶—细晶白云岩。第二段为浅灰色中厚层状纹层碎屑白云岩和浅灰色块状中晶—细晶白云岩，浅灰色中厚层状细晶条纹白云岩和浅灰色块层状叠层石中晶白云岩。第三段以肉红色—紫红色—灰绿色中厚层状细晶和中晶叠层石白云岩为主，夹灰色厚层状泥晶—细晶白云岩和紫红色—灰绿色白云质粉砂岩，其顶部为灰白色中层状石英岩。”“野马河组被上覆温水河组底部玄武质熔岩流掩伏，是在水下环境，为整合接触关系。”其与下伏台子组“为整合接触关系”。

【沿革】 本组创名以来，未有变更。

【现在定义】 同原始定义。

【层型】 正层型为神农架林区田家山药材场铁厂河—桥洞沟剖面(110°24′00″,31°36′00″；李铨、冷坚等，1987，详见《神农架上前寒武系》)。

【地质特征及区域变化】 本组出露于神农架林区和鄂中大洪山。在神农架林区，主要由中厚层、厚层乃至块状的条纹状白云岩、盆屑白云岩、浅褐灰色条纹状泥质白云岩组成，夹紫红色薄层状白云岩、碎屑白云岩、叠层石白云岩等。下部白云岩具硅化。上部见夹紫红色—灰绿色白云质粉砂岩及灰白色石英砂岩。在大洪山地区主要分布在许家寨、杜广尖、罗汉岭、打鼓石、扁豆山等地，构成太阳寺背斜翼部。其岩性仍以厚层—块状白云岩为主，夹有碎屑岩沉积。岩层中见硅质、泥质条纹，白云岩中产叠层石。本组岩层一般具水平层理，条纹构造、鲕粒构造，同时可见斜层理、搅动层理及同生碎屑等。该组顶部以浅灰色块状含硅质条带白云岩与上覆温水河组深灰绿色珍珠状—泡沫状玄武质熔岩呈整合接触；与下伏台子组亦为整合接触。

本组叠层石主要分子为：*Jurusania yemaheensis*，*Baicalia baicalica*，*B. yemaheensis*，*Tungussia* cf. *confusa*，*T. nodosa* 等，一般构成厚几米至十几米、甚至几十米的大、中型生物岩礁，在区域上，分布较稳定，可作为对比标志。

温水河组　Pt₂w　(42－0008)

【创名及原始定义】　本组创名人、时间、地点同前述野马河组。原始定义："温水河组厚 1878.03 m。第一段为三套玄武岩被浅灰色—肉红色薄层状含泥质细晶灰岩和灰色—肉红色块层状叠层石细晶—中晶白云岩分隔，顶部为灰白色—紫红色纹层状凝灰岩。第二段为浅灰色中薄层状含泥质泥晶灰岩夹竹叶状泥晶灰岩，黑色薄层状含碳质硅质粉砂岩，灰色中厚层状叠层石细晶灰岩，灰色薄—中厚层状含硅质条纹状细晶灰岩，灰色块层状含硅质结核泥晶—细晶白云质灰岩。第三段为灰色—深灰色含硅质团块叠层石白云质细晶灰岩，灰色含叠层石泥晶灰岩，浅灰色块层状含灰质泥质细晶灰岩，浅灰色薄层状细晶白云岩，深灰色含碳质白云质粉砂岩夹砂砾岩透镜体，紫红色薄层状凝灰岩夹灰色薄层状泥质泥晶白云岩。"

【沿革】　本组创名以来，未有变更。

【现在定义】　同原始定义。

【层型】　正层型剖面同前述野马河组。

【地质特征及区域变化】　本组见于神农架林区和大洪山地区。在神农架林区，本组第一段以三套玄武岩为特点，显示神农架群沉积时最强烈的火山喷发活动：第一次喷发形成杏仁状玄武岩、玄武岩、珍珠状—泡沫状玄武质熔岩，其上为浅灰至肉红色薄层状含泥质灰岩、纹层状灰岩，夹碳质粉砂岩沉积；第二次喷发形成层状玄武岩、含角砾玄武岩，其上为块层状叠层石白云岩、白云岩沉积；第三次喷发形成层状玄武岩、含角砾玄武岩及灰白—紫红色纹层状凝灰岩。第二段以不同层厚的灰岩、白云质灰岩沉积为主，夹有薄层状含碳质、硅质粉砂岩。岩层中见硅质结核、硅质条纹，同时含泥质、白云质灰岩中产叠层石。第三段下部以含泥质白云质灰岩、泥质白云岩、白云岩、含碳质白云岩、叠层石白云质灰岩沉积为主，岩层局部含硅质团块；中部为含碳质白云质粉砂岩，夹有透镜状砾岩；上部为紫红色薄层状凝灰岩夹薄层状泥质白云岩。全组厚 1 877 余米。

在大洪山地区，本组主要分布于许家寨、罗汉岭、打鼓石等地，其岩性主要为灰、灰白色中—厚层状白云质灰岩、薄—中厚层硅质网状白云岩、板状白云岩、硅质条带白云岩等，同时夹有多层硅质砾岩、石英砂岩、粉砂岩、硅质岩等。由下而上：碎屑岩夹层由粗变细，显正粒序变化特点。全组厚 317 余米。

本组岩层发育水平层理，条纹、条带构造，同时，见搅动层理、同生角砾和碎屑等。

本组和下伏野马河组为连续沉积。在神农架林区两者划分界线在野马河组顶部白云岩和本组底部玄武岩间；在大洪山地区，则在野马河组顶部白云岩和本组底部硅质砾岩、石英砂岩间。和上覆石槽河组的接触关系二者虽为整合关系，但在不同剖面稍有区别。如在本组正层型剖面上，可见本组顶部紫红色薄层状凝灰岩与上覆石槽河组底部白云质砂砾岩间接触面起伏不平，有的下切 10 cm 余，显示有短暂沉积间断；而在石槽河组正层型剖面上，两者为连续沉积，因此总的视为连续沉积；在大洪山地区，本组顶部硅质条带白云岩和石槽河组(原陈家冲组)底部厚层状石英砂岩则为连续沉积。

该组第二、三段中有丰富叠层石产出，主要分子有 *Colonnella baliformis*，*Coalesca* cf. *columnaris*，*C. prionoda*，*C. tabuloformis*，*Parmites divergens*，*Tilemsina inconspicua*，*Conophyton miloradovici*，*Wenshuiheella wenshuiheensis* 等。这些叠层石一般构成不超过几米的礁体产出，在区域上分布稳定。

石槽河组　Pt$_2\hat{s}$　(42-0009)

【创名及原始定义】　由江涛、华媚春(1962)① 创立的“石槽河群”演变而来。创名地位于神农架林区石槽河。原始定义：由白云岩夹千枚岩、石英岩、板岩及劣质煤层组成。含 *Collenie* 化石，下部夹有鲕状赤铁矿。总厚 2000 m 左右。与上覆南沱组平行不整合接触，下与神农架群细碧片岩呈角度不整合接触。归属于下震旦统。

【沿革】　杨开济(1964)改称石槽河群为“小神农架组”，湖北省综合研究队(1965)称“伍子坪群”，宜昌地质矿产研究所(1972)称“神农架群上亚群”，湖北省区测队(1974)则称“神农架群中亚群、上亚群”，李铨、冷坚等(1987)亦称“神农架群上亚群”。这些群或亚群内均建有石槽河组，但涵义不尽一致。本次清理，采用李铨、冷坚等(1987)石槽河组的涵义。

【现在定义】　石槽河组可分三段：第一段为紫红色薄层状泥质泥晶白云岩和白云质砂砾岩、紫红色—肉红色块状含硅质泥砂质条纹状泥晶—细晶白云岩、浅灰色中厚层状条带状含铜泥晶—细晶白云岩、灰色薄层—块状碎屑白云岩、灰色薄层状含硅质泥质条纹条带细晶—泥晶白云岩、灰色块状硅质条纹条带泥晶—细晶白云岩。第二段为肉红色—灰紫色中薄层状泥质条带泥晶白云岩、灰白色块状细晶白云岩、深灰色纹层状泥质泥晶白云岩、浅灰色中厚层状—块状含硅质条纹条带细晶白云岩、肉红色块层状细晶白云岩夹叠层石白云岩。第三段为紫红色薄至中厚层状细晶白云岩夹灰色薄层状泥质泥晶白云岩、紫红色纹层状含泥质泥晶白云岩、杂色纹层状含泥质泥晶白云岩与浅灰色中厚层状细晶白云岩、黑灰色薄层状含硅质白云质粉砂岩和灰色纹层状泥晶—细晶白云岩、灰色中厚层状细晶—泥晶白云岩、黑色中厚层状含碳质白云质粉砂岩。与上覆送子园组、下伏温水河组均呈整合接触。

【层型】　正层型为神农架林区红花石槽河剖面(110°21′45″,31°27′00″；李铨、冷坚等，1987，详见《神农架上前寒武系》)。

【地质特征及区域变化】　本组见于神农架林区和大洪山地区。在神农架林区，主要分布于瓦房坪—红坪以南、送子园—伍子坪以北，西起高桥河—黄柏圩，东至湘江河—九冲河广大区间，分布面积约 550 km^2。其岩性以白云岩类为主，并以具紫红色条纹条带的白云岩为特点，夹有白云岩、砂质砾岩、盆屑白云岩、含铜白云岩、白云质粉砂岩、泥质白云岩、叠层石白云岩等。岩层中硅质泥质条纹、条带发育，局部见硅质结核。本组第一段下部十余米厚的含铜白云岩，稳定分布，可作为一个明显的标志层。全组厚 1 650 余米。

在大洪山地区本组主要分布在京山厂河陈家冲及其南峰尖岭等地，另在随州茶棚、京山老袁关、枣阳耿集等地，亦有零星分布。其岩性仍以紫红色厚层状泥质、硅质条纹、条带白云岩为主，夹有多层硅质细砾岩及砂岩。并以细砾岩—紫红色泥质白云岩—灰色白云岩为序，组成下、中、上三个沉积旋回。白云岩产较多叠层石。全组厚 690 m 左右。

本组岩层发育水平层理、条纹条带构造，还见有交错层理、斜层理、波痕、干裂、鲕粒、

① 江涛、华媚春，1962，神农架地层兼论中国南部震旦系的三分问题，湖北省地质学会 1962 年年会论文集(一)。

搅动层理、同生碎屑和角砾等。本组顶部以白云岩与上覆送子园组底部黑色硅质粉砂岩呈整合接触；底部以白云质砂砾岩与下伏温水河组顶部紫红色薄层状凝灰岩呈整合接触。

本组叠层石主要分子有 *Stratifera undata*，*Cryptozoon giganteum*，*Colonnella laminata*，*C. shicaoheensis*?，*Conophyton* f.，*Scopulimorpha regularis* 等。一般组成厚 1～2 m 的透镜状礁体或十几米的礁体产出。

送子园组　Pt_2sz　(42－0010)

【创名及原始定义】　由湖北省区测队(1974)于巴东县万碑送子园创名。原始定义：下部以泥质为主，为绢云千枚岩夹砂质板岩、薄层砂岩，局部见有底砾岩，向上为硅质岩夹硅质条带白云岩及灰岩，并夹基性火山质条带及铁矿层；中部为碳质硅质岩夹薄层砂岩，含黄铁矿晶体；上部为泥质板岩。与上覆瓦钢溪组、下伏石槽河组均为平行不整合接触。全组厚 441 m。

【沿革】　本组创名以来，未有变更。

【现在定义】　本组可分两段：第一段为黑灰—黑色中薄层状及灰色纹层状硅质粉砂岩，夹细砂岩、薄层状白云岩和赤铁矿；第二段为紫红色中薄层状铁矿层，灰色薄层状含硅质粉砂岩与黄褐色条带状白云质粉砂岩互层，黑色薄层状碳质粉砂岩夹硅质粉砂岩，黑色中薄层状含硅质粉砂岩夹细砂岩和白云质条带，黑色含碳质粉砂岩与灰色泥质泥晶白云岩夹石英砂岩和叠层石泥晶至中晶白云岩透镜体。其与上覆瓦钢溪组、下伏石槽河组均呈整合接触。

【层型】　正层型为巴东县两河口送子园剖面(111°25′30″,31°21′00″；湖北区测队，1974，李铨、冷坚等，1987,重测，详见《神农架上前寒武系》)。

【地质特征及区域变化】　本组仅见于巴东送子园—神农架林区邬家垭及大洪山京山厂河井朝畈—宋河姊妹冲，出露面积都不大。其岩性，第一段以黑色薄层状硅质粉砂岩、条纹状含硅质白云质粉砂岩为主，夹有硅质岩、细砂岩，底部夹泥质白云岩和 5～10 cm 厚的赤铁矿层；第二段底部有 3 m 左右铁矿化层，向上为碳质粉砂岩、含硅质粉砂岩，具白云岩条带或夹白云岩透镜体，岩性较单一。全组厚 350 m 左右。

在大洪山区，本组即为原打鼓石群“李家咀组”。出露厚 136 m。其岩性下部由砂质纹带状泥质板岩与石英细砂岩组成韵律沉积；上部则由石英细砂岩、粉砂质板岩、钙质泥质板岩、条纹状灰岩、白云岩组成。本组岩层发育水平层理、条纹条带构造。本组顶部以白云质粉砂岩与上覆瓦钢溪组底部厚层状叠层石白云岩呈整合接触；底部以黑色硅质粉砂岩与下伏石槽河组顶部白云岩呈整合接触。

瓦钢溪组　Pt_2wg　(42－0011)

【创名及原始定义】　本组创名单位、时间、地点同前述送子园组。原始定义：上部为灰、深灰色厚层状结晶白云岩，中夹一层紫红色粘土岩；下部为灰色厚层状方解石化白云岩，产丰富叠层石化石。与上覆南沱组冰碛砾岩呈不整合接触，与下伏送子园组泥质板岩呈平行不整合接触。全组厚 207 m。

【沿革】　本组创名以来，未有变更。

【现在定义】　瓦钢溪组可分三段：第一段为灰白色厚层状叠层石中晶—泥晶白云岩，浅灰色厚层状中晶至细晶盆屑白云岩夹浅黄灰—浅紫色含泥质白云岩、灰白色条纹状中晶至微晶白云岩；第二段为灰色厚层状叠层石中晶灰岩、深灰色厚层状中晶—微晶白云岩；第三段为紫红色中薄层状泥质泥晶—中晶白云岩、灰绿色—灰紫色白云质粉砂岩。与上覆南沱组呈不整合接触，与下伏送子园组呈整合接触。

【层型】 正层型剖面同送子园组。湖北省区测队(1974)测制，李铨、冷坚等(1987)重测，详见《神农架上前寒武系》。

【地质特征及区域变化】 本组为神农架群最上部的一个岩石地层单位。在神农架林区，伴随送子园组出露，分布局限。其岩性主要为厚层状盆屑白云岩、含泥质白云岩、条纹状白云岩、块状叠层石白云岩等，底部和上部有厚层状叠层石灰岩沉积。在大洪山地区仅在京山厂河、宋河等地有少许分布，其岩性下部为厚层状石英砂岩夹粉砂岩及页岩；中部为厚层状白云岩夹泥质白云岩，产叠层石；上部为条纹状泥质灰岩夹紫色白云质灰岩和白云岩透镜体等组成。本组厚度在神农架林区厚约 190 m 左右，在大洪山区厚约 183 m 左右。本组在神农架林区底部以厚层状叠层石白云质灰岩与下伏送子园组顶部白云质粉砂岩呈整合接触；在大洪山地区，本组以底部厚层状石英砂岩与下伏送子园组顶部泥质灰岩呈整合接触。本组顶部分别与震旦纪南沱组(神农架)或花山组(大洪山)间呈角度不整合接触。

本组叠层石较丰富，一般都形成厚十几米的大型生物岩礁，分子很单调，主要是 *Conophyton wagangxiense*，个别层位见有 *Stratifera* f. 和 *Cryptozoon* 等。

冷家溪群 Pt_2L (42－0019)

【创名及原始定义】 本群源于王晓青、刘祖彝(1936)在湖南洞底—桃源冷家溪创立的“冷家溪系”。原始定义：“由深灰色、紫红色浅变质粉砂质板岩、砂质板岩夹灰岩透镜体组成。”

【沿革】 分布于我省东南部的前震旦纪浅变质岩系，在不同时期归属不同。1967 年，湖北省区测队将分布于大幕山、九宫山等地的浅变质岩系称为板溪群，并有上、下亚群之分。1976 年，该队又将这套浅变质岩系改称冷家溪群，此后一直沿用，仅省境内该群内组级单位名称有所不同。

【现在定义】 为不整合伏于震旦纪莲沱组之下的一套灰色、灰绿色绢云母板岩、条带状板岩、粉砂质板岩、岩屑杂砂岩、凝灰质砂岩组成的具复理石韵律特征的浅变质岩系。自下至上包括雷神庙组、南桥组、黄浒洞组、小木坪组、坪原组。省境仅出露小木坪组与坪原组，且有更新层位之大药姑组。

【地质特征及区域变化】 本群主要分布于我省东南部的通城、崇阳、通山、咸宁等地，分别构成方山、幕阜山、大幕山等背斜的核部，总分布面约 400 km^2。其岩性主要为变质砾岩、细砂岩、粉砂岩及粉砂质板岩、泥质板岩、细砂质绢云母千枚岩、粉砂质绢云母千枚岩、绿泥绢云千枚岩、绢云千枚岩等组成，夹有少量变质凝灰质岩石。总观全群岩石分布特点，具有下细上粗、西细东粗变化特点，且全群岩石发育纹带、交错层理、包卷层理、粒序层理、波痕等构造。本群下未见底，顶与震旦纪莲沱组呈不整合接触，可见厚 7 224～13 300 m。

小木坪组 Pt_2xm (42－0018)

【创名及原始定义】 由唐晓珊等(1988)创名于湖南省平江县三市乡南西 25 km 处之小木坪。原始定义：与上覆坪原组、下伏黄浒洞组均呈整合接触的一套灰色、灰绿色条带状粉砂质板岩、砂质板岩、绢云母板岩为主，偶夹薄至中层状岩屑杂砂岩的浅变质岩系。

【沿革】 湖北区测队 1976 曾将这套地层创名为“易家桥组”，本次改称小木坪组。

【现在定义】 同原始定义。但在省境未见底。

【层型】 正层型为湖南省平江县三市乡小木坪组剖面。省内暂无参考剖面。

【地质特征及区域变化】 本组主要分布于崇阳西部双港桥—下竹园一带，面积不大。其岩性主要由灰绿色至黄绿色薄至中厚层状泥砂质板岩和灰绿色或银灰色绢云母千枚岩组成。根据岩性组合特征，分上、中、下三段：下段为黄绿色薄层状粉砂质板岩、灰绿色中至厚层状细砂质板岩、黄绿色薄层状千枚岩，同时见少量凝灰质板岩、变质凝灰岩等，全段厚度大于493 m；中段底部为黄绿色厚层状细砂质板岩，下部为黄绿色薄至中厚层状千枚状板岩、粉砂质板岩、黄灰色千枚岩，夹少量细砂质千枚岩，上部为黄绿色薄层状粉砂质绢云母千枚岩、绢云千枚岩、千枚状粉砂质板岩等，夹有深灰色硅质板岩、细砂质绢云千枚岩及变质凝灰岩、变质沉凝灰岩，全段厚2396 m；上段自下而上由灰绿至黄绿色中厚层状变质粉砂岩或细砂质绿泥绢云千枚岩或细砂质千枚状板岩与黄绿色、灰绿色薄至中厚层状粉砂质板岩或薄层状泥质板岩，绢云千枚岩组成3～5个韵律层。每一韵律层底部夹有厚层状变质细砂岩，在细砂岩中局部有细砾岩产出。本段厚度各地不一，由1 053～1 921 m不等。

坪原组　Pt_2p　(42－0020)

【创名及原始定义】　由唐晓珊等(1988)创名于湖南省平江县三市乡北西260°约13 km处之坪原。原始定义：与下伏小木坪组呈整合接触的一套灰色、灰绿色粉砂质板岩、条带状板岩与薄至中层状含凝灰质粉砂岩、凝灰质砂板岩、凝灰质岩屑杂砂岩呈韵律出现的浅变质岩系。

【沿革】　湖北区测队(1976)将这套地层创名为“崔家坳组”，本次改称坪原组。

【现在定义】　同原始定义。

【层型】　正层型为湖南省平江县三市乡之坪原剖面。在省内暂无参考剖面。

【地质特征及区域变化】　本组仅分布于我省崇阳、通城和湖南临湘交界处，出露面积约100 km²。其岩性组合可分上、下两段：下段主要为灰绿色至灰色厚层至块状变质细砂岩、变质粉砂岩、粉砂质板岩、泥质板岩组成，并依此为序组成三个沉积韵律；上段主要由浅黄绿色厚层状变质细砂岩与绢云绿泥千枚岩组成两个韵律层。在变质细砂岩中，偶见白色岩屑及同生角砾，在变质粉砂岩及粉砂质板岩中，普遍发育由黄铁矿晶粒组成的条纹构造。

在区域上，本组岩性沿走向稍有变化，即西部(湖南境内)以粉砂岩及粉砂质板岩为主，夹透镜状变质细砂岩；东部(延至本省)以变质细砂岩及变质粉砂岩为主，夹较多粉砂质板岩，显示本组砂质成分由西向东、由南向北增多，泥质渐少的趋势。其与上覆大药姑组呈整合接触，二者划界在本组顶部千枚岩与大药姑组底部中至厚层状变质砂砾岩及变质细砂岩间；与下伏小木坪组(原易家桥组)亦为整合接触，二者划界在小木坪组顶部千枚状粉砂质板岩与本组底部灰绿色中至厚层状变质细砂岩间。全组厚2 249 m。

大药姑组　Pt_2dy　(42－0017)

【创名及原始定义】　湖北区测队(1976)创名于通城县大沙坪北约7 km的大药姑山。原始定义：自下而上分为三个韵律层，每一韵律层之底部为灰绿色厚层状变质砾岩，砾岩层厚度向上渐趋减薄；韵律层中部为灰绿色至黄绿色厚层状变质含砾细砂岩或变质细砂岩；上部为黄绿色薄层条纹状粉砂质板岩或灰绿色薄层状粉砂质绢云千枚岩。三韵律层之上为灰绿色中至厚层状变质粉砂岩。上未见顶，与下伏坪原组(原崔家坳组)呈整合接触。

【沿革】　湖北区测队(1966)将出露于九宫山、大幕山地区的这套地层创名“梅坑组”，归属板溪群。鄂东南地质大队(1984)将“梅坑组”归属冷家溪群。本次取用大药姑组。

【现在定义】　同原始定义。

【层型】　正层型为湖北通城花杆园—大药姑剖面(113°41′00″,29°26′00″；湖北区测队，1976)。

大药姑组　　　　总厚度185.84 m

16—14. 灰绿色中至厚层状变质粉砂岩夹薄层状粉砂质板岩，具条纹及韵律层构造(未见顶) 121.92 m

13. 灰绿色中厚层状粉砂质板岩夹厚层状变质粉砂岩 7.81 m

12. 灰绿色厚层状变质细砂岩，含少量细砾石及夹少量粉砂质板岩 1.6 m

11. 浅灰绿色厚层状变质砂砾岩 0.6 m

10. 灰绿色薄层状变质粉砂岩夹泥质板岩，间夹少量变质细砂岩 14.17 m

9. 灰绿色厚层状变质细砂岩，含少量黄铁矿晶体及细砾石 4.77 m

8. 浅灰绿色厚层状变质砾岩，含粉砂质团块 3.56 m

7. 黄绿色薄层条纹状粉砂质板岩 19.52 m

6. 黄绿色厚层状变质含砾细砂岩夹厚层状变质砾岩 6.86 m

5. 灰绿色厚层状变质砾岩夹变质砂砾岩及变质细砂岩 5.03 m

———— 整 合 ————

下伏地层：坪原组　灰绿色薄至中厚层状绢云母千枚岩夹薄层状绢云千枚岩

【地质特征及区域变化】　本组出露于通城县大药姑山、通山县九宫山北坡及大幕山区。分别构成大药姑山向斜的核部以及幕阜山、大幕山、坑口背斜之核部。在通城大药姑山一带，本组由下至上由变质砾岩、变质含砾细砂岩、变质粉砂岩或条纹状粉砂质板岩组成三个明显韵律层，上部则由粉砂质板岩构成，具条带及韵律构造。全组砂、砾含量由下向上减少、泥质增高。砾石层沿走向不稳定，或厚或薄，或为透镜体及不规则团块。砾石成分主要为灰白色细粒石英砂岩、黑色硅质岩、脉石英及少量杂色中酸性火山岩岩屑和绢云母千枚岩岩屑等。砾岩中含砾量50%以上，砾石大小多在0.5 cm×5 cm，浑圆状为主。全组厚度大于185 m。

在大幕山、九宫山地区，本组下部主要为变质砂砾岩、含砾中细粒杂砂岩、变质杂砂岩、含砾板岩等组成；上部主要为灰紫色、灰绿色粉砂质板岩、条带状板岩、板岩所组成。即全组由下至上砂砾减少，泥质增高。其厚度大于1700 m，下不见底，上与莲沱组呈不整合接触。

从本组在省内出露总体特征来看，由下向上泥质增高，砂质减少；从横向看，由西向东砾石渐少，板岩增多，厚度由小变大，反映本组自西向东层位越来越高，具向东超覆沉积的特点。

【其他】　①冷家溪群创名于湖南，也主要分布于湖南。因此，本次清理对我省之冷家溪群沿用湖南的小木坪组和坪原组，停用湖北区测队(1976)创名的“易家桥组”和“崔家坳组”。②湖北区测队(1976)创立的大药姑组作为冷家溪群最上部的一个岩石地层单位在湖南未有出露，说明冷家溪群由南向北、向西向东，具有超覆沉积特点。③湖北区测队(1966)创名于大幕山、九宫山的“梅坑组”，是江西“双桥山群”的一部分，但这次清理没有沿用“双桥山群”，鉴于“梅坑组”和大药姑组岩性特征基本可对比，故停用“梅坑组”，取用大药姑组。

马槽园群　Pt_3M　(42-0016)

【创名及原始定义】　湖北区测队(1974)在兴山县古夫镇咸水西8 km的马槽园创名马槽园组。原始定义：不整合于南沱组之下，神农架群之上的一套磨拉石建造，其岩性主要为碳酸盐质砾岩、砂砾岩，夹碳酸盐质板岩、透镜状泥质白云岩和似角砾状白云岩。出露厚2625 m。

【沿革】　李铨、冷坚等(1987)对创名剖面的重测研究，将“马槽园组”厘定为马槽园群，并进一步划分为八里垭组和火烧尖组。《湖北省区域地质志》(1989)沿用马槽园群。

【现在定义】　马槽园群为不整合覆于神农架群之上，微角度不整合伏于震旦纪地层之下的一套磨拉石建造，以白云质砾岩为主，还有白云岩、粉砂岩、砂岩，从下至上含火山碎屑。形成于1000～800 Ma。自下而上可划分为两个组：八里垭组和火烧尖组。

【地质特征及区域变化】 见八里垭组与火烧尖组。

八里垭组 Pt_3b （42-0012）

【创名及原始定义】 由李铨、冷坚等(1987)创名于兴山古夫马槽园之八里垭。原始定义：本组为白云质粗砂岩—中砾岩—细砾岩组成，略有分选，以中砾岩和细砾岩层为主，多为正粒序，含火山碎屑。依据砾石粒度旋回，分两段：第一段有粗砾砾岩层，但以中砾砾岩层占比例较大；第二段无粗砾砾岩层，中、细砾砾岩所占比例相近。与下伏神农架群为不整合接触，与上覆火烧尖组呈整合接触。全组厚1 264 m。

【沿革】 创名以来，未有变更。

【现在定义】 同原始定义。

【层型】 正层型为兴山县古夫马槽园剖面(110°34′50″,31°25′30″；李铨、冷坚等，1987，详见《神农架上前寒武系》)。

【地质特征及区域变化】 本组分布局限，仅见于神农架林区和兴山县交界的马槽园一带。其岩性单调，主要由含火山碎屑白云质砾岩组成，由下而上由粗砾岩—中砾岩—细砾岩或中砾岩—细砾岩或中砾岩—细砾岩—粗砂岩—火山碎屑岩屑砂岩等为序组成沉积旋回。更小的沉积韵律与粒序层理也很发育。全组含火山碎屑，砾石成分以白云岩为主，约占60%～70%，硅质砾石占10%～20%，粉砂岩砾石占5%～10%，火山碎屑占10%左右。砾石胶结物为火山碎屑、白云质、泥质物及碎屑。砾石砾径总体由下向上由大变小，一般10 cm以下，少数大于10 cm，最大者30～40 cm。岩层中常见白云质、砂质及凝灰质条带。全组厚1 264 m。

火烧尖组 Pt_3h （42-0013）

【创名及原始定义】 本组创名人、创名时间、地点等同前述八里垭组。原始定义：第一段从下至上有三个沉积韵律，每个韵律由下至上为粗砾岩—中砾岩—细砾岩—粗砂岩夹细砾岩和粉砂岩—粉砂岩夹条纹白云岩，底部有火山集块、碎屑和火山弹等；第二段为粗砾岩—中砾岩—细砾岩，顶部夹粉砂岩；第三段为厚层状叠层石泥质白云岩夹砂岩透镜体。与下伏八里垭组呈整合接触；与上覆莲沱组呈不整合接触。

【沿革】 创名以来，未有变更。

【现在定义】 同原始定义。

【层型】 正层型为与八里垭组联测剖面(110°34′50″,31°25′30″；李铨、冷坚等，1987，详见《神农架上前寒武系》)。

【地质特征及区域变化】 本组和八里垭组相伴出露，分布局限。全组自下而上分为三段：第一段由下而上由粗砾岩—中砾岩—细砾岩形成明显的三个沉积韵律，其间夹有白云质粉砂岩和细砂岩。在底部巨砾岩中，见有火山弹堆积体，共见有几十个。单个火山弹长轴10 cm，中轴和短轴相近，约5～7 cm，具定向排列，中间充填物很少。本段顶部则为砂屑白云岩夹白云质粉砂岩，条带状白云质粉砂岩夹条纹状白云岩。全段厚607 m。第二段由白云质粗砾岩—中砾岩—细砾岩组成一个完整的沉积韵律，该段厚156 m。第三段为泥质白云岩、块层状含叠层石白云岩，叠层石分子为：*Linella ukka*，*L.* cf. *sinmica* 和 *Jurusonia* f.，本段厚125 m。全组砾岩中均含火山碎屑，砾石以白云岩砾石为主，占60%左右，其次为硅质岩砾石、粉砂岩砾石等，约占10%～25%，胶结物为白云石质、火山灰、火山碎屑等，占15%～25%，为杂乱式或接触式胶结。本组底部以灰褐色巨砾岩与下伏八里垭组顶部中厚层状含砾岩屑砂岩呈整合接触；顶与震旦纪莲沱组砾岩呈微角度不整合接触。

花山组　$Pt_3h\hat{s}$　(42－0014)

【创名及原始定义】　花山组由“花山群”演变而来。“花山群”为北京大学地质地理系湖北大队(1959,1∶20万宜城幅区测报告)于京山县花山创名。原始定义：本群下部洪山砾岩组为一套山间河流相沉积砾岩；上部六房咀板岩组为一套浅海相沉积的泥质碎屑岩。与上覆南沱组、下伏应山群均为不整合接触。

【沿革】　湖北区测队(1980)厘定“花山群”为花山组；《湖北省区域地质志》(1990)恢复“花山群”，但没有划分组。本次对比研究仍沿用花山组。

【现在定义】　主要由灰色、灰绿色、紫红色条纹状粉砂质板岩及变质含泥质硅质岩组成，夹有多层变质岩屑砂岩、变质砂岩及变质粉砂岩。中下部夹有变质砾岩透镜体及玄武岩、细碧岩、中基性熔岩质岩屑凝灰岩。与上覆莲沱组、下伏神农架群均为不整合接触。

【层型】　选层型为京山县厂河北约8 km的六房咀青白口系剖面(113°01′08″,31°22′36″；湖北区测队“花山群”专题组，1976①)。

上覆地层：**莲沱组**　砾岩

～～～～～～～～ 不　整　合 ～～～～～～～～

花山组　　总厚度　520.09 m

5. 上部为灰黑色板岩，具条带状构造，局部有硅质条带或硅质结核，沿节理或板理面有孔雀石薄膜，富含微古植物；下部为黑灰色、灰绿色板岩、含粉砂质板岩，夹薄层至中厚层状灰色粉砂岩，底部为一层厚5 m的灰色中厚层状玻屑凝灰岩　103.79 m
4. 灰绿色、深灰色、紫红色含钙质板岩及灰绿色板岩，局部有粉砂质条带　189.7 m
3. 顶部为厚9.4 m的紫红色中厚层状砾岩，砾石成分为石英岩、石英砂岩、脉石英，大小2～10 mm，个别10～50 mm，滚圆度较好，其下为黄绿色板岩，局部夹粉砂岩及含铁锰质纹带状板岩；下部为灰绿色石英细砂岩，夹中厚层状砾岩　107 m
2. 黑灰色板岩，风化后呈灰白色，夹少量铁质板岩、石英砂岩和粉砂岩　39.9 m
1. 上部为黄褐色、紫红色中厚层状铁质石英砂岩；下部为中至巨厚层状砾岩，底部夹少量细砂岩、白云质石英砂岩、含泥质白云岩扁透镜体　79.7 m

～～～～～～～～ 不　整　合 ～～～～～～～～

下伏地层：**神农架群(原打鼓石群)**　白云岩

【地质特征及区域变化】　本组主要分布在京山茶棚—张家冲；龙王冲—应河畈；随州牛角尖—白龙池；枣阳过风垭及新街—田集等地。呈NW－SE向展布于扬子地台北缘，分布面积约900 km²。本组岩性复杂，因地而异。在大洪山背斜南、北两封闭端，砾岩与砂岩发育，下部以砾岩、石英砂岩为主，夹板岩；上部以板岩为主，在背斜翼部，砂、砾岩渐少，全组由板岩夹砂砾岩或砂砾岩透镜体组成；在京山厂河—竹林湾一带，板岩中还夹变细碧岩与岩屑凝灰岩；在背斜南端东翼龙王冲一带，本组具三分面貌：下部由砾岩、砂岩、粉砂岩或板岩为序，组成多个韵律层，在粉砂岩或板岩中，夹灰岩或白云岩透镜体；中部为玄武岩、玄武质凝灰角砾岩和角砾凝灰岩，夹凝灰质板岩、含细砾粉砂岩、砂岩；上部为石英砂岩、泥灰岩、灰岩、板岩等组成。由龙王冲向北，底部砾岩、板岩渐薄，中部玄武质火山岩渐被流

---

① 专题组剖面资料未整理发表，但被1∶20万随县幅、宜城幅整理利用，并编写在该区调报告中。

纹质集块熔岩取代。至随州三里岗一带，下部砾岩及板岩显著增厚，中部还可见石英角斑质火山岩产出，上部除灰岩透镜体外，也有厚层砾岩产出。

在枣阳耿集、板桥等地，底部除见少量变质砾岩及石英绢云千枚岩和变质粉砂岩外，全组主要由变酸性火山岩组成。即为普遍含砾及岩屑、晶屑的绢云石英钠长片岩、千枚岩、浅粒岩、绢云钠长石英片岩、玻屑凝灰岩等组成。并自下而上由粗变细组成五个喷发韵律，每个韵律由含砾晶屑岩屑凝灰岩、晶屑岩屑凝灰岩、玻屑凝灰岩、流纹岩依次产出组合而成。

本组厚度各地不一，在京山六房咀厚约 520 m，厂河厚 1 252 m，龙王冲厚 1 051 m，出山店厚 900 m，垱铺岭厚 207 m，过风垭厚 331 m 等。

本组岩层中常见大型槽状和板状交错层理，板岩中具水平纹带构造，粉砂岩中常见不规则水平层理及小型沙纹交错层理、波状交错层理，偶见波痕、泥裂构造。本组砾石成分因地而异，砂砾岩略具分选，不同粒级砾石呈平行带状分布，同时发育正粒序层理和韵律层理。

张家湾组　$Pt_3\hat{z}$　(42－0032)

【创名及原始定义】　由罗海晏等(1988)创建于湖南石门县泥市杨家坪。原始定义：不整合伏于震旦纪莲沱组之下的一套紫红色浅变质石英砾岩、砂砾岩、含砾砂岩、石英粗砂岩及其上的紫红色、灰绿色中至厚层状细中粒石英砂岩、含长石石英砂岩、粉砂岩及砂质板岩、板岩组成的韵律层，由这些韵律层组成的一个大沉积旋回即为张家湾组。

【沿革】　湖南区测队(1966)称板溪群；湖北第二地质大队(1990)，《湖北省区域地质志》(1990)统称冷家溪群。本次清理取用湖南省清理确定的张家湾组。

【现在定义】　同原始定义。

【层型】　正层型位于湖南石门县泥市杨家坪。我省次层型为鹤峰走马坪红罗沟剖面(110°27′30″,29°49′21″；湖北第二地质大队，1988)，位于鹤峰走马坪东南约 4 km。

上覆地层：**莲沱组**　石英砂岩、砂砾岩

～～～～～～～ 不 整 合 ～～～～～～～

张家湾组	总厚度＞1 494.54 m
20—18. 灰绿色砂质绿泥绢云板岩，中夹薄层状变质粉砂岩、具条纹构造	78.78 m
17. 绿灰色条带状变质粉砂岩夹绢云板岩，具条带状构造	10.79 m
16—15. 灰绿色砂质绢云板岩、绢云板岩，夹变质砂岩，局部见具铜蓝薄膜的石英团块及黄铁矿细粒	115.79 m
14—13. 灰绿色砂质绢云板岩，绢云板岩	150.28 m
12—6. 绿灰色砂质绢云板岩，夹少许变质粉砂岩，局部见顺层分布的石英脉，脉中见铜蓝薄膜，岩层层纹构造发育	883.74 m
5—3. 浅灰色、绿灰色砂质绢云板岩，下部夹粉砂岩、细砂岩，砂质成分由下向上减少，泥质成分增高	227.72 m
2. 紫色绢云板岩夹薄层状变质砂岩—细砂岩	13.04 m
1. 绿灰色、紫灰色绢云砂质板岩夹紫灰色高岭土页岩(未见底)	＞14.4 m

【地质特征及区域变化】　张家湾组在我省主要见于鹤峰走马坪和长阳佑溪一条河沟底，前者分布面积约 2 000 m^2，后者不足百平方米。其岩性主要为灰绿色、青灰色砂质绢云板岩、绢云板岩组成。全组由下而上由细砂岩—粉砂岩—砂质板岩—绢云板岩组成韵律沉积。岩层中普遍发育纹层及条带，局部见含铜石英脉及团块。全组厚大于 1 494 m。省境本组岩性相当

湖南张家湾组之上部岩性。

第二节 生物地层及年代地层概况

本断代各组、群、岩群生物地层及年代地层均作了不同程度的工作，现分别介绍如下。

一、生物地层

我省前震旦纪地层的生物地层划分与研究以神农架群最为系统，其余各岩群或群仅发现有可作时代参考的疑源类化石分子，并未建立生物地层单位。现仅将神农架群生物地层单位介绍如下：

1. 叠层石组合特征

神农架群目前已发现叠层石有近30个群和60余个形。下亚群每组都有叠层石产出，上亚群除台子组底部和送子园组顶部少量外，其余各组也都很发育。根据所产叠层石形态特征及纵向分布特征，自下至上可分为四个叠层石组合带，每一组合带的叠层石各具不同特点。

组合带Ⅰ：为下亚群鹰窝洞组和大岩坪组的叠层石(层状—柱状型)。代表分子有：*Omachtenia declivis*，*Parmites* cf. *nubilosus*，*Patomia claviformis*，*Linella miaopingensis*，*Eucapsiphora emphysema*，*Katernia* cf. *perlina* 和 *Dayanpingella* 及 *Shennongjiaella* 等。叠层石特征：(1)呈大小不等的生物岩礁和部分生物岩层产于碳酸盐岩层中；(2)叠层石除部分层状类型外，总的以层柱状和具各种分叉方式的柱状类型为主；(3)柱状叠层石的柱体形态多样，分叉方式从简单到复杂，侧部常见壁和鞘，叠层石多为中—小型；(4)叠层石微构造以带状为主，兼有线状和细小的凝块状，显微结构主要为丝状和团粒状；(5)本组合带的分子中，部分见于其他地区中晚元古代叠层石序列的下部和早元古代叠层石序列的上部，另一部分多见于中晚元古代的中上部，从时代和类型对比上看，具有"新老混生"的特点。

组合带Ⅱ：产于下亚群乱石沟组、大窝坑组和矿石山组，叠层石组合形式为"层状—穹状—锥状"。代表分子有 *Kussiella* cf. *laminata*，*Confusoconophyton multiangulum*，*Conophyton dahongyuense*，*C. garganicum*，*Baicalia* f.，*Gaoyuzhuangia bulbosa* 等。本组合带叠层石特征：(1)下部以中小型生物岩礁为主，上部以大型生物岩礁为产出特征；(2)下部以层状和各种无壁的柱状叠层石为特征，上部以锥叠层石为主；下部叠层石为中—小型，上部个体巨大，密集；(3)下部柱状叠层石均无壁，上部的则具完全程度不等的壁；(4)下部叠层石以条状微构造为主，上部以线状微构造为主，显微结构不清。

组合带Ⅲ：产于上亚群野马河组和温水河组。代表分子有：*Tungussia nodosa*，*Baicalia baicalica*，*B. yemaheensis*，*Coalesca columnaris*，*C. prionoda*，*C. tabuloformis*，*Tilemsina inconspicua*，*Parmites divergens*，*Wenshuiheela wenshuiheensis* 等。本组合带以柱状叠层石大量发育、普遍具鞘和壁、以带状和线状微构造等为主要特征。

组合带Ⅳ：产于神农架群上亚群上部石槽河组至瓦钢溪组。代表分子有：*Colonnella laminata*，*C. shicacheensis*，*Tielingella tielingensis*，*Chihsienella* cf. *chihsienensis*，*Scopulimorpha regularis* 和 *Conophyton wagangxiense* 等。本组合带叠层石有如下特征：(1)下部以中、小型叠层石的生物岩礁、上部则以巨大礁体产出为特点；(2)下部以层、柱状类型为主，上部以锥叠层石为主；(3)下部柱状叠层石以直径几厘米的中型为主，成分为白云质，上部锥叠层石以大型至巨型为主，成分为灰质；(4)下部柱状叠层石以带状微构造为主，部分线状—小凝块状，上部锥叠层石以线状—小凝块状构造为主。

产于大洪山地区本群的叠层石所组成的组合特征，基本上可与神农架地区本群组合带Ⅲ和组合带Ⅳ特征相似，亦说明大洪山地区的原“打鼓石群”和神农架群上亚群是可对比的。

从区域对比看，本群叠层石组合带Ⅰ、Ⅱ可基本与北方长城系叠层石组合带相比，说明神农架群下亚群可与长城系对比。而本群上亚群叠层石组合带Ⅲ、Ⅳ可大致和燕山地区的蓟县系叠层石组合带的分子及特征相对比，从而说明神农架群上亚群可与蓟县系对比。

2. 疑源类组合特征

本群疑源类化石很丰富，基本上各组都有发现，但以下亚群乱石沟组、上亚群台子组最盛，是神农架群疑源类出现的两次高峰，分别代表了下、上亚群各组疑源类分子。这两组合带的疑源类在属、种组成，化石个体形态轮廓及纹饰等特征方面，都有明显区别，代表了疑源类演变的两个不同阶段。

第Ⅰ组合带：以下亚群乱石沟组疑源类为代表，共计 15 属、37 种。主要属种有：*Leiopsophosphaera aperlus*, *L. densa*, *L. minor*, *Trachysphaeridium simplex*, *T. minor*, *T. rugosum*, *Trematosphaeridium holtedahlii*, *T. minulum*, *Polyporata obsoleta* 等。含量居次的属种有：*Leiominuscula minuta*, *L. orientalis*, *Dictyosphaera sinica*, *Asperatopsophosphaera partialis*, *Monotrematosphaeridium minutum*, *M. asperum* 等。尚有较少见的种，如 *Margominuscula rugosa* 等。本组合带疑源类分子基本特征为膜壳轮廓均为圆形或椭圆形，表面纹饰以光面和粗面类型为主，表面纹饰较复杂的个体为数极少。

第Ⅱ组合带：即上亚群各组疑源类组合带，本组合带以台子组的疑源类最盛，目前已发现 28 属、68 种，基本代表了上亚群各组出现的疑源类。主要分子有：*Trachysphaeridium minor*, *T. simplex*, *T. cultum*, *Asperatopsophosphaera bacca*, *A. partialis*, *Stictosphaeridium sinapticuliferum*, *S. pectinale*, *Trematosphaeridium rugosum* 等。此外，尚有含量较次的属如：*Protosphaeridium* 等 8 属及少量见及的分子，如 *Triangumorpha hubeiensis* 等。本组合带和第Ⅰ组合带对比，不但属、种增加，而且表面纹饰进一步复杂化。该组合带疑源类特征为：(1)膜壳形态多样化，虽以圆形、不规则圆形、椭圆形居多，但出现了方形、三角形和纺锤形分子；(2)表面光滑的类型所占比例相对减少，而以粗面、糙面、瘤面及颗粒状类型居优，并且出现了一定数量具网状、蜂巢状纹饰的分子；(3)出现了表面具脊条状纹饰和形态特异的分子，如 *Hubeisphaera*, *Quadratimorpha*, *Triangumorpha*, *Microconcentrica* 等。属于植物碎片的类型出现了 *Laminarites*。

在地区对比上，本地区第Ⅰ组合带中，可供比较的 28 种中，有 21 种出现于蓟县地区的长城系中，如 *Asperatopsophosphaera partialis*, *A. umishanensis*, *Dictyosphaera sinica*, *D. macroreticulata*, *Kildinella hyperboreica*, *Leiominuscula orientolis* 等。而且两地所出现的疑源类都以膜壳纹饰简单的球状体为主，未出现较复杂的形态和纹饰。在本区第Ⅱ疑源类组合带中，有 13 种出现于蓟县系，如 *Asperatopsophosphaera partialis*, *A. umishanensis*, *Polyporata microporosa*, *P. obsoleta*, *Synsphaeridium conglutinatum*, *Stictosphaeridium sinapticuliferum*, *Trachysphaeridium incyassatum*, *Margominuscula* 等。本组合疑源类特征和蓟县系一样，出现方形、三角形、粗面、瘤面、蜂巢状、脊条、颗粒、网状等。和第Ⅰ组合带相比，说明疑源类得到进一步演变。

从上述疑源类分子的特点看，可以认为：本群下亚群在区域上可与长城系对比，上亚群可与蓟县系对比。

二、年代地层

本断代自70年代以来，各(岩)群、群都以各种测年方法作了大量测年工作，获得不少同位素年龄数据。但由于受成岩后地质事件影响，能说明成岩年龄的数据为数不多，因而推定年代地层界线困难更大。现择大别山(岩)群、红安(岩)群、武当(岩)群、神农架群的年代地层简介如下，供参考。

(一)大别山(岩)群

本群三个(岩)组中黑云斜长片麻岩中的锆石通过U-Pb法测定，在韦瑟里尔谐和图上的上交点年龄为2 820 Ma；在第四和第五(岩)组片麻岩的锆石用同样方法测定，获得的年龄为2 050 Ma，而Pb-Pb等时线年龄值为2 085 Ma；上含铁岩组中锆石U-Pb法同位素年龄样测定数据，在韦瑟里尔谐和图上的上交点年龄为2 165 Ma。在麻城龟峰山上含铁(岩)组中的斜长角闪岩的全岩Sm-Nd模式年龄为2 650±100 Ma。上述这些值得考虑的年龄，说明本(岩)群原岩形成在1 800 Ma以上。本(岩)群的底界年龄，推定在2 850 Ma。这些年龄数据结合其他地质条件，说明本(岩)群形成时代在晚太古代—早元古代。

(二)红安(岩)群

被红安(岩)群黄麦岭组覆盖的桐柏山杂岩之混合花岗岩锆石U-Pb法测定的年龄值为2 031±56 Ma，同一样品Pb-Pb法等时线年龄1 973±89 Ma；另外，红安(岩)群与宿松(岩)群底部含磷岩系两者是可以对比的，桑隆康(1988)获得了宿松群底部锆石年龄值为1 850 Ma、1 950 Ma。通过这些年龄数据，即可推定红安(岩)群的底界年龄为1 900 Ma。具有长城纪年代特征。本(岩)群的上界年龄，可用蕲春县黄土岭塔耳岗(岩)组、红安觅儿塔耳岗(岩)组中变晶屑凝灰岩的锆石U-Pb年龄830.97 Ma、818.28 Ma作参考。即顶界年龄大于800 Ma，具青白口纪时代特征。

从上述年龄值来看，本(岩)群具有早元古代—晚元古代的年龄特征。但考虑本(岩)群之下伏、上覆地层时代多分明为早、晚元古代，故目前将红安(岩)群的时代归属中元古代是适宜的，也是多数地质工作者能接受的。

(三)武当(岩)群

本(岩)群在郧西茶店变火山(岩)组中的Sm-Nd模式年龄介于1 341±20 Ma～1 488±19 Ma，等时线年龄为1 404.1±65 Ma；竹山银洞沟变火山岩(岩)组全岩Pb-Pb法模式年龄介于1 235～1 275 Ma；另外，在随县地区原随县群中部变酸性火山岩U-Pb法也获有1 154.41 Ma、1 128.3 Ma等年龄数据。根据这些年龄数据，可大致推定本(岩)群上界年龄大于1 000 Ma，下界小于1 400 Ma。

(四)神农架群

宜昌地矿所和李铨、冷坚等分别在不同时期采自台子组底部辉绿岩测定(全岩、K-Ar法)获得年龄值963 Ma和967 Ma；李铨、冷坚等采自野马河组第二段白云岩Pb-Pb等时线年龄1 307±100 Ma；宜昌地矿所采自台子组碳质、粉砂质页岩(全岩、U-Pb法)年龄值1 332±67 Ma，基本反映本群上亚群年龄为1 332～967 Ma，由于967 Ma是脉岩年龄，那么神农架群的顶界可推定为1 000 Ma，这也正好是上覆马槽园群底界年龄。在台子组1 332 Ma的采样层位之下，还有300余米厚的地层，其底部以砂砾岩与下亚群白云岩平行不整合接触。因此上、下亚群的分界推定为1 400 Ma。大致和北方蓟县系与长城系的分界相当。神农架群底界没有出露，至目前下亚群尚未获得成功的年龄数据。因此，推测本群底界年龄是困难的。

第三章 震旦纪—志留纪

震旦纪—志留纪时期，省境仍以青峰-襄广断裂为界，分为南部扬子地层区和北部南秦岭-大别山地层区（图3-1）。

扬子地层区：省境地处地层区的中段，震旦纪—志留纪地层发育良好，层序完整，分布广泛。长江峡东是我国南方地层研究重点地区之一，本时期许多地层单位名称创建于此。震旦纪地层是地台之起始盖层，受北高、南低的古地理制约。下部地层，以陆相碎屑为主，自南向北超覆不整合于褶皱基底之上；上部地层以碳酸盐岩为主，分布稳定。寒武纪—志留纪地层是稳定的地台型沉积，总的沉积序列是从碳质页岩→砂质页岩→碳酸盐岩→笔石页岩→砂、页岩。通山—崇阳一线以南至省境边界，从中、晚寒武世—奥陶纪，曾一度成为扬子陆块与华南活动带之过渡地带，以碳酸盐岩和笔石页岩沉积为主要特征。

南秦岭-大别山地层区：震旦纪地层下部以变基性火山碎屑为主，夹少量正常沉积；上部为滨海碎屑岩-碳酸盐岩岩系。寒武纪—志留纪地层，总的沉积序列是从底部的含磷、铀、钒、钼、重晶石硅质岩、碳质板岩、千枚岩→碳酸盐岩→变泥质粉砂岩。在两郧断裂以南竹山、随州等地，从中、晚寒武世—志留纪，则为板岩、千枚岩、变玄武岩、碳质板岩、变泥质粉砂岩和少量碳酸盐岩。

本断代中，在各文献中前人曾使用过189个地层单位名称，经本次对比研究、筛选，确定采用62个岩石地层单位（见表1-1），其余127个地层单位名称（见附录Ⅲ）建议停用。

第一节　岩石地层单位

莲沱组　Z_1l　（42-0051）

【创名及原始定义】　系刘鸿允、沙庆安（1963）所创的莲沱群演变而来。创名地点：宜昌市莲沱镇王丰岗。原始定义："南沱组冰碛岩之下，下部为紫红、棕紫及黄绿色粗—中粒长石石英砂岩及长石砂岩；上部主要为紫红色及灰白色凝灰质砂岩和紫褐色及黄绿色砂岩、砂质页岩，底部暗紫红色砾岩与下伏三斗坪群花岗岩角度不整合分界。"

【沿革】　该地层曾为李四光等（1924）置于南沱层"下部称南沱粗砂岩及底砾岩"，王曰伦（1960）称"南沱组"下部"粗砂岩"。后人称南沱砂岩（赵宗溥，1954；湖北局地科所，

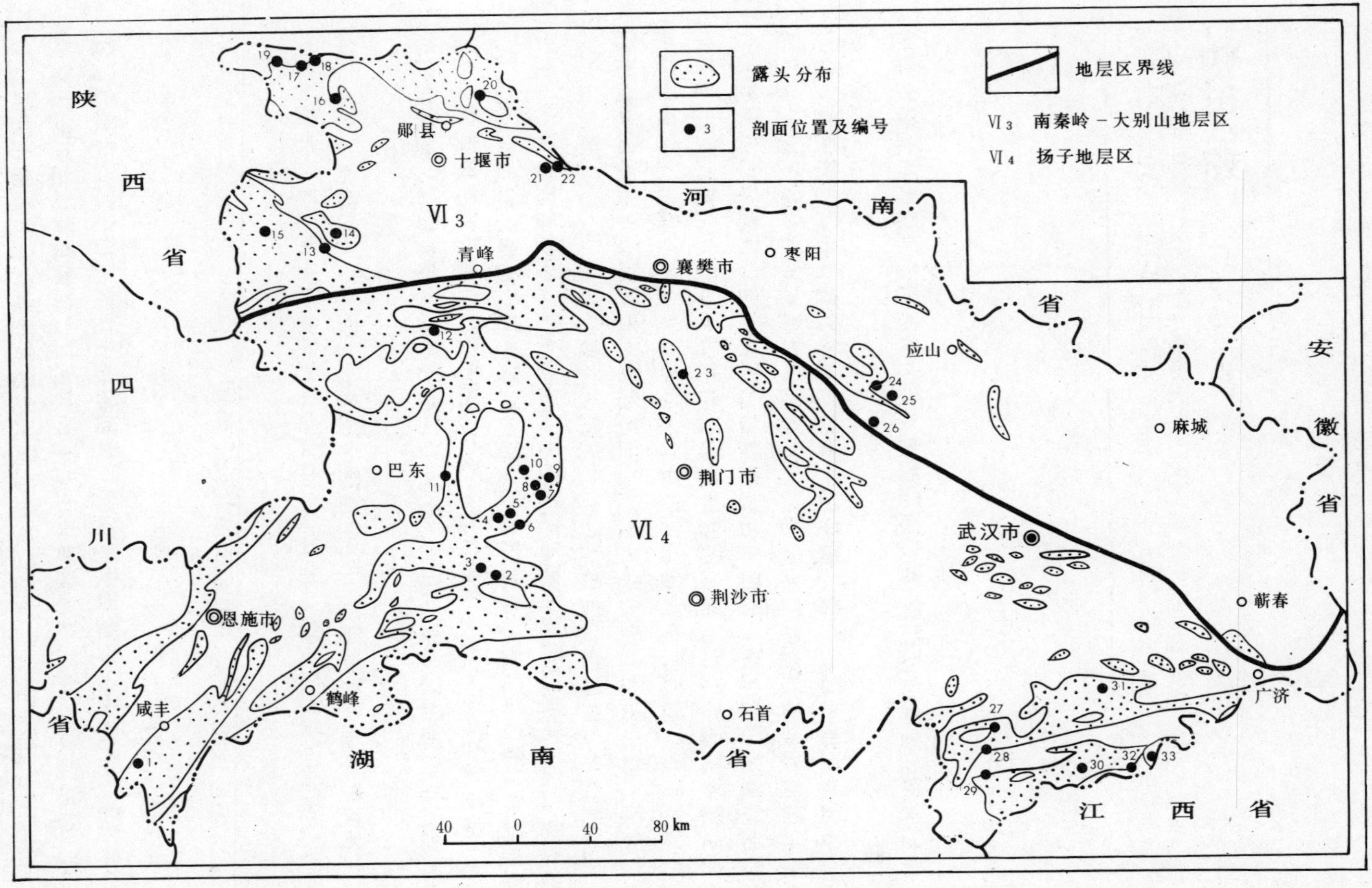

图3—1 湖北省震旦纪—志留纪地层露头分布及层型剖面位置图

1. 咸丰丁砦；2. 长阳高家堰；3. 长阳木溪；4. 宜昌石牌；5. 莲沱王丰岗；6. 宜昌三游洞；7. 宜昌覃家庙；8. 宜昌分乡场；9. 宜昌罗惹坪；10. 宜昌黄花场；11. 秭归新滩；12. 神农架清泉；13. 竹山干吉沟；14. 竹山江西沟；15. 竹溪杨家山；16. 郧西孟川；17. 郧西上津；18. 郧西上津五峪坪；19. 郧西范家沟；20. 郧县高庙；21. 丹江口市杨家堡；22. 丹江口市寺山庙；23. 钟祥太极垭；24. 随州张家楼子；25. 随州高家湾；26. 京山双尖山；27. 崇阳三山；28. 崇阳青林冲；29. 崇阳姜田畈；30. 通山大埂；31. 咸宁高桥；32. 通山留咀桥；33. 通山岭内

1962 等)、南沱组砂岩段(湖北区测队,1970)、南沱砂岩组(中南地区区域地层表编写组,1974)。刘鸿允等(1963)将其独立分出创名为莲沱群。湖北省地质局三峡地层研究组(简称湖北三峡地层组)(1978)改称莲沱组,从此广为引用。

【现在定义】 指黄陵花岗岩与南沱组之间的一套紫红色—暗紫红色的中—厚层状砂砾岩、含砾粗砂岩、长石石英砂岩、石英砂岩、细粒岩屑砂岩、长石质砂岩夹凝灰质岩屑砂岩,含砾岩屑凝灰岩。由下往上碎屑粒度由粗变细,顶界与南沱组冰积砾岩底面呈平行不整合接触;底界与黄陵花岗岩呈不整合接触。

【层型】 正层型为宜昌莲沱大桥莲沱组下部剖面及宜昌王丰岗莲沱组上部剖面(111°09′01″,30°51′35″;赵自强等,1985,重测,本书略作归并)。

上覆地层:**南沱组**

34. 灰绿色冰碛砾岩,块状,不显层次,砾石成分复杂,有花岗岩、片岩、火山岩等

——————— 平行不整合 ———————

莲沱组	总厚度 71.14 m
33. 浅灰绿,暗紫色凝灰质岩屑砂岩,暗紫色由浅灰绿色风化而来	2.10 m
32—27. 暗紫色细—粗粒岩屑砂屑岩,显微层状构造,下部具有平行微层理,偶见小砾岩石	9.12 m
26—25. 暗紫色含砾中—粗粒岩屑砂岩,砾石直径最大的超过 2cm,成分比较复杂,绝大部分是岩屑,分布不均匀	4.94 m
24. 紫红色凝灰岩,新鲜面灰绿色	7.64 m
23. 灰绿色凝灰质细砂岩	3.58 m
22—20. 紫红色流纹质晶屑玻屑凝灰岩、灰白色凝灰质粘土岩,具小型楔状交错层比较明显	4.31 m
19—16. 灰绿色薄层状凝灰岩与紫红色含砾凝灰质岩屑砂岩不等厚互层	1.8 m
15. 灰绿、紫红色流纹质玻屑凝灰岩,夹灰绿色含砾凝灰质砂岩,砾石成分主要是石英,滚圆度均为中等,砾径 1～2 mm,砾石含量约占 5%～10%	5.5 m
8—7. 紫红色中—细粒凝灰岩,细层凝灰岩,具楔形交错层	0.55 m
6. 紫红色厚层状粗粒石英岩,含少量斜长石,含微古植物:*Trematosphaeridum holtedahlii*,*Polyporata microporosa*,*Taeniatum* cf. *crassum*	15.90 m
5—4. 紫红色厚层含砾砂岩,粗砾石英砂岩	5.5 m
3—2. 紫红色厚层不等粒长石石英砂岩,下部夹薄层状凝灰质砂岩透镜体。含微古植物:*Trematosphaeridium holtedahlii*,*T. minutum*,*Polyporata obsoleta*,*Taenitum* sp.	8.75 m
1. 灰绿,略呈微肉红色含砾粗砂岩,含有较多的砾石,砾石成分单一,为脉石英,砾径大小不等,数毫米至数厘米	1.45 m

～～～～～～ 不 整 合 ～～～～～～

下伏地层:**黄陵花岗岩**

【地质特征及区域变化】 莲沱组主要分布于省境扬子地层区前寒武纪地层组成的背斜核缘地带。在层型剖面的峡东地区,本组岩性可分为两部分:下部为紫红、棕黄色中厚层—厚层状砂砾岩、含砾粗砂岩、长石质砂岩、凝灰质砂岩、凝灰岩等,底部有时具砾岩;上部为紫红、灰绿色中厚层状细粒岩屑砂岩、长石质砂岩夹凝灰质岩屑砂岩、晶屑、玻屑凝灰岩等。从下至上碎屑岩粒度由粗变细。本组在区域上的变化是由北往南,砾石成分、岩屑成分由复

杂到较简单，如北部大洪山地区最为复杂，据统计达18种之多，而到峡东、神农架一带仅有四五种，到南部大幕山地区（通山—崇阳一带）更为简单，除石英砾石外，主要是下伏地层中的板岩和变质砂岩砾石。另外在大洪山、峡东地区的砂岩中较普遍发育了斜层理、交错层理及粒序层等沉积构造，并可见平缓的波痕构造，在砾岩中还可见局部冲刷构造，而在鹤峰走马坪、大幕山地区却未见及这些沉积构造，同时岩石中的长石、凝灰质成分与凝灰质夹层也显著减少。

本组厚度变化较大，在鹤峰走马坪厚225 m，长阳滴水岩厚280 m，佑溪厚73 m，峡区莲沱厚71 m，但距莲沱北东约8km的唐家坝却尖灭。在神农架地区高桥河厚235 m，巴东北部毛叶坪厚79 m，但由此往东至木鱼坪渐趋尖灭。在大洪山地区变化更大，厚可由0～559 m。在大幕山地区由南向北、由西向东厚度增大，即由通山南部留咀桥厚57 m，至北部石门塘水库厚256 m；由西部湖南临湘陆城厚121 m，东至蒲圻钓鱼台厚177 m，通山成家洞厚220 m。

本组与下伏前震旦纪地层呈不整合接触，分界明显。与上覆古城组或南沱组的冰碛岩呈平行不整合接触，其界线也易分。

据赵自强等（1988）研究，本组产微古植物计11属、19种。其中主要是球藻亚群：*Leiopsophosphaera mino*，*Trachysphaeridium plamum* 等，及个别地方有刺球藻亚群：*Micrhystridium* 等。另外，赵自强等（1985）取自峡东莲沱组层凝灰岩中的锆石之U－Pb年龄为748±12 Ma。故莲沱组的地质时代为早震旦世早期。

古城组　Z_1g　（42－0052）

【创名及原始定义】　赵自强等（1985）创建于长阳县高家堰东南5.5 km的古城岭附近。原始定义：下部为冰碛砾岩，上部为砂砾岩、含砾砂质粘土岩及粉砂质粘土岩。含微古植物。

【沿革】　该地层曾由李四光（1924）置于“南沱层”的“上部：南沱冰碛岩”内，后王曰伦（1960）改南沱层为“南沱组”，刘鸿允（1963）将南沱层“下部：南沱粗砂岩及底砾岩”划出命名为“莲沱群”后，遂将南沱冰碛岩统称“南沱组”。马国干等（1980）将南沱组下层位之冰碛岩称“下冰碛层”。赵自强等（1985）将下冰碛层正式命名为“古城组”，李铨、冷坚等（1990）将神农架地区相当于古城组之冰碛岩命名为“坪阡组”。湖南省区测队（1980）将我省鹤峰走马坪的这套地层称“东山峰组”。本次清理，将省境原南沱组之下冰碛层统称古城组。坪阡组及东山峰组均为同物异名，建议停用。

【现在定义】　本组为一套灰绿色冰碛砾岩（杂砾岩）、砂砾岩，上部夹粉砂质粘土岩的地层。其底以出现粉砂岩、细砂岩与莲沱组呈平行不整合接触；其上与上覆大塘坡组黑色或灰色碳质页岩呈整合接触。

【层型】　正层型为长阳古城岭张家窝子剖面（111°03′30″，30°33′22″；赵自强等，1985）。

上覆地层：**大塘坡组**

6. 灰黑色薄层状含碳质砂质页岩及粉砂岩，其中夹含锰碳质页岩或锰矿。含微古植物

——————　整　合　——————

古城组　　总厚度5.90 m

5. 灰色中层状含砾（落石）砂岩，顶部含黄铁矿，单层厚20cm　　0.2 m

4. 灰—深灰色粉砂质粘土岩，具水平细纹层理，偶见小砾石（落石），使层理弯曲。含微古植物：*Trachysphaeridium ?rude*，*T.* aff. *laminaritum*，*Stictosphaeridium* sp.，*Triangumorpha* aff. *tenera*，*Anguloplania rhombica*，*Quadratimorpha jugata*，*Octaedriyxium* sp.，*Laminarites antiquissimus* 等　　0.28 m

3. 灰色中厚层状砂砾岩，砾石成分复杂，砾径一般较小，显层理 0.92 m

2. 灰绿色块状冰碛砾岩，含砾约40%，砾石大小不一，小者在0.5 cm以下，大者达27 cm，砾石成分以砂岩及粉砂岩居多，排列无序，砾石表面见不同方向的擦痕，泥砂质胶结 3.0 m

1. 灰绿色块状冰碛砾岩，含砾约占30%，砾石成分以砂岩为主，大小不一，分选差，砾石有擦痕及压坑等，基质为泥砂质 1.5 m

——————— 平行不整合 ———————

下伏地层：**莲沱组**

0. 灰绿色薄层、中厚层状含凝灰质细砂岩及泥质粉砂岩互层

【地质特征及区域变化】 古城组为一套灰绿色冰碛砾岩（杂砾岩）、砂砾岩，上部夹具冰碛纹理之粉砂质粘土岩，含微古植物。该组在区域上出露厚度很不稳定，除长阳古城岭厚0～10 m外，神农架坪阡地区，本组由块状砂质冰碛岩与砂砾岩组成，厚17.5 m；鹤峰走马坪地区，本组由黄绿色条纹状冰碛含砾粉砂岩、含砾泥岩组成，业经变质成板岩状，砾石少而小，形状多样，成分复杂，具水平层理，含微古植物化石：*Trematosphaeridium minutum*，*Laminarites* sp.，*L. antiquissimus*，厚3.7 m；通山大幕山北乐、坑口等地，本组由冰碛含砾杂砂质泥岩，或由冰碛含砾泥岩、含砾粉砂质泥岩、冰碛砂砾岩、冰碛含砾杂砂岩等组成，亦经浅变质，呈板岩状，厚2.75～14.15 m。古城组据其沉积特征，大致可分为两种沉积类型：其一以长阳古城岭、神农架坪阡等地为代表，属大陆冰川堆积；其二以鹤峰走马坪、通山大幕山等地为代表，属海洋冰川堆积。本组底以冰碛泥砾岩与下伏莲沱组凝灰质细砂岩或粉砂岩呈平行不整合接触。

本组目前已发现微古植物有18属26种（赵自强，1988），其中球藻亚群有：*Stictosphaeridium implixum*等及棱面藻亚群的*Anguloplanina rhombica*等。仍以球藻亚群为特征。据此，古城组时代属于早震旦世。

大塘坡组 Z_1d (42-0053)

【创名及原始定义】 系江荣吉（1967）于贵州省松桃县大塘坡锰矿区创名。原始定义："整合于莲沱砂岩组和南沱冰碛岩组间一套细碎屑沉积，下分三层：下部含锰岩系，为灰黑色碳质粘土质页岩夹粉砂岩、细砂岩、白云岩，为主要含锰层位，厚25米；砂质页岩层，深灰色含粉砂质粘土页岩，厚247米；微层状砂质页岩层，深灰色微层状含粉砂质粘土岩，厚295米。下以碳质页岩与莲沱砂岩组分界；上以粘土页岩与南沱组分界。"

【沿革】 在省境，1980年前，早震旦世的含锰岩系均为旧称"南沱组"中的一部分。马国干等（1980）将长阳古城岭平行不整合于原南沱组"下冰碛层"之上的含锰岩系称"大塘坡段"，一直广为引用。本次清理，改称大塘坡组。

【现在定义】 为一套细碎屑沉积，可分两段：第一段为黑色碳质粘土岩和含粉砂质碳质粘土岩，底部夹多层似层状、透镜状菱锰矿及凝灰质岩；含菌藻、疑源类化石，厚10～20 m；第二段为灰色粉砂质粘土岩、粘土岩、泥岩，夹细粉砂岩，含疑源类化石，厚100～200 m。底界以碳质粉砂质粘土岩与下伏铁丝坳组杂砂岩区分，呈整合接触；顶界以粘土岩与上覆南沱组之冰碛岩（杂砾岩）分界，呈平行不整合接触。省境本组底以深灰色粉砂岩与下伏古城组含砾砂岩呈整合接触；顶以黑色碳质粉砂质页岩与上覆南沱组冰碛砾岩（杂砾岩）呈平行不整合接触。

【层型】 正层型位于贵州省松桃县西南236°方向39 km的大塘坡，我省次层型为神农架

九湖特产场高桥河剖面（110°05′13″，31°28′37″；详见李铨、冷坚等，1990，《神农架上前寒武系》）。

【地质特征及区域变化】 大塘坡组分布与古城组一致，在神农架高桥河剖面，它以灰黑色含碳页岩、条带状含碳质粉砂岩、含锰碳酸盐岩透镜体或薄层状锰矿层为其特征。在区域上该组岩性比较稳定，除长阳古城岭见多层条带状锰矿层及通山北乐本组底部夹数层紫红色泥质粉砂岩，且岩石经浅变质，呈板岩状外，其它各地岩性基本相似。本组呈透镜状产出，厚度不稳定，0～13.94 m。属大陆冰川活动间冰期的半封闭海湾相沉积。

南沱组 Z_1n （42-0054）

【创名及原始定义】 Blackwelder（1907）于宜昌市南沱创名。原始定义：指伏于大套石灰岩之下的砂质和泥质岩石组成的南沱层（Nantou Formation）。出露于南沱陡壁之下的缓坡上，这套岩层的底部由长石石英砂岩和砾岩组成。下部呈紫褐色，向上渐变成白色和紫色石英岩，总厚度约 45 m；上部出露 35 m 厚的硬质块状泥砾层或冰碛岩，既不呈片状也不成层。这是一套绿色粗砂质的粘土岩，结构杂乱，呈棱角状，无分选性的地层系列。

【沿革】 李四光等（1924）称南沱层，包括："上部：南沱冰碛岩"和"下部：南沱粗砂岩及底砾岩"。后王曰伦（1960）称"南沱组"，刘鸿允、沙庆安（1963）修定，限李、王等的南沱层或南沱组中之冰碛岩为南沱组，此后广为引用。自赵自强等（1985）在将南沱组下冰碛岩段创名古城组，含锰岩系引用大塘坡组后，仅将其上冰碛岩段称南沱组。

【现在定义】 灰绿色、紫红色冰碛泥砾岩（杂砾岩），上部夹薄层状砂岩透镜体，冰碛砾岩（杂砾岩）中的砾石分选性差，表面具擦痕。与上覆陡山沱组白云岩呈平行不整合接触；与下伏莲沱组凝灰质细砂岩或大塘坡组碳质粉砂质页岩呈平行不整合接触。

【层型】 选层型为莲沱王丰岗南沱组—陡山沱组剖面（111°09′08″，30°51′04″；赵自强等，1985，本书略作归并）。

上覆地层：**陡山沱组**

6. 皮壳状含砾细晶白云岩

——————— 平行不整合 ———————

南沱组　　总厚度 52.95 m

5. 灰绿色冰碛含砾砂质泥岩，成层性较好，具微层理，含砾少，砾径 2～3 cm，砾石长轴略具定向排列，泥质物中含微古植物：*Trcmatosphaeridium* cf. *holtedahlii*　　0.45 m

4. 紫红色冰碛泥砾岩，含砾较少，砾径一般 5～10 cm，个别达 43 cm，泥质物中含微古植物：*Laminarites antiquissimus*，*Trematosphaeridium* cf. *holtedahlii*，*T.* sp.，*Trachysphaerdium* sp. 等　　3.1 m

3—1. 灰绿色冰碛砾岩夹紫红色冰碛砂质泥砾岩，冰碛粉砂质泥砾岩，冰碛砂质粉砂质砾岩等，砾石成分复杂，有花岗岩、片岩、火山岩、灰岩、大理岩、千枚岩、基性岩、含叠层石灰岩，砂岩及脉石英等。砾石形状复杂，大小混杂，排列无序，大者 0.5 m 以上，表面具有擦痕、刻槽、压坑等，基质为砂泥质。基质中含微古植物：*Laminarites antiquissimus*，*L.* sp.，? *Trachyspnaoridium* sp.，*Taeniatum crassum*，*Polyporata obsorata*　　49.4 m

——————— 平行不整合 ———————

下伏地层：**莲沱组**

0. 紫红和灰绿色凝灰质粉砂岩及粉砂质泥岩与凝灰质细砂岩互层

【地质特征及区域变化】 南沱组分布除与莲沱组分布基本一致外，在钟祥胡家集、京山王关、房县西蒿坪等地也有零星出露。在层型剖面所在地区的峡东一带，本组以块状灰绿色夹紫红色冰碛砾岩（杂砾岩）、冰碛含砾砂泥岩、水碛砂质泥砾岩组成，含微古植物化石。区域上各地所见大同小异，均为一套特征明显的冰碛岩地层序列。但在省境南部的鹤峰走马坪、通山—崇阳一带有轻微的区域变质（千枚岩化）。关于南沱组冰碛岩与古城组冰碛岩的主要区别在于：南沱组主要为块状冰碛岩，冰碛砾石成分复杂；古城组除块状冰碛岩外，还有冰碛纹泥层及与冰川作用有成因联系的层状砾岩和砂砾岩，冰碛砾石成分较简单。更为重要的是两者层位不同，南沱组位于陡山沱组白云岩之下，而古城组位于大塘坡组的含锰岩系之下。

本组厚度变化较大，在鄂西及大洪山地区，由南往北、由西往东具由厚变薄的趋势。如南部鹤峰走马坪厚 270 m，长阳佑溪厚 103 m，峡区莲沱厚 53 m，至大洪山地区则厚 0～19 m，于大洪山北部庹家—贾家湾一带缺失。该区西部神农架高桥河厚 211 m，清泉厚 41 m，至南漳、钟祥以北地区缺失。在大幕山地区由南向北具由薄增厚趋势，如通山南部留咀桥厚 20 m，至珍珠口厚 50 m，成家洞厚 51 m。西部崇阳双港桥厚仅 15 m。

南沱组一般平行不整合于莲沱组之上，但在有大塘坡组分布的地方则平行不整合于大塘坡组之上，也有不整合于前震旦纪的不同地层之上，如房县东蒿坪、西蒿坪覆于神农架群之上，宜昌秦家河以北地区覆于水月寺(岩)群之上等。本组与上覆陡山沱组均呈平行不整合接触。

赵自强等（1988）在南沱组中已发现微古植物 11 属 24 种，其中主要属种有球藻亚群的：*Leiopsophosphaera minor*，*Trachysphaeridium rngosum* 等及棱面藻亚群 *Quadratimorpha* sp.，带状藻类 *Taeniatum* sp.，褐藻碎片 *Laminarites antiquissimus* 等。根据 1982 年全国地层委员会的《晚前寒武纪地层分类命名会议》纪要，定南沱组时代为早震旦世晚期。

陡山沱组　Z_2d　(42－0055)

【创名及原始定义】 系李四光等（1924）创名的陡山沱岩系（Toushantou series）演变而来。命名地点在宜昌市陡山沱。原始定义：“中震旦系，陡山沱岩系：它主要含页岩和薄层石灰岩。在下部主要为页岩，……含有盘状黑色燧石的硬质页岩是这个地层下部的突出特征。……顺次地向上追索，页岩渐渐变得富于钙质。它们先后顺序是：最初为泥质的层纹状蓝色硬石灰岩，其次局部呈鲕状的纯石灰岩层，最后是薄层状白云岩局部被砂质页岩盖覆。”

【沿革】 北京地质学院（1961）① 将这段地层置于灯影群的下部，称陡山沱组，地质部地质科学研究院地质研究所前寒武纪地质及变质岩研究室（1962）将它归属灯影组下部称陡山沱层，刘鸿允等（1963）改称陡山沱组。此后，一直为大家沿用。省境北部南秦岭-大别山地层区内，相当于陡山沱组的地层由浅变质岩组成，区内南襄盆地以西的鄂西北地区，向沿用“陡山沱组”一名，而盆地以东的随州地区，湖北省第八地质大队（1977）与湖北区测队（1982）先后分别称“尚家店组”和“岔河组”。本次清理，建议停用这两个名称，统称“陡山沱组”。

【现在定义】 整合在灯影组之下，平行不整合于南沱组之上，以灰、褐灰、灰白色白云岩为主，下部为灰—褐灰色白云岩，含泥质和硅质磷质结核；中部为灰黑色页片状含粉砂质白云岩；上部为灰、灰白色中—厚层状白云岩夹硅质层或燧石团块组成。顶部以黑色碳质页岩与上覆灯影组分界；底以一层含砾白云岩的底面与下伏南沱组分界。

---

① 北京地质学院，1961，湖北省宜昌地区 1：20 万区域地质测量总结报告（油印稿）。

南秦岭-大别山地层区内，本组由板岩、千枚岩、片岩、变质砂岩与粉砂岩组成，夹大理岩、白云岩与砂质灰岩。上与灯影组白云岩呈整合接触；下与耀岭河组变基性火山岩呈平行不整合接触。

【层型】 正层型为宜昌田家园子陡山沱组剖面（111°05′28″，30°50′01″；赵自强等，1985，重测，本书略有简化）。

上覆地层：**灯影组**

15. 厚层状凝块石微晶—细晶白云岩

——————— 整 合 ———————

陡山沱组 总厚度 231.50 m

14. 黑色碳质粉砂质页岩夹透镜状白云岩和燧石结核，下部以碳质页岩为主。向上燧石层逐渐增加，顶部碳质页岩风化后呈粉红色叶片状，含银特高 26.05 m

13—11. 灰黑、灰白色中厚层状凝块石白云岩，微晶白云岩夹球粒状白云岩，局部夹燧石层，下部含磷及粉砂质 62.46 m

10—6. 灰黑色薄层状微晶白云岩，粉砂质微晶白云岩夹含磷微晶白云岩，中部有含磷结核，水平纹层发育，风化后呈叶片状，含微古植物：*Asperatopsophosphaera* aff. *umishanensis*，*Monotrematosphaeridium asperum*，*Trachysphaeridium* sp.，*T. planum*，*Zonosphaeridium* sp.，*Leiominuscula* sp.，*Laiopsophosphaera* cf. *densa* 等 117.17 m

5—2. 深灰色薄—中厚层状含燧结核微晶白云岩，含硅质结核微晶白云岩，水平层理发育，含粉砂质 21.5 m

1. 灰色厚层状含砾微晶白云岩，岩石中石英细脉及簇状石英晶体发育，并偶见有板状石膏。角砾大小不一；大者大于 4 cm，小者 2.5 cm 以下，其成分有砂岩、绿泥片岩、燧石结核及白云岩等。本层底部有很大而不规则的硅质及壳，顶部有一层厚约 30 cm 的细晶白云岩，局部含燧石透镜体 4.32 m

－－－－－－ 平行不整合 －－－－－－

下伏地层：**南沱组**

0. 灰绿色冰碛砾岩

南秦岭-大别山地层区本组次层型为丹江口市寺山庙剖面（111°31′02″，32°33′55″；湖北区调所，1986，本书略有简化）。

上覆地层：**灯影组** 灰—深灰色块状细—中晶白云岩

——————— 整 合 ———————

陡山沱组 总厚度 1 830.57 m

34—26. 灰—深灰色薄—中厚层状大理岩、微晶白云岩与灰黄色钙质页岩、页岩不等厚互层 251.47 m

25—22. 灰黄—灰绿色变凝灰质粉砂质粘土岩、凝灰质粘土质粉砂岩，下部夹条带状泥质灰岩 443.0 m

21. 灰色板状千枚岩 107 m

20. 灰白色厚层状具条纹状含粘土质砂质结晶灰岩夹灰黄色厚层含砂结晶灰岩 2.1 m

19—18. 灰黄、灰绿色变粉砂质粘土岩夹变凝灰质不等粒砂岩 127.2 m

17—11. 灰黄、灰绿色变粘土质粉砂岩夹薄层状变粉砂岩，变钙质中粗粒长石砂岩 296.0 m

10. 灰绿色、灰黄色变凝灰质粉砂岩 36.9 m

9. 灰、灰黄色板状千枚岩夹少量薄层状、条带状变凝灰质粉砂岩 42.8 m

8. 黄褐色厚层状变凝灰质含砾粗岩屑砂岩 75.1 m

7—2. 灰、灰紫色板岩、千枚岩夹变凝灰质粉砂岩 449.0 m

——————— 平行不整合 ———————

下伏地层：**耀岭河组** 灰绿、绿色变基性火山岩（绿泥钠长片岩）

【地质特征及区域变化】 本组在省境出露广泛。在南部扬子区内，其除随南沱组分布外，还广布于南沱组未及的房县东—西蒿坪以南、黄陵穹窿北部、神农架-梨花坪背斜东翼、耿集以南、谷城南部、钟祥冷水铺—襄阳观音阁及宜城板桥等地。在北部南秦岭-大别山区内，本组分布于郧西、郧县、丹江、应山北部、随州南部、枣阳南部、京山岔河、安陆白兆山等地，广济、蕲春也有零星分布。

扬子区：峡东、南漳、钟祥、神农架南部、长阳、鹤峰走马坪与通山北部等地陡山沱组的岩性主要由含碳质或含锰或含磷或含硅质的微晶白云岩、泥质或灰质白云岩、灰岩组成，夹碳质页岩、燧石层、磷矿层，是我省磷矿的重要层位。全组厚 60～491 m。而向北至神农架北部、谷城南部及大洪山，或向南至通山南部和崇阳双港桥等地，陡山沱组岩性主要由页岩、碳质或含磷或含锰或硅质页岩及少量白云岩组成，夹锰矿层、磷块岩及含锰白云岩，比之前述各地，磷矿不发育，而锰矿又相对发育，全组厚度亦显著减薄，仅 10～160 m，多数厚小于 50 m。且在大洪山北坡的本组页岩多轻微变质成板岩。纵观省境扬子区陡山沱组的区域变化，大致显示两类沉积建造：在陡山沱期沉积盆地中心地区为含硅、磷、碳、锰的碳酸盐岩岩系；向南、北两侧的边缘地带，则为含硅、磷、碳、锰的页岩岩系。且厚度及磷矿发育程度亦逦由中心向边缘的方向呈减薄及减弱趋势。区内陡山沱组在有南沱组出露地区，平行不整合覆于南沱组冰碛岩之上，无南沱组出露区，则不整合覆于前震旦纪不同地层之上；而其上均与上覆灯影组（或老堡组）呈整合接触关系。

南秦岭-大别山地层区：陡山沱组在南襄盆地以西鄂西北十堰—石花街一线以北的郧西—郧县—均县地区，由下部遍夹蓝闪石片岩的变石英砂岩、变钙质砂岩、变凝灰质粉砂岩与岩屑砂岩、绢云石英片岩、片状石英岩，以及上部含蓝闪石的绢英片岩、钠长片岩、板岩与大理岩或白云岩互层所组成，厚度自东向西，由 1387 m 减至 317 m。而在上述一线以南的竹山—竹溪地区，本组由含碳质的大理岩、细晶白云岩与灰岩，以及含碳质板岩、硅质板岩所组成，不含蓝闪石，全组厚度由北向南由 135 m 减至 20 m。在南襄盆地以东，陡山沱组在枣阳资山—随县环潭—应山马坪一线以北的随县高城—应山郝店一带，由石英钠长黑云片岩、钠长绿泥片岩、黑云片岩及绢英片英夹多层白云质大理岩所组成，岩石中遍含蓝闪石及具孔雀石薄膜，局部地段（随州西湾）尚具磷矿化，厚 163 m。而在上述一线以南的枣阳石盘寺—清潭、随州南部与京山北部、安陆西部三县交界等地区，本组由含碳质、钙质、粉砂质板岩夹泥晶灰岩与微晶灰岩所组成，且向上碳酸盐岩层增多，与板岩呈互层产出，全组岩石遍含黄铁矿晶体，具发育的水平层理构造，但不含蓝闪石，全组厚度由南向北由 1 005 m 减至 64 m。更向东至广济、蕲州一带，本组由绢英千枚岩、含碳绢云千枚岩、千枚岩夹泥晶灰岩组成，上部灰岩增多，与千枚岩呈互层产出，全组厚 380 m。综上所述，本地层区内之陡山沱组岩石已普遍遭中浅区域变质，且在郧县—均县地区与随州—应山北部地带，已形成有以蓝闪石、黑硬绿泥石、多硅白云母为标志的中高压变质岩带。本区之陡山沱组均平行不整合覆于耀岭河组变基性火山岩系之上，又整合伏于灯影组碳酸盐岩岩系之下。

陡山沱组的黑色页岩及含磷白云岩中含有丰富的微古植物化石，据赵自强等（1988）的统计有50属、约90种（包括化学分离法和岩石切片法）。其中球藻亚群主要有*Lophosphaeridium crassa*，*Tasmanites* sp.，*Tetraphycus grandis*，*Salome svalbardensis*，*Taeniatum crassum*等，梭形藻亚群*Leiofusa gracilis*等，刺球藻亚群*Micrhystridium* sp.，*Vandalosphaeridium* sp.等及开口的球形微古植物*Palaeostomocystis*及*Eoaperturilites*属。特别是在该组中钙质海绵*Eospicula*？*yichangensis*，硅质海绵*Hazelia*？*liantuoensis*及几丁虫类*Sagenaporellachitina*等的出现，表明本组时代为晚震旦世早期。

灯影组　$Z_2\in_1 d$　（42-0056）

【创名及原始定义】　系李四光等（1924）创建的“灯影石灰岩”演变而来。创名地点在宜昌市西北20 km长江南岸石牌村至南沱村的灯影峡。原始定义：“上震旦系灯影石灰岩：白色块状呈峭壁形的石灰岩，多少带白云质；在风化表面上有坚硬的矽质夹层突出。”“在很多地方包含特殊而且成群的层状体，有时呈似圆筒状，但更多的是不对称圆锥状。”“是震旦纪浅水中繁殖的钙质藻类遗骸，”“特地命名为*Collenia cylindrica*，*Collenia angulata*。”“灯影石灰岩，从灯影峡下口的寒武纪页岩下突起。”

【沿革】　该地层曾被北京地质学院（1961）称“灯影群上部灯影组”①。地质部地质科学院地质研究所前寒武纪地质及变质岩研究室（1962）将陡山沱层与灯影石灰岩合称灯影组，称灯影石灰岩为灯影组上部“灯影层”。刘鸿允等（1963）将灯影石灰岩称灯影组，后为大家沿用。赵自强等（1985）曾将灯影组自下而上分为蛤蟆井段、石板滩段、白马沱段及天柱山段。南秦岭-大别山地层区的随州南部地区，湖北省第八地质队（1976）与湖北省区测队（1982）曾将与扬子区灯影组相当的地层，先后分别称“青山寨组”与“白兆山组”，本次清理，停止使用该两名称，均称灯影组。

【现在定义】　指平行不整合于牛蹄塘组（水井沱组）之下，整合于陡山沱组之上的一套地层，岩性三分：下部灰白色厚层状内碎屑白云岩；中部黑色薄层状含沥青质灰岩，含燧石条带及结核，产宏观藻类；上部灰白色中—厚层状白云岩，含燧石层及燧石团块，顶部硅磷质白云岩产小壳化石。以黑色薄层状白云岩出现与其上覆、下伏地层分界。区域上亦可与牛蹄塘组呈整合接触。

【层型】正层型为宜昌市南沱—石牌青树包灯影组剖面（111°09′41″，30°49′42″；赵自强等，1985，重测，本书略有简化）。

上覆地层：**牛蹄塘组**（水井沱组）

25. 主要为灰黑色—黄绿色含白云质水云母粘土岩，碳质页岩，钙泥质粉砂质页岩互层，中夹深灰—灰黑色含粘土质粉晶灰岩薄层或透镜体，水平层理发育。含三叶虫

——————　平行不整合　——————

灯影组　　　　总厚度863.42 m

24. 上部灰紫色磷质砾屑砂屑白云岩，富含小壳动物化石　　3.38 m

23—22. 上部灰白色块状微晶—细晶白云岩夹硅质条带。下部灰白色厚层凝块石细晶白云岩，该层鸟眼构造发育。含微古植物*Asperatopsophosphacera partialis*，*Trachysphaeridium hyalinum*，*Pseudozonosphaera* aff. *asperella*，*Hubeisphaera radiata*等，在宜昌石牌水井沱附近同一层位中产蠕虫动物*Scolithus*，*Saarina* sp.？　　237.52 m

① 北京地质学院，1961，湖北省宜昌地区1：20万区域地质测量总结报告（油印稿）。

21. 粉红色及灰白色含球粒细晶白云岩。具鸟眼构造，含燧石结核，风化面可见交错层理。含微古植物 *Trematosphaeridium minutum*，*Taeniatum crssum*，*Lophominuscula* sp. 等　61.27 m

20—16. 灰白色块状细晶白云岩夹灰色中厚层状硅质白云岩，含少量燧石结核或团块，上部细晶白云岩中含砂屑，下部夹灰质白云岩。含微古植物 *Polyporata* sp.，*Leiopsophoshaera* sp.，*Quadratimorpha* ? sp.，*Leiofusa* aff. *digitata* 等　271.13 m

15—13. 黑色薄板状细晶灰岩，下部夹中厚层砂屑细晶灰岩，含有机质，含燧石结核和条带，含大型藻类 *Vendotaenia* sp.，*Tyrasotaenia* cf. *podolica*；微古植物 *Asperatopsophopshaera umishanensis*，*Pseudozonosphaera asperella*，*Lophosphaeridium* sp.，*Micrhystridium* sp.，*Fuchunshania rarojugata*，*Quadratimorpha* sp.，*Margominuscula verrucosa*；还见海鳃目 *Charnia dengyingensis*，在庙河同一层位中于 1978 年，发现蠕虫类 *Micronemaites formosus*；假遗迹化石 *Pseudotrace fossil*　99.13 m

11—10. 浅灰色厚层块状细晶白云岩，上部紫灰色薄层状含硅质微晶白云岩夹燧石条带，具微波状层理　23.5 m

9—4. 灰色厚层—块状凝块石白云岩核形石砂屑白云岩，上部夹硅质细晶白云岩等，含微古植物：*Asperatopsophosphaera* cf. *partialis*，*Pseudozonosphaera verrucosa*，*Trachysphaeridium rude*，*Monotrematosphaeridium* cf. *asperum*　143.76 m

3—1. 深灰色厚层—块状砂屑细晶白云岩，局部夹含磷砂屑细晶白云岩，鸟眼构造发育。含微古植物 *Trematosphaeridium* cf. *holtedahlii*，*Trachysphaeridium* sp.，*Laminarites* sp.，*Margominuscula* sp.　23.73 m

——————— 整　合 ———————

下伏地层：**陡山沱组**

0. 深灰色—灰黑色薄板状凝块石细晶白云岩

南秦岭-大别山地层区，次层型为安陆白兆山剖面（原称白兆山组）（113°33′40″，31°19′18″；湖北区调所，1982，本书略有修正）。

上覆地层：**杨家堡组**　灰黑色中厚层纹带状硅质岩

——————— 整　合 ———————

灯影组　总厚度 398.85 m

6. 深灰色厚—巨厚层条带状白云岩，硅质条带白云岩，具硅质条带和团块，夹一层角砾状灰质白云岩　110.76 m

5. 灰—深灰色中厚层—厚层状硅质条带灰岩，具硅质结核夹薄层状方解石化硅质岩　90.1 m

4. 灰—深灰色薄—中厚层状白云岩，具泥质白云岩条带夹薄层状白云质灰岩

3. 灰、灰白色薄—中厚层条带状含白云质灰岩，上部呈红色　111.67 m

2. 灰、深灰色薄—中厚层状灰岩，顶部具硅质条带及结核；底部具泥质条带

——————— 整　合 ———————

下伏地层：**陡山沱组**　灰黄色、黄绿色含钙质条纹状粉砂质板岩夹泥质硅质灰岩与泥质灰岩透镜体

【地质特征及区域变化】　省境除鄂东南通山—崇阳地区无灯影组出露外，其他地区其随陡山沱组广泛分布。为一套厚度较大的富含硅、磷质的碳酸盐岩岩系，主要由微—细—中晶白云岩、富藻白云岩、鲕状（或豆状、葡萄状）白云岩、硅质纹带或结核状白云岩、角砾状

白云岩、泥晶白云岩、白云质磷块岩、硅质或白云质灰岩、细晶灰岩、沥青质灰岩、含磷页岩所组成，不同程度地发育有平行层理、交错层理、泥质硅质纹带、冲刷面、藻席纹层、藻灰、栉壳、鸟眼、晶洞等沉积结构构造，含微古植物、宏观藻类、软体后生动物及小壳动物化石，赋存工业磷矿床，较普遍具铜、铅、锌矿化，局部赋存锰矿；是我省仅次于陡山沱组的重要磷矿层位和优质白云岩矿层位。由于沉积环境的些许差异，故灯影组的岩石组合类型及特征有所不同，大致可分三种类型：

1. 白云岩-灰岩-白云岩组合：即习称“两白夹一黑”之灯影组，其下部及上部由各类灰白色白云岩组成，且下部赋存磷矿床；中部则由黑色沥青灰岩（俗称臭灰岩）与硅质灰岩组成。以峡东及黄陵断穹周缘出露为典型。

2. 灰岩-白云岩组合：这类灯影组下部由深灰—灰黑色沥青质灰岩（臭灰岩）或白云质灰岩组成，具铅锌矿化，夹含磷页岩、含磷白云岩与磷块岩，形成有磷矿床；上部由灰白色或灰黄色细晶白云岩、角砾状白云岩、硅质条带白云岩组成，遍具铅锌矿化，白云岩类型较少，沉积成岩构造不甚发育。以大洪山区出露为典型。在南秦岭-大别山地层区，灯影组亦为此种组合类型，但在随州南—京山北—安陆一带，下部灰岩为细晶灰岩，无磷显示，明显的磷矿化位于灯影组上覆的寒武纪下部地层中；北部郧西—均县地区，下部灰岩亦无磷显示，而上部白云岩岩石类型较多，沉积成岩构造类型丰富，与峡东灯影组之上、下白云岩有极大相似性。

3. 白云岩夹灰岩、页岩组合：由多种类白云岩组成，富含藻类、叠层石，产小壳化石，发育多种沉积成岩构造，具硅质纹带及结核，一般中、下部夹磷块岩、磷结核，可赋存工业磷矿床，局部夹碳质页岩或板岩、细晶灰岩。以神农架出露者为典型，尚分布于房县东蒿坪、西蒿坪、南漳—谷城、钟祥胡集、长阳佑溪、鹤峰走马坪等地。本类型灯影组总体分布于扬子地层区第一类型灯影组出露区的南、北两侧。

本组厚度各地不一。在扬子区大致显示自南向北、自西向东由薄变厚的趋势：鹤峰走马坪厚 220 m，长阳佑溪厚 425 m，宜昌灯影峡 862 m，房县东蒿坪厚 1200 m；神农架高桥河厚 307 m，南漳朱家峪厚 790 m，大洪山薛家店厚 865 m，京山王关厚 1317 m。南秦岭-大别山地层区本组厚度南、北相差悬殊：北部郧西—均县地区以郧县高庙最厚，达 1912 m，向西至郧西六斗减至 920 m，向东至丹江凉水河减至 1514 m；南部竹山地区厚仅数十米至百余米。随州南—京山北地区厚 196 m，安陆白兆山厚 398 m，至鄂东广济李堂选厚 475 m，显示自东向西由厚变薄。纵观全省，灯影组厚度在两大地层区均显示自北向南由厚变薄的趋势，而在两区接壤地带，则均显示自东向西由厚变薄的规律。

省内灯影组的古生物仅在峡东地区进行过系统的采集与研究，总计有微古植物 25 个属、55 种，以及后生植物文德带藻属与基拉索带属、软体后生动物及其遗迹化石等，它们的时代均属晚震旦世晚期。同时，在峡东、长阳、神农架等地的灯影组顶部白云岩中采集到时代为早寒武世早期梅树村期的小壳化石（以上化石详见赵自强等，1985）。因此，灯影组时代为晚震旦世晚期—早寒武世早期，为一穿时较长的地层单位。

老堡组　Z_2l　(42－0057)

【创名及原始定义】　系王曰伦（1936）创建的“老堡硅质岩”演变而来。创名地点在广西三江县城西的老堡乡。原始定义：赵金科、张文佑 1952 年编制 1∶25 万《广西地质图》之“三江幅地质图”，将整合于龙山系之上，水口群之下的地层称老堡层。当时无岩性描述。

【沿革】　省境该套以硅质岩为主的地层，湖北区测队（1966）称灯影组上段，《中南地区区域地层表》(1974）称灯影组。赵自强等（1988）称留茶坡组，本次清理经省区间协商采用老堡组。

【现在定义】 指整合于清溪组（省境为牛蹄塘组）与陡山沱组之间的一套灰、灰黑色薄层至中层状硅质岩，下以碳质页岩的消失或硅质岩的出现与陡山沱组分界；上以硅质岩的消失或含碳含泥硅质岩的出现与清溪组分界。

【层型】 选层型剖面位于广西壮族自治区三江侗族自治县泗里口村至上石门附近。省境次层型为通山岭内剖面（114°55′49″，29°28′51″；湖北区测队，1966）。

上覆地层：**牛蹄塘组** 黑色石煤层间夹薄层状硅质岩

——————— 整 合 ———————

老堡组	总厚度 69.72 m
9. 深灰、灰色薄层状硅质岩间夹碳质页岩	9.86 m
8. 深灰色薄层状碳质硅质岩	15.58 m
7. 深灰色薄层状硅质碳质页岩，底部为碳质页岩	17.53 m
6. 灰色薄层状硅质岩间夹碳质页岩	9.61 m
5. 深灰色薄层状条纹状硅质岩	17.14 m

——————— 整 合 ———————

下伏地层：**陡山沱组** 灰岩、白云岩。顶部薄层状碳质页岩

【地质特征及区域变化】 该组仅分布于我省鄂东南崇阳、通山一带。为灰—深灰色薄—中厚层状硅质岩夹碳质页岩组成。在区域上岩性稳定，但厚度由西向东，由南往北有增厚趋势，如崇阳桂花厚 51 m，通山岭内厚 70 m，通山西庄厚 102 m。属深海沉积。本组以硅质岩、碳质硅质岩的出现和消失为其底、顶界。与下伏陡山沱组、上覆牛蹄塘组均呈整合接触。

老堡组在省境内尚未采到化石，但根据其上述层位，其时代为晚震旦世晚期。

耀岭河组 Z_1y (42-0058)

【创名及原始定义】 阎廉泉（1959）创建耀岭河组，创名地点在陕西省商南县耀岭河。原始定义：为一套变质的喷发岩—绿色片岩系：下部为绿泥石钠长正片岩，钠长碱性角闪石绿泥石正片岩等绿色片岩与矽化绢云母片岩的互层，厚约 1 000 m；上部主要为矽化阳起石绿帘石片岩、钠长绿泥石正片岩等绿色片岩夹薄层大理岩、碳质片岩，偶夹砾岩，厚约 500 m。底部未出露，其上与灯影组为不整合，归属下震旦统。

【沿革】 北京地质学院（1962）在竹山地区创名为“圣母山组”，时代为早志留世，在丹江口地区将其归属“上武当群青山港组”，时代为元古代。陕西区测队（1966）改称耀岭河群，时代为早震旦世。徐志扬等（1979）将耀岭河群由下往上划分为老庄沟组、石门沟组和吴家梁组，王寿琼、周骏华（1985）① 又将徐氏等的老庄沟组改称高庙组，时代归属早震旦世。湖北省区调所（1987）将耀岭河群划分为上、下两段，时代为早震旦世。随州—枣阳地区的这一地层曾称“过路湾组”（湖北省第八地质大队，1976）。本次清理，统称耀岭河组，上述其它名称一律停用。

【现在定义】 与下伏杨坪(岩)组［省境已改称武当(岩)群变沉积岩组或变火山岩组］呈平行不整合接触，与上覆陡山沱组呈断层（或整合）接触。为一套基性熔岩和火山碎屑岩。耀

① 王寿琼、周骏华，1985，湖北武当山地区晚震旦世冰川活动雏议。湖北省第五地质大队，武当山地质科技情报（内刊）。

岭河地区以绢云绿泥钠长片岩为主，夹绢云钠长石英片岩、石英钠长片岩、绢云绿泥片岩、碳质千枚岩、大理岩、硅质岩。本组以基性火山岩系为特征，与杨坪(岩)组浅色变沉积岩、陡山沱组底部碳质千枚岩区别。

【层型】 该组创名时未指定正层型，陕西省指定选层型为商南县徐家店涧水沟（耀岭河）剖面。省境次层型为郧县高庙剖面（111°04′31″，32°56′25″；王寿琼等，1985，本书略有简化）。

上覆地层：**陡山沱组** 灰白色变砂岩及含砾绢云片岩

——————— 整 合 ———————

耀岭河组	总厚度 1199.04 m
18. 灰色角斑质含砾沉凝灰岩	30.00 m
17—14. 灰绿色变细碧岩、变细碧质凝灰岩，上部夹银灰色绢云磁铁片岩，下部夹细碧质火山砾石	420.4 m
13. 灰白色变石英角斑岩（含长石）	63.3 m
12. 灰绿色变细碧岩	94.2 m
11—10. 上部为灰绿色、淡紫色泥质粉砂岩，局部夹大理岩透镜体，下部褐黄色钙质绿泥片岩夹变细碧岩	78.0 m
9. 灰绿色变细碧岩，具杏仁及枕状构造，下部见有变细碧质集块岩	97.1 m
8—7. 淡紫色泥质粉砂岩，银灰色石英绢云片岩夹细碧岩	217.4 m
6. 灰绿色变细碧岩	110.9 m
5—3. 灰绿色冰碛含砾凝灰质粉砂岩或火山碎屑岩，偶夹变细碧岩	49.7 m
2. 淡紫色泥质粉砂岩夹 1 m 厚的变细碧岩。泥质岩中见纹泥	13.3 m
1. 淡紫色冰碛含砾泥质粉砂岩，底部夹 1.5 m 的变细碧岩。砾石成分复杂，有火山岩、绢云石英片岩、变砂岩、变基性岩及花岗岩等，砾径大者 20×15 cm，小者 0.5 cm，具有一定滚圆度	33.84 m

— — — — — — — 平行不整合 — — — — — — —

下伏地层：**武当(岩)群变火山岩岩组** 变石英角斑质凝灰岩

【地质特征及区域变化】 耀岭河组主要分布于武当山隆起、两郧、随州柳林等复式背斜的周缘，它与武当(岩)群相伴出露。

该组在区域上岩性基本相似，但厚度变化很大。总的特点：(1) 襄樊-十堰-白河断裂以北的郧西—郧县—丹江以北及武当隆起的西缘圣母山一带耀岭河组岩性两分：下段为变质含砾泥质粉砂岩，变质砂、砾岩；上段以变基性火山岩为主，夹少量酸性火山岩及不同比例的正常沉积岩。由西向东正常沉积岩的夹层逐渐增多；底以变含砾凝灰质粉砂岩或砂砾岩为界。(2) 枣阳、应山及随州南部地区该组岩性两分不明显，以灰绿色变玄武岩、变含砾基性沉凝灰岩、变中基性凝灰质角砾岩、变中酸性岩屑凝灰岩、变凝灰质粉砂岩为主；底以含砾石英细砂岩或绿帘阳起片岩为界。(3) 襄樊-十堰-白河断裂以南的竹山复向斜的周缘，本组以灰绿色绿泥钠长片岩、黑云绿泥片岩、绿泥阳起片岩为主，上部夹二云石英片岩、白云石英片岩、含砾粉砂岩及薄层硅质岩；底以变基性火山岩为界。以上地区均以平行不整合覆于武当(岩)群变沉积岩组或变火山岩组之上。(4) 武穴李堂选—蕲春胡家凹等地，耀岭河组变基性火山岩比例减少，由灰绿色、黄绿色含砂、砾绢云钠长千枚岩、变凝灰质中粒砂岩、绿泥绢云石英千枚岩组成，下部含砾，顶部为黑云绿泥片岩。与下伏红安(岩)群呈断层接触。

耀岭河组一般厚200～500 m，其中高庙—丹江一带厚约1 300 m，应山余店最大厚度可达1 522 m，郧县红岩背—竹山双台及随州古城畈一带最薄，一般不足50 m。

目前，根据其层位，上、下地层接触特点，同位素年龄值795.7±77 Ma（锆石U-Pb）及微古植物化石 *Lignum* sp.，*Tromatosphaeridium minutum*，*Asperatopsophosphaera* sp.，*Laminarites antiguissimus* 等（湖北区调所，1987），其层位基本可与峡东地区的莲沱组对比，故将本组时代归于早震旦世为宜。

江西沟组　Z_2j　（42-0059）

【创名及原始定义】　赵自强等（1988）于竹山江西沟创名。原始定义：指整合于霍河组灰—深灰色薄板状含磷细晶灰岩夹含碳含磷钙质硅质岩之下，平行不整合于耀岭河组之上的一套灰黑色薄层碳质板岩、含碳质钙质板岩、薄层含碳硅质岩、含碳石英大理岩、含碳细晶白云岩、含碳微晶灰岩及少许高碳质页岩组成，厚62 m。

【沿革】　该地层李捷、朱森（1930）称竹山系底部的黑色岩层，北京地质学院（1962）①称竹山组第一亚组的底部黑色岩系。湖北区调所（1986）将其划为“陡山沱组”。赵自强等（1988）创名为江西沟组。本书赞同赵氏等意见，但修正其顶界，上移11.98 m，即赵氏的“4层”应划归于本组。

【现在定义】　本组为与下伏耀岭河组呈平行不整合接触，与上覆霍河组呈整合接触的一套黑色薄层状碳质板岩、含碳质钙质板岩夹薄层含碳质硅质岩、含碳白云岩、灰岩（或大理岩）及少许高碳质页岩组成的地层。底以灰黑色含黄铁矿碳质板岩与耀岭河组绿泥钠长片岩分界；顶以黑色含碳质板岩与霍河组灰岩（或大理岩）分界。

【层型】　正层型为竹山县江西沟剖面（110°14′32″，32°07′58″；湖北区调所，1986）。

上覆地层：**霍河组**　灰及深灰色薄层板状结晶灰岩夹细晶灰岩

——————　整　合　——————

江西沟组	总厚度：61.93 m
4. 灰色薄层板状含碳石英大理岩夹含碳质钙质板岩	11.98 m
3. 深灰、黑色含碳白云质石英岩（硅质岩）、碳质板岩夹劣质石煤（高碳质板岩）	10.09 m
2. 灰色薄—中层状变含碳绢云微晶灰岩间夹黑色含碳石英条带	14.82 m
1. 深灰色、灰黑色薄层状含碳细晶白云岩与含黄铁矿碳质板岩互层	25.04 m

－－－－－－　平行不整合　－－－－－－

下伏地层：**耀岭河组**　绿色含钙质石英绿泥片岩，顶部有25 cm含黄铁矿绿泥钠长片岩

【地质特征及区域变化】　本组只出露于两郧断裂—黑虎断裂以南的竹山、郧县等地。在竹山江西沟，本组以颜色较深的碳质板岩、含碳白云岩、含碳灰岩（大理岩）、碳质硅质岩为主，夹石煤层。由此往南碳质碳酸盐岩减少，在竹山南霍河水电站，本组以灰—黑色碳质板岩、千枚岩及含碳硅质岩为主，夹结晶灰岩和石煤层。郧县西沟脑本组岩石变质较深，为灰黑色含碳石英钠长片岩，顶部薄层状含碳硅质岩夹含碳方解石石英大理岩。全组厚度由北向南有增厚趋势，郧县西河脑厚26 m，竹山江西沟厚61.93 m，霍河水电站厚74.4 m。本组以其底部的碳质板岩与下伏耀岭河组呈平行不整合接触；顶以碳质板岩与上覆霍河组的白云岩呈整合接触。

① 北京地质学院，1962，1∶20万竹山、谷城地区区域地质总结报告（油印稿）。

江西沟组岩性和层位可以大致与峡东地区陡山沱组对比，其时代归于晚震旦世早期。

霍河组　Z_2h　(42-0060)

【创名及原始定义】　赵自强等（1988）于竹山霍河创名。原始定义：指平行不整合于下寒武统薄层硅质岩之下，整合于江西沟组之上，竹山霍河水库电站剖面3—9层的地层序列：下部为黑色含碳绢云石英千枚岩、薄层白云质石英粉砂岩、碳质板岩、硅质灰岩、灰岩夹条纹状硅质岩；上部为厚层状白云岩（大理岩），顶部具有一层厚50 cm的高碳质板岩。厚96.55 m。

【沿革】　该组的前期沿革与江西沟组相同。嗣后，湖北区调所（1986）称"灯影组"，赵自强等（1988）改称霍河组。本次清理，霍河组只限于赵氏等霍河组上部46.46 m的灰黑色大理岩，其下47.65 m的含碳质石英千枚岩、硅质岩、碳质板岩划入江西沟组。

【现在定义】　指与下伏江西沟组和上覆杨家堡组均为整合接触的一套薄层—厚层状大理岩地层，下以大理岩的始现与江西沟组分界；上以大理岩与杨家堡组硅质岩分界。

【层型】　正层型为竹山县霍河水库电站剖面（110°08′50″，32°16′25″；湖北区调所，1986，划分上有修正）。

上覆地层：**杨家堡组**　灰黑色薄—中层状含碳质硅质岩，底部具一层50 cm厚的石煤层

——————— 整　合 ———————

霍河组　　　　总厚度46.4 m

9. 灰黑色厚层状细粒含石英条带大理岩夹薄层状细粒大理岩

——————— 整　合 ———————

下伏地层：**江西沟组**　灰黑色薄层状硅质岩

【地质特征及区域变化】　该组与江西沟组相伴出露，以一套大理岩为其主要特征，在区域上岩性稳定，但变质程度有所差异：竹山江西沟为灰—深灰色薄—中厚层状灰岩；竹山喻家湾为暗灰—灰色中厚—块状微晶白云岩、含粉砂质白云岩；郧县西沟脑为灰白色薄层—厚层状方解石大理岩。霍河组的厚度变化较大，竹山霍河厚46.4 m，竹山喻家湾厚185 m，郧县西沟脑厚仅3 m。本组顶、底界线如定义所述，界线清楚，易于区分。

在郧县黑滩垭，本组细晶灰质白云岩中含微古植物化石 *Sagenaporellachitena* sp.，为峡东灯影组的重要分子。故霍河组从岩性、层位等可与峡区灯影组、陕南鲁家坪组部分对比，其时代宜归为晚震旦世。

鲁家坪组　$Z_2\in_1l$　(42-0088)

【创名及原始定义】　系秦岭区测队（1959）于陕西省紫阳县西南瓦庙乡鲁家坪创名。原始定义：厚700 m，与震旦系下统火山碎屑岩为角度不整合，下部是硅质岩夹碳质页岩、白云质灰岩；中、上部碳质页岩及深灰色页岩夹泥灰岩……为钒、磷含矿层，……与箭竹坝组整合接触。

【沿革】　四川省区域地层表编写组（1978）将鲁家坪组底部和下部地层划出，命名为八子坪组。陕西区测队（1979）①，将原鲁家坪组的底部地层称"下岩组"，下部之地层称"上岩组"，时代归属晚震旦世；中部和上部地层称鲁家坪组，时代为早寒武世。杨家騄等（1991）将原鲁家坪组升为鲁家坪群，自下而上分为：四方地组，为晚震旦世；构皮湾组，为晚震旦

① 陕西省区测队，1979，陕西省紫阳—平利地区洞河群划分及含矿性专题总结报告（未刊）。

世至早寒武世；火石湾组，为早寒武世。本次清理，四川省地层清理组将原鲁家坪组上部地层称鲁家坪组，其下地层称八子坪组，故本书采用陕西省地层清理组提供的鲁家坪组定义。

【现在定义】 系耀岭河组变质火山岩或火山碎屑岩之上，箭竹坝组薄层灰岩之下发育的一套以黑色板岩为主的碎屑岩地层，夹黑色薄层硅质岩和少量灰岩、粉砂岩等，局部尚含黄铁矿、菱铁矿、磷块岩结核和重晶石、毒重石矿层。与下伏耀岭河组为平行不整合接触，与上覆地层整合连续沉积。

【层型】 正层型剖面位于陕西省紫阳县瓦庙乡的鲁家坪，省内目前还未测得次层型。

【地质特征及区域变化】 本组只分布于川、陕、鄂三省交界处的竹溪县丰溪一带。

鲁家坪组岩性四分：底部为黑色碳质板岩夹薄层灰岩、白云质泥质灰岩；下部为条带状灰岩、白云质灰岩夹白云岩；中部为薄—厚层状硅质岩，偶夹少量碳质板岩；上部为黑色碳质板岩、含碳硅质岩夹薄层灰岩。全组厚度大于 370 m。底以碳质板岩与下伏耀岭河组的变基性火山岩或火山碎屑岩呈平行不整合接触；顶以碳质板岩与箭竹坝组薄层状灰岩呈整合接触。

在省境鲁家坪组中尚未发现化石，邻区陕西省蒲家坝和锁巴观音于该组上部发现海绵骨针 *Protospongia* sp.，乔僖等（1983）在陕西省锁巴观音本组下部的钙质白云岩中采到小壳化石：*Conodonmorpha punctatus* 及 *Protosphaerites ningqiangensis* 等，小壳化石层之下各地尚有厚度不等的碳质板岩和灰岩。根据上述化石，结合层位特征，将本组时代暂置于晚震旦世至早寒武世。

牛蹄塘组　$\in_1 n$　(42－0066)

【创名及原始定义】 由刘之远（1942）命名的“牛蹄塘页岩”演变而来。创名地点在贵州省遵义县牛蹄塘。原始定义：遵义牛蹄塘附近覆于新土沟石灰岩之上的厚约 150 m 黑色页岩的地层序列，下以石灰岩的消失与新土沟石灰岩分界；上以黄色页岩的出现与明心寺层分界。

【沿革】 省境该地层最早包括在李四光等（1924）“石牌页岩”的底部。张文堂等（1957）将石牌页岩下部厚 120 m 的地层分出，创名为“水井沱页岩”。北京地质学院三峡地层队（1960）① 称水井沱页岩中、下部层位为水井沱组。湖北省三峡地层组（1978）厘定水井沱组仅限于水井沱页岩底部的黑色地层，厚度在标准剖面上为 24 m。此后，广为沿用。在鄂东南地区的该套地层，杨守仁等（1963）曾创名“东坑组”，湖北区测队（1976）曾命名为“羊楼洞组”。本次清理均称牛蹄塘组。

【现在定义】 指灯影组与明心寺组（省境为石牌组）间的一套下部为黑色碳质页岩，中、上部为黑色碳质页岩夹灰绿色含碳质粉砂岩和粉砂质泥岩，含三叶虫 *Tsunyidiscus* 等地层序列。下以白云岩的消失及黑色碳质页岩的出现与下伏灯影组（省境鄂南为老堡组）分界；上以黑色碳质页岩与上覆明心寺组灰、灰绿色云母粘土岩、粉砂质泥岩分界，均呈整合接触。

【层型】 选层型剖面位于贵州省金沙县岩孔，省内次层型为长阳县木溪剖面（110°57′02″，30°26′10″；湖北区测队，1984，略有修正）。

上覆地层：**石牌组**　褐灰色页岩、粉砂质页岩夹薄层状粘土质粉砂岩

——————— 整　合 ———————

牛蹄塘组　　总厚度 208.61 m

① 北京地质学院三峡地层队，1960，鄂西峡区秭归、宜昌一带地层志（油印稿）。

6. 深灰色薄层状含碳质微晶灰岩与含碳质白云质灰岩、含碳质粘土质微晶灰岩互层，底部夹碳质页岩 85.3 m

5. 褐灰色钙质页岩，黑色碳质钙质页岩与深灰色薄层状含碳微—细晶灰岩互层 48.7 m

4. 黑色碳质页岩与中厚层状碳质微晶灰岩互层，含 *Hupeidiscus* sp.，*Wangzishia wangzishiensis* 34.55 m

3. 黑色碳质页岩、微染手，主要成分为泥质，局部含硅质较高，含带藻及金臂类，海绵骨针等 *Zhenpingella* ? sp.，*Majiashanella* 33.29 m

2. 碳质页岩夹含磷硅质岩 6.77 m

———— 整 合 ————

下伏地层：**灯影组** 浅灰色微带肉红色中厚层状微晶白云岩，含软舌螺及藻类

【地质特征及区域变化】 省境牛蹄塘组分布于扬子地层区的房县、宜昌、咸宁一线以南地区。在长阳木溪剖面本组岩性可分两部分：下部碳质页岩夹含磷硅质岩；上部碳质页岩，黑色碳质钙质页岩夹深灰色薄层状含碳质微晶灰岩，含三叶虫化石。该组在区域上以一套黑色岩系为特征。下部一般为黑色碳质页岩夹黑色薄层状硅质岩、含磷硅质岩，含丰富的小壳化石；上部岩性较稳定，为黑色页岩、碳质页岩夹黑色薄层状灰岩，含丰富的三叶虫化石。但在黄陵背斜的西南翼的岩家河，该组下部夹薄层状灰岩及薄层状白云岩，含小壳化石；神农架小当阳则变为角砾状白云岩、灰质白云岩夹碳质页岩、硅质岩；蒲圻羊楼洞一带，下部由灰黑色含碳质粉砂岩、浅灰—浅红色钙质页岩、褐黄色薄层状粉砂质泥岩等组成，含海绵骨针及软舌螺等化石。大洪山等地的钟祥、南漳及谷城一带相变为碳酸盐岩及页岩，称刘家坡组。

本组厚度变化较大，鹤峰走马坪厚 173 m，蒲圻羊楼洞厚 360 m，通山珍珠口厚 388 m，长阳木溪厚 208 m，峡东厚仅 24 m，神农架小当阳厚 601 m，神农架龙头沟厚 35 m，总趋势南厚北薄，西厚东薄。属浅海陆架沉积。

牛蹄塘组与下伏灯影组在区域上展布形影相伴。在黄陵背斜南翼和西翼，神农架地区西部，长阳等地本组以黑色硅质岩夹碳质页岩与灯影组硅质白云岩整合接触；黄陵背斜东翼，牛蹄塘组缺失下部地层，以碳质页岩与灯影组含磷白云岩呈平行不整合接触；蒲圻羊楼洞，牛蹄塘组以灰白色泥灰质页岩与老堡组硅质岩整合接触。本组顶界见石牌组底界所述。

古生物特征：在黄陵背斜的西南翼本组下部黑色碳质页岩夹薄层状硅质岩中，含小壳化石 *Circotheca-Anabarites-Protohertzina* 为下组合带；*Lophotheca-Aldanella-Maidipingoconus* 为上组合带。上部黑色碳质页岩中普遍含三叶虫，主要分子有：*Tsunyidiscus*，*Wangzishia*，*Hunanocephalus*（*Duotingia*），*Hupeidiscus* 等，故牛蹄塘组时代为早寒武世早期。

刘家坡组 $\in_1 l$ （42－0071）

【创名及原始定义】 由俞建章、舒文博（1929）创建的“刘家坡砂岩”演变而来。创名地点在钟祥胡集刘家坡。原始定义：指灯影石灰岩之上与鹿门寺石灰岩之间的地层序列，下部薄层黄色细砂岩、页岩夹硬砂岩，中部厚层灰色硬砂岩、砂岩，上部灰黄色页状砂岩、砂岩组成，时代为寒武纪。

【沿革】 杨鸿达等（1955）将其改为“石牌页岩”，归于下寒武统。北京大学（1963）① 厘定了刘家坡砂岩的含义，改称刘家坡组，认为与峡东的水井沱组加石牌组相当，属于下寒

① 北京大学，1963，1：20万宜城幅区域地质报告（油印稿）。

武统。湖北区测队（1982）将北京大学（1963）所划的下寒武统（包括刘家坡组在内）笼统称天河板组—石龙洞组。湖北区测队（1982）将下寒武统下部划分为水井沱组—石牌组。本次清理将北京大学（1963）所称的刘家坡组的上部白云质页岩归为石牌组，而下部的碳酸盐岩与页岩称刘家坡组。

【现在定义】 与下伏灯影组呈平行不整合接触，与上覆石牌组呈整合接触的一套灰黄—深灰色薄—中厚层状含泥质白云质微粒灰岩、条带状白云岩，底部为褐黄色白云质页岩、泥质粉砂岩夹薄层状泥质白云岩透镜体。底以页岩或泥质粉砂岩与灯影组浅灰色中厚层状白云岩顶部的硅质岩分界；顶以灰岩与上覆石牌组页岩分界。

【层型】 正层型为钟祥胡集磷矿太极垭剖面，位于钟祥胡家集大峪口西之刘家坡（112°13′25″，31°28′29″；湖北区测队，1982，重测，并经本次野外核查修正）。

上覆地层：**石牌组** 黄、褐黄色薄层状泥质粉砂岩夹薄层状泥质白云岩透镜体

——————— 整 合 ———————

刘家坡组	总厚度 147.96 m
23. 灰、黄灰色薄—中厚层条带状含泥质白云质微粒灰岩	35.95 m
22. 灰、深灰色中厚—厚层状硅质条带白云岩	59.0 m
21. 灰、深灰色中厚—薄层状含硅质结核、硅质条带微粒白云岩夹薄层状泥质白云岩及粉砂岩	42.31 m
20. 黄、褐黄色薄层状白云质页岩、泥质粉砂岩夹薄层泥质白云岩透镜体	10.7 m

——————— 平行不整合 ———————

下伏地层：**灯影组** 灰色中厚层状含硅质条带，硅质团块微—细粒白云岩，顶部为厚约 2 m 的浅色硅质岩

【地质特征及区域变化】 该组只分布于大洪山地区的钟祥、荆门、宜城、京山及南漳、保康、谷城粟谷庙等地。本组在钟祥地区，底部为黄、褐黄色薄层状白云质页岩、泥质粉砂岩夹薄层状泥质白云岩透镜体，向上主要为深灰色薄—厚层状硅质条带白云岩，硅质结核、硅质条带微粒白云岩夹薄层状泥质粉砂岩，再上则为灰、黄灰色薄—中厚层状条带状含泥质白云质微粒灰岩，与上覆石牌组白云质页岩呈整合接触；在京山、南漳、荆门等地为一套碳酸盐岩组成；房县石灰沟—谷城粟谷庙一带，下部变为黄绿色页岩，含三叶虫化石，上部为碳酸盐岩。该组的厚度变化较大，钟祥胡家集厚 148 m，荆门象河厚 29.7 m，钟祥温峡口厚 202 m，南漳朱家峪厚 71.69 m，房县石灰沟厚 103 m，谷城粟谷庙厚 76 m，总体显示东厚西薄之规律。在荆门、京山、南漳等地，该组底界，以碳酸盐岩与灯影组条带状硅质岩呈平行不整合接触；而房县、谷城一带，刘家坡组底界以黄灰色页岩与灯影组呈平行不整合接触。

本组化石较稀少，目前所知三叶虫有 *Redlichia*，*Paokannia*，*Mangiella* 等，及腕足类、软舌螺等。根据其上覆为含 *Redlichia hupehensis*，*Kootenia yui* 等的石牌组及下伏为含小壳化石 *Microcornus elogantus*，*Parvulus* sp. 等的灯影组，故本组时代为早寒武世早期，也不否定有属中期的可能性。

石牌组 $\in_1\hat{s}$ **(42-0067)**

【创名及原始定义】 由李四光等（1924）创名的“石牌页岩”演变而来。创名地点在宜昌市北 20 km 长江南岸石牌村。原始定义：“指宜昌石灰岩与灯影石灰岩之间一套灰色砂质和云母质、易剥离的页岩，富含石灰质（钙质），其中夹有数层鲕状石灰岩，且愈向上灰岩夹层

愈多，含三叶虫 *Redlichia* 等，厚 200 m，下与灯影石灰岩呈平行不整合分界，上与宜昌石灰岩呈整合分界，顶、底界线清楚，时代为早寒武世。”

【沿革】 自李氏等创名后，经张文堂等（1957）、北京地质学院三峡地层队（1960）、湖北三峡地层组（1978）等的多次修正，厘定的“石牌页岩”为黑色地层之上的非黑色岩系为石牌组。其沿革在前面牛蹄塘组的沿革中业已涉及，此不赘述。与其相当的地层，在大洪山区原划为刘家坡组上部，在鄂东南地区称“五里牌组”（穆恩之等，1948），湖北区测队（1976）厘定五里牌组含义与峡东的石牌组的含义一致。本次经省区间协商，统一采用鄂西峡东地区经湖北三峡地层组（1978）厘定的石牌组含义。

【现在定义】 由一套灰绿—黄绿色粘土岩、砂质页岩、细砂岩、粉砂岩夹薄层状灰岩、生物碎屑灰岩等组成，含三叶虫化石。底界以灰绿色砂质页岩与牛蹄塘组黑色页岩夹黑色薄层灰岩呈整合接触；顶界以页岩、粉砂岩夹灰岩与天河板组灰色泥质条带灰岩呈整合接触。

【层型】 正层型为宜昌石牌村—天河板剖面（111°08′41″，30°47′01″；赵自强等，1978，重测，本书略有简化）。

上覆地层：**清虚洞组**（天河板组）

11. 灰黑色含泥质条带石灰岩 11 m

——————— 整 合 ———————

石牌组 总厚度 162.92 m

10. 灰绿色及紫红色薄层状砂质页岩夹数层紫红色及灰黑色薄层鲕状石灰岩。上部灰黑色鲕状石灰岩夹绿色砂质页岩。含三叶虫 *Redlichia*（*Redlichia*）*hupehensis*，*R.*（*R.*）*yichangensis*，*R.*（*R.*）*shipaiensis*，*R.*（*R.*）*latilimba*，*R.*（*Pteroredlichia*）*murakamii*，*Kootenia ziguiensis*，*Megapalaeolenus majiashanensis*，*M.* sp.；腕足类：*Obolella* sp.，*Yorkia* sp. 21.62 m

9—8. 灰绿色粉砂岩、砂岩，薄片状砂质页岩，上部夹数层鲕状石灰岩，含三叶虫 *Redlichia*（*Redlichia*）*hupehensis*，*Kootenia* sp. *Palaeolenus lantenoisi* 40.14 m

7—6. 上部紫红色生物碎屑灰岩，下部灰色中厚层状生物碎屑白云岩：含三叶虫 *Neocobboldia hubeiensis*，*Ichangia ichangensis* 及软舌螺类等 4.85 m

5—3. 黄绿—灰绿色薄层含水云母粘土岩，白云质水云母粘土岩，顶部钙质细砂岩夹薄层砂质页岩，下部夹浅灰色微薄层石灰岩。含三叶虫 *Redlichia*（*Redlichia*）*kaiyangensis spinosa*，*R.*（*R.*）*meitanensis*，*Kootenia yichangensis*；软舌螺 *Circotheca* sp.，*Torellella* sp. 96.31 m

——————— 整 合 ———————

下伏地层：**牛蹄塘组** 深灰及黑色薄层—中厚层状石灰岩夹黑色页岩

【地质特征及区域变化】 石牌组分布于省境扬子地层区由前寒武纪地层为核部的背斜周缘地带，它与牛蹄塘组、刘家坡组相伴出露。该组主要由粘土岩、页岩、砂质页岩、粉砂岩、砂岩夹薄层鲕状灰岩、生物碎屑灰岩等组成。含有丰富三叶虫、腕足类及软舌螺等化石。恩施—宜昌—咸宁一线以南地区，石牌组岩性比较稳定，与峡东一带的石牌组岩性基本相同，但黄陵背斜西翼石牌组中、下部与东翼石牌组下部岩性有所差异，变为泥质条带灰岩夹粉砂岩及细砂岩夹灰岩。神农架西部小当阳，本组变为含泥质细粒石英砂岩、泥质粉砂岩夹砂质灰岩。往北东之龙头沟，石牌组下部有薄层状灰岩；中部为页岩、砂质页岩；上部为粗粒长石石英粉砂岩。大洪山地区钟祥太极垭，石牌组为黄、褐黄色薄层状泥质粉砂岩夹薄层状泥质白云岩透镜体。往东至京山惠亭山，本组为薄—中厚层状含石英质白云岩夹黄色页岩，上部为黄绿色白云质页岩。石牌组的厚度，由南往北，由厚变薄：长阳木溪厚度294 m，长阳王子石厚238 m，宜昌石牌厚163 m，钟祥太极垭厚49.88 m，南漳朱家峪厚5 m，谷城施家岩厚46 m。扬子区北部由西向东变薄：神农架小当阳厚249 m，龙头沟厚156 m，房县石灰沟厚93 m，谷城余家沟厚13 m。属浅海陆架沉积。

石牌组的底界，以灰绿色页岩、粘土岩、粉砂岩与下伏牛蹄塘组黑色页岩、碳质粉砂岩或黑色灰岩呈整合接触。在大洪山地区，该组以灰绿色页岩、粉砂岩与下伏刘家坡组碳酸盐岩呈整合接触；顶部特征见天河板组底界叙述。

本组化石丰富，以产 *Redlichia* 为主的三叶虫群为特征，其中主要有 *R. kobayashii*，*R. meitanensis*，*Palaeolenus lantenoisi*，*Kootenia yichangensis*，*Ichangia conica*，*Neocobboldia hubeiensis* 等，尚有腕足类。说明本组时代属于早寒武世中期。但在大洪山地区，钟祥京山一带于本组中获得 *Redlichia guizhouensis coniformis*，*Pachyaspis*（*Danzhaina*）*jingshanensis*，*Mufushania ezhongensis* 等，说明这些地区的石牌组属于早寒武世晚期。故石牌组是一明显穿时岩石地层单位（见图3-2）。

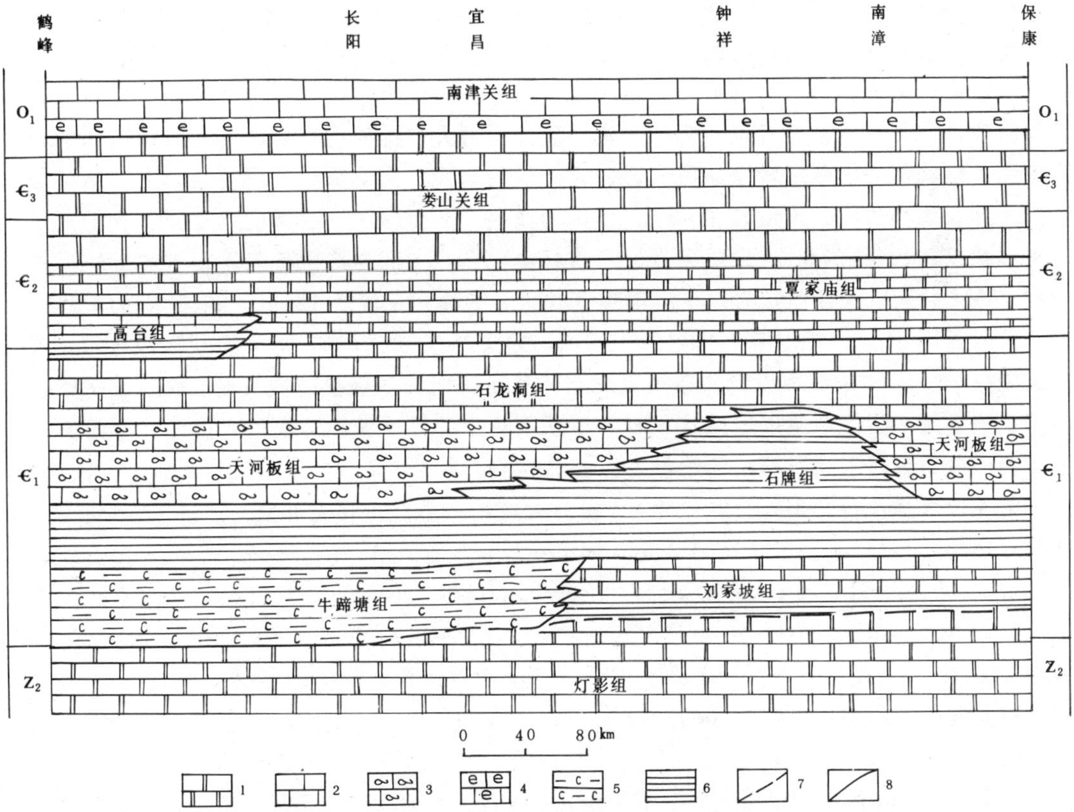

图3-2　鄂西地区寒武纪岩石地层单位时空展布图

1. 白云岩　2. 灰岩　3. 泥质条带灰岩　4. 生物碎屑灰岩　5. 碳质页岩　6. 页岩　7. 平行不整合　8. 整合

天河板组　$\in_1 t$　(42-0068)

【创名及原始定义】　系张文堂等（1957）创建的“天河板石灰岩”演变而来。创名地点在宜昌市西北约20 km石牌村至石龙洞之间的天河板。原始定义：指石牌页岩之上，石龙洞石灰岩之下，以灰褐色泥质石灰岩为主的地层，产 *Gambrocyathus*，*Archaeocyathus*，*Retecyathus*，*Protopharetra*，*Girvanella*，*Palaeolenus deprati*，*Yuehsienszella szechuanensis*，*Redlichia* 等，厚75 m。

【沿革】　这套以含古杯类化石为特征的泥质条带灰岩地层，李四光等（1924）置于“宜昌石灰岩”内，王钰（1938）将其下部含 *Redlichia* 的地层，从“宜昌石灰岩”中分出，创立“石龙洞石灰岩”。张文堂等（1957）依据岩性和古生物特征，又从“石龙洞石灰岩”内划分出“天河板石灰岩”，此后沿用，习称天河板组。湖北区测队（1968和1976）曾称“清虚洞组”，实际即天河板组，故本次清理均用天河板组。

【现在定义】　整合于石牌组之上，石龙洞组之下，由深灰色及灰色薄层状泥质条带灰岩，局部夹少许黄绿色页岩及鲕状灰岩组成，含丰富的古杯类和三叶虫化石。下以泥质条带灰岩与石牌组灰绿色薄层状砂质页岩分界；上以泥质条带灰岩与石龙洞组的厚层状白云岩分界。

【层型】　正层型为宜昌市石龙洞附近的天河板剖面（111°09′08″，30°46′23″；湖北三峡地层组，1978，重测，详见《峡东地区震旦纪至二叠纪地层古生物》）。

【地质特征及区域变化】　该组分布范围与石牌组相同，但在钟祥、荆门、京山一带，无本组出露。在宜昌市天河板剖面，本组由灰—深灰色薄层状泥质条带灰岩夹鲕状石灰岩及少许黄绿色页岩组成。含丰富古杯类及三叶虫化石。在区域上该组以含丰富古杯类化石为特征的泥质条带灰岩组成。但咸丰—鹤峰一带，该组上部夹少许砂质页岩、细砂岩和白云岩；崇阳大屋本组底部为中厚层状微晶白云岩、含泥质白云岩，向上为泥质条带灰岩夹钙质页岩及页岩。神农架小当阳，该组岩性特殊，下部为浅灰、灰色中厚—巨厚层状灰岩、含粉砂质灰岩夹鲕状、豆状灰岩，时夹砂质条带，产古杯类化石；上部为薄层状泥质条带粉砂岩，夹薄层状、透镜状灰岩及鲕状灰岩。本组厚度变化大，鹤峰孔王溪厚126 m，长阳木溪厚377 m，宜昌天河板厚81 m，神农架小当阳厚336 m，龙头沟厚10.01 m，保康虫蚁沟厚115 m，崇阳大屋厚66 m。本组底界以泥质条带灰岩与下伏石牌组的灰绿色砂质页岩、粉砂岩呈整合接触；在神农架小当阳本组以厚层状灰岩与下伏石牌组的泥质粉砂岩呈整合接触；崇阳大屋一带本组以白云岩与下伏石牌组的粉砂岩呈整合接触。

天河板组盛产古杯类和三叶虫化石，房县大红场一带的古杯类可分为上、下两个层位，而其它地区均为一层，主要分子有 *Archaeocyathus hupehensis*，*A. yichangensis*，*Retecyathus communis*，*R. kusmini*，*Protopharetra* sp.，*Sanxiacyathus hubeiensis*，*S. typus* 等。三叶虫主要分子有：*Megapalaeolenus deprati*，*M. obsoletus*，*Palaeolenus minor*，*Kootenia ziguiensis*，*Xilingxia convexa*，*X. ichangensis* 等。说明天河板组时代为早寒武世中期。

石龙洞组　$\in_1 \hat{s}l$　(42-0069)

【创名及原始定义】　系王钰（1938）创建的“石龙洞石灰岩”演变而来。创名地点在宜昌市西北约18km长江南岸石龙洞。原始定义：指石牌页岩之上，覃家庙薄层石灰岩之下，由一套灰—深灰色厚层状石灰岩、鲕状石灰岩、薄层泥质石灰岩及白云质石灰岩组成，含三叶虫化石，厚183.1 m。

【沿革】　张文堂等（1957）厘定原“石龙洞石灰岩”内中、上部不含古杯类化石的一套厚层状白云岩称“石龙洞石灰岩”（狭义）。此后广为沿用，遂称石龙洞组。

【现在定义】 系一套浅灰—深灰色至褐灰色中—厚层状白云岩、块状白云岩，上部含少量钙质及少量燧石团块的地层。底以厚层状白云岩与下伏天河板组泥质条带灰岩呈整合接触；顶以厚层状白云岩与上覆覃家庙组亦为整合接触。

【层型】 正层型为宜昌市石龙洞附近天河板剖面接石龙洞斜对岸石龙洞组剖面（111°09′49″，30°46′31″；赵自强等，1978，重测，本书略有简化）。

上覆地层：**覃家庙组**

9. 褐灰色及灰色薄层状泥质白云岩

—————— 整 合 ——————

石龙洞组	总厚度 99.25 m
8—5. 灰褐色及灰白色中厚层—厚层状白云岩，顶部含大量“鲕粒”和“细砾石”，可能由藻类构成，向上该“鲕粒”和“细砾石”骤减而夹燧石结核或燧石层	62.33 m
4—2. 深灰色中至厚层状白云岩，下部为厚层钙质白云岩	36.92 m

—————— 整 合 ——————

下伏地层：**天河板组**

1. 灰色薄层状泥质条带灰岩

【地质特征及区域变化】 该组的分布地区与石牌组相同。全组由浅灰、褐灰—深灰色中—厚层状、块状白云岩，少量钙质白云岩，含燧石结核或燧石层组成。在区域上，岩性稳定，以一套白云岩为特征，但在南漳朱家峪本组下部夹含铁质粘土岩，含三叶虫化石。

该组厚度变化不大，咸丰丁砦厚 60 m，长阳王子石厚 134 m，宜昌石龙洞厚 99 m，南漳朱家峪厚 49 m，保康虫蚁沟厚 46 m，钟祥温峡口厚 65 m，崇阳大屋厚 76 m。

本组的底界以中—厚层状白云岩与下伏天河板组泥质条带灰岩呈整合接触，在大洪山地区的钟祥、荆门一带以白云岩与下伏石牌组白云质页岩或粉砂岩呈整合接触；顶界，在恩施地区见高台组的底界，在蒲圻、通山等地见杨柳岗组底界，其它地区见覃家庙组的底界叙述。

该组生物化石稀少，仅在通山珍珠口，南漳朱家峪两地采到了三叶虫化石：前处有 *Redlichia* sp.，*Yuehsienszella* sp.；后处有 *Redlichia* sp.，*R.*（*Redlichia*）*guizhouensis coniformis*，*R.*（*Pteroredlichia*）*murakamii*。根据上列三叶虫，石龙洞组时代属于早寒武世晚期。

高台组 $\in_{1-2}g$ **（42－0070）**

【创名及原始定义】 由尹赞勋等（1945）创建的“高台石灰岩”演变而来。创名地点在贵州湄潭县高台镇。原始定义：发育于清虚洞石灰岩之上，底部为黄色页岩，下部为灰白色薄层易碎之石灰岩，共心构造之石灰岩、深灰色燧石状石灰岩和灰色角砾石灰岩，上部为灰色石灰岩夹深灰色砂质石灰岩，顶、底均含三叶虫等化石，厚约 150～250 m。其时代为早期中寒武世。

【沿革】 卢衍豪（1959）改称高台组。张文堂等（1964）重新厘定含义，将其限于清虚洞组之上 6～30 m 的钙质页岩内，同时建立了 *Kaotaia magnum* 带。湖北区测队（1968）将高台组引入我省，代表覃家庙组下部（茅坪组）与石龙洞组（或清虚洞组）两套白云岩地层体之间由页岩、灰岩组成的地层。

【现在定义】 指清虚洞组和石冷水组（或娄山关组）（省境为覃家庙组）两套白云岩地层体之间的一套灰色薄层状砂泥质白云岩、粘土岩、砂质粘土岩和粉砂岩夹泥质白云岩及白云岩，并含三叶虫 *Kaotaia* 等的地层序列。下以鲕状白云岩与清虚洞组灰色薄层状砂泥质白云岩、砂质粘土岩分界；上与石冷水组灰色泥质条带白云岩分界。

【层型】 正层型为贵州省湄潭县高台镇剖面，省境次层型为咸丰县丁砦—光竹岭—耗子沱剖面（109°04′04″，29°35′13″；湖北区测队，1968）。

上覆地层：**覃家庙组** 灰色薄—中厚层状白云岩

——————— 整 合 ———————

高台组	总厚度 95.11 m
5. 深灰色厚层状含泥白云质花纹状灰岩	14.29 m
4. 深灰色厚层花纹状灰岩含三叶虫 *Proasaphiscus* cf. *suni*	61.82 m
3. 灰绿—黄绿色砂质页岩夹灰岩透镜体，含三叶虫 *Kaotaia magnum*，*K. meitanense*，*Proasaphiscus* sp.	19.0 m

——————— 整 合 ———————

下伏地层：**石龙洞组** 灰白色中厚层状白云岩

【地质特征及区域变化】 本组在省境内分布局限，仅见于恩施地区，出露于咸丰丁砦、鹤峰走马坪、恩施白果坝等地，岩性比较稳定，咸丰丁砦由砂质页岩、花纹状灰岩组成，厚95 m。鹤峰走马坪为页岩、泥灰岩、灰岩等，厚29～84 m。恩施白果坝为灰绿色水云母页岩与黄白色薄层状泥质白云岩或深灰色薄层状细晶灰岩互层，厚28 m。高台组下以砂质页岩或水云母页岩与下伏石龙洞组厚层状白云岩呈整合接触；上以含泥白云质花纹状灰岩与上覆覃家庙组薄—中厚层状白云岩呈整合接触。

高台组化石丰富，除上述剖面所列化石外，在恩施白果坝高台组剖面的下部有：*Redlichia* sp.，*Mufushania* sp.，*Bathynotus kueichouensis*，*Chittidilla oblonga*，*Pachyaspis* (*Danzhaina*) *jingshanensis*；中部有：*Sinoptychoparia* sp.，*S. angusta*；上部有：*Paramecephalus* sp.，*Kütsingocephalus* sp.。如果，根据三叶虫 Redlichiidae 一科三叶虫的消失为早、中寒武世划分标志，则早、中寒武世界线就应划在恩施白果坝高台组的下部与中部之间。故省境高台组属于跨世岩石地层单位，时代为早寒武世—中寒武世。

覃家庙组 $\in_2 q$ （42－0072）

【创名及原始定义】 系王钰（1938）创建的“覃家庙薄层石灰岩”演变而来。创名地点在宜昌市覃家庙。原始定义：“石龙洞石灰岩以上紧接着还是石灰岩，不过层次非常的薄，层面间更时夹有页岩，并且有时含显著的波纹及干裂等构造。证明它是在浅水造成的，在这层石灰岩里面，我们虽说没采到化石，但是仅依岩石性质也可知道它是应当自成一个系统。”

【沿革】 卢衍豪（1962）改称覃家庙群，孙振华等（1983）① 称覃家庙组，湖北区测队（1968）创建为“茅坪组”，汪啸风等（1987）恢复为覃家庙群，群内划分为“磕膝包组和官山垴组”。本次清理经邻省区的协调意见，采用覃家庙组，上述新创名的组名，建议停用。

【现在定义】 指石龙洞组和娄山关组（三游洞组）两套厚层碳酸盐岩层之间的一套以薄层状白云岩和薄层状泥质白云岩为主，夹有中—厚层状白云岩及少量页岩、石英砂岩，岩层中常有波痕、干裂构造，并有石盐和石膏假晶的地层。上与娄山关组（三游洞组）中—厚层状白云岩呈整合接触；下与石龙洞组厚层状白云岩呈整合接触。

【层型】 正层型为宜昌市覃家庙打磨石山剖面（111°15′14″，30°50′05″；汪啸风等，1987，

---

① 孙振华、余林青，1983，湖北省寒武系，湖北区测（内刊）。

重测，本书在划分上略有修正)。

上覆地层：**娄山关组**（三游洞组）

12. 浅灰白色、灰色中—厚层状白云岩与褐灰色中—厚层状含灰质白云岩

—————— 整 合 ——————

覃家庙组　　总厚度 217.68 m

11—9. 灰、浅灰色薄层状灰质白云岩与灰白色、浅棕黄色薄板状或薄片状灰质泥质白云岩互层，向上灰质白云岩中夹硅质条带，该层波痕发育，具微细层理，底部有一层粗粒含钙长石石英砂岩，具斜层理　　51.15 m

8—7. 上部灰白色薄层状白云岩与薄层状泥质白云岩互层。下部灰白色厚层灰岩　　18.51 m

6. 灰色薄层—中厚层状白云岩夹薄板状泥质白云岩，局部夹硅质层，波痕十分发育　　55.50 m

5. 灰白色薄层状夹硅质条带或硅质团块白云岩，含少量泥质　　41.58 m

4—1. 灰色、灰白色薄层状白云岩，上部夹少量厚层状白云岩及少量页片状泥质白云岩，顶部有一层含角砾屑白云岩　　50.94 m

—————— 整 合 ——————

下伏地层：**石龙洞组**

0. 灰色厚层状含灰质白云岩

【地质特征及区域变化】　该组主要分布于省境襄樊—京山—沙市一线以西的地区。在覃家庙磕膝包剖面上，本组为灰—浅灰色薄层状白云岩、薄层状泥质白云岩夹中厚层状白云岩、灰质白云岩及页岩。中部有一层厚约 1～4 m 的灰白色长石石英砂岩。底部以灰白色薄层状含砾鲕状白云岩与石龙洞组褐灰色厚层块状含砾白云岩呈整合接触。在区域上，黄陵、长阳、鹤峰、咸丰及恩施等地，本组岩性比较稳定，与峡东地区的岩性基本相同。但在钟祥太极垭、谷城龙滩马家山等地，本组岩性变化较大，为紫红色、灰紫色夹灰色薄层状白云岩、薄层状泥质白云岩、泥质粉砂质白云岩、粉砂质白云岩夹钙质粉砂岩、粉砂岩，并含硅质条带或结核，泥质白云岩中含有石盐假晶，层面具波痕构造。神农架西部龙头沟一带，本组为灰色薄层状白云岩、泥质粉砂质白云岩、粉砂岩夹紫红色粉砂质白云岩及紫红色钙质页岩。本组厚度由南往北各地不一，咸丰丁砦厚 392 m，恩施白果坝厚 125 m，长阳秀峰桥厚约 190 m，宜昌平善坝厚 190 m，宜昌打磨山厚 217 m，钟祥太极垭厚 168 m，南漳朱家峪厚 102 m，谷城龙滩厚 79 m，总趋势南厚北薄；而神农架地区，由南往北增厚：南部艾五坪厚 191 m，中部龙头沟厚 258 m，北部大红场厚 290 m。该组在鄂西南地区以底部白云岩与下伏高台组灰岩呈整合接触，在其它地区，均以薄层状白云岩与下伏石龙洞组厚层状白云岩呈整合接触；本组顶界在各地均与上覆娄山关组（三游洞组）呈整合接触。

该组已获得三叶虫的主要分子有：*Solenoparia trogus*，*S.*？*pingshanpaensis*，*Xingrenaspis*，*Schopfaspis hubeiensis*，*S. zhaojipingensis*，尚有腕足类等化石。据此，覃家庙组时代属中寒武世。

娄山关组　$\in_2 O_1 l$　(42-0073)

【创名及原始定义】　系丁文江（1930）所创建、（1942）发表的“娄山关石灰岩”演变而来。创名地点在贵州省遵义与桐梓间的娄山关。原始定义：“指遵义与桐梓间娄山关附近的一套石灰岩地层，其时代为寒武纪。”

【沿革】　该地层在省境最早由王钰（1938）从李四光等（1924）的“宜昌石灰岩”中独

立分出，创名为“三游洞石灰岩。”此后，一直为广大地质工作者所沿用，后人一般将其年代只限于晚寒武世者，则称其为三游洞组（群）；将其年代解释为中—晚寒武世者，则称其为娄山关群（组）。此外，还有根据生物化石的年代解释，将其解体而创建一些地层名称：如湖南区测队（1966）于省境鹤峰地区创建的“孔王溪组”上部，湖北区测队（1966）所创建的光竹岭组和耗子沱群，湖北省地质局第二地质大队（1979）① 的土乐坪组和大水井组，以及汪啸风等（1987）的官山垴组顶部、新坪组、雾渡河组及西陵峡组等。本次清理，经邻省区的协商，三游洞组是娄山关组的同物异名，建议统一采用娄山关组一名。故上述其余名称，均停止使用。

【现在定义】 指桐梓组（省境为南津关组）与陡坡寺组（或石冷水组，省境为覃家庙组或石龙洞组）间的一套灰—浅灰色薄层至块状微—细晶白云岩、泥质白云岩夹角砾状白云岩，局部含燧石的地层序列。下以灰、灰绿色粉砂质白云质泥岩及中厚层、厚层白云岩消失与陡坡寺组（或石冷水组）分界；上以浅灰、灰白色中、薄层白云岩的消失与桐梓组生物碎屑灰岩分界。

【层型】 正层型为贵州省金沙县岩孔剖面。省境次层型为宜昌市小平善坝对岸三游洞—南津关沿江剖面（111°11′17″，30°46′36″），为王钰（1938）创建“三游洞石灰岩”的标准地点。湖北省三峡地层队（1978）测制，本次清理在划分上有所修改：将原剖面娄山关组（三游洞组）之1—6层划入覃家庙组，7—11层为娄山关组。

上覆地层：**南津关组**

12. 灰色中厚层至厚层状生物碎屑灰岩

———— 整 合 ————

娄山关组　　总厚度 673.37 m

11—9. 灰—灰黑色厚层至块状细晶白云岩夹有数层同生角砾岩，含燧石条带或燧石团块，偶见层间夹有少量页岩　　549.21 m

8. 灰黑色厚层至块状白云质灰岩夹灰白色泥质白云岩及数层同生角砾岩，每隔一定间距还夹一层含有角砾的泥质碳质页岩，缝合线构造发育　　74.29 m

7. 灰白色厚层至块状白云岩及硅质白云岩夹数层同生角砾岩及少许页岩。叠层石发育　　49.87 m

———— 整 合 ————

下伏地层：**覃家庙组**　灰色薄—中厚层状白云岩夹少许白云质页岩及砂岩

【地质特征及区域变化】 该组在省境的扬子地层区广泛分布。峡区三游洞一带其岩性主要为一套厚层至块状白云岩、硅质白云岩夹少量同生角砾岩和页岩，含燧石结核或条带。目前尚未发现可资鉴定的化石。厚 674 m。在区域上，该组岩性在恩施、咸丰、鹤峰等地，可两分：下部灰—深灰色、灰—浅灰色厚层状灰岩、白云质灰岩夹白云岩；上部灰—灰白色厚层状白云岩夹少量灰岩，含较多的三叶虫化石。底界以灰—灰白色厚层状白云岩与覃家庙组灰—浅灰色薄层状白云岩呈整合接触。在宜昌新坪以北的神农架、保康、谷城、南漳、钟祥等地，本组为一套灰—浅灰色中—厚层状白云岩、砂质白云岩，含有燧石结核或燧石条带，目前尚未发现化石，底界以厚层状白云岩与覃家庙组薄层状白云岩呈整合接触。鄂东南的通山珍珠口、咸宁泉山口、崇阳鹿门铺等地，本组由灰—浅灰色厚—巨厚层状白云岩夹鲕状白云

① 湖北省地质局第二地质大队，1979，1∶5 万宜恩南半幅、咸丰东半幅、高罗幅、丁寨幅，湖北省咸丰北斜区域地质矿产报告（内部资料）。

岩组成，下部夹有一层白云质石英砂岩，含少量三叶虫化石。底界以中厚层状夹薄层状白云岩与石龙洞组巨厚层状白云岩呈整合接触。该组厚度南厚北薄，咸丰丁砦厚981 m，恩施椿木槽厚1077 m，长阳秀峰桥厚1 081 m，宜昌新坪厚706 m，钟祥毛坪厚188 m，南漳朱家峪厚56 m，谷城龙滩厚65 m。

本组一般化石稀少，目前在一些含灰质较高的灰质白云岩、白云质灰岩、灰岩中获得较好的三叶虫化石。如咸丰丁砦、土乐坪、恩施椿木槽、茶山至太阳河、宜昌新坪等地，于本组下部靠上层位中含三叶虫 *Paranomocare hubeiensis*，*P. guizhouensis*，*Paramenocephalites acis*，*Xianfengia binodus*，*X. puteata*，*Crepicephalina hubeiensis*，*Poshania* sp. 等。据此，该层位应属中寒武世晚期；于本组中下部有三叶虫*Fangduiasubcylindrica*，*Ariaspisxianfengensis*，*Liaoningaspis sichuanensis*，*Stephanocare* sp.，*Blackwelderia* sp. 等，相当于我国晚寒武世早期；于本组中上部有三叶虫 *Enshia typica*，*E. brevica* 等，上部有三叶虫 *Saukia enshiensis*，*Calvinella striata* 等及牙形石 *Teridontus nakamurai*，*Eoconodontus notchpeakensis*，*Cordylodus proavus*，根据这些化石说明本组中上部至上部是晚寒武世中、晚期；于本组顶部（距顶界7—40m不等）产牙形石，主要以 *Hirsutodontus simplex*，*Monocostodus sevierensis* 等为特征，其所在层位应属早奥陶世早期。总之，本组时代是由中寒武世晚期至早奥陶世早期，是一个穿时较长的岩石地层单位。

杨柳岗组　$\in_{1-2}yl$　(42-0074)

【创名及原始定义】　原称杨柳岗石灰岩，由卢衍豪、穆恩之等（1955）创建。创名地点在浙江省江山市大陈东北约3.5 km杨柳岗。原始定义：杨柳岗石灰岩整合于荷塘组矽质页岩之上，以石灰岩为主，间夹少量页岩层，厚度127米，可分为两部分：下部深灰褐色厚层白云质石灰岩及灰色中至厚层石灰岩；上部由薄层石灰岩组成夹少量页岩。时代为中寒武世。

【沿革】　省境最早由湖北区测队（1976）引用于鄂东南地区。刘永耀、孙振华（1984）将通山、蒲圻等地杨柳岗组解体，其下部创名"崇阳组"，时代为早寒武世；上部引用"凯里组"，时代为中寒武世。《湖北省区域地质志》（1990）仍称杨柳岗组。本次清理，恢复采用杨柳岗组。

【现在定义】　由条带状白云质灰岩、饼条状灰岩、含灰岩透镜体泥质灰岩、泥质灰岩及碳质硅质泥岩组成。以泥质灰岩或黑色碳硅质泥岩（省境为泥质条带灰岩）与下伏大陈岭组白云质灰岩（省境为石龙洞组结晶白云岩）、以含灰岩透镜体泥质灰岩（省境为细晶灰岩）与上覆华严寺组薄层状灰岩（省境为含碳质钙质页岩）均为整合接触。

【层型】　正层型剖面位于浙江省常山县杨柳岗，省内以崇阳县青林冲剖面（113°57′20″，29°32′25″）为次层型，详见刘永耀等（1984）1—8层。

【地质特征及区域变化】　本组仅分布于省境江南地层分区的通山南部及崇阳等地，其岩性由灰、深灰、灰黄色泥质条带灰岩、钙质页岩、薄层状泥质灰岩、页岩，下部夹少量含碳钙质页岩组成。往东至通山留咀桥一带，该组为灰—深灰色中—厚层状条带灰岩夹硅质页岩及页岩等。崇阳青林冲厚234 m，通山留咀桥厚大于24 m。该组底以薄层状泥质条带灰岩与下伏石龙洞组厚层状结晶白云岩呈整合接触；顶以中厚层状白云质条带细晶灰岩与上覆华严寺组含碳质钙质页岩呈整合接触。

省境杨柳岗组下部三叶虫主要分子有：*Redlichia*，*Bathynotus hubeiensis* 等，说明其层位属于早寒武世晚期；上部三叶虫主要分子有：*Kaotaia* ? sp.，*Kütsingocephalus* sp.，*Pagetia* sp. 等，说明其层位属于中寒武世早期。因此；杨柳岗组的时代为早寒武世晚期—中寒武世早期。为一明显穿时岩石地层单位。

华严寺组　$\in_2hy$　(42-0075)

【创名及原始定义】　原称华严寺石灰岩，由卢衍豪、穆恩之等（1955）创名。创名地点在浙江常山县华严寺（天马山）。原始定义：华严寺石灰岩在杨柳岗石灰岩之上，所覆地层仍为石灰岩，呈薄层状，深灰至黑色，具白云质，岩性与杨柳岗石灰岩相同。本层与杨柳岗石灰岩之间没有明显分界，其厚度在常山天马山—西阳山一线约为120公尺。时代为晚寒武世。

【沿革】　省境该地层曾由刘永耀等（1984）创名“通山组”，从岩性、沉积特征及古生物面貌与浙江的华严寺组颇为接近，本次清理与邻省区协商采用华严寺组，建议停止使用通山组，并将原通山组上部的白云质灰岩并入上覆西阳山组，原凯里组上部含碳质钙质页岩并入该组。

【现在定义】　以薄—中层条带状灰岩为主体，夹有薄层状泥质灰岩、含碳钙质泥岩、页岩及角砾状、球砾状灰岩。以薄层条带状灰岩（省境为含碳质钙质页岩）与下伏杨柳岗组含饼状灰岩透镜体泥质灰岩（省境为细晶灰岩）、以条带状灰岩（省境为泥质条带灰岩）与上覆西阳山组泥质灰岩（省境为黑色钙质页岩）均为整合接触。

【层型】　正层型为浙江省常山县天马山剖面。省境次层型为通山县留咀桥剖面（114°47′05″，29°26′45″；刘永耀等，1984，划分上有修正）。

上覆地层：**西阳山组**　深灰色薄层状细晶白云质灰岩夹少量钙质页岩及泥灰岩

——————　整　合　——————

华严寺组	总厚度 93.97 m
5. 灰黑色钙质页岩及薄层状细晶白云质灰岩夹黑色页岩	26.94 m
4. 灰黑色含碳质钙质页岩夹灰岩透镜体	15.98 m
3. 深灰、灰黑色细晶白云质灰岩	6.41 m
2. 灰黑色含碳质钙质页岩夹中厚层状含碳质白云质灰岩及碳质灰岩透镜体	44.64 m

——————　整　合　——————

下伏地层：**杨柳岗组**　深灰色中厚层状白云质条带细晶灰岩，中、上部夹硅质页岩和页岩

【地质特征及区域变化】　华严寺组在我省仅分布于通山留咀桥一带。其岩性主要为灰黑色白云质灰岩、钙质页岩及泥灰岩。本组底以灰黑色含碳质钙质页岩与下伏杨柳岗组深灰色中厚层状白云质条带细晶灰岩呈整合接触；顶以泥质条带状灰岩与上覆西阳山组碳质页岩呈整合接触。该组虽未采获可靠化石，但根据其层序及层位，暂将其时代置于中寒武世晚期。

西阳山组　$\in_3x$　(42-0076)

【创名及原始定义】　原称西阳山页岩，由卢衍豪、穆恩之等（1955）创名。创名地点在浙江省常山县城南1.5 km西阳山。原始定义：华严寺石灰岩之上，页岩渐次增多，石灰岩逐渐减少，中上部仅夹少量薄层石灰岩，此页岩夹石灰岩层，总厚85公尺，其上与印渚埠页岩整合接触，取名为西阳山页岩。时代为晚寒武世。

【沿革】　省境鄂赣边境地区该地层曾由刘永耀等（1984）创名“畈上组”。本次清理，经邻省区协商，仍引用西阳山组。

【现在定义】　下部由含饼状灰岩透镜体泥质灰岩与泥质灰岩组成；上部由泥质灰岩、小饼状灰岩、瘤状灰岩或网纹状灰岩组成韵律层（省境由白云质灰岩、细晶灰岩夹钙质页岩组成）。与下伏华严寺组条带状灰岩、与上覆印渚埠组钙质泥岩（省境为留咀桥组泥质条带灰

岩）均为整合接触。

【层型】 正层型为浙江省常山县西阳山剖面，省境次层型为通山县留咀桥剖面（114°47′05″，29°26′43″；湖北区测队，1966，1：20万通山幅）。

上覆地层：**留咀桥组** 灰、深灰色条带状灰岩夹灰色薄层状含钙质粘土岩

——————— 整 合 ———————

西阳山组	总厚度 114.02 m
18. 灰—深灰色巨厚层状细晶灰岩	5.07 m
17. 灰—深灰色厚—巨厚层及薄层条带状白云质灰岩	27.13 m
16. 深灰色中薄层状泥质条带灰岩夹少许黄色钙质页岩	31.03 m
15. 灰色巨厚层状白云质条带细晶灰岩	10.96 m
14. 深灰色薄层状细晶白云质灰岩夹少量钙质页岩	39.83 m

——————— 整 合 ———————

下伏地层：**华严寺组** 灰黑色钙质页岩及薄层状细晶白云质灰岩夹黑色页岩

【地质特征及区域变化】 本组在省境分布于通山、崇阳一带，通山留咀桥剖面的西阳山组为灰—深灰色薄—中厚层状泥质条带灰岩、白云质灰岩夹页岩，顶部为厚—巨厚层状灰岩，厚140 m。东邻江西省武宁县畈上，本组为一套薄层状泥灰岩、条带状灰岩、薄层状细晶白云质灰岩夹少量钙质页岩，顶部有一层角砾状灰岩，厚106 m。向西至崇阳大沙坪，该组则为灰—深灰色薄层状泥质条带灰岩夹页岩，顶部为厚层瘤状灰岩夹结晶灰岩及角砾状灰岩，厚度大于411 m。本组底界以黑色钙质页岩与华严寺组泥质条带状灰岩呈整合接触；顶界以角砾状灰岩、厚层状灰岩与留咀桥组泥质条带灰岩呈整合接触，二者界线清楚，易于区分。

本区西阳山组含三叶虫：*Agnostus* cf. *hedini*，*Lotagnostus asiaticus* 及 *Sanduspis* cf. *gracilis* 等。据此，本组时代属晚寒武世。

箭竹坝组 $\in_1 j$ (42-0089)

【创名及原始定义】 陕西区调队1966年创名于城口县北箭竹坝。原始定义："岩性单一，由青灰色石灰岩间夹泥质灰岩组成，偶见白云质灰岩或硅质岩，单层厚5～12 m，见少量三叶虫化石的地层，厚183 m，时代暂定为沧浪铺—龙王庙期"。

【沿革】 《湖北省区域地质志》（1990）引用于省境竹溪地区，本次继续沿用。

【现在定义】 以灰、深灰色薄层状灰岩、泥质条带灰岩为主，夹少量泥灰岩及少量千枚岩（板岩）的地层，含少量三叶虫化石，与下伏鲁家坪组灰黑、深灰色板岩（千枚岩）及上覆毛坝关组底部钙质板岩均呈整合接触。

【层型】 正层型为四川省城口箭竹坝剖面，省内目前无参考剖面。

【地质特征及区域变化】 本组只分布于竹溪县丰溪一带，以灰色、青灰色薄层状灰岩、微晶灰岩及泥质条带灰岩为主，偶夹少量白云质灰岩、碳质板岩及含碳硅质板岩。厚度180～210m。

本组底以青灰色薄层状灰岩与下伏鲁家坪组碳质板岩、碳硅质板岩呈整合接触；顶以青灰色薄层状灰岩与毛坝关组中厚层状泥质灰岩呈整合接触。

区内本组未发现化石，但根据其层位，与邻省区对比，暂定其时代为早寒武世中—晚期。

毛坝关组 $\in_2 m$ (42-0090)

【创名及原始定义】 系陕西区测队（1966）创名。创名地点在陕西省紫阳县南部任河西

岸的毛坝关。原始定义：由灰黑色（风化面褐黄色）厚层泥灰岩组成，间夹石灰岩、灰质页岩、碳质灰岩透镜体。

【沿革】　《湖北省区域地质志》(1990）引用于我省竹溪地区，本次清理继续使用此名。

【现在定义】　整合于箭竹坝组与八卦庙组两套薄层状灰岩之间的灰、深灰色中厚层状泥灰岩地层，夹灰岩和少量碳质板岩、灰质板岩、石煤层。

【层型】　选层型为陕西省紫阳县毛坝关剖面。省境目前尚无次层型。

【地质特征及区域变化】　本组分布范围与鲁家坪组相同。由陕西镇坪东延入我省竹溪丰溪一带，为深灰色、黑色厚层状泥灰岩及钙质板岩夹钙质粉砂质板岩及薄层状灰岩，下部夹碳质板岩及石煤层，厚400～500 m。本组底界以青灰色薄层状灰岩与下伏箭竹坝组的中—厚层状泥质灰岩呈整合接触；顶界以中—厚层状泥质灰岩与上覆八卦庙组的深灰色薄层状灰岩呈整合接触。

区内本组目前尚未获得化石，据其层位与邻区陕西对比，暂推定其时代为中寒武世早期。

八卦庙组　$\in_2 b$　(42-0091)

【创名及原始定义】　系秦岭区测队（1959）创名，卢衍豪（1964）介绍。创名地点在陕西省紫阳县洄水区斑鸠关西南14 km的八卦庙。原始定义：此组为黑色石灰岩、灰色夹黄色泥质砂岩、间夹少许页岩。

【沿革】　《湖北省区域地质志》(1990）引用于我省竹溪地区，本次清理继续沿用。

【现在定义】　以发育薄层状灰岩为主要特征。地层由灰、深灰色薄层状灰岩和少许泥质灰岩、生物碎屑灰岩组成。下与毛坝关组纹层状灰岩、上与黑水河组的深灰色厚层状砾屑灰岩，均呈整合接触。

【层型】　选层型为陕西省紫阳县几家坪乡南的瓦铺子—松树梁剖面，省内无次层型。

【地质特征及区域变化】　该组分布范围与毛坝关组相同。以灰色薄层状灰岩夹白云质灰岩为特征，中、下部纹层发育，上部层厚加大，在竹溪县丰溪一带，该组为灰色薄层状及片状灰岩夹少许页岩及含钙泥质板岩，厚180 m。八卦庙组以薄层状灰岩与下伏毛坝关组薄层状泥灰岩呈整合接触；与上覆黑水河组的角砾状灰岩呈整合接触。区内本组尚未获得可资鉴定化石，但根据层位和邻省区对比，省境八卦庙组的时代暂定为中寒武世中期—晚期。

黑水河组　$\in_3 h$　(42-0092)

【创名及原始定义】　系中国地质科学院第三室（1963）创名。创名地点在陕西省紫阳县双河区南约10 km之六河乡。原始定义："薄板状灰岩、角砾状灰岩、白云质灰岩等，厚150～190 m。"

【沿革】　省境该地层，前人笼统地归于寒武—志留系内，本次清理根据与邻省区的协商，首次引用于省境竹溪地区。

【现在定义】　整合于八卦庙组之上，高桥组之下，以普遍发育角砾状灰岩（砾屑灰岩）为主要特征。地层组成主要有薄层状灰岩、纹层状灰岩、页片状灰岩、泥质白云质灰岩等，夹钙质板岩。下部以厚层角砾状灰岩的出现或八卦庙组薄层灰岩的结束为底界；上部以高桥组纹层状或串珠状泥质条纹状灰岩（风化后为土黄色）的出现为顶界。

【层型】　选层型为陕西省紫阳县权口河东南的黑水河口剖面，省内目前尚无参考剖面。

【地质特征及区域变化】　省境该组只分布于竹溪县丰溪一带，以发育角砾状灰岩为特征，总的以灰色角砾状灰岩和泥质灰岩为主，偶夹碳质板岩、钙质页岩等，岩性和厚度不够稳定，灰岩、泥灰岩和页岩，在纵向、横向上常互变，厚度192～974 m。本组底界以角砾状灰岩与下伏八卦庙组薄层状灰岩呈整合接触；顶与高桥组纹层状或串珠状泥质条纹状灰岩呈整合接触。

区内本组尚未获得化石，但根据其层位和邻省区对比，暂定其时代为晚寒武世。

杨家堡组　$\in_1 y$　(42-0077)

【创名及原始定义】　湖北省第五地质大队（1975）① 创名，朱洪源等（1988）介绍。创名地点在丹江口市杨家堡。原始定义："平行不整合于灯影组之上，整合在庄子沟组之下，岩性分两段：下段为灰—灰黑色中厚层状硅质岩，具水平层理，厚 7～14 m；上段为黑色碳质板岩、高碳质板岩、碳质粉砂质板岩夹少量薄层硅质岩及少量含磷结核与钒矿，厚 20～45 m。底部硅质岩与灯影组厚层状白云岩分界；顶以含碳质板岩（含钒矿）与庄子沟组含碳钙质板岩分界，二者界线目视不易划分。"

【沿革】　省境南秦岭-大别山地层区这套硅质岩地层，陕西省区测队（1966）曾将其划为水沟口组下部，湖北省第八地质大队（1975）划在青山寨组上部。湖北省区测队（1982）将它归为白兆山组上部，湖北省区调所（1986），将其划归下寒武统下部。鄂东北地质大队（1986）创名"董家寨组"。朱洪源等（1988）沿用杨家堡组，其含义包括三段，即下部硅质岩段；中部碳质板岩、石煤段；上部硅质板岩段。杨家騄等（1991）厘定的杨家堡组只限于原杨家堡组下部硅质岩段。本次清理，循杨氏等含义。

【现在定义】　整合在灯影组厚层状白云岩之上、庄子沟组碳质板岩之下，一套灰—灰黑色薄—厚层状硅质岩组成的地层。底以硅质岩消失，与灯影组分界；顶以硅质岩消失，与庄子沟组分界。

【层型】　正层型为丹江口市杨家堡剖面（111°12′58″，32°50′52″；湖北第五地质大队，1975）。

上覆地层：**庄子沟组**　以碳质板岩、高碳质板岩为主，夹少量薄层状硅质岩及数层透闪石灰岩，含少量小磷结核

——————　整　合　——————

杨家堡组　　总厚度 14 m

1. 灰—浅灰色、肉红色中—厚层状硅质岩，具水平层理，上部主要为中厚层状硅质岩；下部为厚层状纯硅质岩　　14 m

——————　整　合　——————

下伏地层：**灯影组**　灰白色及浅灰色厚层状白云岩

【地质特征及区域变化】　该组主要分布于竹山、郧西、郧县、丹江、随州市的古城畈、安陆白兆山、京山岔河、广济李堂选及蕲州缺子山等地，为一套灰—灰黑色薄—中厚层状硅质岩组成。具有发育的条带状构造及陡崖地貌特征，可作为识别标志。它与下伏灯影组或霍河组的厚层状白云岩（或大理岩）界线明显，均呈整合接触；与上覆庄子沟组或竹山组呈整合接触，以整套的硅质岩结束为其顶界。本组厚度变化较大，以京山腰鼓冲最厚，为 307 m，向西、向东均有变薄趋势，如向西至丹江凉水河厚 74 m，丹江口市厚 14 m，郧西孟川厚 13 m；向东至广济李堂选厚 39 m，蕲春缺子山厚大于 12 m。

区内目前本组尚未发现化石，根据其层位和邻区对比，时代暂归属早寒武世。

---

① 湖北省第五地质大队，1975，湖北省均县杨家堡钒矿详查报告（未刊）。

竹山组 $\in_1 O_1 \hat{z}$ **(42-0080)**

【创名及原始定义】 系李捷、朱森（1930）所创建的“竹山系”演变而来。创名地点在竹山城关一带。原始定义：“指竹山城关—田家坝剖面8—1层的地层序列，为一套灰黑色薄层灰岩、黑色页状灰岩与黑色片岩、砂质片岩、碳质板岩、板岩呈不等厚互层，厚度大于745m，时代为上石炭纪—上二叠纪。”

【沿革】 北京地质学院（1962）将竹山系上部灰白色绢云母千枚岩、绢云石英千枚岩之上部地层称峪口组，下部一套黑色岩系称竹山组。湖北省区调所（1986）将竹山系解体，以黑色硅质岩作为划分标志层，硅质岩之下的硅质板岩为陡山沱组，碳酸盐岩（或大理岩）为灯影组；而硅质岩之上的一套黑色岩系，又以灰岩作为划分标志分为两部分，上部归中、上寒武统，下部归下寒武统，并将峪口组划归奥陶系。本次清理的竹山组只限于湖北省区调所（1986）所划的下寒武统、中上寒武统、奥陶系的地层序列，并分为上、下两段。

【现在定义】 整合于杨家堡组之上，平行不整合于大贵坪组之下的一套地层序列。其下段为灰黑色含碳质板岩，向上夹黑色薄层—中厚层状灰岩；上段为黄绿色绢云石英千枚岩。底界以碳质板岩与杨家堡组灰、灰黑色薄—中厚层状硅质岩分界；顶以黄绿色条纹状绢云母石英千枚岩与大贵坪组的含碳质石英绢云母千枚岩分界。

【层型】 正层型为竹山县干吉沟—三转弯剖面（110°08′20″，32°10′25″；湖北区调所，1986，重测，本书略有简化）。

上覆地层：**大贵坪组** 灰、灰黑色含碳质石英绢云千枚岩

——————— 平行不整合 ———————

竹山组	总厚度 258.93m
上 段	
30. 黄色条纹状绢云母石英千枚岩，下部夹石英二云母千枚岩	67.34 m
29. 黄绿色石英二云千枚岩	34.01 m
下 段	
28—26. 灰、灰黑色含碳绢云石英千枚岩，含碳绢云千枚岩夹含碳钙质板岩及少量薄层状含碳质结晶灰岩	40.59 m
25. 灰黄、褐黄色含钙质石英绢云千枚岩	1.69 m
24—23. 灰色薄层状灰岩与钙质绢云千枚岩互层	12.03 m
22—17. 灰色薄层状灰岩，含碳质结晶灰岩与含碳质板岩、含碳绢云石英千枚岩不等厚互层	62.76 m
16—13. 灰黑、黑色含碳质石英绢云千枚岩与黑色碳质板岩不等厚互层	23.22 m
12. 灰、深灰色夹含磷石英条带绢云石英千枚岩	6.49 m
11. 灰白、褐黄色硅化绢云母千枚岩	2.21 m
10. 灰色绢云石英千枚岩，顶部夹薄层状灰岩	4.78 m
9. 灰、深灰色绢云石英千枚岩与灰黑色碳质板岩不等厚互层	3.81 m

———————— 整 合 ————————

下伏地层：**杨家堡组** 灰、灰黑色薄层状硅质岩

【地质特征及区域变化】 该组分布于白河-石花街断裂南北两侧及竹山等地，组成竹山、白河两复向斜核部。岩性可分为上、下两段，下段：由灰黑色碳质板岩、含碳石英绢云千枚岩、绢云石英千枚岩、钙质千枚岩夹薄层状结晶灰岩、含碳结晶灰岩组成。由南往北，下段

在竹山江西沟变为一套含碳的碳酸盐岩夹含碳质板岩、含碳绢云石英片岩；在郧县鲍峡店、红岩背等地变为一套含碳质绢云石英钠长片岩、绿泥钠长石英片岩、含碳白云石英片岩夹薄层状结晶灰岩、含碳粘土质灰岩。上段均由灰黄、灰绿色石英二云千枚岩、黄色条纹状绢云石英千枚岩组成，在区域上岩性比较稳定。在竹山双台一带未见顶，为一套黄绿色石英黑云母千枚岩，郧县鲍峡店一带则未出露。本组厚度由南往北减薄，竹山干吉沟厚 273 m，竹山江西沟厚度大于 252 m，郧县鲍峡店厚度大于 405 m。属海相沉积。本组的底以灰黑色含碳质板岩之底面与杨家堡组分界；顶以黄绿色石英绢云千枚岩之顶面与大贵坪组分界。

该组下段含碳质板岩中含海绵骨针 *Protospongia* sp.，微古植物 *Lophosphaeridium* sp.，*Leiopsophosophaera* sp.，*Lignum* sp.，*Micrhystridium* sp.；在邻省区紫阳焕古滩大沟脑高台子的洞河群上部泥质岩石中采到了早奥陶世笔石 *Dictyonema quadrangulare*，该层位与本区竹山组上段灰黄色千枚岩的岩性层位相当，所以竹山组上段的时代为早奥陶世。根据其连续沉积于早寒武世杨家堡组之上。故其时代为早寒武世—早奥陶世，为一穿时较长的岩石地层单位。

庄子沟组　$\in_1\hat{z}$　**(42－0082)**

【创名及原始定义】　湖北省第五地质大队（1975）创名。创名地点在丹江市杨家堡附近的庄子沟。原始定义：整合在杨家堡组之上，岳家坪组之下，由黑色含碳质泥砂质岩类组成。底以含碳质板岩与杨家堡组含钒碳质板岩分界；顶以含碳质板岩与岳家坪组厚层结晶灰岩分界。

【沿革】　庄子沟组系湖北第五地质大队（1975）从陕西区测队（1966）的水沟口组上部碳质板岩解体出来的一个地层单位，其底界以不含钒矿和磷结核作为划分标志，与下伏杨家堡组没有明显岩性界线。朱洪源等（1988）在庄子沟附近重新命名岩屋沟组，其实该组是庄子沟组的同物异名。杨家騄等（1991）引用岩屋沟组并厘定岩屋沟组含义，缩小杨家堡组范围，扩大岩屋沟组下限（详见杨家堡组的沿革）。在随南—京山—安陆地区，相当于庄子沟组的地层，湖北第八地质大队（1982）、湖北区测队（1982）曾分别创名“大堰角组”、“余家冲组”。本次均称庄子沟组，其他均为同物异名。

【现在定义】　本组由灰黑色碳质板岩（含钒矿）、含碳粉砂质板岩、含碳质硅质板岩、粘土质板岩，上部夹薄层灰岩透镜体所组成，底与杨家堡组硅质岩呈整合接触；顶与冯家凹组厚层状灰岩呈整合接触。

【层型】　正层型为丹江口市杨家堡庄子沟剖面（111°12′58″，32°50′52″；朱洪源等，1988，重测，本书略有修改、简化）。

上覆地层：**冯家凹组**　灰色厚层状灰岩

———————— 整　合 ————————

庄子沟组　　　　总厚度 72 m

6—2. 灰黑色、含碳质粉砂质板岩、含碳质硅质板岩、碳质板岩、硅质粉砂质板岩，上部夹薄层状泥质灰岩透镜体，下部夹少量薄层状硅质岩透镜体，石煤层及含磷小结核，含钒矿　　　　72 m

———————— 整　合 ————————

下伏地层：**杨家堡组**　深灰、灰褐色薄—中厚层状硅质岩，水平层理发育

【地质特征及区域变化】　本组分布于两郧断裂以北的郧西、郧县、丹江、老河口等地和

南襄盆地以东随州、京山、安陆三县市交界处的柳林—古城畈—洛阳店—三里店—岔河—白兆山一带。是本区一个重要的含矿层位，由碳质板岩、含碳硅质板岩、粉砂质板岩组成，上部夹薄层泥质灰岩，下部含磷、钒、铀、重晶石等矿产。

在两郧断裂以北地区，该组由西向东碳质成分减少，郧西黄云铺、孟川一带，本组由粉砂质碳质泥质板岩，含碳、钙、泥质粉砂质板岩、碳质泥质粉砂岩组成，下部夹硅质岩及石煤层，并含大量磷结核。向东至丹江凉水河变为灰紫色含水云母粘土岩、含铁质水云母粘土岩等。光化水泥厂采石场（张家庄）该组为灰白色水云母粘土岩。全组厚度自西向东变薄：西部郧西孟川厚 617 m，丹江庄子沟厚 72 m，丹江凉水河厚 19 m，东端的光化水泥厂采石场（张家庄）厚 14 m。

在随州市以南地区，该组岩性均有较大的变化：京山余家冲，本组下部为紫红色含磷白云岩、薄层硅质页岩、灰黑色含硅质水云母粘土页岩夹板状粉砂质页岩、磷块岩、碳质页岩、重晶石矿、钒矿、磷矿等；上部为灰黑色页岩夹少量灰黑色薄层状粉砂质页岩及泥质粉砂岩，含三叶虫、软舌螺、海绵骨针等化石。往北至安陆白兆山，下部为深灰色薄层条带状泥质硅质岩夹黑色薄层状粉砂质硅质页岩及硅质粉砂质页岩；上部为灰黄—紫红色泥质粉砂岩与硅质泥质页岩夹粉砂质泥岩。由此向西北至安陆石柱山，该组为灰色绢云板岩夹结晶灰岩组成。随州古城畈，本组下部为浅灰、灰白色薄层板状含硅质条带水云母粘土页岩夹薄层状硅质岩；上部为深灰—灰黑色，风化后呈浅灰色或灰白色千枚岩夹变玄武岩透镜体，千枚岩中产海绵骨针。随州王家湾，下部为灰色板岩、重晶石矿层；上部为灰黑色碳质板岩夹薄层状泥质灰岩透镜体。随州冬青庙，下部为黑色薄层状硅质页岩夹碳质绢云千枚岩及石英绢云千枚岩；上部为灰黑色碳质页岩、碳质绢云千枚岩夹薄层硅质岩。厚度由东向西变薄：安陆白兆山厚 202 m，安陆石柱山厚 127 m，京山余家冲厚 150 m，随州古城畈厚 75 m，随州王家湾厚 45 m，随州冬青庙厚 42 m。本组底界以碳质板岩与杨家堡组硅质岩呈整合接触；顶界在两郧断裂以北地区，以碳质页岩与冯家凹组中厚层状碳酸盐岩呈整合接触；在随州南部地区，以黑色页岩与上覆双尖山组灰黑色灰岩呈整合接触。

在京山余家冲于本组上部浅变质板状泥质粉砂岩和硅质泥质页岩中含丰富的三叶虫：*Tsunyidiscus tingi*，*Guizhoudiscus* sp.，*Sinodiscus duchuanensis* 等及软舌螺和海绵骨针等。所以庄子沟组的时代属于早寒武世早期。

岳家坪组　$\in_{1-2}y$　（42－0093）

【创名及原始定义】　陕西区测队（1966）创名。创名地点在陕西省商南县汪家店乡岳家坪。原始定义："整合于下寒武统之上，上寒武统蜈蚣丫组之下。下部为深灰色泥质白云质灰岩，厚 9 m；其上一般为 5～8 m 厚的浅灰色、灰色泥质灰岩、紫红色粉砂岩与一般厚 7～15 m 的浅灰色厚层状泥质白云质灰岩、白云质灰岩、泥质灰岩互层，夹少量钙质页岩，总厚 161 m。"

【沿革】　岳家坪组曾被广泛引用于我省郧西—郧县—丹江口地区，本次清理与陕西、河南协商，仅限用镇安—淅川小区湖北省境内的郧西上津及郧县大柳等地。

【现在定义】　整合于水沟口组灰色白云岩或白云质灰岩（省境为庄子沟组）之上、石瓮子组浅灰色厚层白云岩（省境为孟川组）之下。以发育紫红色、浅紫色、紫黄色薄层碳酸盐岩和碎屑岩为主要特征。岩性主要为薄—厚层白云质灰岩、泥质白云质灰岩、白云岩、钙泥质粉砂岩和泥灰岩等，局部富含燧石团块或条带。

【层型】　正层型为陕西省商南县汪家店乡岳家坪剖面。省境次层型为郧西县孟川剖面

（110°09′05″，33°07′35″；杨家騄等，1991）。

上覆地层：**孟川组**　浅灰色厚层—巨厚层状白云质灰岩夹灰色薄层状含泥质细晶灰岩，局部含泥质白云质灰岩、微层理发育

——————— 整　合 ———————

岳家坪组	总厚度 1 704.69 m
20. 灰色薄层状含泥质细晶灰岩夹浅灰色中—厚层状白云质灰岩	190.22 m
19. 灰色极薄层状含泥质细晶灰岩夹浅灰色厚层状白云质灰岩，上部为灰色极薄层状泥质灰岩，微层理发育，局部可见含碳质泥质灰岩	99.39 m
18. 灰色极薄层状含碳质泥质灰岩夹灰色薄层状泥质细晶灰岩	20.7 m
17. 灰色中厚层状细晶灰岩，微层理发育	14.39 m
16. 灰色薄层状泥质灰岩夹深灰色含泥质细晶灰岩、泥质灰岩，微层理发育，含少量黄铁矿	428.27 m
15. 深灰色中厚层状细晶灰岩夹灰岩、薄层状泥质灰岩	35.75 m
14. 灰色极薄层状泥质灰岩夹灰色薄层状含泥质灰岩，局部见微层理	27.79 m
13. 深灰色厚层状含泥质细晶灰岩夹碳质泥灰岩，微层理发育	149.68 m
12. 灰色厚层状细晶灰岩夹灰色厚层状含碳泥质灰岩，微层理发育，局部见碳质页岩	180.0 m
11. 灰色厚层状含碳泥质灰岩夹灰色厚层状结晶灰岩，微层理发育	181.13 m
10. 灰色厚层状含泥质细晶灰岩和泥质灰岩互层，局部夹含碳含钙泥质页岩，微层理发育	173.16 m
9. 灰色厚层状泥质灰岩和含碳泥灰岩互层，下部以泥灰岩为主，局部夹含碳含钙泥质页岩	113.87 m
8. 含碳含钙粉砂质页岩	36.63 m
7. 灰色—深灰色薄层状细晶灰岩，微层理明显，含少量黄铁矿	22.15 m
6. 深灰色中—厚层状白云质细晶灰岩，微层理发育，上部夹厚约 300 cm 厚的灰褐色含泥质硅质岩、硅质岩	59.35 m

——————— 整　合 ———————

下伏地层：**庄子沟组**　含碳含钙泥质粉砂质板岩夹泥灰岩

【地质特征及区域变化】　本组由陕西省商南县岳家坪向东南延伸出露于我省郧县大桑树一带。其下部为泥质条带灰岩，当泥质条带变厚时即成为紫红色页岩夹层；上部为灰褐色含泥质灰质白云岩与灰岩互层。厚 372～422 m。岳家坪组在区域上变化较大，往西至郧西孟川，为一套灰—深灰色薄层至厚层状泥质灰岩、含泥质细晶灰岩夹含碳质泥质灰岩、含碳泥灰岩，下部夹一层含碳含钙质粉砂质页岩。厚度 1732 m。该组底界以含碳含钙泥质粉砂质板岩与庄子沟组中—厚层状白云质细晶灰岩呈整合接触；顶界在郧西孟川以薄层状含泥质细晶灰岩与孟川组厚—巨厚层状白云质灰岩呈整合接触；在郧县大桑树一带，以泥质条带灰岩与石瓮子组厚层状白云岩呈整合接触。省境区内目前尚未获得化石，但根据其层位和邻省区对比，暂定其时代为早寒武世至中寒武世，是一穿时的岩石地层单位。

孟川组　$\in_3 m$　(42－0086)

【创名及原始定义】　杨家騄等（1991）创名孟川群，创名地点在郧西孟川。原始定义："整合在八卦庙组之上，下奥陶统之下，以灰色厚—巨厚层状灰岩、白云质灰岩、泥灰岩，条带和条纹构造发育为特征，且纹层发育，地层厚度极大（1 781m)。"

【沿革】 杨家騄等（1991）创名孟川群，本次清理改为孟川组。

【现在定义】 整合于石瓮子组之下，岳家坪组之上，以灰色厚—巨厚层状灰岩、白云质灰岩、泥灰岩、条纹、条带构造发育为特征。底以浅灰色厚—巨厚层状白云质灰岩与下伏岳家坪组薄层状含泥质细晶灰岩分界；顶以浅灰色厚—巨厚层状泥质灰岩与上覆石瓮子组浅灰色薄—中厚层状泥灰岩分界。

【层型】 正层型为郧西县孟川剖面（110°09′05″，33°07′35″；杨家騄等，1991）。

上覆地层：**石瓮子组**

30. 浅灰色薄—中厚层状泥质灰岩

——————整　合——————

孟川组　　　总厚度 1 780.99 m

29—26. 浅灰色厚—巨厚层状泥质灰岩、泥质条带灰岩，微层理发育　　1 167.04 m

25—24. 灰色厚层—巨厚层状含泥质灰岩，条带状含泥质灰岩。微层理发育　　133.50 m

23. 灰色薄—中厚层状含泥质细晶灰岩和灰色极薄层—薄层状泥质灰岩互层　　52.79 m

22. 灰色厚层—巨厚层条带状含碳质含白云质灰岩　　17.84 m

21. 浅灰色厚—巨厚层状白云质灰岩夹灰色薄层状含泥质细晶灰岩，局部含泥质白云质灰岩，微层理发育　　409.82 m

——————整　合——————

下伏地层：**八卦庙组**

20. 灰色薄层状含泥质细晶灰岩夹浅灰色中—厚层状白云质灰岩

【地质特征及区域变化】 该组分布于两郧断裂以西，六郎关以北的郧西孟川、上津等地。以灰色厚—巨厚层状灰岩、白云质灰岩、泥灰岩夹含碳质含白云质灰岩，条纹、条带构造发育为特征，往西北至上津一带，岩石变质程度加深，夹有钙质片岩等。其厚度变化大，孟川厚 1 781 m，上津厚 338 m。本组底界以厚—巨厚层状白云质灰岩与下伏岳家坪组薄层状含泥质细晶灰岩呈整合接触；顶界以厚—巨厚层状泥质条带灰岩与上覆石瓮子组中厚层状泥质灰岩呈整合接触。

本组目前尚未获得化石，其时代依据不足，暂置于晚寒武世，有待以后进一步研究。

冯家凹组　$\in_{1-2}f$　（42－0085）

【创名及原始定义】 系朱洪源、陶金宝（1988）创建，创名地点在丹江口市（原为均县）习家店附近的冯家凹。原始定义："整合于习家店组薄层泥质条带灰岩之下，岩屋沟组含碳质板岩之上，以中厚层和厚层灰岩为主，顶部有一层厚 19～30 cm 的生物碎屑结晶灰岩、含三叶虫化石的地层。"

【沿革】 冯家凹组是由朱洪源、陶金宝（1988）从陕西省区测队（1966）的水沟口组上部厚层状灰岩中划出来的一个岩石地层单位，顶、底界清楚，易于区分，本书赞同这一意见。

【现在定义】 整合于习家店组之下，庄子沟组之上，以中厚层状和厚层状灰岩为主，顶部有一层厚 19～30 cm 的生物碎屑灰岩，含三叶虫化石。底以厚层状灰岩与庄子沟组含碳质板岩分界；顶以厚层状灰岩、生物碎屑灰岩与习家店组薄层状泥质条带灰岩分界。

【层型】 正层型为丹江口市习家店冯家凹西山梁剖面（111°12′58″，32°50′52″；朱洪源、陶金宝，1988）。

上覆地层：**习家店组**　灰黄、紫红、灰褐色薄层状泥灰岩夹紫红色页岩和泥灰岩透镜体，产三叶虫

——————— 整　合 ———————

冯家凹组　　　　　　　　　　　　　　　　　　　　　　　　　　　　总厚度 25 m

8. 灰色中厚层状灰岩，顶部黄灰色生物碎屑灰岩，产三叶虫 *Peronopsis* cf. *rakuroensis*，*Pagetia dayongensis*，*Corynexochus dongouensis*，*Bailiella* (?) sp.，*Mufushania* (?) sp.，*Solenoparia minuta*　　14 m

7. 灰色厚层状灰岩，底部有一层薄层含碳质泥质灰岩，产三叶虫 *Kootenia baishagonensis*，*K. grachilens*，*K.* sp.，*K.* (*Tienzhuia*) *distensa*，*Erbia granulosa*，*Xilingxia elongata*，*Kunmingaspis qiannanensis*，*K.* sp.，*Solenoparia* sp.　　11 m

——————— 整　合 ———————

下伏地层：**庄子沟组**

6. 上部含碳质粘土质板岩，下部含碳质粉砂质板岩，顶部夹灰黑色泥质灰岩透镜体

【地质特征及区域变化】　本组分布于杨家堡、丹江、老河口市北的史家庄等地。在习家店冯家凹西山梁剖面，其岩性以中—厚层状灰岩为主，底部有一层薄层状含碳质泥质灰岩，顶部有厚 19～30 cm 的生物碎屑结晶灰岩。在区域上岩性有所变化，向东至丹江凉水河，光化水泥厂（张家庄），本组上部为厚层状白云岩、含磷白云岩；下部为薄—厚层状灰岩。其厚度变化不大，习家店厚 25 m，丹江凉水河厚 25.79 m，史家庄厚 20 m。本组底界以薄—厚层状灰岩与下伏庄子沟组含碳质板岩呈整合接触；顶界以厚层状灰岩、白云岩与上覆习家店组呈整合接触。

本组含有较丰富的三叶虫化石，据朱洪源等（1988）和杨家聚等（1991）研究结果，本组底以 *Cheiruroides* (*Neocheiruroides*) *arcticus* 等为代表，下部以 *Kootenia baishagonensis*，*Erbia granulosa* 等为代表，上部以 *Pagetia dayongensis*，*Corynexochus dongouensis*，*Mufushania* ? sp. 等为代表，说明本组时代为早寒武世晚期至中寒武世早期。

习家店组　$\in_2 x$　**（42－0083）**

【创名及原始定义】　朱洪源、陶金宝（1988）创名，创名地点在丹江口市习家店。原始定义：习家店组为整合在冯家凹组之上，蜈蚣丫组之下，底部为紫红色和黄褐色泥灰岩夹少量页岩，中上部以薄层灰岩为主，夹少量白云质灰岩，顶部夹泥质条带灰岩的地层，厚 47～84 m。

【沿革】　该地层杨家聚（1988）称“祖师庙群”。后来杨家聚等（1991）将祖师庙群扩大划为冯家凹组和习家店组，其习家店组与朱氏等习家店组一致。本次清理与邻省、区协商，沿用习家店组一名。

【现在定义】　习家店组为整合于冯家凹组之上、袖子沟组之下的地层，其下部为紫红色、黄褐色薄层状泥灰岩夹紫红色页岩；中上部为灰、深灰色薄层状灰岩夹中厚层状灰岩，顶部夹薄层状泥质条带灰岩，底以薄层状泥质灰岩与下伏冯家凹组中—厚层状灰岩分界；顶以薄层状灰岩与袖子沟组薄—中厚层状泥质条带灰岩分界。

【层型】　正层型为丹江口市习家店冯家凹西山梁剖面（111°12′58″，32°50′52″；朱洪源、陶金宝，1988）。

上覆地层：**袖子沟组**

14. 深灰、黄灰色薄—中厚层状泥质条带灰岩夹薄层灰岩

——————— 整　合 ———————

习家店组　总厚度 66 m

13. 灰色薄层状灰岩夹黄灰色泥质条带灰岩，含少量腕足类　27 m

12. 灰色薄层状灰岩。产三叶虫 *Goniagnostus* aff. *nathorsti*，*Peronopsis liaotungensis*，*Solenoparia chalcon*，*Luia* sp.　18 m

11. 深灰色薄—中厚层状灰岩　7 m

10. 灰黄、蓝灰、灰紫色薄层状泥灰岩夹深灰色薄板状灰岩　14 m

9. 灰黄、紫红、灰褐色薄层状泥灰岩夹紫红色页岩和泥质灰岩透镜体。产三叶虫 *Corynexochus* sp.

——————— 整　合 ———————

下伏地层：**冯家凹组**　灰色中厚层状灰岩，顶部黄灰色生物碎屑灰岩，产三叶虫

【地质特征及区域变化】　本组分布于杨家堡、凉水河、丹江口市等地，其中以丹江口市南、北两侧发育最全。丹江口市习家店层型剖面，本组下部为紫红色、黄褐色薄层状泥质灰岩夹紫红色页岩；中上部为灰、深灰色薄层状灰岩夹中厚层状灰岩；顶部为灰色薄层状灰岩夹薄层状泥质条带灰岩。往东至老河口市水泥厂采石场一带，该组为一套灰—深灰色具米黄色、紫红色泥质条纹或条带状薄层状微—细晶灰岩夹灰色厚层状泥质条带灰岩，下部紫红色页岩，含三叶虫。本组厚度，西部习家店厚 84 m，东部光化水泥厂采石场厚 321 m。习家店组底界以薄层状泥质灰岩与下伏冯家凹组中—厚层状灰岩或白云岩呈整合接触；顶界以薄层状灰岩与上覆袖子沟组薄—中厚层状泥质条带灰岩呈整合接触。

本组含有较丰富的三叶虫化石，计主要分子有 *Peronopsis liaotungensis*，*P. viator*，*Goniagnostus* aff. *nathorsti* 等。故本组时代属于中寒武世晚期。

袖子沟组　$\in_3 O_1 x$　(42－0084)

【创名及原始定义】　由北京地质学院豫南区测队（1961）创名的“袖子沟群”（袖为秀之误）演变而来。创名地点在河南省淅川县盛湾乡秀子沟。原始定义：指分布于丹江南、北的上寒武统。丹江以南发育较好，并含丰富的化石，下部褐灰色白云质灰岩与褐色灰岩互层；上部深灰黑色薄层含燧石灰岩，具微细层理构造，厚 402.78 m，分为上、下两段。丹江以北多为白云质灰岩夹泥灰岩，厚 120～160 m，其上与下奥陶统铁仙沟组整合接触。

【沿革】　该套地层，湖北省区调所（1986）将其置于蜈蚣丫组（晚寒武世）和水田河组（早奥陶世），朱洪源等（1988）置于蜈蚣丫组（晚寒武世），杨家騄（1988）称秀子沟群（晚寒武世），杨家騄等（1991）将秀子沟群自下而上进一步划分为徐沟组（晚寒武世）和盛湾组（晚寒武世至早奥陶世）。本次清理与邻省协商的意见，将袖子沟群改称袖子沟组。而停用徐沟组和盛湾组。

【现在定义】　指习家店组以上的一套地层，下部为中—厚层状灰岩、白云质灰岩、泥质条带灰岩夹溶洞灰岩；中部为薄层状微晶灰岩、泥质条带灰岩、细晶白云岩，层面上常见红色泥质薄膜；上部为厚层状含燧石团块灰岩、泥质团块纹层状灰岩、细晶白云岩，其下以本组泥质条带灰岩与习家店组灰质白云岩分界；其上未见顶。

【层型】　正层型为河南省淅川县盛湾乡秀子沟剖面。省境次层型为丹江口市习家店蒿坪剖面（111°12′58″，32°50′52″；杨家騄等，1991，本书略有简化）。

袖子沟组　　　　总厚度>337.47 m

35. 灰色巨厚层状泥质条带灰岩（未见顶）　>10 m

34. 灰色中厚层豹皮状灰岩与灰色薄层状灰岩互层　30.76 m

33—31. 灰色薄层状灰岩，含燧石结核，沿层面分布，产疑源类 *Leiopsophosphaera* sp.　78.95 m

30—27. 灰色中薄层状泥质条带灰岩夹薄层状泥质灰岩，含燧石条带　54.94 m

26. 深灰色厚—巨厚层状硅质和泥质条带灰岩，产疑源类 *Leiopsophosphaera* sp.　10.90 m

25—23. 深灰色薄层状灰岩、薄层状泥质灰岩夹灰色巨厚层状泥质条带灰岩。含燧石结核　22.35 m

22—18. 灰色厚层状泥质条带灰岩夹中厚层状硅质条带灰岩、泥质灰岩　82.98 m

17. 灰色薄层状白云质灰岩向上变为深灰色中厚层状泥质灰岩　5.39 m

16—12. 深灰色中—厚层状泥质条带灰岩、白云质条带灰岩夹薄—中厚层状泥质灰岩。局部含燧石结核，产三叶虫 *Proceratopyge* sp.；腕足类和疑源类 *Leiopsophosphaera* sp.　41.20 m

——————— 整　合 ———————

下伏地层：**习家店组**

11. 深灰色薄—中厚层状泥质条带灰岩，产疑源类

【地质特征及区域变化】　本组分布与习家店组相同。在次层型剖面上，本组下部为灰、深灰色中—厚层状泥质条带、白云质条带灰岩夹薄—中厚层状灰岩及少量白云质灰岩、含燧石结核或条带；中部为灰、深灰色薄层状灰岩、薄层状泥质条带灰岩夹少量厚层状硅质条带灰岩；顶部（杨氏等的白龙庙组底部）为灰色巨厚层状泥质条带灰岩，未见顶。往东至光化水泥厂（张家庄），该组下部为灰、深灰色厚层状泥质条带灰岩，泥质条带呈紫红色，由下往上泥质条带变窄；中部为深灰色厚层状泥质条纹灰岩，含三叶虫；上部以灰、深灰色厚层状微晶灰岩、亮晶砂质灰岩为主夹深灰色含燧石团块或条带微晶灰岩、灰质白云岩，含角石、腕足类等化石。本组在均县习家店厚度大于 337 m，光化水泥厂厚度大于 775 m。本组底界以中—厚层状泥质条带灰岩与下伏习家店组薄—中厚层状泥质条带灰岩呈整合接触。区内未见顶界。

朱洪源（1988）在丹江口市冯家凹和观音寨于本组下部采到三叶虫：*Blackwelderia nodosaria*，*Homagnostus* sp. 和 *Lajishanaspis subsphaericus*，属于晚寒武世。湖北省区调所（1986）在丹江口市清泉沟于本组上部（水田河组）获得角石 *Coreanoceras* sp. 及腕足类 *Syntrophopsis* sp.，属早奥陶世。故袖子沟组时代为晚寒武世—早奥陶世，为一跨纪岩石地层单位。

双尖山组　$\in_1\hat{s}j$　(42－0079)

【创名及原始定义】　湖北区测队（1982）创名。创名地点在京山县双尖山。原始定义：“整合于余家冲组之上，古城畈群之下，以深灰色纹带状碳质灰岩或碳质泥灰岩为主要特征，在随州古城畈和柳林地区，本组以泥质条带细晶灰岩或隐晶质白云质灰岩为主，顶部夹有变玄武岩，厚 198m。”

【沿革】　该地层曾被湖北省区测队（1980）划为下寒武统 b+c 岩性段，湖北省第八地质大队（1982）划为寒武系下部大堰角组，湖北省区测队（1982）创名双尖山组。

【现在定义】　整合于庄子沟组之上、立秋湾组之下，由深灰色纹带状灰岩、碳质灰岩、碳质泥质灰岩组成，在随州古城畈、柳林地区，夹有碳质页岩，变泥质粉砂岩及变玄武岩。底以白云质灰岩(灰岩)与庄子沟组碳质板岩(千枚岩)分界；顶以灰岩与立秋湾组板岩分界。

【层型】 正层型为京山双尖山剖面（113°20′30″，31°16′05″；湖北区测队，1980）。

上覆地层：**立秋湾组** 深灰色薄层状泥质板岩夹变玄武岩和少量灰岩透镜体

——————整 合——————

双尖山组 总厚度 197.27m

10. 灰黄、黄色薄层—中厚层状含泥质硅质灰岩夹透镜体状微晶灰岩及泥质白云质粉砂岩 69.42m

9. 灰、灰白色薄—中厚层状含碳白云质条带状灰岩及含白云质灰岩，白云质及泥质呈不规则肠状或串珠状条带，向上呈规则的条纹 47.89m

8. 灰黑色、深灰色灰岩夹薄层状泥质灰岩，底部为灰黑色中—薄层状含泥质硅质灰岩 79.96m

——————整 合——————

下伏地层：**庄子沟组** 灰色、灰黑色页岩夹少量灰黄色薄层状粉砂质页岩及泥质粉砂岩

【地质特征及区域变化】 本组分布于随州、京山、安陆等县市交界地区，以随州古城畈—洛阳店一带最为发育。在京山双尖山剖面，本组以灰黑色薄—中厚层条纹状含碳质灰岩、灰黄色薄层—中厚层状含泥质硅质灰岩夹薄层泥质灰岩及白云质灰岩为特征。在区域上岩性并不稳定，往东北安陆白兆山，上部夹有硅质页岩、粉砂岩，未见顶。由白兆山往西北至随州石灰冲，该组下部为深灰色薄层状大理岩化含碳质细晶灰岩；上部为灰色薄层状大理岩化细晶灰岩；随州古城畈、柳林地区，本组以泥质条纹状细晶灰岩或隐晶白云质灰岩为主，夹有钙质页岩、变泥质粉砂岩、碳质页岩及变玄武岩。随州冬青庙该组则由碳质灰岩夹灰岩、碳质绢云母千枚岩及钙质石英绢云千枚岩组成。从而反映出双尖山组，自东南向西北，泥质、碳质成分由少变多，又变少的变化规律，而变玄武岩的夹层则从无到有。本组厚度变化明显，东端的安陆白兆山厚度大于 56 m，随州石灰冲厚 43 m，古城畈厚 156 m，随州张家楼子厚达 432 m，西端随州冬青庙厚 24 m，南面的双尖山厚 197 m。双尖山组底界以碳质灰岩、灰岩、白云质灰岩与庄子沟组黑色碳质页岩、泥质粉砂岩呈整合接触；顶界以条带状结晶灰岩与立秋湾组板岩、粉砂质板岩呈整合接触。

双尖山组未采到化石，其时代难以定论，按其层位，其时限暂置于早寒武世中—晚期。

立秋湾组 $\in_{2-3}l$ （42－0081）

【创名及原始定义】 鄂东北地质大队（1986）① 创建，杨道政等（1989）介绍。创名地点在随州市古城畈附近的立秋湾。原始定义："黄绿色、黄灰色泥质板岩夹变玄武岩，灰黑色钙质板岩、浅灰色泥质板岩夹变玄武岩，浅绿色千枚状泥质板岩夹变玄武岩及变辉斑玄武岩，与下伏双尖山组，上覆高家湾组均呈整合接触，厚 283m。"

【沿革】 本组是鄂东北地质大队（1986）①从湖北区测队（1982）创名的古城畈群下部划分并创名的一个岩石地层单位，其上界与高家湾组没有明显的岩性划分标志，所以，本次清理将立秋湾组之顶界移至第 10 层：灰—深灰色条纹状结晶灰岩之底界面，作为立秋湾组与高家湾组分界。

【现在定义】 整合于双尖山组与高家湾组之间的一套灰—灰黄色粉砂质泥质板岩、板岩、灰黑色钙质板岩夹变玄武岩及变辉斑玄武岩。底以板岩夹变玄武岩与双尖山组的薄—中厚层状泥质条带灰岩分界；顶以泥质板岩与高家湾组薄—中厚层状泥质条纹灰岩为界。

---

① 鄂东北地质大队，1986，1∶5 万客店坡东半幅、古城畈幅、三阳店幅区域地质调查报告（未刊）。

【层型】 正层型为随州市高家湾剖面（113°13′42″，31°25′32″；鄂东北地质大队，1986）。

上覆地层：**高家湾组** 深灰色薄—中厚层状条纹结晶灰岩夹钙质板岩及少量变玄武岩

——————— 整 合 ———————

立秋湾组　　总厚度 349.13 m

9—6. 灰绿色、灰黄色泥质板岩、粉砂质泥质板岩夹变玄武岩，上部夹少量钙质板岩　178.81 m

5. 浅绿色千枚状泥质板岩夹变玄武岩及变辉斑玄武岩　11.32 m

4—2. 灰黄色泥质板岩夹灰黑色钙质板岩、变玄武岩，含古介形虫类 archaeocopida　159.0 m

——————— 整 合 ———————

下伏地层：**双尖山组** 灰黑色钙质板岩夹条带状结晶灰岩

【地质特征及区域变化】 本组主要分布于随州市以南的柳林倒转背斜周缘，其中古城畈一带最为发育。随州市高家湾剖面本组由灰绿、灰黄色粉砂质板岩、板岩、灰黑色钙质板岩夹多层变玄武岩及变辉斑玄武岩组成。向东至青林店—府君山一带为钙质千枚岩、含碳质千枚岩夹泥灰岩透镜体。本组在随州市六合湾厚 226 m，古城畈厚 349 m，青林冲—府君山一带厚度大于 290 m。本组只见古介形类 archaeocopida，其盛产于寒武纪，也见于奥陶纪。故其时代难于定论。据其层位暂定其时代为中、晚寒武世。

南津关组　O_1n　(42 - 0151)

【创名及原始定义】 系张文堂（1962）所创的“南津关石灰岩组”演变而来。创名地点在湖北宜昌南津关。原始定义：南津关石灰岩组和杨敬之、穆恩之的宜昌建造或穆恩之的宜昌层完全相当。因宜昌建造、宜昌统或宜昌系之间的关系容易混淆，所以这里用南津关石灰岩组比较合适。它基本上是石灰岩相，仅底部有少许页岩。由上而下包括 *Asaphopsis immanis* 带和 *Dactylocephalus dactyloides* 带。

【沿革】 该地层为李四光、赵亚曾（1924）“宜昌石灰岩”的上部，王钰（1938）“三游洞石灰岩”的顶部和分乡统，许杰、马振图（1948）“宜昌建造”的下、中部，杨敬之、穆恩之（1951、1954）“宜昌建造”和分乡页岩，张文堂（1962）和湖北省地质局三峡地层研究组（1978）所称南津关组和分乡组之和。

【现在定义】 指整合于娄山关组与红花园组之间的一套浅灰、灰色中至厚层状碳酸盐岩为主的地层序列，底部为生屑灰岩、灰岩，含三叶虫、腕足类等，下部为白云岩；中部为含燧石灰岩、鲕状灰岩、生屑灰岩，含三叶虫；上部为生屑灰岩夹黄绿色页岩，富含三叶虫、腕足类等。其底界以生屑灰岩的出现为标志。

【层型】 选层型为宜昌县黄花场两河口剖面（111°21′52″，30°51′54″；位于南津关北东约 13 km 处。湖北三峡地层组，1978，本书略有修改简化）。

上覆地层：**红花园组** 厚层状黑色灰岩夹少量极薄的黄色页岩。含头足类、海绵及腕足类碎片

——————— 整 合 ———————

南津关组

7. 黄、黄绿色页岩与灰色粗晶灰岩互层，上部以粗晶生物碎屑灰岩为主夹页岩，含三叶虫 *Psilocephalina* sp.，*Tungtzuella kueichouensis*；下部灰岩与页岩互层，含三叶虫 *Szechuanella granulata*，*Asaphopsis grandispinifer*，*A.* (?) *alata*，*Psilocephalina sinua-*

ta, *P. carinata*, *P. lubrica* mut. *transversa*, *Tungtzuella szechuanensis*, 瓣鳃类 *Cypricardinia parallelus* 16.02 m

6. 深灰色生物碎屑灰岩夹黄绿色页岩。含三叶虫 *Tungtzuella szechuanensis*, *Illaenus* sp.；腕足类 *Tritoechia recta*, *T. ornata*, *T. obesa*, *T. orbicularis*, *T. lianghekouensis*, *T. mucronatus*, *T. acutiratris*, *Punctolira orientalis*；三叶虫 *Psilocephalina sinuata*, *P. lubrica* 33.63 m
5. 灰至深灰色粗晶灰岩与鲕状灰岩互层，粗晶灰岩中含三叶虫等生物碎片，局部形成生物碎屑灰岩。鲕状灰岩之鲕粒一般 2 mm，椭圆至次圆形，核心清楚 37.62 m
4. 灰、浅灰或灰白色含燧石灰岩夹数层鲕状灰岩和由白云岩组成的同生砾岩 50.94 m
3. 灰白、略带微红色中—厚层状白云岩，下部有同生角砾岩，角砾较少，呈长条状 11.56 m
2. 灰白至灰褐色薄至中厚层状白云岩，致密，性脆而纯，微晶质，风化后呈明显的披麻状构造 17.98 m
1. 上部为灰白色假鲕状灰岩；中部为青灰色中—厚层状生物碎屑灰岩，粗晶质，单层厚 40～50 cm，富含三叶虫及腕足类；下部为 1.5 m 厚的灰、青灰色灰岩，厚层状，含有透镜状同生角砾岩。在中部采有 3 层化石：上部含介形类；中部含三叶虫 *Eucalymene* sp.；笔石 *Dictyonema flabelliforme yichangensis*, *Callograptus curvithecalis*；下部含三叶虫 *Dactylocephalus breviceps*, *Szechuanella szechuanensis*, *Asaphellus inflatus* 42.46 m

——————— 整　合 ———————

下伏地层：**娄山关组**　细晶白云岩，合燧石条带或燧石团块，偶夹少量页岩

【地质特征及区域变化】　本组在省境扬子地层区普遍发育，其岩性以碳酸盐岩为主，夹页岩或不夹页岩。省境西南部恩施—长阳一带以灰岩为主，从底部或下部至上部均夹页岩，接近贵州地区的桐梓组。至宜昌黄花场及其以北、以东的神农架、南漳、钟祥、京山及鄂东南咸宁、通山、崇阳等地，白云岩明显增多，页岩夹层只限于上部或顶部。至扬子地层区的北缘谷城粟谷庙、左家庙、保康铺湾及鄂东地区的大冶樟山、阳新石玉村等地，不夹页岩，全为灰岩、白云岩，接近宁镇地区的仑山组。本组底以生物碎屑灰岩与下伏娄山关组白云岩呈整合接触；顶以页岩与上覆红花园组粗晶生物碎屑灰岩呈整合接触。全组厚度变化较大，总的趋势南厚北薄，鄂西南、鄂西较发育，厚 255.3～94.1 m。北至省境扬子地层区北缘明显减薄，厚 34.4～8.0 m。省境东部亦由南向北明显减薄，厚 397.9～36.8 m。

本组底部和上部普遍含有较丰富的三叶虫、笔石和腕足类，从下至上含有丰富的牙形石，尚有头足类、介形虫等化石。其中三叶虫主要以 *Asaphellus inflatus*, *Dactylocephalus dactyloides*, *Asaphopsis immanis*, *Szechuanella szechuanensis*, *Tungtzuella szechuanensis* 等为代表；笔石为 *Dictyonema asiaticum*, *D. flabelliforme yichangensis*, *Callograptus curvithecalis*, *Dendrograptus yini*, *Acanthograptus sinensis*, *Adelograptus* sp. 等；牙形石以 *Cordylodus angulodus*, *Sanxiagnathus sanxiaensis*, *Acanthodus costalus*, *Glyptoconus quadraplicatus*, *Paltoeus deltifer pristinus*, *P. deltifer deltifer*, *Acodus hamulus*, *Drepanoistodus pitjanti*, *Triangulodus bicostatus* 等为代表。以上化石足以说明本组时代属于早奥陶世早期。

【其他】　关于分乡组与南津关组合并后究竟用南津关组一名，还是用分乡组一名。如按优先法则，分乡组创名在先（王钰，1938），南津关组一名在后（张文堂，1962），但本次根据中南几省协调意见采用南津关组。

红花园组　O_1h　（42－0152）

【创名及原始定义】 系张鸣韶、盛莘夫（1940）创名、刘之远（1948）介绍的"红花园石灰岩"演变而来。创名地点在贵州省桐梓县红花园。原始定义：红花园灰岩整合于桐梓层之上，露头于桐梓红花园附近，因此以红花园命名，其时代相当于北美加拿大期（Canadian）下部，岩性为灰色厚层灰岩，厚40米，含化石很丰富，有头足类：*Cameroceras hupehense*，海绵 *Archaeocyathus*（*Archaeocythia*）*chinliense*，*Calathium* ？*kueichowense* 等，时代为下奥陶纪。

【沿革】 杨敬之、穆恩之（1954）最早用于我省，将宜昌石灰岩（李四光等，1924）最上部含 *Cameroceras* 甚多的石灰岩分出，称红花园石灰岩，相当于计荣森（1940）、张文堂等（1957）所称之 *Cameroceras* 石灰岩，张文堂（1962）称红花园石灰岩组。嗣后，穆恩之等（1979）将黄花场剖面富含头足类、腕足类及海绵化石之灰黑色厚层灰岩称红花园组。从此以后，在岩性方面均循穆氏之见。

【现在定义】 整合于桐梓组（省境为南津关组）灰岩夹页岩或灰岩之上，湄潭组（省境为大湾组）页岩之下，由灰、深灰色中至厚层状夹薄层状微至粗晶灰岩、生物碎屑灰岩组成，常含燧石结核和透镜体，下部偶夹页岩，含丰富的头足类、海绵骨针及三叶虫、腕足类化石。

【层型】 正层型为贵州省桐梓县红花园剖面。省境次层型为神农架林区清泉乡后湾剖面（110°45′35″，31°43′10″；湖北区测队，1974）。

上覆地层：**大湾组** 灰色页岩夹砂质页岩

——————— 整　合 ———————

红花园组　　　　　　　　　　　　　　　　　　　　　　　　　　总厚度 26.13 m

7. 灰色薄层状含生物结晶灰岩，含黄铁矿，其中夹一层灰色页岩及透镜状灰岩。产笔石 *Azygograptus suecicus*，*Phyllograptus anna*，*Ph.* cf. *curvithecatus*；头足类 *Dideroceras endocylindricum*；三叶虫 *Megalaspides* sp.，*Isoteloides* sp.，*Psilocephalina* sp.；腕足类 *Mimella formosa*，*Sinorthis* cf. *typica*，*Euorthisina* cf. *moesta*　7.15 m

6. 灰色薄—厚层状鲕状灰色，含硅质结核，顶部为生物灰岩夹页岩，底部具一层页岩。产三叶虫 *Psilocephalina lubrica* mut. *transversa*，*P.* sp.，*Asaphellus* sp.，*Megalaspides* sp.　18.98 m

——————— 整　合 ———————

下伏地层：**南津关组** 灰色薄层状生物灰岩，缝合线发育，上部夹一层页岩

【地质特征及区域变化】 本组广泛分布于省境扬子地层区，岩性一般较单一而稳定，除大冶樟山一带下部以白云质灰岩、上部为灰岩夹鲕状灰岩外，其他地区与贵州桐梓地区基本一致，以深灰色至灰黑色厚层状灰岩及生物粗碎屑灰岩，富含头足类、海绵骨针为主要特征，偶见燧石及少许页岩或泥质条带灰岩。厚度以鄂东南一带较厚，51～170 m；其次鄂西南及长阳一带，厚41～83 m，鄂西峡区一带厚16～35 m，大巴山东端及大洪山一带最薄，厚7～28 m。本组与下伏南津关组、与上覆大湾组均呈整合接触。在鄂西南及鄂西峡区以及鄂东南地区，本组顶界面与 *Azygograptus suecicus* 带接触，但在大巴山东端房县、神农架及大洪山京山等地，它与 *Didymograptus deflexus* 带或 *D. protobifidus* 带的底界相一致。说明在省境的西南、东南向西北方向，红花园组顶界面的时限由高变低，本组顶界面为一穿时面。

本组除富含头足类、海绵骨针外，还有牙形石、腕足类、三叶虫等化石。其中头足类为：*Coreanoceras*，*Manchuroceras*，*Clitendoceras*，*Oderoceras*，*Chaohuceras*，*Recurvoceras*，*Hopeioceras*，*Kerkoceras*，*Teratoceras*，*Belemnoceras* 等属；海绵骨针有 *Archaeocyathus*（*Archaeo-*

cyphis) *chihiensis* 等；牙形石主要有：*Triangulodus bicostatus*，*Tropodus yichangensis*，*Acodus suberectus*，*Serratognathus* sp. 等。据上述化石，本组时代为早奥陶世。

大湾组　O_1d　(42－0153)

【创名及原始定义】　系张文堂等（1957）创名的"大湾层"演变而来。创名地点在宜昌县分乡场女娲庙大湾村。原始定义：大湾层（约 11m）灰绿色瘤状石灰岩为主，间夹有薄层秽绿色页岩多层，产腕足类、笔石、三叶虫等。与上覆扬子贝层、下伏 *Cameroceras* 石灰岩均呈整合接触。

【沿革】　张文堂（1962）将"大湾层"扩大而包括计荣森（1940）的"湄潭页岩"和李四光等（1924）的"扬子贝层"，称大湾组。此后一直为大家沿用。

【现在定义】　为一套富含腕足类、三叶虫、笔石等的泥质较高的碳酸盐岩地层，下部为灰、灰绿色薄至中厚层状泥质瘤状生物灰岩夹黄绿、灰绿色泥岩；中部为紫红、暗红色生屑灰岩、泥灰岩；上部为灰、灰绿色薄至中厚层状泥质瘤状生物灰岩夹泥岩。与上覆牯牛潭组中厚层状灰岩和下伏红花园组深灰色厚层状含头足类粗生屑灰岩均呈整合接触。

【层型】　因创名地的宜昌分乡场大湾村正层型出露不全，现选择离其约 2 km 的宜昌分乡场为次层型剖面（111°25′01″，30°54′56″；王钰、穆恩之，1957）。

上覆地层：**牯牛潭组**　灰紫色中厚层石灰岩，含角石 *Vaginoceras*

——————— 整　合 ———————

大湾组　　总厚度 30.49 m

18. 灰色、灰黄色薄层泥质瘤状灰岩，夹数层黑色页岩。上部含笔石 *Glyptograptus dentatus* 及腕足类等；下部含三叶虫碎片及腕足类等　4.21 m
17. 灰色薄层灰岩、泥质瘤状灰岩及黄绿色、秽绿色页岩互层，含 *Vaginoceras*，*Didymograptus* 的碎片　2.43 m
16. 黄绿色页岩夹数层灰色薄层泥质瘤状灰岩，页岩中结核甚多，含腕足类 *Yangtzeella* sp.，*Martellia* sp.，*Nereidella* sp.；笔石 *Glyptograptus sinodentatus minor*，*Trigonograptus ensiformis*，*Tetragraptus* sp.；三叶虫 *Pseudobasilicus pseudodawanicus*　2.5 m
15. 灰色薄层泥质瘤状石灰岩，灰色薄层石灰岩及黄绿色页岩互层，顶部页岩渐多，下部灰岩中产头足类，上部页岩中产下列三叶虫及笔石。三叶虫：*Pseudobasilicus pseudodawanicus*，*Ichangolithus ichangensis intermeditus*，*Niobe yangtzeensis*，*Hungioides mirus*，*Hammatocnemis primitivus*，*Eucalymene quadrata*，*Megalaspides similis*，*Ichangolithus ichangensis*；笔石：*Glyptograptus sinodentatus minor*，*Trigonograptus ensiformis*，*Tetragraptus* sp.，*Didymograptus* sp.　5.52 m
14. 紫红色厚层石灰岩，含 *Vaginoceras*，*Orthoceras* 等　3.9 m
13. 灰色瘤状石灰岩，含腕足类、腹足类碎片　1.08 m
12. 秽绿色粗硬页岩，含许多泥质结核，产腕足类 *Hemipronites* sp.，*Sinorthis* sp.；三叶虫 *Megalaspides similis*，*Eucalymene transversa*；笔石 *Azygograptus suecicus*，*Phyllograptus angustifolius*，*P. ilicifolius*，*P. anna*，*Didymograptus* cf. *nicholsoni*，*D. lofuensis*　0.86 m
11. 暗红色厚层泥质石灰岩，顶部为灰色瘤状石灰岩产腕足类、腹足类、头足类　1.75 m
10. 黄绿色页岩，底部为灰色瘤状石灰岩夹黄绿色泥质石灰岩。顶部页岩中产 *Hungioides mirus*，*Didymograptus* sp.；中部页岩中产 *Megalaspides similis*，*Tetragraptus amii*，*T. reclinatus*，*T. bigsbyi*，*T. serra*，*T.* sp.；下部页岩中产 *Megalaspides*

taningensis, *M. similis*, *Hungioides mirus*, *Ampyx abnormis*, *Azygograptus suecicus* 2.7 m

9. 灰色薄层瘤状泥质石灰岩，产海百合茎、海林檎类，腕足类 *Sinorthis* sp.，*Yangtzeella* sp.；笔石 *Phyllograptus* sp. 等 6.55 m

——————— 整 合 ———————

下伏地层：**红花园组** 灰色及深灰色块状石灰岩，富含 *Cameroceras* 及其它化石

【地质特征及区域变化】 本组广布省境扬子地层区，其岩性比较稳定。在鄂西峡区一带一般可分三部分：上、下部分为灰绿色瘤状灰岩夹页岩，但上部页岩往往较下部多，时为页岩夹瘤状灰岩；中部以紫红色夹灰绿色瘤状灰岩为主，偶夹薄层状灰岩。在区域上大湾组岩性一般可分上、下两部分，以所含页岩与灰岩比例的不同相区分。扬子地层区北部，本组砂质、泥质增多，如钟祥毛坪为灰绿、黄绿色页岩、粉砂质页岩，上部夹灰岩透镜体。本组厚度一般由南往北变薄，即在来凤—宣恩—崇阳一带厚 60～125 m；鄂西峡区厚 30～50 m；扬子地层区北缘神农架—南漳—京山—大冶—阳新一带厚 12～40 m。

本组生物化石特别丰富，其中以笔石、牙形石、头足类、腕足类和三叶虫等研究较详细。据汪啸风等(1983)研究，大湾组笔石从下而上建立四个笔石带：①*Didymograptus* cf. *deflexus* 带，②*Azygograptus suecicus* 带，③*Glyptograptus sinodentatus* 带，④*G. austrodentatus* 带。其中 1—2 带产于本组下部，3—4 带产于本组上部。据倪世钊等（1987）研究，本组牙形石从下而上建立四个牙形石带：①*Oepikodus evae* 带，②*Baltoniodus triangularis* 带，③*B. navis* - *Paroistodus parallelus* 带，④*P. orginalis* 带。其中 1—3 带产于本组下部，4 带产于本组中部；据赖才根、徐光洪(1987)研究，本组头足类从下而上建立 3 个带：①*Bathmoceras* 带，②*Protocycloceras deprati* 带，③*Protocycloceroides* - *Cochlioceroides* 组合带；腕足类以 *Yangtzeella*, *Sinorthis*, *Martellia*, *Leptella*, *Lepidorthis*, *Euorthisina* 等属特别繁盛，据曾庆銮（1987）研究从下至上建立 *Leptella* 带和 *Euorthisina* 带；三叶虫曾经卢衍豪（1975）研究有 37 个属种，后经项礼文、周天梅(1987)的进一步研究建立两个带；下部为 *Pseudocalymene cylindrica* 带，上部为 *Hanchungolithus* (*Ichangolithus*) 带。总之，综上所述，本组时代主要属早奥陶世阿仑尼格晚期（Arenigian）。

牯牛潭组 O_1g (42 - 0154)

【创名及原始定义】 系张文堂等（1957）所创建的"牯牛潭石灰岩"演变而来。创名地点在宜昌县分乡场牯牛潭。原始定义：牯牛潭石灰岩，厚约 23m，灰色泥质干裂纹石灰岩，夹灰黄色泥质瘤状石灰岩，产 *Vaginoceras* 及一些较大的头足类化石，与上覆庙坡页岩和下伏扬子贝层秽绿色页岩夹瘤状石灰岩均呈整合接触。

【沿革】 自张文堂等（1957）创名以来，除卢衍豪等（1976）、湖北三峡地层组(1978)和张建华等(1992)等将牯牛潭组上部含 *Eoplacognathus foliaceus*, *Birmanites hupeiensis* 等化石的含泥质的灰岩划入庙坡组外，其他人均沿用张氏等创名的原牯牛潭石灰岩含义。本次清理采用牯牛潭组，其含义同张氏原义。

【现在定义】 指整合于大湾组和庙坡组之间的一套青灰、灰色及紫灰色薄至中厚层状灰岩与瘤状泥质灰岩互层，富含头足类和三叶虫等化石的地层序列，均以页岩（泥岩）的结束或出现作为划分其底、顶界线的标志。区域上，当无庙坡组时，则与上覆宝塔组的龟裂纹灰岩呈整合接触。

【层型】 正层型为宜昌县分乡蚕场至分乡中学剖面（111°25′01″，30°54′56″)。湖北三峡地层组（1978）重测，本书引用时略有修正，将原剖面牯牛潭组与上覆庙坡组之分界由第4—5层间，上移至第6—7层间。

上覆地层：**庙坡组** 棕黄色页岩，层理很好。含笔石及三叶虫

——————— 整 合 ———————

牯牛潭组 总厚度 18.58 m

6. 上部为灰黑色含沥青灰岩，下部为棕黄色泥岩（或页岩）含透镜状灰岩 0.45 m
5. 黑色中厚层状微晶质石灰岩。在灰岩中含锰矿透镜体。含三叶虫 *Lonchodomas agilis*，*Cekovia* sp.，及头足类 0.60 m
4. 灰、微红色灰岩与泥质瘤状灰岩互层。含角石 *Sinoceras yichangense*，*S. chinens*，*Vaginoceras* cf. *grabaui*，*V.* sp.，*Lituites* sp.，*Michelinoceras formosa*，*Dideroceras dayongense*，*D. hupeiense* 10.27 m
3. 底部为青灰色石灰岩，厚约20cm，向上为微红色，淡棕红色中厚层状灰岩，含少量泥质。含角石 *Dideroceras mui*，*D. wahlenbergi*，*Vaginoceras fenxiangensis*，*Chisiloceras neichanense*，*Stereospyroceras* ? sp. 7.26 m

——————— 整 合 ———————

下伏地层：**大湾组**

2. 黄绿色、灰绿色中厚层瘤状灰岩夹页岩。含头足类及腕足类化石

【地质特征及区域变化】 本组岩性在鄂西、鄂西南一带比较稳定，一般为青灰、灰、浅紫及黄绿色薄至中厚层状泥晶灰岩，常具瘤状构造。富含头足类化石。厚14.7～22.5 m；在神农架周缘，本组中夹少量页岩，一般厚12～30 m；在宜城县扁山至观山一带夹含锰灰岩，厚达65 m；其他地区岩性变化不大。房县薛家坪及钟祥县冷水铺以北，厚仅4 m。

本组化石中以头足类最为丰富，其次有牙形石、腕足类和三叶虫等。其中，头足类以 *Dideroceras wahlenbergi* 为代表产于本组下部，与下伏大湾组关系密切；上部以 *Ancistroceras* 和 *Paradnatoceras* 为代表。据倪世钊等(1983)研究，牙形石可建立上部 *Eoplacognathus foliaceus* 带，下部 *Amorphognathus variabilis* 带；腕足类有 *Yangtzeella*，*Nereidella*，*Skenidioides* 等属；三叶虫有 *Remopleurides*，*Nileus*，*Illaenus*，*Asaphus*，*Megalaspides*，*Birmanites*，*Lonchodomas* 等属群。根据以上化石研究结果，本组时代归属有两种意见：其一以张文堂等（1982）和曾庆銮等（1987）为代表的将其全部归于早奥陶世；其二以卢衍豪等（1976）和张建桥、陈均远（1992）为代表，将其顶部产 *Eoplacognathus foliaceus*，*Birmanites hupeiensis*，*Nileus convergens* 的层位划入中奥陶世，成为明显穿时的岩石地层。

庙坡组 O_2m (42-0155)

【创名及原始定义】 系张文堂等（1957）创建的“庙坡页岩”演变而来。创名地点在宜昌县分乡场庙坡。原始定义：庙坡页岩（厚约1.5m)，位于牯牛潭石灰岩和宝塔石灰岩之间，主要以黑色泥质页岩为主，顶部有黄色页岩。产 *Glyptograptus*，*Climacograptus*，*Lonchodomas*，*Birmanites*，*Remopleurides*，*Telephina*，*Illaenus*，*Nileus transversus*，*Ptychopyge*，*Ampyx*，*Hemicosmites* 及介形类 *Euprimitia sinensis* 等。

【沿革】 张文堂（1962）称庙坡页岩组，湖北区测队（1970）称庙坡组，除卢衍豪等（1976）、湖北三峡地层组（1978）和张建华等（1992）将庙坡组的下界扩至牯牛潭组顶部灰

岩内之外，其他人均沿用张文堂等（1957）创建的庙坡页岩涵义，即以页岩的出现和消失为其底、顶界线，称庙坡组。

【现在定义】 指整合于牯牛潭组和宝塔组两套碳酸盐岩地层体之间的一套黑色钙质泥岩和黄绿色页岩夹灰岩或灰岩透镜体。富含笔石，亦有三叶虫、头足类等化石。它与上、下地层的岩性界线明显，即以泥岩（页岩）的出现和消失为其底、顶界。

【层型】 正层型为宜昌县分乡蚕场至分乡中学剖面（111°25′01″，30°54′56″）。湖北三峡地层组（1978）重测，本书引用时略有修正，将庙坡组与下伏牯牛潭组之分界由原划第4—5层间，上移至第6—7层间。

上覆地层：**宝塔组** 浅紫红色中—厚层状龟裂纹灰岩，上部夹有较多瘤状灰岩。含三叶虫、角石、介形类

——————整 合——————

庙坡组 总厚度 1.79 m

9. 上部为黄、棕黄色硅质页岩，下部为黄色页岩夹疙瘩状灰岩，含介形虫 *Euprimitia sinensis*，*Primitia* sp.，*Aparchites* ? sp.，*Bythocypris* ? sp. 0.19 m

8. 灰黑色页岩，风化后呈咖啡色，化石丰富。上部含三叶虫 *Ampyx obnormis*，*Illaenus apricus*，*I.* cf. *punctulosus*，*I. nodosus*，*Stenopareia miaopoensis*，*Pseudoasaphus limatus*，*Hammatocnemis* sp.，*Birmanites yantzeensis*，*B. hupeiensis*，*B. politus*，*Miaopopsis whittardi*，*Spinillaenus sinensis*，*Lonchodomos agilis*，*Reedocalymane expansa*，*R. biconcavus*，*Nileus petilus*，*Telephina angulata*，*T.* sp.，*Platyptychopyge quadrata*，*Remopleurides* cf. *latus*；笔石 *Pseudoclimacograptus longus*，*P. demittolabiosus*，*Climacograptus* sp.，*C. antiquus lineatus*，*Lasiograptus* sp.，*L. costatus*，*Prolasiograptus spinatus*，*Orthograptus caloaratus*，*O. whitfieldi*，*O.* sp.，*Nemagraptus* (?) sp.，*Dicellograptus sextans*，*Glyptograptus* sp.，*G. teretiusculus*，*G. eyglyphys*；角石 *Michelinoceras* sp.；腕足类 *Aegiromena* sp.，*Skenidioides* sp.，*Pseudoanisopeurella aletheta*，*Taphrorthis pecularis*，*T. fenxiangensis*；腹足类 *Ecculiomphalus* sp. 0.60 m

7. 棕黄色页岩，层理很好。含笔石及三叶虫 1 m

——————整 合——————

下伏地层：**牯牛潭组** 上部为灰黑色含沥青灰岩，下部为棕黄色泥岩（或页岩）含透镜状灰岩

【地质特征及区域变化】 庙坡组是一个比较特殊的地层单位，其岩性以页岩为主夹薄层灰岩或灰岩透镜体，易与上、下灰岩地层区别。厚度小，由几厘米至几米，一般不足5 m。虽然广布于省境扬子地层区的鄂西、神农架和大洪山等地区，但不稳定，时现时灭。一般厚0～4.7 m，最大厚31 m。鄂西峡东地区虽相对比较稳定，秭归新滩、五峰渔洋关、宜都茶园寺等地厚2～3 m，但亦多处缺失；神农架地区除清泉后湾厚达31 m外，其余所见仅厚0.20 m或缺失；大洪山地区钟祥—京山一带厚1～4.7 m，多处缺失。至于鄂东南、鄂西南与湘、川接壤一带，则均未出露。

本组富产笔石、三叶虫、介形虫以及腕足类、头足类、牙形石等化石。其中笔石可分上、下两个带：上部为 *Nemagraptus gracilis* 带，下部为 *Glyptograptus teretiusculus* 带。三叶虫主要为 *Birmanites*，*Nileus*，*Telephina*，*Lonchodomas*，*Atractpyge*，*Tangyaia*，*Illaenus*，*Reedocalymane*，*Bumatus* 等。牙形石由下而上可建三个带：(1) *Pygodus serra* 带，(2) *P. anserinus* 带，

(3) *Prioniodus alobatus* 带。头足类以 *Lituites*，*Cyclolituites* 等为代表。从以上化石看，本组属于中奥陶世早期。

宝塔组 $O_{2-3}b$ （42－0156）

【创名及原始定义】 系李四光等（1924）所创名的“宝塔石灰岩”直接引伸而来，这是我国唯一用化石形态特征创名的一个地层单位名称。创名地点在秭归新滩龙马溪雷家山（曾误称艾家山）。原始定义：“宝塔石灰岩：一种致密灰色石灰岩，几米厚，以含多量巨大直角石即 *Orthoceras sinensis* 个体为特征。”

【沿革】 杨敬之、穆恩之（1954）将宝塔石灰岩限于含 *Sinoceras chinense* 的石灰岩（厚13 m），张文堂等（1957）将杨、穆二氏艾家山建造顶部厚 5 m 含 *Glytograptus teretiusculus* 带的黑色页岩分出创名庙坡页岩，遂将宝塔石灰岩含义限于庙坡页岩与临湘石灰岩之间含 *Sinoceras* 的青灰色泥质薄层灰岩和暗紫色干裂纹石灰岩。此后，大家基本承袭这一意见，只是改称为宝塔组而已。本次清理，基于区域上宝塔组与其上覆临湘组岩性相似，故将二者合并称宝塔组，恢复李四光等（1924）宝塔石灰岩原义，并包括通山南部地区的砚瓦山组。

【现在定义】 指整合于庙坡组黑色页岩之上、龙马溪组黑色硅质页岩之下的一套含头足类、三叶虫等化石，上部以灰绿色泥质瘤状灰岩为主，下部以中厚层、厚层状紫红、灰绿色“龟裂纹”灰岩为主，夹薄层状泥质灰岩的地层序列。

【层型】 创名时未测剖面。现于创名地附近选择“秭归新滩龙马溪下滩头沿江剖面”（110°49′02″，30°56′00″）为选层型。湖北三峡地层组（1978）测制，本书引用时，将其原剖面之临湘组第 20 层并入，统称宝塔组，且将“五峰组”改称龙马溪组。

上覆地层：**龙马溪组** 黑色板状硅质页岩夹黑色薄板状燧石层及黑色碳质页岩。含笔石

—————— 整 合 ——————

宝塔组 总厚度 22.67m

20. 灰带黄绿色中厚层瘤状泥质灰岩，夹一层厚仅数厘米的页岩，灰岩单层厚 20cm 左右，风化后呈疙瘩状。含三叶虫 *Trigoncekovia formicatus*，*Girvanagnostus sinensis*，*Nankinolithus* sp.，*Hammatocnemis decorosus*，*Cyclopyge* sp.，*Zbirovia hubeiensis*；角石 *Suecoceros* ? *taoyanense* 3.41 m
19. 灰及青灰或略带灰绿色中厚层瘤状泥质灰岩，局部具有龟裂纹，含生物碎屑。含三叶虫 *Paraceraurus* sp.，*Asaphus* sp.，*Lonchodomas* sp.，*Cekovia* sp.，*Hammatocnemis decorosus*，*H.* sp.，*Remopleurides* sp.，*Nileus rugosus*，*Amphytrion catinus* 8.40 m
18. 紫红色中厚层龟裂纹灰岩与灰带灰绿色中—薄层瘤状灰岩互层。上部含三叶虫 *Paraphillipsinella globosa*，*Hammatocnemis ovatus*，*H. yangtzeensis*，*Birmanites* sp.，*Parisoceraurus rectangulus*；*Geragnostus furcatus*，*Cekovia elevatus*，*Isbergia* sp.；角石 *Sinoceras chinense*，*S. eccentrica*；*Michelinoceras sanxianense*；腕足类 *Tetraodntella* ? sp.；腹足类 *Opisthonema* sp. 5.43 m
17. 紫红色龟裂纹灰岩。含角石 *Sinoceras chinense*；三叶虫 *Quyuania ziquiensis*，*Paraphillipsinella globosa*，*P. pterphora*，*Hammatocnemis ovatus*，*H. yangtzeensis*，*Geragnostus furcatus*，*Isbergia dactyla*，*Remopleuriodes* sp.，*Paraceraurus* sp.；腹足类 *Pararaphistoma* cf. *qualteriatum*，*Cyclora luminosa*，*Turritoma* sp.，*Bellerophontidae*；下部含腹足类 *Opisthonema* sp.，*Holopea* sp.；腕足类 *Agastapleura aonina* 5.43 m

—————— 整 合 ——————

下伏地层：**庙坡组** 灰褐色页岩夹较多的灰岩结核。含笔石

【地质特征及区域变化】 本组广布于省境扬子地层区。岩性较稳定，一般可分三部分：下部以浅紫红色或灰紫色龟裂纹灰岩为主，间夹中—薄层瘤状灰岩，以产头足类 *Sinoceras chinense* 等为其特点；中部为灰、青灰色或黄绿色略带紫红色中—厚层瘤状灰岩，具不明显的龟裂纹构造；上部为灰、深灰色或带绿色瘤状泥质灰岩夹少许页岩，风化后往往呈土黄色，酷似泥岩。在钟祥马家湾一带和崇阳黄马冲等地为白云质灰岩。本组与下伏庙坡组和上覆龙马溪组的黑色页岩均呈整合接触，岩性界线明显。在区域上，当无庙坡组存在时，本组底部以较纯的龟裂纹灰岩与下伏牯牛潭组泥质较高的瘤状灰岩分界，为整合接触。全组厚度除鄂东南一带可达 50～60 m 外，其他地区一般 20～40 m。

本组含有丰富的头足类，以及牙形石、三叶虫、腕足类和介形虫等化石。其中头足类以 *Sinoceras chinense* 以及 *Elongaticeras*、*Eosomichelinoceras*、*Dongkaloceras* 等为主要特色；牙形石以 *Hamarodus europaeus*，*Protopanderodus insculptus* 为代表；三叶虫主要产于本组中、上部，中部以 *Paraphillipsinella globosa* 为代表，上部以 *Nankinolithus* 为代表。综合上述化石特征，本组时代为中—晚奥陶世，是一穿时较长的岩石地层单位。

龙马溪组 O_3S_1l （42－0157）

【创名及原始定义】 系李四光、赵亚曾（1924）所创建的“龙马页岩”演变而来。创名地点在秭归县新滩龙马溪。原始定义：“龙马页岩是黑色带些沥青质页岩，比上覆新滩页岩要硬得多，含大量剑笔石、栅笔石、单笔石，和少量零星的直角石在一起。黑色页岩的厚度不超过 32 米，但它向上消失于巧克力色的风化黑蓝色页岩中。……不知道是否应将这层黑蓝色页岩包括在龙马页岩中，……有待于它含笔石性质的进一步证明。无论如何，龙马页岩总厚度不会超过 200m。”“龙马页岩为早期蓝多维列世（Llandovery，早志留世早期）。”

【沿革】 谢家荣、赵亚曾（1925）研究宜昌罗惹坪剖面时，将龙马页岩顶界扩大至 400 m 厚处，包括了其上 393 m 厚的非黑色页岩（为灰绿色、黄绿色、黄色页岩）。再其上地层划分为罗惹坪系和纱帽山层。嗣后，孙云铸（1931）根据谢家荣、刘季辰从五峰渔洋关所采回的笔石标本经鉴定有英国晚奥陶世 Ashgillian 的 *Dicellograptus anceps* 带的组成分子，创建了“五峰页岩”，归属于早志留世“龙马页岩”的最下部层位，成为我国南方奥陶—志留纪地层界线划分争论的焦点。鉴于“五峰组”为由笔石化石所建立的非岩石地层单位，本次建议取消。恢复李四光、赵亚曾（1924）“龙马页岩”涵义，采用尹赞勋（1943）龙马溪页岩（龙马溪组）一名。

【现在定义】 指整合于宝塔组泥质瘤状灰岩之上，新滩组黄绿色页岩之下的一套富含笔石的黑色页岩、碳质页岩、硅质岩、碳质硅质页岩，夹泥灰岩或硅质灰岩透镜体（观音桥层），含腕足类和三叶虫化石。在区域上往往被风化呈淡红色至褐紫色、紫灰色。现在定义的龙马溪组包括我省 50 年代至 90 年代初俗称的五峰组及龙马溪组（包括高家边组）底部黑色页岩之和。

【层型】 该组创名时未测制剖面，现以创名地点的秭归新滩龙马溪村边剖面（110°49′16″，30°56′17″）为选层型。详见湖北三峡地层组（1978）《峡东地区震旦纪至二叠纪地层古生物》，第 51 页第 1—3 层及其上覆地层（仍未测至顶界）。如果三峡水电工程竣工后，新滩龙马溪剖面将被淹没，可选择同上作者所测制的宜昌分乡水文站剖面第 2、3 层接宜昌分乡剖面第 2、3 层为其新层型剖面（111°25′01″、30°54′56″）。本组次层型为神农架林区清泉后湾至两河口剖面（110°45′35″，31°43′10″；湖北区测队，1974，1∶20 万神农架幅）。

上覆地层：**新滩组** 浅灰色粉砂质页岩，局部夹砂质结核，产笔石

——————— 整 合 ———————

龙马溪组 总厚度 198.58 m

6. 黑色页岩，下部夹数层细砂岩。产笔石 *Pristiograptus atavus*，*P. hisingeri* 98.84 m

5. 黑色板状含粉砂质页岩夹薄层状粉砂岩、细砂岩及两层灰黑色细粒白云岩。产笔石 *Pristiograptus changyangensis*，*P. hisingeri*，*P. concinnus*，*P.* cf. *argutus*，*Petalolithus altissimus*，*P. palmeus*，*Monograptus priodon*，*Oktavites* ? *circularis*，*Spirograptus terreculatus* var. *dimorpha*，*Rastrites* cf. *longispinus*，*R. hybridus*，*Demirastrites triangulatus* 50.62 m

4. 黑色薄层状板岩类硅化页岩。产笔石 *Streptograptus clingeni*，*Cephalograptus tubulariformis*，*Glyptograptus lungmaensis*，*Orthograptus vesiculosus*，*Diplograptus* sp.，*Climacograptus yangtzeensis*，*C. normalis*，*Pristiograptus incommodus*，*P. kueichihensis* 29.98 m

3. 黑色板状含碳质粉砂质页岩夹少量砂质结核。产笔石 *Pristiograptus argutus*，*P.* cf. *incommodus*，*P. kueichihensis*，*P. acinaces*，*Monograptus* cf. *clingani*，*Climacograptus yangtzeensis*，*Demirastrites* cf. *triangulatus*，*Rastrites hybridus*，*Petalolithus minor*，*Glyptograptus* cf. *persculptus*，*Orthograptus* cf. *mutabilis* 2.62 m

2. 黑色薄层状硅质岩及硅质页岩夹灰色页岩、砂质页岩，顶部具一层 0.1 m 的硅质泥灰岩。产笔石 *Dicellograptus* cf. *excavatus*，*D.* sp.，*Climacograptus suni*，*C.* cf. *sepernus*，*Orthograptus fastigatus* var. *maxima*，*O.* cf. *amplexicaulis*，*O.* aff. *truncatus abbroviatus* 16.52 m

——————— 整 合 ———————

下伏地层：**宝塔组** 褐黄色薄层瘤状泥灰岩。产三叶虫

【地质特征及区域变化】 本组广布省境上、下扬子地层分区和江南地层分区。一般以黑色、灰黑色页岩、碳质页岩、硅质岩和硅质页岩，富含笔石为主要特征。在鄂西峡东地区及神农架清泉、保康城关、南漳车家沟、李庙邹家湾等地，本组上、下部以黑色页岩、碳质页岩、硅质页岩、硅质岩为主，下部硅质岩比上部多，而上部碳质、粉砂质、砂质成分较下部多；中部为一层很薄的 0.1～0.3 m 的深灰色硅质灰岩或棕黄色泥质灰岩，富含 *Dalmanitina* 和 *Hirnantia*，即所谓的"观音桥层"（张鸣韶、盛莘夫，1958；卢衍豪，1959）或观音桥组（张文堂，1964；傅昆，1982）或观音桥段（盛莘夫，1974；曾庆銮等，1983），本次统一为观音桥层。总之，省境龙马溪组的岩性较稳定，且特殊。全组厚度以神农架清泉最厚，达 198 m。其次，通山留咀桥厚 180 m，其他地区一般厚 10 余米至 50 余米。

本组化石以富含笔石为主要特征，研究者甚多。据近年来汪啸风（1987）对宜昌地区的研究，本组从下至上共建立了 12 个笔石带：①*Dicellograptus szechuanensis* 带，②*Tangyagraptus typicus* 带，③*Paraorthograptus* - *Diceratograptus mirus* 带，④*Diplograptus bohemicus* 带，⑤*Glyptograptus persculptus* 带，⑥*Parakidograptus acuminatus* 带，⑦*Orthograptus vesiculosus* 带，⑧*Lagarograptus acinaces* 带，⑨*Coronograptus cyphus* 带，⑩*Demirastrites triangulatus* 带，⑪*Diplograptus magnus* - *D. thuringiacus* 带，⑫*Pernerograptus argenteus* 带。其中 1—4 带属于晚奥陶世，5—12 带为早志留世。故本组时代为晚奥陶世—早志留世，是一穿时较长的岩石地层单位。但往往在同一条剖面中很少完全发现这些带化石。一般把观音桥层的 *Hirnantia* 动

物群和 *Dalmanitina* 动物群视为划分奥陶纪与志留纪的界线标准。故在出露观音桥层的情况下是比较容易分划的。

留咀桥组　O_1l　(42-0161)

【创名及原始定义】　系湖北区测队(1966)创名。创名地点在通山县杨林留咀桥。原始定义：指连续沉积于上寒武统与宁国组之间的一套地层序列。其岩性可分为两段：下段下部为深灰色薄层状含泥质白云质灰岩，风化后似泥岩，夹薄层状泥质条带灰岩及灰岩小扁豆体，富产化石；上部深灰色页岩夹灰岩小扁豆体及薄层状白云质灰岩。上段为灰绿色页岩夹灰岩扁豆体，近顶部有一层浅灰色含白云质灰岩。总厚 444～809 m。

【沿革】　该套地层曾被湖北区测队(1976)和湖北第四地质大队(1990)改称为“印渚埠组”。汪啸风(1982)及《湖北省区域地质志》(1990)引用留咀桥组。本次清理，仍称留咀桥组。

【现在定义】　系指西阳山组与宁国组之间的一套连续沉积地层，可分上、下两段：上段为灰、灰绿色页岩、千枚状页岩为主，偶夹灰岩扁豆体，顶部有一层含白云质灰岩与宁国组页岩分界；下段以泥质条带状灰岩、白云质灰岩与页岩呈不等厚互层，与下伏西阳山组的厚—巨厚层细粒灰岩分界明显。含三叶虫化石。

【层型】　正层型为通山县杨林留咀桥剖面(114°47′08″、29°25′48″；湖北区测队，1966，略有修正)。

上覆地层：**宁国组**　深灰色页岩

——————— 整　合 ———————

留咀桥组	总厚度 486.86 m
上段	厚度 218.31 m
32. 浅灰白色厚—巨厚层状条带状含白云质灰岩	1.76 m
31. 浅灰绿色千枚状含磷页岩夹粉砂质条带及薄层状灰岩，页岩中含灰岩扁豆体	6.31 m
30. 灰绿、浅灰绿色页岩，中上部偶含灰岩扁豆体，含三叶虫 *Asaphopsis* sp.，*Niobella* sp.	186.15 m
29. 浅灰绿色粉砂质绢云母千枚状页岩	24.09 m
下段	厚度 268.55 m
28. 灰、黄灰色中—厚层状含泥质条带细粒灰岩夹少量含灰岩扁豆体千枚状页岩	5.56 m
27. 灰、黄灰色绢云母千枚状页岩	15.11 m
26. 灰、浅灰色中—厚层状不等粒白云质灰岩、泥质条带白云质灰岩夹黄色含钙质绢云母千枚状页岩	33.46 m
25. 灰、深灰色粘土页岩，上部含灰岩扁豆体	36.25 m
24. 灰、深灰色中薄层条带状白云质灰岩	13.41 m
23. 灰、深灰色薄层状含钙质水云母页岩夹灰白色不等粒结晶灰岩及白云质泥质条带灰岩	48.64 m
22. 掩盖	33.66 m
21. 深灰、灰黑色含泥质白云质灰岩夹泥质条带灰岩，风化后像泥质岩石，并显虫迹状特征。含三叶虫 *Niobella* sp.，*Psilocephalina* sp. 等	29.80 m
20. 深灰—灰黑色中薄层状含白云质泥质条带灰岩	21.32 m
19. 灰、深灰色中薄层条带状泥(或粉砂)质白云质细粒灰岩	31.34 m

——————— 整　合 ———————

下伏地层：**西阳山组**　灰、深灰色巨厚层状细粒灰岩

【地质特征及区域变化】　本组仅分布于省境江南地层分区崇阳—通山南部一带。岩性特征如上述定义所述。本组厚度由西向东明显变薄，如崇阳黄马冲厚 802 m，东至通山留咀桥则厚 486 m。

本组化石以三叶虫为主，亦有笔石。本组下段三叶虫有：*Asapheluschangi*，*Dactylocephalus dactyloides*，*Szechuanella szechuanensis*，*Niobella chui*，*Euloma changshanense*，*Ceratopyge elongata* 等，笔石　*Callograptus carvithecalis*，*Dictyonema* sp. 等。上段产三叶虫 *Asaphopsis* sp.，*Niobella* sp. 等。据上述化石本组时代为早奥陶世。

宁国组　O_1ng　（42－0162）

【创名及原始定义】　系许杰（1934）所创名的"宁国页岩"演变而来。创名地点在安徽省宁国县胡乐镇皇墓至烂泥坞附近。原始定义：富含钙质页岩（谭家桥组）之上为宁国页岩。其岩性为呈各种颜色之泥质页岩（下部作绿色，中部暗蓝色，顶部棕黄色），厚约 110 m，富含笔石。此层之上为淡黄色柔软之泥质页岩，厚 31 m，富含笔石。

【沿革】　该地层湖北区测队（1966、1976）曾分称"宁国组"和"胡乐组"。刘永耀等（1984）新创的"大埂组"和"胡乐组"。本次清理，鉴于上述划分之两单位地层沉积连续，其岩性又无法区分，本地区又无标准地区的胡乐组岩性（黑色硅质岩系），故统称宁国组。

【现在定义】　指分别整合于印渚埠组钙质泥（页）岩（省境为留咀桥组）与胡乐组硅质页岩（省境为宝塔组）之间富产笔石的灰绿、暗蓝、灰黑色页岩（泥岩）。底与印渚埠组以钙质泥岩结束、黄绿、灰黑色页岩出现为界；顶与胡乐组以硅质页岩出现为界，均呈整合接触。

【层型】　正层型剖面在安徽省宁国县胡乐镇皇墓至滥泥坞。省境由于出露不好，分布范围也小，目前还未有一条完整的剖面可供参考，故将有底无顶的通山大埂剖面和有顶无底的崇阳姜田畈剖面为参考剖面。

A）崇阳姜田畈剖面（113°55′00″，29°25′45″；湖北区测队，1976）。

上覆地层：**宝塔组**　紫红色厚层状泥质瘤状灰岩

——————　整　合　——————

宁国组

5. 黄绿色粉砂质页岩，夹紫色粉砂质页岩。产腕足类及三叶虫化石（未鉴定）　10.98 m
4. 黄绿色似条带状粉砂质页岩。产三叶虫 *Ampyx* sp.　8.90 m
3. 黄绿色、灰绿色粉砂质页岩。产三叶虫 *Ampyx* sp.，*Eucalymene* sp.　6.01 m
2. 灰绿色粉砂质页岩，夹黄绿色砂质页岩。产三叶虫 *Ampyx yii*，*Niobella* ? sp.；笔石 *Dictyonema asiaticum*，*Didymograptus* sp.，*Nicholsonograptus* sp.　3.31 m
1. 黄绿色粉砂质页岩（未见底）

B）通山大埂剖面（114°31′13″，29°25′56″；湖北区测队，1966）。

宁国组

2. 深灰、灰色薄层板状含粉砂质条带粘土岩。产笔石 *Azygograptus suecicus*，*Didymograptus nanus*，*D. bifidus*，*Glossograptus acanthus*，*Climacograptus* cf. *proaritus*，*Phyllograptus ilicifolius*，*Tetragraptus* sp.，*Nicholsonograptus* sp.（未见顶）　69.00 m

——————— 整　合 ———————

下伏地层：**留咀桥组**　浅灰白色泥质、白云质条带状灰岩

【地质特征及区域变化】　本组分布与留咀桥组一致，由深灰色至黄绿色页岩、粉砂质页岩组成，含笔石和三叶虫化石，与下伏留咀桥组顶部的泥质条带白云质灰岩和上覆宝塔组底部的泥质瘤状灰岩均呈整合接触。由于出露不佳，厚度约 70～90 m。本组上部以产：*Ampyx* sp.，*A. yii*，*Eucalymene* sp.，*Dictyonema asiaticum*，*Didymograptus* sp. 等为主；下部以产 *Azygograptus suecicus*，*Didymograptus nanus*，*D. bifidus*，*Tetragraptus* sp. 等为主。说明本组时代大体为早奥陶世中晚期。

黄泥岗组　O_3h　(42-0164)

【创名及原始定义】　由卢衍豪等（1963）创名，创名地点在浙江省江山市黄泥岗村。原始定义：在江山、常山一带砚瓦山石灰岩之上常有紫红色石灰质页岩一层，其中亦夹黄色页岩。厚达 45 米，富产介壳相化石三叶虫 *Nankinolithus nankinensis* 等及介形类。层位与南京汤头层、湖北三峡及湖南北部临湘石灰岩相当。

【沿革】　省境黄泥岗组首先由湖北省区测队（1966）引用于通山县南部地区。刘永耀等（1984）改用"临湘组"。本次清理恢复使用黄泥岗组。

【现在定义】　岩性为灰绿色局部紫红色含钙质结核泥岩，局部夹瘤状泥灰岩。含三叶虫和头足类化石。以含钙质结核泥岩与下伏砚瓦山组瘤状灰岩（省境为宝塔组白云质灰岩）、与上覆长坞组泥岩、粉砂质泥岩、粉砂岩（省境为龙马溪组碳质页岩）均呈整合接触。

【层型】　选层型为浙江省江山市夏坞黄泥岗剖面。省境次层型为通山县西坑剖面（114°47′30″，29°25′48″；湖北区测队，1966）。

上覆地层：**龙马溪组**　灰黑、黑色中、薄层状碳质页岩。产笔石

——————— 整　合 ———————

黄泥岗组　　　　总厚度 9.68 m

5. 灰、黄灰色中—薄层状页岩，上部含碳质。产 *Dicellograptus complanatus ornatus*　　1.80 m

4. 浅灰、灰色页岩，中及底部夹含锰质页岩及含磷锰质白云质灰岩。产 *Nankinolithus* sp.　　7.88 m

——————— 整　合 ———————

下伏地层：**宝塔组**　灰色厚—巨厚层条带状白云质灰岩

【地质特征及区域变化】　本组只分布于省境江南地层分区的通山南部一带，以浅灰、黄灰、灰色页岩为主。下部含透镜状含磷锰质白云质灰岩。由东向西粉砂质成分增多，如西部芭蕉湾本组顶部和下部为粉砂岩，中、上部为粘土质页岩。厚度由东向西变薄，西坑厚 9.68m，东至芭蕉湾厚约 5m。本组下部产三叶虫 *Nankinolithus*，*Hammatocnemis*；上部产笔石 *Dicellograptus complanatus ornatus*，*Climacograptus latus* 等。据以上化石，本组时代为晚奥陶世。

高桥组　O_1gq　(42-0170)

【创名及原始定义】　徐宝政（1977）① 创名。创名地点在陕西省紫阳县高桥乡的观音坝。陕西地层表编写组（1983）介绍。。原始定义：代表早奥陶世早期的沉积：上部为泥质岩夹少

① 徐宝政，1977，东秦岭南坡奥陶纪几个地层剖面的划分和对比，秦岭区测，第 1 期（内刊）。

量泥质灰岩，含以笔石为主及三叶虫等化石；下部为泥岩与泥质灰岩互层，含钙质较多，动物群以三叶虫和树形笔石为主。

【沿革】 省境这套地层以往泛称奥陶系，本次清理引用陕西省创名的高桥组。

【现在定义】 以灰、灰黑色板岩（局部含碳）、钙质板岩为主，夹薄层或条带状泥质灰岩。含笔石。与下伏黑水河组角砾状灰岩和上覆权河口组砂岩、黑色碳质板岩均为整合接触。

【层型】 正层型为陕西省紫阳县高桥观音坝—权河口剖面，省境目前无参考剖面。

【地质特征及区域变化】 本组由陕西省镇坪县向东延入我省竹溪县丰溪一带。为一套轻微变质的泥质板岩、钙质板岩为主，夹硅质页岩，少量泥灰岩。本组厚度不详，底界以纹层状或串珠状泥质条纹状灰岩（风化后为土黄色）与下伏黑水河组分界；顶界以出现权河口组的灰色砂岩为上界。省境本组尚未获得化石，但据邻省区（陕西平利）于本组有三叶虫：*Hysterolenus* sp.，*Niobella ziyangensis*，*Geragnostus* sp.；笔石：*Dictyonema murragi*，*D. quadrangulare*，*Clonograptus* sp.，*Tetragraptus quadribrachiatus* 及腕足类和海百合茎等化石。故本组时代大体为早奥陶世。

权河口组　O_1q　（42－0171）

【创名及原始定义】 徐宝政（1977）①创名。创名地点在陕西省紫阳县高桥乡权河口。陕西地层表编写组（1983）介绍。原始定义：代表早奥陶世晚期的沉积。主要为一套碳质泥质岩系，动物群以笔石为主，其上部为一套粉砂岩、砂质板岩、硅质砂质板岩。

【沿革】 省境这套地层以往笼统地划为奥陶系。本次清理引用陕西省命名的权河口组。

【现在定义】 下部以条带状碳质板岩为主，底部以一层灰色砂岩与高桥组整合分界；上部为灰黑色、绿灰色粉砂质板岩夹粉（细）砂岩、长石石英砂岩。碳质板岩中含笔石。与上覆斑鸠关组碳质硅质板岩为整合接触（省境与上覆大贵坪组碳质板岩呈平行不整合接触）。

【层型】 正层型为陕西省紫阳县权口河剖面。省境目前无参考剖面。

【地质特征及区域变化】 该组在省境分布范围与高桥组相同。本组下部为碳质板岩，上部为灰黑、褐灰色粉砂质板岩（局部含碳质），上、下部皆夹粉砂岩和细砂岩。全组厚度 90～237 m。底部以一层灰色砂岩与高桥组呈整合接触；顶部以灰绿色粉砂质板岩与大贵坪组黑色含碳质板岩呈平行不整合接触。

本组在省内未获化石，但在紧邻的陕西平利地区于本组下部获得较丰富的笔石、三叶虫、腕足类、牙形石等。其中，笔石主要有：*Tetragraptus* (*Etagraptus*) *approximatus*，*Didymograptus filiformis*，*D. abnormis* 等；三叶虫有：*Basiliella* sp.，*Ptychopyge* sp.，*Isoteloides liangshanensis*，*Taihungshania* sp. 等。据此，本组下部的时限为早奥陶世，上部未获得定时代的化石。但付力浦（1981）在紫阳芭蕉口附近见到晚奥世笔石，权河口组是否有晚奥陶世的地层，有待今后研究。

石瓮子组　$\in_3O_1\hat{s}$　（42－0178）

【创名及原始定义】 系赵亚曾、黄汲清（1931）创名的“石瓮子石灰岩”演变而来。创名地点在陕西省柞水县石坪乡石瓮子村北。原始定义：在柞水系之上有厚 700 m 之块状石灰岩出露，在乾佑河谷中之石瓮子地方见之。

【沿革】 省境该地层被陕西区调队（1966）分称上寒武统蜈蚣丫组、奥陶系水田河组，本次清理，经鄂、豫、陕三省协商，统一使用石瓮子组，时代为晚寒武世—早奥陶世。

【现在定义】 以发育灰、浅灰色厚层含燧石白云岩为主要特征，偶夹白云质灰岩或千枚岩。与下伏水沟口组深灰色灰岩（省境为孟川组）或岳家坪组红色白云岩均为整合接触；与上覆白龙洞组（省境为蛮子营组）薄层灰岩呈整合接触。

【层型】 正层型为陕西省柞水县石坪乡石瓮子村北剖面，省内次层型剖面位于郧西县范家沟—七里沟（109°57′00″，33°03′18″；鄂西北地质矿产调查所，1991）。

上覆地层：**蛮子营组** 灰色钙质千枚岩夹薄—中厚层状细晶灰岩

——————整 合——————

石瓮子组	总厚度 1 755.00 m
32. 灰色中厚层状细晶灰岩	26.00 m
31. 灰色薄层状条带状变泥质灰岩	19.00 m
30. 深灰色薄层状钙质千枚岩	5.00 m
29. 灰色中厚层状细晶灰岩	5.00 m
28. 深灰色含钙质千枚岩	112.00 m
27. 灰色薄层状变质泥质条带灰岩	15.00 m
26. 深灰色钙质千枚岩夹灰色中厚层状细晶灰岩	52.00 m
25. 灰色中厚层状变质泥质条带灰岩	7.00 m
24. 深灰色钙质千枚岩夹灰色中厚层状细晶灰岩	51.00 m
23. 灰色钙质千枚岩夹灰褐色中厚层状变泥质灰岩，薄层状条带状变泥质灰岩	54.00 m
22. 灰色薄层状变泥质条带灰岩	37.00 m
21. 深灰色钙质千枚岩夹薄层状变质灰岩	40.00 m
20. 灰色薄层状变质泥质条带灰岩	36.00 m
19. 深灰色钙质千枚岩	52.00 m
18. 灰色薄层状变质泥质条带灰岩	19.00 m
17. 深灰色钙质千枚岩夹薄层状灰岩	249.00 m
16. 灰色薄层状泥质条带灰岩	75.00 m
15. 灰色薄层状条带状变质灰岩夹千枚岩	19.00 m
14. 深灰色含钙质千枚岩	20.00 m
13. 浅灰—深灰色薄层状条带状变质灰岩	58.00 m
12. 灰色中厚层状变质含泥质灰岩	41.00 m
11. 灰色薄层状条带状变质灰岩夹千枚岩	29.00 m
10. 灰色中厚层状变质含泥质灰岩	73.00 m
9. 灰色钙质千枚岩夹薄层状变质泥质条带状灰岩	75.00 m
8. 深灰色薄层状条带状变质灰岩与钙质千枚岩互层	81.00 m
7. 灰色中厚层状含泥质灰岩	78.00 m
6. 灰—深灰色薄层状条带状变质泥质灰岩	72.00 m
5. 深灰色钙质千枚岩	97.00 m
4. 深灰色变质泥质条带灰岩	39.00 m
3. 灰色薄层状变质含泥质灰岩	167.00 m
2. 灰色板状粉晶灰岩	16.00 m
1. 灰色薄层状变质含泥质灰岩	36.00 m

——————整 合——————

下伏地层：**孟川组** 灰色中厚层状灰岩

【地质特征及区域变化】 该组在我省分布于郧西上津、黄云铺、三官洞及郧县大柳等地。

本组在正层型剖面上为一套厚层—巨厚层状，普遍含燧石条带微晶白云岩组成。但由陕西柞水向南东延入我省郧县大柳及郧西三官洞等地后，则由一套灰—深灰色厚层状含燧石结核或条带状白云质灰岩、灰质白云岩夹白云岩组成，底部以厚层状灰质白云岩与下伏岳家坪组薄层状灰岩呈整合接触；其顶部出露不全。往西至郧西黄云铺、上津等地，本组下部为灰—深灰色薄层状泥质条带灰岩、泥质灰岩夹中厚层状含泥质灰岩及少量钙质千枚岩；上部为灰—深灰色薄层状泥质条带灰岩、薄层状泥质灰岩夹钙质千枚岩、中厚层状结晶灰岩组成。总的特点是该组由下往上钙质页岩夹层逐渐增加，底界以薄层状含泥质条带灰岩与下伏孟川组中厚层—厚层状结晶灰岩呈整合接触；顶界见蛮子营组底界。全组厚度变化大，郧县大柳以北厚约826 m，郧西孟川厚2 413 m，郧西范家沟厚1 755 m。

本组在省境内未采到化石，在东邻河南内乡幅相当该组的下部有三叶虫化石：*Drepanura* sp.，*Blackwederia* sp. 等，在陕西境内相当该组的上部采到了头足类化石：*Coreanoceras hupehense* ?，*Kaipingoceras seyliforme*，*Armenoceras gurievskense*，*Sactoceras yokoyamai* 等。依据三叶虫、头足类等化石及层位，石瓮子组的地质时限，在黄云铺、上津等地为早奥陶世，在郧西三官洞及郧县大柳以北为晚寒武世—早奥陶世，为一穿时较长的岩石地层单位。

蛮子营组　$O_{2-3}m$　(42-0179)

【创名及原始定义】　北京地质学院豫南区测队（1961）创名，创名地点在河南省淅川县蛮子营村。原始定义：峠岫组之上，"中志留统"砂质页岩之下的一套灰绿、土黄色页岩夹泥岩、泥灰岩及条带状灰岩，与上、下地层均为整合关系。下部为砂页岩夹多量生物礁灰岩、泥岩；上部为笔石页岩夹少量灰岩。厚203 m，时代为早志留世。

【沿革】　陕西省区测队（1966）将六郎关以北板庙、马家坪、汪家店一带的奥陶系，下统创名"水田河组"，中统创名"吊桥沟组"，上统未有正式名称。陕西区测队（1989）引用"二道桥组"，时代为奥陶纪。鄂西北地调所（1989）① 沿用水田河组、吊桥沟组及两岔口组。本次清理经鄂、豫、陕三省协商采用蛮子营组。

【现在定义】　指峠岫组火山碎屑岩（省境为石瓮子组灰岩）之上、张湾组页岩（省境为上津组砂质千枚岩）之下的一套黄色泥岩、泥灰岩、粉砂质泥岩夹灰岩、泥质灰岩（省境为灰质千枚岩、灰岩、泥灰岩）。其下以灰色、黄色粉砂岩、泥岩（省境为千枚岩）与峠岫组紫灰色凝灰质粉砂岩分界；其上以泥岩、砂岩（省境为灰质砾岩及砾屑灰岩）结束与张湾组页岩分界，均呈整合接触。

【层型】　正层型为河南省淅川县大石桥乡石燕河剖面。省内次层型为郧西县上津五峪坪剖面（110°01′28″，33°10′42″；陕西区测队，1967）②。

上覆地层：**上津组**　砂质千枚岩

———— 整　合 ————

蛮子营组　　总厚度 1372.00 m

16. 灰色透镜状、片状灰质砾岩、砾屑状灰岩，砾状灰岩中含珊瑚 *Agetolites* sp.，*Plasmoporella* sp. 等　　36.00 m
15. 灰色灰质千枚岩、夹薄层状灰岩、砾状灰岩　　48.00 m
14. 深灰色灰质千枚岩，夹薄层状灰岩及细砂岩条带　　578.00 m

① 鄂西北地质矿产调查所，1989，1∶5万泗峡口南半幅、南宽坪南半幅、双河口北半幅、上店子幅区域地质调查报告（内刊）。
② 陕西省区域地质测量队，1967，东秦岭地层（内刊）。

13. 条带状灰质粉砂岩	37.00 m
12. 灰色灰质千枚岩	149.00 m
11. 灰色千枚岩，夹透镜状灰岩及灰质砾岩，灰岩中含珊瑚 *Agetolites* sp.	71.00 m
10. 灰色千枚岩，夹灰色薄层状灰岩	21.00 m
9. 灰色薄层状灰岩，夹灰色灰质千枚岩	24.00 m
8. 灰色灰质千枚岩，夹灰色千枚岩	81.00 m
7. 灰色、深灰色泥质条带灰岩	51.00 m
6. 灰色灰质千枚岩，夹泥质灰岩	14.00 m
5. 灰色中层状细晶灰岩	8.00 m
4. 灰色薄层状灰岩与灰色泥质灰岩互层，夹灰质千枚岩	51.00 m
3. 灰色薄层状泥灰岩，夹灰色灰质千枚岩及中层状灰色灰岩	74.00 m
2. 灰色泥质灰岩	29.00 m
1. 灰色薄层状泥灰岩，夹灰质千枚岩	100.00 m

———— 整　合 ————

下伏地层：**石瓮子组**　含燧石结核灰岩

【地质特征及区域变化】　省境该组主要分布在郧西县大泥沟、上津及三官洞等地。在郧西上津一带本组下部的灰岩、泥质灰岩或泥灰岩与千枚岩、灰质千枚岩互层；中部主要由千枚岩、灰质千枚岩组成，夹灰岩、砾屑灰岩或透镜状灰岩；上部岩性与中部颇相似，仍以千枚岩、灰质千枚岩为主，唯所夹灰岩、砾屑灰岩稍多，并发育少许粉砂岩等，产珊瑚化石。该组在区域上岩性比较稳定，板庙以东本组为灰色钙质千枚岩与泥纹状或细粒结晶灰岩互层。三官洞一带出露不全，未见顶。全组厚度为 681～951 m，上津一带厚度可达 1372 m。属次深海沉积。本组底界以千枚岩与石瓮子组薄—中厚层状结晶灰岩呈整合接触；顶界，见上津组的底界。

在本组上部或顶发现有珊瑚 *Agetolites* sp.，*Plasmoporella* sp.，*Catenipora* sp. 及海百合茎 *Cyclocyclicus* sp.。说明本组上部时代为晚奥陶世，但本组中、下部尚未发现可资鉴定的化石，根据其与下伏晚寒武世至早奥陶世石瓮子组连续沉积，暂将本组时代归于中—晚奥陶世。

高家湾组　*Og*　(42－0175)

【创名及原始定义】　鄂东北地质大队 (1986)① 创名，由杨道政、桂建斌 (1989) 介绍。创名地点在随州市古城畈附近的高家湾。原始定义：高家湾组与下伏立秋湾组呈一套连续沉积。其主要岩性为深灰—灰绿色泥质板岩、浅绿色千枚岩条纹状泥质板岩、灰色钙质板岩、灰黄色绢云千枚岩，夹多层变玄武岩、变辉斑玄武岩。局部夹浅灰色薄层状方解石化含磷藻白云岩、结晶灰岩，顶部有一层灰色薄层状含硅质微晶灰岩（砂状碎屑灰岩）。厚 678m。

【沿革】　高家湾组是鄂东北地质大队 (1986) 从湖北省第八地质大队 (1977)② 创建的六合湾群上部及湖北区测队 (1982) 命名的“古城畈群”上部解体出来的一个地层单位，经杨道政、桂建斌 (1989) 介绍，倪世钊等 (1991) 重新研究。本次研究采用高家湾组，但将其底界修正为 9 层与 10 层之间。

【现在定义】　整合在立秋湾组之上，不整合于兰家畈组之下。岩性以深灰色、灰绿色泥质板岩，浅绿色千枚状、条纹状泥质板岩，灰色钙质板岩为主，夹多层变玄武岩、变辉斑玄

① 鄂东北地质大队，1986，1∶5 万客店坡东半幅、古城畈幅、三阳店幅区域地质调查报告。
② 湖北省第八地质大队，1977，1∶5 万均川南半幅、古城畈北半幅区域地质矿产调查报告。

武岩，局部夹含磷藻白云岩、结晶灰岩。底界以泥质板岩与立秋湾组薄—中厚层状结晶灰岩分界，顶界以灰色薄层含硅质微晶（砂状碎屑）灰岩与兰家畈组变玄武岩分界。

【层型】 正层型为随州市古城畈西侧的高家湾水库边剖面（113°13′42″，31°25′32″；倪世钊等，1991，重测），本次研究，将该剖面原划入高家湾组的第9层归入下伏立秋湾组内。

上覆地层：**兰家畈组** 浅灰色变质玄武岩

~~~~~~~~~~ 不 整 合 ~~~~~~~~~~

高家湾组 总厚度608.83 m

19. 灰色薄层含硅质微晶灰岩夹千枚岩 66.96 m
18. 灰黄色绢云母千枚岩夹变质玄武岩 86.69 m
17. 灰色千枚状钙质板岩 8.65 m
16. 黄绿色泥质板岩夹变质玄武岩 92.26 m
15. 浅灰色钙质泥岩、板岩夹变质玄武岩 153.85 m
14. 浅灰色薄层方解石化含磷藻类白云岩 2.62 m
13. 灰色钙质泥质板岩夹玄武岩 80.93 m
12. 浅绿灰色千枚状条纹状泥质板岩夹浅灰色钙质泥质板岩 63.58 m
11. 灰绿色泥质板岩、灰色钙质板岩夹变质玄武岩和灰岩透镜体，产牙形石 *Eoneoprioniodus proteus*，*Drepanodus arcuatus*，*Drepanoistodus forceps* 23.92 m
10. 深灰色薄—中厚层条纹状结晶灰岩夹钙质板岩及少量变质白云岩；产牙形石 *Acodus* ?sp.，*A. brevis*，?*A. deltatus*，*A. suberectus*，*Albiconus* sp. A，*Cornuodeus longibasis*，*Drepanodus arcuatus*，"*D.*"*perlongus*，*D.* aff. *primitivus*，*D. soulponea*，*Drepanoistodus forceps*，*D.* ?*vomeroides*，*Eoneoprioniodus proteus*，*E.* cf. *proteus*，*Milaculum ethinclarki*，*Nasusgnathms* cf. *dolonus*，*Paltodus subaequalis*，*P. triangulatus*，*Paroistodus proteus*，*P.* cf. *numarcuatus*，*Proconodontus* sp.，*Protopanderodus* sp.，*Reutterodus* cf. *depressus*，*Scandodus* ? sp.，*Sclopodus peselephantis*，*S.* ? sp. 和无铰纲腕足类及海绵骨针 29.37 m

———— 整 合 ————

下伏地层：**立秋湾组** 深灰色泥质板岩、灰绿色变质玄武岩夹钙质板岩

【地质特征及区域变化】 本组主要分布于随南柳林倒转背斜南翼的古城畈、洛阳店等地，以古城畈西北的高家湾一带发育较好，它由灰绿—黄绿色泥质板岩、灰色绢云千枚岩、条纹状泥质板岩、千枚状钙质板岩夹变玄武岩、变辉斑玄武岩及结晶灰岩、白云岩等组成。在区域上，该组岩性比较稳定，但厚度由160～609 m。属浅海盆地沉积。

本组下部含有较丰富的牙形石，其中有 *Paroistodus proteus*，*Drepanodus arcuatus*，*Acodus brevis*，*Paltodus subaequalis* 等。故本组下部时代属于早奥陶世 Tremadoc－Arenigian 早期，上部则无化石。考虑到本组伏于早志留世兰家畈组之下，故将全组时代暂归于奥陶纪。

新滩组 S_1x （42－0158）

【创名及原始定义】 由 Blackwelder（1907）创建的"新滩页岩"（Sintan shale）演变而来。创名地点在秭归县新滩。原始定义："厚层绿色页岩，局部夹薄层石英岩和结晶灰岩。页岩甚软，常含砂质，无化石。最底部在苏家坝一带是黑和棕色的粘土页岩，在天目树坪最顶部是红色页岩，在大宁县其上部偶见含橄榄绿色石英岩和泥质石灰岩。在大庙寺不仅含绿色而且含具有薄煤层的棕色和灰色泥岩。沿长江出现于巫山峡、宜昌峡和新滩。以最后地名作
~~~~~~~~~~

为此地层名称。”

【沿革】 李四光等（1924）将位于中晚奥陶世宝塔灰岩与巫山灰岩之间“主要是软脆页岩，局部为砂质和云母质，厚约600 m”的地层称“新滩系”，并进一步划分为“下部龙马页岩”，为早志留世；上部新滩页岩，“大部可能属中志留世”。谢家荣、赵亚曾（1925）研究宜昌罗惹坪纱帽山剖面时，将“龙马页岩”上界扩大至400 m厚处，向上依序称“罗惹坪系”和“纱帽山层”。俞建章、舒文博（1929）引用新滩系于大洪山地区，并进一步划分为龙马页岩、仙居层、九龙山层。孙云铸等（1957）在峡区根据化石则分别称“下新滩统”为Wenlockian；“上新滩统”为Ludlovian。自1959年以后，在省境多以扩大了的龙马溪组（群）、罗惹坪组（群）、纱帽组（群）代替，分别代表志留系下、中、上三统。本次清理经与邻省区协商，启用新滩组一名，但修订其涵义。

【现在定义】 指整合于龙马溪组与罗惹坪组之间的一套黄绿色页岩、砂质页岩、薄层粉砂岩夹少量薄层细砂岩，波痕发育，产笔石的地层序列。下与龙马溪组黑色页岩分界；上与罗惹坪组泥质灰岩或灰岩透镜体（在江南分区为与坟头组泥质粉砂岩）分界，均呈整合接触。

【层型】 创名时未测制剖面，现选择新滩长江南岸沿江剖面（110°49′16″，30°56′17″）为其选层型剖面。刘淑梅等（1959）测制（本次研究略有修正，将含泥质灰岩的第8层归入罗惹坪组内）。

上覆地层：**罗惹坪组**

8. 灰绿色、黄绿色页岩及砂质页岩。本层靠底部13.5 m处有一层灰绿色泥质灰岩，厚度不均一，约厚20 cm，此灰岩中含有丰富的三叶虫、珊瑚、苔藓虫、棘皮动物及螺类等化石

——————整　合——————

新滩组　　厚820.2 m

7. 蓝灰色页岩，风化后呈黄绿色，含虫迹化石　　104.6 m
6. 灰绿色、灰黄色薄层细砂岩、粉砂岩与砂质页岩互层，夹蓝灰色页岩，波痕泥裂发育　　315.9 m
5. 灰黄色、绿色页岩及砂质页岩夹蓝灰色砂质页岩，含有化石：笔石 *Monograptus riccartonensis*，*Monograptus* sp.，腕足类 *Lingula* sp. 及其它虫迹等　　111.5 m
4. 灰黄色、灰绿色、蓝灰色砂质页岩夹少量页岩和粉砂岩，砂岩呈透镜体，本层波痕极为发育。含少量笔石 *Cyrtograptus* ? sp.，*Monograptus* sp.　　84.8 m
3. 灰绿色、蓝灰色薄层细砂岩、砂质页岩、页岩互层夹灰绿色薄—中厚层透镜状细砂岩，砂质页岩，波痕发育　　26.2 m
2. 灰绿色薄层粉砂岩、砂质页岩，波痕发育　　132.3 m
1. 灰绿色薄层粉砂岩，夹少量灰绿色页岩，底部见有波痕　　44.9 m

——————整　合——————

下伏地层：**龙马溪组**

0. 黑色砂质页岩、灰绿色页岩

【地质特征及区域变化】 新滩组为一套灰绿、黄绿色页岩、砂质页岩、粉砂岩夹细砂岩薄层。其中，尚具有波痕和虫迹构造。各地所见无明显变化。唯在江南地层分区之崇阳—通山一带，本组上覆地层为坟头组，二者间呈整合接触。全组厚度北厚南薄、东厚西薄：北部房县至宜城一带较厚，为855～1 200 m；向南在长阳至钟祥一带变薄，为400～600 m；西部

巴东、秭归等地厚 670～820 m，东部崇阳至通山一带明显增厚，为 1 200～1 360 m。

本组富含笔石，以下部居多，向上渐少，尚有少量三叶虫和腕足类等化石。在鄂西峡东地区，据汪啸风等（1987）研究，从下至上建立了三个笔石带：①*Demirastrites convolutus* 带，②*Monograptus sedgwickii* 带，③*Coronograptus* ? *arcuata* 带。其中第 3 带可上延至罗惹坪组下部。故本组时代大体为早志留世。

罗惹坪组　S_1lr　（42－0159）

【创名及原始定义】　由谢家荣、赵亚曾（1925）创建的"罗惹坪系"演变而来。创名地点在宜昌罗惹坪（又称大中坝）。原始定义：宜昌罗惹坪纱帽山剖面的 7—10 层，由薄层石灰岩与黄色页岩互层开始，渐上为黄色页岩夹石灰岩和钙质页岩，含珊瑚、瓣鳃类化石。厚约 62m。与下伏龙马页岩和上覆纱帽山层均为连续沉积，为志留纪。

【沿革】　尹赞勋（1949）对纱帽山剖面进行了重新划分，将其中 3—12 层，称为罗惹坪群。穆恩之（1962）将罗惹坪群厘订为剖面的 7—12 层，归于中志留世。中国科学院南京地质古生物研究所（以下简称南古所，1979）、湖北三峡地层组（1978）、葛治洲等（1979）、穆恩之等（1982）、汪啸风等（1987）改称罗惹坪组，时代更正为早志留世中晚期。但对其顶、底界划定大同小异，涵义不尽相同。本次采用罗惹坪组。

【现在定义】　指整合于新滩组与纱帽组之间的地层序列。下部为黄绿色泥岩、页岩夹生物灰岩、泥灰岩或透镜体，产腕足类、笔石等混合相生物群；中部为黄灰色泥岩、钙质泥岩与灰岩或泥灰岩互层，渐上为灰岩夹层，产珊瑚、腕足类等壳相生物群；上部为黄绿色泥岩、粉砂质泥岩，不含灰岩。底以灰岩出现为始，顶以砂岩底面为止。

【层型】　正层型为宜昌罗惹坪王家湾至马鞍山风子口剖面（111°25′21″，30°58′51″；汪啸风等，1987，重测）。本次研究将汪氏等所划分之纱帽组 2 段与 1 段（22 层与 23 层间）之界线厘定为罗惹坪组之顶界，比之原划分略有变更。

上覆地层：**纱帽组**　黄绿色薄层泥质粉砂岩，夹薄层细砂岩及钙质砂岩，含腕足类、三叶虫、牙形石、笔石等化石

———————— 整　合 ————————

罗惹坪组　　总厚度 266.25 m

22. 黄绿色含粉砂质泥岩夹薄层泥质粉砂岩，产腕足类 *Leptostrophia* sp.，*Nucleospira pulchra*，*Salopina minuta*，*Striispirifer acuniniplicatus*，*Zygospiraella* sp. *Isorthis* sp.，*Cryptothyrella* ? sp.，*Aegiromena* sp.，*Katastrophomena maxima*，*K. depressa*；三叶虫 *Latiproetus* sp.，*L. latilimbatus*，*Encrinuroides* sp.，*Luojiashania wangjiawanensis*；笔石 *Climacograptus nebula*，*Pristiograptus variabilis*，*Oktavites planus*；牙形石 *Panderodus simplex*，*Ligonodina* cf. *kentuckyensis*，*Hindeodella* sp.　30.1 m
21. 上部黄绿色泥岩夹薄层粉砂质泥岩，下部为灰色、黄绿色薄层粉砂岩，产腕足类 *Nucleospira* sp.，*Nalivkinia* ? sp. 及笔石 *Pristiograptus* sp.　19.5 m
20. 黄色、黄绿色泥岩，产腕足类碎片；笔石 *Pristiograptus variabilis*，*Climacograptus nebula* 及牙形石 *Panderodus simplex*，*Panderodus unicostatus*　27.8 m
19. 上五房贝层，灰色薄层生物碎屑石灰岩夹少许黄绿色页岩，产大量腕足类，三叶虫及牙形石化石。腕足类主要有 *Pleurodium tenuiplicata*，*Aegiromena* sp.，*Apopentamarus yichangensis*，*Pentamerus dorsoplanus*，*P.* (*S.*) *triangulatus*，*P.* (*S.*) *hubeiensis*；三叶虫有 *Encrinuroides* sp.，*Latiproetus* sp.；牙形石有 *Synprioniodina* cf. *silurica*，*Walliserodus* cf. *sancticlairi*，*Dapsilodus obliquicostatus*，*Penderodus unicostatus*，*Disto-*

modus cf. *kentuckyensis*, *Decoricornus* sp., *Ozarkodina adiotricis*, *Neoprioniodus planus* 1.44 m

18. 黄绿色薄层钙质粉砂岩和泥岩夹薄层瘤状石灰岩，产腕足类 *Stricklandia changyangensis*, *Pleurodium temiplicata*, *Pentamerus* cf. *oblongus*, *Leptostrophia* sp., *P. triangulatus*；牙形石 *Drepanoistodus* ? sp., *Panderodus unicostatus*；三叶虫 *Ptilillaenus lojopingensis*, *Latiproetus* sp., *Kosovopeltis fenxiangensis*, *Meitanllaenus expansus*, *Gaotania* sp. *Encrinuroides* sp., *E. yichangensis*, *Shiqiania luorepingensis*；珊瑚 *Pycnactis sanxiaensis*, *Cysticonophyllum fenxiangensis*, *Protocytiphyllum eccentricum*, *P. mutationum*, *Favosites nanshanensis*, *F. jiuquanensis*, *Helioplasmolites fenxiangensis*, *H. minor*, *Heliolitella variana*, *Halysites* sp. 43 m

17. 下五房贝层，青灰色薄层生物石灰岩，产大量腕足类及牙形石，腕足类主要有 *Pentamerus dorsoplanus*, *P.* (*S.*) *triangulatus*；牙形石有 *Penderodus unicostatus*, ? *Ligonodina* cf. *kentuckyensis*, *Neoprioniodina subcarnus*, ? *Plectospathodus* cf. *alternatus*, *Distomodus kentuckyensis* 1.41 m

16. 灰绿色风化后呈土黄色钙质粉砂质泥岩夹少许结核状、瘤状石灰岩，产腕足类 *Striispirifer acuminiplicatus*, *Spinochonetes notata*, *Pleurodium* sp., *Dinobolus yichangensis*, *Apopentamerus hubeiensis*, *Pentamerus triangulatus*, *P.* (*S.*) *hubeiensis*；三叶虫 *Encrinuroides* sp., *Gaotania* sp., *Latiproetus* sp., *Songkania hanjiadianensis*, *Encrinuroides* sp., *Gaotania hubeiensis*, *Latiproetus latilimbatus*，珊瑚 *Halysites* sp. 22.1 m

15. 黄绿色薄层粉砂质泥岩、页岩夹薄层或瘤状生物石灰岩及泥灰岩，产腕足类 *Striispirifer acuminiplicatus*, *Zygospiraella crassicosta*, *Pentamerus triangulatus*, *Aegiromean* sp., *Isorthis qianbeiensis*, *Pleurodium temuiplicata*, *Septatrypa lautenoisi*, *Dictyonella* sp., *Lissatrypa magma*, *Stricklandiella* ? *spiriferformis*, *Nucleospira* sp., *Stricklandia transversa*, *S. hubeiensis*, *S. changyangensis*, *Kulumbella* sp., *Leptostrophia compressa*；珊瑚 *Helioplasmolites fenxiangensis*, *Mesofavosites* cf. *multiporus*, *M. obliquus* var. *major*, *Tryplasma lojopingense*, *T. yichangense*, *Palaeofavosites paulus*, *P. lojopingensis*, *Heliolitella variana*, *H. salairicus Cateniopora luorepingensis*, *Onychophyllum* sp., *Halysites* (*Acanthohalysites*) *pycnoblastoides yabei*, *H.* sp., *Teratophyllum sanxiaensis*, *Streptelasma lojopingense*, *Pterophrentis elegans*, *P. hubeiensis*, *Pseudoplasmopora sanxiaensis*, *P. lojopingensis*, *Rhizophyllum* sp. *Heliolites salairicus*, *Pycnactis elegans*；牙形石 *Lonchodina fluegella*, *Trichonodella symmeirica*, *Neoprioniodus triangularis tenuiramensis*, *Panderodus* sp., *P. unicostatus*, *Walliserodus curvatus*, *Drepanoistodus*? sp., *Exochognathus keislognathoides*, *Plectospathodus extensus*, *Trichonodella* cf. *inconstans* (=*Oulodus trichonodelliform*), *Ozarkodina* sp., *Cyrtoniodiform* (? =*Neoprioniodus brevivanensis*), *Distomodus kentuckyensis*, *D.* cf. *triangularis tenuirameus*, *Spathognathodus* cf. *polinatus*, *Neoprioniodus planus*, *Synprioniodina silurica*, *Panderodus serratus*, *P. unicostatus*；笔石 *Pseudoglyptograptus retrouversus*, *Climacograptus* sp., *Coronograptus arcuata*；三叶虫 *Latiproetus* sp., *Encrinuroides yichangensis*, *E.* cf. *zhenxiongensis*, *Kosovopeltis* sp., *Songkainia* sp.；头足类 *Yichangoceras* sp. 38.4 m

14. 灰绿色含粉砂质泥岩，底部夹薄层或瘤状泥灰岩，产笔石 *Pseudoglyptograptus retroversus*, *Coronograptus* ? *arcuatus*, *Pristiograptus regularis*, *Glyptograptus sinuatus wangjiawenensis*, *G. elegans*, *Climacograptus* cf. *simplex*, *Diplograptus atopus*；三叶虫 *Kosovopeltis yichangensis*, *Gaotania hubeiensis*, *Encrinuroides yichangensis*, *Ptilillaenus*

lojopingensis, *Scotoharpes sinonsis*, *Kosovopellis yichangensis*, *K. fenxiangensis*, *Gaotania* sp., *Lotiproetus latilimbatus*, *Scharyia sinensis*, *Songkania* sp., *Shiqiania* sp.; 腕足类 *Spinochonetes* sp., *Merciella striata*, *Aegiromena* sp., *Zygospriaella crassicosta*, *Salopina* sp., *Striispirifer* sp., *Isorthis qianbeiensis*, *Eostropheodonta*? sp., *Salopina minuta*, *Eospirifer* sp., *Meifodia lissatrypaformis*; 珊瑚 *Palaeofavosites lojopingensis*, *Palaeophyllum paradoxum*, *Crassilasma zhongguoense* 42.5 m

—————— 整 合 ——————

下伏地层：**龙马溪组** 黄绿色泥岩，下部含粉砂质，产笔石及零星介壳类化石

【地质特征及区域变化】 本组主要分布于上扬子地层分区的鄂西、鄂西南、大洪山及大巴山南缘的神农架北部至南漳等地区。其岩性以一套黄绿色、灰绿色页岩、泥岩、粉砂质泥岩夹泥灰岩、灰岩、生物灰岩为特征。本组除峡东地区岩性可三分外，其他地区一般仅可二分，即下段为黄绿色、黄灰色泥岩、钙质泥岩、粉砂质泥岩为主夹泥灰岩、生物灰岩或礁灰岩或其透镜体，有时也夹少量细砂岩、石英细砂岩，富含腕足类、珊瑚、三叶虫、海百合茎、笔石、苔藓虫及双壳类等化石；上段以黄绿、灰绿色时含紫红色页岩、泥岩、粉砂质泥岩夹少量细砂岩或粉砂岩，化石相对逊色单调，亦有腕足类、三叶虫及少量笔石等。下段虽普遍夹有灰岩，但其层数和厚度变化较大，有时在小范围内很快尖灭，本组随之消失，由纱帽组直接连续沉积在新滩组之上。如来凤杉木塘、胡家沟、宣恩小关、洗马坪，远安沙坪、神农架阳日，保康公鸡沟等地所见。本组除在神农架北部肖家坡、竹山蒲溪沟、大水沟、房县瓦屋湾等地以平行不整合伏于不同地层（黄龙组、梁山组、瓦屋湾组）之下外，其它地区均整合于新滩组之上、纱帽组之下。全组厚度变化大，大洪山地区厚 230～750 m，大巴山南缘南漳一带厚 228～360 m，峡区厚 183～510 m，恩施、巴东、长阳一带厚 280～672 m。

本组下段含丰富的多门类化石，其中腕足类主要以 *Meifodia lissatrypaformis*, *Lissatrypa magna*, *Stricklandia transversa*, *Pentamerus* (*Pentamerus*) *robustus*, *P.* (*sulcupentamerus*) *hubeiensis*, *Apopentamerus hubeiensis*, *Katastrophomena depresa* 及 *Isorthi* sp. 等为代表；珊瑚以 *Palaeofavosites paulus*, *Favosites kogulaensis*, *F. gothlandicus*, *Heliolites salairicus*, *Onychophyllum pringlei*, *Halysites* (*Acanthohalysites*) *pycnoblastoidu yabei*, *Pycnatis elegans* 等为代表；三叶虫以 *Scotoharpes sinensis*, *Scharyio hubeiensis* 等为代表；笔石以 *Monoclimacis arcuata*, *Glyntograptus sinuatus*, *Pseudoclimacograptus enshiensis* 等为代表，以及牙形石、海百合茎、苔藓虫、头足类、双壳类、腹足类等。上段化石相对逊色单调，其中笔石有 *Climacograptus nebula*, *Pristiograptus variabilis*, *Oktavites planus* 等；腕足类有 *Katastrophomena maxima*, *K. depressa*, *Lsorthis* sp. 等；三叶虫有 *Latiproetus latilimbatus*, *Luojiashania wangjiawanensis* 等，以及鱼化石 *Sinacanthus* 和双壳类、腹足类等。本组时代为早志留世中—晚期。

纱帽组 $S_{1-2}\hat{s}$ (42-0160)

【创名及原始定义】 系谢家荣、赵亚曾（1925）创建的“纱帽山层”演变而来。创名地点在宜昌罗惹坪纱帽山。原始定义：罗惹坪纱帽山剖面的 11—20 层，即整合于罗惹坪系之上，平行不整合于早石炭世燧石灰岩之下。下部为灰色灰岩和黄色页岩富灰质结核，富含珊瑚、腕足类化石；中部黄、灰绿色页岩夹砂质页岩，含腕足类和珊瑚化石；上部灰、灰绿色砂质页岩夹页岩或互层；顶部灰或白色硬砂岩和黄绿色页岩。总厚 330m。

【沿革】 尹赞勋（1949）、穆恩之（1962）厘定纱帽山剖面 13—20 层为“纱帽群”，属晚志留世。南古所（1974）将纱帽群下、中部创名石屋子组、上部改称纱帽组，两组时代均

为中志留世。湖北三峡地层组（1978）将石屋子组并入罗惹坪组上部，属早志留世，其上为纱帽组，属中志留世。葛治洲等（1979）又弃石屋子组恢复纱帽群，并划分为下、中、上纱帽群，将下、中纱帽群归属早志留世，上纱帽群归属中志留世。汪啸风等（1987）沿用葛氏等划分意见，改称为纱帽组，划分四段，将1—3段归于早志留世，第4段归为中志留世。本次清理所称纱帽组相当于汪啸风等的2—4段，比湖北三峡地层组的纱帽组底界略低。另将剖面中谢、赵二氏划分的第19层归为云台观组，第20层归为黄家磴组（穆恩之，1962）。

【现在定义】 指整合于罗惹坪组黄绿色含粉砂质泥岩之上，平行不整合于云台观组灰白色厚层状石英岩状砂岩之下的地层序列。其下部为黄绿色页岩、泥质粉砂岩、粉砂岩夹砂岩或紫红色细砂岩；上部为灰绿色夹紫红色中厚层状细粒石英砂岩夹中至薄层状粉砂岩、砂质页岩。产腕足类、三叶虫、双壳类等化石。

【层型】 正层型为宜昌罗惹坪王家湾至马鞍山风子口剖面（111°25′21″，30°58′51″；汪啸风等，1987，重测）。本次研究，将汪氏等原划分之纱帽组1段厘定为罗惹坪组内，故二组之界线上移至原剖面22层与23层间。

上覆地层：**云台观组** 灰白色厚层石英岩，底部含石英岩砾石

——————— 平行不整合 ———————

纱帽组 总厚度 593.1 m

33. 灰绿色夹紫红色中厚层细粒石英砂岩夹中至薄层粉砂岩、砂质页岩；上部以砂岩为主，中下部粉砂岩、砂质页岩夹层增多 185.3 m

32. 黄绿色砂质泥岩偶夹粉砂质页岩，局部覆盖，底部夹白色粉砂岩，距顶18.8 m处产腕足类化石 *Nucleospira* sp. 45.7 m

31. 黄绿色泥岩、页岩，产五层化石，距顶10 m（WS2）产三叶虫 *Coronocephalus* sp.；距顶14.5 m产腕足类 *Nalivkinia* sp.；距顶38.5 m、41 m和62 m产双壳类、古介形类和翼足类化石 108.9 m

30. 黄绿色、青灰色泥岩、粉砂质泥岩，夹少许泥质粉砂岩、细砂岩薄层，产腕足类 *Eospirifer* sp.，*Cryptothyrella* ? sp.；三叶虫 *Latiproetus* sp. 及双壳类和翼足类 93 m

29. 灰绿色风化呈褐紫色薄层粉砂岩 2.18 m

28. 黄绿色页岩，产三叶虫 *Latiproetus* sp.；腕足类 *Isorthis* sp.，*Nalivkinia* cf. *elongata*，*Striispirifer* sp.，*Nucleospira* sp.，*Laptostrophia* sp.，*Isorthis* sp.，*Eospirifer* sp.，及笔石 *Dictyonema* sp. 等 32.2 m

27. 灰色风化后呈褐紫色含铁质钙质细砂岩，含大量三叶虫、腕足类碎片以及牙形石 *Pterospathodus* cf. *celloni*，*Carniodus carnus*，*C. carnicus*，*Spathognathodus manitoulingensis*，*Ozarkodina* sp. 0.93 m

26. 灰绿色页岩与薄层粉砂岩互层，底部为灰褐色中层砂岩，产腕足类 *Salopina minuta*，*Striispirifer* sp. 和笔石 *Pristiograptus regularis*，*P. wulongquanensis*，*P. variabilis*；砂岩中波痕与虫迹发育 23.2 m

25. 黄绿色、灰绿色页岩夹薄层粉砂岩，底部粉砂岩、细砂岩含量增高 45.8 m

24. 黄绿色页岩，上部夹少许薄层粉砂岩，下部与粉砂岩互层，砂岩中波痕、泥裂发育，产腕足类、笔石及三叶虫，计有 *Isorthis* sp.，*Zygospireалla elongata*，*Leptostrophia compressa*，*Katastrophomena depressa*；*Dictyonema wangjiawanensis*，*Monograptus marri*，*Pristiograptus regularia*，*P. variabilis*，*Petalolithus* cf. *minor* 31.4 m

23. 黄绿色薄层泥质粉砂岩，上部夹棕紫色、紫色风化后呈灰白色薄层细砂岩，下部夹

三层猪肝色薄层钙质砂岩，化石丰富。产腕足类 *Nucleospria pulchra*，*Leptostrophia compressa*，*Katastrophomena* sp.，*Isorthis* sp.，"*Petamerus*" sp.，*Zogospiraella* sp.；三叶虫 *Encrinuroides* cf. *yichangensis*，*Gaotania* sp.，*Latiproetus* sp.，*L. latilimbatus*；牙形石 *Panderodus simplex*，*Oistodus* sp.，*Hindeodella* sp.，*Decoriconus* sp.；笔石 *Monograptus marri*，*M.* cf. *drepanoformis*，*Monoclimacis* sp.，*Pristiograptus variabilis* 24.5 m

——————— 整　合 ———————

下伏地层：**罗惹坪组**　黄绿色含粉砂质泥岩夹薄层泥质粉砂岩，产三叶虫、笔石、腕足类等化石

【地质特征及区域变化】 本组分布于省境上扬子地层分区，除在大巴山南缘神农架北部、竹山、房县一带缺失外，其它地区与罗惹坪组相伴出露。岩性以富含砂岩类及紫红色岩系为特征。底界以砂岩或紫红色粉砂质泥岩夹细砂岩的出现为标志，且从此砂岩渐具明显增多趋势，与下伏罗惹坪组呈连续过渡关系。顶界以平行不整合接触伏于中泥盆世云台观组或其后的不同地层之下。全组岩性在区域上变化较大，在长阳、宜昌、钟祥一带及恩施、来凤等地，由下往上，砂岩逐渐增多，即下部为黄绿色夹紫红色粉砂质泥岩、粉砂岩夹细砂岩、页岩；底部以泥岩夹三层猪肝色钙质砂岩与下伏罗惹坪组分界；上部以灰绿色夹紫红色石英砂岩、细砂岩为主，夹粉砂质泥岩。在巴东、保康、南漳、荆门、京山等地由下往上砂岩减少，即下部以中厚层石英砂岩、细砂岩、粉砂岩为主夹粉砂质页岩；上部常为粉砂质页岩夹细砂岩、粉砂岩。保康、南漳一带，下部石英砂岩更为发育。另外在恩施、巴东、宜都等地的局部地方，于本组上部夹灰岩或其透镜体。在恩施太阳河、京山杨家冲夹含磷砂岩或砾状磷块岩。全组厚度各地变化较大：峡东地区厚 242～593 m，南漳、荆门及京山一带厚 123～653 m，长阳、巴东一带厚 150～675 m，恩施、来凤一带厚 205～800 m。

本组在层型剖面的下部产笔石，主要分子有 *Monograptus marri*，*M.* cf. *drepanoformis*，*Pristiograptus regularia*，*P. variabilis* 等，以及三叶虫、腕足类和牙形石 cf. *Pterospathodus celloni*，*Carniodus carnus*，*C. carnudus* 等；中部主要有腕足类 *Nalivkinia* cf. *elongata*，*Eospirifer* sp.，*Isorthis* sp. 等，三叶虫 *Coronocephallus* sp.，*Latiproetus* sp. 等；上部化石稀少，有腕足类 *Strispirifer* sp.。从上述化石看，下部层位属早志留世晚期，中、上部层位属中志留世。故纱帽组时代为早志留世—中志留世，为一明显穿时岩石地层单位。

坟头组　S_2f　(42-0165)

【创名及原始定义】 由潘江（1956）所创建的"坟头层"演变而来。创名地点在江苏省江宁县汤山坟头村。原始定义：由原高家边层中上部划出，为"砂岩及砂质页岩，含 *Coronocephalus rex*，*Proetus cotilimbatus* 等三叶虫及 *Spirifer*（*Eospirifer*）*tingi*，*E. hsiehi* 等腕足类化石。与下伏地层颇有区别，属渐变关系。"

【沿革】 省境该地层原属谢家荣（1924）的"富池口页岩砂岩"（后称富池页岩）。为志留纪。湖北局地科所（1962）① 和中南地区区域地层表编写组（1974）将富池页岩解体为五峰组、龙马溪群（组）、罗惹坪群（组）、纱帽群，湖北区测队（1966）则将富池页岩解体为五峰组、高家边群、坟头群、茅山群。本次引用坟头组。

【现在定义】 上部黄绿、灰黄色泥质粉砂岩或粉砂质泥岩夹细砂岩，局部含磷；下部黄

① 湖北省地质局地质科学研究所，1962，湖北东南部区域地层（未刊）。

绿、绿灰等色厚层细粒砂岩，局部为岩屑石英砂岩与粉砂质泥岩相间或呈互层。其顶与上覆茅山组灰黄色厚层石英砂岩分界；下与下伏高家边组（省境为新滩组）灰黄色页岩或泥岩分界，均呈整合接触。

【层型】 正层型为江苏省江宁县坟头村剖面。省境次层型为崇阳县三山公社七里冲剖面（113°52′30″，29°35′00″；湖北区测队，1976，1∶20万蒲圻幅）。

上覆地层：**茅山组** 灰绿色薄层状细砂岩夹薄层状石英细砂岩

———————— 整 合 ————————

坟头组 总厚度 444.01 m

30. 黄灰绿、灰绿色巨厚—厚层状含生物碎屑粉砂岩，底部夹砾状磷块岩透镜体，含鱼类 *Sinacanthus* cf. *wuchangensis*，三叶虫 *Kailia quadrisulcata*，*K. intersulcata*，*Coronocephalus rex*，*C. dentatus*，*Latiproetus lubricus*；腕足类 *Striispirifer* sp.，*Salopina minuta*，*Nalivkinia grunewaldtiaermis* 114.25 m
29. 灰绿色中厚层状石英细砂岩夹薄层状细砂岩 64.86 m
28. 黄灰绿色薄层—中厚层状细砂岩夹粉砂岩 74.80 m
27. 黄绿色中厚—厚层状粉砂岩 80.62 m
26. 黄灰绿色含粉砂质泥质页岩 22.38 m
25. 灰绿色厚层状泥质粉砂岩 27.84 m
24. 灰绿色中厚层状泥质粉砂岩夹薄层状细砂岩

———————— 整 合 ————————

下伏地层：**新滩组** 黄灰绿—灰绿色页岩

【地质特征及区域变化】 坟头组主要分布于省境的下扬子地层分区鄂东、鄂东南一带，其岩性较稳定，下部为灰绿、黄绿色中、厚层状粉砂岩、薄层状细砂岩；中上部为灰绿色中—厚层状含生物碎屑粉砂岩夹砾状磷块岩透镜体及石英细砂岩。在南部蒲圻斗门桥、陆水河边、通山县横石、孟家垅、白果树一带，下部亦为粉砂岩、细粒石英砂岩，底部夹数层不稳定紫红色粉砂岩、页岩，可作横向对比的标志；中上部为黄绿色粉砂质页岩、薄层状砂岩，含磷和有较丰富的三叶虫、腕足类、双壳类、腹足类及鱼类等化石，如上述剖面中30层，习称"化石层"。北部，本组受到不同程度剥蚀、地层出露多寡不一，如在大冶走马山、湖山、阳新干鱼山、蕲春大立山、鄂城西山和武汉磨山等地，上述习称之"化石层"，直接与上覆云台观组石英砂砾岩呈平行不整合接触；而在大冶毛铺、阳新七峰山、富池口一带，"化石层"之上尚有一段厚度不等的（数十米至百余米）灰绿、黄绿色薄—中厚层状泥质细砂岩、石英砂岩。在区域上，本组与下伏新滩组岩性成连续过渡关系，一般以坟头组底部的紫红色岩层为分界标志，当紫红色岩层不发育时，可以岩性较粗的石英砂岩、粉砂岩大量出现作为本组之底与新滩组页岩分界。由于本组保存情况不同，各地厚薄不一，变化趋势南厚北薄，南部崇阳七里冲、斗门桥、通山孟家垅、白果树、阳新七峰山等地厚430～650 m，北部阳新干鱼山、大冶县走马山、湖山一带厚度减少为95～260 m，武汉地区可见出露，厚度为118 m。

本组含三叶虫、腕足类、双壳类、腹足类、鱼类和珊瑚等化石，上部较多，中、下部渐少。三叶虫有：*Coronocephalus rex*，*C. gaoluoensis*，*Kailia quadrisulcata*，*Latiproetus latilimbafus*；腕足类有：*Eospirifer tingi*，*Striispirifer shiqianensis*，*Salopina minuta*；双壳类有：*Modiolopsis crypta*，*Ctenodota nasuta*；鱼类有：*Sinacanthus* cf. *wuchangensis*，*Hanyangaspis quodingshanensis*；

珊瑚有：*Amplexoides* sp.。据此，本组地质时代为中志留世。

【其他或问题讨论】 潘江（1957）的“武昌砂岩”，潘江等（1975）的“锅顶山组”，陈华成、吴其切等（1989）的“侯家塘组”，均为以生物化石为依据创建或划分的非岩石地层单位，建议停用。

茅山组 S_3m （42-0166）

【创名及原始定义】 系李毓尧、朱森、李捷（1935）所创建的“茅山砂岩”演变而来。创名地点在江苏句容县茅山。原始定义：暗紫或暗红色砂岩，成厚层状，底部具灰白色砂岩。厚度不一，约自数公尺至百余公尺，有时甚至于无。紫黄色砂岩酷似广西莲花山层。且层位恰居下石炭纪乌桐砂岩之下，志留纪高家边层之上，拟之为中泥盆纪。

【沿革】 见坟头组沿革。本次清理茅山组相当于湖北省区测队（1966）的茅山群，陈华成等（1989）的寨山组。

【现在定义】 上部紫红色、浅灰色中、厚层状中细粒石英砂岩、岩屑石英砂岩；下部浅灰、青灰、灰黄、灰白色中、厚层状中细粒岩屑石英砂岩、石英杂砂岩。底界为坟头组黄绿色粉、细砂岩（省境为粉砂岩及页岩），呈整合接触；其顶与观山组灰白色厚层状细粒石英砂岩（省境为云台观组或大埔组）呈平行不整合接触。

【层型】 正层型为江苏省句容县茅山剖面。省境次层型为通山横石港背陈剖面（114°40′00″，29°20′00″；湖北区测队，1966，略有修正）。

上覆地层：**大埔组** 厚层状白云岩

——————— 平行不整合 ———————

茅山组	总厚度 370.41 m
13. 紫红色中—厚层状细粒砂岩	10.64 m
12. 黄、黄绿色中—厚层状细粒石英砂岩，下部间夹粉砂岩、砂质页岩	154.39 m
11. 黄、黄绿色薄—中层状含泥粗粉砂岩夹少量细粒石英砂岩，下部局部含 3～4 cm 胶磷矿结核	105.43 m
10. 黄、黄绿色中层状粗粒石英砂岩、泥质粉砂岩夹薄—中层状细粒石英砂岩	99.95 m

——————— 整 合 ———————

下伏地层：**坟头组** 黄、黄绿色泥质粉砂岩、粉砂质页岩

【地质特征及区域变化】 本组分布于鄂东南南部的蒲圻斗门桥，崇阳三山，通山背陈、新桥、孟家垅，阳新七峰山等地，其岩性以黄、黄绿、灰绿色时夹紫红色中厚层状石英砂岩、细砂岩为主，夹粉砂岩及砂质页岩，局部含磷质砂岩透镜体。本组在省境以底部中厚层状的石英砂岩或细砂岩与坟头组的泥质粉砂岩及粉砂质页岩呈整合接触；顶界与上覆晚泥盆世云台观组或晚石炭世的大埔组呈平行不整合接触。由于后期由南往北剥蚀由弱至强，故其厚度亦循此由厚变薄。南部通山孟家垅、背陈一带厚 197～370 m；北部咸宁官塘，大冶大泉沟一带，厚度锐减为 1～3 m；再北至武汉、黄石、蕲州、黄梅等地则被剥蚀殆尽。

区内本组目前尚未获得可资鉴定的化石，但根据其层位和岩性特征，可与江苏宁镇地区茅山组对比，暂定其时代为晚志留世。

大贵坪组 S_1d （42-0172）①

---

① 陕西省将大贵坪组作为斑鸠关组之同物异名，而停用；我省仍用大贵坪组。

【创名及原始定义】 陕西区测队（1965）创名于陕西省平利县大贵坪。原始定义：岩性单一，以黑色碳质板岩夹少量泥质碳质板岩及碳质粉砂岩，富含笔石，层位稳定，厚度不等为其特征，地层除赋存黄铁矿外，钒钼等元素的含量一般比其他地层高。上、下界限清楚，皆为整合接触，厚 289 m。

【沿革】 以前本省均引用大贵坪组。本次仍采用大贵坪组。

【现在定义】 整合在洞河组之上（省境平行不整合在权河口组或竹山组之上），梅子垭组之下，岩性以碳质、硅质板岩为主，可分三部分：上部和下部为碳质板岩、中部为碳、硅质板岩夹碳质粉砂岩，局部夹粘板岩、粗面岩、角砾熔岩、凝灰质熔岩、灰岩等。

【层型】 正层型为陕西省平利县大贵坪剖面，省境次层型为竹山县干吉沟剖面（110°11′45″，32°10′51″；湖北区调所，1986）。

上覆地层：**梅子垭组** 黄、黄褐色薄层状石英绢云母千枚岩

——————— 整 合 ———————

大贵坪组	总厚度 27.11 m
4. 深灰、黑色薄层状碳质板岩，并夹有 5 cm 厚的煤线	11.55 m
3. 黄绿、褐黄色钠长石英绢云千枚岩	6.48 m
2. 深灰、黑色薄板状碳质板岩	1.30 m
1. 灰、灰黑色含碳质石英绢云千枚岩	7.78 m

－－－－－－ 平行不整合 －－－－－－

下伏地层：**竹山组** 黄色条纹状绢云母千枚岩

【地质特征及区域变化】 省境本组主要分布于得胜铺—竹山城关—房县门古一线以南及房县城南-城口断裂以北地区。它由灰黑、黑色碳质板岩、含碳质石英绢云千枚岩夹黄绿色、褐黄色钠长石英绢云千枚岩及石煤所组成。在区域上岩性比较稳定，竹溪岱王沟—杨家山一带，本组上部泥质、碳质条带构造发育，夹黄绿色砂、泥质板岩及少量泥质砂岩，下部偶夹凝灰岩。房县门古—巨峪河一带夹少量碳质灰岩。竹山得胜铺、庙垭等地，本组岩石变质程度加深，主要为碳质、硅质千枚岩夹绢云石英片岩。本组底以黑色碳质板岩与下伏竹山组黄色绢云石英千枚岩、板岩（或与权河组粉砂质板岩）呈平行不整合接触；顶以碳质板岩与上覆梅子垭组灰黄色板岩、千枚岩呈整合接触。全组厚度变化大，竹山干吉沟厚 26.11 m，竹溪杨家山厚度大于 498 m。

本组在竹山—房县一带未获得化石，但在西部竹溪岱王沟—杨家山剖面，陕西省区测队（1965）曾获得丰富的笔石，其下部主要有 *Pristiograptus concinnus*，*P.* cf. *atavus*，*Oktavites* aff. *planus*，*Rastrites hybridus*，*Petalotithus minor*，*Demirastrites convolutus* 等；中部主要有 *Cephalograptus* cf. *cometa*，*Streptograptus nodifer*，*S. crispus*，*Spirograptus turriculatus* 等；上部有 *Stretograptus nanshanensis*，*Oktavites* aff. *planus* 等。本组时代为早志留世早期。

梅子垭组 S_1m (42－0173)

【创名及原始定义】 陕西区测队（1965）创名于竹溪县梅子垭。原始定义：梅子垭组与大贵坪组为连续沉积，由泥质板岩组成。地层在下部主要为砂质板岩、往上夹砂岩；上部以泥质板岩为主与砂质板岩互层，夹碳质条带板岩。大贵坪北见其底部夹 20m 凝灰质砂岩，老县、坝河等地在剖面中夹一层 0～4 m 石灰岩（或沿走向变至灰质板岩）可作为标志层。

【沿革】 创名后一直沿用，本次清理，梅子垭组与原创名涵义相同。

【现在定义】 位于竹溪组之下，大贵坪组之上，均呈整合接触，岩性主要为砂质板岩、绢云板岩、泥质板岩或绿泥绢云千枚岩夹少量粉砂岩、绢云石英千枚岩、凝灰质砂岩、顶部夹少量钙质板岩。底界以大量黄绿、灰色泥质板岩与大贵坪组黑色碳质板岩分界；顶界以灰岩底界面作为与竹溪组的界线。

【层型】 正层型为竹溪县岱王沟—杨家山剖面(109°47′38″,32°04′15″;陕西区测队,1965,1∶20万平利幅)。

上覆地层：**竹溪组** 灰质砂质板岩夹灰岩透镜体

——————— 整 合 ———————

梅子垭组	总厚度 1 670.3 m
27—24. 薄层状砂岩含白云质砂岩与砂质板岩互层	159.0 m
23. 灰绿色厚层状含白云质细—中粒砂岩	12.1 m
22. 黄绿色砂质板岩与细砂岩互层	92.3 m
21. 灰绿、黄绿色砂质板岩	38.5 m
20. 薄层状砂岩与砂质板岩互层	75 m
19. 深灰色，风化呈黄绿色具少量灰质条带泥质板岩，上部与薄层状砂岩互层，含笔石 *Monogroptus pridon*	45.9 m
18. 含白云质厚层状泥质砂岩	18.9 m
17. 灰、灰绿色砂质板岩夹泥质板岩	469.9 m
16. 绢云母泥板岩	107.3 m
15. 具碳质条带泥质板岩	35.6 m
14. 灰黑色具泥质条带碳质板岩	43.50 m
13. 具碳质条带泥质板岩，产笔石 *Streptograptus* sp.?	24.0 m
12. 深灰色含碳质条带砂质板岩夹泥质板岩，下部夹 2 m 厚片状碳质砂岩	202.2 m
11. 深灰色泥质板岩，上部夹二层灰岩	150.0 m
10. 以砂质板岩为主与泥质砂岩互层	111.10 m
9. 黄绿色砂质板岩与白云母泥质砂岩互层	85.0 m

——————— 整 合 ———————

下伏地层：**大贵坪组** 具碳质条带的砂质板岩及泥质板岩

【地质特征及区域变化】 本组分布范围与大贵坪组一致。岩性可分为两部分：下部为泥质板岩、砂质板岩夹含碳质泥质板岩，少量薄层状细砂岩；上部为砂质板岩夹薄层状细砂岩、少量中粒砂岩，砂岩夹层由下往上增多。在区域上，自西向东，本组变质程度稍加深，至竹山豆腐山寨、拐子沟一带，本组下部为灰、深灰、黄灰色绢云千枚岩、粉砂质绢云千枚岩，夹变粉砂岩、粉砂质粘土岩、黑云绿泥钠长片岩；上部为粉砂质条带千枚岩夹薄层状粉砂岩、细砂岩和变石英砂岩。在竹山城关—得胜铺一带，本组为绢云石英千枚岩、石英绢云片岩、粉砂质条带绢云石英钠长片岩。本组厚度自西向东有减薄趋势：西部竹溪杨家山厚 1 670 m，向东至竹山豆腐山寨厚大于 1 327 m，更向东至竹山拐子沟厚大于 1 007 m。

本组含笔石 *Monograptus pridon*，三叶虫 *Encrinuroides* sp.，*Latiproetus* sp.，*Gaotania* sp.；腕足类 *Striispirifer* sp.，*Nalivkinia kweichouensis*；珊瑚 *Favosites* sp. 以及双壳类和海百合茎等化石。据此，该组时代为早志留世晚期。

竹溪组 $S_2\hat{z}$ (42-0174)

【创名及原始定义】 由陕西区测队（1965）创建的“竹溪群”演变而来，创名地点在竹溪县杨家山。原始定义：覆于梅子垭组之上整合接触；下部由砂岩或灰质砂岩与砂质板岩及含生物礁灰质板岩互层；中部生物灰岩或泥纹状灰岩夹灰质板岩及砂岩；上部砂质板岩夹砂岩。生物灰岩和灰质板岩中含丰富的珊瑚、层孔虫、苔藓虫、三叶虫、笔石、腕足类及海百合茎化石。

【沿革】 本省多沿用竹溪群，傅力浦（1989）改称竹溪组。本次清理继续使用竹溪组，涵义与付氏相同。

【现在定义】 以发育的灰岩为主要特征。下部为灰绿色石英砂岩、钙质砂质与砂质板岩、钙质板岩、灰岩互层；中部以深灰色生物灰岩、泥纹状灰岩、砂质灰岩为主；上部为黄绿色中厚层状砂质板岩夹砂岩、生物灰岩。上覆地层缺失，与下伏梅子垭组呈整合接触，一般以含珊瑚、腕足类化石的灰岩底面分界。

【层型】 正层型为竹溪县岱王沟—杨家山剖面（109°47′38″，32°04′15″；陕西区测队，1965）。

竹溪组　　总厚度 485.5 m

22. 灰、灰白色厚层状结晶质生物灰岩，产珊瑚 *Favosites* sp.，层孔虫等（未见顶）　>40 m

21. 黄绿色钙质泥板岩夹生物灰岩或含生物礁体：产珊瑚 *Mesofavosites* sp.，*M.* aff. *diversus*，*Favosites lazuthini*，*Alveolites* sp.；三叶虫：*Coronocephalus* 等　5.0 m

20. 黄绿色细砂岩　7.4 m

19. 上部鲕状灰岩夹宽 0.5～1.0 cm 砂质条带（厚 2 m），下部细砂岩夹砂质板岩（厚 18 m）　20.0 m

18—14. 黄绿色砂质板岩，条带状粉砂岩夹细砂岩　165.3 m

13. 黄绿色泥质板岩夹大量生物灰岩的礁体，往西渐由生物灰岩代替。产珊瑚 *Mesofavosites* cf. *densus* var. *similis*，*M. maowenensis*，*Favosites* sp.，*Halysites cratus*，*Fletcheriella* sp.，*Plasmoporella* sp.，*Helioplasmolites* sp.，*Tabularia* sp.，*Altaja* aff. *salairica* 等；三叶虫 *Coronocephalus rex* 等；笔石 *Dictyonema* spp.；腕足类 *Eospirifer* sp.　60.9 m

12—9. 黄绿色中—厚层状灰质细砂岩、白云母砂岩、砂质板岩夹一层泥纹状生物灰岩　5.6 m

8. 泥纹状灰岩，富产珊瑚 *Favosites* aff. *obliguns* var. *major*，*Gyalaphyllum* sp. 及层孔虫 *Clathrodictyon* sp.，*Labechia* sp.　2.6 m

7. 灰质板岩、泥灰岩夹生物灰岩，下部夹泥纹状灰岩　155.2 m

6. 深灰色灰质砂质板岩夹灰岩透镜体　23.5 m

——————— 整　合 ———————

下伏地层：**梅子垭组**　黄绿色薄层状不规则砂岩与砂质板岩互层

【地质特征及区域变化】 省境本组主要见于竹溪县五峰山、丰溪、新洲、竹山县的峪口、官渡、房县中坝等地，组成竹溪-峪口倒转复式向斜之核部地层。本组由灰、黄绿色泥砂质板岩、生物灰岩、泥灰岩夹粉砂岩、细砂岩等组成，以发育灰岩为特征。在区域上岩性稍有变化，自西北向东南，至竹溪新洲老庄子一带，该组岩性两分：下部以灰色钙质、粉砂质、泥质板岩为主夹薄—中厚层状细粒砂岩、石英砂岩、灰岩及灰岩透镜体，含珊瑚化石；上部以深灰色厚层状灰岩、变泥质条纹灰岩、含泥质灰岩、生物碎屑灰岩为主夹变粘土质粉砂岩、钙质粉砂岩、粉砂质粘土岩及细粒石英砂岩。再至竹山青龙寨，岩性两分不太明显，但总体岩性与上述地区基本一致，并由灰岩、生物碎屑灰岩、礁灰岩、粘土质板岩、粉砂质板岩、含钙石英细砂岩等组成韵律层，每个韵律层厚15～45 m。越往东韵律层越发育，如竹山峪口拐子沟可见五个大的完整韵律层。区内未见上覆地层，全组厚度：竹溪杨家山厚度大于477 m，竹溪新洲老庄子厚度大于247 m，竹山峪口厚度大于300 m。

本组化石如前剖面所述，富含珊瑚，亦有三叶虫、笔石、腕足类、层孔虫等，此不赘述。从所含化石来看，本组时代归属于中志留世。

上津组 Sŝ (42-0180)

【创名及原始定义】 由李捷、朱森（1930）创建的“上津系”演变而来。创名地点在郧西县上津。原始定义：全系为片岩及千枚岩等，似呈整合覆盖于马家沟灰岩之上而为上津向斜之最上地层，下部为灰黄色砂质片岩及千枚岩，底部具变质页岩及灰岩薄层、中部为灰绿色灰质千枚岩及变质黑色或稍含碳质之页岩，上部则为灰白色千枚岩，时代为下志留纪。

【沿革】 陕西区测队（1966）测制1∶20万郧县幅时泛称该地层为志留系。1987年修测安康幅时，先创名大泥沟组、双河镇组（送审稿），后又取消该二名，沿用大贵坪组、梅子垭组。鄂西北地调所（1991）除晚志留世地层未命名外，早、中志留世地层则分别引用大泥沟组和双河镇组①。胡云绪等（1991）认为二组岩性类似，且呈断层接触，实为同物异名。本次清理，陕西清理组改称竹山岩群千枚岩组，本书则启用上津组。

【现在定义】 指平行不整合于蛮子营组之上及不整合于西岔河组之下的灰—深灰色薄—中层状变粉砂质粘土岩、变粘土质石英粉砂岩，上部夹薄层状砂砾屑灰岩及大理岩。底以变粉砂质粘土岩与蛮子营组含粉砂质粘土质灰岩及片理化钙质白云岩分界，顶与西岔河组石英砂岩分界。

【层型】 原未测剖面，现定选层型为郧西县上津站马沟剖面（111°00′31″，33°06′46″；湖北区调所②，1995）。

上覆地层：**西岔河组** 细粒岩屑石英砂岩

～～～～～～～～ 不 整 合 ～～～～～～～～

上津组	总厚度 1 258.69 m
14. 深灰色薄层—中层状变粘土质粉砂岩	37.31 m
13. 深灰色薄层状变粉砂质粘土岩夹薄层砂砾屑灰岩	50.19 m
12. 深灰色薄层状变粉砂质粘土岩	114.75 m
11. 深灰色薄层状变粉砂质粘土岩夹灰黄色薄层状大理岩	94.84 m
10. 灰白—灰黄色薄层状亮晶砂砾屑灰岩	27.86 m
9. 深灰色薄—中层状变粘土质石英粉砂岩	36.89 m
8. 深灰色薄层状变粉砂质粘土岩	73.47 m
7. 深灰色薄—中层状变粘土质石英粉砂岩	339.45 m
6. 浅灰—深灰色变粉砂质粘土岩	208.41 m
5. 深灰色变含钙质粉砂质粘土岩	103.77 m
4. 浅灰色变含钙质粘土质粉砂岩	111.8 m
3. 掩盖（冲积粘土）	
2. 浅灰色石英绢云片岩	59.75 m

① 鄂西北地调所，1991，1∶5万泗峡口南半幅、双河口北半幅、南宽坪南半幅、上店子幅区域地质调查报告。
② 湖北区调所，1995，1∶5万上津幅、冷水幅、夹河镇幅区域地质调查报告（送审稿）。

——————— 平行不整合 ———————

下伏地层：**蛮子营组** 含粉砂质粘土质灰岩及片理化钙质白云岩

【区域变化及地质特征】 该组在省境仅出露于郧西县上津、上店子等地，主要由灰—深灰色薄—中层状变粉砂质粘土岩、变粘土质粉砂岩组成，上部夹薄层状砂砾屑灰岩及大理岩。往西至郧西朝阳沟，出现钙质、碳质、硅质板岩，并夹薄层状变质砂岩及薄层状细晶灰岩。全组厚度：郧西上津厚 1 264m，上店子厚近 2 000m。

本组含有腕足类、珊瑚、三叶虫、头足类和海百合茎等化石，陕西区调队（1989）在郧西大泥沟于本组下部采得腕足类 *Nalivkinia* sp.，*Eospirifer radiatus* 及三叶虫 *Zllaenus* sp. 等。鄂西北地调所（1991）在郧西总兵沟于本组中部采得珊瑚 *Favosites* sp.，*Carinophyllum* sp.，*Ketophyllum* sp. 等。据此，并结合其平行不整合于奥陶纪蛮子营组之上，不整合于泥盆纪西岔河组之下，暂将本组置于志留纪，详细划分有待进一步研究。

兰家畈组 S_1l （42－0176）

【创名及原始定义】 由湖北第八地质大队（1977）① 创建的“兰家畈群”演变而来。创名地点在随州市柳林兰家畈。原始定义：一套变火山岩系，划分三个喷发旋回：第一期为富钙质气孔玄武岩、片状玄武质碎屑熔岩与变辉斑玄武岩互层，夹薄—中厚层状结晶灰岩，厚 70～100 m；第二、三期下段均为灰绿色变辉斑玄武岩，上段为变玄武质火山碎屑岩，厚度分别为 715～1 057 m 和 837～1 349 m。与下伏六合湾群火山喷发岩呈不整合接触；与上覆雷公尖组呈角度不整合接触。时代为奥陶—志留纪。

【沿革】 湖北区测队（1982）厘定兰家畈群的含义，改称兰家畈组，为早志留世。鄂东北地质大队（1986）②、杨道政等（1989）均沿用兰家畈组，本次继续沿用。

【现在定义】 由变质的灰绿色玄武质火山碎屑岩、熔岩夹生物灰岩、大理岩和绢云千枚岩组成。与上覆雷公尖组变质石英细砂岩呈平行不整合接触；与下伏高家湾组呈不整合接触。

【层型】 正层型为随州柳林张家楼子—六合垮剖面（113°10′02″，31°29′01″；湖北第八地质大队，1977，略加简化修改）。

上覆地层：**雷公尖组** 浅灰色变质石英细砂岩

——————— 平行不整合 ———————

兰家畈组	总厚度 2 477 m
42. 上部覆盖，下部为灰绿色绿泥绢云千枚岩。剖面南东 1 km，相当于该层顶部层位为薄层灰岩，中含蜂巢珊瑚化石；剖面西约 300 m，相当于下部层位采获腕足类 *Rhynchonella* sp.，和腹足类 *Hormotoma* sp.	95 m
41—38. 土黄色、棕灰色变辉斑玄武岩	110 m
37—35. 含磁铁变辉斑玄武岩	172 m
34. 黑绿色角砾状变辉斑玄武岩	40 m
33. 浅灰绿色变辉斑玄武岩	580 m
32—31. 灰绿色绢云母化变玄武岩	347 m
30. 变玄武质碎屑熔岩	32 m
29. 块状变辉斑玄武岩	35 m

① 湖北省第八地质大队，1977，1：5 万均川南半幅、古城畈北半幅区域地质矿产调查报告（未刊）。
② 鄂东北地质大队，1986，1：5 万客店坡东半幅、古城畈幅、三阳店幅区域地质调查报告（未刊）。

28—26. 灰绿色变玄武质角砾熔岩、碎屑熔岩　297 m
25. 块状变辉斑玄武岩　13 m
24. 变玄武质角砾熔岩，顶部 10 m 为玄武质碎屑熔岩，具气孔状构造　135 m
23. 变奥长玄武岩　30 m
22. 气孔状变玄武质角砾熔岩　40 m
21. 灰绿色杏仁状变玻璃玄武岩　45 m
20. 绿色变玄武质角砾熔岩　35 m
19—17. 变辉斑玄武岩夹块状变玄武岩　133 m
16—15. 变奥长玄武岩　95 m
14. 褐黄色变玄武质角砾熔岩　25 m
13—12. 灰绿色变辉斑玄武岩，局部见 10 cm 的磁铁辉斑玄武岩，底部含熔岩角砾　142 m
11. 灰绿色片状变玄武质碎屑熔岩，夹薄层状灰岩条带，含海百合茎 *Pentagonocyclicus* sp.，*Cyclocyclicus* sp.　5 m
9. 变辉斑玄武岩与气孔状变辉斑玄武岩互层　66 m

～～～～～～ 不 整 合 ～～～～～～

下伏地层：高家湾组　绢云千枚岩

【地质特征及区域变化】 本组出露于随州南部覃家门至安陆白龙凹一带，由变基性火山喷发岩夹碎屑岩及碳酸盐岩组成。并由变玄武质角砾熔岩→变辉斑玄武岩→气孔状、杏仁状变玄武岩夹绢云千枚岩或生物灰岩等为序，组成 3～4 个喷发旋回，反映由火山喷发至喷溢的活动规律。全组岩性在区域上比较稳定，但厚度变化大，由 50～1 562 m，自西北向东南渐次增厚。

该组产有腕足类、腹足类、珊瑚及海百合茎等化石，其中珊瑚有 *Palaeofavosites*，*Favosites* 及 *Mesofavosites* 等。这些化石虽出现于整个志留纪地层中，但据其上、下层位，暂推定本组时代为早志留世。有待进一步研究。

雷公尖组　S_2l　(42-0177)

【创名及原始定义】 湖北省第八地质大队（1977）创名，创名地点在随州市柳林雷公尖。原始定义：本组分上、下两段：下段为浅灰、灰黄色含石英粉砂质小条的绢云千枚岩，上段为灰及灰白色中至厚层状石英岩、石英砂岩，厚度大于 190 m，与下伏兰家畈群为角度不整合接触，与上覆白垩纪红层亦呈角度不整合接触。时代属泥盆纪。

【沿革】 湖北区测队（1982）厘定雷公尖组的时代为中志留世。本次继续沿用。

【现在定义】 为灰白色中—厚层状变质石英细砂岩夹绢云千枚岩和变质粉砂质细砂岩，未见顶，底以变石英细砂岩与兰家畈组呈平行不整合接触。

【层型】 正层型为随州市张家垭至雷公尖剖面(113°10′02″,31°29′01″;湖北区测队,1982,重测)。

雷公尖组　总厚度＞404.03 m

5. 灰绿色绿泥绢云千枚岩夹薄层状变质细砂岩（未见顶）　＞119.40 m
4. 浅灰色厚层状变质石英细砂岩夹变质细砂岩及变质粉砂岩。在雷公尖西北 1km 之下杨家湾，相当于本层底部之铁质石英砂岩中产腕足类 *Nalivkinia* sp.，*Striispirifer* sp.；三叶虫 *Encrinuroides* sp.　284.63 m

～～～～～～ 不 整 合 ～～～～～～

下伏地层：**兰家畈组**　灰绿色变玄武质角砾熔岩、变辉斑玄武岩、变玄武岩

【地质特征及区域变化】　本组主要分布于随州市柳林南部地区，它由变质石英细砂岩所组成。在区域上岩性稳定、坚硬，地貌上多表现为陡峭的山峰。由于本组构成向斜核部地层，所以各地区厚度不一致，六合垮厚 95 m，李家湾厚 30 m，雷公尖厚 404 m。

本组底部产腕足类 *Strispirifer* sp.，*Nalivkinia* sp. 及三叶虫 *Encrinuroides* sp. 等化石。鉴于其所在层位暂定本组时代为中志留世，有待进一步研究。

第二节　生物地层

湖北省震旦纪—志留纪地层中的生物化石十分丰富、门类繁多。据已有资料记载，我省震旦纪时期的生物特征，在植物方面表现在褐藻、红藻等藻类的进一步繁盛，大型丝状宏观藻类的发展。早震旦世微古植物基本继承青白口纪的主要特征，以球藻亚群（Sphaeromorphitae）为主，亦有褐藻碎片如 *Laminarites autiquissinus*。晚震旦世的微古植物则出现了一批新类型，如 *Micrhystridium*，*Razumovskia* 及 *Vendotaeia* 等。在动物方面晚震旦世出现大量高级动物，如海绵动物、腔肠动物、蠕形动物及少量小型硬壳动物先驱。寒武纪是带壳海生无脊椎动物开始大繁盛的时期，尤其是三叶虫，故有"三叶虫时代"之称。由震旦纪末期开始出现的小壳动物在寒武纪初期得到大量繁盛，寒武纪晚期生物发生更新，树形笔石、角石和真牙形石出现。奥陶纪生物门类和属种进一步繁盛，重要的门类有笔石、三叶虫、头足类中的鹦鹉螺、牙形石、腕足类。此外，珊瑚、苔藓虫、层孔虫、介形虫和棘皮类也有一定的地位。其中尤以笔石、三叶虫、鹦鹉螺、牙形石常作为地层划分对比的主导化石。志留纪的生物与奥陶纪相比，主要变化不是门类的消亡和增加，而是在于各门类内部组分的更替和生态组合的进一步分异。另一方面鱼类得到繁盛。志留纪的主要标准化石有笔石、珊瑚、腕足类和三叶虫等。现根据前人研究的主要成果，分门别类、综合简述如下：

三叶虫

在省境扬子地层区该类化石非常丰富，其研究者甚多；而省境南秦岭-大别山地层区则研究较少。以出现的时代顺序叙述如下：

①*Tsunyidiscus* 带：该带除产大量 *Tsunyidiscus* 外，还有 *Zhenbaspis* 及丰富的海绵骨针、软舌螺，少量古介形虫类等。产于牛蹄塘组中下部和庄子沟组底部。是我省寒武纪最早的一个三叶虫带。

②*Wangzishia* 带：该带紧接着 *Tsunyidiscus* 的消失而出现，主要共生分子有 *Guizhoudiscus*、*Sinodiscus* 等。产于牛蹄塘组中上部。可与贵州湄潭地区同带对比。

③*Hupeidiscus* 带：该带以 *Wangzishia* 消失，*Hupeidiscus* 大量出现为特征，主要的共生分子有 *Sinodiscus*、*Hunanocephalus*（*Hunanocephalus*）、*H.*（*Duotingia*）、*Metaredlichia*、*Pseudoredlichia* 等。产于牛蹄塘组上—顶部及庄子沟组。该带分子广泛分布于我国南方早寒武世早期。

④*Redlichia*（*Redlichia*）*meitanensis* 带：本带除带分子外，*Redlichia* 属已开始繁盛，并有 *Kootenia* 等属种。产于石牌组下部，是上扬子地层分区早寒武世中期的主导分子。

⑤*Ichangia*－*Neocobboldia* 组合带：本组合带除组合带分子外，还有 *Redlichia*，*Kootenia* 等。产于石牌组中部。属于早寒武世中早期。

⑥*Redlichia*(*Redlichia*)*yichangensis* 带：普遍见于宜昌石牌村，秭归九湾溪、马家山，长阳王子石等剖面石牌组上部层位。其共生分子有 *R*.（*R*.）一属多种及 *R*.（*Pteroredlichia*），*Megapalaeolenus*，*Palaeolenus*，*Kootenia* 等。属于早寒武世早期。

⑦*Megapalaeolenus deprati* 带：该带以 *Megapalaeolenus deprati* 出现为特征，而 5、6 带中的重要和常见属 *Redlichia*，*Kootenia*，*Palaeolenus*，*Megapalaeolenus* 等均在本带中继续存在。但不同的是褶颊虫类 *Antagmus*，*Xilingxia* 开始出现。产于天河板组上部泥质条带灰岩中。属于早寒武世晚期。

⑧*Cheiruroides*（*Neocheiruroides*）*arcticus* - *Changaspis transversus* 组合带：除带分子外，还有 *Pagetia*，*Parachangaspis* 等，产于冯家凹组底部。属于早寒武世晚期。

⑨*Redlichia*（*Redlichia*）*guizhouensis coniformis* - *Kunmingaspis* 组合带：除该组合带分子外，还有 *Chittidilla*，*Diandongaspis*，*Pachyaspis*（*Danzhaia*），*Bathynotus* 等。产于高台组底部黄绿色页岩中，大洪山地区的石牌组顶部白云质粉砂岩中及冯家凹组灰岩中。本组合带是早寒武世最后一个三叶虫带。

⑩*Kutsingocephalus* 带：除带分子外，还有 *Sinoptychoparia*，*Paramecephalus*，*Kaotaia* 等。产于高台组和杨柳岗组上部页岩中。属于中寒武世早期的一个三叶虫带。

⑪*Manchuriella* - *Proasaphiscus* 组合带：该组合带中的化石稀少。产于鄂西南地区覃家庙组中下部。属于中寒武世。

⑫*Crepicephalina* 带：以产 *C*. *hubeiensis* 为特征，共生分子有 *Paraojia megaglabella*，*Peishania* sp.，*Poshania* sp. 等。产于鄂西南地区覃家庙组中上部。属于中寒武世。

⑬*Paranomocare* 带：以产 *P*. *hubeiensis*，*P*. *guizhouensis*，*P*. *bagushangensis*，*P*. cf. *songtaoensis*，以及 *Paramenocephalites acis*，*Xianfengia puteata*，*Klimaxocephalus verus* 等为特征。产于鄂西南地区覃家庙组上部至顶部。在峡区则产于娄山关组下部。属于中寒武世晚期。

⑭*Xingrenaspis* - *Schopfaspis* 组合带：该组合带中化石稀少，计有 *Schopfaspis hubeiensis*，*S*. sp.，*Xingrenaspis* sp.，*Anomocarella* sp. 等，产于峡区覃家庙组下部。属于中寒武世中早期。

⑮*Yabeia* - *Solenoparia* 组合带：除组合带分子外，还有 *Anomocarella*，*Amphoton* 等。产于峡区覃家庙组中上部。属于中寒武世中晚期。

⑯*Blackwelderia* - *Fengduia* 组合带：除组合分子外，还有 *Ariaspis*，*Liaoningaspis*，*Monkaspis*，*Paradistazeris* 等。产于鄂西南地区的娄山关组中下部、鄂西北地区丹江口市习家店秀子沟组下部。属于晚寒武世早期（固山期）。

⑰*Enshia* 带：主要有 *E*. *typica*，*E*. *brevica*，*Pseudosolenopleura sichuanensis* 等。产于鄂西南地区娄山关组中部。属于晚寒武世中期（长山期）。

⑱*Saukia* - *Calvinella* 组合带：主要有 *Saukia enskiensis*，*Calvinella striata*，*Metacalvinella typica*，*Tellerina* 等。产于鄂西南地区娄山关组中上部。属于晚寒武世晚期。

⑲*Agnostus* - *Lotagnostus* 组合带：主要有 *Agnostus* cf. *hedini*，*Lotagnostus asiaitus*，*Sanduspis* sp. 等。产于西阳山组泥质条带灰岩中。属于晚寒武世。

⑳*Asaphellus inflatus* 带：除带分子外，主要有 *A*. *bellus*，*Dactylocephalus breviceps*，*D*. *dactyloides*，*Szechuanell szechuanensis* 等。产于南津关组底部。属于早奥陶世早期。

㉑*Dactylocephalus dactyloides* 顶峰带：该带以大量 *Dactylocephalus* 为其特征，计有 *D*.

dactyloides，*D. breviceps*，*D. obesus*，*Asaphopsis angustigentus*，*A. granulatus*，*Chashania chashanensis*，*Szechuanella szechuanensis* 等。但该带内不含 *Asaphellus inflatus*。产于南津关组下部。属于早奥陶世早期。

㉒ *Asaphopsis immanis* 带：除带分子外，主要共生分子 *A. angustigenatus*，*A. planispiniger*，*Dactylocephalus obsoletus*，*Szechuanella granulata* 等。产于南津关组中下部。属于早奥陶世早期。

㉓*Tungtzuella* 带：以大量出现 *Tungtzuella* 为特征，主要有 *T. elongata*，*T. recta*，*T. sinuata*，*T. szechuanensis*，*Yunnanensis*，*Asaphopsis angulatus*，*A. grandispiriger*，*Chosenia divergens*，*Dactylocephalus laevigatus*，*Goniophrys subcylindricus*，*Parapilekia inexpecta*，*Psilocephalina lubrica*，*P. sinuata*，*Szechuanella granulata* 等。产于南津关组上部。属于早奥陶世早期。

㉔*Pseudocalymene cylindriea* 带：本带的三叶虫比较丰富。除带分子外，还有 *P. transversa*，*P. quadrata* 及 *Amblycranium ? dubium* 等 16 个属 19 个种。产于大湾组下部。属于早奥陶世中期。

㉕*Hanchungolithus* (*Ichangolitus*) 带：本带的三叶虫十分丰富，其中有 *H.* (*I.*) *ichangensis*，*H.* (*I.*) *ichangensis intermedius*，*H.* (*I.*) *ichangensis arcus*，*H.* (*Hanchungolithus*) *huanghuachangensis* 及 *Agerina elongata* 等 23 个属 36 个种。产于大湾组上部。属于早奥陶世中晚期。

㉖*Birmanites - Telephina* (*Telephops*) 组合带：本组合带的三叶虫十分丰富，除产大量的 *Birmanites* 和 *Telephina* (*Telephops*) 的一些种外，还有 *Atractopye gaoluoensis* 等 22 个属 64 个种。产于庙坡组。属于中奥陶世早期。

㉗*Paraphillipsinella globosa* 带：本带的三叶虫也很丰富。除产带分子外，还有 *Cekovia elevata* 等 17 个属 24 个种。产于宝塔组下部。属于中奥陶世晚期。

㉘*Nankinolithus* 带：本带与 *Paraphillipsinella globosa* 带的种群很密切，但以产带化石 *Nankinolithus* 为特征。产于宝塔组上部。属于晚奥陶世早期。

㉙*Dalmanitina* 带：本带的三叶虫比较单调，以带化石 *Dalmanitina* 一属的数种为主，及 *Leonaspis sinensis* 等，与 *Hirnantia* 动物群共生。产于龙马溪组观音桥层。属于晚奥陶世晚期。

㉚*Scotoharpes sinensis - Scharyia hubeiensis* 组合带：除组合带分子外，尚有 *Encrinuroides yichangensis*，*Gaotania hubeiensis*，*Latiproetus latilimbatus*，*Ptilillaenus loiopingensis* 等。产于罗惹坪组下部和梅子垭组。属于早志留世。

㉛*Encrinuroides - Latiproetus* 组合带：本组合带以 *Scotoharpes*，*Scharyia* 的消失，而 *Encrinuroides*，*Latiproetus* 两属富集为特征。其他属种大多是前一带延续上来的。产于罗惹坪组上部。属于早志留世。

㉜*Coronocephalus* 带：本带以 *Coronocephalus*、*Kailia*、*Senticucullus* 三属的一些种群为其特征。产于纱帽组中、上部及坟头组、雷公尖组。属于中志留世。

笔石

笔石是奥陶纪—志留纪年代地层划分对比的重要化石。

①*Dictyonem ? yichangese* 带：本带以产 *D. ? yichangense*，*D. ? huanghuaense*，*D. ? ramosum* 等为特征。产于南津关组底部，属于早奥陶世早期。

②*Rhabdinopora nanjinguanensis* 带：除带分子外，还有 *Radiograptus ? ituensis*。产于南

津关组下部靠底。属于早奥陶世早期。

③*Acanthograptus sinensis* 带：以产大量的带分子为特点，伴生的笔石有：*A. erectoramosus*，*A. rigidus*，*Dendrograptus hsui*，*Dictyonema asiaticum* 等。产于南津关组上部靠顶。属于早奥陶世早期。

④ *Adelograptus - Kiaerograptus* 组合带：以产 *Adelograptus* 和 *Kiaerograptus kiaeri yichangensis* 为特征。产于南津关组顶部。属于早奥陶世早期。

⑤*Didymograptus* cf. *deflexus* 带：除带分子外，共生笔石有 *Phyllograptus anna*，*P. angustifolius*，*Tetragraptus immaturus* 等。产于大湾组底部。属于早奥陶世中晚期。

⑥*Azygograptus suecicus* 带：以产带分子为特征，共生笔石与前一带分子密切。产于大湾组下部。属于早奥陶世中晚期。

⑦*Glyptograptus sinodentatus* 带：以产带分子为特征，共生的笔石有 *Didymograptus* cf. *nexus*，*Tetragraptus reclinnatus*，*T. bigsbyi* 等。产于大湾组上部。属于早奥陶世中晚期。

⑧*Glyptograptus austrodentatus* 带：以带分子出现为特点，共生笔石有 *G. dentatus*。产于大湾组顶部。属于早奥陶世中晚期。

⑨*Glyptograptus* cf. *teretiusculus* 带：以产带分子为特征，共生者有 *Dicellograptus sextans*，*D. intortus*，*Climacograptus antiquus*，*Pseudoclimacograptus demittolabiosus* 等。产于庙坡组底部。属于中奥陶世早期。

⑩*Nemagraptus gracilis* 带：以产 *N. gracilis*，*N. remosus*，*Geitograptus exilis* 等为特点，伴有大量 *Orthograptus calcaratus*，*Pseudoclimcograptus demittolabiosus*，*Dicellograptus sextans*，*Dicranograptus brevicaulis yangtzeensis* 等。产于庙坡组中上部。属于上奥陶世早期。

⑪*Dicellograptus szechuanensis* 带：该带以带分子的出现为其特点，所产笔石相当丰富，主要有 *Dicellograptus ancepe*，*D. gracilliramosus*，*D. ornatus*，*Climacograptus latus*，*Amplexograptus suni*，*Pleurograptus lui*，*Pararetiograptus sinensis*，*Orthogrptus abbreviatus*，*Paraorthograptus angustus* 等。产于龙马溪组底部。属于晚奥陶世。

⑫*Tangyagraptus typicus* 带：以 *D. szechuanensis* 带的消失，和以本带分子为代表的 *Tangyagraptus* 属的各种出现为特征。共生的主要笔石有 *Yinograptus disjunctus*，*Climacograptus leptothecalis* 以及前一带的常见分子 *Dicellograptus ornatus* 等。产于龙马溪组下部靠底。属于晚奥陶世。

⑬*Diceratograptus mirus - Paraorthograptus typicus* 组合带：本带以 *Tangyagraptus* 的消失和 *Paraorthograptus* 或 *Diceratograptus mirus* 的大量出现为特点。共生的主要笔石有 *P. longispinus*，*P. uniformis*，*Climacograptus leptothecalis*，*Amplexograptus inuiti*，*Paraplegmagraptus uniformis* 等。产于龙马溪组下部。属于晚奥陶世。

⑭*Diplograptus bohemicus* 带：此带以带分子出现为标志，除下伏带中延续上来的笔石外，主要还有 *Diplograptus orientalis*，*Paraorthograptus fenxiangensis* 等。产于龙马溪组中下部。属于晚奥陶世。

⑮*Glyptograptus persculptus* 带：以该带分子出现为标志，共生笔石有：*G. gracilis*，*G. mederni*，*Climacograptus angustus*，*C. innotatus*，*Diplograptus fusus* 等。产于龙马溪组中部。属于早志留世早期开始的第一个带。

⑯*Parakidograptus acuminatus* 带：位于前带之上，以带分子的出现为标志，共生笔石有 *Akidograptus ascensus*，*Climacograptus rectangularis*，*C. innotatus*，*Diplograptus modestus* 等。

产于龙马溪组中部黑色薄层硅质岩夹碳质页岩中。属于早志留世早期。

⑰*Orthograptus vesiculosus* 带：本带覆于前带之上，以产大量的 *Orthograptus vesiculosus* 为特点，伴随有 *Diplograptus modestus*，*D. longiformis*，*Climacograptus rectangularis*，*C. normalis* 等。产于龙马溪组中部碳质页岩夹硅质岩中。属于早志留世早期。

⑱*Lagarograptus acinaces* 带：以此带分子和 *Pristiograptus leei* 为代表的单笔石类大量出现为特点，共生笔石有 *Monograptus* ? *changyandensis*，*Rastrites* cf. *peregrinus*，*Diplograptus mucroterminatus*，*D. diminatus* 等。产于龙马溪组中部靠上的碳质页岩夹少量硅质岩中。属于早志留世早期。

⑲*Coronograptus cyphus* 带：以该带分子出现或以产 *Pseudopernerograptus revolutus*，*Pernerograptus austerus*，*Monoclimacis lunata* 等为标志，当上覆带 *Demirastrites triangulatus* 的出现则本带结束。产于龙马溪组中上部的黑色碳质页岩中为主。属于早志留世早期。

⑳*Demirastrites triangulatus* 带：以此带分子出现为特征。共生笔石主要有 *Diplograptus micrsterminatus*，*Glyptograptus* cf. *sinuatus*，*Pseudoglyptograptus retroversus*，*Oktavites communis*，*Petalolithus* cf. *folius* 等。产于龙马溪组上部靠下的黑色碳质页岩中。属于早志留世早期。

㉑*Diplograptus magnus*－*D. thuringicus* 组合带：以此组合带分子出现为标志，共生的主要笔石有 *Pribylograptus leptotheca*，*P. argutus*，*Pseudoglyptograptus retroversus* 等。产于龙马溪组上部黑色页岩中。属于早志留世早期。

㉒*Pernerograptus argenteus* 带：以此带分子出现为标志，共生的笔石主要有：*P. difformis*，*P. austerrus bicornis*，*Paramonoclimacis sinicus*，*Rastrites phleioides*，*Diplograptus thuringiacus*，*Climacograptus scalaris* 等。产于龙马溪组顶部。属于早志留世早期。

㉓*Demirastrites convolutus* 带：以此带分子出现为标志，共生的主要笔石有 *Diversograptus ramosus*，*Sterptograptus lobiferuharpago*，*Glyptograptus tamariscus tamariscus*，*G. elegans*，*Diplograptus thuringiacus*，*Oktavites communis*，*Paramonoclimacis typicus* 等。产于新滩组下部。属于早志留世中期。

24. *Monograptus redgwickii* 带：以此带分子出现为特点，共生的主要笔石有 *M. intertextus*，*M. gemmatus*，*Glyptograptus tamariscus*，*G. elegans*，*Demirastrites decipiens*，*Rastrites phleoides*，*Petalolithus minor* 等。产于新滩组中部。属于早志留世中期。

㉕*Coronograptus* ? *arcuatus* 带：以此带分子出现为标志，共生分子有 *Pseudoglyptograptus retroversus* 始终相伴，此带下部主要有 *Paramonoclimacis typicus*，*Climacograptus scalaris*，*Glyptograptus incertus* 等；中部有 *Lagarograptus tenuis*，*Climacograptus simplex* 等；上部有 *Glyptograptus elegans*，*Diplograptus atopus* 等。产于新滩组上部至罗惹坪组下部。属于早志留世中晚期。

㉖*Climacograptus nebula* 带：以此带分子出现为特点，共生笔石有 *Pristiograptus variabilis*，*Oktavites planus* 等。产于罗惹坪组上部。属于早志留世晚期。

㉗*Monograptus* cf. *drepanofomis* 带：以此带分子出现为特点，主要共生笔石有 *M. marri*，*Pristiograptus variabilis*，*P. regularis* 等。产于纱帽组下部。属于早志留世晚期。

头足类

头足类中的鹦鹉螺是在奥陶纪相当繁盛而演化比较快的一种无脊椎动物。是奥陶纪地层划分对比的重要门类之一。

①*Pseudoectenolites - Xiadongoceras* 组合带：以产此组合带分子为特点，共生分子以 *Dakeoceras*，*Clarkoceras* 和 *Anguloceras* 等为主。产于娄山关组顶部。属于早奥陶世早期。

②*Retroditendoceras - Pararetroclitendoceras* 组合带：除组合带分子外，主要还有 *Sanxianoceras*，*Proterocameroceras* 和 *Escharendoceras* 等。产于南津关组底部和下部。属于早奥陶世早期。

③*Pronajaceras - Mamagouceras* 组合带：除组合带分子外，主要有 *Proterocameroceras*，*Recurvoceras*，*Hopeioceras* 等。产于南津关组上部。属于早奥陶世早期。

④*Clitendoceras - Coreanoceras - Manchuroceras* 组合带：除组合带分子外，主要有 *Paraclitendoceras*，*Oderoceras*，*Chaohuceras*，*Reniceras*，*Kerkoceras*，*Williamsoceras* 等。产于红花园组下部。属于早奥陶世中早期。

⑤*Teratoceroides - Manchuroceroides* 组合带：除组合带分子外，主要有 *Manchuroceras*，*Chaohuceras*，*Estonioceras* 和 *Shumardoceras* 等。产于红花园组上部。属于早奥陶世中早期。

⑥*Bathmoceras* 带：除带分子外，主要有 *Dideroceras* 等。产于大湾组下部。属于早奥陶世中晚期。

⑦*Protocycloceras deprati* 带：除带分子外，主要有 *Catorophiceras*，*Vaginoceras*，*Chisiloceras*，*Ancistroceras* 等。产于大湾组中部紫红色泥质灰岩中。属于早奥陶世中晚期。

⑧*Protocycloceras - Cochlioceroides* 组合带：除组合带分子外，主要有 *Cochlioceras*，*Thylacoceras*，*Dideroceras*，*Vaginoceras*，*Michelinoceras* 等。产于大湾组上部。属于早奥陶世中晚期。

⑨ *Dideroceras wahlenbergi* 等：除带分子外，主要有 *Chisiloceras*，*Ancistroceras*，*Vaginoceras*，*Richardsonocera* 等。产于牯牛潭组下、中部。属早奥陶世晚期。

⑩*Paradnatoceras - Ancistroceras* 组合带：除组合带分子外，常见的有 *Dideroceras*，*Vaginoceras*，*Sinoceroides* 及少量 *Lituites* 等，其中 *Ancistroceras* 从第 7 带开始出现，而繁盛富集于本带。产于牯牛潭组上部。属于早奥陶世晚期。

⑪*Lituites - Trilacinoceras* 组合带：除组合带分子外，常见有 *Cyclolituites*，*Michelinoceras* 等。产于庙坡组。属于中奥陶世。

⑫*Sinoceras chinense* 带：除带分子外，常见有 *Richardsonoceras*，*Eosomichelinoceras*，*Cyclolituites* 等。产于宝塔组下部。属于中奥陶世。

⑬*Dongkalaceras - Discoceras* 组合带：除组合带分子外，常见有 *Pseudoocerina*，*Michelinoceras*，*Eosomichelinoceras*，*Elongaticeras* 等。产于宝塔组上部。属于晚奥陶世。

腕足类

虽在我省早寒武世最早期（梅树村期）灯影组顶部（小壳层）就有研究报道（刘第墉，1979），而其后的牛蹄塘组（水井沱组）、石牌组、天河板组等地层亦均有研究报道（湖北三峡地层组，1978；汪啸风等，1987）。但对地层划分对比有意义的还始于奥陶纪。现将前人建立的腕足类生物地层单位简述如下：

①*Tritoechia abnormis* 带：除带分子外，伴随有 *Iphidella*，*Conotreta*，*Punctolira* 等。以带分子出现和消失为特征。产于南津关组底部。属于早奥陶世早期。

②*Disepta* 带：以带分子出现和消失为标志。产于南津关组下部至中上部。属于早奥陶世早期。

③*Nanorthis - Eopunctata* 组合带：以组合带二属的出现至 *Nanorthis* 的消失为标志，伴随

着极为丰富的 *Tritoechia* 的种群和一定数量的 *Punctolira*。产于南津关组上部至红花园组中部。属于早奥陶世中早期。

④*Leptella* 带：本带是以 *Leptella* 的出现为开始，以 *Euorthisina* 的出现为终止，伴随着大量 *Yangtzeella*，*Sinorthis*，*Nereidella*，*Orthis*，*Martellia* 等。产于大湾组下段底至中部。属于中奥陶世中晚期。

⑤*Euorthisina* 带：以本带分子出现的始终为标志，共生分子除前带的 *Yangtzeella* 等属外，还有 *Pseudoporambonites yichangensis*，*Eremotoechia*，*Lepidorthis* 等。产于大湾组下段上部至上段。属早奥陶世中晚期。

⑥*Dolerorthis hubeiensis* 带：以本带分子出现的始终为标志。共生有 *Leptellina*，*Bilobia*，*Multiridgid* 等。产于庙坡组下、中部。属于中奥陶世。

⑦*Sericoidea* 带：以本带分子出现的始终为标志，共生有大量扭月贝类 *Anisopleurella*，*Anoptambonites*，*Diambonia*，*Jielingia* 等。产于庙坡组上部。属于中奥陶世。

⑧*Christiania* 带：以本带分子出现的始终为标志，共生有大量 *Leangella*，*Leptellina* 及 *Eoplectodonta*，*Jielingia* 等。产于庙坡组顶部至宝塔组底部。属于中奥陶世。

⑨*Hirnantia* 带：又称 *Hirnantia* 动物群。该带以 *Hirnantia*，*Kinnella* 为特征，具有多类群的腕足类动物群。是龙马溪组观音桥层中特有的腕足类动物群，具有世界性对比意义。属于晚奥陶世末期。

⑩*Meifodia* 带：以本带分子出现的始终为标志，共生的腕足类有 *Stricklandia*，*Zygospiraella*，*Merciella*，*Eospirifer* 等。产于罗惹坪组下段下部。属于早志留世。

⑪*Lissatrypa - Stricklandia transversa* 组合带：本带以 *Lissatrypa* 开始出现，且非常丰富，以及 *Stricklandia transversa* 极为昌盛为特征，共生的主要分子有 *Pentamerus* (*Pentamerus*)，*P.* (*Sulcupentamerus*)，*Apopentamerus* 等。产于罗惹坪组下段中部至上段。属于早志留世。

⑫*Katastrophomena depressa - Isorthis* 组合带：以 *Katastrophomena depressa* 出现的始终，同时伴有 *Isorthis* 为标志。产于罗惹坪组顶部至纱帽组下部。属于早志留世。

牙形石

省境该地质时期牙形石生物地层学的研究成果发表始于安泰庠等(1981)、倪世钊(1981)，后经汪啸风、倪世钊等(1987)再研究，在峡区从晚寒武世晚期至志留纪由下至上共建立了 22 个带(包括组合带)。

①*Eoconodontus notchpeakensis - Cordylodus proavus* 组合带：以产组合带分子为特征，产于娄山关组（三游洞组）距顶界 13m 至 23m 各地不等厚度层位。属于晚寒武世末期一个牙形石地层单位。

②*Monocostodus sevierensis - Hirsutodontus simplex* 组合带：以组合带分子的出现为下限，以 *M. sevierensis* 的基本消失和 *Sanxiagnathus sanxiaensis* 出现为上限。产于娄山关组（三游洞组）距顶界 1.7m 至 17.2m 各地不等厚度层位。属于早奥陶世初始的一个牙形石地层单位。

③*Cordylodus angulodus - Sanxiagnathus sanxiensis* 组合带：以 *S. sanxiaensis* (=*Acodus oneotensis*) 的出现和消失为本带的始终。产于南津关组底部。属于早奥陶世早期。

④*Acanthodus costatus* 带：以 *Sanxiagnathus sanxiaensis* 的消失或 *Hyodus delatibasis* 的出现为开始，*Acanthodu costatu* 的消失为结束。产于南津关组下段中下部。属于早奥陶世早期。

⑤*Paltodus deltifer pristinus - Glyptoconus quadraplicatus* 组合带：以组合带分子的出现和消失作为本带的始终。产于南津关组下段中上部至上段底部。属于早奥陶世早期。

⑥*Paltodus deltifer deltifer* 带：以本带分子的出现和消失为标志。产于南津关组上段。属于早奥陶世早期。

⑦*Triangulodus bicostatus* 带：以本带分子的出现和消失为标志。产于南津关组顶部至红花园组。属于早奥陶世中早期。

⑧*Oepikodus evae* 带：以 *Bergstroemognathus extensus* 和 *O. evae* 二者的出现和消失为标志。产于大湾组底部。属于早奥陶世中晚期。

⑨*Baltoniodus triangularis* 带：以本带分子出现和基本消失为标志，以前带（*O. evae* 带）之顶为下限，以 *Reutterodus depressus*，*Stolodus stola*，*Juanognathus variabilis* 普遍消失为上限。产于大湾组下段下部。属于早奥陶世中晚期。

⑩*Baltoniodus navis - Paroistodus parallelus* 带：以 *B. navis* 的出现和 *P. parallelus* 基本消失作为此组合带的开始和结束。产于大湾组下段中、上部。属于早奥陶世中晚期。

⑪*Paroistodus originalis* 带：以本带分子出现和消失为标志。产于大湾组下段顶部至上段底部。属于早奥陶世中晚期。

⑫*Amorphognathus variabilis* 带：以本带分子的出现为开始，以 *Eoplacognathus suecicus* 的出现为结束。产于大湾组上段下部至牯牛潭组下部。属于早奥陶世晚期。

⑬*Eoplacognathus foliaceus* 带：以 *E. suecicus* 出现为下限，*E. foliaceus* 的消失为上限。产于牯牛潭组顶部。属于早奥陶世晚期。

⑭*Pygodus serra* 带：以带分子的出现为开始，*P. anserinus* 出现为结束。产于庙坡组下部。属于中奥陶世。

⑮*Pygodus anserinus* 带：一般以带分子的出现和消失为始终。产于庙坡组中部。属于中奥陶世。

⑯*Prioniodus alobatus* 带：本带牙形石特征与前两带基本相同，所不同的是未见 *Pygodus*，*Eoplacognathus*。产于庙坡组上部。属于中奥陶世。

⑰*Hamarodus ? europaeus* 带：以 *Amorphognathus complicatus* 出现为下限，*Protopanderodus insculptus* 出现为上限。产于宝塔组底部至中部。属于中奥陶世。

⑱*Protopanderodus ? insculptus* 带：以带分子出现和消失为标志。产于宝塔组上部。属于晚奥陶世。

⑲*Amophognathus ordovicicus* 带：以带分子为特征，产于龙马溪组观音桥层。属于晚奥陶世。

⑳*Panderodus unicostatus* 顶峰带：以该带分子富集为特点。产于罗惹坪组下部。属于早志留世。

㉑*Spathognathodus oldhamensis - Distomodus kentuckyensis* 组合带：以组合带分子为特征。产于罗惹坪组中上部。属于早志留世。

㉒*Pterospathodus celloni* 带：以带分子出现为特点。产于罗惹坪组顶至纱帽组底的钙质页岩中。属于早志留世。

小壳化石

以个体微小，一般 1～2 mm，具有硬壳的多门类海生无脊椎动物，简称小壳化石。是当今划分寒武系与前寒武系界线的主要古生物依据。归纳前人研究成果，省境建立小壳化石生物地层单位，有两种岩性岩相地层类型：其一，含磷质的内碎屑白云岩型的灯影组顶部（前人所谓的黄鳝洞段、天柱山段、西蒿坪段），该小壳化石往往是异地堆积呈混生状态保存。称

Anabarites – *Circotheca* – *Paragloborilus* – *Siphogonuchites* 组合带（赵自强等，1985）；另一种是碳质、硅质、泥质页岩，硅磷质内碎屑灰岩型的牛蹄塘组下段（前人划为水井沱组下段或不含三叶虫段，以及所谓的岩家河组），该类型的小壳化石可分上、下两个组合带（陈平，1984）：下部为 *Anabarites* – *Circotheca* – *Protohertzina* 组合带；上部为 *Aldanella* – *Lophotheca* – *Maidipingoconus* 组合带。并认为上述两种岩相类型是同时异相产物，可以和云南梅树村Ⅰ、Ⅱ带对比。

其他

如天河板组的古杯类，罗惹坪组的珊瑚以及古介形类和介形类，软躯体后生动物和海绵动物、微古植物和疑源类等，由于在地层划分对比方面稍欠逊色，这里就不一一叙述。

第三节　年代地层

湖北省震旦系—志留系的划分，过去一般沿用我国传统的习惯划分意见。震旦系二分，而寒武系、志留系三分，奥陶系多数人采用三分，但也有相当一部分人采用二分，本次清理采用三分（见表 1 – 1）。下就各系底、顶界线及统的划分简述如下：

1. 震旦系底界：根据 1982 年全国地层委员会“晚前寒武纪地层分类命名会议”的决议，震旦系底界同位素年龄采用 800 Ma。省境扬子地层区之震旦系以明显的不整合覆于同位素年龄为 805～880 Ma 的黄陵花岗岩及更古老的变质岩系之上，因此，以这标志晋宁运动的不整合面为震旦系之底界面。省境南秦岭-大别山地层区之震旦系下部已有同位素年龄值 795.7^{+79}_{-77} Ma，其底界虽均以韧性剪切带覆于中元古界之上，但这剪切带显示的界面上可普遍见及震旦系底部底砾岩断续出露，反映震旦系与中元古界间原始不整合界面的存在。

2. 上、下震旦统界线：根据“晚前寒武纪地层分类命名会议”决议（1982），中国南方震旦系上、下统界线同位素年龄采用 700 Ma。省境扬子地层区内震旦系上统陡山沱村阶同位素年龄为 693±66 Ma，且普遍以平行不整合覆于下统冰碛岩系之上，同时，上、下统间在古生物群组合上有着显著的重大差别，故该区震旦系上、下统界线置于陡山沱村阶底部平行不整合面。至于省境南秦岭-大别山地层区，震旦系上、下统之间亦为韧性剪切带接触，然上统如同扬子区震旦系上统一样，在古生物群组合上与下统差别极为明显，故上、下统界线可以该区陡山沱村阶的底部韧性剪切带作为划分标志。

3. 寒武系底界：湖北寒武系底界，最早由李四光等（1924）提出置于灯影灰岩与石牌页岩之间。张文堂等（1957）从李四光等的石牌页岩下部划分出水井沱页岩，而将该界线置于灯影组灰岩与水井沱页岩之间。其实，上述二者意见是一致的，这一界线一直广为沿用。自 70 年代初期在灯影组顶部发现软舌螺等小壳化石以来，越来越多的人根据小壳化石出现作为寒武系的底界。尤其是在国际前寒武系—寒武系界线层型剖面的选择过程中，大大地促进了我国、我省对这一界线的研究，并取得了长足的进展。但仍有两种主要意见：一是以最古老的小壳化石组合带出现作为寒武系的开始，置于梅树村剖面的 A 点为震旦系与寒武系的界线点，即梅树村动物群第Ⅰ组合 *Anabarites* – *Circotheca* – *Protohertzina* 组合带之底；二是置于梅树村剖面的 B 点为震旦系与寒武系的界线，即梅树村动物群第Ⅰ组合 *Anabarites* – *Circotheca* – *Protohertzina* 组合带与第二组合 *Paraglborilus* – *Siphogonuchites* 组合带之间的分界处。本次清理，鉴于我省小壳化石分别赋存在灯影组顶部（前人分别称黄鳝洞段、天柱山段、西蒿坪段）和牛蹄塘组下段（前人分别称水井沱组下段、岩家河组）。但前者小壳化石不易划分上、下两组合带，而后者可明显划分出上、下两组合带。因此，省境寒武系底界的划定采用前述第一种意见，即置于灯影组顶部或牛蹄塘组下段内的梅树村动物群之底。

4. 下、中寒武统界线：该界线目前主要有二种意见：一是以 *Redlichia* 的消失为中、下寒武统分界，大致划在我省大部分地区的石龙洞组之顶界，在恩施一带则划在高台组下部通过。另一种意见则以大量褶颊虫科的分子出现为中寒武统的开始，划在石龙洞组内部或其底界，在恩施一带划在高台组底界。本书采用第一种意见。

5. 中、上寒武统界线：过去一般将此界线划在覃家庙组与娄山关组（三游洞组）之间。近10多年来，汪啸风等（1987）在峡区的娄山关组下部发现中寒武世三叶虫 *Paranomocare*, *Poshania* 等。因此，在峡区该界线于娄山关组下部通过，在鄂西南和鄂西北地区则以 *Blackwelderia* - *Fengduia* 组合带出现为上统开始。

6. 奥陶系底界：过去一般划在南津关组底，即 *Asaphellus inflatus* 带之底。近10多年来，以汪啸风等（1987）为代表的在娄山关组（三游洞组）顶部，距娄山关组顶界数米至数十米，各地不等厚的地层中发现具有世界对比意义的下奥陶统底部的牙形石 *Monocostodus sevierensis* - *Hirsutodontus simplex* 组合带和头足类 *Pseudoectenolites* - *Xiadongoceras* 组合带。故其底界以该两组合带的出现为标志，划在娄山关组上部或顶部通过。

7. 下、中奥陶统界线：该界线曾有四种意见：其一，以张文堂（1962）和湖北三峡地层组（1978）为代表的划在大湾组与牯牛潭组之间。前者认为 *Azygograptus suecicus* 带与美国 *Didymograptus hirundo* 带对比；*Glyptograptus sinodentatus* 带与美国 *Didymograptus murchisoni* 带对比。因此认为下、中统界线划在大湾组与牯牛潭组之间；后者认为该界线与宁国期中上部之间界线一致。其二，盛莘夫（1974）划在大湾组下部与中部之间，即 *Azygograptus suecicus* 带与 *Protocyclocera* 带（=*P. deprati* 带）之间。其三，王汝植（1981）① 划在红花园组与大湾组之间，认为红花园组与大湾组之间是头足类的一次明显更新时期，并认为南方头足类和北方头足类是从大湾期开始分异的，在大湾期之前南、北方头足类是一致的。其四，以中科院南古所（1974）和穆恩之等（1982）为代表的划在牯牛潭组与庙坡组之间，认为牯牛潭组主要的 *Dideroceras wahlenbergi*，与上覆地层的头足类有明显不连续，而与下伏地层的头足类关系密切，甚至相似。另外认为牯牛潭组中所产腕足类 *Phragmorthis*、*Tetradontella* 等与下伏地层所产者相同。因此，牯牛潭组应为早奥陶世晚期。本书暂采用第四种意见。

8. 中、上奥陶统界线：过去主要存在两种意见。其一，是以张文堂（1962）为代表的，划在宝塔组下、上部之间（即狭义宝塔组与临湘组之间）。以 *Nankinolithus* 的出现为划分标志，认为 *Nankinolithus* 是 Ashgillian stage 下部 *Pleurograptus linearis* 带的相变产物。其二是盛莘夫（1974）划在庙坡组与宝塔组之间。认为宝塔灰岩与临湘灰岩不但岩性界线不清楚，且有相互消长。在古生物方面，宝塔灰岩与临湘灰岩除三叶虫有很多同种外，在临湘灰岩中还发现 *Sinoceras chinense*，更说明二者之间不应作为统的界线。得到王汝植（1981）的赞同。本次研究暂采用第一种意见。

9. 志留系底界：在70年代初以前奥陶系与志留系的界线多划在含 *Hirnantia* 和 *Dalmanilina* 动物群的观音桥层（或组、段）之下（张文堂，1962；中科院南古所，1974）。70年代晚期才比较一致地置于含该动物群的观音桥层之顶，为志留系的开始（湖北三峡地层组，

---

① 王汝植，1981，奥陶系。西南地质地层总结，地质部成都地质矿产研究所（内刊）。

1978；倪寓南，1978；穆恩之等，1979 等）。本次清理采用后一种意见。在没有观音桥层（壳相层）的情况下，一般以 *Glyptograptus persculptus* 带的出现为志留系的开始。但在不易获得化石的情况下就难以确定，只能大致划在龙马溪组中下部通过。但也不排除个别地方二系之间有水下隆起沉积小间断存在。

10. 下、中志留统界线：70 年代以前一般将下、中志留统界线置于新滩组（龙马溪组）与罗惹坪组之间，自南古所（1974）在峡区罗惹坪组获得早志留世的 *Streptograptus crispus*，*Palaeophyllum*，*Stricklandia* 等，将此界线置于罗惹坪组与纱帽组（石屋子组）之间后，湖北三峡地层组（1978）将界线上移，把“石屋子组”归入罗惹坪组上部划入下志留统，穆恩之等（1982）则移至纱帽组顶界，提出宜昌大中坝（罗惹坪）地区是否有中志留统的存在？本次清理以 *Coronocephalus* 或 *Kailia* 的出现为中志留统的开始标志，因此划在纱帽组下、中段之间；在鄂东南划在新滩组与坟头组之间；在竹山、竹溪一带暂置于梅子垭组与竹溪组之间。

11. 中、上志留统界线：由于省境受广西运动影响普遍缺失上志留统。但在鄂东南地区南部本次清理仍沿用过去意见，置于坟头组与茅山组之间。

第四章
泥盆纪—侏罗纪

泥盆纪至侏罗纪时期省境仍以青峰-襄广断裂为界将全省划分为南、北两个地层区：南部属于扬子地层区；北部属于南秦岭-大别山地层区（图4-1）。

省境扬子地层区地处该区中段，因受晚期加里东运动（广西运动）的影响，曾一度在较长的地质时期内上升为陆地，遭到强烈的剥蚀夷平作用，普遍缺失中志留世晚期至中泥盆世早期沉积地层。自中泥盆世晚期至早石炭世为以碎屑岩为主，夹碳酸盐岩，时含鲕状赤铁矿、菱铁矿、煤线的地层；晚石炭世至中三叠世为浅海碳酸盐岩为主夹滨海沼泽含煤碎屑岩的地层；晚三叠世至早侏罗世，开始过渡到陆相的沉积，普遍含可采煤层；中、晚侏罗世为一套陆相红色碎屑岩地层，在其晚期于鄂东南尚有火山碎屑岩地层。

省境的南秦岭-大别山地层区，在本地质时期只限于鄂陕交界的郧西地区，发育有自早泥盆世晚期至早二叠世以浅海碳酸盐岩为主夹有海陆交互相碎屑岩的地层。

省境泥盆纪至侏罗纪地层，前人曾使用过132个地层单位名称。经本次清理，我们建议采用46个岩石地层单位（见表1-1）。其中群级单位2个，组级单位44个。创建于本省的有18个，引用外省区的有28个。

第一节 岩石地层单位

云台观组 $D_{2-3}y$（42-0251）

【创名及原始定义】 俞建章、舒文博（1929）创“云台观石英岩”，创名地点为钟祥县东桥镇之南云台观（现属钟祥市大口林场管辖）。原始定义：“云台观石英岩，于九龙山层之上，巫山灰岩之下，有石英岩；颜色灰白色及呈肉红；而其厚度自零至六十公尺。惟东桥镇南之聊屈山与云台观之山顶有最大厚度之石英岩，冠盖于新滩页岩之上。于是以云台观名之”。并与“长江下游的梧桐石英岩对比，定为泥盆纪”。

【沿革】 在大洪山地区曾称云台观组。鄂西地区，除刘之远（1951）曾引用“乌桐石英岩”外，岳希新（1948）、杨敬之、穆恩之（1951、1953）等称云台观石英岩，此后王钰、俞昌民（1962）改称云台观组，一直沿用至今。在武汉及鄂东南地区，最早是张德仁（1948）引用乌桐石英岩；同年，俞建章、郭鸿俊（1948）创名“珞珈石英砂岩”；湖北局地科所

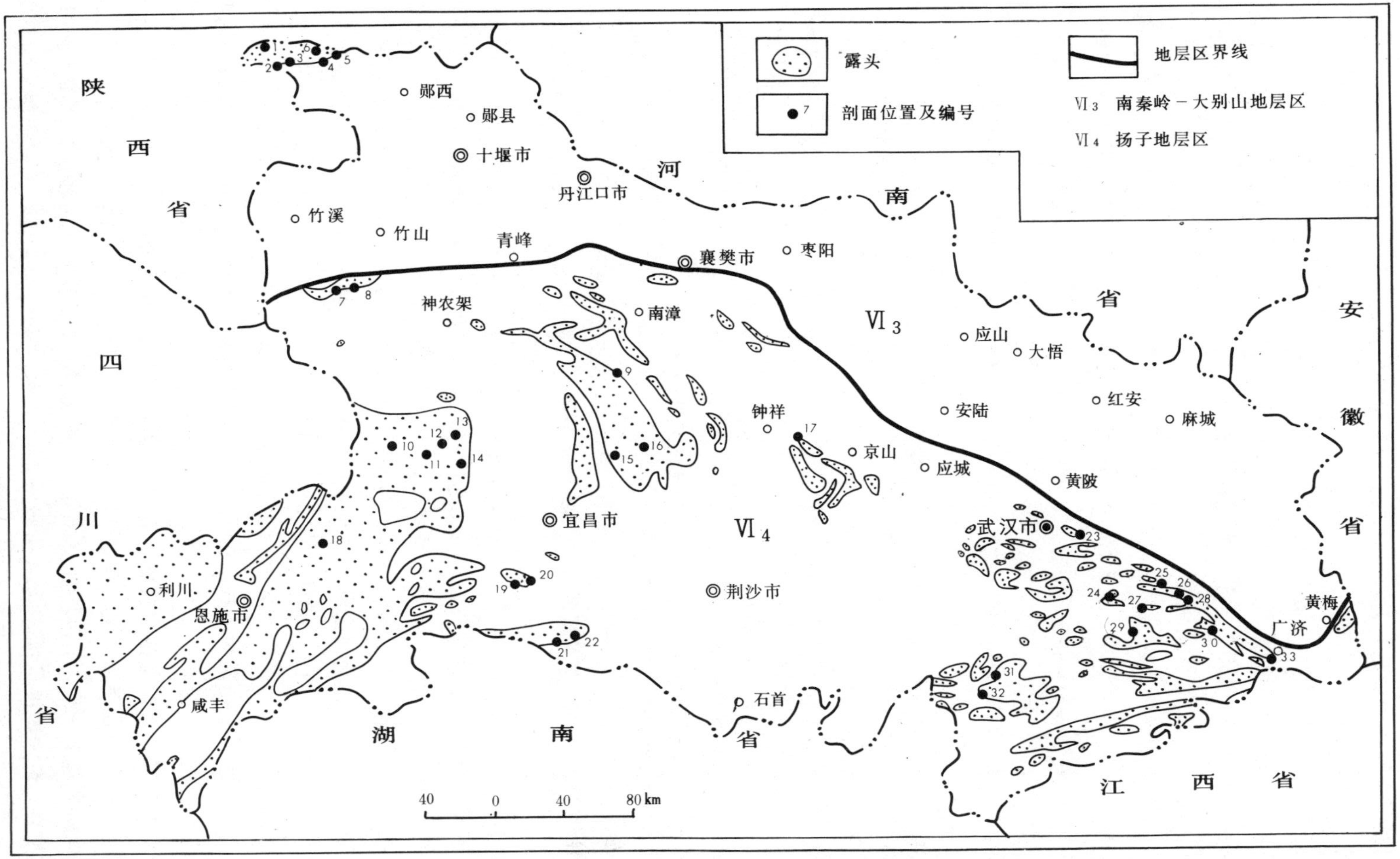

图 4-1 湖北省泥盆纪—侏罗纪地层露头分布及层型剖面位置图

1. 郧西四峡口；2. 郧西王家山；3. 郧西朝阳沟；4. 郧西洞长沟；5. 郧西上津天桥沟；6. 郧西红岩沟脑；7. 竹山大水沟；8. 房县瓦屋湾；9. 南漳王龙滩；10. 巴东城关；11. 秭归泄滩；12. 秭归三溪河；13. 兴山平巴口；14. 秭归新滩；15. 远安九里岗；16. 当阳桐竹园；17. 钟祥云台观；18. 建始马扎坪；19. 长阳栏杆崖；20. 长阳黄家磴；21. 松滋锈水沟；22. 松滋三溪口；23. 武昌土桥；24. 大冶沙田；25. 鄂城朱马湾；26. 黄石下窑；27. 大冶笔架山；28. 黄石螺丝壳山；29. 大冶马架山；30. 阳新太子庙；31. 嘉鱼高铁龙泉山；32. 蒲圻城关；33. 武穴关山荞麦塘

(1962) 改称“五通组”，从此多数人沿用五通组，亦有少数人称珞珈山石英砂岩（区元任等，1958；李承森，1993）。本次清理从岩性特征和沉积盆地分析，将其与大洪山地区视为一致，故称云台观组。需要指出的是：武汉地区的云台观组只包括俞、郭二氏的第一、二两层，其上的第三层应属黄家磴组。

【现在定义】 云台观组为一套灰白色中至厚层或块状石英岩状细粒石英砂岩，夹少许灰绿色泥质砂岩。区域上有时呈紫红或肉红色，时夹薄层状粉砂岩或泥岩，底部时具底砾岩或含砾砂岩或底粘土岩。平行不整合于志留纪地层的不同层位上，整合于黄家磴组或平行不整合于大埇组、或黄龙组、或梁山组之下。

【层型】 由于俞、舒二氏当时未测制剖面，本次由吴细松、刘贵兴和金飚于1992年在命名地点云台观西南2 km的小天池补测得一条较好的剖面（112°47′13″，31°06′27″）作为本组选层型。

上覆地层：**梁山组** 灰黄—黄褐色薄层状泥质粉砂岩，单层厚2～5 cm，含铁质，风化后呈黄褐色

——————— 平行不整合 ———————

云台观组	总厚度 55.45 m
10. 灰白色中至厚层状石英岩状细粒石英砂岩	8.72 m
9. 灰白色厚层状石英岩状细粒石英砂岩	1.52 m
8. 灰白—灰黄色中厚层状石英岩状细粒石英砂岩	6.03 m
7. 灰白色厚层状石英岩状细粒石英砂岩	13.52 m
6. 灰白色厚层状块状石英岩状细粒石英砂岩	20.75 m
5. 灰绿色薄层状细粒砂岩夹灰白色薄层状泥质细粒石英砂岩	1.39 m
4. 灰白色巨厚层状石英岩状细粒石英砂岩	3.52 m

——————— 平行不整合 ———————

下伏地层：**纱帽组** 灰黄色薄层状泥质粉砂岩夹薄层状细粒石英砂岩

【地质特征及区域变化】 本组主要分布于鄂西、大洪山南部及武汉、鄂东沿长江地区，其他地区只有零星分布。本组岩性各地所见基本一致，由一套较纯的石英砂岩组成，多具交错层理、斜层理和小平行层理。岩石致密坚硬，如冠于山顶，蜿如城垣；若围绕山腰，形如束带，在地貌上颇具特色。有时本组亦夹泥质粉砂岩或页岩透镜体，如长阳石板坡于本组上部及武汉米粮山于本组下部夹薄层状黄绿色页岩产植物化石；在松滋刘家场锈水沟剖面，近本组底部夹0.38 m的紫红色、灰绿色泥质粉砂岩含孢子化石。本组底部常见石英质底砾岩或含砾石英砂岩，局部地区见底粘土层（松滋松木坪一带）。本组底界明显，均以平行不整合面为标志，易与下伏志留纪地层的不纯质砂岩或页岩分开；本组顶界：在宜昌回马坡以南的鄂西、鄂西南广大地区，本组以中厚层—块状纯质的石英砂岩与上覆黄家磴组灰绿色或黄绿色含泥质砂岩或泥岩（页岩）呈整合接触；在其他地区，则与上覆大埇组、或黄龙组或梁山组等不同地层呈平行不整合接触，也有零星地段与上覆黄家磴组呈整合接触。虽然本组岩性较为稳定，各地所见基本一致，但其厚度变化较大。在鄂西、鄂西南地区以松滋、宜都、长阳、建始一带较发育，最大厚度可达81 m（秭归杨林），一般在20～40余米，由此向四周均有变薄趋势。如向西、向南方向的鹤峰、宣恩、咸丰一带，一般厚3～12 m，至来凤沙子田一带则缺失；向西北方向的秭归新滩厚约50 m，兴山宋子园厚8 m，至巴东石磨一带及至四川巫山

庙堂河则缺失；向东北方向的宜昌风洞河厚约 30 m，回马坡厚 7 m，金竹园厚 2～3 m，至南漳北部和保康、神农架一带则缺失。在大洪山地区主要发育于钟祥聊屈山云台观一带，厚达 55 m，其余地区一般厚数米至 10 余米，在钟祥朱堡埠以南和荆门板仓附近局部地段有缺失现象。在武汉、鄂东、鄂东南地区，以武汉、黄石一带较为发育，一般厚 10 余米至 30 余米，其他地区厚数米至 10 余米。应当指出，在由石炭纪或二叠纪地层覆盖的云台观组厚度，并不完全反映原始沉积的真实厚度。

云台观组一般含化石稀少。在创名的大洪山地区至今还未发现化石。在咸丰赵家山（湖北省区测队，1968）及其邻近的湖南龙山县太平山、新桥（陈懋猷，1959）获得 *Protolepidodendron scharyanum*；在长阳石板坡（湖北省区测队，1984）获得 *Protopteridium* sp.；在松滋刘家场磺矿锈水沟（冯少南等，1984）获得孢子，以 *Aneurospora gregsii*，*Geminospora parivibasilaria*，*Cymbosporites* 等为主，同时还在相邻的湘鄂交界的湖南澧县山门水库（朱家楠等，1984）获得丰富植物化石，以 *Protolepidodendron scharyanum* - *Barrandeina dusliana* 组合带为代表。说明上述地区的云台观组时代属于中泥盆世晚期。但在建始长梁子牯牛坪（四川省地质局 107 地质队，1984）及其邻近的川鄂交界的四川黔江水泥厂和彭水郁山等地（四川省地质局 107 地质队，1975）获得腕足类：*Cyrtospirifer sinensis*，*C. pellizzariformis*，*Atrypa* sp. 等，说明这些地区的云台观组时代属于晚泥盆世。在武汉、黄石及蕲春大立山等地（湖北区测队，1965，1976）获得植物化石，主要为 *Leptophloeum rhombicum*，*Cyclostigma kiltorkense*，*Sublepidodendron mirabile* 等。另外据近年李承森等（C S Li and J Hsii，1987；D Walossek，C S Li and C Brauckmann，1990；A R Ashraf and C S Li，1993）的研究，在武汉米粮山（美娘山）获得植物化石 *Protopteridophyton devonicum*；蝎类 *Hubeiscorpio gracilitarus*；以及 *Ancyrospora langii*，*Acinosporites pyramidatus*，*Rhabdsporites zonofossulatus* 等为主要代表的孢子，说明该地区的云台观组时代属于晚泥盆世早期 Frasnian。总之，根据以上所述之岩性、岩相、生物化石以及地质年代等综合分析，省境在中泥盆世晚期，由于华南海域扩大，海侵超越江南古陆（王鸿祯等，1985），使湖北西南部湘鄂边境一带首先遭到波及，从而沿着海岸线或平行海岸线发育了滨海环境。随着时间的推移，滨海环境沿海水前进方向移动，云台观组就是在这种前进滨海环境下沉积的一套滨海陆源碎屑岩组成的岩石地层单位，具有明显的穿时性（图 4 - 2）。据此，前人对武汉及鄂东等地区所称的珞珈石英砂岩或五通组的下部，应属于这一地层体。因此建议珞珈石英砂岩和五通组停止使用。

黄家磴组　D_3h　（42 - 0252）

【创名及原始定义】　系杨敬之、穆恩之（1951）所创的“黄家磴层”演变而来。创名地点在长阳县马鞍山东端黄家磴。原始定义：“云台观石英岩与写经寺层之间的黄色、灰白色石英质砂岩，夹灰色及红色页岩，60 公尺厚。其中获得 *Lepidodendropsis arborescens*，与湖南跳马涧层所产者完全相同，故其时代应为早期中泥盆世。此层和上、下岩层之间均有显著之侵蚀面，应为一独立地层单位，今取名为黄家磴层。”

【沿革】　随后，杨、穆二氏（1953）进一步研究，正式描述了黄家磴剖面，并进一步阐述了黄家磴层的涵义：“云台观石英岩之上，写经寺层之下，有灰绿色石英质砂岩及蓝灰色页岩，上部页岩中富产植物化石。此层上下界线显明，以长阳县马鞍山东端黄家磴附近露头最好，故名黄家磴层。”并指出“写经寺层底部之鲕状赤铁矿层为黄家磴层的显明顶界”；“云台观石英岩与黄家磴层底部的页岩直接接触，二者界线显明，并无渐变现象，其间之沉积关系可能是不连续。同时云台观石英岩完全为石英岩，未见化石。黄家磴层为页岩夹砂岩，富含

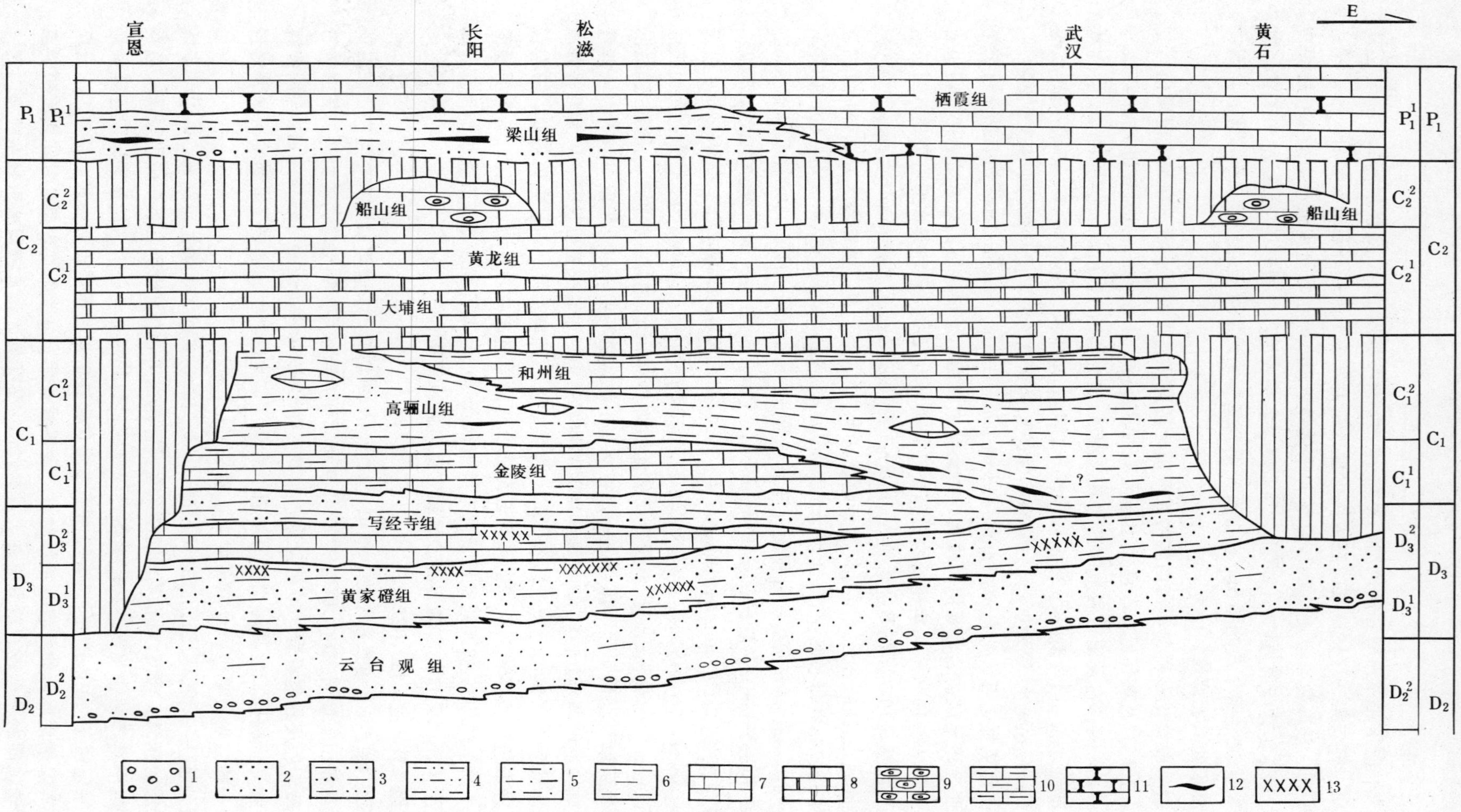

图4—2　湖北省扬子区泥盆—石炭纪岩石地层时空展示图

1、砾岩　2、石英砂岩、砂岩　3、泥质砂岩　4、泥质粉砂岩　5、粉砂质泥岩　6、泥岩、页岩　7、灰岩　8、白云岩　9、球粒状藻灰岩

10、泥灰岩、泥质灰岩　11、碳质瘤状灰岩　12、透镜状煤层或煤线　13、鲕状赤铁矿

植物化石，二者易于区别”。自1959年全国第一届地层会议王钰、俞昌民（1962）在总结《中国的泥盆系》改称黄家磴组后一直为后人沿用。但其顶界各家意见不一，归纳起来有四种意见：其一，以杨、穆二氏为代表者，是以鲕状赤铁矿层的底面为其顶界；其二，以敖振宽、杨昌权（1959）为代表者，以灰岩、泥灰岩出现为其顶界；其三，以杨开济、赵自强（1959）和江涛（1965）为代表者，以鲕状赤铁矿层之下的一层黄绿色页岩与砂岩之间为界；其四，湖北区测队（1970、1984）以 *Yunnanella*－*Yunnanellina* 出现的第三层鲕状赤铁矿为其分界。从以上四种意见来看，其中第四种意见是以生物化石为依据的，不宜作岩石地层单位界线标志。而第一、三种意见也不可取，因铁矿层不止一层，且极不稳定，可以在很短距离内分叉为数层，也可尖灭消失。所以，从岩石地层学的观点出发，我们赞同第二种意见，即以灰岩、泥灰岩的出现为其与写经寺组分界。

【现在定义】 以黄绿、灰绿色页岩、砂质页岩和砂岩为主，时夹鲕状赤铁矿层，含植物和腕足类等化石。与下伏云台观组的纯质石英岩状砂岩和上覆写经寺组底部的泥灰岩、灰岩均呈整合关系，上、下界线均明显易分，由于剥蚀原因，亦可分别伏于大埔组、黄龙组、梁山组或栖霞组等地层之下，其时代属于晚泥盆世。

【层型】 正层型为长阳县马鞍山东端黄家磴及梯儿崖剖面（111°12′26″，30°22′45″，两剖面相距约3 km；杨敬之、穆恩之，1953）。

上覆地层：**写经寺组** 黄灰色泥质灰岩，中夹薄层状绿色页岩，泥质灰岩内富产化石：*Yunnanella abrupta*，*Yunnanellina triplicata* 等

——————整 合——————

黄家磴组	总厚度约 51.00 m
6. 黄色页岩，底部含鲕状赤铁矿	3.50 m
5. 灰色石英质砂岩	4.00 m
4. 浅绿色砂质页岩及绿色砂岩的互层，砂岩层面上具有显著的波痕	6.00 m
3. 黄灰色页岩夹薄层状砂岩，富产化石：*Leptophloeum rhombicum*，“*Sphenopteris*” *recurva*，*Changyanophyton hupeiense*；在黄家磴南坡相当层位中采得下列化石：*Leptophloeum rhombicum*，*Cyclostigma kiltorkense*，*Lepidodendropsis*? sp. 等	7.50 m
2. 灰色石英质砂岩夹少许页岩	约 30.00 m

——————整 合——————

下伏地层：**云台观组** 白色，灰白色中至厚层状石英砂岩

【地质特征及区域变化】 黄家磴组在省境主要出露于鄂西、鄂西南一带，在武汉、鄂东南等地则因剥蚀原因只有零星分布，其他地区则剥蚀殆尽。黄家磴组的岩性变化不大，总的趋势由西向东砂岩增多，即在鹤峰以西的宣恩、咸丰、利川等地，一般以泥页岩、钙质页岩为主，夹砂岩；鹤峰以东的五峰、长阳、宜都、松滋等地依次砂岩逐渐增多，常以细砂岩、石英细砂岩、粉砂岩为主夹页岩；武汉、鄂东南地区砂岩增多更为明显。厚度变化各地不一：利川、咸丰、宣恩一带厚0～53 m；鹤峰、五峰、建始等地，一般厚16～30 m；长阳、宜都、松滋一带较厚，一般厚50～70 m；宜昌地区由南往北明显变薄，甚至尖灭，宜昌风洞河厚35 m，布袋垱厚12 m，至远安或以北地区则尖灭（可能为剥蚀所致）；在武汉、鄂东南地区因剥蚀原因只有零星分布，见于武汉米粮山厚66 m，大冶猫儿铺厚3 m，毛铺和通山横石潭厚5 m，其余大多数地区则已剥蚀殆尽。

本组是宁乡式铁矿的主要含矿地层。在松滋、宜都、长阳一带一般可见1～3层，有时可达4层，呈似层状或透镜状。其中，本组顶部一层较好，一般厚1～3 m，最厚达11 m。矿层沿横向变化大，常相变为铁质砂页岩。由上述地区向西、向东在层数和厚度上都有递减的趋势或尖灭。于鄂西南地区的宣恩川箭河、咸丰县白岩等地铁矿层完全尖灭，而在利川文斗及五峰等地可见一层或尖灭。东至武汉米粮山、花山等地见一层品位极低的赤铁矿或铁质砂页岩。其他地区则尖灭。

本组含有较丰富的动、植物化石。其中植物为：*Leptoploeum rhombicum*，*Cyclostigma kiltorkense*，*Archaeopteris macilenta*，*A. fissilis*，*Rhacophyton ceratangium*，*Lepidodendropsis*? *arborecens* 等；孢子主要有：*Aneurospora greggsii*，*Cymbosporites cyathus*，*Ballatisporites ballatus*，*Samarisporites spinosus* 等；腕足类有：*Cyrtospirifer anossafioides*，*C. pellizzariformis*，*C. sinensis*，*Lepotodema* cf. *naviformis*，*Tenticospirifer* sp. 等；叶肢介有：*Lioestheri* cf. *longtangensis*，*Palaeolimnadia* sp. 等；鱼化石有：*Changyanophyton hupeiense*。综上所述，本组地质时代为晚泥盆世早期Frasnian。属海陆交互相沉积，下部以陆相为主，上部以海相为主。

写经寺组　D_3C_1x　(42-0253)

【创名及原始定义】　由谢家荣、刘季辰（1929）所创的“写经寺含铁层”演变而来。创名地点在宜都县（现称枝城市）写经寺。原始定义：“写经寺含铁层，界于石炭纪灰岩与下志留纪页岩之间，有一砂岩页岩与石灰岩之交互层，厚约百公尺，中含鲕状赤铁矿数层，以出露于宜都写经寺者最为著名，故特名之为写经寺含铁层。”

【沿革】　最初由谢、刘二氏创建写经寺含铁层时被误置于早志留世新滩页岩的上部层位，于罗惹坪层与阳新灰岩之间的一套地层，包括了较多的地层内容。后经杨敬之、穆恩之（1951、1953）和江涛（1965）的调查研究才有较明确的层序和含义，但对其底、顶界线颇多争议。

关于本组之底界详见黄家磴组顶界之论述。而本组之顶界，主要是对金陵灰岩之下的那套泥盆—石炭纪过渡层之砂页岩的划分问题，各人根据所获得化石的年代解释不同，其界线时有上下移动变化。江涛（1965）由于在该套砂页岩上部（C层）中获得早石炭世化石，因此将该套砂页岩一分为二，将界线划在含早石炭世化石（C层）之下；湖北区测队（1970）于该套砂页岩上部同样发现早石炭世化石，在下部发现晚泥盆世至早石炭世的植物化石，将界线划在该套砂页岩之底部；冯少南、孟繁松（1975）论述该套砂页岩之植物化石为晚泥盆世，因此将该套砂页岩归于写经寺组；后来冯少南、许寿永等（1984）将该砂页岩上部含早石炭世化石层位创名为“长阳组”，下部含晚泥盆世化石层位创名为“梯子口组”，将写经寺组顶界划在该砂页岩之底；《湖北省区域地质志》（1990）将所谓的梯子口组并入写经寺组上部砂页岩段，因此界线在该砂页岩内。本次清理，根据岩石地层学原则，将整个砂页岩地层归于写经寺组上部的砂页岩段内，故本组为跨纪地层单位。梯子口组、长阳组因不符合岩石地层学原则而停止使用。

【现在定义】　指整合于黄家磴组与金陵组之间的一套地层序列，其上部称砂页岩段，以灰绿、灰黑色页岩、碳质页岩、粉砂岩、砂岩为主，时含鲕绿泥石菱铁矿及煤线，含腕足类和植物化石；下部称灰岩段，以灰、深灰色泥灰岩、灰岩或白云岩为主，时夹页岩及鲕状赤铁矿层或鲕状绿泥石菱铁矿，含腕足类化石。区域上因剥蚀所致，上覆地层因地而异。

【层型】　从谢、刘二氏（1927）发表的枝江县刹园寺（应为宜都县茶园寺）至土地垭剖面11—12层看，该剖面不但描述、划分上过于粗简，而且尚未搞清楚其层序。故本次选择该剖面之南，距离写经寺南东方向约10 km处的松滋县刘家场三溪口剖面（111°27′04″，30°04′

15″；江涛，1965）为其选层型，在划分上有所修正。

上覆地层：**金陵组** 深灰色厚层状白云质灰岩，含黄铁矿及生物化石：珊瑚、腕足类及海百合茎等

——————— 整 合 ———————

写经寺组	总厚度 44.7 m
砂页岩段	
7. 灰绿色页岩夹石英砂岩，含植物化石	7.4 m
6. 灰黑色砂岩夹页岩，含黄铁矿结核，见动物化石痕迹	15.5 m
灰岩段	
5. 钙质页岩及泥灰岩，含大量的腕足类化石，腹背两壳均已脱离，混乱堆积在一起，有下列种类：*Cyrtospirifer* sp.，*Yunnanella* sp.	14.3 m
4. 褐红色鲕状赤铁矿层，含腕足类化石	0.5 m
3. 深灰色泥灰岩	7 m

——————— 整 合 ———————

下伏地层：**黄家磴组** 褐红色鲕状赤铁矿层，顶部为 0.5 m 厚的钙质页岩

【地质特征及区域变化】 写经寺组的主要分布范围除宜昌附近外，基本只限于鄂西长江以南的地区。上部砂页岩段只出露于长阳、宜都（枝城市）、松滋、宜昌等地区。在长阳、宜都、松滋一带普遍夹碳质页岩或煤线，时夹瘤状铁矿或泥灰岩扁豆体。在宜昌地区常夹菱铁矿层。厚度一般几米至 20 余米，其中长阳毛湖埫厚 31 m，松滋刘家场厚 22 m，宜昌官庄厚 11 m。下部灰岩段略比上部砂页岩段分布广，除上述地区外，还有恩施、宣恩、建始、鹤峰、五峰等地区。其中宣恩、建始一带以灰岩、泥灰岩夹白云质灰岩或白云岩，偶夹少许页岩，在鹤峰以东至松滋一带，则泥质增多，常为泥灰岩夹页岩，在宜都、宜昌部分地区砂岩或铁质砂岩增多。厚度有由西向东变薄趋势。恩施新塘厚 60 m，宣恩川箭河、长潭河厚 43～46 m，长阳石板坡厚 40 m，宜都毛湖埫厚 12 m，松滋刘家场厚 22 m，宜昌官庄厚 3 m。

写经寺组下部灰岩段富含腕足类，亦有苔鲜虫、珊瑚和介形虫类等化石。其中腕足类 *Yunnanella abrupta*，*Y. simplex*，*Y. wangi*，*Yunnanellina hanburyi*，*Yun. hunanensis*，*Yun. simplex*，*Cyrtospirifer chaoi*，*C. davidsoni*，*C. pellizzarformis*，*Tenticospirifer hayasaki*，*T. tenticulum*，*Productella subaculeatus*，*Linxiangxiella typica*，*Athyis gurdoni*，*Hunanospirifer ninghsiangensis* 等；珊瑚 *Billingsastraea* sp.，*Pseudozaphrentis curvdta* 等；苔藓虫 *Rhombopora*，*Leptotrypa* sp. 及介形虫类等。据此，该部分层位无疑属于晚泥盆世。

写经寺组上部砂页岩段下部含植物化石和孢子。其中植物化石主要有：*Hamatophyton verticillatum*，*Leptophloeum rhombicum*，*Cyclostigma kiltorkense*，*Lepidodendropsis hirmeri*，*L. theodori*，*Archaeosigillaria vanuxemi*，*Prelepidodendron yiduense*，*Pseudobornia ursina*，*Barinophyton citrulliforme*，*Drepanophycus spinaeformis*，*Eolepidodendron wusihense*，*Sublepidodendron mirabile* 等；孢子 *Archaeoperisaccus scabratus*，*Hymenozonotriletes lepidophytus*，*Vallatisporites vallatus* 等及少量的双壳类 *Eoschizodus* sp.。从上述植物和孢子特征来看，该部分层位仍属晚泥盆世。但本段上部却含较丰富的腕足类、介形虫类、牙形石及少量珊瑚和植物碎片。其中主要的腕足类有 *Schuchertella gelaohoensis*，*S. gueizhouensis*，*Leptagonia analoga*，*Spirifer attenuatus*，*Crurithyris urei*，*Ptychomaletochia kinlingensis*，*Camarotoechia kinlingensis* 等；牙形石 *Leiognathus levis*，*Polygnathus inornatus*，*Pseudopolygnathus originalis* 等及少量珊瑚 *Syringopora ramulosa* 等。据此，该部层位应属早石炭世。说明写经寺组上部砂页岩段是一跨纪地层。

西岔河组　D_1x　（42－0255）

【创名及原始定义】　系陕西区测队等（1979）所创，西安地质矿产研究所（1983）介绍。创名地点于鄂陕交界的陕西旬阳县双河地区西岔河。原始定义："本组总的岩性以粗碎屑岩开始，往上渐变为细碎屑岩夹少量泥质灰岩、白云质灰岩，顶部往往以碳酸盐岩结束。"

【沿革】　陕西区测队（1966）曾将该地层置于公馆组的底部，时代属于中泥盆世。陕西区测队、长春地院和陕西省第一地质队（1976）联合调查该地区时，将其独立分出，并创名为"西岔河组"，属于早泥盆世晚期。嗣后，陕西区测队（1989）、《湖北省区域地质志》（1990）和鄂西北地调所（1991）均沿用西岔河组。

【现在定义】　"指水洞沟群（或白龙江群）与公馆组（或石家沟组）之间（省境为上津组与公馆组之间）一套以砾岩、砂岩为主（省境以砂岩、页岩为主）的碎屑岩地层，其中偶夹板岩、白云岩。底部与水洞沟群或白龙江群（省境为上津组）呈平行不整合或断层接触，底界以砾岩（省境为含砾砂岩）出现为标志。上部与公馆组呈整合接触，顶界以碎屑岩（或粘土岩）消失和碳酸盐岩出现划界。

【层型】　省内次层型为郧西县朝阳沟剖面（109°43′44″，33°06′48″；鄂西北地调所，1991）。

上覆地层：**公馆组**　灰黄色含生物屑泥晶白云岩

——————整　合——————

西岔河组	总厚度 225 m
5．深灰色薄层状含碳页岩	3 m
4．灰绿色、紫红色、浅灰色含砾细粒岩屑石英砂岩	107 m
3．灰白色含砾粗粒岩屑砂岩	80 m
2．青灰色含泥细—中粒岩屑砂岩，偶见砾石	35 m

－－－－－－－ 平行不整合 －－－－－－－

下伏地层：**上津组**　灰绿色含砂质泥质粉砂岩

【地质特征及区域变化】　本组只分布于郧西上津以西地区，大致围绕金鸡岭—郧西岭复向斜边缘分布，岩性单一，区内较稳定，一般由下部较粗、上部较细之碎屑岩组成。底部往往具砾岩或含砾粗砂岩，以平行不整合或不整合于志留纪上津组浅变质碎屑岩系上。其厚度以郧西朝阳沟最厚，达 225 m。由此往西、往东均有变薄趋势，往西至省境边界的陕西省旬阳县梯子沟厚 106 m，往东至涧长沟厚 135 m。本组于区内未发现化石，仅根据岩性特征及其上、下地层关系，并与邻近的陕西省对比，确定其为早泥盆世晚期。

公馆组　$D_{1-2}g$　（42－0256）

【创名及原始定义】　系陕西第一地质队（1963）创建的"公馆段"演变而来，陕西区调队（1966）介绍。创名地点于陕西省旬阳县公馆徐家槽。原始定义：下部灰白、灰黑色钙质白云岩；上部为一套泥质灰岩。岩性从下而上泥质增多、镁质含量减少。

【沿革】　陕西区测队（1966）曾将这一白云岩为主的地层称公馆组第一段上部，时代为中泥盆世。嗣后，陕西区测队（1989）和鄂西北地调所（1991）都引用公馆组，但将其置于西岔河组与石家沟组之间。

【现在定义】 “指整合于西岔河组之上、石家沟组（或大枫沟组）之下的一套以白云岩为主的地层序列，局部夹少量板岩、灰岩及砂岩。以大套白云岩的出现和结束作为该组底界和顶界的识别标志。”

【层型】 该组选层型剖面在陕西省旬阳县公馆徐家槽，省内次层型为郧西涧长沟剖面（109°57′35″，33°07′38″；鄂西北地调所，1991）。

上覆地层：**大枫沟组** 灰色钙质细砂岩

——————整 合——————

公馆组	总厚度 509 m
9. 灰色中—厚层状灰质白云岩，产 *Syringopora* sp.	333 m
8. 灰色含泥质白云质灰岩	145 m
7. 灰色厚层状含泥质白云岩	31 m

——————整 合——————

下伏地层：**西岔河组** 灰色薄层状粉砂岩

【地质特征及区域变化】 本组分布范围同西岔河组。岩性单一，以白云岩为主夹白云质灰岩。整合于西岔河组之上，石家沟组或大枫沟组之下。在分布区内有东厚西薄的趋势，东部涧长沟厚 509 m，西部鄂陕边界旬阳梯子沟至湖北王家山一带厚 349 m。化石稀少，目前在省境只发现珊瑚化石 *Syringopora* sp.。根据岩性和其上、下地层关系及与邻近的陕西省对比，确定其时代为早泥盆世晚期至中泥盆世早期。

石家沟组 $D_2\hat{s}$ (42－0257)

【创名及原始定义】 系陕西省第一地质队（1963）所创“石家沟段”演变而来。西安地质矿产研究所（1983）介绍。创名地点于陕西省旬阳县洛河石家沟。原始定义：“分上、下两部分：下部由薄层—中厚层状灰岩、生物灰岩及泥灰岩、千枚岩组成；上部主要为灰色、灰白色厚层状含化石结晶灰岩，顶部为灰岩、泥灰岩。”

【沿革】 省境的该套地层，最早被陕西区测队（1966）划归于公馆组内的第二段。尔后，陕西区测队（1989）将其归为石家沟组，《湖北省区域地质志》（1990）和鄂西北地调所（1991）引用该组名称。

【现在定义】 “指整合于公馆组或西岔河组之上、大枫沟组之下的一套以灰岩为主，夹少量白云岩、板岩及砂岩的地层序列。底部以灰岩的出现与公馆组或西岔河组分界，顶部以灰岩或板岩的结束与大枫沟组底部砂岩相区别。”

【层型】 选层型剖面在陕西省旬阳县洛河蜂子沟。省内次层型为鄂陕交界的陕西省旬阳县梯子沟至湖北省郧西县王家山剖面（109°38′00″、33°39′40″；鄂西北地调所，1991）。

上覆地层：**大枫沟组** 灰色板状泥质粉砂岩、砾岩，砾石成分以泥质粉砂岩为主，形状扁长，排列方向与层理一致

═════ 断层接触 ═════

石家沟组	总厚度 542.23 m
14. 灰色粉砂质粉晶灰岩，夹薄层状泥质灰质粉砂岩，产层孔虫 *Stachyodes radiata*, *Idiostroma hermatoides*	175.80 m

13. 灰色含白云质粉晶灰岩，粉晶白云质灰岩，产层孔虫：*Idiostroma hermatoides*，珊瑚：*Striatopora xunyangensis* 37.21 m

12. 灰色含白云质粉晶灰岩，下部为含生物屑泥晶灰岩，亮晶鲕粒灰岩，产珊瑚：*Alaiophyllum shaodongense*，*Thamnopora* sp.，*Disphyllum caespitosum cylindricum* 150.82 m

11. 灰色板状灰岩 45.14 m

10. 深灰色亮晶鲕粒灰岩 5.00 m

9. 灰绿色泥质粉砂质灰岩 33.55 m

8. 深灰色含粉砂泥晶白云质灰岩、泥晶灰岩 10.00 m

7. 灰色团块生物屑灰岩，含碎屑灰岩，粉砂质粉晶灰岩，产珊瑚：*Striatopora xunyangense*；产层孔虫：*Idiostroma hermatoides* 64.79 m

6. 灰色含白云质生物屑灰岩 19.92 m

——————整 合——————

下伏地层：**公馆组** 浅黄色粉晶白云岩

【地质特征及区域变化】 本组主要分布于郧西县西部的鹿子沟—回龙沟一带。总的趋势是从西向东岩性由灰岩为主夹碎屑岩逐渐变为不夹碎屑岩，由钙质碳酸盐岩逐渐变成镁质碳酸盐岩，至涧长沟一带本组岩性尖灭而相变成白云岩为主的公馆组。厚度由西向东、由北向南变薄，甚至尖灭。其生物化石主要是中泥盆世的层孔虫和珊瑚化石，并由西向东逐渐减少。其时代为中泥盆世。

大枫沟组 D_2d (42-0258)

【创名及原始定义】 系陕西省第一地质队（1963）所创建的“大枫沟段”演变而来，创名地点在陕西省旬阳县洛河大枫沟。原始定义：“主要由砂岩、白云质灰岩、灰岩组成”。

【沿革】 省境该地层序列曾被陕西区测队（1966）置于公馆组的第三段，1989 年修测安康幅时，沿用大枫沟组，置于石家沟组与杨岭沟组之间，此后一直沿用至今。

【现在定义】 指石家沟组或石瓮子组之上、古道岭组之下（省境仅见位于石家沟组与古道岭组间）一套以砂岩、粉砂岩为主，夹灰岩、板岩及砾岩的地层序列。下部与石家沟组或石瓮子组呈整合或平行不整合接触；顶部以砂岩、粉砂岩或板岩的结束与古道岭组呈整合接触分界。

【层型】 选层型剖面在陕西省旬阳县小峡岭—五字沟口。省内次层型为郧西县上津天桥沟至小和家沟剖面（110°00′28″，33°10′42″），陕西省区测队（1966）测制。

上覆地层：**古道岭组** 灰色浅灰色泥质灰岩

——————整 合——————

大枫沟组 总厚度 352.2 m

23. 浅绿色钙质粉砂岩 115.7 m

22. 灰褐色钙质砂岩夹黄褐色砂质泥灰岩 35.6 m

21. 绿灰色钙质粉砂岩夹钙质砂岩及少量砂质泥灰岩 200.9 m

——————整 合——————

下伏地层：**石家沟组** 黄褐色砂质泥灰岩及砂质灰岩

【地质特征及区域变化】 本组分布于郧西县上津以西地区，岩性以碎屑岩为主，夹少量碳酸盐岩。在省境地区变化不大。但厚度由北向南有变薄趋势。如上津天桥沟一带厚 352.2 m，红岩沟脑一带厚232 m，涧长沟厚127 m。省境目前尚未发现化石，但根据邻近地区陕西旬阳等地于本组产有西欧吉维特期或我国东岗岭期的腕足类 *Stringocephalus obesus* 和珊瑚 *Stringophyllum*、*Dendrostella* 等。再结合其所在的上、下层位，确认其时代属于中泥盆世。

古道岭组　$D_{2-3}g$　(42-0259)

【创名及原始定义】　系赵亚曾、黄汲清（1931）所创建的“古道岭石灰岩”演变而来。创名地点为陕西省镇安县回龙乡古道岭。原始定义：“大部为厚层之石灰岩，因曾于乾佑河谷之古道岭见之故名”。灰岩厚约五百公尺，下与石瓮子灰岩接合处，有页岩及砂岩，且有一层底砾岩。灰岩之上与一甚厚之页岩相接。”

【沿革】　省内最曾为陕西区测队（1966）将大致相当于该套地层划为公馆组第四段及铁山组底部。后来，陕西区测队（1989）将其一部分划入杨家岭组上部和落驾河组及冷水河组下部。鄂西北地调所（1991），将这套碳酸盐岩为主的地层划分为杨岭沟组、星红铺组，在红岩沟脑剖面还包括冷水河组。本次清理根据陕西省清理组意见，引用古道岭组。

【现在定义】　指整合于大枫沟组之上、星红铺组之下的一套以灰岩为主的碳酸盐岩地层，局部夹少量白云岩、板岩、砂岩、砂砾岩。以大套灰岩的出现和消失作为其底界、顶界的识别标志。与上覆、下伏地层均呈整合接触。

【层型】　选层型剖面在陕西省镇安县古道岭—二台子。省内次层型为郧西县红岩沟脑至泗峪河剖面（109°56′10″，33°11′40″；鄂西北地调所，1991）。

上覆地层：**星红铺组**　深灰色含钙质粉砂岩

——————整　合——————

古道岭组

23. 灰色薄层状含泥质粉砂质粉晶灰岩	58 m
22. 灰色厚层状生物屑含砂质灰岩	101 m
21. 灰色薄层状含生物屑内砂屑灰岩	84 m
20. 深灰色厚层状粉—泥晶灰岩	17 m
19. 灰色薄层状灰岩，层面见铁质薄膜	19 m
18. 灰至深灰色中厚层状灰岩	64 m
17. 灰色厚层状含砂质含生物屑内砂屑灰岩	11 m
16. 深灰色薄层状条带状含砂质含生物屑内砂屑灰岩	92 m
15. 灰白色钙质粉砂岩	30 m
14. 薄层状含粉砂质含白云质粉晶灰岩	36 m
13. 深灰至黑色薄至中厚层状含生物屑粉晶灰岩	190 m
12. 灰黑色中厚层状含白云质砂质粉晶灰岩，产珊瑚：*Disphyllum polymorphum*, *D.* aff. *verrucosa*	83 m
11. 灰色厚层状含粉砂质粉晶灰质白云岩，产珊瑚：*Disphyllum* aff. *verrucosa*	91 m
10. 灰色灰质白云岩，产珊瑚：*Disphyllum* sp.	35 m

——————整　合——————

下伏地层：**大枫沟组**　浅灰色石英细砂岩

【地质特征及区域变化】　分布于郧西地区的这套碳酸盐岩地层由东向西碎屑岩夹层逐渐增多，其厚度有由薄增厚趋势。如在上津天桥沟不夹碎屑岩，全为灰岩，厚230 m；往西至红岩沟脑夹一层碎屑岩，厚911 m；至周公山一带夹二层碎屑岩，厚度达1288 m；再往西至鄂陕交界附近的陕西省旬阳县梯子沟则夹4～5层之多的碎屑岩。

本组在区内含有比较丰富的珊瑚和腕足类化石。下部主要有：腕足类 *Atrypa dequamata*, *Alaiophyllum simplex*, *Athyrisina* sp. 等；珊瑚 *Disphyllum goldfussi hsianghsienense*, *Keriophyllum* sp. 等；上部主要有：腕足类 *Cyrtospirifer* sp., *Spinatrypina lungkouchungensis*, *Hypothyridina hunanensis*, *H. cotracta* 等；珊瑚 *Alaiophyllum shaodongense*, *Disphyllum caespitosum cylindricum* 等。从上述化石看，本组的地质时限是中泥盆至晚泥盆世。

星红铺组　D_3x　(42-0260)

【创名及原始定义】　系秦岭区测队（1960）于陕西省凤县三岔星红铺创名，陕西区测队（1965）介绍。原始定义：岩性以绿灰色的绢云母千枚岩、灰绿色绢云母石英片岩及钙质绢云母千枚岩与绢云母千枚岩为主，在下部常夹2～4层中厚层至薄层状灰岩，上部夹薄板状之灰岩。

【沿革】　省境最早由陕西区测队（1966）区调时将该套以碎屑岩为主夹薄层灰岩的地层大致划于公馆组的最上部。后经该队（1989）修测安康幅时创名"落驾河组"。《湖北省区域地质志》（1990）归于冷水河组内。鄂西北地调所（1991）沿用星红铺组。

【现在定义】　指整合于古道岭组之上、九里坪组（陕境）或铁山组（陕、鄂境）之下一套浅变质粘土岩夹（或互层）碳酸盐岩和碎屑岩的地层序列。浅变质粘土岩以千枚岩或板岩为主，碳酸盐岩以灰岩为主，碎屑岩为砂岩或粉砂岩。底部以粘土岩或粘土岩夹碳酸盐岩与下伏古道岭组灰岩分界；顶部以灰岩或板岩夹灰岩分别与九里坪组砂岩或铁山组相区别。

【层型】　正层型剖面在陕西省凤县星红峡（铺）南，省内次层型为郧西县红岩沟脑—泗峪河剖面（109°56′10″，33°11′40″；鄂西北地调所，1991）。

上覆地层：**铁山组**　深灰色中厚层状灰质白云岩

——————整　合——————

星红铺组	总厚度 245 m
31. 深灰—灰黑色泥质粉砂岩，偶夹粉晶灰岩，产珊瑚：*Parastriatopora* sp.	43 m
30. 紫红色薄层状泥质细砂岩	10 m
29. 灰色中厚层状粉晶灰岩	9 m
28. 灰色粉砂质内砂屑灰岩	17 m
27. 浅灰色含泥质灰岩	26 m
26. 紫红色含粉砂质内砂屑灰岩	25 m
25. 深灰色钙质细粒长石石英砂岩	42 m
24. 深灰色含钙质粉砂岩	73 m

——————整　合——————

下伏地层：**古道岭组**　灰色薄层含泥质粉砂质粉晶灰岩

【地质特征及区域变化】　本组在省境出露于郧西地区，总的趋势由东向西碎屑岩增多，碳酸盐岩减少。厚度比较稳定，上津天桥沟厚137 m，红岩沟脑厚245 m，周公山厚约200 m，梯子沟厚216 m。本组产腕足类和珊瑚化石。其中，腕足类有：*Atrypa bodini*, *A.* cf. *richthofeni*, *A. douvillii varchanguliensis*；珊瑚有：*Disphyllum* sp. 等。据此，本组时代属于晚泥盆世。

铁山组　D_3t　(42-0261)

【创名及原始定义】　系叶连俊、关士聪（1944）创建的"铁山层"演变而来，创名地点在甘肃省徽县虞关火车站之北的铁山。原始定义：上部蓝灰色及灰白色石灰岩组成之，中部夹砂岩及页岩，全厚约数百公尺。在铁山东三全寺附近之相似地层中曾采到 *Pachypora* 及 *Sinospirifer* 之化石，故其时代属晚泥盆世。

【沿革】 省境郧西地区，最早由陕西区测队（1966）将整个晚泥盆世地层统称铁山组，后该队(1989)将其解体为“落驾河组”、“冷水河组”及“南羊山组”。鄂西北地调所（1991）基本沿用陕西区测队（1989）所划分意见，仅改落驾河组为星红铺组。本次根据陕西省地层组对比研究意见又启用铁山组，并厘定为碳酸盐岩为主地层，相当于上述的南羊山组。

【现在定义】 位于益哇沟组与星红铺组之间的一套碳酸盐岩夹少量细碎屑岩地层序列。岩性主要为灰岩、含碳灰岩、泥质灰岩、泥质条带灰岩夹页岩、粉砂质页岩或板岩。富产腕足类、珊瑚化石。顶部以灰岩中板岩或页岩夹层的消失与益哇沟组灰岩分界；底部以灰岩或灰岩夹页岩与星红铺组薄—中厚层状灰岩、砂岩、板岩等韵律层分界，其间皆为整合接触。

【层型】 选层型剖面在甘肃省徽县虞关—高家崖，省内次层型为郧西县红岩沟脑—泗峪河剖面（109°56′12″，33°11′44″；鄂西北地调所，1991）。

上覆地层：**袁家沟组** 灰—灰黑色中厚层状含燧石结核结晶白云岩

——————— 整　合 ———————

铁山组	总厚度 146 m
34. 浅灰—深灰色中厚层状粉砂质细晶白云岩	42 m
33. 深灰色厚层状砂质灰岩	19 m
32. 深灰色中厚层状灰质白云岩	85 m

——————— 整　合 ———————

下伏地层：**星红铺组** 深灰—灰黑色泥质粉砂岩，偶夹粉晶灰岩。产 *Parastriatopora* sp.

【地质特征及区域变化】 省境本组分布于郧西地区，主要由白云岩、砂质灰岩组成。于区内西部有镁质增高趋势，往往以白云质灰岩或白云岩夹灰岩为主；而东部以灰岩、泥砂质灰岩为主。厚度东厚西薄，如东部天桥沟可厚达 1 089 m；至西部红岩沟脑一带则厚仅 148 m。东部泥砂质灰岩中含有较丰富的腕足类和珊瑚化石，西部目前尚未发现化石。计有腕足类：*Atrypa* spp.，*A. bodini*，*Cyrtiopsis* sp.，*Tenticospirifer tenticulum*，*T.* cf. *hsikuangshanesis*，*T. vilis* var. *kwangsiensis* 等；珊瑚：*Peneckiella jevlanensis*，*Disphyllum longiseptatum* 等。据此，本区该组时代属于晚泥盆世。

金陵组　C_1j　(42－0301)

【创名及原始定义】 系李四光、朱森（1930）所创的“金陵石灰岩”演变而来。创名地点在江苏省南京市附近龙潭镇以东之观山（南京古称金陵）。原始定义：指位于黄龙灰岩之下、五通石英岩之上的两层页岩中的一层灰岩。该层灰岩为深灰蓝色质地致密，中厚层，产丰富的海百合茎及珊瑚，上部灰岩含腕足类等。

【沿革】 省境最早由江涛（1965）称早石炭世岩关阶“D 层”。湖北区测队（1970）称岩关组上部灰岩段。冯少南等（1984）称岩关阶金陵灰岩，并指出“本地区金陵灰岩不仅与标准地区（南京）的岩性、厚度相一致，而且有相同的珊瑚和腕足类的属种”。本次清理同意冯少南等的涵义，改称金陵组。

【现在定义】 为灰、灰黑色中厚层状微晶生物屑灰岩，产腕足类、珊瑚、牙形刺等，顶部与高骊山组土黄色含铁质粉砂岩或深灰色粉砂质泥岩分界；底部与擂鼓台组（省境为写经寺组）猪肝色页岩或含铁质细粒石英岩分界，均为整合接触。

【层型】 正层型剖面在江苏省南京市龙潭镇观山。省内次层型为松滋县锈水沟剖面（111°24′00″，30°04′00″；冯少南等，1984）。

上覆地层：**高骊山组**

4. 灰色薄层石英细砂岩，夹薄层状页片状泥岩。含植物化石

——————— 整　合 ———————

金陵组　　总厚度 5.2 m

3. 灰黑、深灰色厚层状灰岩，部分为白云质灰岩，富含化石。珊瑚有：*Pseudouralinia nankingensis*，*P. gigantea*，*P. irregularis*，*Zaphrentoides delanouei*，*Z. parallela*，*Lophophyllum* sp.，*Kueichowpora tushanensis*，*major*，*K. taoshanensis*，*Syringopora subramulosa*，*S. parallela*；腕足类：*Eochoristites neipentaiensis alatus*，*Martiniella chinglungensis*，*Pustula scabriculiformis*，*Cleiothyridina royssii*，*Brachythyris* sp.；有孔虫：*Plectogyra laxa*，*P. rigida*，*P. alviterna*，*P. silva*，*P. tubeliformis*，*P. komi*，*P. inflata maxima*，*P. angusta*，*P. demini*，*P. xiushuigouensis*，*P. zorilla*，*P. chrysa*，*P. trispira*，*Eotuberitina reitlingerae*，*Earlandia minor*，*Endothyra pygma*，*E. songziensis*，*Archaesphaera crassa*；牙形石：*Siphonodella obsoleta*，*Polygnathus inornatus*，*P. communis communis*，*P. communis porcatus*，*Bispathodus anteposcicornis*，*Spathognathodus taeniatus*，*"Hindeodella" subtilis*；介形类：*Healdianella* cf. *subcuneola*，*Healdia songziensis*，*Acratia songziensis* 等　5.2 m

——————— 整　合 ———————

下伏地层：**写经寺组**

2. 灰黑色钙质泥岩，粉砂质泥岩。产腕足类

【地质特征及区域变化】 省境金陵组只出露于鄂西长江以南，恩施市—建始城关—官店口—五峰湾潭—线以北地区的松滋刘家场—建始弓剑崖一带，由东南向西北分布。岩性较单一，一般以灰黑、深灰色中—厚层状灰岩、生物屑灰岩为主，时夹白云质灰岩。松滋、宜都、建始等地厚 3.5～8 m，长阳西部—巴东南部一带夹少量钙质、白云质泥岩，厚 4～8 m，局部厚达 23 m（长阳石板坡）。

本组富含非䗴有孔虫、珊瑚、腕足类、牙形石及介形类等化石。其中非䗴有孔虫可以 *Plectogyra komi* - *P. tubeliformis* 组合带为代表，珊瑚主要是俞建章（1931）*Pseudouralinia* 带的分子，有 *P. gigantea*，*P. nankingensis*，*Kueichowpora suni*，*Syringopora distans*，*S. subramulosa*，*Cystomichelinia kiangnanensis*，*Zaphrentoides delanouei*，*Z. parallella* 等；腕足类有：*Eochoristites neipentaiensis*，*Martiniella chinglungensis*，*Pustula scabriculiformis* 等；牙形石有：*Siphonodella isosticha*，*S. cooperi*，*Bispathodus aculeatus aculeatus*，*Polygnathodus communis communis*，*P. communis porcatus*；介形类为：*Chamishaella ovata*，*Yiduella simpllex*，*Bairdia casta*，*Healdia songziensis* 等。据以上化石，本组时代为早石炭世早期。

高骊山组　C_1g　（42-0302）

【创名及原始定义】 系朱森（1931）创建的"高骊山砂岩"演变而来。创名地点：江苏省句容县高骊山南坡。原始定义："金陵灰岩之上即高骊山系呈不整一观。所含岩层为黄灰紫及灰绿诸色页岩、砂质页岩，中夹矽质灰岩，含下石炭纪植物化石，厚度约五十公尺。"

【沿革】 省境该套地层最早由江涛（1965）划分为"岩关阶"的"E层"和"大塘阶"的

“F层”。湖北区测队（1965、1970）划为大塘阶下段，冯少南等（1984）称大塘阶高骊山组和新创名的“资丘组”。实际上，冯氏等的“资丘组”是在松滋县以西和长江以南地区高骊山组的同物异名（见图4-2），故建议停止使用“资丘组”。

【现在定义】 “为黄绿、灰紫红色页岩、泥岩、粉砂岩夹细粒长石石英砂岩、石英砂岩及底部赤铁矿层，含植物化石。底部与金陵组灰黑色灰岩分界；上与和州组土黄色含砂白云质泥灰岩分界，均为整合接触。”

【层型】 正层型在江苏省句容县高骊山南坡。省内次层型为松滋县锈水沟剖面（111°24′00″，30°04′00″；冯少南等，1984）。

上覆地层：**和州组**

11. 深灰色、灰黑色薄层含泥质生物灰岩，夹极薄的页片状泥岩；顶部变成中厚层状灰岩。含大量化石

——————整 合——————

高骊山组 总厚度 34.7 m

10. 灰黄色中厚层状含水云母石英粉砂岩 0.7 m
9. 青灰色页片状泥岩，夹5～7层泥质灰岩和泥灰岩小透镜体，富含化石，腕足类有：*Ovatia ovata*，*O. longispinosa*，*Hubeiproductus guangyinyanensis*，*H. symbiosis*；牙形石有：“*Ligonodina*” *osborni*，“*L.*” *levis*，“*Magnilaterella*” *contraria*，“*Neoprioniodus*” *scitulus*，“*N.*” *camurus*，*Clydagnathus paracavusformis*，*Hibbardella milleri*，*H.* cf. *macrodentata*，*Hindeodus cristulus*，*H. multidentatus*，*Diplognathodus minutus*，“*Ozarkodina*” *flexus* 等 15.6 m
8. 灰黄色厚层状致密坚硬石英砂岩 1.7 m
7. 灰、灰黑色页片状泥岩，夹黄灰色薄层状石英细砂岩 13.1 m
6. 灰色薄层状硅质粉砂岩，夹薄层页片状泥岩 1.4 m
5. 灰黑色页片状泥岩夹煤线，产植物碎片 0.7 m
4. 灰色薄层石英细砂岩，夹薄层页片状泥岩，含植物化石：*Taenicrada* sp. 1.5 m

——————整 合——————

下伏地层：**金陵组**

3. 灰黑、深灰色厚层状灰岩，部分为白云质灰岩，富含化石

【地质特征及区域变化】 本组除在鄂西分布范围与金陵组一致外，在武汉地区亦有零星出露。其岩性以深灰、灰黑色或黄绿、紫红色页岩、碳质页岩、粉砂岩、石英砂岩为主，时夹煤线及菱铁矿结核，偶夹灰岩透镜体。总的岩性在区内较稳定。但在长阳西部以西因遭后期剥蚀所致，直接伏于大埔组之下，厚度变化急剧，在巴东长岭一带仅有2 m厚的灰、黄色页岩夹似层状菱铁矿结核，巴东坳马阡、建始弓剑崖一带厚15 m，长阳石板坡厚约8 m。在长阳马颈塬、宜都毛湖埫一带以东，本组即伏于和州组之下，呈整合接触，一般具钙质粉砂岩，紫红色砂页岩；在东部松滋三溪口、宜都解家坳一带夹有灰岩或泥灰岩透镜体，厚度一般30～49 m，整合于金陵组之上。在武汉地区武昌花山、鼓架山，汉阳米粮山，为灰白、紫红等杂色粘土岩、粉砂质粘土岩、粉砂岩，夹石英砂岩和煤线、菱铁矿结核，平行不整合于云台观组或黄家磴组之上，整合于和州组之下，厚度0～35 m。

本组下部富产植物化石，上部富产腕足类和牙形石化石。其中植物为：*Sublepidodendron mirabile*，*S. taoshanense*，*Rhodea hsianghsiangensis*，*Neuropteris* cf. *gigantea* 等；腕足类为：

Ovatia ovata, *O. longispinosa*, *Hubeiproductus guanyinyanensis*, *H. symbiosis*, *Marginatia deruptoides* 等；牙形石为：*Hindeodus cristulus*, *H. multidentatus*, *Diplognathodus minutus*, *Clydagnathus paracavusformis* 等。从上述化石不难看出本组时代属于早石炭世晚期。

和州组　C_1h　(42－0303)

【创名及原始定义】　系朱森（1931）所创建的“和州灰岩”演变而来。创名地点：安徽省和县香泉镇西北赤儿山东南坡。原始定义：为“不纯灰岩呈薄层状与黄色灰岩互层，含 *Productus gigantus* Martin 和 *Dibunophyllum* 等”。

【沿革】　省境最早由江涛（1965）划分为大塘阶旧司段“G层”和“H层”，湖北区测队（1965、1970）划为大塘组上段的中、上部，并与南京地区的和州段对比。冯少南等（1984）正式引用和州组。本次采纳冯氏等意见。

【现在定义】　“指分别平行不整合于高骊山组之上，黄龙组灰岩或老虎洞组白云岩（省境为大埔组）之下的不纯灰岩、致密灰岩、泥质灰岩夹钙质泥岩，产䗴、珊瑚、腕足类等化石。底与高骊山组以细粒石英砂岩消失、含生物碎屑含白云质灰岩出现为界；顶与黄龙组以浅灰色含生物碎屑灰岩消失、灰或灰微显红色含生物碎屑致密灰岩出现为界，与老虎洞组以白云岩出现为界。”

【层型】　正层型在安徽省和县香泉镇赤儿山东南坡。省内次层型为松滋县锈水沟剖面（111°24′00″，30°04′00″；冯少南等，1984）。

上覆地层：**大埔组**

15. 浅灰、灰白色白云岩和白云质灰岩

——————— 平行不整合 ———————

和州组　　总厚度 9.3 m

碎屑岩段

14. 灰、灰白色中层状细粒石英砂岩　　4.2 m

13. 灰白、灰绿色泥岩，含黄铁矿层的主要可采层　　1.1 m

12. 灰黑、深灰色页状泥岩，含结核状黄铁矿，局部可采　　1.6 m

灰岩段

11. 深灰、灰黑色薄层含泥质生物灰岩。夹极薄的页片状泥岩；顶部变成中厚层状灰岩。含大量化石。珊瑚有：*Yuanophyllum kansuense*, *Kueichouphyllum siense*, *K. kesenense*, *Clisiophyllum curkenense hubeiense*, *Rhodophyllum crassum*, *Bothrophyllum intermedum*, *Arachnolasma simplex*, *A. sinense lophophylloidea*, *Lophophyllum* cf. *interruptum*, *L. crassum*, *Syringopora weiningensis*, *S.* cf. *reticulata*, *S. songziensis*；腕足类有：*Torynifer* cf. *evagoratus*, *Neospirifer hsinhuaensis*, *N. liangchowensis*, *Delepinea transversa*, *D. comoides*, *Tomiproductus fomikhensis*, *T. elegantulus*, *Megachonetes papilionacea*, *Pugilis hunanensis*, *Balakhonia yunnanensis*, *Vitiliproductus gröberi*, *Athyris expansa*, *A. subtriagularis*, *Kansuella kansuensis*, *K. maxima*, *Datangia weiningensis*, *Punctospirifer malevkensis*, *Dictyoclostus pinguis sinkiangensis*, *Rugosochonetes hardrensis*, *Plicochonetes weiningensis*, *Schuchertella magma*, *S. radialis*；非䗴有孔虫：*Eodiscus songziensis*, *E. hubeiensis*, *Mediocris parameeus*, *M. mediocris*, *Plectogyra siviniensis*, *P. prisca*, *P. absoluta*, *P. posneri*, *Paraendothyra songziensis*；䗴类：*Dainella hubeiensis*, *Staffella iniqua*, *Shouguania songziensis*；牙形石：*Gnathodus texanus*, *G.* cf. *girtyi girtyi*, “*Neoprioniodus*” *camurus*, “*N.*” *scitulus*, *Hindeodus*

cf. *campbelli*, *H. paracristulus*, "*Apatognathus*" cf. *geminus*；介形类：*Healdianella darwinuloides*, *Shishaella williamsae*, *S. hubeiensis*, *Fabaliacypris hubeiensis*, *Roundyella elegana*, *Waylandella sanqikouensis*, *Cavellina elliptica*, *Orthobairdia hubeiensis* 2.4 m

——————— 整　合 ———————

下伏地层：**高骊山组**

10. 灰黄色中厚层含水云母石英粉砂岩

【地质特征及区域变化】　省境和州组主要分布于鄂西仁和坪向斜两翼和武汉地区。在鄂西出露远比金陵组和高骊山组范围小。岩性可分上、下两段：下部称灰岩段，为深灰、灰黑色含泥质生物灰岩，串珠状灰岩或泥灰岩夹极薄的泥岩，厚约2～4 m；上部称碎屑岩段，灰色、灰褐色泥岩，粉砂及石英砂岩，含黄铁矿层，局部地段夹鲕状赤铁矿及泥灰岩，厚约7～13 m。本组下段富含珊瑚、腕足类、非䗴有孔虫、䗴类、牙形石及介形类等化石。其中珊瑚为：*Yuanophyllum kansuense*, *Kueichouphyllum sinense*, *Clisiophyllum crassiseptatum*, *Arachnolasma sinense lephophylloidea*, *Hexaphyllia minor* 等；腕足类以 *Gigantoproductus edelburgensis*, *Kansuella kansuensis*, *Megahonetes papilionacea*, *Delepinea comoides*, *Balakhonia yunnanensis*, *Vitiliproductus gröberi* 等为主。非䗴有孔虫为 *Plectogyra perlucida*, *P. apposita*, *P. posneri*, *Tetrataxis media*, *Lituotubella glomospiroides* 等；䗴类为 *Eostaffella compacta*, *E. hohsienica*, *Dainella hubeiensis*, *Staffella inqua*, *Shouguania songziensis* 等，牙形石以 *Gnathodus texanus*, *G.* cf. *girtyi girtyi*, *Hindeodus paracristulus* 等为主。综上所述之化石，本组地质时代为早石炭世晚期。

大埔组　C_2d　(42－0304)

【创名及原始定义】　系张文佑（1941）所创"大埔白云石层"演变而来。创名地点在广西柳城县城（柳城旧称大埔镇）。原始定义：指燕子系与黄龙灰岩之间的一套灰白色粗粒白云岩。厚约70公尺。

【沿革】　省境该地层一直包括在黄龙石灰岩的下部（陈旭，1935；岳希新，1948；杨敬之、穆恩之，1954等）或黄龙群的下部（杨敬之等，1962；湖北区测队，1965—1975）或黄龙组的下部（湖北区测队，1984）。顾威国（1982）、冯少南等（1984）将这套原归为黄龙组下部白云岩段划出沿用大埔组，本次根据省区间协议采纳这一名称。

【现在定义】　指整合于罗城组灰岩（省境为和州组或高骊山组或平行不整合于云台观组）之上、黄龙组灰岩之下的一套灰白—灰黑色厚层块状白云岩，下以灰岩的消失或厚层块状白云岩的出现与罗城组分界；上以厚层块状白云岩的消失或灰岩的出现与黄龙组分界。

【层型】　选层型剖面在广西壮族自治区柳城县大埔镇杨柳村。省内次层型为黄石市螺丝壳山剖面（114°58′15″，30°10′00″；顾威国，1982）。

上覆地层：**黄龙组**

7. 灰—深灰色块状白云质斑状泥晶灰岩。含䗴类化石

——————— 整　合 ———————

大埔组　　总厚度 55.8 m

6. 浅灰色块状含硅质条带细晶白云岩，夹灰质、硅质条带　3.9 m

5. 灰—浅灰色块状细粉晶白云岩　15.5 m

4. 灰色块状含有孔虫混晶灰岩，含硅化白云岩团块，团块富有孔虫、䗴类、珊瑚：*Tolypammina fortis*，*Profusulinella* cf. *marblensis*，*Eofusulina* cf. *trianguliformis*，*Pseudostaffella composita keltmica*，*Lophopyllidium* sp. 等 6.5 m

3. 灰色块状含粗砂屑细粉晶白云岩，顶部偶见硅化白云岩团块 11.7 m

2. 灰色块状角砾状粉晶白云岩，底部含硅质团块 10.6 m

1. 灰色块状角砾细粉晶白云岩，底部产有孔虫 *Glomospira vulgaris*，*Tolypammina fortis* 7.6 m

——————— 平行不整合 ———————

下伏地层：**云台观组**

0. 土黄色块状含砾粉砂岩 >5 m

【地质特征及区域变化】 省境大埔组以白云岩为主，夹灰质白云岩或白云质灰岩。广泛分布于省境扬子地层区内，以平行不整合覆于其前不同时代的地层之上，整合伏于黄龙组之下。厚度可由数米至70余米，一般10余米至30余米。在京山—南漳一带则零星分布，多呈缺失，或相变为灰岩而属于黄龙组。在宣恩、建始一带其底部常见有0.2～7 m不等的钙质砂页岩；在阳新骆家湾，底部有0.1 m的棕红色含铁质石英岩砾石之粘土。咸宁官塘驿一带含少量硅质结核或条带。

本组化石较稀少，仅在一些夹有灰质较高的白云质灰岩或灰质白云岩的夹层中可获得非䗴有孔虫、䗴类、珊瑚等。其中非䗴有孔虫有 *Glomospira vulgalis*，*Tolypammina fortis* 等；䗴类有 *Profusulinella* cf. *marblensis*，*Eofusulina* cf. *trianguliformis*，*Pseudostaffella composita keltmica* 等；珊瑚为 *Lophophyllidium* sp. 等。说明本组属于晚石炭世早期。另外，值得提及的是冯少南等（1984）报道了长阳县平洛公社马鞍山煤矿北岩槽之处，于本组最底部的白云质灰岩中发现一珊瑚 *Kueichowpora setamaiensis*，此化石曾见于我国云南和日本的早石炭世晚期地层中。由此认为长阳地区的大埔组应包括有早石炭世晚期沉积，是一穿时地层单位。

黄龙组 C_2h （42－0305）

【创名及原始定义】 系李四光、朱森（1930）创建的“黄龙石灰岩”演变而来。创名地点在江苏省南京龙潭镇西黄龙山。原始定义：“黄龙石灰岩是根据岩性和化石特点，从栖霞石灰岩（Richthofen，1912）中分出，属中石炭统。因该石灰岩构成黄龙山的主体，风化后表面呈土黄色而得名。其岩性上部是带粉红细结构的块状灰岩，底部是由带绿色的细粒致密灰岩组成，若干层位中产䗴 *Fusulinella bocki*，*Fusulina cylindrica*，*F. quasicylindrica*；腕足类 *Choristites mosquensis*，厚度102 m，并认为黄龙石灰岩呈现典型的莫斯科阶有孔虫动物群，其层位相当于华北的本溪系。”

【沿革】 省境最早由陈旭（1935）在湖北东南部从谢家荣（1924）命名的阳新石灰岩中划分出黄龙石灰岩；岳希新（1948）在湖北西部于Blackwelder（1907）创名的巫山石灰岩底部发现黄龙石灰岩的标准化石，证实了黄龙石灰岩的存在；杨敬之、穆恩之（1951、1954）进一步将巫山石灰岩从下至上划分为黄龙石灰岩至大冶石灰岩8个地层单位；区元任等（1958）在武汉郊区创名为“黄金塘石灰岩”。杨敬之等（1962）改称“黄龙群”后，一直沿用至80年代初。嗣后，顾威国（1982）、冯少南等（1984）分别对鄂东黄石地区和鄂西三峡地区的原黄龙组下部的白云岩划出称大埔组，将黄龙组只限于上部较纯灰岩，本次采用的黄龙组即此涵义。

【现在定义】 “为一套灰、浅灰肉红色厚层微晶灰岩、生物屑灰岩，底为粗晶灰岩，含灰质白云岩角砾、团块，含丰富的䗴、珊瑚、腕足类等化石。上与船山组灰色厚层状灰岩、下与老虎洞组（省境为大埔组）细晶白云岩分界，均为整合接触。”

【层型】 新层型在江苏省江宁县金丝岗。省内次层型为嘉鱼县高铁龙泉山剖面（113°49′00″，29°53′00″；湖北区测队，1976）。

上覆地层：**船山组** 浅灰肉红色厚层状球粒状灰岩。含 *Eoparafusulina shengi* 等

——————整　合——————

黄龙组 总厚度 72.35 m

19. 深灰色厚层状灰岩。含䗴类：*Millerella* sp.，*Eostaffella* sp.，*Fusulinella* cf. *bocki* 6.78 m
18. 灰—浅灰色厚层状假鲕状灰岩 2.80 m
17. 深灰—灰色厚层状灰岩 3.08 m
16. 浅灰微带肉红色厚层状灰岩，局部结晶，具假鲕状结构。含䗴类：*Schubertella* sp. 1.15 m
15. 浅灰—灰白色厚层状灰岩，具生物碎屑结构。含珊瑚：*Ivanovia* sp. 0.89 m
14. 深灰—灰色厚层状灰岩。含灰白色微带肉红色灰岩透镜体，具生物碎屑结构 2.58 m
13. 浅灰—灰白色厚层状结晶灰岩。具假鲕状结构。含䗴类：*Fusulina*? sp. 3.10 m
12. 灰白—浅灰白色厚层状微晶含生物屑灰岩。含腕足类：*Phricodathyris* sp. 7.10 m
11. 浅灰—灰白色厚层状灰岩。含䗴类：*Fusulina yangi*，*F.* sp.；珊瑚：*Koninckophyllum*? sp.，*Arachnastraea asiatica*；腕足类：*Choristites* cf. *nikifini*，*Crurithyris* sp.，*Dielasma* sp.，*Phricodathyris* sp. 等 10.81 m
10. 浅灰—灰白色厚层状灰岩。具生物碎屑结构 4.18 m
9. 灰白—浅灰色厚—巨厚层块状灰岩。局部见生物碎屑结构。含䗴类：*Ozawainella* sp.，*Fusiella* sp.，*Fusulinella helenae*，*F. simplicata* 10.18 m
8. 浅灰—灰白色微带肉红色厚层状含生物碎屑灰岩。含䗴类：*Fusulinella pseudobocki*，*F.* sp.，*Schubertella* sp. 等 9.69 m
7. 灰白—浅灰色微带肉红色厚层状灰岩，具生物碎屑结构。含䗴类：*Fusulina* cf. *schellwieni* 10.01 m

——————整　合——————

下伏地层：**大埔组** 浅灰—灰白色厚层状白云岩。偶夹似鲕状灰岩透镜体，含䗴类化石

【地质特征及区域变化】 本组在省境扬子区广泛分布。岩性稳定，主要为浅灰、灰白色微带肉红色中厚至块状灰岩、生物屑灰岩。局部地段夹白云质灰岩、石英砂岩透镜体。如在建始牯牛坪、秭归尚西头、新滩等地，白云质增多，以白云质灰岩、灰岩互存。在长阳石板坡夹有石英砂岩透镜体。但由于黄龙组或船山组沉积之后在各地遭受不同程度的剥蚀，因而各地厚度变化较大。在鄂西、鄂西南一带，总的趋势东厚西薄：在松滋—长阳一带厚 3～79 m；秭归、巴东、建始等地厚 2～59 m；宣恩、咸丰一带厚 0～45 m；来凤小关—雪落寨一带尖灭；在保康以西本组也缺失；在南漳、宜城一带呈零星分布；荆门、钟祥、京山一带西薄东厚，厚 0～119 m；在鄂东、鄂东南地区厚 15～104 m，一般厚 25～60 m。本组大都与下伏大埔组白云岩呈整合接触。在南漳、荆门一带亦可与下伏的云台观组或纱帽组呈平行不整合接触。而本组顶界除长阳马鞍山、松滋好汉坡、嘉鱼高铁、武昌乌龙泉、大冶、黄石等地与上覆的船山组球状藻灰岩或葛万藻集合体组成的核形石灰岩分界呈整合接触外，其他地区是以平行不整合伏于梁山组或栖霞组之下。

省境本组含有丰富的非䗴有孔虫、䗴类、腕足类、珊瑚等化石。其中非䗴有孔虫由下而上以 *Tolypammina fortis* - *T. hubeiensis* 组合带及 *Bradyina minima* - *Plectogyra minuta* 组合

带为代表。䗴类极其丰富，以 *Fusulinella*，*Fusulina*，*Beedeina*，*Fusiella*，*Pseudostaffella* 等属之种群为特色。腕足类有 *Ella simensis*，*Athyris planosulcata* var. *uralica*，*Neochonetes carbonifera* 等。珊瑚主要是 *Chaetetes* 及 *Caninia* 等。从䗴类和非䗴有孔虫看，本组时代为晚石炭世早期。

船山组　$C_2\hat{c}$　（42－0306）

【创名及原始定义】　系丁文江（1919）创名的“船山石灰岩”演变而来，创名地点：江苏省句容县赣船山西端。原始定义：“L_2 石灰岩中常含有孔虫，故有以有孔虫石灰岩名之，然含有孔虫之石灰岩并非专属此层，故余名之曰船山石灰岩。因李氏（李四光）捡得有孔虫希瓦格（*Schwagerina*）后为之记。即在船山，而其上盖有二叠纪化石之煤系，船山石灰岩（L_2）上石炭纪。”

【沿革】　省境最早由陈旭（1935）于湖北东南部从谢家荣（1924）命名的阳新石灰岩中划分出并沿用船山石灰岩。鄂西地区由杨敬之、穆恩之（1954）于长阳马鞍山将 Blackwelder（1907）的巫山石灰岩中划分出船山石灰岩。后来杨敬之等（1962）改称“船山群”，此后一直沿用船山群或船山组。

【现在定义】　“为灰色厚层结晶含藻球灰岩、生物屑灰岩夹深灰色中、厚层状微晶灰岩，含丰富的䗴、珊瑚等化石，常以薄层灰质砾岩与下伏黄龙组浅灰色厚层灰岩呈整合至平行不整合接触（省境为整合接触），与上覆栖霞组薄层碎屑岩呈整合至平行不整合接触。”

【层型】　正层型在江苏省句容县赣船山。省内次层型为长阳马鞍山栏杆崖剖面（111°09′40″，30°24′20″；林甲兴、黎汉明、陈家怀，1984）。

上覆地层：**梁山组**

11. 白色厚层状石英砂岩，底部为粉砂岩

——————— 平行不整合 ———————

船山组　　　　　　　　　　　　　　　　　　　　　　　　总厚度 1.36 m

10. 浅灰色中厚层状含葛万藻集合体生物碎屑灰岩，产䗴类 *Eoparafusulina minuta*，*E. contracta*，*Schubertella pseudoobscura*；非䗴有孔虫：*Globivalvulina* sp.，*Tetrataxis* cf. *parviconica*，*T. minima latispiralis* 等　　1.36 m

———————— 整　合 ————————

下伏地层：**黄龙组**

9. 深灰色厚层块状隐晶质灰岩，富含䗴类化石

【地质特征及区域变化】　省内岩性简单且稳定，各处所见均以灰—深灰色含 *Girvanella* 的核形石球状灰岩为其特征。与下伏黄龙组灰岩呈整合接触，但以球状灰岩出现为分界；与上覆梁山组或栖霞组呈平行不整合接触，界线更为明显。由于石炭纪之后，省内曾一度上升为陆地而遭到强烈剥蚀，故本组仅零星残存于省境长阳马鞍山、松滋好汉坡、嘉鱼高铁、武昌乌龙泉及大冶—黄石一带。厚度为 0～16 m。

区内本组以产 *Eoparafusulina* 为代表的䗴类有 *E. bella*，*E. bellula*，*E. contracta*，*E. elliptica*，*E. ovata*，*E. ovatoides*，*E. parashengi* 及 *Schwagerina quasivulgaris* 等，时代为晚石炭世晚期。

袁家沟组　C_1y　（42－0307）

【创名及原始定义】　系陕西区测队（1966）所创。创名地点：陕西省旬阳县西岔河袁家

沟。原始定义："岩性单一，为深灰色含燧石灰岩，灰岩面上多具红色含铁泥质物，局部地段于剖面底部夹有10 cm厚的薄片状灰岩透镜体。燧石灰岩中，燧石有团块状及条带状两种。该层在北部唐家河北侧朱砂硐等地，为汞矿的容矿层。总厚310～360 m"。

【沿革】 自陕西区测队（1966）创名以来，省境研究者都沿用袁家沟组一名，但具体界线则各家观点不一。其中主要因受传统地层学观点影响，各人所持的时代界线标准不一样所致。《湖北省区域地质志》（1990）、鄂西北地调所（1991）、朱洪源等（1992）都认为袁家沟组只限于早石炭世早期（岩关期），将其上相同的一套含燧石结核灰岩，根据化石的年代归属为大塘期层位。因而，《湖北省区域地质志》（1990）认为是四峡口组的相变，而将其划入四峡口组下部灰岩段；鄂西北地调所（1991）则新创名"郧西岭组"；朱洪源等（1992）新创名"范家坪组"。从岩石的属性来看，这些单位所指实体，应是袁家沟组的上部分。这也说明袁家沟组顶界线是由西向东越来越高的穿时界线。

【现在定义】 "整合于铁山组或九里坪组之上及四峡口组之下的一套碳酸盐岩地层。以燧石灰岩或中—薄层状灰岩夹板岩的出现为该组底界，以碳质板岩的出现为该组顶界。"

【层型】 正层型在陕西省旬阳县西岔河袁家沟。省内次层型为郧西县红岩沟脑至泗峪河剖面（109°56′52″，33°12′52″；鄂西北地调队，1991）。

上覆地层：**四峡口组** 灰色略带绿色中厚层状石英砂岩

——————整 合——————

袁家沟组	总厚度1054 m
25. 浅灰色厚层状白云岩	14 m
24. 灰白—浅灰色厚层状灰岩。产珊瑚：*Arachnolasma hunanense*，*Mejiaobaphyllum yanyuanense*，*Lithostrotion cerifasciculatum* 等	246 m
23. 浅灰—深灰色亮晶生物屑灰岩	2 m
22. 灰色厚层状灰岩	58 m
21. 灰黑色含生物屑亮晶灰岩	9 m
20. 灰色中晶白云岩	33 m
19. 深灰色灰质白云岩。产珊瑚：*Siphonophyllia huaitoutulaensis*	28 m
18. 深灰色厚层状含生物屑内碎屑灰岩。产珊瑚：*Yuanophyllum kansuense*	38 m
17. 灰—深灰色厚层状白云质灰岩	66 m
16. 灰色厚层状砂质含生物屑白云质灰岩	47 m
15. 灰—深灰色泥晶灰质白云岩	41 m
14. 灰黑色薄层状含灰质粉晶白云岩	10 m
13. 深灰—灰黑色薄层泥质灰岩	19 m
12. 灰—深灰色厚层状含白云质灰岩	61 m
11. 灰—深灰色厚层状粉晶白云岩。产珊瑚：*Cystophrentis xinhuanensis*，*Zaphrentifes constrictus*	16 m
10. 灰—深灰色厚层状含粉砂灰岩	10 m
9. 灰—深灰色厚层状粉砂质白云质灰岩	50 m
8. 灰—灰黑色粉砂质白云质灰岩。产珊瑚：*Cystophrentis* sp.，*Neoclisiophyllum yunxinense*	5 m
7. 深灰色厚层状白云质砂质灰岩	37 m
6. 深灰色厚层状砂质灰岩	30 m

5. 深灰色粉砂灰岩。产珊瑚：*Cystophrentis xinhuanensis* 等　10 m

4. 深灰色厚层粉晶白云岩。产珊瑚：*Diphyphyllum chenxianense*　23 m

3. 深灰色厚层状白云质灰岩。产珊瑚：*Diphyphyllum calcarenum*、*Siphonophyllum minor*，*Zaphrentoides poculiformis*　148 m

2. 灰—灰黑色中厚层状含燧石结核结晶白云岩　53 m

——————— 整　合 ———————

下伏地层：**铁山组**　浅灰—深灰色中厚层状粉砂质细晶白云岩

【地质特征及区域变化】　本组只分布于鄂陕交界的郧西岭、周公山至四峡口一带。是以含燧石结核为特征的一套碳酸盐岩地层，即由含燧石结核灰岩、白云质灰岩至白云岩及含砂质、粉砂质灰岩、白云岩等组成。本组与下伏铁山组、上覆四峡口组，均呈整合接触。本组厚度在省境内有东厚西薄趋势，西部四峡口一带厚12～38 m，东部范家坪、红岩沟脑一带厚852～1053 m。

区内本组含有较丰富的珊瑚化石，除上述剖面所列化石外，朱洪源等（1992）对范家坪剖面的珊瑚作了较系统的研究，自下而上建立了4个珊瑚组合带：①*Zaphrentoides*组合带，与邵东组、者王组对比；②*Shennogia majus*组合带，与革老河组和汤粑沟组、孟公坳组和刘家塘组对比，属于岩关期；③*Yuanophyllum*组合带，与我国通用的同带（*Y*带）对比，属于大塘期；④*Palaeosmilia - Lithostrotion*组合带，与摆佐组对比，属于德坞期。故本组时代归属为早石炭世。

四峡口组　$C_{1-2}s$　（42 - 0308）

【创名及原始定义】　系陕西省区测队（1966）于湖北省郧西县四峡口之北黑干沟至蒋家凹创名。原始定义："以郧西四峡口一带出露而命名，此处岩性为黑色碳质页岩夹黑色燧石灰岩、石英砂岩及石英质砾岩，东西两侧沿走向被泥质灰岩、燧石灰岩及钙质板岩代替。"

【沿革】　该套以碎屑岩为主夹有碳酸盐岩之地层，曾依据所获得化石的年代解释而被解体。如鄂西北地调所（1991）于"郧西县四峡口四家庄剖面"及"郧西县四峡口万家山—桑树垭剖面"将其解体为：下部新创名"郧西岭组"，属于早石炭世晚期；上部新创名"四家庄组"，属于晚石炭世早期。朱洪源等（1993）将"郧西四峡口剖面"下部含早石炭世珊瑚的层位，新创名"庙川组"，上部产晚石炭世化石层位才限于四峡口组。本次清理，将郧西岭组、四家庄组及庙川组等非岩石地层单位一律停用。恢复四峡口组原意，即碎屑岩出现和碎屑岩结束为其底、顶界线，其内可以夹碳酸盐岩，是一穿时明显的跨世岩石地层单位。

【现在定义】　"整合于袁家沟组含燧石灰岩之上，为一套含碳碎屑岩为主的地层序列，由碳质硅质板岩，粉砂质绢云母板岩夹（或互层）石英砂岩，长石石英砂岩组成，并夹若干层生物碎屑灰岩，或含燧石灰岩，角砾状灰岩，含菱铁矿结核，与上覆羊山组灰岩呈过渡关系，以厚层灰岩出现为该组顶界，由于断层破坏常保存不全，厚200～2 500 m。"

【层型】　正层型为郧西县四峡口北黑干沟—蒋家凹剖面（109°33′40″，33°12′10″；陕西区测队，1966）。

上覆地层：**羊山组**　灰白色灰岩

——————— 整　合 ———————

四峡口组　总厚度225.63 m

15. 黑色碳质板岩，含植物化石 *Neuropteris* cf. *gigantea*，*N.* ? sp.，*Sphenopteris* spp.　32.44 m

14. 黑色厚层状含燧石结核灰岩		13.90 m
13. 黑色碳质板岩夹砂岩透镜体，含铁质结核，含植物化石		40.54 m
12. 石英砂砾岩		5.51 m
11. 砂质板岩夹砂岩，含铁质结核，砂岩呈透镜体		59.77 m
10. 砂砾岩，砾石全为石英岩		2.75 m
9. 砂质板岩、夹铁质结核		8.25 m
8. 砂岩、砂砾岩，砾石为石英岩		5.50 m
7. 砂质板岩夹砂岩，含铁质结核		8.25 m
6. 石英砂砾岩		9.17 m
5. 黑色板岩夹砂岩透镜体和铁质结核		6.84 m
4. 石英砂砾岩		2.05 m
3. 黑色叶片状页岩夹砂砾岩，砂岩透镜体，具铁质结核		15.16 m
2. 碳质硅质板岩		15.50 m

——————— 整　合 ———————

下伏地层：**袁家沟组**　黑色燧石灰岩

【地质特征及区域变化】　本组岩性主要为黑色页岩、碳质板岩（页岩）、砂质板岩、石英砂岩、砂砾岩，夹燧石结核灰岩。在区域上一般可分上、中、下三部分：下部黑色页岩、碳质硅质页岩夹灰岩透镜体，产珊瑚、海百合茎等化石；中部灰白色、黄褐色石英砂砾岩、石英砂岩、泥质粉砂岩夹黑色碳质页岩和灰岩透镜体，产植物、珊瑚、腕足类等化石；上部由泥灰岩、灰岩与碳质页岩或粉砂岩呈互层或夹层出现，产有丰富的䗴类和珊瑚等化石。本组于省境主要发育于郧西县四峡口一带，厚度225～607 m。从此向东向西都有灰质增高相变为灰岩而与上、下地层成互相消长关系，厚度明显减薄。如往东至上津槐树店子沟一带则为灰色薄—中厚层状灰岩、泥质灰岩与灰黄色泥质砂岩互层。厚度明显减薄到64 m。

由于本组由一套海陆交互相地层组成，故含有较丰富的海相动物化石和陆相植物化石。据朱洪源等（1993）对四峡口剖面的研究，于本组下部产珊瑚 *Dibunophyllum* cf. *tingi*，*Bradyphyllum bellicostatum*；中部产珊瑚 *Kionophyllum luochengensis*，*Rotiphyllum cuneatum*；腕足类 *Echinoconchus fasciatus*，*Choristites ahnormalis*，*Cancrinella cancriniformis* 及植物化石 *Neuropteris gigantea*，*Pecopteris aspera*，*Rhodea hsianghsiangensis*，*Sphenophyllum tenerrimum* 等；上部和顶部的灰岩夹层或透镜体中以产䗴类化石：*Profusulinella rhomboides*，*Pseudostaffella antigua posterior*，*Eostaffella postmosquensis*，*Fusulinella bocki*，*F. pseudobocki*，*F. schwagerinoides* var. *ovalis* 等为主。从上述化石来看，四峡口地区的四峡口组下部所产珊瑚是早石炭世晚期大塘期的常见分子。而中部所含植物、珊瑚、腕足类的大多数是早石炭世晚期至晚石炭世早期化石，上部和顶部所产的䗴类是众所周知的晚石炭世早期（威宁期）化石。故四峡口组时代属早石炭世晚期—晚石炭世早期，为一穿时明显的岩石地层单位。

羊山组　C_2y　(42－0309)

【创名及原始定义】　系陕西区测队（1966）所创。创名地点在陕西省镇安县羊山。原始定义："由浅灰白色厚层灰岩组成。整合于中石炭统之上，岩性单一，全区稳定，富含化石，层间有时可见缝合线构造，其底部在局部地段为浅灰色薄层灰岩代替。本组由于灰岩质纯，因而喀斯特地形发育。厚565 m。"

【沿革】　自陕西区测队（1966）创名以来，省境郧西地区一直沿用羊山组。

【现在定义】 “整合于四峡口组之上及水峡口组之下的一套碳酸盐岩地层，岩性为浅灰白色、局部灰黑色的中厚层、厚层至块状的微晶、泥晶灰岩，含丰富的䗴、有孔虫及腕足类、珊瑚、海绵、棘皮类等化石，局部形成礁。以厚层状灰岩的出现和结束为该组的底和顶界。”

【层型】 选层型在陕西省镇安县西口。省内次层型为郧西县四峡口万家山至桑树垭剖面（109°34′06″，33°12′30″；朱洪源等，1993）。

上覆地层：**水峡口组** 灰黑色中厚层状泥质灰岩夹黄褐色粉砂质页岩。产腕足类：*Schizophoria resupinata* 等

断 层

羊山组 总厚度 615.3 m

16. 灰白色厚层状灰岩。上部产䗴类：*Paraschwagerina mira*，*Rubustoschwagerina schellwieni*，*R. tumida* 等；腕足类：*Antiquatonia taiyuanfuensis* 等。中部产䗴类：*Paraschwagerina mira*，*Rubustoschwagerina schellwieni*；腕足类：*Antiquatonia taiyuanfuensis*，*Cancrinella koninckiana* 等。下部产䗴类：*Pseudofusulina neimogolensis*，*Rugosofusulina stabilis* 等 529.3 m

15. 浅灰色厚层状粒屑灰岩，上部含燧石结核。产䗴类：*Triticites chui* var. *robustatus*，*T. paramontiparus mesopachus*；腕足类：*Dictyoclostus gruenewaldti*；珊瑚：*Paracaninia yohi* 等 86.0 m

整 合

下伏地层：**四峡口组** 褐黄色、灰黑色含碳质泥质粉砂质页岩，夹灰岩和泥灰岩透镜体，含菱铁矿结核。产䗴类：*Fusulinella bocki* 等

【地质特征及区域变化】 本组于省境只见于郧西周公山以西三天门—四峡口一带，岩性单一，为浅灰、灰白、灰色厚层状灰岩、生物屑灰岩，时含燧石结核，本组底界以厚层状灰岩与下伏四峡口组灰黑色碳质粉砂质页岩虽呈连续沉积，但二者界线截然易分。本组顶界，由于省境未见完整剖面，在四峡口剖面只见以断层与上覆二叠纪的水峡口组接触。总厚度 534～615 m。区内本组含有丰富的䗴类、腕足类及少量珊瑚。其中下部含䗴 *Tritcites chui* var. *robustatus*，*T. paramontiparus mesopachu*；腕足类 *Dictyoclostus gruenewaldi*；珊瑚 *Paracaninia yohi*；中部含䗴 *Pseudofusulina neimogolensis*，*Rugosofusulina stabilis*；上部含䗴 *Rubustoschwagerina schellwieni*，*Eoparafusulina constans*，*Paraschwagerina mira* 等，腕足类 *Antiquatonia taiyuanfuensis* 等。综上所述，本组时代为晚石炭世晚期。

梁山组 P_1l （42－0351）

【创名及原始定义】 系赵亚曾、黄汲清（1931）创名的“梁山层”演变而来。创名地点在陕西省南郑县农丰乡梁山中梁寺。原始定义：“黑色页岩，含有劣质的无烟煤及植物化石痕迹，直接伏于含有 *Tetrapora* 的巫山石灰岩之下，而和志留纪笔石页岩直接接触。”

【沿革】 该地层谢家荣、刘季辰（1927）及俞建章、舒文博（1929）曾称“阳新灰岩底部煤系”；李捷、许杰、吴燕生、马振图（1937）在鄂西创名“马鞍山煤系”；高振西、楚旭春（1948）在鄂东创名“麻土坡煤系”；杨敬之、穆恩之（1954）称“马鞍煤系”；北京地质学院三峡地层队（1960）称“梁山组”；近 30 余年湖北省地质工作者对该地层于鄂西地区称“马鞍组”或“栖霞组马鞍段”、于鄂东南地区称“栖霞组麻土坡段”。本次采用梁山组。

【现在定义】 平行不整合于新滩组或罗惹坪组（省境为船山组或黄龙组及罗惹坪组）之

上，以黑色含铁质页岩为主，含劣质煤及粘土岩、砂岩等。与上覆阳新组整合接触。

【层型】 正层型在陕西省汉中梁山地区。省内次层型为长阳县马鞍山杨树垴剖面（111°10′55″，30°23′41″；湖北煤田地质勘探公司，1979）。

上覆地层：**阳新群** 底部深灰色至灰黑色薄—中厚层状灰岩夹钙质页岩

——————— 整 合 ———————

梁山组	总厚度 12.45 m
12. 长石石英砂岩，含黄铁矿，风化呈褐色，钙质胶结，疏松	0.50 m
11. 紫红色粉砂岩，含粘土质和铁质，中层状夹薄层状细砂岩	0.20 m
10. 紫红色石英细砂岩，厚层状，硅质胶结坚硬	1.40 m
9. 煤层（三煤层）	0.20 m
8. 黑色细砂岩，含大量植物化石碎片	0.70 m
7. 灰色石英细砂岩，底部薄层状、具微波状及楔形交错层理，硅质胶结、坚硬、节理发育，含较多的硅化木及植物化石：*Lepidodendron oculus - felis* 等	3.05 m
6. 煤层（二煤层）	0.40 m
5. 灰白—紫灰色粘土岩，块状。中部夹 0.15m 粗粉砂岩。含大量植物根化石	2.00 m
4. 灰白色石英砂岩，厚层状、硅质胶结坚硬，夹带紫红色粉砂岩	3.20 m
3. 灰黑色细砂岩，铁质胶结致密坚硬	0.30 m
2. 含碳质泥岩（相当一煤层）	0.30 m
1. 灰黑色细砂岩，坚硬	0.20 m

——————— 平行不整合 ———————

下伏地层：**船山组** 肉红色中厚层状、具球状构造藻灰岩

【地质特征及区域变化】 我省长阳马鞍山剖面基本代表了省境西部长阳至巴东麻沙、宜昌百里荒、秭归、建始等地梁山组含煤地层岩性、岩相特征，即一般以细粒石英砂岩为底，向上变细为粉砂质泥岩含透镜状煤层、煤线。具明显的旋回性（1～4个）沉积特征。且砂岩具楔状、波状、大型斜层理，说明是滨海湖沼相沉积。该地区是省内主要含煤区，一般可含煤1～3层，但不稳定，多呈透镜状。本组厚一般在10～40 m，与下伏地层晚石炭世黄龙组或船山组呈平行不整合接触；与上覆地层栖霞组为整合接触，其界线是以顶部碳质页岩夹灰岩透镜体与栖霞组层状灰岩夹含钙碳质页岩层间界面为标志（图 4 - 3）。

于省境西北部的宜城、南漳及鄂西南的利川、咸丰等地，梁山组岩性为含煤铝土质砂泥质岩系。岩系中铝土矿、粘土矿（高岭石、累托石、蒙脱石、叶蜡石等）是我省重要产出层位，但其含煤性较差，岩系下部常有石英砂岩，底部时有砾岩。本组厚度横向变化大，在宜城西山铝土矿区厚约13 m，与其相距约20 km处的随州张家泉厚达75 m左右，一般厚度3～15 m。且其下部石英砂岩中可夹透镜状鲕状赤铁矿，由此说明梁山组在该地区为滨海—滨岸湖沼相沉积。宜城一带本组尚平行不整合，盖于早志留世罗惹坪组之上。

鄂东南地区梁山组除大冶以北—武汉一带缺失或偶有零星出露外，主要分布于蒲圻—崇阳—通山、阳新等地。其岩性为粉砂质泥岩、碳质页岩夹透镜状灰岩。本组厚度薄，其发育程度与下伏石炭纪地层之侵蚀面特征有关。一般厚度在2～5 m，最厚处如蒲圻麻土坡可达10余米。含可采煤1～2层，极不稳定，常为透镜状产出。为滨岸沼泽相或泻湖沼泽相沉积（图 4 - 4）。

梁山组含较丰富的化石，其中植物化石有：*Sigillaria acutagula*，*Lepidodendron oculus -*

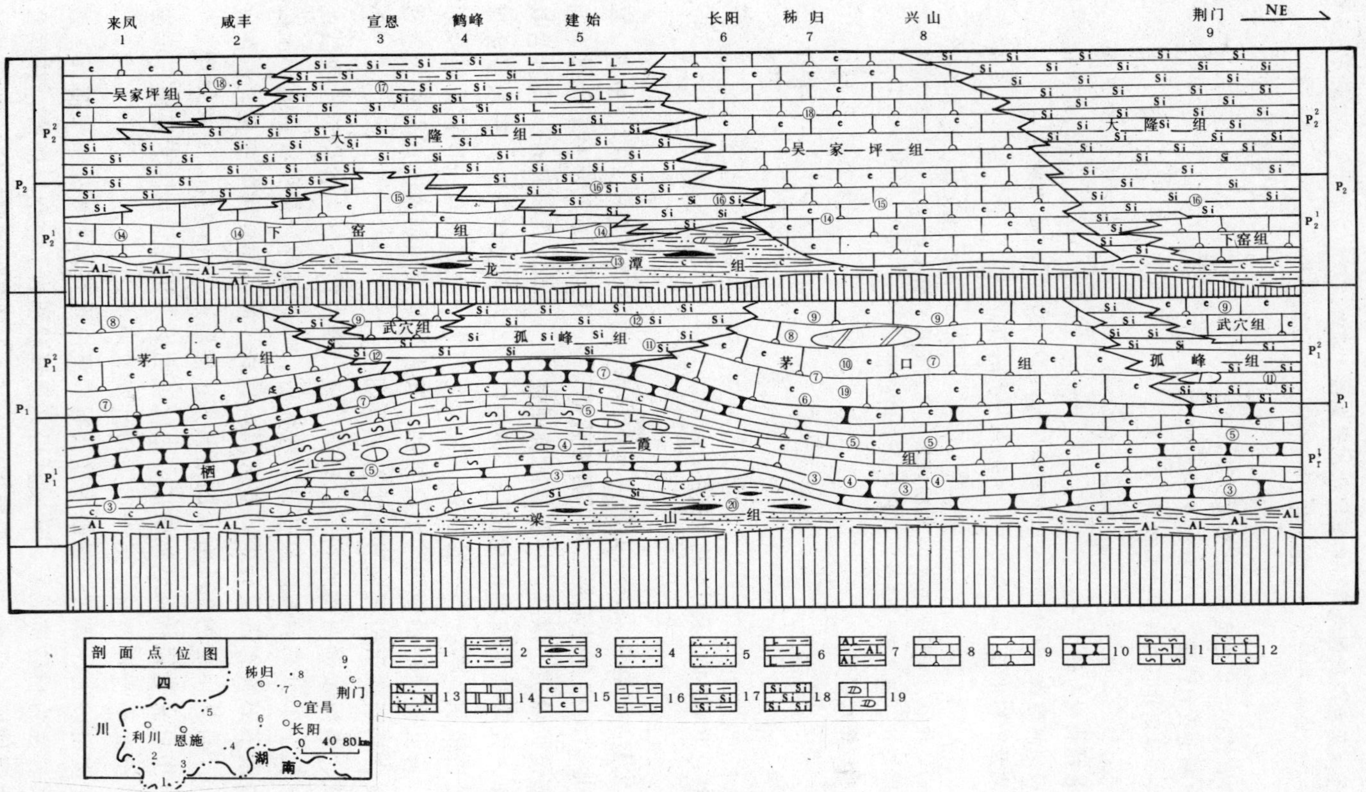

图 4-3 鄂西地区二叠纪岩石地层时空展布图

1. 泥（页）岩；2. 含粉砂质泥岩；3. 碳质页岩（或夹透镜状煤层）；4. 细砂岩；5. 石英砂岩；6. 长石石英砂岩；7. 钙质页岩；8. 铝土质泥岩；9. 含燧石结核（或条带）灰岩；10. 含燧石结核生屑灰岩；11. 瘤状灰岩；12. 泥质条带（或团块）灰岩；13. 碳质灰岩；14. 白云岩；15. 生物灰岩；16. 泥质灰岩；17. 硅质页岩；18. 硅质岩；19. 含白云质团块灰岩

剖面位置及编号：1. 来凤老峡；2. 咸丰清坪（P_2）；3. 宣恩李家河；4. 鹤峰两河口；5. 建始母猪口；6. 长阳资丘；7. 秭归新滩；8. 兴山大峡口；9. 荆门野鸡池。

主要化石编号及产出层位：①*Misellina claudiae*；②*Wentzellophyllum volsi*；③*Nankinella orbicularia*；④*Hayasakaia elegantula*；⑤*Polythecalis chinensis*；⑥*Verbeekina grabaui*；⑦*Chusenella conicocylindrica*；⑧*Neoschwagerina haydeni*；⑨*Yabeina gubleri*；⑩*Tachylasma elongatum*；⑪*Altudoceras*；⑫*Paragastrioceras*；⑬*Gigantopteris nicotianaefolia*；⑭*Codonofusielta lui*；⑮*Waagenophyllum simplex*；⑯*Anderssonoceras anfuense*；⑰*Pseudotirolites leibiensis*；⑱*Palaeofusulina sinensis*；⑲*Ipciphyllum timoricum*；⑳*Lepidodendron oculus-felis*

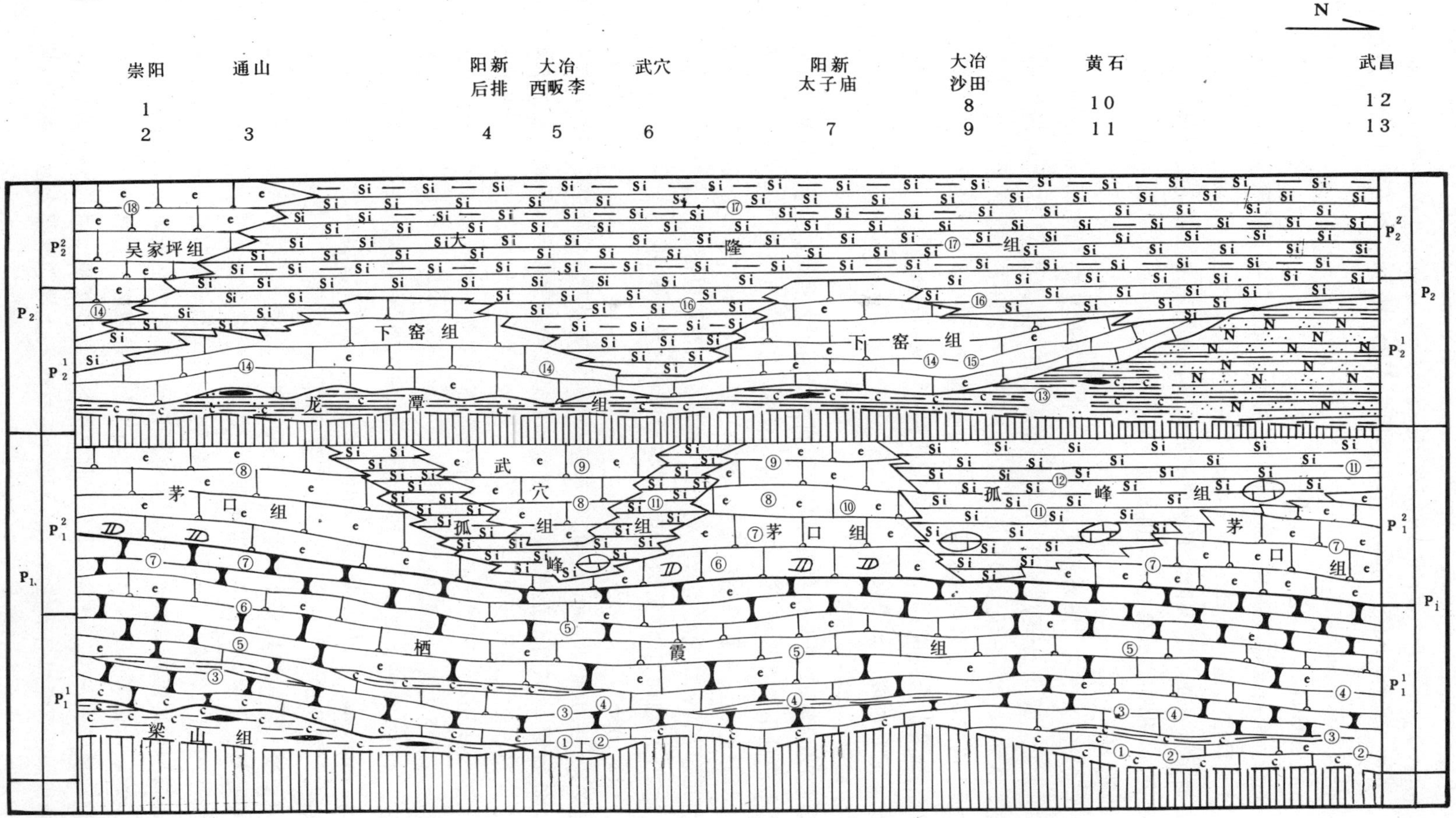

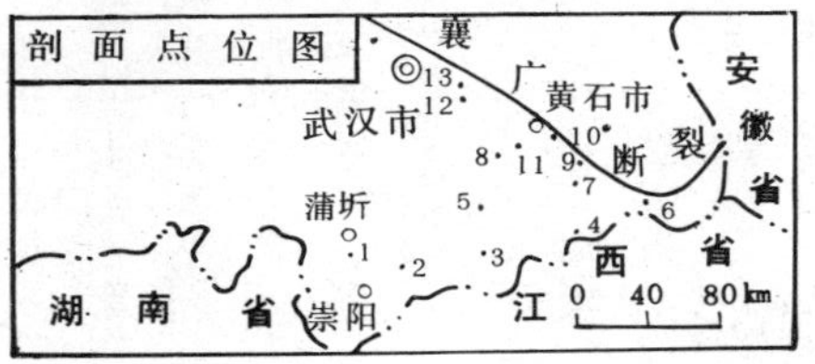

图4—4　鄂东地区二叠纪岩石地层时空展布图

剖面位置及编号

1. 崇阳石屋塘（P_1）　2. 崇阳长岭（P_2）　3. 通山枫子山　4. 阳新后排　5. 大冶西畈李　6. 武穴荞麦塘　7. 阳新太子庙　8. 大冶沙田（P_2）　9. 阳新干鱼山（P_1）　10. 黄石下窑（P_2）　11. 大冶西畈山（P_1）　12. 武昌土桥（P_2）　13. 武昌黄金堂（P_1）

图例和主要化石编号及产出层位见 图4—3

felis, *Stigmaria ficoides*, *Pecopteris* sp. , *Sphenopteris* sp. 等；腕足类有：*Orthotichia magnifica*, *Ogbinia hexaspinosa*, *Tyloplecta richthofeni*, *Neochonetes nantanensis*, *Plicatifera minor*, *Ambococelia* sp. 等；介形虫：*Hollinella tingi*, *Roundyella hubeiensis* 等。据上述化石及层位关系，其地质时代为早二叠世早期。

阳新群　P_1Y　(42－0363)

【创名及原始定义】　系谢家荣（1924）所创名的“阳新石灰岩”演变而来。创名地点在阳新县。原始定义：“为厚层造崖（Cliff－Forming）石灰岩，从灰白色—灰黑色，后者含碳质，含有燧石结核，且局部富集。底部时含有沥青质的煤层，在阳新地区被广泛开采。阳新石灰岩有丰富的腕足类、珊瑚类、䗴类化石，由葛利普教授鉴定有 *Michilina* 珊瑚等，年代为早石炭世，厚度为 400～500 m。”

【沿革】　自谢氏（1924）创名“阳新石灰岩”后，又由他与赵亚曾（1925）引用于鄂西，将 Blackwelder（1907）之“巫山石灰岩”中下部称阳新石灰岩。黄汲清（1932）改用“阳新统”，代表下二叠统。陈旭（1935）认为阳新石灰岩自下而上至少由五个地层单位组成，即“黄龙灰岩、船山灰岩、栖霞灰岩、孤峰层、武穴灰岩”。盛金章（1962）继续沿用阳新统，代表中国南方下二叠统。此后多循此说。本次经省区间协商，恢复阳新灰岩，但改称为阳新群，为一套碳酸盐岩地层，包括栖霞组和茅口组。

【现在定义】　由栖霞组和茅口组组成。

【地质特征及区域变化】　阳新群在我省分布于阳新太子庙—大王殿、崇阳—通山、秭归—兴山、来凤—咸丰等四处早二叠世整个灰岩相地层发育区。它们在省境内呈孤岛状分布，其周围地区上部或中上部往往相变为孤峰组硅质岩、硅质页岩。从该群的分布，亦反映出我省扬子地层区早二叠世沉积，其岩相变化是较为频繁的。本群由老至新包括栖霞组及茅口组。本群层型剖面为“阳新太子庙剖面”，详见栖霞组、茅口组所列之参考剖面。

栖霞组　P_1q　(42－0352)

【创名及原始定义】　系 Richthofen（1912）创名的“栖霞灰岩”演变而来。创名地点在南京市东郊栖霞山。原始定义：“指南京栖霞山泥盆系五通砂岩与南京砂岩（即钟山层）之间一大套深灰—暗灰色夹燧石结核厚层灰岩、灰岩及泥灰岩等序列，产珊瑚、腕足类和海绵等化石，命名为栖霞灰岩（Hsihsia kalkstein）。定其时代为下石炭纪，南京砂岩为上石炭纪。”

【沿革】　我省沿用栖霞灰岩或栖霞组的有：陈旭（1935）、岳希新（1948）、杨敬之、穆恩之（1954）、周圣生（1956）等，将其作为早二叠世早期地层单位。近 30 余年，我省主要是根据䗴类：*Neoschwagerina*, *Verbeekina* 或 *Chusenella*, *Cancellina* 及珊瑚类：*Ipciphyllum* 等的出现作为茅口组与栖霞组的分界依据，底部往往包括其下的含煤碎屑岩地层（马鞍段、麻土坡段）。本次清理是以整合于梁山组或平行不整合于其它时代之上一套深色含燧石结核灰岩序列作为该组。顶界是整合于茅口组浅色灰岩序列之下或孤峰组硅质岩之下。

【现在定义】　指船山组（省境尚有梁山组）与孤峰组（省境尚有茅口组）之间一套碳酸盐岩。自下而上：碎屑岩或夹煤；臭灰岩层为灰黑色沥青质中厚层泥晶灰岩；下硅质层为灰黑色薄层硅质岩夹灰岩，本部灰岩为深灰色厚层含燧石结核微晶灰岩、生物碎屑灰岩；上硅质层为灰黑色中薄层硅质岩夹灰岩。含䗴、珊瑚、腕足类等。与下伏船山组灰岩（省境为黄龙组）呈平行不整合接触（省境尚与下伏梁山组呈整合接触）；与上覆孤峰组含锰或磷质结核页岩为整合接触（省境尚与上覆茅口组呈整合接触）。

【层型】　正层型在江苏省南京市栖霞山大凹洼。省内次层型为阳新县太子庙剖面（115°

10′45″，30°00′38″；湖北区测队，1976，1∶20 万蕲春幅）。

上覆地层：**茅口组** 浅灰紫红色块状微粒灰岩，含白云质团块及条带，局部具䗴状结核。含䗴类化石

——————整　合——————

栖霞组　　　　　　　　　　　　　　　　　　　　　　　　　　　　　总厚度 106.70 m

30. 深灰、灰黑色微粒含燧石结核灰岩。含䗴类：*Schwagerina* sp.；*S.* cf. *pactiruga* 17.40 m

29. 巨厚层—块状含碳质灰岩 6.30 m

28. 薄—中层状含碳质灰岩夹碳质瘤状灰岩。含腕足类 *Plicatifera minor*，*Urushtenia crenulata*，*Monticulifera sinensis*，*Permundaria* cf. *shizipuensis* 等 4.70 m

27. 灰、浅灰带肉红色中厚层状灰岩。含䗴类 *Chusenella sinensis*，*Schwagerina* sp. 5.00 m

26. 暗灰色厚—中厚层状含少量灰黄色硅质结核灰岩。含䗴 9.90 m

25. 深灰色、局部灰色巨厚层—块状微粒灰岩，质较纯。含腕足类 *Krotovia*? sp. 9.80 m

24. 灰、深灰色中厚层状燧石团块及条带灰岩。含腕足类 *Urushtenia crenulata*；䗴类 *Schwagerina* sp.；珊瑚 *Paracaninia* cf. *liangshanensis* 1.20 m

23. 灰黑色块状、局部中厚层状臭灰岩，含燧石结核及条带灰岩 13.40 m

22. 含燧石结核及团块含碳质灰岩，局部成瘤状。含珊瑚 *Polythecalis hochowensis* 4.80 m

21. 暗灰、深灰色厚层—块状燧石结核及团块灰岩。含珊瑚 *Tetraporinus* sp.，*Sinopora* sp.，*Polythecalis* sp. 10.10 m

20. 深灰色中厚—厚层状灰岩，含燧石结核及条带，中夹生物碎屑灰岩一层。含珊瑚 *Hayasakaia* sp. 5.30 m

19. 深灰、灰黑色厚层状臭灰岩夹薄层状含碳质灰岩。含有孔虫 *Neodiscus* cf. *milliloides*，*Gansudiscus orientalis*；腕足类 *Schizophoria* cf. *indica*，*Plicatifera minor* 17.00 m

18. 灰黑色薄—中厚层状含碳质灰岩。含腕足类 *Dictyoclostus* sp. 1.80 m

－－－－－－－ 平行不整合 －－－－－－－

下伏地层：**黄龙组** 灰、暗灰色厚层—巨厚层状碎屑状灰岩。含䗴类 *Staffella* sp.

【地质特征及区域变化】 栖霞组在省境扬子地层区分布极为广泛，说明我省继早二叠世初期梁山组含煤砂泥质沉积后，发生有一次最大海侵，沉积了一套以深色含碳泥质生屑微晶灰岩为主的地层序列。但该组在省境不同地区其岩性特征、与上覆、下伏地层之接触关系等均有差异。

鄂东南地区：前列阳新太子庙剖面代表了该区中北部栖霞组岩性特征，其与茅口组底部浅灰带红色块状微粒灰岩（含白云质团块及条带）之界面作为两组划分界线。在太子庙该组厚 106.70 m。由该处往南至崇阳—通山一带，该组岩性为一套深灰至灰黑色中—厚层瘤状灰岩与含燧石结核（或条带）灰岩，底部常为碳质生屑灰岩夹碳质页岩。其厚度：在崇阳石屋塘为 249.53 m，通山气象站厚 198.66 m。因此，总的趋势是南厚北薄。在蒲圻、崇阳、通山等地其与下伏梁山组呈整合接触；而自大冶北至武汉、黄石一带，是与下伏晚石炭世黄龙组或船山组呈平行不整合接触。其与上覆地层孤峰组或茅口组均呈整合接触。在缺失梁山组沉积地带的栖霞组底部灰岩中含有䗴类：*Misellina claudiae* 带化石，而有梁山组沉积地带的栖霞组下部至今未获得该带化石，仅出现䗴类：*Nankinella orbicularia* 带化石，这一现象，说明鄂东南地区栖霞组是由北向南超覆沉积（见图 4－4）。

省境中西部地区：京山—南漳、荆门、长阳以西至五峰、鹤峰、建始等地，栖霞组主要

为一套灰黑、深灰色富含碳硅泥质微晶灰岩序列，与上覆孤峰组硅质岩呈连续沉积。原根据化石将一套深色灰岩序列之地层划为茅口组，应更改为栖霞组上部，说明该地区栖霞组顶界时代高于其他地区，具穿时现象。该组在京山—南漳一带厚 150～200 m，而于长阳—建始等地厚度均在 240～270 m 不等。从深色富碳硅泥质微晶灰岩序列与孤峰组硅质岩系并存的事实，说明该地区长期处于深水陆棚盆地相环境，同时亦反映出该区进入栖霞中晚期以后，其沉积基底下降幅度较大（见图 4-3）。

鄂西南恩施—来凤地区：该区栖霞组由北向南其灰岩中含碳泥质物（尤以中下部）渐减少，但总体仍是一套深灰—灰黑色含碳泥质生屑微晶灰岩序列。北部于宣恩李家河等地，岩系中下部富含碳泥质，而于南部来凤、咸丰一带则相对减少，岩性为深灰色厚层状含燧石结核微晶灰岩、灰黑色中厚层瘤状泥灰岩、深灰色厚层—块状含燧石结核或条带灰岩等。该组整合于梁山组与茅口组间，南厚北薄（290～200 m），系由北至南超覆沉积。

秭归—兴山地区：栖霞组岩性较单一，主要为一套深灰、灰黑色厚层状含燧石结核（或团块）生屑泥晶灰岩序列。仅顶、底部发育灰黑色厚层瘤状生屑泥晶灰岩，且底部灰岩层间夹含钙碳质页岩。整套灰岩相地层其层状性明显，含生物化石极丰富。厚度在 170～190 m，整合于梁山组与茅口组间。该区与南部长阳—建始地区栖霞组之差异是：含碳泥质物较低，瘤状构造不甚发育，且与上覆地层茅口组界线色调分明。

综上述，我省栖霞组总体沉积特征是：从沉积厚度上，省境南部较北部厚，西部较东部厚；从岩相展布上，上述中西部地区及鄂东南北部地区，该组灰岩相地层富含碳泥质，且中西部建始、利川等地栖霞组底部时出现薄层碳质硅质岩，灰岩相地层穿时层位高，相继上覆地层出现孤峰组硅质岩系沉积，反映该地区沉积基底下降幅度较大。鄂东南中北部栖霞早期缺失梁山组，代之以栖霞组灰岩相沉积。以上区域特征表明栖霞中晚期海侵是以我省西部建始、利川与鄂东南中北部两侧首先侵入，继而向南、北两侧推进，从而显示我省栖霞期古地形具有南高北低的总趋势。

该组含生物化石丰富，尤以秭归—兴山地区及鄂东南一带研究较详。产有䗴类 *Misellina claudiae*（主要见于武汉—黄石一带），*Nankinella orbicularia*，*N. globularis*，*Sphaerulina hunanica*，*Pisolina excessa* 等；珊瑚类 *Wentzellophyllum volzi*，*Cystomichelinia* sp.（主要见于武汉—黄石一带），*Hayasakaia elegantula*，*Polythecalis yangtzeensis*，*P. chinensis* 等；腕足类 *Orthotichia chekiangensis*，*Tyloplecta richthofeni* 等；其他还有苔藓虫类、介形类、牙形石等。据此，该组地质时代属早二叠世早期。

茅口组　P_1m　(42-0353)

【创名及原始定义】 乐森玥(1929)创“茅口灰岩”。创名地点在贵州省郎岱县的茅口河岸一带。原始定义：指茅口河岸至打铁关一带的“茅口希瓦格䗴石灰岩”：上部为富含化石的黑色致密灰岩 N，下部为浅灰色薄层灰岩，含纺锤䗴科新希瓦格䗴(*Neeoschwagerina*)、有孔虫(*Doliolina*)及珊瑚。时代为下二叠统，伏于富含 *Lyttonia* 的中二叠统煤系(轿子山煤系)之下。

【沿革】 谢家荣（1924）在鄂东南对二叠系下统创名“阳新石灰岩”后，相继有：岳希新（1948）将鄂西二叠系下统由下至上划分为：栖霞底部煤系、栖霞组、茅口灰岩；杨敬之、穆恩之（1954）在长阳马鞍山等地则划分为：马鞍煤系、栖霞石灰岩、茅口石灰岩；周圣生（1956）对湖北东南部二叠纪下统划分为：栖霞灰岩、茅口灰岩，并指出鄂东南地区之南部茅口灰岩与其北部相当茅口灰岩层位的硅质岩是“鸣山层”，二者是同时异相沉积；迄至盛金章（1962）对中国南方二叠系下统提出由下至上划分为“栖霞组”与“茅口组”的方案，被我国地质工作者广为沿用。但该二组划分是按生物地层界线划分的，且不论茅口组是否有岩相变化，均以该组名代称。实际我省该组横向变化大，反映早二叠世晚期沉积具多样性。本次采用的茅口组指位于栖霞组之上、龙潭组或孤峰组之下的一套浅色灰岩地层序列。

【现在定义】 系指整合于栖霞组深灰色燧石灰岩之上，平行不整合于龙潭组底部粘土岩之下的一套深灰、灰、浅灰色白云质斑块灰岩、灰岩及深灰色含燧石结核灰岩，夹少量白云岩，富含䗴、珊瑚以及腕足类化石。底以浅灰色白云质斑块灰岩出现或燧石灰岩的消失与栖霞组分界；顶以黄灰色粘土岩出现与龙潭组分界。

【层型】 选层型为贵州省郎岱县洒志剖面。省内次层型为阳新县太子庙剖面(115°10′45″，30°00′38″；湖北区测队，1976)。

上覆地层：**龙潭组** 灰黄色、灰绿色泥质页岩，底部有一层细砾岩

——————— 平行不整合 ———————

茅口组

48. 灰、暗灰色块状微粒灰岩，偶含燧石团块。含䗴类 *Verbeekina heimi*	5.50 m
47. 灰、深灰色厚层状微粒灰岩，含少量燧石结核及团块。含䗴类 *Sumatrina longissima*	6.80 m
46. 浅灰、灰带红色块状微粒灰岩。含腕足类 *Orthotichia* sp.；䗴类 *Verbeekina heimi*，*Neomisellina* sp.，*N.* cf. *lepida*	26.50 m
45. 深灰、灰黑色厚层—块状燧石团块灰岩。含䗴类 *Chusenella globularis*	7.70 m
44. 灰、暗灰色块状微粒灰岩。含䗴类 *Chusenella globularis*，*Schwagerina* sp.	10.50 m
43. 深灰色、局部浅黄灰色厚层—块状含燧石条带白云质灰岩	6.90 m
42. 灰带红色块状微粒灰岩	9.80 m
41. 浅灰色块状细—中粒灰岩，含少量燧石团块及结核	14.80 m
40. 深灰、灰黑色巨厚层—块状微粒灰岩。含䗴类 *Chusenella* sp.，*Pseudofusulina* sp.；珊瑚类 *Protomichelinia* sp.，*Tachylasma* sp.	14.60 m
39. 暗灰色中厚层状燧石团块及条带灰岩	5.50 m
38. 浅灰色块状灰岩，质较纯	8.20 m
37. 暗灰色中厚层状燧石团块及条带灰岩	6.20 m
36. 浅灰略带红色块状致密灰岩。含䗴类	3.60 m
35. 灰黑色块状燧石团块灰岩，中夹一层微粒灰岩。含䗴类：*Schwagerina* sp.	6.90 m
34. 浅灰带红色致密灰岩，偶含燧石结核。含䗴类：*Schwagerina* sp.	11.80 m
33. 暗灰、灰黑色燧石团块灰岩	7.10 m
32. 暗灰色厚层—块状含白云质团块灰岩。含䗴类：*Schwagerina* sp.	5.90 m
31. 浅灰带红色块状微粒灰岩，含白云质团块及条带，局部具鲕状结构。含䗴类：*Schwagerina* sp.，*Pseudofusulina* sp.	19.30 m

——————— 整　合 ———————

下伏地层：**栖霞组** 深灰、灰黑色含燧石结核微粒灰岩。含䗴类化石

【地质特征及区域变化】 省境茅口组以浅色灰岩序列为其主要特征，沿其走向，往往可相变为孤峰组硅质岩系。

鄂东南地区：茅口组总体特征是下部为浅灰色（或微带红色）厚层—块状微晶灰岩，含少量燧石结核或团块，底部灰岩中含白云质团块或条带；中部以浅灰色厚层状微晶灰岩为主，间夹暗灰色含燧石条带或团块灰岩、白云质灰岩；上部为灰、浅灰色厚层—块状微晶灰岩，含

稀疏燧石结核。在鄂南崇阳、通山等地该组上部灰岩颜色变深，以深灰色为主。茅口组灰岩在该区与孤峰组硅质岩时有互相穿插现象，故该地区茅口组存在近东西向三条带状展布（图4－4）。南带：崇阳—通山一带茅口组发育区，该组厚度为200～180 m；中带：阳新太子庙—大王殿茅口组发育区，该组厚度177～130 m左右；北带：黄石—武汉，茅口组整合于栖霞组与孤峰组之间，茅口组与孤峰组往往呈互为消长关系，因此茅口组厚度为0～117 m左右。在上述南带、中带，本组与上覆龙潭组呈平行不整合接触，在北带和相变区与上覆孤峰组呈整合接触。与下伏栖霞组均呈整合接触（见图4－4）。

鄂西秭归—兴山地区：茅口组沉积厚度较大，达228 m。其岩性主要为一套灰色、浅灰色厚层—块状含燧石结核生屑微晶灰岩、藻屑微（泥）晶灰岩、生屑砂屑亮晶灰岩，中部夹2～3层细晶白云岩。且中上部灰岩中，层间常有密集的燧石结核或条带。从其岩相及生物学研究，此区具开阔台地相特征。但区域展布有限，南至长阳—建始一线，东北部于宜昌东部与北部兴山之北至保康等地，均相变为孤峰组（见图4－3）。

鄂中北、京山—南漳、荆门、宜昌东部地区及鄂西南恩施至来凤等地，茅口组除在来凤至咸丰以南地区，是一套灰色、浅灰白色厚层至块状含燧石结核生屑灰岩，厚210～180 m外，其他地区该组上部相变为孤峰组硅质岩，茅口组浅色灰岩厚仅20 m左右。

茅口组富含生物化石，由下至上建立之䗴带有：*Verbeekina grabaui* 带，*Chusenella conicocylindrica* 带，*Neoschwagerina haydeni* 带，*Yabeina* 带；珊瑚类有：*Ipciphyllum timoricum* – *I. elegantum* 顶峰带，*Tachylasma elongatum* – *Paracaninia liangshanensis* 顶峰带等，其他生物门类如苔藓虫类、腕足类、非䗴有孔虫类等亦丰富。据此，其地质时代为早二叠世晚期。

孤峰组　P_1g　（42－0354）

【创名及原始定义】　该组由叶良辅、李捷（1924）创建的“孤峰镇石灰岩”演变而来。创名地点在安徽省泾县孤峰镇胡家村。原始定义：孤峰层“为黑色灰质页岩及硅质甚富之灰岩等，间于栖霞灰岩及龙潭煤系间，底部之灰质黑色页岩含化石极丰，其最著者为菊石及腕足类”。

【沿革】　该组最早由陈旭（1935）引用于鄂东南，将谢家荣（1924）的“阳新石灰岩”自下而上划分为：“黄龙灰岩、船山灰岩、栖霞灰岩、孤峰层、武穴灰岩”五部分；其后张德仁（1948）称“珞珈火石层”；区元任等（1958）称“胭脂街硅质岩”；王绍伟（1964）、周圣生（1965）称“鸣山层”，并指出它与大冶南之茅口灰岩是同时异相沉积。从此，我省将这套硅质岩统称茅口组。本次对比研究认为孤峰组区域展布有一定规律可循，故恢复该组。

【现在定义】　指栖霞组与龙潭组之间的薄层状硅质岩、硅质页岩、粉砂质泥岩、碳质页岩、锰质页岩地层，下部页岩含锰及磷结核。产菊石、腕足类、双壳类及放射虫等多门类化石。底与栖霞组平行不整合接触，以厚层灰岩消失、含锰页岩出现为界；顶与龙潭组整合接触，以薄层硅质岩消失、页岩出现为界。

【层型】　正层型为安徽省泾县孤峰镇胡家村剖面。省内次层型为大冶县笔架山剖面（114°47′08″，30°10′12″；湖北区测队，1977）。

上覆地层：**龙潭组**　细砂岩。含植物化石碎片

——————— 平行不整合 ———————

孤峰组	总厚度 91.62 m
11. 白、黄褐色厚层状硅质岩	2.97 m

10. 灰、黄色薄层状硅质页岩，有时夹透镜状灰岩 22.65 m

9. 黑色薄层状燧石层。含 *Permorthotetes* sp. 9.46 m

8. 黑色薄层状硅质岩夹透镜状灰岩。含腕足类：*Neochonetes chaoi*；双壳类：*Acanthopecten baoanensis* 8.22 m

7. 灰黑色薄至中厚层状含硅质条带生物碎屑灰岩。镜下观察，硅质条带中含海绵骨针 28.99 m

6. 灰黑色、灰黄色带灰粉红色薄层状硅质岩。含菊石及腕足类 *Neochonetes xingshanensis* 19.33 m

——————整 合——————

下伏地层：**栖霞组** 深灰、灰黑色厚层状生物灰岩，有时含燧石结核。含䗴类化石

【地质特征及区域变化】 我省孤峰组硅质岩系，除四个孤立的二叠系下统碳酸盐岩台地相沉积区（即阳新群分布区）外，其他地区皆有分布，大致呈缓“S”状横贯于省境东西，并延伸入四川、安徽省境内。鄂东南地区：孤峰组呈带状分布于武穴—大冶谭桥—西畈李一带，称南带；阳新太子庙—大王殿一线北侧的黄石—武汉一带称北带。南带上覆为武穴组，呈整合接触；北带上覆为龙潭组，呈平行不整合接触。两带下伏地层均为栖霞组或茅口组，呈整合接触。其岩性主要是以灰黑色薄层状硅质岩、粘土质硅质岩、含锰硅质岩（大冶谭桥锰矿层）。岩系上部硅质岩呈薄—中厚层状，层间夹叶片状硅质泥岩或含碳粉砂质泥岩；中、下部可夹灰岩透镜体。硅质岩常具条带状构造，水平层理。产丰富的头足类、腕足类等化石。厚度一般在 18～124 m。该地区北带西延至京山—南漳、荆门等地，孤峰组岩性为：上部，深灰、灰黑色薄—中厚层状硅质岩；中部，深灰色钙质硅质岩与灰紫色页岩互层，页岩中时夹硅质灰岩透镜体；下部，深灰色硅质页岩夹页岩、薄层状硅质岩及硅质灰岩透镜体，底部为薄—中厚层状硅质岩。此套硅质岩在京山义和一带厚达 138 m，至南漳、荆门一带厚度变薄为 30～50 m，向南西至宜昌东部仅 10 m 左右。其层位特征是：上覆地层为武穴组，呈整合接触；下伏地层由东部至西部由茅口组变为栖霞组，层位渐低，均呈整合接触。长阳—建始地区：该组整合于栖霞组之上，与上覆龙潭组含煤砂泥质岩呈平行不整合接触。该区本组岩性主要为灰黑色薄层状硅质岩夹碳质硅质岩，但其横向变化较为明显；在长阳资丘，岩系下部夹薄层状灰岩；鹤峰两河口，顶部夹碳质泥岩、底部夹碳质灰岩等。硅质岩系厚度一般为 15～50 m。保持了浅海深水相（下陆架—架盆相）沉积特征。该区向北，孤峰组于秭归碳酸盐台地急速尖灭，向南至恩施—来凤一带变化较小，分布较广泛。孤峰组硅质岩系大致尖灭于咸丰北部，岩性为灰黑色、深灰色薄层状硅质岩与薄层状碳质灰岩呈不等厚互层，下部由含碳灰岩夹含钙碳质页岩，底部为黑色薄层状硅质岩夹含钙碳质页岩，厚度 10～40 m 不等（见图 4－3、4－4）。硅质岩系中含生物化石丰富，普遍含菊石类 *Altudoceras* cf. *zitteli*，*Paragastrioceras hubeiense*，*Shouchangoceras* sp.，*Kufengoceras* sp.，*Paraceltites* cf. *multicastatus*；腕足类 *Crurithyris* sp.，*Spinomarginifera* sp.，*Reticuchonetes leei* 等。其他如放射虫、海绵骨针等亦常见。从该组普遍含浮游生物及硅质岩系中发育水平层理等特点，说明系浑水陆架盆地相沉积，地质时代为早二叠世中晚期。

武穴组 P_1wx （42－0355）

【创名及原始定义】 系陈旭（1935）所创建的“武穴石灰岩”演变而来，创名地点在武穴市大老山（原称广济县武穴镇）。原始定义：“武穴灰岩为白色块状灰岩，湖北武穴城西出露良好。该灰岩下伏为孤峰层，上覆为炭山湾煤系，总厚约 100 m，下部层位厚约 30 m 富含燧石结核，中部主要为纯的灰白色灰岩，含几层鲕状层，往上为几层球状层，球雏晶细小不

规则，最上部灰岩含燧石结核稀少。武穴灰岩含丰富的䗴类化石，别的种属稀少。”

【沿革】 自陈旭（1935）所创“武穴石灰岩”以来，很少被人引用。盛金章（1962）将其视为茅口组的同物异名处理，我省以往将其和下伏硅质岩一并称茅口组。金玉玕、胡世忠（1978），赵永泉（1983）对皖中地区位于孤峰组之上的这套灰岩沿用武穴组。本次清理认为武穴组符合岩石地层命名原则，且在鄂皖两省分布很广，故采用之。

【现在定义】 该组灰岩整合于孤峰组之上，与上覆龙潭组含煤砂泥质岩呈平行不整合接触。主要为一套浅灰色厚层至块状含燧石结核灰岩、生物灰岩。富含䗴类化石，与其上覆及下伏地层岩相差异显著，界面清楚，厚度几十米至200余米。

【层型】 选层型为武穴市（原广济县）关山荞麦塘剖面（115°29′04″，29°53′39″；鄂东北地质大队，1989）。

上覆地层：**龙潭组** 黄褐色蛹状粘土岩，碳质页岩夹煤线

——————— 平行不整合 ———————

武穴组 总厚度 102.86 m

26. 浅灰色亮晶生屑灰岩。产䗴类 *Praesumatrina schellwieni*，*P. anhueiensis*，*Neoschwagerina haydeni*，*N. multicircum*，*Yabeina proboscis*，*Leella* sp.；非䗴有孔虫类 *Climacammina gigas*，*Cribrogenerina neimengguensis*，*Geinitzina pusilla*，*Glomospira vulgalis* 35.59 m
25. 浅灰色厚层状细—粗晶灰岩。产䗴类 *Nankinella hunanensis*；非䗴有孔虫类 *Climacammina hunanica*，*Nodosaria patula*，*Tetrataxis* sp.，*T. conica*，*Pachyphloia linae* 27.31 m
24. 浅灰色厚层状亮晶生屑灰岩，具角砾岩（状）构造 7.20 m
23. 浅灰色厚层状生屑泥晶灰岩 4.50 m
22. 浅肉红色厚层状亮晶砂质-生物屑灰岩 9.00 m
21. 浅肉红色厚层状含生屑微晶灰岩。含苔藓虫：*Polypora* sp. 13.46 m
20. 深灰色厚层状含硅质条带白云质灰岩 5.80 m

——————— 整 合 ———————

下伏地层：**孤峰组** 浅灰色薄层硅质岩

【地质特征及区域变化】 省境武穴组发育于鄂东南阳新县太子庙—大王殿地区早二叠世碳酸盐台地之南侧，近东西向展布于武穴—谭桥—西畈李一带，东延至安徽省境内，向南尖灭于崇阳—通山早二叠世碳酸盐台地之北侧。其岩性特征，东段以武穴荞麦塘剖面为代表，向西于西畈李一带主要为浅灰至深灰色厚层—块状含燧石结核（或团块）生物微晶灰岩、生屑灰岩，底部为深灰色薄层状灰岩与碳质灰岩、含燧石结核或条带。该地区武穴组西厚东薄（102～222 m）（图 4-4）。再向西可能延至京山、南漳一带，厚 50～150 m，而荆门—宜昌东部厚仅 10～50 m（图 4-3）。本组属浅海开阔海台地相沉积。富含底栖生物化石。其中䗴类 *Neoschwagerina haydeni*，*N. multicircum*，*Sumatrina* sp.，*Yabeina hayasakai*，*Y. gubleri*，*Neomisellina lepida*，*Chusenella tingi*，*C. globularis* 等；珊瑚 *Tachylasma magnum*，*Paracaninia liangshanensis* 等。据此，本组时代属于早二叠世晚期。

龙潭组 P_2l （42-0356）

【创名及原始定义】 系丁文江（1919）创名的“龙潭煤系”演变而来。创名地点在南京市东郊龙潭镇。原始定义：“见于龙潭，为南京诸山中唯一已开的煤矿，故用龙潭之名称这一

含煤地层为龙潭煤系，时代为二叠纪。惟其下为上石炭纪船山石灰岩，其上为二叠或三叠纪张公岭灰岩而已。”

【沿革】 该地层在我省最早由谢家荣（1924）创名为“炭山湾煤系”。其后，李捷（1928）、杨敬之、穆恩之（1954）、周圣生（1956）均称“乐平煤系”，北京地质学院三峡地层队（1960）称“龙潭煤系”。自1959年后，我省一般将此含煤地层划分为龙潭组下部含煤段或吴家坪组下部含煤段。本次采用龙潭组只限于含煤碎屑岩系，不包括其上的灰岩。

【现在定义】 指孤峰组（省境尚有武穴组及茅口组）与大隆组或长兴组（省境或吴家坪组或下窑组）之间一套含煤地层。下部以深灰色砂、页岩互层为主，顶为砂岩及含簸灰岩；中部为黄褐色中至粗粒厚层长石石英砂岩、铝土质泥岩、页岩夹煤层，含植物化石；上部以黑色页岩为主夹灰岩及细砂岩，富含腕足类等化石。下与孤峰组以含个体甚小的双壳类含钙碳质页岩之底为界（省境与下伏孤峰组硅质岩，或与武穴组或茅口组灰岩，均呈平行不整合接触）；上以大隆组硅质页岩或长兴组灰岩出现为界，彼此之间均为整合关系。

【层型】 选层型为江苏省江宁县淳化天宝山剖面。省内次层型为武昌花山土桥剖面（114°29′55″，30°31′28″；湖北区调所，1：5万武汉市综合区调报告，1989）。

上覆地层：**大隆组** 黑、灰黑色薄层状硅质岩夹薄层板状硅质页岩

——————— 整　合 ———————

龙潭组	总厚度 41.55 m
12. 浅灰色薄层状细粒岩屑长石砂岩	1.20 m
11. 灰、深灰色薄层状粉砂质粘土岩，具黑白相间条纹	3.32 m
10. 浅灰色中层状细粒长石石英杂砂岩	0.63 m
9. 浅灰色薄层状含砂质粘土岩，夹粉砂岩透镜体	1.26 m
8. 浅灰、灰黄色薄—中层状细粒岩屑长石石英杂砂岩	3.87 m
7. 浅黄色中层状细粒长石石英杂砂岩，具较强的粗糙感	3.19 m
6. 黄褐色薄层状细粒石英杂砂岩	4.10 m
5. 黄褐色薄层状石英细砂质粘土岩，具球状风化特征。底部具砂质条带，含植物化石：*Lobatannularia* sp.	4.16 m
4. 灰、黄色含粉砂质页岩、含粉砂质粘土页岩。含植物化石：*Calamites* sp.，*Cordaites* sp.	7.08 m
3. 灰色薄层状粘土质粉砂岩	4.28 m
2. 深灰、黄褐色粘土页岩	8.42 m

——————— 平行不整合 ———————

下伏地层：**孤峰组** 硅质岩

【地质特征及区域变化】 省境龙潭组的总体特点是：厚度较小，岩相类型及其含煤性变化较大。鄂东南地区：龙潭组主要发育于咸宁—大冶—阳新一线以北，以黄石、阳新、武汉一带较为发育，可以武昌土桥剖面为代表。其以三角洲相沉积为主体特征，厚度大，41～70余米（流芳岭），与下伏孤峰组呈平行不整合接触，与上覆大隆组呈整合接触。黄石市源华煤矿之龙潭组，下部以粉砂质泥岩、粉砂岩、泥岩夹细砂岩为主；中部以薄层状细砂岩与粉砂岩互层为主，发育水平层理，产植物化石；上部为粉砂质泥岩、碳质泥岩（中含菱铁矿结核）、钙质泥岩等组成。中、上部夹两层煤，泥质粉砂岩产丰富的腕足类、双壳类及腹足类化石，属滨海湖沼相沉积。厚度 29 m。而自武汉至黄石以南至阳新、咸宁、大冶一带该组明显

变薄，一般在5～10 m。下部为细、中粒石英砂岩，底部时有硅质岩砾石；中、上部为粉砂岩、泥岩、碳质页岩夹煤或煤线。与上覆下窑组呈整合接触；与下伏茅口组呈平行不整合接触。岩相特征相当滨岸沼泽相沉积。上述两地之南部崇阳—通山一带，该组发育差，多为粉砂质泥岩、碳质页岩，时夹透镜状煤层或煤线，厚度一般在1～5 m，分布很不稳定，只是在茅口组侵蚀面上局部成煤（见图4-4）。

上扬子分区：是我省龙潭组发育较好地区，是我省重要煤产地之一。尤以巴东—秭归以南之建始等地较厚，一般在10～25 m，其含煤性好，可夹1～3层煤，主要岩性为：下部以砂岩、硬砂岩（有称"岩屑砂岩"，富含中基性火山岩屑）为主，底部常有不稳定黄铁矿层（厚0.1～0.5 m）；上部以粉砂质泥岩、泥岩、碳质泥岩为主，时夹碳酸盐岩（白云岩为主）透镜体，煤层赋存于砂岩之上泥岩中，且泥岩中产丰富植物化石，含碳质泥岩中产腕足类、腹足类等化石，泥岩中发育细微水平层理，具滨岸湖沼相沉积特征。该地区龙潭组平行不整合于孤峰组硅质岩之上，整合于下窑组之下（见图4-3）。

上述地区之西南部恩施、咸丰、来凤及中西北部京山、南漳、襄阳、钟祥等地，龙潭组煤系发育差，其厚度仅1～5 m，部分地区可达10 m左右，含煤性差，但煤系中赋存有具重要经济价值的粘土矿层，含：高岭石、赤铁高岭石（紫砂陶土）、埃洛石、累托石等粘土矿物。

本组发育地区含有较丰富的生物化石，其中主要植物有：*Gigantopteris* cf. *nicotianaefolia*, *Gigantonoclea guizhouensis*, *Lobatannularia* sp., *Sphenophyllum sino-coreanum*, *Ullmannia frumentaria* 等；腕足类 *Gubleria planata*, *Leptodus nobilis*, *Schizophoria* cf. *parenteletiforms*, *Pugnax pseudoutah* 等；双壳类 *Schizodus* cf. *pinguis*, *Liebea* cf. *indica*, *Aviculopecten sinensis* 等。据此，本组地质时代为晚二叠世早期。

下窑组　P_2x　(42-0357)

【创名及原始定义】　系王绍伟等（1966）创建的"下窑灰岩"演变而来。创名地点在黄石市下窑。原始定义："系指介于炭山湾煤系与保安页岩之间的一套含燧石结核或条带灰岩。它与上、下地层均为整合接触，但它们间岩性却截然不同，顶底界线明显。灰岩中含丰富的腕足类、珊瑚类、双壳类、腹足类等化石，属于龙潭组上部非含煤建造地层，厚度数米至30余米不等。"

【沿革】　该地层曾被周圣生（1954）称之为"长兴灰岩"，第一届全国地层会议（1959）后多称之为"吴家坪组"或"龙潭组上部灰岩段"。湖北区测队（1977，1∶5万铁山幅区调报告）将该灰岩划归龙潭组上部称"下窑段"。《湖北省区域地质志》（1990）将其划归吴家坪组上部，称下窑段。本次清理称之为下窑组。

【现在定义】　下窑组系指介于龙潭组与大隆组之间的一套含燧石结核或条带灰岩。该组与上、下地层均为整合接触，顶底界清楚，界面上下岩性各异；富含腕足类、双壳类、䗴类、珊瑚类等化石。

【层型】　正层型为黄石市下窑源华煤矿东剖面（115°06′10″，30°12′25″；王绍伟等，1966）。

上覆地层：**大隆组**　黑色、灰黑色薄层状硅质泥岩夹含碳硅质泥岩及泥岩

——————— 整　合 ———————

下窑组　　　　　　　　　　　　　　　　　　　　　　　　总厚度16.94 m

22. 深灰及灰色中厚—厚层状，含黑色燧石结核的致密灰岩，下部稍含泥质。燧石结核

很发育，常呈不规则层状，顶部则较少。含有较多的动物化石，有腕足类、海百合茎和腹足类等。经鉴定有：*Dictyoclostus* sp.，*Uncinunellina*? sp.，*Punctospirifer*? sp.，*Spiriferina* sp.，*Neophricodothyris* sp. 7.70 m

21. 深灰色，中厚—巨厚层状，含黑色团块状燧石结核灰岩。底部结核少，往上渐多且大，呈团块状、透镜状沿层分布。有少量腕足类等化石。镜下观察见已遭硅化，且有海百合茎等化石碎片 9.24 m

———— 整　合 ————

下伏地层：**龙潭组**　褐黄色薄层状钙质泥岩，局部呈紫红色。含有很多动物化石碎片，有穿孔贝类化石

【地质特征及区域变化】　下窑组在省境扬子区内除鄂西北南漳、保康一带及鄂西秭归—兴山及利川等地不见分布外，其它地区均有分布。其层位有介于龙潭组与大隆组间，均呈整合接触，界面清楚，易于划分。总体岩性单一，主要为一套浅灰—深灰色中厚层、厚层状含燧石结核灰岩。仅局部地段底部有薄层状硅质岩或上部出现白云岩。虽然厚度不很大，但在各地区分布稳定。在鄂东南地区一般厚度为10～30余米。由南至北变薄，于武昌流芳岭以北相变为大隆组硅质岩。在鄂西—鄂西南一带，一般厚15～58 m左右，局部地区如长阳金家坳可达200余米，在长阳资丘以东至松滋一带相变为大隆组硅质岩。在鄂中北京山—南漳一带，该组厚度小，一般仅4～7 m，在南漳西北至保康等地尖灭（见图4-3、4-4）。

本组富含生物化石，其中腕足类 *Neophricodothyris* cf. *waageni*，*N.* cf. *asiatica*，*Squamularia calori*，*Dictyoclostus margritatus*，*Spinomarginifera kueichowensis*，*Tyloplecta yangtzeensis*，*Linoproductus kayseri*，*Cathaysia chonefoides*，*Leptodus* cf. *nobilis* 等；䗴类 *Codonofusiella schubertelloides*，*C. paradoxica*，*C. lui*，*Palaeofusulina parafusiformis*，*P. nana*，*P. fluxa*，*Reichelina simplex* 等；珊瑚类 *Waagenophyllum simplex*，*Tachylasma lopingense* 等，以及海百合茎、苔藓虫等化石。据此，本组地质时代为晚二叠世。

大隆组　P_2d　(42-0358)

【创名及原始定义】　由张文佑、陈家天（1938）[①] 所创的“大垅层”演变而来。创名地点：广西省合山市大隆村。原始定义：“岩性分上、下两部分：上部为灰色、黄灰色、绿灰色硅质页岩、灰质页岩及砂岩；下部为暗色硅质页岩夹白灰色及杂色页岩、砂岩等。时代为二叠纪，其上与三叠纪为整合接触，下与合山层为连续沉积。”[②]

【沿革】　我省最早由葛利普（1923—1924）将谢家荣（1924）在大冶县保安镇东北隅的大冶灰岩与炭山湾煤系（龙潭组）之间的含 *Gastrioceras zitteli*，*G. liui* 和 *Pseudomonotis* 的黄色页岩创名为“保安页岩”。嗣后广为引用。但对其时代归属曾众说纷纭。其中较多的人将其归于晚二叠世晚期，与广西的大隆组对比。盛金章（1962）主张废弃“保安页岩”一名由大隆组代之。湖北区测队（1977，1∶5万铁山幅和1980，大冶幅）、《湖北省区域地质志》(1990)及徐光洪(1978)[③]等，将这套硅质岩一分为二；下部含 *Anderssonoceras* 和 *Porototoceras* 菊石动物群层位的称“保安页岩段”，归于晚二叠世早期，而上部含 *Pseudotirolites* 和 *Pleuronodoceras* 菊石动物群层位的称大隆组归于晚二叠世晚期，本次清理将该硅质岩系统称大隆组。

【现在定义】　指位于合山组（省境为下窑组或龙潭组）之上、三叠纪南洪组（省境为大

① 张文佑、陈家天，1938，广西迁江合山大垅煤田地质简报。
② 李四光等，1941，广西地层表“来宾南部及迁江一带地层表（张文佑）”，30—31页。
③ 徐光洪，1978，对湖北“保安页岩”层位时代的新认识，中南地质科技情报，第4期。

冶组或二叠纪吴家坪组）之下的由硅质岩、泥岩、砂岩及凝灰岩等岩性组合的地层。下以泥质灰岩、泥灰岩的消失或硅质岩的出现与合山组分界；上以硅质岩的消失或灰色薄层页岩的出现与南洪组分界。

【层型】 正层型剖面在广西合山市大隆村。省内次层型为大冶县保安沙田剖面（114°45′30″，30°10′25″），（湖北区测队，1977，1∶5万铁山幅区调报告）。层序如下：

上覆地层：**大冶组** 黄绿色页岩，夹薄层状灰岩，最底部有4cm的白色粘土。页岩中产 *Claraia wangi*

——————— 整 合 ———————

大隆组 总厚度 17.82 m

10. 黑色碳质硅质页岩，夹高碳质页岩（或煤线）。含植物化石碎片和腕足类：*Waagenites barusiensis*，*W. wongiana* 等 2.45 m
9. 黑色硅质页岩，层间夹钙质粘土页岩。产菊石类：*Pseudotirolites leibiensis*，*Pleuronodoceras mapingense*，*P.* cf. *hubeiense*，*P.*（*Graciloceratites*）sp.，*Rotodiscoceras kwangsiensis* 2.10 m
8. 黑色含碳质硅质岩，夹黄绿色页岩，顶部有一层黑色灰岩，呈透镜状。盛产菊石类：*Anderssonoceras anfuense*，*Pseudogastrioceras* sp.，*Huananoceras* sp.，*Discotoceras* sp.；腕足类：*Lingula* sp.；双壳类：*Liebea* cf. *tumida*，*Hunanopecten qujiangensis*，*H. edilis*，*Palaeolima* sp. 等 9.78 m
7. 黑色含碳质硅质岩 3.49 m

——————— 整 合 ———————

下伏地层：**下窑组** 灰色厚层状生物碎屑灰岩，含少许燧石结核。含珊瑚类、腕足类、双壳类、头足类等

【地质特征及区域变化】 省境扬子地层区除鄂西秭归—兴山、竹溪—房县地区缺失外，其它地区均有大隆组分布。该组岩相主要为一套含碳泥质硅质岩系。于省境不同地区，其岩性、上、下地层及厚度等变化明显。

鄂东南地区：大隆组可以上述大冶县保安沙田剖面为代表。其岩性主要是一套黑色薄层状硅质页岩、硅质岩夹碳质页岩、黄绿色页岩，中上部硅质岩中夹灰岩透镜体。普遍含菊石类、腕足类等化石为其特征。但在该地区大隆组以其岩相、分布等变化大致可分南、北两个带，二带间以阳新—大冶—咸宁一线为界。北带：南部阳新太子庙、大冶西畈李等地至北部武昌土桥、鄂城等地，该组厚度由2～48 m不等，下伏地层可为下窑组或龙潭组，上覆地层大冶组，上、下均为整合接触。偏北部地带硅质岩系中夹粘土质页岩、含粉砂质页岩增多。该带东南侧阳新新屋铺至武穴，往东延入安徽境内，大隆组厚度在9～15 m，主要为一套深灰—灰黑色薄层状含海绵骨针硅质岩，夹粘土页岩、含凝灰质泥灰岩、泥晶生屑灰岩等，产丰富的牙形石、腕足类、腹足类及菊石类等化石。南带：即蒲圻—通山地区，此区大隆组与北带差异是：该组在该地区由北向南相变为吴家坪组灰岩，上覆为吴家坪组，下伏为下窑组，均呈整合接触。硅质岩系自阳新太子庙等地向南至该带地区显著增厚，如崇阳长岭、通山枫子山等地均在40～70余米，且岩系中夹薄—中厚层状灰岩、白云质灰岩或白云岩层增多，尤以中上部硅质岩与灰岩可成互层状。该组于通山之东天梯等地厚度迅速减薄，仅10 m左右。上述说明南带大隆组虽分布普遍，但其厚度变化较大，总的趋势是由西至东变薄为其特点（见图4-4）。

鄂西—鄂西南地区：大隆组于长江以南普遍发育，尤以长阳—建始一线该组沉积厚度较大，可达 50～80 余米。其岩性主要为：上部为灰色、灰黑色含钙质页岩、碳质页岩夹泥灰岩或微晶灰岩透镜体；下部为灰紫色、灰黑色薄层状含碳泥质硅质岩、硅质页岩夹碳质页岩或薄—中层状微晶白云岩等。产丰富头足类（菊石为主及箭石）、腕足类、双壳类等化石。该地区西南利川见天坝、沐抚等地段，大隆组整合于吴家坪组海绵礁灰岩之下，为一套灰黑色含放射虫、海绵骨针硅质岩与硅质页岩夹碳质页岩等。岩层中水平层理发育，属深水盆地相硅质岩系①，厚 30～60 m。咸丰以西清坪等地及长阳资丘以东地段，大隆组沉积于龙潭组含煤砂泥质岩之上，伏于吴家坪组之下，均呈整合接触。而鄂西—鄂西南其他地区则是整合于大冶组与下窑组间。在来凤—恩施一带，大隆组沉积厚度由南至北渐增厚，如来凤老峡该组厚 8.2 m，至咸丰清坪厚 15 m，宣恩川大河厚 36 m，直至与长阳—建始一线沉积厚度达 50～80 m 的地区相毗连（见图 4－3）。

鄂中北京山—南漳、保康地区：大隆组分布面积广，东部与鄂东南北带相连，但该地区沉积厚度小（5～17 m），岩性较单一，为黑色、灰黑色薄层状硅质页岩、硅质岩。各地硅质岩系中均产丰富的菊石类、腕足类等化石。其上覆地层为大冶组，下伏地层为下窑组，均呈整合接触。在南漳—保康以西北地区，该组则整合于龙潭组与大冶组之间。

本组化石以富含菊石、腕足类为主，亦有双壳类和牙形石等。其中产于本组下部的菊石主要有：*Anderssonoceras anfuense*，*Prototoceras hunanense*，*Konglingites* spp.，*Jinjiangoceras* cf. *stenosellatum*，*Pseudogastrioceras* spp.，*Sanyangites* spp. 等；腕足类 *Cathaysia chonetoides* 等。产于本组上部的主要菊石有：*Pseudotirolites asiaticus*，*P. leibinensis*，*Pleuronodoceras mapingense*，*P. hubeinse*，*Rotodiscoceras kwangsiense*，*Tapashanites* sp.，*Pseudogastrioceras szechuanense* 等；腕足类 *Waagenites barusiensis* 等。据上述化石，本组时代为晚二叠世。

吴家坪组　P_2w　(42－0359)

【创名及原始定义】　由卢衍豪（1956）创建的“吴家坪灰岩”演变而来。创名地点在陕西省南郑县西北的吴家坪。原始定义：“代表陕西汉中梁山区上二叠纪的中上部。上部主要为暗灰色厚层状及块状灰岩及灰色块状积云状灰岩，下部除有厚层状及块状灰岩外，薄层灰岩亦极发育。富含燧石。”

【沿革】　吴家坪组自 60 年代引用于我省以来，各家均遵循盛金章（1962）修订后的涵义，即代表长兴组之下，茅口组之上的一个地层单位，视为晚二叠世早期以海相碳酸盐岩为主的地层，是龙潭组相变地层单位。在实际工作中把吴家坪组划为下部含煤段，上部灰岩段。其上限与长兴组无自然界线可寻，仅依 *Palaeofusulina* 化石的出现来划分。如我省秭归新滩剖面，在未获得 *Palaeofusulina* 之前将茅口组与大冶组之间的这套灰岩地层，统称吴家坪组（湖北三峡地层组，1978）。后来，在其上部获得了 *Palaeofusulina* 后，将其含 *Palaeofusulina* 以上灰岩划分为长兴组，其下灰岩称吴家坪组（冯少南等，1984）。本次清理采用原吴家坪组涵义。

【现在定义】　整合于阳新群灰岩与大冶组泥灰岩之间的地层序列，为灰色中厚层—厚层状、块状含燧石团块的泥晶灰岩、生物碎屑灰岩。底部稳定地发育一层厚度不大的含鲕粒的铁铝质泥质岩（王坡段），并以此层之底作为该组底界，以燧石灰岩结束或纹层状灰岩、薄层泥质灰岩的出现为该组顶界。

---

① 江汉石油学院等，1983，鄂西晚二叠世生物礁研究报告。

【层型】 正层型剖面在陕西省汉中梁山地区。省内次层型为秭归县新滩剖面(110°47′03″，30°56′59″；冯少南等，1984，对化石作了删简)。

上覆地层：**大冶组**

35. 薄层泥质灰岩，最底有一层约2.0 cm的微晶灰质白云岩。含菊石、牙形石等

——————— 整 合 ———————

吴家坪组 总厚度 84.01 m

34. 浅灰色、灰色及肉红色不均匀白云石化骨屑藻类泥晶灰岩，顶部具风化状团粒，含䗴类：*Ziguiella quasicylindrica*，*Z. longjianensis*，*Codonofusiella* sp.，*Reichelina simplex*；有孔虫：*Robuloides acutus*，*Nodosaria netschajewi*，*Pachyphloia hunaica*，*Robustopachyphloia iniqua*；珊瑚 *Lophocarinophyllum lophophyllidum*，*L. phymatodum*，腕足类：*Richthofenia sinensis*，*Leptodus nobilis*，*Edriosteges subplicatilis*，*Squamularis grandis*，*S. elegantuloides*；牙形石 *Negondolella xintanensis*，*Himdeodus typicalis* 等 4.31 m

33. 灰色厚层块状生物屑泥晶灰岩，下部以似层状燧石为主。含䗴类 *Palaeofusulina sinensis*，*P. ampla*，*P. mutabilis*，*Codonofusiella ziguiensis*，*C. paradoxica*，*Reichelina tenuissima*，有孔虫 *Pachyphloia gefoensis*，*Robuloides acutus*，*R. lens*，*Nodosaria shikhanica*，珊瑚 *Lophocarinophyllum xintanense*，*Plerophyllum diferentiatum* 等 1.75 m

32. 浅灰色、灰色厚层状生物屑泥晶灰岩及含生物屑泥晶灰岩，含少量团块状燧石，含䗴类 *Palaeofusulina sinensis*，*Codonofusiella xintanensis*，*C. simplex*，*C. lui*，*C. paradoxica*，*C. schubertelloides*，*C. kwangsiana*；有孔虫 *Robuloides gourisiensis*，*Frondicularia simplex*；珊瑚 *Ipciphyllum simplex*，*I. exilum*；腕足类 *Edriosteges poyangensis* 等 1.14 m

31. 灰色—浅灰色亮晶粒屑灰岩及生物屑泥晶灰岩，下部夹薄层生物骨屑灰岩，含少量燧石结核，含䗴类 *Palaeofusulina simplicata*，*Codonofusiella paradoxica*，*C. prolata*，*C. simplex*，*C. kueichowensis*；有孔虫 *Nodosaria yishanensis*，*Pachyphloia ovata*；珊瑚 *Waagenophyllum lui.*，*W. wengchengense*；腕足类：*Lopingia ruber*，*Squamularis elegantula*；牙形石 *Neogonlella liangshanensis*，*Hindeodus tyhicalis* 等 30.50 m

30. 灰色—浅灰色生物屑泥晶灰岩，含少量燧石结核，含䗴类 *Codonofusiella kueichowensis*；有孔虫 *Nodosaria* sp.；腕足类 *Squamularis elegantula*；牙形石 *Neogonolella liangshanensis*，*Hindeodus* cf. *minutus* 等 11.65 m

29. 灰色—深灰色厚层—巨厚层含骨屑粉屑微晶灰岩及骨屑泥晶灰岩，含黑色—浅灰色团块状、串珠状燧石，含䗴类 *Codonofusiella schubertelloides*，*C. kueichowensis*，*C. prolata*，*Nankinella* sp.；有孔虫 *Nodosaria netschajewi subquadrata*，*Pseudotristix triangulus*，*Pachyphloia ovata*；珊瑚 *Plerophyllum xintanense*，*Lophophyllidium* sp.；腕足类 *Squamularia squamularioides*；牙形石 *Neogondolella liangshanensis*，*Hindeodus* sp. 等 29.73 m

28. 深灰色薄层—中厚层状燧石条带状泥晶灰岩，含珊瑚 *Plerophllum irregulare*，*P. huayingshanense*；腕足类 *Waagenites soochowensis*，*Edriosteges poyangensis*，*Tschernyschewia sinensis*，*Tyloplecta yangtzeensis*，*Spinomarginifera janus*，*Lopingia ruber*，*Squamularis squamularioides* 等 4.93 m

——————— 整 合 ———————

下伏地层：**龙潭组**

27. 掩盖（在坑道中见含铝土矿水云母粘土岩或含黄铁矿铝土矿水云母粘土岩，顶部具

数厘米黑色泥岩，其中有人认为是灰岩扁豆体，有人认为是灰岩砾石，其中含䗴类）

【地质特征及区域变化】 我省吴家坪组以碳酸盐台地相沉积之一套灰岩为其主要特征。在省境呈孤岛状分布于鄂西松滋—长阳、秭归—兴山、利川、咸丰及鄂东南蒲圻—通山等地。其岩性除利川见天坝、沐抚为一套典型的海绵礁灰岩，属于典型台地边缘生物礁相沉积外，其他地区均以灰—浅灰色厚层至块状含燧石结核生物灰岩、生屑灰岩为主；在长阳资丘该组顶部可见白云岩、砂屑亮晶灰岩等。总体岩性特征说明属于浅海开阔台地相沉积，横向相变为大隆组硅质岩。上述地区除秭归—兴山地区本组整合于龙潭组与大冶组之间外，其他地区本组整合于大隆组与大冶组之间。沉积厚度各地不一，其中利川见天坝、沐抚等地厚达300余米；咸丰清坪一带厚30～85 m；松滋—长阳一带厚21～72 m；秭归—兴山一带厚84～103 m；蒲圻—通山一带厚40～200 m（见图4-3、4-4）。

本组含有丰富的海相底栖生物化石，其中研究较为系统的有䗴类、珊瑚和腕足类，从下至上各自建立了生物地层单位：䗴类 *Codonofusiella* 顶峰带，*Palaeofusulina sinensis* 带；珊瑚 *Plerophyllum guangxiense* - *P. xintanense* 组合带，*Waagenophyllum lui* - *Lophocarinophyllum* 组合带；腕足类 *Tschernyschewia sinensis* - *Lopingia ruber* 组合带，*Squamularis grandis* - *Richthofenia sinensis* 组合带。根据以上生物化石特征，其地质时代为晚二叠世。

【其他】 在本次清理过程中，对该地层曾有人提出省境吴家坪组限用于省境上扬子区的鄂西、鄂中北地区，而属于下扬子区的鄂东南地区应采用长兴组。但根据我省实际情况，该地层如上所述是呈孤岛状分布的碳酸盐台地，其岩性、岩相、地层层序及古生物特征等诸方面，鄂东南地区与鄂西地区基本一致。故本次均采用吴家坪组。

瓦屋湾组 P_1w (42-0361)

【创名及原始定义】 该组由湖北区测队地层组、二分队（1975）① 所创“瓦屋湾群”演变而来。由《湖北省区域地质志》（1990）正式公开发表。创名地点：房县高塘瓦屋湾。原始定义：“瓦屋湾群是介于产 *Pseudogastrioceras* 的碳质页岩之下，中志留统或泥盆系的含铁砂岩之上的一套地层。可分三个岩性段：上部硅质岩段，中部碳酸盐岩段，下部含煤段。”

【沿革】 该地层曾为湖北区测队（1974）划为栖霞组上段，后被湖北区测队地层组等（1975）创名为瓦屋湾群中部碳酸盐岩段。本次清理只限于将碳酸盐岩段称为瓦屋湾组。

【现在定义】 为一套碳酸盐岩地层序列，连续沉积于梁山组或平行不整合于志留纪罗惹坪组之上，整合于大水沟组之下，为一套深灰、灰黑色细晶白云岩夹黑色页岩或碳质页岩，含珊瑚、䗴、腕足类化石。

【层型】 正层型为房县高塘瓦屋湾剖面（110°17′55″，31°57′42″；湖北区测队，1974）。

上覆地层：**大水沟组** 黑色薄层状碳质硅质岩夹灰岩透镜体。硅质页岩中产头足类化石

———— 整 合 ————

瓦屋湾组 总厚度 12.2 m

24. 灰黑色中厚层状细晶白云岩夹黑色碳质页岩，含磷结核及黄铁矿结核。顶部为碳质页岩夹白云岩。产腕足类 *Urushtenia* sp.，*Athyris* sp.；珊瑚 *Tachylasma magnum*；䗴类 *Schwagerina* sp. 及菊石碎片 12.20 m

———— 整 合 ————

① 湖北省区测队地层组、二分队，1975，神农架地区北部二叠系含煤地层，中南地质科技情报，第1期。

下伏地层：**梁山组** 黑色钙质碳质粉砂岩夹透镜状灰岩及无烟煤，底部有0.6m含铁粘土。产腕足类化石

【地质特征及区域变化】 该组分布于竹溪—房县一带，位于我省上扬子地层区西北缘。其岩性为灰黑色中厚层状细晶白云岩夹碳质页岩，顶部为碳质页岩夹白云岩，含磷、黄铁矿结核。产䗴类、珊瑚类及腕足类等化石。由房县高塘向西至竹山大水沟、驴头峡一带逐渐相变为泥质白云岩夹含粉砂铁质钙质页岩，至驴头峡为深灰色中厚层状灰岩与页岩互层。厚度12.20～7 m，由东向西变薄。与下伏地层由整合于梁山组之上变成平行不整合于志留纪罗惹坪组之上，故为向西超覆沉积。

瓦屋湾组含生物化石：䗴类 *Schwagerina* sp.；珊瑚 *Tacehylasma magnum*，*T.* cf. *yungsinense*；腕足类 *Urushtenia* sp.，*Athyris* sp.，*Martinia* cf. *triquetra*，*Dictyoclostoidea* sp.，*Uncinunellina* sp. 等。地质时代为早二叠世栖霞晚期。

大水沟组 $P_{1-2}d$ (42-0360)

【创名及原始定义】 该组由湖北区测队地层组、二分队（1975）所创"大水沟群"演变而来，由《湖北省区域地质志》(1990) 正式公开发表。创名地点：竹山县蒲溪大水沟。原始定义："大水沟群是以产 *Prionolobus* 的黄绿色页岩与薄层泥质灰岩互层的下三叠统之下，和以下二叠统产 *Altudoceras*，*Paragastrioceras* 的硅质岩夹碳质页岩的瓦屋湾群之上的一套以碳质页岩为主夹少量硅质岩的地层。分两个岩性段：下段为黑色碳质页岩夹薄层状含碳硅质岩；上段为硅质页岩夹少量碳质页岩。局部含黄铁矿结核。"

【沿革】 该地区曾被湖北区测队（1974）根据所获得的化石由下至上划分为茅口组、吴家坪组和大隆组。后被湖北区测队地层组等（1975）将含 *Anderssonoceras* 以上属于晚二叠世的层位创名为大水沟群。《湖北省区域地质志》(1990) 又根据化石，由下至上将该地层分别划分为孤峰组、大水沟组、大隆组。本次清理将瓦屋湾组碳酸盐岩之上、大冶组黄绿色页岩夹灰岩之下的整套碳质硅质岩系划分为大水沟组。

【现在定义】 指整合于瓦屋湾组碳酸盐岩之上、大冶组黄绿色钙质页岩夹灰岩之下的地层序列。为一套黑色薄层状碳质硅质岩、碳质页岩及碳质粉砂质页岩，底部夹透镜状灰岩。富含菊石类化石。

【层型】 正层型为竹山县蒲溪大水沟剖面（110°04′29″，31°54′55″；湖北区测队，1974）。

上覆地层：**大冶组** 黄绿色钙质页岩与薄层状泥质灰岩互层。产菊石

———— 整　合 ————

大水沟组	总厚度 117.80 m
9. 黑色含铁质碳质页岩，底部含粉砂质，局部含黄铁矿结核	5.90 m
8. 黑色薄层状含碳质硅质岩夹少量碳质页岩。产菊石 *Medlicottia* sp.	5.80 m
7. 黑色碳质页岩，含少量黄铁矿结核	22.10 m
6. 黑色薄层状碳质硅质岩夹少量碳质页岩	2.50 m
5. 黑色碳质硅质页岩与黑色粉砂岩、碳质页岩互层，上部渐变为粉砂质碳质页岩夹硅质页岩。产菊石 *Anderssonoceras* sp.，*Pseudogastrioceras* sp.；腕足类 *Waagenites* sp.	24.20 m
4. 黑色薄层状含碳质硅质岩	21.30 m
3. 黑色薄层状含碳质硅质岩夹铁质粉砂质碳质页岩。产菊石 *Altudoceras* sp.，*Paragastrioceratidae* sp.，*Shouchangoceras* sp.	23.60 m

2. 黑色碳质页岩夹薄层状碳质硅质岩，底部夹透镜状灰岩，含少量星点状黄铁矿，上部为硅质岩与碳质页岩互层。产头足类碎片 12.40 m

——— 整　合 ———

下伏地层：**瓦屋湾组**　灰色、深灰色中厚层状泥质细晶白云岩，夹含粉砂质、铁质碳质页岩。产腕足类化石

【地质特征及区域变化】　大水沟组的分布与瓦屋湾组一致。整合于三叠纪大冶组之下，瓦屋湾组之上。总体岩性可分上、下两个岩性段：下段以黑色薄层状碳质硅质岩为主，夹碳质页岩，底部夹透镜状灰岩；上段以黑色碳质硅质页岩、碳质页岩为主，夹薄层状含碳硅质岩。整套岩系富含有机质（碳质）、黄铁矿结核。沉积厚度较小，最大厚度不超过 120 m，向西至驴头峡一带变薄为 50 m。该组时代当为早二叠世—晚二叠世。

水峡口组　$P_1\hat{s}$　（42－0362）

【创名及原始定义】　由中国地质科学院三室（1961）创建，1963 年发表。创名地点：陕西省镇安县熨斗乡南约 3 km 之水峡口。原始定义：砂岩及页岩夹灰岩及泥灰岩。含䗴：*Misellina*，*Codonofusiella*，*Chusenella* 及 *Neoschwagerina* 等；腕足类有 *Plicatifera huang*，*Orthotichia indica*，*Sinoproductus sinensis* 等。厚 400～500 m。

【沿革】　该名称最早由陕西区测队（1966）使用，指整合于南沟河组与西口组之间的地层，后陕西区测队（1987）修测安康幅时将南沟河组并入羊山组，故水峡口组整合于羊山组之上，为以后一直所用。

【现在定义】　整合于羊山组厚层状灰岩之上、西口组之下，由灰色、灰黑色薄层—中厚层状硅质微晶、泥晶灰岩、生物灰岩、泥灰岩夹黑色碳质页岩及灰色薄层状细粒含钙石英砂岩组成。富含䗴、腕足类、珊瑚等。以灰色薄层状石英砂岩之底为该组的顶界，以厚层状灰岩之顶为该组底界（省境与下伏羊山组呈断层接触，上部延出省外）。

【层型】　正层型剖面在陕西省镇安县西口焦阳坡。省内暂无参考剖面。

【地质特征及区域变化】　据鄂西北地调所（1991）1∶5 万四峡口幅等区调资料，查实该组在鄂陕交界的省境一侧的小心川一隅有本组出露。为一套碳酸盐岩夹泥质岩，出露厚度约 200 m。与下伏羊山组呈断层接触，上部延出省外。于万家山—桑树垭一带该组部分层位为灰黑色中厚层状含生物碎屑粉晶灰岩夹粉砂质页岩。产腕足类：*Schizophoria resupinata*，*Dictyoclostus vishnu* var. *radiata*，*Dielasma biplex*，*Spinomarginfera sintanensis*，*Orthotichia* sp. 等。从化石和层位看本组时代为早二叠世中期。

大冶组　T_1d　（42－0401）

【创名及原始定义】　由谢家荣（1924）所创“大冶石灰岩”演变而来。创名地点在湖北省大冶县城北之著名铁矿附近（现为大冶县铁山附近）。原始定义：“指位于炭山湾煤系与武昌煤系之间的地层。为灰、灰白色薄层石灰岩，广泛分布于大冶以北之山丘地带，其最下部可相变为 30～40 m 的钙质页岩和黄色页岩，在大冶保安东北一带，该层页岩有头足类等化石，它们为二叠纪生物群。总厚度约 500 m。其时代：下部为二叠纪？上部薄层灰岩地质时代可能为三叠纪。”

【沿革】　自谢氏（1924）在鄂东南创名大冶石灰岩后，次年他和赵亚曾引用到鄂西，将 Blackwelder（1907）巫山灰岩上部薄层为主的灰岩划为大冶灰岩（置于阳新灰岩与巴东系之间）。嗣后，大冶灰岩一名广为引用。赵金科等（1962）将鄂西的大冶灰岩上部以白云岩为主

的地层划为“嘉陵江组”，归于中三叠世；下部以薄层为主的灰岩称“大冶群”，归于早三叠世或称大冶统。此后，在我国华南地区广为沿用（在70年代以前多称群，之后称组）。但也有少数人仍采用谢氏广义的大冶灰岩称大冶群。如湖北区测队（1977）1∶5万铁山幅区调报告，采用大冶群分7个岩性段；张仁杰等（1979、1982）① 采用大冶群，并进一步划分出下部新创名“瑞坪组”，上部新创名“小河组”。实际上瑞坪组是大冶组的同物异名，小河组是嘉陵江组的同物异名。再则，大冶组与嘉陵江组的界线划分上存在二种意见，也就是大冶组第四段厚层灰岩为主、含鲕状灰岩和少量白云质灰岩的归属问题。以赵金科等（1962）、湖北区测队（1966）、张仁杰（1982）等主张划归于上覆的嘉陵江组（小河组）。另一种意见以湖北区测队（1970）及《湖北省区域地质志》（1990）为代表的将其划入大冶组上部。本次采用后者意见。另外，柯家湾组和月亮山组（李松生，1987）大致属大冶组范畴，为同物异名，建议停用。

【现在定义】 指灰色、浅灰色薄层状灰岩为主，中、上部夹中—厚层状灰岩，时而夹鲕状灰岩、白云质灰岩或白云岩化灰岩，下部为含泥质灰岩或黄绿色页岩。底界以页岩与下伏大隆组硅质页岩、硅质岩，或以薄层状灰岩与下伏吴家坪组灰色中厚层状灰岩呈整合接触；顶界与上覆嘉陵江组白云岩呈整合接触。

【层型】 选层型为大冶沙田剖面（114°45′58″，30°10′50″；湖北区测队，1977）。

上覆地层：**嘉陵江组** 灰白、浅肉红色巨厚层状鲕状白云岩、细晶白云岩、角砾状白云岩

——————— 整　合 ———————

大冶组	总厚度 557.73 m
41. 灰白、白色厚层状白云石化灰岩，含少量生物碎屑	13.60 m
40. 青灰色巨厚层状纹带状灰岩	17.37 m
39. 青灰色巨厚层状角砾状白云石化灰岩	24.48 m
38—36. 青灰色巨厚层状条带状灰岩，缝合线构造发育	85.49 m
35—32. 浅灰、灰色中厚层至厚层状灰岩，具缝合线构造，夹薄层状灰岩、似瘤状含生物碎屑灰岩。含保存不佳的菊石、箭石、腕足类等化石碎片	26.97 m
31. 浅灰色薄层状灰岩，夹中厚层状灰岩及薄层状泥质白云岩	69.13 m
30—29. 浅灰、灰色薄层状灰岩，含泥质，具蠕虫状构造	55.16 m
28—26. 灰、浅灰色薄层至微薄层状蠕虫状灰岩，夹钙质页岩。含菊石、腕足类等化石碎片	39.20 m
25—23. 灰色薄—微薄层状泥质灰岩、泥灰岩，具蠕虫状构造，夹钙质页岩及紫红色泥质灰岩。含双壳类 *Posidonia* sp.，*P. circularis* 和菊石等化石	33.71 m
22. 浅灰色薄层状含生物碎屑灰岩	20.13 m
21—20. 浅灰色薄层状灰岩夹中厚层状灰岩	68.05 m
19. 浅灰色中厚层状灰岩夹薄层状灰岩	12.06 m
18. 浅灰色薄—微薄层状灰岩夹钙质页岩	7.48 m
17—14. 黄绿色粘土质页岩夹灰黑色粘土质页岩、瘤状含泥质灰岩。产双壳类 *Claraia hubeiensis*	53.62 m
13. 浅灰色薄层状灰岩夹紫红色瘤状灰岩	4.10 m
12. 紫红色薄层状瘤状泥灰岩夹黄绿色页岩	10.97 m

① 张仁杰等，1979，中南地区地层研究进展，三叠系，第二届全国地层会议文件。

11. 黄绿色粘土质页岩夹薄层状瘤状泥质灰岩，底部有厚 4 cm 的白色粘土。页岩中产双壳类 *Claraia griesbachi*，*Cl. wangi*，*Cl.* cf. *hubeiensis*；菊石 Ophiceratidae，Gyronitidae 等 16.11 m

——————— 整　合 ———————

下伏地层：**大隆组**　黑色硅质页岩、硅质岩。含腕足类及菊石等

【地质特征及区域变化】　本组广泛分布于省境扬子地层区。一般以薄层状灰岩为其主要特征。在鄂东南地区的黄石、大冶、阳新以及鄂西南地区的利川等地，其岩性从下至上可分为1—4段：第一段为页岩夹薄层状灰岩、泥灰岩，或薄层灰岩、泥灰岩夹页岩，富含菊石和双壳类化石；第二段以中厚层状灰岩的出现和终止为标志，常常为中厚层状灰岩夹薄层状灰岩，或薄层状灰岩夹中厚层状灰岩；第三段以薄层状灰岩为主，蠕虫状灰岩（虫迹构造）发育，有时层间夹页岩；第四段以厚层、中厚层状灰岩为主，常具纹带状、鲕状构造，有时具角砾和白云石化灰岩，白云质灰岩。但在其他地区这四个岩性段并不明显，仅第一、四两段岩性较稳定，二、三两段岩性不易分出。本组底界一般以黄、黄绿色页岩或页岩夹薄层状灰岩与下伏大隆组灰—黑色硅质页岩呈过渡关系，往往两者之间有1—3层白色粘土层，以最上一层为界。少数地方则以黄、黄灰色薄层状灰岩与下伏吴家坪组灰色厚层或中厚层状灰岩连续沉积（?），如崇阳长岭、韭菜岭及秭归兵书宝剑峡一带。本组顶界标志详见嘉陵江组。

本组在省境的沉积特点，由南向北有如下变化：(1) 下部或底部的页岩由不发育到发育；(2) 上部或顶部的鲕状灰岩由发育到不发育；(3) 厚度由小到大等。如在鄂东南地区，大冶组下部在崇阳长岭、韭菜岭一带为薄层状灰岩、泥灰岩，不夹页岩或层间有极薄页岩。往北至蒲圻、通山、阳新南部为薄层状灰岩夹页岩，或二者互层，到大冶北部及黄石一带页岩则很发育，底部往往为页岩夹薄层状灰岩，厚达 16 m 余。本组上部的鲕状灰岩在崇阳、蒲圻、通山及阳新南部普遍发育，而到大冶、阳新太子庙少有分布，黄石一带则尚未见及。本组厚度在崇阳 40 m，蒲圻—阳新南部厚 220～450 m，大冶、黄石等地厚 570～1 000 m。在鄂西、鄂西南地区，本组底部因受秭归—兴山吴家坪组碳酸盐台地基底影响，底部、下部页岩是由该碳酸盐台地向四周发展。本组上部鲕状灰岩仍发育于区内南部的利川、咸丰、恩施等地，宣恩、建始、巴东、秭归、兴山亦有出露，但到保康、竹山、荆门、京山地等则不发育，仅见于南漳一带。本组于咸丰厚 590 m，建始厚 950 m，秭归—巴东厚 1 000 m（见图 4-3）。

本组以含菊石、双壳类、牙形石等为主，其下部富含菊石，有 *Ophiceras*，*Lytophicera* 为主，双壳类有 *Claraia wangi*，*Cl. griesbachi* 等，牙形石为 *Anchignathodus typicalis*，*Neogondolella carinata* 等。上部主要以双壳类 *Eumorphotis multiformis*，*Bakevellia mediocalcis minor*，*Leptochondria virgalensis* 等及牙形石 *Neopathodus hubeiensis*，*Neohindeodella triassica* 等为特点。据上述化石，本组时代属于早三叠世印度期。需强调指出的是：在省境的大冶沙田、蒲圻观音山、钟祥乌龟寨、建始马扎坪等多处剖面中，于本组底部见有 0.04～0.6m 厚的二叠—三叠纪生物混生层，即除含有早三叠世的 *Ophiceras*，*Claraia wangi* 等外，尚有二叠纪型腕足类：*Cathaysia sinuata*，*Waagenites barusiensis*，*Paryphella obicularis* 等共生。

嘉陵江组　$T_{1-2}j$　（42-0402）

【创名及原始定义】　赵亚曾、黄汲清 1931 年将原称"昭化灰岩"（赵亚曾，1929），更名为"嘉陵江石灰岩"；命名地位于广元县城北 15 km 的嘉陵江沿岸。原始含义泛指"整合于紫红色页岩为主的飞仙关页岩之上的一套黄—浅灰色薄层含白云质石灰岩地层，厚约 600 余

米，未找到化石。”

【沿革】 省境最早由赵金科等（1962）依罗志立等（1957）资料引用到湖北西部，湖北局地科所（1962）① 和湖北区测队（1966）引用于鄂东南地区，分别称嘉陵江组（或群），此后广为引用。张仁杰（1982）创名为“小河组”，《湖北省区域地质志》（1990）在鄂西、鄂西南沿用嘉陵江组，但在鄂东南则另创名为“观音山组”，二者均不包括其上部含中三叠世化石 *Eumorphotis*（*Asoella*）*illyrica* 的灰岩、白云岩的地层，根据化石的年代解释，在鄂西地区将其划归于巴东组底部；在鄂东南地区，张仁杰（1982）则另创名“陆水河组灰岩段”。本次清理将其划归于本组上部，即本组的顶界以白云岩、灰岩结束，与其上杂色页岩分界，其上覆地层为巴东组或蒲圻组的页岩。小河组、观音山组为同物异名，建议停用。

【现在定义】 岩性以灰色中—厚层状白云岩、白云质灰岩为主，夹微晶灰岩、“盐溶角砾岩”（井下为巨厚岩盐及石膏层），含海相双壳类、有孔虫化石，头足类罕见。与下伏大冶组灰色薄层状石灰岩、铜街子组杂色砂、泥岩及上覆雷口坡组或巴东组底部杂色泥岩、白云岩均为整合接触。

【层型】 正层型为四川省广元县飞仙关—须家河剖面。省内次层型为建始县马扎坪剖面（110°04′20″，30°38′20″；湖北区测队，1984）。

上覆地层：**巴东组** 黄绿色钙质页岩、泥岩，顶部紫红色泥岩。含双壳类化石

——————— 整 合 ———————

嘉陵江组 总厚度 728.00 m

54—53. 灰色薄—中厚层状粘土质灰岩夹白云质灰岩 33.00 m

52—42. 浅灰、肉红色含石膏假晶白云岩、灰岩、白云质灰岩夹 4 层溶崩角砾岩和 1 层盐溶角砾岩 156.00 m

41—36. 灰色厚层、中厚层状灰岩、含生物碎屑灰岩，夹薄层状灰岩，缝合线构造发育 321.00 m

35—29. 灰、浅灰色中厚—厚层状白云岩夹白云质灰岩、灰岩、溶崩角砾岩，可见石膏假晶 218.00 m

——————— 整 合 ———————

下伏地层：**大冶组** 灰色薄层—厚层状灰岩。含腹足类及双壳类化石

【地质特征及区域变化】 本组在鄂西、鄂西南地区出露较佳，如上述剖面依岩性可分四部分：下部和上部主要为薄层至厚层状白云岩夹溶崩角砾岩，中部和顶部以灰岩为主。其中含膏盐层主要见于利川一带，在本组上部可见到两层（厚 0.8～1.2 m）黑色膏泥粘土岩和一层（厚 1.6 m）含钾质流纹质凝灰岩，即所谓“绿豆岩”，其他地区均不见。这与四川盆地“绿豆岩”层数 2～3 层或缺失的情况相类似。但其他地区除了南漳、荆门县胡湾和蒲圻县观音山等地尚能见到本组较完整的剖面出露外，均因嘉陵江组组成向斜核部，保存不全，而未见顶。本组底界以白云岩为标志，区域上是稳定的，与下伏大冶组顶部灰岩（有时为白云质灰岩、鲕状灰岩）清晰分界。如鄂东南地区蒲圻一带，嘉陵江组底部为薄层状含石膏假晶白云岩，向北至阳新县大王殿、大冶县马叫、沙田至黄石一带，则为厚层鲕状白云岩。京山、荆门等地却为厚层状白云岩与白云质灰岩互层夹角砾状白云质灰岩，南漳和竹山一带又是厚层

① 湖北地质局地质科学研究所，1962，湖北省东南部区域地层。

状白云岩夹鲕状白云岩及鲕状灰岩。秭归至咸丰一带为含石膏假晶白云岩；嘉陵江组顶界只要保存有顶界的地方均以含 *Eumorphotis*(*Asoella*)*illyrica* 组合带之中厚层状灰岩或薄层状白云岩为主，整合伏于蒲圻组或巴东组底部杂色页岩之下，分界线清楚。

嘉陵江组厚度在鄂西、鄂西南地区由西南向东北增厚，咸丰厚 614 m，建始、秭归一带厚 730～800 余米，北部南漳厚达 1045 m，向东至京山变薄为 167 m。在鄂东南地区蒲圻观音山唯一可观测本组的厚度为 720 m，其余地区保存不全，未见顶，大致厚度在 170～420 m 左右(见图 4-3、4-4)。

由于本组是以白云岩为主要特征的地层，一般大化石较稀少，所以在 70 年代以前将其时代视为中三叠世。后经不断深入研究，发现大化石以双壳类为主，亦有少量菊石和腕足类；微体化石有牙形石和有孔虫。本组下部以双壳类 *Eumorphotis inaeqicostata*，*Bakevellia exporrecta* 等；菊石 *Paragoceras sinense*；牙形石 *Pachycladina-Parachirognathus ethingtoni* 带以及有孔虫 *Aulotortus chialingchiangensis* 为特征；中、上部以双壳类：*Leptochondria minima*，*Chlamys weiyuanensis* 等，牙形石 *Neospathodus triangularis-N. homeri* 带以及有孔虫 *Glomospira sinensis*，*Meandrospira insolita* 为特征。顶部普遍含有以双壳类 *Eumorphotis* (*Asoella*) *illyrica* 组合带为代表的化石。从上述化石看，本组下至上部属于早三叠世晚期 Oreniagian 期，而顶部属于中三叠世早期 Anisian 期。但值得提出的是：在鄂东南蒲圻观音山剖面，于本组底部白云岩中产有遍见于 Indian 晚期，我省其他地区见于大冶组上部的牙形石 *Neospathodus dieneri*①。从而说明此处的嘉陵江组底界面低于其他地方，故省境大冶组与嘉陵江组界线是一条穿时线。

巴东组　T_2b　(42-0403)

【创名及原始定义】　由 Richthofen (1912) 所建的“巴东层 (Patung-Schichten)”演变而来。命名地点在巴东县长江沿岸。原始定义：“为泛指红色地层，盖在三叠纪 (?) 石灰岩之上。”

【沿革】　Richthofen (1912) 在《China Ⅲ》一书中提出巴东层。但他在该文脚注中将其纳入“归州层”内。野田势次郎 (1917) 将其范围指在“巫山石灰岩”与“香溪含煤砂岩系”之间，命名为“泄滩杂色页岩系”，未被后人采用。谢家荣、赵亚曾 (1925) 将其修订为：上、下为紫色页岩夹绿色页岩之薄层，中部有一颇厚的薄层灰岩，顶部有一薄层灰岩及页岩，厚达 800 m，介于大冶石灰岩与香溪煤系之间，更名为巴东系，广为后人沿用。赵金科 (1962) 改称巴东组，限定时代为中三叠世，并将其下界扩至含中三叠世双壳类：*Eumorphotis* (*Asoella*) *subillyrica* 的灰岩之底界面。本次采用谢家荣等及赵金科等划分的意见，称巴东组。“泄滩杂色页岩”早已废弃。而“远安系”(许德佑，1938)、“黄家垸子组”(许德佑、岳希新，1941) 和“信陵镇组、宝塔组、水家湾组”(张振来等，1987)，均是巴东组肢解出来的地层单位，建议停用。

【现在定义】　该组岩性可分三部分，即上、下部分为紫红色粉砂岩、泥岩夹灰绿色页岩，偶含孔雀石薄膜；中部为灰岩、泥灰岩。底部普遍有灰绿色页岩，与下伏嘉陵江组白云岩、灰岩呈过渡关系，界线明显；顶部为浅灰色钙质页岩、灰岩、白云岩，与上覆香溪群九里岗组黑色粉砂质粘土岩、碳质页岩呈整合接触。

【层型】　正层型为巴东县城关附近剖面 (110°23′50″，30°02′00″；湖北区测队，1984)。

① 倪世钊，1979，鄂东南地区下三叠统大冶群中的牙形石。地层古生物论文集，宜昌地质矿产研究所编。

上覆地层：**香溪群九里岗组**　灰黑色粉砂质粘土岩与薄层状碳质页岩互层，夹黄绿色页岩

———— 整　合 ————

巴东组	总厚度 1 364.22 m
上段	厚 486.93 m
34. 浅灰色含生物碎屑灰岩。产双壳类 *Ostrea* sp.，*Myophoria*（*Costatoria*）sp.	1.00 m
33. 浅灰、黄白色白云岩	16.55 m
32—31. 紫红色厚层粉砂岩	86.43 m
30—29. 紫红色厚层状泥岩，下部紫红色夹灰绿色含灰质粘土质粉砂岩	79.08 m
28. 紫红色厚层块状钙质泥岩夹粉砂岩及三层灰色含铜粘土质灰岩	107.52 m
27—23. 紫红色厚层状泥岩、含铁质粉砂质粘土岩，含灰质结核	196.35 m
中段	厚 392.19 m
22. 浅灰绿色厚层状灰质粘土岩，顶部夹泥灰岩	32.55 m
21—20. 浅灰色厚层状灰岩，下部白云质灰岩	107.50 m
19—18. 浅灰、黄色厚层状灰岩夹钙质细砂岩，含双壳类 *Ostrea* sp.	143.59 m
17. 黄色厚层状溶崩角砾岩	11.05 m
16. 黄白色厚层块状泥灰岩，底部含砾屑砂屑生物屑灰岩。产双壳类 *Eumorphotis*（*Asoella*）sp.，*E.*（*A.*）*subillyrica*，*Cassianella* cf. *simplex*，*Mytilus eduliformis*，*Plagiostoma* cf. *kunlunheense*，*Protostren* sp.；腕足类 *Terebratulina*? sp.	32.32 m
15—14. 浅灰、黄白色薄层至中、厚层状灰岩，下部为鲕状灰岩，含双壳类：*Ostrea* sp.	47.39 m
13. 浅灰色中厚层状含灰质白云岩夹灰绿色泥岩	17.79 m
下段	厚 479.12 m
12. 紫红色厚层状泥岩，下部为紫红色灰岩	5.98 m
11—9. 紫红色厚层状含粉砂质粘土岩、粉砂岩，含钙质结核，发育斜层理、波痕构造	241.19 m
8—7. 紫红色厚层状粉砂质粘土岩与粘土质粉砂岩不等厚互层夹灰绿色细砂岩	151.42 m
6. 紫红色厚层状泥岩夹蓝灰色细砂岩，具波痕状构造	18.51 m
5. 蓝灰、蓝绿色泥岩，顶部夹白云岩	56.40 m

———— 整　合 ————

下伏地层：**嘉陵江组**　浅灰色薄层状灰岩夹泥质白云岩及页岩。产双壳类化石

【地质特征及区域变化】　该组主要分布于省境上扬子地层分区，荆门至利川一带。其岩性特征从下至上可分三部分：下段（又称下紫红色段）：以紫红色夹灰绿色粉砂岩、粉砂质粘土岩、页岩为主，夹含铜砂岩，底部普遍发育了黄绿色泥岩夹钙质页岩、薄层状灰岩或薄层状白云岩，与下伏嘉陵江组顶部的灰岩、白云岩逐渐过渡。区域上岩性稳定，厚度变化较大，在巴东—恩施一带一般厚 380～630 m，咸丰厚 34 m，荆门厚 19 m，兴山大峡口则缺失本段；中段（又称中灰岩段）：主要以灰、浅灰色灰岩、泥质灰岩、泥灰岩为其特征，有时夹页岩。区内岩性稳定，厚度有西厚东薄之势，恩施—巴东一带一般厚 350～390 m，远安、南漳，荆门一带一般厚 100～150 m。在秭归香溪至兴山大峡口一线缺失本段；上段（又称上紫红色段）：本段与下段岩性基本相似，主要以紫红色钙质泥岩、粉砂岩为主，顶部在巴东、恩施一带有 17～21 m 厚的灰岩、白云岩夹页岩。厚度亦有东厚西薄之势，远安、南漳、荆门一带厚 480～552 m，巴东厚 490 m，向西至恩施、利川一带，本段上部多被剥蚀，残留厚度各地不等，由几米至 340 余米。

综上所述，巴东组在利川以西和秭归香溪至兴山大峡口一带，遭受不同程度剥蚀，并与上覆香溪群九里岗组平行不整合接触。但是，在巴东县附近至秭归沙镇溪和远安县茅坪至南漳小漳河，均见到巴东组与九里岗组为整合接触。

该组以产双壳类为主，亦有菊石和植物化石，它们多富集于巴东组中、下段，底部次之，上段稀少。双壳类主要有：*Eumorphotis*（*Asoella*）*subillyrica*，*E.*（*A.*）*illyrica*，*Myophoria*（*Costatoria*）*goldfussi*，*M.*（*C.*）*submultistriata*，*M.*（*C.*）*goldfussi mansuyi*；菊石有 *Progonoceratites* sp. 和植物有 *Annalepis zeilleri* 等，表明本组地质时代属中三叠世。

蒲圻组　T_2p　（42－0404）

【创名及原始定义】　该组由李捷（1928）命名的“蒲圻紫色砂岩层”演变而来。命名地点在蒲圻城南门外陆水河边。原始定义指：“蒲圻县南门外。率为紫色含云母砂岩及砂质页岩组成。颇乏完全剖面。据大体观察：其上部以砂岩为主；下部以砂质页岩为主，悉为紫色，偶有绿色泥质页岩，总厚约450米。时代为三叠纪。其下平铺于上二叠纪薄层灰岩之上，接触处掩盖；上与侏罗纪煤系底部砂砾岩接触界线清楚，不相连续。”

【沿革】　本组创名后，迄今沿用。赵金科等（1962）改称蒲圻群，湖北省地科所（1962）称蒲圻组，张仁杰（1982）将其底部杂色砂泥岩划入“陆水河组上段”；限其上部紫红色砂页岩为“蒲圻组”。

【现在定义】　主要由紫红色粉砂质页岩、粉砂岩、细砂岩组成，而上部以粉砂质页岩、泥质粉砂岩居多；下部为粉砂岩，底部为灰绿色砂质页岩，与下伏嘉陵江组灰岩接触处被掩盖；而顶部与上覆香溪群九里岗组灰绿色细砂岩、页岩呈平行不整合接触。

【层型】　正层型为蒲圻县城南门外陆水河边剖面（113°52′55″，29°42′40″；湖北区测队，1976，重测）。

上覆地层：**九里岗组**　灰绿色细砂岩，铝土质页岩，含铁质砂质结核

——————— 平行不整合 ———————

蒲圻组	总厚度 423.11 m
14. 黄绿色粉砂质泥岩，含紫红色斑块	2.06 m
13. 紫红色粉砂质泥岩，夹薄层状钙质细砾岩及黄绿色粉砂岩，含绿色粉砂岩团块	7.60 m
12. 紫红色粉砂质泥岩	63.83 m
11. 紫红色粉砂质页岩，含多量钙质结核，夹粉砂岩、细砂岩，底部夹薄层状细砂岩	97.00 m
10. 紫红色泥质粉砂岩夹细砂岩，下部含钙质结核	14.93 m
9. 紫红色中厚层状泥质粉砂岩，下含植物化石碎片	8.63 m
8. 紫红色泥质粉砂岩，灰绿色细砂岩，石英砂岩夹砾岩	64.94 m
7. 紫红色中厚层状粉砂岩、泥质粉砂岩	30.06 m
6. 紫红色粉砂岩、泥质粉砂岩	72.88 m
5. 掩盖	2.78 m
4. 灰紫色中厚层状细砂岩夹紫红色泥质粉砂岩	13.90 m
3. 紫红色砂质页岩夹灰色细砂岩，含双壳类 *Entolium discites*，*Bakevellia* sp.，*Modiolus* sp.，*Mytilus* cf. *eduliformis*，*Promylina* sp.，*Pleuromya* sp.；腕足类 *Lingula* sp.；鲎类：*Limulus*?；古植物 *Taeniocladopsis* sp.	14.80 m
2. 灰绿色砂质页岩夹灰绿色粉砂岩，含双壳类 *Mytilus* cf. *eduliformis*，*Promyalina* sp.，*Pteria* sp.；腕足类 *Lingula* sp.；鲎类 *Limulus*?；古植物 *Taeniocladopsis*? sp.	1.86 m
1. 掩盖	27.30m

……？……接触关系不明……？……

下伏地层：**嘉陵江组**　灰色中厚层状灰岩夹薄层状泥质灰岩

【地质特征及区域变化】　本组一般出露不全，底部常被掩盖或被侵入岩破坏。在蒲圻县城陆水河边见本组主体岩性为紫红色砂质页岩夹泥质粉砂岩、细砂岩，含钙质结核和灰质细砾岩；底部为黄绿色砂质页岩、粉砂岩。唯一在阳新县大王殿团防垴见本组底部黄灰色粉砂质泥岩，夹薄层状灰质白云岩，含双壳类和植物化石。与下伏嘉陵江组中厚层状灰岩、白云岩呈整合接触。这与巴东组与嘉陵江组整合接触关系，遥相一致，可以对比。说明蒲圻组与巴东组的底界面是一致的。蒲圻组上界与香溪群九里岗组含砾石英砂岩呈平行不整合接触，尚在鄂城县桐城铺、大王冲一带，本组与香溪群九里岗组黄绿色泥质粉砂岩夹黑色粘土岩呈整合接触。说明蒲圻组沉积后，局部地区曾遭受过不同程度的剥蚀。

本组主要分布于鄂东南地区的蒲圻、鄂城至大冶、阳新及黄梅等地。其厚度变化大，在蒲圻县陆水河边厚425 m，向北至大冶县金山店厚达765 m，鄂城县尖山垴最厚为1255 m，黄梅厚420 m。但各地所见岩性雷同。

本组含化石稀少，于本组底部或下部曾获得双壳类：*Mytilus edulifomis*，*Bakevellia intermedia*，*Bakevelloides* sp.，*Modiolus* sp.，*Pleuromya* sp. 等；植物：*Annalepis* sp.；上部双壳类：*Permophorus*? sp.；轮藻 *Sinochara yuananensis* 等。据此，其地质时代为中三叠世，可与巴东组对比。

香溪群　T_3J_1X　(42－0405)

【创名及原始定义】　香溪群由野田势次郎（1917）所创的"香溪含煤砂岩系"演变而来，命名地点在秭归县香溪。原始定义："系指在泄滩杂色页岩系与兴山赭色砂岩系之间一套含煤地层。岩性主要为绿色砂岩及页岩相间成层，中部夹煤层及黑色岩石。总厚度500 m。产植物化石。为侏罗纪。"

【沿革】　野田势次郎之"香溪含煤砂岩系"原意包括了归州层的下部。李四光等（1924）称香溪系。谢家荣、赵亚曾（1925）称香溪煤系，并细分为下、上煤系。孟宪民（1929）在荆当盆地沿用香溪煤系，细分为下、中、上三个煤系，时代为三叠侏罗纪。斯行健等（1962）改称香溪群，时代为早侏罗世。60年代我省地质工作者称香溪群，划分为下、中、上三个煤组。北京地质学院三峡地层队（1960）① 将香溪群下煤组定为晚三叠世瑞替克阶；中、上煤组归入早侏罗世里阿斯阶；湖北区测队（1973）② 和《湖北省区域地质志》（1990）等将鄂西香溪群下、中、上三个煤组分别新创名为九里岗组、王龙滩组、桐竹园组，前二者时代为晚三叠世，后者为早侏罗世。陈楚震等（1979）在秭归盆地，把香溪群下煤组新创名为"沙镇溪组"，时代为晚三叠世；把中、上煤组称"香溪组"（狭义），时代为早、中侏罗世。本次清理，恢复香溪含煤砂岩系之整体，称之为香溪群。在鄂东南地区该套含煤地层，最早由谢家荣（1924）创名为武昌煤系；周圣生（1956）改称香溪煤系；斯行健等（1962）称武昌群；湖北局地科所（1962）③ 称武昌组并细分为下、中、上三个煤组；湖北区测队（1976）1：20万蒲圻幅区调时将其下煤组划分出，创名为鸡公山组，时代为晚三叠世，中上煤组合并为狭义武昌组，时代属于早侏罗世；陈公信（1983）④ 和《湖北省区域地质志》（1990）称武

① 北京地质学院三峡地层队，1960，鄂西峡区秭归、宜昌一带地层志（油印本）。
② 湖北省区测队，1973，1：50万湖北省地质图说明书（内刊）。
③ 湖北地质局地科所，1962，湖北省东南区域地层。
④ 陈公信，1983，湖北省中生代含煤地层植物组合序列及其时代，湖北区测。

昌群，下部称鸡公山组，时代为晚三叠世，其上新创名程潮组、大王冲组、金山店组，时代为早侏罗世。本次清理将武昌群视为香溪群，前者停用。在秭归盆地，本群从下至上包含九里岗组、桐竹园组；在荆当盆地及鄂东南本群由下至上包含九里岗组、王龙滩组、桐竹园组。

【现在定义】 在秭归盆地，本群界于巴东组与千佛崖组之间，由下至上包含九里岗组、桐竹园组。在荆当盆地和鄂东南，该群在巴东组或蒲圻组与花家湖组之间，由下至上包括九里岗组、王龙滩组和桐竹园组。各自岩性特征及其定义，分别见各组介绍。

【地质特征及区域变化】 该群分布于利川、秭归、荆当盆地及鄂东南地区诸向斜中，其岩性特征为一套含煤碎屑岩，是我省的主要含煤地层之一，一般含可采薄煤层3～7层，其地质特征见九里岗组、王龙滩组和桐竹园组。厚度在省境西部较厚，东部变薄。利川谋道厚566 m，秭归一带厚492 m，荆门至当阳等地厚1667～2450 m。鄂东地区鄂城的大王冲至大冶金山店诸地厚为266～432 m。根据该群所产的双壳类和植物化石，地质时限为晚三叠世至早侏罗世。

九里岗组　T_3j　(42-0406)

【创名及原始定义】 湖北区测队（1973）创名，陈公信（1975）报道。地点在远安县茅坪九里岗。原始定义："黄至黄灰色砂质粉砂岩、粉砂岩、砂质泥岩及泥岩夹长石石英细砂岩及碳质页岩、含薄煤层或煤线4～6层及菱铁矿结核，厚290 m。与上覆王龙滩组厚层状长石石英砂岩呈整合接触；与下伏巴东组紫红、灰绿色钙质粉砂岩呈平行不整合接触。"

【沿革】 该地层曾被谢家荣等(1925)和孟宪民(1929)称之为"香溪煤系下煤系"。60—70年代，我省多称香溪群下煤组。湖北区测队（1973）在荆当盆地将其创名为九里岗组，陈楚震等（1979）在秭归盆地将其创名为"沙镇溪组"，湖北区测队（1976）在鄂南地区相应地层创名为"鸡公山组"。实际上各地所指均为同一地层体，只是立名各异。本次清理统一采用九里岗组。建议停用"沙镇溪组"与"鸡公山组"。

【现在定义】 黄灰、深灰色粉砂岩、砂质页岩、泥岩为主，夹长石石英砂岩及碳质页岩，含煤层或煤线3～7层，总厚0～350 m。底界以粉砂岩、粉砂质泥岩与巴东组紫红色、或灰绿色钙质粉砂岩、灰岩、白云岩分界；顶界以页岩、粉砂岩与王龙滩组长石石英砂岩分界。均呈整合接触。唯在蒲圻一带，本组底界以含砾砂岩与蒲圻组紫红色粉砂质泥岩呈平行不整合接触。

【层型】 正层型为远安县茅坪九里岗至紫云山剖面(111°43′20″，30°10′10″；湖北区测队，1966，陈公信，1975年报道)。层序如下：

上覆地层：**王龙滩组**　灰白色厚层状中粒长石石英砂岩

——————　整　合　——————

九里岗组	总厚度 78.03 m
35. 灰黑色中厚层状含碳质粉砂岩，顶部夹煤层，含植物化石 *Podozamites* sp.	7.01 m
34. 灰色厚层状泥质粉砂岩	5.83 m
33—30. 灰、灰白色薄层状粉砂质泥岩、泥质粉砂岩，顶部长石石英砂岩	26.45 m
29—26. 黄灰色砂质页岩、黑色碳质页岩与长石石英砂岩组成韵律	37.80 m
25—21. 灰、灰黑色碳质页岩、粘土岩夹细砂岩及薄煤层2～3层，产植物化石 *Clathropteris* sp.，*Dictyophyllum* sp.，*Cladophlebis* sp.，*Pterophyllum* sp.，*Anomozamites amdrupiana*，*Nilssonia* sp.，*Zamites* sp.，*Podozamites* sp.	20.31 m
20—17. 灰黄、灰色中厚层状长石石英砂岩，下部薄层状粉砂质泥岩夹碳质页岩，产植	

物化石 *Neocalamites* cf. *carcinoides* 56.83 m

16—10. 灰黄色中厚层状细砂岩与薄层状粉砂岩组成韵律结构，含植物化石 *Neocalamites* sp.，*Podozamites* sp. 75.59 m

9—3. 上部深灰色粘土岩、黑色碳质页岩夹煤层；下部薄至中厚层状石英砂岩，含植物化石 *Anomozamites* sp.，*Bernoullia zeilleri*，*Sphenopteris* sp.，*Pterophyllum* sp.，*Clathropteris* sp.，*Neocalamites* sp. 41.55 m

2. 灰黄色薄层状石英砂岩 5.66 m

1. 灰褐色粉砂质粘土岩 1.00 m

———— 整 合 ————

下伏地层：**巴东组** 灰黄色厚层状钙质粉砂岩与砂质泥岩互层

【地质特征及区域变化】 本组下部为泥质粉砂岩、粉砂岩、细砂岩夹碳质页岩；上部粉砂岩、碳质页岩居多，夹少量石英砂岩、薄煤层、煤线 4～10 层。在九里岗、南漳小漳河等地均以底部粉砂岩与下伏巴东组钙质粉砂岩呈渐变过渡关系。在荆门香龙沟为一层厚 2～3 m 的砾岩与巴东组呈平行不整合接触。厚度在九里岗为 288 m，向北至南漳小漳河厚 350 m，往南至荆门分水岭厚达 590 m。反映九里岗组在荆当盆地厚度较大。

在秭归盆地，本组是西厚东薄，甚至东缺，秭归沙镇溪厚 142 m，郭家坝至耿家河一带仅厚 9～41 m。比之荆当盆地厚度明显减小，但岩性大体类似。以石英细砂岩为主夹碳质页岩，上、下部均为碳质页岩、粉砂岩夹薄煤层或煤线 5～7 层。在巴东一带本组与上覆桐竹园组厚层状石英砂岩及与下伏巴东组均为连续沉积，但在秭归香溪、兴山耿家河，本组与巴东组的下段直接接触，兴山大峡口则直接覆于嘉陵江组之上，均显示平行不整合接触。

在利川盆地忠路野猪池，恩施盆地七里坪、九里岗组亦有出露，厚度甚小，为 8～22 m，以泥质、粉砂质碎屑物沉积为主，含煤和菱铁矿结核，平行不整合在巴东组不同层位上。

鄂东南地区诸向斜构造中，本组厚度也较薄，仅 11～21 m，在大冶金山店缺失。鄂城桐城铺和蒲圻鸡公山等地，以粉砂岩、泥岩含煤层为主，局部为含砾砂岩，平行不整合在蒲圻组杂色粉砂岩之上。

九里岗组植物群以苏铁类占优势，蕨类也很发育，尤以双扇蕨科为多。此植物群具有北方区和南方区植物群的双重特征。主要组合分子有：*Lepidopteris* - *Bernoullia* - *Pterophyllum bavieri* 和 *Drepanozamites* - *Cycadocarpidium*。地质时代为晚三叠世。

王龙滩组 $\mathbf{T_3J_1}$*w* **(42-0407)**

【创名及原始定义】 湖北区测队（1973）创名，陈公信（1975）报道。命名地点在南漳县与远安县交界的王龙滩。原始定义："以长石石英砂岩为主，夹砂质页岩，碳质页岩，间夹粘土岩、煤层或煤线。含双壳类和植物化石。厚度 800m。与上覆桐竹园组和下伏九里岗组泥质粉砂岩均呈整合接触。时代为晚三叠世瑞替克期。"

【沿革】 本组孟宪民（1929）曾称香溪煤系"中煤系"。60 年代以后改称香溪群中煤组，70 年代湖北区测队（1973）创名为王龙滩组，湖北第七地质大队等（1974）① 创名为"晓坪组"。在利川盆地四川省地质局 107 队（1975）引用"须家河组"。本次采用王龙滩组。建议废弃须家河组与晓坪组。

【现在定义】 以长石石英砂岩为主，夹粉砂岩、碳质页岩、间夹粘土岩、煤线或煤层，

① 湖北省第七地质大队等，1974，鄂西荆当煤田香溪群时代的新资料，湖北省地质科技情报。

含双壳类和植物化石等。其与上覆桐竹园组和下伏九里岗组之粉砂岩均呈整合接触。或平行不整合于蒲圻组紫红色粉砂岩之上。

【层型】 正层型为南漳县王家湾—王龙滩—远安县曾家坡剖面（111°51′30″，31°14′45″；湖北区测队，1966，陈公信，1975年报道）。

上覆地层：**桐竹园组** 灰绿色厚层状泥质粉砂岩

——————— 整 合 ———————

王龙滩组	总厚度 781.39 m
17. 灰绿色中厚层、厚层状中细粒长石石英砂岩	78.73 m
16. 青灰色巨厚层状长石石英细砂岩	73.03 m
15. 灰色厚层状长石石英粗砂岩	16.75 m
14. 绿灰色、青灰色中至厚层状长石石英细砂岩	25.00 m
13. 青灰色中至厚层状长石石英细砂岩	112.60 m
12. 青灰色中厚层状细砂岩夹黑色碳质页岩	6.16 m
11. 灰黑色薄层状泥岩与粉砂岩互层	4.45 m
10. 灰色中至厚层状砂质粉砂岩，含新芦木髓部石核	7.06 m
9. 上部黑色碳质页岩，顶部夹 0.5 cm 煤线；下部绿色、绿灰色块状泥质粉砂岩。含植物化石碎片：*Podozamites* sp.	9.74 m
8. 灰色薄层状含碳质粉砂岩夹灰黑色碳质页岩，含植物化石：*Podozamites lanceolatus*	5.73 m
7. 灰黑色含碳质页岩夹砂质页岩，含植物化石碎片	6.30 m
6. 灰黑色含碳质泥质粉砂岩	6.30 m
5. 青灰色中厚层状中细粒长石石英砂岩，具大型楔状斜层理	52.38 m
4. 青灰色厚层状中、细粒长石石英砂岩	54.76 m
3. 暗灰色中厚层状长石石英细砂岩夹黑色薄层状含泥质粉砂岩	9.01 m
2. 黄灰色、青灰色中厚层状细至中粒长石石英砂岩	313.39 m

——————— 整 合 ———————

下伏地层：**九里岗组** 灰色中厚层状粗粒含钙质粉砂岩

【地质特征及区域变化】 本组在荆当盆地岩性单调，较稳定，为一套厚层状长石石英砂岩或含砾砂岩，具楔状层理，夹碳质粉砂岩、泥岩及薄煤层。属河流三角洲相沉积。厚度由南向北，由盆地中心向边缘变薄：荆门海慧沟、分水岭一带厚1000 m以上，王龙滩厚781 m，南漳小漳河厚419 m。与下伏九里岗组及上覆桐竹园组皆为整合接触。产双壳类和植物化石。

鄂东南地区鄂城碧石渡、大冶金山店、蒲圻车埠等向斜中，本组岩性与荆当盆地基本相同，亦具河流三角洲相沉积特征，以石英砂岩、长石石英砂岩为主，整合于九里岗组之上。厚度由北向南变薄：鄂城大王冲厚190 m，金山店厚230 m，车埠厚97 m。产植物化石。

值得指出的是，利川盆地一套厚层状长石岩屑石英砂岩、石英砂岩平行不整合于巴东组之上。四川省地质局107队（1975、1984）进行1∶20万忠县幅和黔江幅区调时划分为“须家河组”。但岩性和层序与鄂东南地区的王龙滩组极为相似。故本次清理将其视为王龙滩组。厚度由北向南变薄：利川谋道厚320 m，马前厚258 m，忠路野猪池厚139 m。

古生物特点：由于本组由相对较粗的碎屑岩组成，其化石也相对较稀少。在荆当盆地含植物化石，主要有 *Anthrophyopsis crassinervis*，*Bernoullia* sp.，*Todites denticulatus*，*Cladophlebis asiatica*，*Dictyophyllum nathorsti* 等；双壳类为 *Trigonodus keuperinus*，*Unionites manmuensis*，*Bakevellia* cf. *praecursor*，*Bakevelloides subhekiensis* 等。据此，该地区王龙滩组时代属于晚三叠世。但在鄂东南地区本组则以含植物化石 *Coniopteris hymenophylloides*，*Ptilophyllum contiguum*，*Todites denticuatus*，*Sphenobaiera huangi* 等为主，又说明该地区的王龙滩组属于早侏罗世。因而，省境王龙滩组由西向东是一穿时明显的岩石地层单位。

桐竹园组　J_1t　（42-0451）

【创名及原始定义】　湖北区测队（1973）创名，陈公信（1975）报道。创名地点在当阳县庙前桐竹园。原始定义："以黄、黄绿、灰黄色页岩、粉砂岩及长石石英细砂岩为主，夹数层菱铁矿结核及碳质页岩和薄煤层或煤线。总之，是由一套较细的碎屑岩组成，其中含丰富的植物化石。以整合关系覆于王龙滩组厚层或巨厚层状砂岩之上；伏于自流井群底部具虫管状砂页岩或含介壳灰岩透镜体之下。总厚度 382 m。时代属于早侏罗世。"

【沿革】　本组谢家荣等（1925）曾称香溪煤系之"上含煤系"，孟宪民（1929）称香溪煤系之"上煤系"。60 年代以后，广为采用香溪群"上煤系"。湖北区测队（1973）在荆当盆地新创名桐竹园组，陈楚震等（1979）和张振来等（1987）研究秭归盆地，称为"香溪组"（狭义）。它们均不包括其上含双壳类 *Pseudocarinia* 动物群的灰绿色碎屑岩。在利川盆地，四川省地质局 107 队（1975、1984）1∶20 万忠县幅和黔江幅区调时，将昔日所称香溪群"上煤组"改用"珍珠冲组"。本次清理，将以上所述单位名称视为桐竹园组的同意词，建议停用。

【现在定义】　以黄、黄绿、灰黄色砂质页岩、粉砂岩及长石石英砂岩为主，夹碳质页岩及薄煤层或煤线。含植物化石和双壳类化石。与下伏王龙滩组长石石英砂岩呈整合接触；与上覆花家湖组底部粗砂岩及紫红、灰黄色粉砂岩分界，呈整合接触。但在秭归盆地本组与下伏九里岗组、上覆千佛崖组均呈整合接触。

【层型】　正层型为当阳县桐竹园至葫芦嘴剖面(111°53′00″，31°02′35″；湖北区测队，1966，陈公信，1975 年报道)。

上覆地层：**花家湖组**　厚层状长石石英砂岩，含砾粗砂岩，其上为杂色泥质粉砂岩

——————　整　合　——————

桐竹园组	总厚度 597.55 m
19. 灰黄色粉砂质泥岩与中厚层状细砂岩互层，夹灰岩透镜体，含钙质锰质结核	123.20 m
18. 黄色厚层状泥质粉砂岩与灰绿色页岩互层，含双壳类 *Fegranoconcha* sp.，*Tutuella rotunda*	35.30 m
17—16. 黄、灰绿色页岩、砂质页岩、下部夹泥质粉砂岩、虫管状页岩	57.50 m
15—14. 黄、灰黄色粉砂岩夹长石石英细砂岩，含植物 *Coniopteris hymenophylloides*，*Otozmites hsiangchiensis*，*Cladophlebis asiatica*，*Nilssonia mosserayi*，*Phoenicopsis* sp.	63.29m
13—10. 灰、灰黄色泥质粉砂岩夹长石石英砂岩、碳质页岩、含菱铁矿结核层，含植物 *Anomozamites* cf. *inconstans*，*Taeniopteris* sp.，*Nilssonia orientalis*	78.46 m
9. 灰黄色巨厚层状含长石石英细砂岩与粉砂岩互层，含植物 *Phlebopteris hubeiensis*，*Ptilophyllum pecten*，*Pityophyllum longifolium*	99.44 m
8—5. 灰、灰黄色泥岩与泥质粉砂岩互层，夹碳质页岩及煤线	62.72 m
4—3. 灰黄色中至厚层状长石石英砂岩	65.19 m
2. 黄灰、灰色泥质粉砂岩夹碳质页岩，产植物 *Coniopteris hymenophylloides*	12.45 m

——————　整　合　——————

下伏地层：王龙滩组　灰黄色厚层状含长石石英细砂岩

【地质特征及区域变化】 本组在荆当盆地主要为一套较细碎屑岩，属湖泊—沼泽相沉积。其底界以粉砂岩、页岩与下伏王龙滩组长石石英砂岩分开；顶界以粉砂质泥岩、细砂岩夹灰岩透镜体或煤线为标志，与上覆花家湖组杂色砂质泥岩及石英砂岩，含砾粗砂岩呈整合接触。厚度西薄东厚；当阳桐竹园厚 598 m，荆门海慧沟厚 800 m。

鄂东南地区本组厚度甚薄，一般厚 169～203 m。岩性特征及其顶、底界线与荆当盆地桐竹园组极为类似。

秭归盆地本组厚度也较薄，在秭归泄滩厚 359 m，兴山平邑口厚 280 m。但底界为一层含砾砂岩与下伏九里岗组碳质页岩呈整合接触，顶界为黄灰色钙质泥岩夹泥灰岩与上覆千佛崖组紫红色泥岩之底部含砾粗粒石英砂岩呈整合接触。

利川盆地属于四川盆地东南缘，与秭归盆地毗邻，两地岩性相似，本组上、下部均为黄色页岩，中部以砂岩为主，底部往往出现煤层或者含砾砂岩，作为底界标志（四川省地质局107 队 1975 年将其划为“珍珠冲组”），与荆当盆地桐竹园组地质特征颇为相似，故本文将其称为桐竹园组。

古生物以 *Coniopteris - Ptilophyllum contiguum - Sphenobaiera huang* 植物组合及 *Pseudocardinia - Qiyangia cuneata* 动物群为特征，故本组地质时代为早侏罗世。

花家湖组　J_2h　(42 - 0456)

【创名及原始定义】 湖北省地质矿产局（1990）创名“花家湖群”。命名地点在鄂城县花家湖朱马湾至江家村。原始定义：“指连续沉积在武昌群之上的一套以紫红色为特征的碎屑岩，其底为一层较厚的中至粗粒长石石英砂岩或含砾砂岩、砾岩，与下伏武昌群金山店组分界；其上未见顶界。厚达千余米。时代为中侏罗世。”

【沿革】 该套地层原划分笼统，曾使用过不同的地层名称。在鄂东南地区，湖北局地科所（1962）曾引用“自流井组”；在荆当盆地，孟宪民（1929）采用“归州层”，湖北区测队（1970）引用“重庆群”。本次清理赞同《湖北省区域地质志》意见，但改称花家湖组。

【现在定义】 本组为一套紫红色泥质粉砂岩、泥岩夹灰绿色页岩及长石石英砂岩。未见顶。底部以厚层状长石石英砂岩、含砾粗砂岩整合覆于香溪群桐竹园组黄绿色砂页岩之上。

【层型】 正层型为鄂城朱马湾至江家村剖面（114°58′3″，30°18′30″；湖北区测队，1977）①。

花家湖组	总厚度＞1 052.96 m
10. 灰黄色厚层状含砾粗粒长石石英砂岩，含植物化石碎片。底部为砂砾岩。中部覆盖 52 m。(未见顶)	＞92.68 m
9. 上部黄绿、紫红色泥质粉砂岩夹黄色细砂岩，顶界具冲刷面；下部黄色厚层状粗粒长石石英砂岩；底部为砾岩。上、下之间覆盖 65m	122.52 m
8. 上部黄绿色泥质粉砂岩，顶界具冲刷面；中部覆盖 35 m；下部黄色粉砂岩，具小型交错层理；底为粗粒长石石英砂岩	49.32 m
中段	厚 549.49 m
7. 上部黄绿、紫红色泥质粉砂岩细砂岩互层，顶部夹粉砂质灰岩透镜体，顶界具冲刷面；下部黄色厚层状长石砂岩	107.40 m
6. 上部黄、灰紫色泥质粉砂岩与细砂岩互层；下部黄褐色中—粗粒长石石英砂岩（中间	

① 湖北省区测队，1977，1∶5 万铁山幅区调报告（未刊）。

覆盖 52 m） 158.86 m

5. 上部黄绿色泥质粉砂岩；下部紫红色泥质粉砂岩，偶含泥质灰岩扁豆体，底部黄色细—粗粒长石石英砂岩夹杂色粉砂岩 107.43 m

4. 紫红、黄绿色粉砂岩、泥岩，具小型交错层理，夹细粒长石石英砂岩透镜体，底部为含砾粗粒长石石英砂岩 175.80 m

下段 厚 188.95 m

3. 上部紫红色、黄绿色泥岩、粉砂岩夹长石石英砂岩透镜体；中部覆盖 29m；下部灰白色粗粒长石石英砂岩 90.01 m

2. 上、中部为黄绿、紫红色泥质粉砂岩、泥岩夹细砂岩透镜体；下部为黄色中粗粒长石石英砂岩，底部偶含砾石 55.99 m

1. 黄绿色泥质粉砂岩，下部黄色厚层状中粒硬砂质石英砂岩砾岩，底部有 0.5m 灰褐色含锰质中细粒砂岩 42.95 m

———————— 整　合 ————————

下伏地层：**桐竹园组**　粉砂质泥岩

【地质特征及区域变化】　该组在鄂东南地区以鄂城朱马湾至江家村剖面为例，其岩性可分为三部分：下部为紫红、黄绿色等杂色泥质粉砂岩、泥岩，夹多层长石石英砂岩，偶含泥灰岩结核或扁豆体。其中砂岩在横向上极不稳定，常为透镜体，色调也变化较大，时而红、时而绿，相互出现。底部常有一层含砾粗粒长石石英砂岩，与下伏香溪群桐竹园组黄绿色粉砂质粘土岩呈整合接触；中部为紫红色粉砂岩、泥岩，夹黄褐色长石石英砂岩；上部为含砾粗粒长石石英砂岩和杂色粉砂岩、泥岩，组成韵律层，几乎每个韵律层底部均具明显冲刷面，反映出明显的河流冲积相为主的沉积特征。

鄂东南和荆当盆地，本组与桐竹园组相伴出露，组成向斜核部。由于遭受后期剥蚀，各地残存不全，均未见其顶，加之岩性较松软，露头多被掩盖，所以上述三部分不是各地都能见到。但总的是连续沉积在桐竹园组之上以呈现紫红色为特征的碎屑岩地层。其出露厚度，以鄂城碧石渡—花家湖向斜和大冶张子余向斜（金山店—灵乡）残存较厚，可由 129～1053 m，蒲圻车埠、粉铺海一带厚 115 m，当阳白石港至八锦坡一带厚 427 m，荆门海慧沟厚 121 m。

古生物特点：本组化石稀少，但在其泥灰岩透镜体中往往可以获得双壳类 *Pseudocardinia hupehensis*，*P. kweichowensis*，*Lamprotula*（*Eolamprotula*）*cremeri*，*Psilunio giganteus*，*P. honanensis* 等。据此，本组时代为中侏罗世早期。

千佛崖组　J_2q　（42－0452）

【创名及原始定义】　赵亚曾、黄汲清 1931 年命名于广元县北，嘉陵江东岸的千佛崖。原称“千佛岩层”（Tsienfuyen Formation），属四川系下部，“该组底部为含磨圆的灰岩和石英砾石的粗砾岩，不整合于须家河系之上，底砾岩之上为黄色砂岩和黄绿色页岩，含淡水瓣鳃类化石，大量的 *Corbicula* 和 *Cyrena*；其上出现的红色泥页岩和砂岩的交互层划入广元层。”

【沿革】　由陈楚震等（1979）引用于省境秭归盆地，相当于谢家荣等（1925）最早称归州系下部、北京地质学院三峡地层队（1960）称“自流井组”、湖北区测队（1984）创名“聂家山组”、张振来等（1987）创名“泄滩组”和“陈家湾组”之和。本次清理采用千佛崖组指位于桐竹园组与沙溪庙组之间的一套地层序列。

【现在定义】　以黄绿、绿灰色细、粉砂岩、页岩为主，夹介壳灰岩条带及透镜体，底部具细砾岩及含砾砂岩，厚 180～450 m，含双壳类、植物及孢粉化石，与下伏白田坝组或香溪群及上覆沙溪庙组底部黄灰色块状岩屑长石砂岩均呈整合接触的地层。

【层型】 正层型为四川广元县千佛崖剖面。省内次层型为秭归县泄滩至陈家湾剖面(110°36′00″, 30°0′40″) 30—80 层(据张振来、孟繁松等，1987，本书划分略有修改，将千佛崖组底界置于原剖面第 29 与第 30 层之间)。

上覆地层：**沙溪庙组** 灰色厚层至块状中粒长石石英砂岩

——————— 整 合 ———————

千佛崖组 总厚度 969 m

80.	紫红色泥岩，中部夹灰色薄层细粒长石石英砂岩，最顶部为黄灰色泥岩	21.3 m
79.	绿灰色中层至厚层细粒长石石英砂岩	6.1 m
78.	紫红色泥岩，偶夹灰紫、灰色薄层至中层细粒长石石英砂岩	37.9 m
77.	灰色厚层中粒长石石英砂岩夹紫红色泥质粉砂岩	9.2 m
76.	紫红色泥岩夹紫红、绿灰色薄层细砂岩，底部为绿灰色厚层至块状中粒含长石石英砂岩并含泥砾，泥砾大小一般 1×2 cm，最大者可达 5×8 cm	47.8 m
75.	紫红、棕红色泥岩，偶夹灰、灰紫色细粒含长石石英砂岩	32.3 m
74.	紫红色粉砂岩夹泥岩、灰色薄层含钙细砂岩，底部为灰、灰紫色中厚层细砂岩	43.4 m
73.	紫红色泥岩、砂质泥岩夹黄灰色细粒含长石石英砂岩、粉砂岩，含钙质结核	156.6 m
72.	黄灰色薄层至厚层细粒含长石石英砂岩夹灰色泥岩，偶夹紫红色泥岩	4.8 m
71.	黄灰色薄至厚层细粒含长石石英砂岩、粉砂岩与紫红色泥岩互层	23.2 m
70.	黄灰色中层至块状细粒长石石英砂岩夹薄层粉砂岩，局部夹紫红色泥岩	32.6 m
69.	黄灰色厚层细粒长石石英砂岩与紫红色泥岩互层	26.8 m
68.	黄灰色薄层至中层细粒长石石英砂岩夹粉砂岩	14.2 m
67.	黄灰色厚层至块状中粒长石石英砂岩，具交错层理	16.7 m
66.	黄灰色中层至厚层细粒长石石英砂岩、粉砂岩与紫红色泥岩略等厚互层。砂岩中夹紫红、黄绿色泥岩	19.5 m
65.	紫红色局部绿黄色泥岩夹薄层至中层粉砂岩	30.7 m
64.	绿灰色薄层至厚层中粒长石石英砂岩，底部夹薄层泥岩	6.0 m
63.	黄灰色厚层至块状细粒长石石英砂岩与紫红色泥岩互层	21.8 m
62.	紫红色局部绿黄色泥岩夹绿黄色薄层粉砂岩	20.8 m
61.	黄灰、绿灰色厚层至块状夹薄层状细粒长石石英砂岩、粉砂岩，间夹薄层泥岩	13.8 m
60.	灰、灰黑色泥岩，底部碳质泥岩，产下列化石：植物 *Cladophlebis* sp.，*Taeniopteris* cf. *parvula*，*Neocalamites* sp.；双壳类 *Pseudocardinia* (*Pseudocardinia*) *curta*，*P.* (*P.*) *obesa*，*P.* (*P.*) *subtriangulata* 等	2.5 m
59.	绿灰色薄层至厚层细粒长石石英砂岩、粉砂岩夹紫红、黄绿色泥岩，中部夹一层厚约 3.5 m、顶部夹一层厚 0.6 m 的黄灰色中粒长石石英砂岩	29.1 m
58.	紫红色夹绿黄色泥岩	3.9 m
57.	黄灰、绿灰色中层至厚层细粒长石石英砂岩与泥岩互层，中夹紫红色泥岩	9.6 m
56.	上、下部为绿黄色泥岩夹粉砂岩及紫红色泥岩；中部为紫红色泥岩	8.0 m
55.	黄灰、绿灰色中层至厚层细粒长石石英砂岩、粉砂岩夹泥岩	6.4 m
54.	紫红色泥岩夹黄灰色薄层至中层细粒长石石英砂岩、粉砂岩	28.3 m
53.	黄灰、绿灰色薄层至中层粉砂岩夹厚层细粒长石石英砂岩及泥岩	10.8 m
52.	上部黄灰、绿灰色中层至厚层细粒长石石英砂岩；下部紫红色局部黄灰色泥岩夹黄灰色细砂岩；顶部为黄绿色泥岩	9.1 m

51. 绿灰色厚层至块状中粒长石石英砂岩，中部夹紫红、绿黄色泥岩 8.3 m

50. 黄灰色薄层至中厚层细粒石英砂岩与紫红色泥岩互层 5.5 m

49. 绿灰色中层至厚层细粒长石石英砂岩、粉砂岩夹薄层泥岩 31.8 m

48. 黄灰、绿灰色薄层至块状中粒长石石英砂岩、细砂岩、粉砂岩夹绿黄、灰黑色泥岩。含双壳类 *Pseudocardinia* (*Pseudocardinia*) *altiformis*，*P.* (*P.*) *elliptica*，*P.* (*P.*) *obesa*，*P.* (*P.*) *obliquata*，*P.* (*P.*) *sibirensis*，*Psilunio chaoi*，*Cuneopsis johannis-boehmi* 27.4 m

47. 深灰、蓝灰色泥岩夹绿灰色薄层至厚层含钙粉砂岩，偶夹灰岩、泥灰岩及介壳灰岩透镜体，顶部局部夹紫红色泥岩。产双壳类 *Pseudocardinia* (*Pseudocardinia*) *altiformis*，*P.* (*P.*) *lepida*，*P.* (*P.*) *globosa*，*P.* (*P.*) *longa*，*P.* (*P.*) *obesa* 37.3 m

46. 上、下部为绿灰、蓝灰色薄层至厚层粉砂岩夹泥岩；中部为蓝灰色薄层泥岩，底部为瓦灰色块状细粒石英砂岩 12.7 m

45. 绿灰、深灰色泥岩，间夹粉砂岩。含孢粉 *Cyathidites minor*，*C. australis*，*Cibotiumspora reticulata*，*Punctatisporites* sp.，*Todistporites rotundiformis*，*Biretisporites potoniaei* sp.，*Klukisporites variegatus*，*Cycadopites* sp.，*Classopollis* spp.，*Callialasporites trilolatus*，*Perinopollenites elatoides*，*Pseudopicea variabiliformis*，*Pinuspollenites* sp. 等 12.5 m

44. 黄灰、绿灰色厚层至块状细粒石英砂岩 7.8 m

43. 上部蓝灰色中层至厚层泥岩；下部绿灰色薄层至厚层粉砂岩夹绿灰色泥岩，含双壳类 *Psilunio* sp.，*Unio* sp.，*U. minutus*，*U. zhongnanensis*，*U. zairglauensis*，*Camptio*? sp. 10.6 m

42. 紫红、绿黄色泥岩，上部夹绿黄色粉砂岩 11.6 m

41. 黄灰、绿灰色中层至厚层细粒石英砂岩 4.2 m

40. 绿黄色泥岩，中部夹中层粉砂岩，顶部夹紫红色泥岩，上部有掩盖 20.6 m

39. 紫红色泥岩，偶夹粉砂岩 3.5 m

38. 绿黄色中层至厚层细粒石英砂岩夹泥岩 4.2 m

37. 绿黄色泥岩 8.5 m

36. 绿黄色块状中粒石英砂岩 4.1 m

35. 绿黄色局部深灰色泥岩、砂质泥岩。含双壳类 *Pseudocardinia* (*Pseudocardinia*) *elliptica*，*P.* (*P.*) *elongatiformis*，*P.* (*P.*) *praecurta*，*P.* (*P.*) *robusta* 5.8 m

34. 紫红色泥岩 6.6 m

33. 绿黄色厚层至块状细粒石英砂岩、粉砂岩，粒度往上渐变细 4.2 m

32. 紫红色泥岩夹绿黄色泥岩、泥质粉砂岩 34.1 m

31. 绿黄色中层至厚层细粒石英砂岩、粉砂岩与紫红色泥岩互层。泥岩中富含钙质结核 10.4 m

30. 绿灰、黄灰色厚层至块状含砾粗至中粒石英砂岩。砾石主要集中于本层中部，有的富集成薄层，砾石成分主要为燧石，次为石英，滚圆度良好，大小一般 0.5 cm×1 cm，最大者可达 3 cm×8 cm。底部具楔形层理 4.2 m

——————整　合——————

下伏地层：**桐竹园组**　绿黄色钙质泥岩、泥灰岩钙质粉砂岩、碳质泥岩

【地质特征及区域变化】　千佛崖组在秭归盆地出露齐全，层序完整，厚度为 969 m。底部为一层含砾石英砂岩，有时砾石富集成薄层，并为底界标志，与下伏香溪群桐竹园组绿黄色钙质泥岩呈整合接触；下部为紫红色、绿黄色泥岩、粉砂岩、细粒石英砂岩夹介壳灰岩。含极为丰富的双壳类及孢粉化石；上部以紫红色为主，夹黄灰色泥岩、砂质页岩、粉砂岩、长

石石英砂岩。

在省境西南与四川省接壤的利川县、咸丰县双河口等地，本组出露不佳，仅见其下部紫红色粉砂质页岩和灰黑色页岩夹灰绿色钙质页岩，薄层细砂岩，富含双壳类化石，厚度大致为30～130 m，但本组底部含砾砂岩标志未见到，而是以紫红色泥岩大量出现为本组底界，与下伏香溪群桐竹园组灰黑色页岩夹粉砂质白云岩透镜体分界，呈连续过渡关系。

本组以产双壳类为主，其中有：*Pseudocardinia kweichuensis*，*P. longa*，*Lamprotula* (*Eolamprotula*) *solita*，*L.* (*E.*) *cremeri*，*Psilunio ovalis* 等。据此，本组时代为中侏罗世早期。

沙溪庙组　$J_2\hat{s}$　(42-0453)

【创名及原始定义】　该组系杨博泉、孙万铨（1946）由原“重庆系”（哈安姆，1931）中分出而创建的“沙溪庙层”演变而来。命名地点在四川省合川县沙溪庙。原始定义：“为紫红色泥岩夹浅灰色长石砂岩与长石石英砂岩，中部泥岩与砂岩多呈不等厚互层。厚1220～2000m。”

【沿革】　该地层谢家荣等（1925）在秭归盆地曾称归州系中部。北京地质学院三峡地层队（1960）首次引用该组，称归州群沙溪庙组。本次清理，称沙溪庙组。

【现在定义】　岩性为黄灰、紫灰色长石石英砂岩与紫红、紫灰色泥（页）岩不等厚韵律互层，含双壳类、介形类、叶肢介、植物及脊椎动物化石，与下伏新田沟组或千佛崖组及上覆遂宁组底部砖红色岩屑长石砂岩均为整合接触，亦可平行不整合超覆于自流井组不同层位之上的地层，可以“叶肢介页岩”顶界分为两段。

【层型】　正层型为四川省合川县沙溪庙剖面。省内次层型为兴山县平邑口剖面（110°45′50″，31°10′00″；张振来等，1987）。

上覆地层：**遂宁组**　灰、灰紫色薄至厚层细砂岩夹紫红色泥质粉砂岩，底部为厚约6 m的绿灰、黄灰色厚层至块状中粒长石石英砂岩

——————　整　合　——————

沙溪庙组　　总厚度 1 986 m

64. 上部紫红色泥岩、砂质泥岩夹灰紫色细砂岩；下部灰、灰紫色厚层至块状细砂岩夹紫红色泥岩　15.3 m
63. 上部灰、灰紫色厚层至块状细砂岩夹紫红色泥岩，局部有掩盖，下部紫红色泥岩、砂质泥岩，偶夹灰紫色薄层细砂岩　59.0 m
62. 黄灰、绿灰色厚层至块状中—细长石石英砂岩，中部偶夹紫红色砂质泥岩　33.1 m
61. 紫红色泥岩、砂质泥岩　22.1 m
60. 黄灰、绿灰色厚层至块状局部薄层状中—细粒长石石英砂岩夹黄绿色砂质泥岩，含泥砾和炭化植物碎片　78.9 m
59. 上部灰、灰紫色细砂岩、粉砂岩、紫红色泥岩组成一沉积小韵律；下部黄灰色薄至厚层中—细粒长石石英砂岩与紫红色泥岩互层　15.2 m
58. 紫红色泥岩、粉砂岩夹灰紫色细砂岩及黄绿色薄层至厚层中粒长石石英砂岩　29.9 m
57. 黄灰、绿灰色厚层至块状中—细粒长石石英砂岩，顶部夹一层厚约2 m的紫红色泥岩及灰紫色细砂岩　19.0 m
56. 紫红色泥岩夹灰、灰紫色薄层粉砂岩、细砂岩，上部夹一层厚约1 m的绿灰色中粒石英砂岩。泥岩含钙质结核　40.0 m
55. 灰、绿灰、灰紫等杂色块状中粒长石石英砂岩，具大型楔层理　14.0 m

54. 掩盖。局部见紫红色泥岩夹灰紫色粉砂岩 19.6 m

53. 黄灰，绿灰色块状中—细粒长石石英砂岩，下部偶夹紫红色泥岩及灰色薄层细砂岩 16.0 m

52. 紫红色泥岩、砂质泥岩夹灰紫色细砂岩，中上部夹绿灰色薄层至厚层细粒石英砂岩 19.3 m

51. 黄灰、绿灰色厚层至块状中粒长石石英砂岩，中部偶夹紫红色砂质泥岩 9.1 m

50. 紫红色泥岩夹灰紫色细砂岩，上部有掩盖 17.6 m

49. 黄绿色块状中粒长石石英砂岩，局部夹紫红、绿灰色泥岩及泥砾岩透镜体 5.3 m

48. 紫红色泥岩，中部夹灰紫色细砂岩，顶部夹绿灰色粉砂岩。泥岩含钙质结核 18.2 m

47. 黄灰、绿灰色薄层至厚层中细粒石英砂岩 11.2 m

46. 黄灰、绿灰色中粒长石石英砂岩与紫红色泥岩互层。泥岩夹灰紫色粉砂岩 29.5 m

45. 掩盖。河对面为紫红色泥岩夹灰紫色细砂岩 20.6 m

44. 黄灰、绿灰、灰紫等杂色中粒长石石英砂岩，偶夹绿灰色细砂岩透镜体，含泥砾。泥砾大者 10 cm×20 cm，一般 1 cm×2 cm 18.4 m

43. 上、下部为浅黄灰色薄层至厚层中—细粒长石石英砂岩，结构疏松；中部为紫红色泥岩 29.2 m

42. 浅黄色块状粗至中粒长石石英砂岩，结构疏松 38.0 m

41. 紫红色泥岩夹灰色粉砂岩、细砂岩，中上部夹一层厚 1.5 m 的浅黄灰色中粒石英砂岩。泥岩含钙质结核 50.2 m

40. 黄灰、绿灰色块状中粒长石石英砂岩 29.0 m

39. 紫红色泥岩夹灰、灰紫色粉砂岩，上、下部各夹一层厚分别为 5 m 及 2.5 m 的黄灰色厚层至块状中粒长石石英砂岩，顶部夹绿灰色泥岩。泥岩中富含钙质结核 100.1 m

38. 上部灰紫色细砂岩、紫红色粉砂岩、泥岩组成若干沉积小韵律，微细交错层理发育；中部紫红色泥岩夹黄灰色薄层细砂岩，富含钙质结核；下部绿灰色薄至中层细砂岩与紫红色泥岩略等厚互层 12.2 m

37. 黄灰色块状中—细粒长石石英砂岩，上部层间夹紫红色薄层泥岩，斜层理发育 28.2 m

36. 紫红色泥岩，上部夹黄灰色泥岩及灰紫色粉砂岩，顶部夹一层厚 0.3 m 的黄灰色细粒长石石英砂岩 10.5 m

35. 黄灰色块状粗—中粒长石石英砂岩，局部含石英砾石 9.9 m

34. 紫红色泥岩，底部夹一层厚约 5 m 的灰、黄灰色块状细粒长石石英砂岩，顶部夹一层厚 0.5 m 的紫红色粉砂岩 26.3 m

33. 黄绿灰、灰黑、灰色薄层细砂岩、粉砂岩、泥岩组成一沉积小韵律，含植物化石碎片及孢粉。孢粉主要有 *Cyathidites minor*, *C. australis*, *Deltoidospora magna*, *Duplexisporites undulatus*, *Dictyophyllidites mortoni*, *D. harrisii*, *Baculatisporites comaumensis*, *Reticulatisporites putens*, *Reculatasporites magnus*, *Klukisporites variegatus*, *Neoraistrickia taylorii*, *N. gristhorpensis*, *Classopollis* spp., *Piceites exposites*, *Podocarpidites multticinus*, *Quadraeculina limbata* 等 3.3 m

32. 灰、黄灰色薄至中厚层中—细粒长石石英砂岩 7.3 m

31. 紫红色泥岩夹黄灰、灰紫色薄层至中层细砂岩 5.6 m

30. 黄灰色厚层至块状中粒长石石英砂岩，顶部夹一层紫红色砂质泥岩，交错层理发育 18.9 m

29. 紫红色泥岩夹灰、灰紫色薄层至中厚层细砂岩，底部偶夹绿灰色中粒石英砂岩。泥岩含钙质结核，有时富集成层 100.3 m

28. 紫红色泥岩，偶夹灰紫色粉砂岩 23.3 m

27. 紫红色砂质泥岩夹灰紫、灰色薄层至厚层细砂岩，顶部夹一层厚约 1.5 m 的紫红色粉砂岩 41.0 m

26. 黄灰、绿灰色块状中粒长石石英砂岩，底部为粗粒长石石英砂岩，含泥砾、碳质泥岩小透镜体和炭化植物茎干碎片 57.0 m

25. 紫红色泥岩、砂质泥岩，局部夹灰紫色细砂岩，顶部为灰紫、黄绿、紫红色细砂岩、粉砂岩、泥岩构成两个小韵律 13.5 m

24. 黄灰、灰色厚层至块状中粒长石石英砂岩，含泥砾 14.4 m

23. 紫红色泥岩夹灰、灰紫色薄层至中层细砂岩，含钙质结核 25.2 m

22. 黄灰、绿灰色块状中粒长石石英砂岩，顶、底各夹一层紫红色泥岩，砂岩具小型交错层理 42.9 m

21. 紫红色泥岩、砂质泥岩，中部夹一层厚 3.7 m 的黄灰色中粒长石石英砂岩，下部夹灰紫色细砂岩。泥岩富含钙质结核 32.7 m

20. 黄灰、绿灰色块状中粒长石石英砂岩，含植物茎干化石碎片、炭屑和泥砾 33.9 m

19. 紫红色泥岩夹灰、灰紫色粉砂岩，间夹黄灰色中层至块状细粒长石石英砂岩。泥岩富含钙质结核。含介形虫 *Darwinula impudica*，*D.* aff. *impudica*，*D.* aff. *sarytirmenensis*，*D. magna*，*D. henanensis*，*Timiriasevia*? sp.，*Clinocypris xilingensis* 148.2 m

18. 绿灰色块状中粒长石石英砂岩 13.0 m

17. 紫红色泥岩夹数层灰紫色薄层至中层细砂岩，底部为灰、灰紫色中层至厚层细砂岩 68.7 m

16. 紫红色泥岩夹灰紫色粉砂岩，含钙质结核 16.1 m

15. 灰、黄灰色薄层至厚层细砂岩夹紫红色泥岩及灰紫、黄灰色粉砂岩 16.0 m

14. 紫红色泥岩、砂质泥岩夹灰紫色薄层至中厚层细砂岩，上部夹泥质粉砂岩条带并富含钙质结核 21.4 m

13. 黄灰、绿灰色块状中粒长石石英砂岩 25.8 m

12. 紫红色泥岩，间夹灰紫色细砂岩 30.2 m

11. 黄灰色厚层至块状中—细粒长石石英砂岩 6.8 m

10. 紫红色泥岩，上部有掩盖 76.4 m

9. 黄灰、绿灰色块状粗—细粒长石石英砂岩，粒度往上逐渐变细，水平层理发育 49.1 m

8. 紫红色泥岩，局部夹绿灰色细砂岩，富含钙质结核 8.7 m

7. 黄灰、绿灰色厚层至块状中粒石英砂岩，层间夹黄绿色细砂岩 7.6 m

6. 掩盖。河对面为紫红色泥岩夹绿灰色细砂岩 41.3 m

5. 绿黄色块状中粒长石石英砂岩。下部夹浅绿灰色细砂岩及紫红、黄绿色泥岩 36.3 m

4. 掩盖。局部见紫红色泥岩 17.1 m

3. 浅绿灰、黄灰、灰色厚层至块状中粒长石石英砂岩，底部间夹黄绿色细砂岩 20.4 m

2. 紫红色泥岩，偶夹浅灰色细砂岩，顶部为厚约 2 m 的紫红色粉砂岩，富含钙质结核 96.0 m

1. 绿灰、黄灰色块状中粒长石石英砂岩。顶部为薄层至中厚层细砂岩，层间夹黄绿色砂质泥岩，具大型楔层理 21.7 m

——————整　合——————

下伏地层：**千佛崖组**　紫红色泥岩

【地质特征及区域变化】　该组主要分布于秭归盆地，层序清晰。岩性组合大致可分：下部为紫红色泥岩与黄灰色中至细粒长石石英砂岩互层，泥岩中夹黄灰、灰紫色细砂岩、粉砂岩、含钙质结核，并以底部巨厚层状长石石英砂岩，与下伏千佛崖组紫红色泥岩呈整合接触；上部为紫红色粉砂质泥岩与长石石英砂岩互层，单层厚度较大，组成由粗到细的韵律层。本组厚度变化不大，在兴山平邑口厚 1 986 m；秭归县泄滩厚达 2 144 m。

沙溪庙组化石稀少，在秭归郭家坝组底部发现 *Chungkingichthys xilingensis*，在下部和上部含介形虫：*Darwinula* aff. *sarytirmenensis*，*Clinocypris xilingensis* 和孢粉组合 *Cyathidites* – *Classopollis* – *Neoraistrickia* 组合带等。时代定为中侏罗世晚期。

遂宁组　J_3s　（42 – 0454）

【创名及原始定义】　系李悦言、陈秉范（1939）由“广元系”（赵亚曾、黄汲清，1931）分出的“遂宁页岩层”演变而来。命名地点在四川省遂宁县城附近。原始定义：“岩性以棕红、砖红色泥岩为主，夹同色砂岩、粉砂岩的地层，偶夹石膏薄层，厚 300～500 m。”上覆为以砂岩为主的“九龙场”。

【沿革】　该地层最早谢家荣等（1925）曾称“归州系上部”，时代为白垩纪；北京地质学院三峡地层队（1960）引用于秭归盆地，称归州群遂宁组，时代为晚侏罗世，以后一直沿用。本次清理仍采用此组名。

【现在定义】　以红、鲜紫红、砖红色泥（页）岩为主，夹同色岩屑长石砂岩、粉砂岩，含介形虫、轮廓叶肢介及双壳类化石。与下伏沙溪庙组紫红色泥岩及上覆蓬莱镇组紫灰色长石石英砂岩均为整合接触的地层。

【层型】　正层型为四川省蓬溪县高坪—中江县广福剖面。省内次层型为秭归县三溪河剖面（110°37′30″，31°06′40″；张振来等，1987）。

上覆地层：**蓬莱镇组**　浅绿灰色块状中粒长石石英砂岩

——————　整　合　——————

遂宁组	总厚度 655 m
17. 浅绿灰色厚层细粒长石石英砂岩与暗紫色中厚层砂质泥岩、泥岩互层，泥岩中夹灰紫色薄层至中层细砂岩	25.8 m
16. 灰、浅绿灰色块状中粒长石石英砂岩，下部水平层理发育	7.7 m
15. 灰、绿灰、灰紫色厚层至块状细粒砂岩，偶夹紫红色泥岩。砂岩中含紫红色泥砾	155.6 m
14. 紫红色页片状泥岩	7.8 m
13. 灰、灰紫、紫红色薄层至块状细粒长石石英砂岩夹紫红色泥岩	26.1 m
12. 上部为紫红色泥岩夹灰紫、灰绿色薄层细砂岩，下部为紫红色厚层粉砂岩	12.7 m
11. 紫红、棕红色泥岩与灰、灰紫色块状细粒石英砂岩不等厚互层，砂岩中含紫红色泥砾	22.5 m
10. 绿灰色局部灰紫色中层至厚层细粒长石石英砂岩夹粉砂岩	38.4 m
9. 紫红、棕红色薄层泥岩与灰、灰紫色细砂岩、粉砂岩互层	31.5 m
8. 绿灰、灰紫色中层至厚层细粒长石石英砂岩	28.4 m
7. 灰、灰紫、紫红色薄层至块状细粒石英砂岩，局部夹紫红、棕红色泥岩。砂岩含紫红色泥砾，水平层理发育	89.9 m
6. 绿灰色厚层至块状细粒长石石英砂岩，间夹紫红色薄层泥岩	31.3 m
5. 灰紫色薄层至中层粉砂岩夹紫红色泥岩，上部夹灰紫色细砂岩	48.2 m
4. 绿灰色厚层至块状细粒长石石英砂岩	19.4 m
3. 灰紫色薄层至厚层细砂岩与紫红、棕红色泥岩、砂质泥岩互层，顶部为绿灰色粉砂岩	30.2 m
2. 紫红、棕红色泥岩夹浅绿灰、灰紫色薄层至厚层细砂岩。泥岩含钙质结核	34.7 m
1. 浅绿灰色块状中粒长石石英砂岩，局部夹紫红色泥岩透镜体，具斜层理	45.0 m

——————　整　合　——————

下伏地层：**沙溪庙组**　棕红、紫红色泥岩夹灰紫色薄层至厚层细砂岩

【地质特征及区域变化】 遂宁组在秭归盆地出露齐全，岩性以绿灰、紫灰色细粒长石石英粉砂岩为主，夹紫红、棕红色泥岩，以底部一层黄灰色厚层状中粒长石石英砂岩，与下伏沙溪庙组呈整合接触。厚度变化不大。秭归三溪口厚655 m，泄滩厚572 m，兴山县平邑口厚630 m。根据本组砂岩粒度较细，泥岩颜色较鲜艳醒目的特征，与下伏沙溪庙组易于分开。虽然本组未发现化石，但根据岩性特征，结合层位可与四川省遂宁组对比。时代暂置于晚侏罗世。

蓬莱镇组 J_3p （42－0455）

【创名及原始定义】 杨博泉、孙万铨1946年命名于蓬溪县蓬莱镇。原义泛指发育于遂宁、蓬溪一带，“遂宁页岩”之上的一套岩性为浅黄色厚层砂岩与紫红色页岩互层的地层，原称“蓬莱镇砂岩层”，砂岩由西向东逐渐增多，颗粒变粗，厚1 260～1 840 m。

【沿革】 该地层谢家荣等（1925）曾称“归州系顶部”，时代为白垩纪。由北京地质学院三峡地层队（1960）引用于省境秭归盆地，称归州群蓬莱镇组，时代为晚侏罗世。此后，该地区一直沿用。本次清理采用蓬莱镇组。

【现在定义】 该组以紫灰色长石石英砂岩与紫红色泥（页）岩不等厚互层为主，夹黄绿色页岩及生物碎屑灰岩条带，含介形虫、叶肢介、轮藻及双壳类化石。与下伏遂宁组砖红色泥岩或砂岩呈整合接触，与上覆苍溪组灰紫色岩屑长石石英砂岩（省境本组未见顶）为整合或平行不整合接触。

【层型】 正层型为四川省蓬溪县高坪—中江县广福剖面。省内次层型为秭归县三溪河剖面（110°38′05″，31°05′50″；张振来等，1987）。

蓬莱镇组　　总厚度＞2115 m

68. 灰、灰紫色厚层中—细粒长石石英砂岩夹紫红、棕红色粉砂质泥岩（未见顶）　＞38.7 m
67. 灰、灰紫色厚层至块状中粒长石石英砂岩、紫红色中层至厚层粉砂岩、泥岩组成若干沉积小韵律　48.1 m
66. 灰紫、紫红色中层至厚层细砂岩、粉砂岩，夹灰、灰紫色厚层至块状中粒长石石英砂岩及棕红色泥岩，底部为厚约3.5 m的灰色块状中粒长石石英砂岩，局部夹砂砾岩透镜体，砾石主要成分为泥砾，次为石英、燧石　52.2 m
65. 灰紫、紫红色中层至厚层细砂岩、粉砂岩夹棕红色泥岩，局部夹灰色厚层至块状中粒长石石英砂岩　37.9 m
64. 灰色块状中粒长石石英砂岩　10.7 m
63. 灰紫、棕红色泥岩、粉砂质泥岩夹灰色厚层中粒长石石英砂岩　23.0 m
62. 灰色块状中粒长石石英砂岩与灰紫色薄层至厚层细砂岩、紫红色泥岩略等厚互层　44.0 m
61. 灰紫色薄层至厚层细砂岩、粉砂岩夹灰白色块状中粒石英砂岩及紫红色泥岩　38.7 m
60. 灰、灰白色块状中粒石英砂岩夹灰紫、棕红色砂质泥岩、泥岩　133.1 m
59. 上、下部为灰紫色薄层至厚层细砂岩夹紫红色泥岩，每部各夹一层厚分别为0.6 m及1.6 m的灰色中粒长石石英砂岩；中部为灰色块状中粒长石石英砂岩，间夹紫红色砂质泥岩、泥岩　41.5 m
58. 灰、灰紫色中层至块状细砂岩夹紫红色泥岩　35.0 m
57. 灰色局部灰紫色厚层至块状细粒石英砂岩夹紫红色薄层泥岩　42.1 m
56. 灰紫、灰色厚层至块状细粒石英砂岩与紫红色砂质泥岩、泥岩互层，泥岩含钙质结核　33.2 m
55. 上部为棕红色中层至厚层粉砂岩与泥岩互层；下部由灰色厚层中粒石英砂岩、灰紫

色粉砂岩、紫红色泥岩组成若干小韵律 55.8 m

54. 紫红色泥岩夹灰紫色粉砂岩，下部夹灰、灰紫色块状细砂岩，含钙质结核 54.3 m

53. 灰、绿灰色厚层至块状细粒长石石英砂岩夹紫红、棕红色泥岩及绿灰色粉砂岩 108.2 m

52. 紫红色泥岩夹中层至厚层粉砂岩，中、下部各夹一层厚分别为 1.5 m 及 4 m 的灰色中粒长石石英砂岩 61.4 m

51. 浅绿灰色块状中—细粒长石石英砂岩，上部夹紫红色粉砂岩、泥岩，含泥砾及少量石英、燧石砾石 27.1 m

50. 棕红、紫红色泥岩夹泥质粉砂岩，含钙质结核 31.7 m

49. 浅绿灰色块状中—细粒长石石英砂岩，下部夹一层厚约 2 m 的绿灰、黄灰色粉砂岩及紫红色泥岩条带，底部石英砂岩中含炭化植物茎干化石碎片 8.5 m

48. 紫红色泥岩，中部夹紫红色厚层粉砂岩，下部夹一层厚约 0.5 m 的灰色细砂岩 18.3 m

47. 浅绿灰色块状中粒长石石英砂岩，含石英、燧石小砾石，偶夹紫红、绿灰色砂质泥岩透镜体 30.7 m

46. 灰、黄灰色块状中—细粒长石石英砂岩，夹紫红、棕红色泥岩。泥岩中富含钙质结核 74.0 m

45. 浅绿灰色块状中粒长石石英砂岩夹紫红色泥岩、粉砂岩 63.3 m

44. 紫红色泥岩，中部夹一层厚约 3 m 的灰白色块状中粒石英砂岩 44.0 m

43. 灰白色厚层至块状中粒石英砂岩，局部含石英、燧石砾岩，中部夹紫红色泥岩、砂质泥岩 35.3 m

42. 紫红、棕红色细砂岩、粉砂岩、泥岩构成一沉积韵律，偶夹灰、灰紫色砂砾岩透镜体，含钙质结核 17.8 m

41. 灰白色块状中粒石英砂岩，局部含燧石小砾石 9.6 m

40. 紫红色夹绿灰色泥岩，间夹紫红色粉砂岩和砂砾岩透镜体，上部夹一层厚约 2 m 的灰白色中粒石英砂岩 33.6 m

39. 上、下部为灰白色块状中粒石英砂岩；中部为紫红色泥岩。砂岩具大型楔层理 32.7 m

38. 灰白色含砾粗砂岩、中粒石英砂岩与绿灰、灰紫、紫红色泥岩不等厚互层。泥岩中夹绿灰色薄层细砂岩，富含钙质结核 52.1 m

37. 紫红色泥岩夹粉砂岩，中、上部各夹一层厚分别为 3 m 及 1.5 m 的灰白色石英砂岩。泥岩含钙质结核 48.5 m

36. 上、下部为灰白色厚层至块状细粒石英砂岩；中部为绿灰、灰紫、紫红色泥岩夹粉砂岩。泥岩中含灰岩小透镜体。底部夹一层厚约 1 m 的砾岩，砾石成分主要为灰岩、泥砾岩 17.3 m

35. 灰紫、紫红色泥岩，间夹紫红、绿灰色粉砂岩，中部夹一层厚约 5 m 的灰白色中粒石英砂岩，底部泥岩中富含钙质结核，有时富集成层 94.8 m

34. 绿灰色块状中粒长石石英砂岩，底部为含砾粗至中粒长石石英砂岩，中部夹两层绿灰、紫红色砂质泥岩，上部夹一层厚约 3 m 的砂砾岩。砾石成分主要为燧石，次为灰岩，还有少量的石英和泥砾，直径一般 5 mm 左右，滚圆度较好。含孢粉 *Classopollis annulatus* 等 45.4 m

33. 紫红、棕红色砂质泥岩、泥岩，中部夹一层厚约 3 m 的灰色块状石英砂岩，泥岩含钙质结核 31.1 m

32. 灰、黄灰色块状含砾粗—中粒砂岩。砾石成分主要为石英，次为燧石，大小一般 2 cm×3 cm，大者可达 5 cm×10 cm 9.7 m

31. 灰、绿灰色厚层至块状、底部夹薄层状细粒长石石英砂岩，夹绿灰、紫红色泥岩，含黑色碳质泥岩小透镜体、植物茎干化石碎片，偶夹煤线。含孢粉 *Cyathidites minor*，

Cycadopites sp., *Inaperturopollenites* sp., *Psophosphaera* sp., *Classopollis annulatus*, *C. triangulus*, *C. tristriatus* 等　　65.3 m

30. 紫红色泥岩，上部夹黄灰、绿灰色薄层粉砂岩　　4.4 m

29. 绿灰色厚层至块状中粒长石石英砂岩，偶夹绿灰、深灰色薄层细砂岩，下部夹一层厚约 2 m 的绿灰色钙质砂质泥岩。层面富含植物化石碎片、绿灰色泥砾和碳质泥岩小透镜体。含孢粉 *Concavisporites toralis*, *Acanthotriletes baskoensis*, *Lycopodiumsporites rosewoodensis*, *Inaperturopollenites* sp., *Psophosphaera* sp., *Classopollis annulatus*, *C. classoides*, *Exesipollenites tumulus* 等　　127.4 m

28. 棕红色泥岩夹灰紫色粉砂岩　　5.6 m

27. 绿灰色块状中粒长石石英砂岩　　11.4 m

26. 紫红色泥岩，顶部夹灰紫色薄层粉砂岩　　9.4 m

25. 灰、绿灰色块状中至细粒长石石英砂岩，有的层间夹绿灰、紫红色砂质泥岩透镜体，中部夹一层厚 1.5 m 的紫红、灰绿色钙质泥岩及灰岩透镜体。透镜体大者 10 cm×15 cm，小者 4 cm×10 cm。含孢粉 *Deltoidospora* sp., *Psophosphaera* sp., *Classopollis annulatus*, *C. parvus*, *C. triangulus*, *C.* cf. *triangulus*, *C. classoides* 等　　34.8 m

24. 绿灰色厚层至块状细粒长石石英砂岩与绿灰、灰紫色粉砂岩、泥岩互层，夹绿灰色泥砾岩透镜体或在层面上富集成薄层　　69.9 m

23. 绿灰色块状夹薄层状中粒长石石英砂岩，偶夹紫红色泥岩、泥质粉砂岩，含泥砾岩块或泥砾岩透镜体　　79.3 m

22. 紫红色泥岩　　6.7 m

21. 绿灰色块状中粒长石石英砂岩，底部为粗粒石英砂岩、泥砾岩。砾石成分主为泥砾，次为石英，大小不等，直径通常 0.5～1 cm　　27.4 m

20. 绿灰色块状细粒长石石英砂岩与紫红色中层砂质泥岩、泥岩等厚互层。砂岩含紫红色泥砾，有时泥砾富集成层或呈透镜状，具大型楔层理　　30.2 m

19. 灰紫、暗紫色薄层至厚层粉砂岩夹绿灰色薄层细粒石英砂岩，底部为暗紫色粉砂质泥岩　　26.5 m

18. 浅绿灰色块状中粒长石石英砂岩，局部含泥砾和炭化植物碎片　　34.0 m

——————整　合——————

下伏地层：**遂宁组**　浅绿灰色厚层细粒长石石英砂岩与暗紫色中厚层砂质泥岩、泥岩互层，泥岩中夹灰紫色薄层至中层细砂岩

【地质特征及区域变化】　本组只见于秭归盆地，未见顶，出露厚度 2 115 m。其下部为灰、绿灰色中细粒长石石英砂岩夹紫红色泥岩，含较多的植物茎干化石、碳质条带及黑色泥砾、少量紫红色泥砾。以底部中粒长石石英砂岩与下伏遂宁组顶部细粒石英砂岩分界，二者呈整合接触；上部为灰白、绿灰、紫灰色中至细粒长石石英砂岩夹紫红色泥岩及局部含砾的中粒石英砂岩，砾石为紫红、灰黑色泥砾。总之，本组以中粒砂岩为主，韵律明显，常见泥砾，冲刷面等特征区别于下伏遂宁组。出露厚度较大，在秭归三溪河厚 2 115 m，泄滩厚 1 600 m，贾家店厚 1 224 m。

古生物特点：本组含孢粉和介形虫化石。其中孢粉以 *Couperisporites*－*Classopollis* 组合类型为代表，介形虫有 *Cypridea* sp., *Darwinula* sp.。虽然介形虫类化石的时代意义不大，但孢粉组合却说明了蓬莱镇组的时代为晚侏罗世。

马架山组　J_3m　(42－0457)

【创名及原始定义】　系周圣生、蒋安（1953）所创建的“马架山系”演变而来。创名地

点在大冶县灵乡马架山。原始定义:“岩性由凝灰岩、流纹岩和火山角砾岩组成,厚180 m。与下伏香溪煤系及上覆灵乡系均呈不整合接触。”

【沿革】 该地层命名时,原为下火山岩系中(包括侧船山系、玉屏山系和马架山系)一个地层单位,由于三者彼此关系不明,顾知微笼统称之“下火山岩组”。湖北省第四地质大队(1977)在灵乡镇马架山一带详细研究,唯马架山系具备层型剖面,改称马架山组。而侧船山系和玉屏山系的岩性,均类似于早白垩世灵乡组出露不全的孤露头岩石特征,故二者予以废弃。

【现在定义】 该组上部为霏细岩,具流纹构造;下部为流纹质熔角砾岩及角砾集块岩。喷发不整合于灵乡岩体(闪长岩)之上;上与灵乡组底部沉角砾凝灰岩呈不整合接触。

【层型】 正层型为大冶灵乡马架山—闵家大屋剖面(114°44′22″,30°00′15″;湖北第四地质大队,1977,①)。

上覆地层:**灵乡组** 沉角砾凝灰岩

~~~~~~~~~~ 不 整 合 ~~~~~~~~~~

马架山组 总厚度 352.36 m

7. 风化霏细岩,具明显的流纹构造,风化后呈灰白色土状,顶部为厚1.53 m的流纹质凝灰角砾岩 45.93 m
6. 褐、紫褐色霏细岩,具微晶花岗结构及明显的流动构造 42.42 m
5. 浅紫色杏仁状霏细岩,杏仁孔呈球状,大小1~2 cm,石英晶簇充填,岩石遭较强的高岭土、绢云母化 23.20 m
4. 浅灰紫、紫褐色霏细岩,沿裂隙充填方解石细脉 103.79 m
3. 流纹质熔角砾岩,岩石主要由大小在3~5 cm的霏细岩角砾岩(80%)及10 cm以上的霏细岩集块组成,并含有少量的闪长岩角砾(2%),流纹质熔岩胶结 58.02 m
2. 流纹质角砾集块岩,岩石主要由大小在10~30 cm的霏细岩集块和霏细岩组成,底部有一层厚4.94 m的凝灰岩、凝灰角砾岩,角砾成分主要为闪长岩及少量的赤铁矿,大小1~2 cm,凝灰质胶结 79.00 m

(闪长岩侵入)

【地质特征及区域变化】 该组在大冶灵乡马架山一带出露较佳,厚度352 m,下部为流纹质熔角砾岩,流纹质角砾集块岩,角砾成分主要为霏细岩,次为闪长岩、灰岩、大理岩及少量赤铁矿,凝灰质胶结,喷发不整合于灵乡岩体(闪长岩)之上;上部为浅灰紫色霏细岩,流纹构造发育;顶部流纹质凝灰角砾岩,被灵乡组沉角砾凝灰岩或砾岩不整合覆盖。由此向东北至鄂城县华山、上屋林一带,本组厚度较大,为599 m,岩性为酸、中碱性火山碎屑岩及流纹质凝灰岩、安山质玻屑晶屑凝灰岩,未见顶。底部以安山质角砾凝灰岩夹粉砂质粘土岩不整合覆盖在花家湖组长石石英砂岩和紫红色泥岩之上。并且,在花家湖附近,见到本组安山岩、集块角砾岩贯入在花家湖组中。

本组偶有植物化石:*Podozamites* sp.,*Phoenicopsis* sp.。同时,据本组岩性和层位,可与下扬子区宁镇地区晚侏罗世龙王山组火山角砾岩及云台山组沉积岩相对比,层位相当,生物群也类似,故本组时代置于晚侏罗世。

---

① 湖北省第四地质大队,1977,1:5万金牛幅矿产普查报告(未刊)。
~~~~~~~~~~

第二节 生物地层

省境泥盆纪—侏罗纪的生物化石比较丰富，门类也较齐全。其中业经研究的有：非䗴有孔虫、䗴类、苔藓虫、珊瑚、腕足类、腹足类、双壳类、牙形石、介形虫、鱼类、古脊椎动物、植物、孢粉等。现将较重要门类的生物地层简述如下：

非䗴有孔虫

广泛繁盛于省境的石炭纪—三叠纪海相碳酸盐岩地层中。但对其系统研究者甚少。目前据林甲兴（1984）对鄂西峡区研究，划分有：

①*Plectogyra komi* - *P. tubeliformis* 组合带：以 *Plectogyra* 属占绝对优势。其中以 *P. komi* 为代表的 16 个种，绝大部分是乌拉尔地区的杜内期的典型分子。故其时代也应相当。产于我省金陵组。

②*Plectogyra perlucida* - *P. furougshanensis* 组合带：其中主要共生分子有：*P. angusta*，*Tetrataxis media* 等，是东欧地区晚维宪期主要分子，其时代也应相当。产于我省和州组。

③*Tolypammina fortis* - *T. hubeiensis* 组合带：主要共生分子为 *Glomospira ishimbaica*，*G. vulgalis* 等。广泛见于鄂西南、鄂西及鄂东黄石等地的大埔组或黄龙组底部。该组合带可与美国的宾夕法尼亚期和俄罗斯的莫斯科期的有孔虫进行类比，其时代也应相当。

④*Bradyina minima* - *Plectogyra minuta* 组合带：见于鄂西松滋、长阳等地的黄龙组上部。除组合带分子外，主要有 *Bradyina nautiliformis*，*B. lepida*，*Plectogyra mosquensis*，*Globivalvulina mosquensis*，*Tetrataxis parviconica* 等，是俄罗斯莫斯科期分子。其中也有些是我国苏、皖、粤、桂、湘等地黄龙组常见分子。其时代为晚石炭世早期（咸宁期）。

⑤*Eolasiodiscus delicatus* - *Neodiscus maopingensis* 组合带：见于栖霞组，除组合分子特别丰富外，还有 *E. medius*，*N. scitus*，*Glomospira reqularis*，*Geinitzina inflata*，*Padangia perforata*，*Pachyphloia paraovata maxima*，*Nodosaria opima* 等。是早二叠世重要分子。

⑥*Hemigordiopsis orientalis* - *Multidiscus robustatus* 组合带：见于茅口组。本组合带的有孔虫极盛，计有 30 余属 70 余种。以 *Eolasiodiscus*、*Neodiscus* 及 *Padangia* 的种群消失为本组合带的开始。其中除组合分子外，主要以 *Dagmarita*，*Neoendothyra*，*Climacammina*，*Cribrogenerina*，*Postendothyra*，*Xintania*，*Pachyphloia* 等特别丰富。其时代属于早二叠世晚期。

⑦*Pseudotristix triangulus* 带：本带见于吴家坪组下部。除带分子外，主要以 *Pachyphloia*，*Nodosaria* 及 *Frondicularia* 等属为代表。其时代属于晚二叠世早期。

⑧*Robuloides acutus* - *Robustopachyphloia iniqua* 组合带：见于峡区吴家坪组上部。共生主要分子有：*Robuloides lens*，及 *Nodosaria yishanensis* 等。其时代属于晚二叠世晚期。

⑨*Aulotortas xintanensis* - *A. chialingchiangensis* 组合带：见于峡区嘉陵江组下部。本组合带的主要特点为 *Aulotortus* 一属之种占绝对优势，*Ammodiscus* 属次之，*Brunsia*、*Glomospira* 及 *Nodosaris* 等较稀少。可以和川南嘉陵江组（何炎、1995）所称的 *Brunsia*（= *Glomospirella*）组合带对比。为早三叠世奥伦尼克期。

⑩*Meandrospira insolita* - *Glomospira sinensis* 组合带：见于鄂西和鄂东南嘉陵江组中上部。本组合带的主要特征为：未发现 *Aulotortus*；*Meandrospira* 始终与 *Glomospira* 相伴而出现；*Glomospira* 在组合中变化的总趋势是随着层位的增高，其个体或种的数量也逐渐增多；*Brunsia* 和 *Ammodiscus* 在本组合也较丰富，其时代属于早三叠世奥伦尼克期。

⑪*Glomospira nanzhangensis* - *Quasipadangia baotaheensis* 组合带：见于鄂西一带的巴东组中部灰岩段。除组合带的分子外，还有 *G. simplex* 也是本组合带的重要代表分子，是具有地方性色彩较强的一个组合带，属于中三叠世。

䗴类

在湖北始于早石炭世晚期和州组，灭于晚二叠世吴家坪组顶部。是我省晚石炭世和二叠纪地层划分对比的重要生物化石之一，经《中南古生物图册》(1978)、《湖北省古生物图册》(1984)、林甲兴 (1984)、《湖北省区域地质志》(1990) 等的研究，䗴类生物地层序列已基本建立，现结合区调成果，将湖北省境内的䗴类组合序列从老到新，介绍如下：

①*Eostaffella hohsienica* 带，此带也是我国早石炭世建立最早的䗴带（张遴信，1962），虽然林甲兴 (1984) 研究长江三峡地区时建立与之相当的地方性的 *Staffella iniqua* - *Dainella hubeiensis* 带，但从区域上来看没有本䗴带分布得广泛而普遍。如贵州威宁地区赵家山组吴望始等 (1974) 称之为 *Eoslaffella* 带（王志浩等，1989），吉林盘石早石炭世马查拉组上部灰岩中称 *Eoslaffella* 带（王玉静等，1981）。故本次清理我们采用 *E. hohsienica* 带一名较妥之。见于武汉、松滋、长阳等地的和州组灰岩中。本带的主要分子，除带分子外，在武汉地区有：*E. anhuiana hubeiensis*，*E. evolutis*，*E. parastruvei* 等（《湖北省古生物图册》，1984），松滋—长阳地区主要有：*E. compacta*，*E. xiangshuidongensis*，*Dainella nibelis*，*D. hubeiensis*，*Staffella iniqua*，*Shouguania songziensis* 等。曹宣铎等 (1991) 对南秦岭分区也采用 *Eoslaffella* 带一名，其中见于南秦岭中段的袁家沟组上部和四峡口组下部。

②*Profusulinella* 带，见于黄石地区的大埔组，咸宁、长阳、宣恩等地的黄龙组下部，郧西四峡口剖面四峡口组上部的偏下层位（朱洪源等，1993，第 13 层）。本带以 *Profusulinella* 的出现为其底界，以 *Fusulinella* 或 *Fusulina* 的始现为其顶界。本带的种类繁多，主要分子有：*P. munda*，*P. parva*，*P. priscoidea*，*P. constans*，*P. rhomboides*，*P.* cf. *marblensis*，*Eofusulina* cf. *trianguliformis*，*Pseudostaffella composita* 等。本带可与我国江苏（盛金章，1976）和贵州等地（张遴信，1990）的相应同名带对比，属于晚石炭世早期靠下部层位。

③*Fusulinalla schwagerinoides* - *Staffella pseudosphaeroidea* 组合带，此带沿用林甲兴 (1984) 所创之带，较常见于我省黄龙组中下部或下部，四峡口组上部。其主要分子除组合带分子外，还有 *F. bocki*，*F. pseudoboki*，*S. clara*，*S. dagmarae* 及 *Pseudostaffella*，*Fusiella* 等。可以和南京金丝岗剖面的 *Fusulinella praeboki* 亚带（盛金章等，1976）相当，与贵州南部 *Fusulinella praeboki* - *Beedeina schellwieni* 带（张遴信，1990）的䗴类分子有相似之处。

④*Fusulina* - *Beedeina* 组合带，本组合带以 *Fusulina* 分子的出现为其主要特征，但仍有 *Fusulinella* 分子的存在。见于我省黄龙组中上部、上部，可与南京金丝岗 *Beedeina cheni* 亚带和 *Fusulina quasicylindrica* 亚带对比。但在郧西地区未见此带，在 *Fusulinella schwagerinoides* - *Staffella pseudosphaeroidea* 组合带之上直覆 *Triticites* 带。

⑤*Triticites* 带，本带只见于我省郧西地区的羊山组下部 86 m 内（朱洪源等，1993），可以和我国华南地区马平组和船山组下部或底部同名带对比。但在省境扬子区内始终未发现其形迹。在船山组内普遍见及的是以 *Eoparafusulina* 为代表的䗴类动物群。主要分子有：*E. bella*，*E. bellula*，*E. contracta*，*E. elliptica*，*E. ovata*，*E. ovatoides*，*E. parashengi* 等，偶见 *Schwagerina quasivulgaris*（《湖北省古生物图册》，1984），从其与下伏黄龙组呈连续沉积推知可能相当华南地区的 *Triticites* 带。

⑥*Robustoschwagerina* 带（朱洪源等，1993），此带仅见于省境郧西地区的羊山组上部约

300 m 内。主要分子：*R. schellwieni*，*Paraschwagerina mira* 等，可与我国广义 *Pseudoschwagerina* 带及贵州南部马平组上部的 *Sphaeroschwagerina* 带（肖伟民等，1986）对比。

⑦*Misellina claudiae* 带：该带见于武昌—大冶一带无梁山组沉积的地区，栖霞组下部地层所产出，主要分子为：*Misellina clandiae*，*M. aliciae*，*M. ovalis*。此段地层厚在 1～17m，它可与南京栖霞组底部臭灰岩段所含此䗴带及湘西北的黔阳段，四川阎王沟段，陕西汉中梁山段等进行对比。属早二叠世早期下部层位。

⑧*Nankinella* - *Pisolina* 组合带：该组合带产于栖霞组中上部地层。见于该组深色灰岩系中含燧石结核灰岩、瘤状灰岩内。主要共生分子有：*Nankinella orbicularia*，*N. staffellinoides*，*N. globularis*，*N. leshanica*，*N. subspherica*，*Pisolina excessa*，*P. subspherica*，*Sphaerulina hunanica*，*S. hubeiensis*，*Yangchienia iniqua* 等。该带于省境内栖霞组中厚度跨度大，可达近百米，如秭归新滩，恩施至来凤、鄂东南等地均是该层位常见分子。

⑨*Verbeekina grabaui* 带：该带属于茅口组下部层位产出，于建始—长阳、南漳，鄂南崇阳等地此带为深色岩系中所含，是相当于栖霞组中部层位，说明栖霞组在上述地区的穿时性。其主要共生分子有：*Codonofusiella minuta*，*Schwagerina vitilis*，*S. hupehensis*，*Verbeekina verbeeki*，*V. heimi*，*Chusenella tieni*，*Pseudodoliolina* 等。在鄂东南崇阳三山等地见于茅口组下部，有 *Cancellina*，*Neoschwagerina* 与 *Verbeekina grabaui* 等分子共生。

⑩*Pseudodoliolina* - *Chusenella conicocylindrica* 组合带：该带产于茅口组中部，主要共生分子有：*Pseudodoliolina ozawai*，*P. chinghaiensis*，*P. pseudolepida*，*P. hubeiensis*，*Codonofusiella hunanica*，*Schwagerina hubeiensis*，*Chusenella douvillei*，*C. globularis*，*Verbeekina verbeeki*，*V. heimi* 等，分布广泛，见于秭归、兴山及鄂西南恩施、咸丰等地及鄂东大冶、阳新、通山等地。在鄂东南崇阳石屋塘、南漳等地栖霞组深色岩系穿时最高层位可达此带。

⑪*Neoschwagerina* - *Yabeina* 组合带：该组合带产于茅口组上部层位和武穴组。其主要共生分子有：*Neoschwagerina fusiformis*，*N. haydeni*，*N. kwangsiana*，*Neomisellina lepida*，*N. compacta*，*Yabeina gubleri*，*Y. hayasakai*，*Verbeekina verbeeki*，*V. heimi*，*Sumatrina longissima*，*Chusenella tingi*，*Codonofusiella hunanica* 等，该组合带与整个华南相似，属于早二叠世地层的最高层位。

⑫*Codonofusiella* 顶峰带：下窑组与吴家坪组下部层位富含此顶峰带。主要共生分子有：*Condonofusiella lui*，*C. schubertelloides*，*C. kueichowensis*，*C. paradoxica*，*C.* cf. *asialica*，*Reichelina changhsinghsingensis*，*R. simplex*。该带代表晚二叠世早期发育的一个䗴带。

⑬*Palaeofusulina* 顶峰带：该带是省境吴家坪组中上部盛产的䗴类。据林甲兴（1984）在峡东地区研究，该时期地层所产 *Palaeofusulina* 可分为两带：下带为 *P. simplicata* 带，主要共生分子有：*P. simplicata*，*P. minima*，*Codonofusiella paradoxica*，*C. prolata*；上带为 *P. sinensis* 带，主要共生分子有：*P. sinensis*，*P. pseudoprisca*，*P. shanxiensis*，*P. ampla*，*P. mutabilis* 及 *Codonofusiella xintanensis*，*C. lui* 均可与我国整个华南晚二叠世晚期地层最高层位对比。

珊瑚

我省在中、晚泥盆世地层中有过报道，如郧西地区的石家沟组产有：*Alaiophyllum dupliforme*，*Disphyllum cylidricum*，*D. unifome* 等，古道岭组产有 *Alaiophyllum simplex*，*Disphyllum curtum*，*D. frechi*，*Peneckiella minima*，*Sinodisphyllum longcseptatum*；鄂西宣恩地区的写经寺组产有 *Pseudozaphrentis curuata*，*Billingsatraea* 等。但缺乏系统研究，不具备建立

珊瑚生物地层。而石炭一二叠纪地层的珊瑚化石经研究可建立如下生物地层单位。

①*Pseudouralinia* 带：除带化石外，主要伴有 *Zaphrentoides*，*Kueichowpora tushanensis major* 和 *Syringopora subramulosa*。*Pseudouralinia* 一属，在我国的华南、西北等地的岩关晚期以及俄罗斯地台、乌拉尔等地的杜内晚期均有分布。在我省产于金陵组。

②*Yuanophyllum* 带：除带化石外，主要伴有 *Kueichouphyllum*，*Heterocaninia*，*Arachnolasma*，*Clisiophyllum*，*Hexaphyllia* 等。其中 *Kueichuphyllum* 特别丰富，不但是国内各地大塘期（特别是大塘晚期），而且是东欧和亚洲各地维宪斯的重要化石。在我省产于扬子区和州组和南秦岭-大别山地层区的袁家沟组上部。

③*Wentzellophyllum volzi* - *Cystomichelinia* 组合带：以本组合带分子的大量出现为特征。共生分子主要为 *Wentzellophyllum kueichowense*，*Cystomichelinia multicystosa*，*C. marginocystosa*，*C. regularis* 等。该组合带广见于华南早二叠世栖霞早期。尤其是 *W. volzi* 一种具有明显的标志性意义。在省境见于鄂东南及鄂西峡区的栖霞组底部或下部。

④*Hayaskaia* 顶峰带：本带主要以该属的种成群、成层出现为特征。伴有下一组合带延伸上来的分子。而本属常见分子有 *H. elegantula*，*H. syringoporoides*，*H. raricystose*，*H. cystosa* 等。它们广见于我国南方苏、皖、黔、湘、鄂等地的栖霞组，中部较集中。与黄汲清（1932）创名的 *H. elegantula* 带相当。

⑤*Polythecalis* 顶峰带：本带也是以该属的种富集成层而得名。该属的常见分子有 *P. yangtzeensis*，*P. chinensis* 等在中国南方的栖霞组上部或中上部普遍可见。相当于黄汲清（1932）*P. yangtzeensis* 带。

⑥*Ipciphyllum timoricum* - *I. elegantum* 组合带：本带以 *Ipciphyllum* 属种发育为特征，除组合带分子外，常见的有 *I. ipci*，*I. suptimoricum*，*I. flexuosum* 等。它们是我国南方茅口期的常见重要分子。在我省扬子区的茅口组中、下部最常见。

⑦*Tachylasma elongatum* - *Paracaninia liangshanensis* 组合带：本带的特点是以小型、中小型单体珊瑚大量繁盛，尤以 *Tachyiasma* 和 *Paracaninia* 最富集。常见的 *T. elongatum*，*T. magnum*，*P. liangshanensis*，*P. sinensis*，*Carinotachglasma shimenense*，*Lophophyllidium multiseptum* 等。它们也是广见于华南茅口组。

⑧*Plerophyllum guangxiense* - *P. xintanense* 组合带：本带以小型单体皱纹珊瑚为特点。常见的除组合带分子外，有 *P. huayingshanense*，*P. irregulare* 等。在鄂西地区富集于吴家坪组下部。

⑨*Waagenophyllum lui.* - *Lophocarinophyllum lophophyllidum* 组合带：其中 *Waagenophyllum* 主要集中于本组合带下部。主要伴生分子有 *W. sinense*，*W. wengchengense*，*L. phymatodum*，*L. xintanense* 及 *Plerophyllum lopinese* 和少量 *Ipciphyllum simplex* 等。与 *Palaeofusulina* 顶峰带大体相当。见于鄂西峡东地区的吴家坪组中、上部。

腕足类

繁盛于省境晚泥盆世至二叠纪地层中，综合前人资料可建立如下生物地层单位：

①*Cyrtospirifer sinensis* - *Spinatrypina douvillii* 组合带：除本带分子外，主要还有 *C. pellizzarformis*，*Tenticospirifer* sp. 等，以不含 *Yunnanella*，*Yunnanellina* 为特点。其中 *C. sinensis*，*C. pellizzarformis* 是晚泥盆世常见分子，在鄂西、鄂西南地区较普遍见于黄家磴组和写经寺组下部灰岩段中。但在建始牯牛坪和鄂川交界附近黔江水泥厂，彭水郁山的云台观组也可见及。在郧西地区的古道岭组和铁山组也有类似群落。

②*Yunnanella - Yunnanellina* 组合带：此组合带分布于鄂西南写经寺组下部碳酸盐岩段，本组合带亦即侯鸿飞（1988）的 *Yunnanella - Yunnanellina* 群落。

③*Schuchertella gelaohoensis - Leplagonia analoga* 组合带。产于写经寺组砂页岩段上部，认为是在国内外岩关期的常见分子。

④*Eochoristites - Martiniensis* 组合带，产于金陵组内，主要有 *E. neipentaiensis alatus*，*M. chinglungensis* 等，可以和南京地区的金陵组，华南广大地区的岩关时期地层对比。

⑤*Ovatia - Hubeiproductus* 组合带，产于鄂西高骊山组上部。该组合带的 *Hubeiproductus* 是地方性的新种属，对比意义不大，但是该组合带的 *O. ovata*，*O. longispinosa*，*Marginatia deruploides* 等是我国和俄罗斯早石炭世的常见分子。

⑥*Megachonetes papilionacea - Delepinea transversa* 组合带。见于松滋、长阳和州组。与滇黔的旧司组和上司组及宁镇地区的和州组对比。

⑦*Orthotichia chekiangensis - Ogbinia hexaspinosa* 组合带：本带产于省境梁山组及栖霞组下部。除组合带分子外，主要伴生分子有：*Orthotichia magnifica*，*Tyloplecata richthofeni*，*Loczyella nankingensis*，*Acosarina indica*，*Meckella garnieri* 等。是长江中、下游一带栖霞组中下部典型分子或常见分子。

⑧*Cryptospirifer semiplicatus - Tyloplecta nankingensis* 组合带：本带常见于省境扬子区栖霞组上部和茅口组底部。以 *Cryptospirifer* 的大量富集为本组合带一大特色，常见的伴生分子有 *C. omeishanensis*，*C. minor*，*Monticulifera sinensis*，*Chilianshania chilianshanensis* 及 *U-rushtenoidea chaoi* 等。

⑨*Neoplicatifera huangi - Monticulifera hunanensis* 组合带：见于鄂西峡区茅口组。伴生的主要分子有 *Orthotichia derbyi*，*Tenuichonetes tenuilirata*，*Cathaysia striacosta*，*Vediproductus punctatiformis* 等。与苏、皖南部或黔北茅口期 *Neoplicatifera huangi* 带相当。

⑩*Tschernyschewia sinensis - Lopingia ruber* 组合带：见于鄂西峡区吴家坪组下部。较主要的伴生分子有 *Perigcyerella costellata*，*Compressoproductus mongolicus*，*Gubleria huangi* 等。其中，除带分子是江西、贵州晚二叠世早期的典型分子外，其他则是华南早二叠世早期的常见分子。

⑪*Squamularia grandis - Richthofenia sinensis* 组合带：见于鄂东南及鄂西地区吴家坪组上部。主要伴生分子有 *Pugnax pseudoutah*，*Cathaysia sulcatifera* 等，是华南晚二叠世晚期常见分子。

菊石

湖北省菊石化石，在二叠一三叠纪地层中较多见，可划分如下生物地层单位：

① *Paragastrioceras - Kufengoceras* 组合带。主要分子有：*Paragastrioceras zitteri*，*Kufengceras* sp.，*Altudoceras hefengense*，*Paraceltites altudensis*，*Shouchangoceras* sp. 等。时代为早二叠世晚期，在武汉、大冶一带及南漳、京山、竹溪、房县等地，赋存于孤峰组下部和大水沟组下部，而在利川、来凤、恩施、长阳广大地区，则出现于孤峰组上部。该带与下扬子区宁镇一带孤峰组硅质岩沉积特征和化石带是相当的。

②*Prototoceras - Anderssonoceras* 组合带。主要分子有：*Prototoceras hunanense*，*Anderssonoceras anfuense*，*Hunanoceras involutum*，*Pseudogastrioceras* sp.，*Discotoceras* sp.，*Stacheoceras* spp. 等。时代属于晚二叠世早期。主要赋存于大冶、黄石等地大隆组下部。也见于房县大水沟组上部。

③*Pseudotirolites - Pleuronodoceras* 组合带。本组合带位于 *Prototoceras - Anderssonoceras* 组合带之上，以组合带分子的存在及集中产出为特征，而区别于上、下相邻的生物带，本带普遍产有 *Pseudotirolites leibiensis*, *Pleuronodoceras mapingense*, *P.* cf. *hubeiense*, *P.* (*Gracilo-ceratites*) *mulbinodosus*, *Rotodiscoceras kwansiensis* 等。时代为晚二叠世晚期，主要赋存于大冶、黄石及京山等地大隆组上部。

④*Ophiceras - Lytophiceras* 组合带：主要分子有 *Ophiceras tingi*, *O. demissum*, *Lytophiceras* cf. *chamanda*, *Glyptophiceras minor* 等。该组合带以 *Ophiceras* 为主，在大冶组底部分布普遍，层位稳定，数量较多。与珠峰地区"上隆群"下组的 *Ophiceras* (*Lytophiceras*) *sakuntala* 带（赵金科、王义刚等，1982），安徽地区早三叠世殷坑组的 *Ophiceras - Lylophiceras* 带（郭佩霞，1982）相当。

⑤*Gyronites* 带：该带化石稀少，仅见 *Gyronites* sp.，*Prionolobus* sp. 两属，在利川小河、建始马扎坪、宜城方家冲、竹山蒲溪沟等地，赋存于大冶组下部，与珠峰地区 *Gyronites psilogyrus* 带大致相当。

⑥*Flemingites* 带：该带以大冶沙田剖面为基础而建立，产于大冶组二段薄层灰岩中，主要分子有 *Paranorites* cf. *ovalis*, *Koninckites* sp.，*Pseudosageceras striatum*, *Xenodiscoides* cf. *planatus*, *Flemingites* sp.，*Anasibirites kingianus* 等，该带以 *Flemingites* 和 *Xenodiscoides* 为主，层位在 *Gyronites* 带之上，仍主要赋存于大冶组下部。与安徽怀宁、铜陵等地区的同名带（郭佩霞，1982）对比。

⑦*Owenites - Paragoceras* 组合带：该组合带在秭归兵书宝剑峡剖面大冶组上部灰岩中见到 *Paragoceras* 属；但是黄石、沙田剖田尚见该组合带中还伴生有 *Anasibirites kingianus*, *Dinarites* sp.，*Leiophyllites* sp. 等。与青藏高原广泛分布的 *Owenites - Meekoceras* 组合带相当。

⑧*Progonoceratites* 带：该带产出层位稳定，见于利川巴东组中段灰岩的中上部，但其它处未见到。

双壳类

湖北以三叠—侏罗纪地层中最为繁盛，经研究自老至新可建立如下生物地层单位：

①*Claraia wangi* 带：主要以 *Claraia wangi*, *C. griesbachi*, *C. stachei* 为特征。伴生有 *C. aurita*, *C. hubeiensis*, *Oxytoma scythicum* 和少量 *Eumorphotis* cf. *inaequicostata* 等。主要赋存于大冶组底部。以 *C. wangi* 数量多，分布广，是我国南方海相早三叠世早期双壳类的最低的化石带。并且，该带常与 *Ophiceras* 的一些属种共生。该层位中同时还产出"二叠世"类型的腕足类 *Crurithyris flabieliformis*, *Cathaysis sinuata*, *Waagenites barusiensis* 等。与杨遵仪等（1982）所建同名带一致。

②*Claraia aurita* 带：该带仅见于京山吴家岭大冶组下部，在大冶沙田剖面共生有 *C. radialis*, *C. concentrica*, *Bakevellia pannonica* 等。可与赵金科（1982）所建 *C. aurita* 带对比。

③*Eumorphotis multiformis* 带。主要分子有 *E. inaequicostata*, *E. hinnitited*, *Bakevellia costaba*, *Pteria ussurica varibilis* 等。特点是 *Claraia* 属急剧减少和 *Eumorphotis* 属的大量繁盛。主要见于鄂西利川小河一带大冶组上部灰岩中，并上延较高。而在鄂东南崇阳路口该化石带却出现在嘉陵江组底部白云岩中。与前人所建同名带大体一致。

④*Eumorphotis* (*Asoella*) *illyrica - Myophoria* (*Costatoria*) *goldfussi mansuyi* 延限带。

主要分子除带分子外还有：*M.* (*C.*) *goldfussi*, *E.* (*A.*) *subillyrica*, *E.* (*A.*) *hupehica*, 伴生有 *Myophoria* (*Costatoria*) *radiata*, *M.* (*Neoschizodus*) *laevigata*, *Leptochondria alberti*,

Mytilus eduliformis, *Bakevellia* cf. *exporrecta*, *Entolium discites* 等。赋存于嘉陵江组顶部和上部，以及巴东组，并在上述层位中大量繁盛。鄂东南蒲圻组底部也可见及该化石带之伴生分子。本化石带大体与赵金科等（1982）所建的 *Myophoria* (*Costatoria*) *goldfussi mansuyi* 带、*Asoella illyrica* 带相当。

⑤*Bakevelloides subhekiensis* - *Unionites manmuensis* 组合带。见于荆当盆地香溪群王龙滩组。主要分子除组合带分子外还有：*Trigonodus keuperinus*, *Bakevellia* cf. *praecursori*, *Waagenoperna* cf. *triangularis*, *Mytilus tenuiformis*, *Thracia prica*, *Modiolus problematicus* 等。该双壳类动物群，可与川北须家河组及赣西北安源组的双壳类动物群对比。时代归为晚三叠世。

⑥*Sibireconcha anodontoides* - *Qiyangia cuneata* 组合带。见于秭归、荆当盆地和鄂东南等地桐竹园组。主要分子除组合带分子外还有：*Sibireconcha kemtchugensis*, *S. jenissejensis*, *S. sitnikovae*, *Qiyangia lilingensis*, *Q. xiangxiensis*, *Q. loxo*, *Q. dayanensis* 等，伴生有：*Apsendocardinin kweichouensis*, *A. ovalis*, *Utschamiella* sp. 等。该双壳类动物群，与国内早、中侏罗世尤其是早侏罗世双壳类动物群有较大的相似性，相互间可以比较。

⑦*Lamprotula* (*Eolamprotula*) *Cremeri* - *Pseudocardinia kweichouensis* 延限带。主要产于秭归盆地桐竹园组上部至千佛崖组下部。主要分子有 *Pseudocardinia* (*Pseudocardinia*), *Cuneopsis*, *Unio*, *Psilunio*, *Solenaia* 等，共有五属一亚属，其中以假蚌亚属最为繁盛，种类和个体数都特多，从假绞蚌亚属发展趋势来看，它在香溪群桐竹园组开始出现，在千佛崖组下部发展到了极盛阶段。该化石群在我国广泛分布，时代为中侏罗世。但在荆当盆地，该延限带与前组合带在纵向上分布尚有重叠，其部层位在桐竹园组至花家湖组下部及鄂东南桐竹园组，仍见延限带与 *Sibireconcha* - *Qiyangia* 组合带相重叠。

牙形石

省境对石炭纪和三叠纪地层中的牙形石作过较系统研究（王志浩等，1981；倪世钊，1979、1984 和 1987）。现综合将其简介如下：

①*Leiognathus levis* - *Polygnathus inornatus* 组合带。产于鄂西写经寺组砂页岩段中上部，本带顶界以 *L. levis* 消失和以 *Siphonodella isosticha*, *S. cooperi* 开始出现为标志。与英国 K 带、比利时的杜内统中、下部和我国湖南马栏边组上段下部对比。

②*Siphonodella isosticha* - *Bispathodus aculeatus auleatus* 组合带。见于鄂西金陵组下部。可与北美、英国同名带相当或偏低，与西班牙的 *S. cooperi* - *Polygnathus communis communis* 组合带以及湖南马栏边组上段中上部的 *S. eurylobata* - *S. isosticha* 亚组合带对比。

③*Polygnathus communis porcatus* 带。以此亚种大量出现为标志。产于鄂西金陵组中、上部：本带大致可以和比利时的 *P. communis carina* 带对比。

④*Polygnathus communis communis* - *Clydagnathus unicornis* 带，产于鄂西金陵组顶部，此带牙形石稀少而单调，可与湖南天鹅坪组中的 *P. communis carinus* 带对比。

⑤*Hindeodus cristulus* - *Diplognathus minutus* 带。产自鄂西高骊山组上部。本带与英国的 D 带一部或大部分对比。或相当于美国的乞斯特统的一部分。属于维宪期。

⑥*Gnathodus texanus* - *Hindeodus paracristulus* 带。产自鄂西和州组下部灰岩段内，以 *G. texanus*, *G.* cf. *girtyi*, *H. paracristulus* 等为主，这些分子在英国多出现于 *D* 带和北美的乞斯特统。属于维宪期。

⑦*Hindeodus parvus* (=*Anchignathodus parvus*) 带：该带系王志浩等（1981）用于利川

地区大冶组（飞仙关组）的最底部，倪世钊（1979）① 在鄂东南地区则以 *Hindeodus typicalis*（=*Anchignathodus typicalis*）带作为大冶组最底部的牙形石带，后来倪世钊等（1987）在鄂西三峡地区又以 *Hindeodus minutus* 带作大冶组（瑞平组）最底部带。考虑它们的内涵大体相同，其下限基本一致，上限可能略有不同。在鄂西峡区可能与 *Isarcicella isarcica* 带有重叠之处。

⑧*Isarcicella isarcica* 带：共生的主要分子有 *Hindeodus minutus*，*Neogondolella carinata* 等，产于鄂西峡区大冶组下部，均为巴基斯坦盐岭，意大利等地古特提斯海区的早三叠世分子。与 *Otoceras woodwardi* 带大致相同。

⑨*Neogondolella carinata* 带：产于鄂东南蒲圻和鄂西峡区大冶组靠下部，该带是四川、西藏、安徽、浙江及我省等地三叠纪初期常见的带。此带下限为 *I. isarcica* 带之顶，上限为与 *Neospathodus deineri* 带相接。主要分子有 *Neohindeodella triassica*，*Hindeodus sanxiaensis*，*Cypridodella* sp.。

⑩*Neospathodus deineri* 带：该带广泛见于我省西部的利川、三峡地区和鄂东南的蒲圻、通山等地大冶组中上部。与菊石 *Koninckites*－*Xenodiscoides* 组合带共生。相当于早三叠世印度期。

⑪*Neospathodus cristagalli* 带：该带见于鄂东南和鄂西峡区大冶组上部，可以和巴基斯坦盐岭地区的同名带对比。

⑫*Neospathodus pakistanensis* 带：该带在省境见于鄂西的利川和峡东地区以及鄂东南的大冶组的上部，它的上限以出现 *Parachirognathus ethingtoni* 为标志，共生主要分子有 *Neospathodus hubeiensis*，*N. waageni* 及 *Platyvillosus* sp.。可与巴基斯坦盐岭地区的同带对比。

⑬*Pachycladina*－*Parachirognathus ethingtoni* 带：此带见于秭归新滩、蒲圻观音山的嘉陵江组中下部，该带下限以 *Neospathodus pakistanensis* 消失，上限以 *N. triangularis*，*N. homeri* 出现为标志。共生的主要分子有：*Pachycladina bidentata*，*P. obliqua*，*Parachirognathus chiroformis*，*Gladigondolella xintanensis* 等，视为早三叠世奥伦尼期早期。

⑭*Neospathodus triangularis*－*N. homeri* 带：该带所产牙形石属种单调，以带分子的出现和消失为本带的顶底特征。见于秭归小新滩剖面。视为早三叠世奥伦尼期晚期。

⑮*Neospathodus kockeli* 带：该带见于巴东县宝塔河巴东组灰岩段中，共生的主要分子有：*Enatiognathus incurvus*，*Neohindeodella*（*Melaprioniodus*）*bicuspidata* 等。该带也见于德国、波兰的介壳灰岩中，属于中三叠世安尼锡克期。

植物

湖北省泥盆纪—侏罗纪的陆相或海陆交互相的碎屑岩地层一般富含植物化石。据前人资料简介如下：

①*Protolepidodendron scharyanum*－*Barrandeina dusliana* 组合带。此组合带仅见于咸丰赵家山、长阳石板坡以及鄂湘交界的湖南澧县山门水库、龙山县太平山和新桥等地的云台观组。

②*Leptophloeum rhombicum*－*Cyclostigma kiltorkense* 组合带。此组合带分布广，整个鄂西、鄂西南的黄家磴组的下部和中部，在武汉地区及鄂东南沿长江地区的云台观组和黄家磴

① 倪世钊，1979，鄂东南地区下三叠统大冶群中的牙形石。地层古生物论文集，宜昌地质矿产研究所编。

组均有分布。

③*Leptophloeum rhombicum* - *Sublepidodendron mirabile* 组合带。此组合带仅见于鄂西宜昌官庄以南的长阳、宜都（枝城市）、松滋等地写经寺组砂页岩段下部层位。武汉地区的黄家磴组有可能存在。

④*Sublepidodendron mirabile* 顶峰带：产于高骊山组。以 *Sublepidodendron* 富集成层，类型多样为特征。主要分子除带分子外，还有 *Sphenophyllum geigense*，*Lepidodendropsis*，*Eolepidodendron*，*Thallites* 等属。该带与江苏句容高骊山组的植物群基本相似。

⑤*Neuropteris* - *Rhodea hsianghsiangensis* 组合带：产于郧西四峡口组。主要分子有 *Neuropteris gigantea*，*Pecopteris aspera*，*Sphenophyllum tenerrimum* 及 *Rhodea hsianghsiangensis* 等，是我国早石炭世晚期至晚石炭世早期常见分子。

⑥*Gigantopteris nicotianaefolia* - *Lobatannularia multifolia* 组合带：见于鄂东黄石一带的龙潭组。主要分子除上述组合带分子外，还有 *G. guizhouensis*，*Ullmannia frumentaria* 等，是我国南方晚二叠世早期常见分子。

⑦*Lepidopteris* - *Bernoullia* - *Pterophyllum bavieri* 组合带。见于荆当盆地的香溪群九里岗组。重要分子有：*Equisetites brevidentatus*，*Neocalamites rugosus*，*Danaeopsis fecunda*，*Lepidopteris ottonis*，*Bernoullia zeilleri*，*Pterophyllum bavieri*，*Todites princeps*，*Glossophyllum shensiense* 和发育的 *Thinnfeldia* 等。具有我国和世界广泛分布的晚三叠世卡尼期至诺利早期植物群特色。

⑧*Cycadocarpidium* - *Drepaonzamites* - *Pterophyllum sinense* 组合带。见于荆当盆地的王龙滩组，秭归盆地和鄂东南地区的九里岗组。主要分子有：*Drepaonzamites*，*Sinoctenis calophylla*，*Cycadocarpidium*，*Dictyophyllum exile*，*Pterophyllum sinense*，*Anomozamites loczyi* 等，其组合特征大致与 *Ptilozamites* - *Anthrophyopsis* 组合（周志炎、李佩娟，1980）可相比较。时代为晚三叠世诺利晚期至瑞替期。

⑨*Coniopters* - *Ptilophyllum contiguum* - *Toditesr princeis* 组合带。见于利川、秭归、荆当盆地香溪群桐竹园组，鄂东南香溪群王龙滩组、桐竹园组。这一植物群以苏铁类占优势，常见的属有 *Nilssonia*，*Pterophyllum*，*Anomozamites*，*Ctenophyllum*，*Otozamites*，*Ptilophyllum* 等，非常齐全且丰富。许多是从晚三叠世植物群中延伸上来的。真蕨类次之，其中以蚌壳蕨科为特色，尤其是锥叶蕨 *Coniopteris* 非常丰富，银杏类相当繁盛，*Ginkgoites*，*Baiera*，*Sphenobaiera*，*Czekanowskia*，*Phoenicopsis* 都有出现，而种子蕨类 *Lepidopteris*，*Bernoullia* 等在此时已不复见。因此，该组合带属早侏罗世。

第三节　年代地层

年代地层的划分，在实际工作中主要依据生物地层研究而确定。湖北省泥盆系—侏罗系的各级年代地层单位的划分仍采用传统划分意见，作如下简述和讨论。

一、泥盆系

由于省境在志留纪后期或末期受加里东运动（广西运动）的影响，在扬子地层区缺失上志留统—中泥盆统下部，只发育了中泥盆统上部和上泥盆统。故其底界无疑以平行不整合面为界。而阶的划分我们沿用我国通用的区域性阶名。即中统上部为东岗岭阶（Givetian），上统下部为佘田桥阶（Frasnian），上统上部为锡矿山阶（Famennian）。省境的东岗岭阶以 *Protolepidodendrom scharyanum - Barrandeina dusliana* 组合带为标志；佘田桥阶以 *Leptophloeum rhombicum - Cyclostigma kiltorkense* 组合以及 *Cyrtospirifer*，*Spinathypina* 等的出现为标志；锡矿山阶以 *Leptophloeum rhombicum - Sublepidodendron mirabile* 组合带或 *Yunnanella - Yunnanellina* 组合带为标志。而在省境南秦岭-大别山地层区，由于出露面积小，仅限于鄂陕交界的郧西上津以西地区，研究程度差。目前只能根据层位与邻区陕西旬阳地区对比，区内沉积了下泥盆统上部至上泥盆统。

二、石炭系

在 1979 年第二届全国地层会议之前是采用三分：下统（丰宁统）、中统（威宁统）、上统（马平统）。该会议之后则采用二分：下统（丰宁统）、上统（壶天统）。对阶的划分我国主要有两种意见：其中以杨敬之等（1982）为代表的是以我国华南传统划分意见，即下统划分为：岩关阶和大塘阶；上统划分为：威宁阶和马平阶。另一种以王增吉等（1990）为代表的即划分为七个阶（包括一个待定阶）。自下而上，下统为："待定阶"、岩关阶、大塘阶、德坞阶；上统为：滑石板阶、达拉阶、马平阶。根据湖北石炭系特点，本书采用前者的划分意见，即两统四阶。其中，岩关阶以牙形石 *Leiognathus levis - Polygnathus inornatus* 带的出现至 *P. communis communis - Clydognathus unicornis* 带终止或以珊瑚 *Pseudouralinia* 延限带的出现和终止为标志；大塘阶以牙形石 *Hindeodus cristulus - Diplognathus minutus* 带的出现至 *Gnathodus texanus - Hindeodus paracristulus* 带止，或以珊瑚 *Yuanophyllum* 延限带为标志；威宁阶以䗴类 *Profusulinella* 带出现至 *Fusulina - Beedeina* 带终止为标志；马平阶在省境扬子区以 *Eoparafusulina* 䗴类为标志，在省境南秦岭-大别山地层区则以 *Triticites* 带至 *Robustoschwagerina* 带为标志。

1. 石炭系底界：也就是泥盆系和石炭系界线问题，在国内外仍是一个长期以来争议的问题。虽然在 1979 年国际泥盆系—石炭系界线工作组推荐以牙形石 *Siphonodella praesulcata* 带与 *S. sulcata* 带之间为泥盆系—石炭系界线，但湖北的泥盆系—石炭系的连续沉积区是以一种由滨岸相向滨海相进序的沉积，难以找到该牙形石演化谱系的划分标志。湖北泥盆系—石炭系连续沉积，只见于鄂西松滋、宜都、长阳一带及郧西鄂陕交界一带。在鄂西松滋—长阳一带，曾有二种不同的划分意见：一种是湖北区测队（1970）以含 *Yunnanella - Yunnanellina* 组合带的写经寺组灰岩、泥灰岩的顶界面为石炭系的开始，因为当时在该灰岩、泥灰岩之上的砂页岩中只获得 *Lepidodendrpsis* 和 *Sublepidodendron* 具有晚泥盆世至早石炭世色彩分子，而未发现 *Leptophloeum rhombicum* 一类典型的晚泥盆世分子，在该套砂页岩的上部获得了早石炭世的腕足类 *Camartoechia kinlingensis*，故将整套砂页岩划入早石炭世"岩关组"内。另一种是冯少南等（1975）于该套砂页岩中发现 *Leptophloeum rhombicum* 等晚泥盆世标志化石，将这套碎屑岩划归于晚泥盆世写经寺组上部并称砂页岩段。嗣后，冯少南、许寿永等（1984）进一步研究，将该套砂页岩下部产 *L. rhombicum* 等层位的地层新创名"梯子口组"为晚泥盆世。上部含早石炭世腕足类 *Camartoechia kinlingensis* 等层位的地层新创名"长阳组"为早石炭世。从他们研究的梯子口剖面和锈水沟剖面来看，于他们所发现晚泥盆世的植物化石和所发现早石炭世的腕足类、牙形石等化石之间还相距数米至十余米无化石控制地段。所以具体的两系界该划在哪里有待进一步的研究。目前暂以 *L. rhombicum* 植物组合的消失作为泥盆系之顶界，石炭系的开始。即湖北的泥盆系—石炭系之界线在写经寺组上部砂页岩段内通过。在郧西地区则研究更差，目前只能引用邻省区陕西旬阳地区的划分方案，暂以含 *Zaphrentoides* 的含燧石结核或条带灰岩之底界为这一地区泥盆系与石炭系之分界。

2. 石炭系下、上统的界线：省境扬子区过去一向视为二者是以平行不整合面为界，也是以䗴类 *Profusulinella* 的出现相吻合，即具体划在大埔组（过去为黄龙组下部白云岩段）底面，该界面往往超覆于下石炭统或更老的不同时代地层之上。但近年来，许寿永（1984）研究长江三峡地区石炭系时，于长阳马鞍山的大埔组底部白云质灰岩中发现了早石炭世的床板珊瑚 *Kueichowpora setamaiensis*。因此，怀疑长阳地区的大埔组是一穿时跨世地层，并认为大埔组与下伏和州组呈整合接触关系，故值得在该地区进一步工作证实之。但本次仍以传统的意见，视为上、下统之间以平行不整合面为界。在郧西地区则以 *Profusulinella* 带的出现为上、下统之分界，因此该地区上、下统界线划在四峡口组内通过。

三、二叠系

关于二叠系的进一步划分，目前国际上还没一个统一的标准或意见。故本书仍采用我们传统的习惯划分为二统四阶。即由下而上为：下统栖霞阶、茅口阶；上统为龙潭阶、长兴阶。其中栖霞阶以含䗴类 *Misellina claudiae* 带和 *Nankinella* - *Pisolina* 组合带；珊瑚 *Wentzellophyllum volzi* - *Cystomichelinia* 组合带、*Hayasakaia* 顶峰带及 *Polythecalis* 顶峰带；腕足类 *Orthotichia chekiangensis* - *Ogbinia hexaspinosa* 组合带等为标志。茅口阶以䗴类 *Verbeekina grabaui* 带、*Pseudodoliolina* 带、*Chusenella conicocylindrica* 带及 *Neoschwagerina* - *Yabeina* 带；菊石 *Paragastrioceras* - *Kufengoceras* 组合带为主要标志。龙潭阶以䗴类 *Codonofusiella* 顶峰带和菊石 *Prototoceras* - *Anderssonoceras* 组合带及植物 *Gigantopteris*、*Lobatannularia* 及 *Ullmannia* 等为主要标志。长兴阶以䗴类 *Palaeofusulina* 顶峰带；菊石 *Pseudotirolites* - *Pleuronodoceras* 组合带等为主要标志。

1. 二叠系底界，我国传统是划在 *Pseudoschwagerina* 带之顶，*Misellina claudiae* 带之底。自贵州发现石炭-二叠系过渡层以来，国内有些人提出了许多新的划分方案，其中一部分人赞同欧美一些国家划在 *Pseudoschwagerina* 带之底的作法。鉴于目前国际地质界对这一界线的争议尚未得到统一的情况下，我们认为仍采用我国早已使用的传统方案比较合适。加之我省梁山组沉积之前普遍有一次造陆运动（云南运动），使梁山组平行不整合于各不同时代地层之上，省境扬子区不但缺失贵州石炭-二叠系过渡层，还缺失含 *Pseudoschwagerina* 带地层。故我省二叠系底界明显。既符合传统的 *Misellina claudiae* 带底的划法，也符合构造运动界面的划法。

2. 二叠系下、上统界线置于 *Neoschwagerina* - *Yabeina* 带或 *Paragastrioceras* - *Kufengoceras* 组合带之顶，或 *Prototoceras* - *Anderssonoceras* 组合带之底，大体置于茅口组、武穴组、孤峰组与龙潭组或吴家坪组之间，并与“东吴运动”构造界面（平行不整合面）吻合。

四、三叠系

按传统划分为下、中、上三统。

1. 底界：过去一般认为二叠系与三叠系之间为平行不整合接触。经近年来的研究表明，省境二叠系与三叠系之间广为连续沉积，相继发现过渡层和生物混生的特点（杨遵仪等，1987；张振来等，1987）。国际一般划在 *Otoceras woodwardi* 带之底，但在我国发现该化石的地点不多，而湖北迄今还没有过报道。所以过去一般划在 *Claraia wangi* - *Ophiceras* 带与 *Palaeo-*

fusulina sinensis 带或 *Pseudotirolites*、*Pleuronodoceras* 等菊石带之间。近来张振来等（1987）研究峡东地区提出以菊石 *Glyptophiceras minor* 带、双壳类 *Towapteris scythicum*、牙形石 *Hindeodus minutus* 带的出现为三叠系底界。杨遵仪等（1987）主张以牙形石 *Hindeodus parvus*（=*Anchignathodus parvus*）带作为三叠系开始的标志。以上三种划分意见，在实际剖面上都大体差不多，其上下超不出一米。而且同吴家坪组或大隆组与大冶组之界线也大体吻合。

2. 下、中三叠统界线：根据国内生物对比，本书赞同我省传统的以双壳 *Eumorphotis*（*Aseolla*）*illyrica* 带的出现为中三叠统的开始。大致划在嘉陵江组上部中一厚层状灰岩、白云质灰岩、白云岩为主的地层中，在利川可以一层“绿豆岩”为标志，其他地区只有依靠化石而定。

3. 中、上三叠统界线：省境中三叠世至晚三叠世之际正是由海相转为陆相沉积之时期。虽是连续沉积，但在生物和岩性上都有着明显的突变现象。二者界线尤为明显。可以出现大量的晚三叠世植物和双壳类作为上三叠统的开始。即以出现植物：*Lepidopteris ottonis*，*Bernoullia zeilleri*，*Daneopsis fecund*，*Dictyophyllum nathorsti*，*Glossophyllum sheniense*，*Pterophyllum barier*，*Cycadocarpidium erdmanni* 等及双壳类 *Modiolus problematicus*，*Bakevelloides subhekiensis* 等为上三叠统的开始。在岩性上以含煤碎屑岩出现也是很好的标志。具体划在巴东组或蒲圻组与九里岗组之间，与组的界线标志一致。

五、侏罗系

省境侏罗系可划分为下、中、上三统。

1. 底界：在60年代以前，我省一般采用斯行健（1949）的意见，将侏罗系底界置于香溪群（香溪煤系）之底界。后来由于在香溪群下部陆续发现了晚三叠世标志化石，从而对香溪群作了详细划分，三叠系与侏罗系界线划在香溪群内部。在鄂东南地区以 *Drepanozamites*－*Cycadocarpidium* 组合带与 *Coniopteris*－*Ptilophyllum contiguum*－*Todites princeps* 组合带及 *Apseudocardinia*－*Qiyangia* 组合带之间。大体划在九里岗组（鸡公山组）与王龙滩组（程潮组）之间。在鄂西荆当、秭归盆地则以植物 *Lepidopteris*－*Bernoullia*－*Pterophyllum bavieri* 组合带与 *Coniopteris*－*Ptilophyllum contiguum*－*Todites princeps* 组合带之间，或双壳类 *Modiollus problematicus*，*Bakevelloides subhekiensis*，*Unio huangbogouensis* 等与 *Apseudocardinia*－*Qiyangia* 组合带之间，具体在荆当盆地划在王龙滩组与桐竹园组之间，在秭归盆地划在九里岗组与桐竹园组之间。

2. 下、中侏罗统界线：在早、中侏罗世之际省境是一个由湿热向干热气候转变的事件过程，反映在沉积物与生物上都有一个明显的转折变化，其沉积特征由一套深色含煤碎屑岩逐渐转变为不含煤的灰色夹紫红色—灰、紫色互层到紫红色为主的碎屑岩。生物方面，植物由丰富到极稀少，其类群仍是下伏地层延续上来的分子。但双壳类化石却丰富起来，其中大部分仍是下伏地层延续上来的种群 *Tutuella* 和 *Pseudo cardinia* 等，并开始出现了一些新生属种，如：*Psilunio*－*Eolamprotula* 组合带范畴（马其鸿等，1976）。故省境下、中侏罗统界线和桐竹园组与千佛崖组或与花家湖组界线大体一致。

3. 中、上侏罗统界线：由于省境晚侏罗世地层分布不广，仅限于秭归、利川两地。加之化石稀少，研究甚差。故采用我省传统的划分意见，与四川盆地对比划在沙溪庙组与遂宁组之间。

第五章
白垩纪—第三纪

湖北省的白垩纪—第三纪地层，为一套连续沉积的陆相红色碎屑岩系，习惯上统称“红层”。它们赋存在规模不等、构造背景各异的盆地中，是一个多中心、多物源、多韵律的复杂沉积岩系。致使各盆地的地层层序、沉积类型、沉积厚度、化石门类及其丰度、地层含矿性等既有共性，又有差异。据此，湖北白垩纪—第三纪沉积大致可分为以下四个沉积区：（一）鄂西北区：指青峰断裂以北、桐柏山西段南坡以西的省境李官桥、房县、南襄等盆地；（二）江汉盆地以西区：指江汉盆地西北缘、西缘及建始、恩施、咸丰、来凤等盆地；（三）江汉盆地中心区：指江汉盆地中心覆盖区；（四）鄂东区：指桐柏山东段至大别山南麓以南，幕阜山北麓以北的广大鄂东、鄂东南地区。

灵乡组　K_1l　(42－0501)

【创名及原始定义】 由谢家荣(1924)所创“灵乡砂砾岩层”演变而来。创名于大冶县灵乡镇。原始定义:指出露于灵乡一带,由黄色砂岩、粗砾岩组成。其下与较古老地层及闪长岩为角度不整合接触,其上被斑岩及流纹岩掩盖,厚度无从核计。其中采得植物化石之碎片少许,难以鉴别。其时代仅就与其它地层之关系,推测为上侏罗纪。

【沿革】 该地层周圣生、蒋安(1953)改称灵乡系,归于早白垩世;顾知微(1962)称灵乡组,时代为晚侏罗世,斯行健等(1962)称灵乡群,归于中侏罗世至早白垩世。此后,有关单位及个人按各自所获得的依据及对古生物组合的认识不一,虽均称灵乡组,但时代归属游移在中侏罗世—早白垩世。周圣生、蒋安(1953)所建的“侧船山系”和“玉屏山系”应是灵乡组部分露头,建议停用。

【现在定义】 灵乡组为一套灰黄、黄绿及紫红色内陆湖泊相碎屑岩夹凝灰岩、安玄岩、安山岩的地层,上段以安山岩为主,顶界以安山岩结束、流纹质角砾凝灰岩出现为界;下段以碎屑岩为主,底部以灰白色流纹岩出现为界。与上覆大寺组为喷发不整合,与下伏马架山组关系不清。

【层型】 选层型为大冶县灵乡镇纪家凉亭—三角山剖面(114°41′15″,30°00′35″;湖北省第四地质大队和宜昌地质矿产研究所,1976,关绍曾等,1984,介绍)。

上覆地层:**大寺组**　黑云母流纹岩

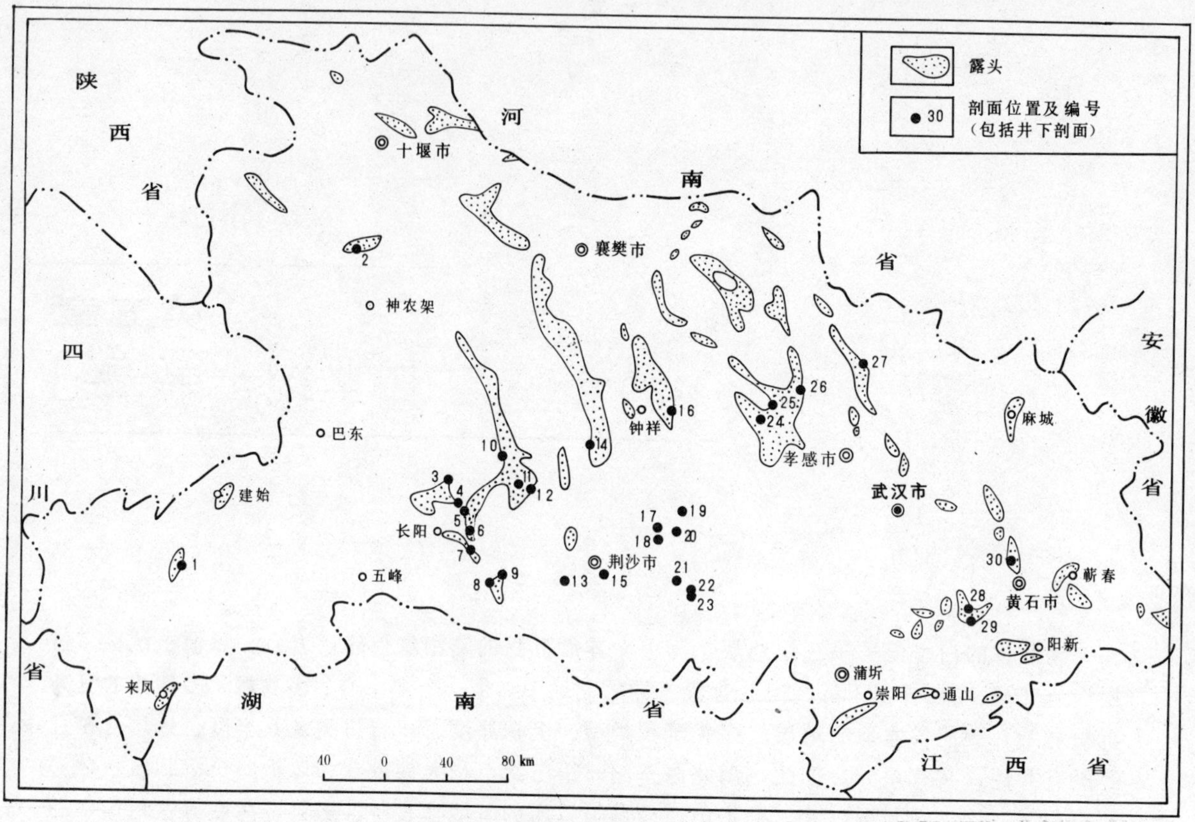

图 5-1 湖北省白垩纪—第三纪地层露头分布及层型剖面位置图

1.恩施柳家河;2.房县军店;3.宜昌石门;4.宜昌五龙;5.宜昌罗镜滩;6.宜昌红花套;7.宜都徐家溪;8.宜都洋溪;9.松滋策口;10.宜昌宋家嘴;11.当阳跑马岗;12.当阳龚家冲;13.米2井;14.荆门掇刀石;15.沙22井;16.钟祥盘石岭;17.钟12井;18.广1井;19.黄4井;20.王14井;21.新16井;22.新4004井;23.潜江渔洋;24.京山石庙;25.京山泉水河;26.安陆火车站南;27.孝感小河;28.大冶盘查湖;29.大冶陈蒲塘;30.浠水马垅

~~~~~~~~ 不 整 合 ~~~~~~~~

灵乡组 总厚度 761.11 m

11. 浅黄、黄色细砂岩、粉砂岩夹页岩 230.89 m

10. 安玄岩夹紫红色薄层状粉砂岩和细砂岩 117.64 m

9. 紫红、黄绿、黄色粉砂岩、细砂岩夹含砾粗粒杂砂岩、中粒砂岩及粉砂质灰岩。含植物化石碎片 95.34 m

8. 浅黄、浅紫色粉砂岩及深灰色粉砂质灰岩,含介形虫 *Cypridea*(*Bisulcocypridea*)sp., *Cypridea* sp. 双壳类 *Sphaerium selenginense*, *S. pujiangense*, *S.* cf. *jeholense*;腹足类 *Probaicalia vitimensis*, *Valvata* sp.;植物 *Pseudofrenlopsis parceramosa*, *Cupressinocladus hubeiensis*, *C. gracilis*, *C. elegans*, *Ptilophyllum pecten* 10.43 m

7. 土黄色粉砂岩夹粉砂质灰岩透镜体,含双壳类 *Sphaerium pujiangense*, *S. jeholense*;介形虫 *Darwinula yongfuensis*, *Cypridea* (*Cypridea*) *gunsulinensis*, *C.* (*C.*) *dongfangensis*, *C.* (*C.*) *lingxiangensis*, *Clinocypris lingxiangensis* 8.82 m

6. 绿高岭石化玄武岩 15.02 m

5. 黄灰、黄绿色中粒石英长石砂岩、粉砂岩,含植物化石碎片 25.74 m

4. 黄绿、灰绿、紫红色粉砂岩夹砂岩及粉砂质灰岩,含双壳类 *Nakamuranaia* cf. *chingshanensis*;介形虫 *Cypridea* (*Morinina*) *monosulcata*, *C.* (*M.*) *hubeiensis*, *Latonia* sp., *Mantelliana gigantea*;植物 *Cladophlebis exiliformis*, *C. pachyphylla*, *Gleichenites* sp. 82.6 m
~~~~~~~~

3. 灰绿、浅棕色粉砂质灰岩、粉砂岩夹页岩，含植物 *Cladophlebis exiliformis* 等　　32.63 m

2. 紫红色含砾砂岩、砂岩夹粉砂岩　　99.85 m

1. 灰、紫红色砾岩、含砾砂岩，夹粉砂质泥灰岩及细砂岩　　42.15 m

~~~~~~~~~ 不 整 合 ~~~~~~~~~

下伏地层：闪长斑岩

【地质特征及区域变化】 本组主要分布于大冶灵乡、陈贵、保安、鄂州市(鄂城县)太和及武昌县五里墩一带。主要为一套灰黄、黄绿及紫红色内陆湖相碎屑沉积，下部为钙质粉砂岩、凝灰质粗砂岩、长石石英砂岩、含砾砂岩及砂砾岩、砾岩；中下部为粉砂岩、钙质长石石英粉砂岩、细砂岩、粉砂质灰岩及泥灰岩；中上部为砂砾岩、含砾砂岩、中—细粒长石石英砂岩、粉砂岩及页岩；上部为长石石英砂岩、细砂岩、粉砂岩及泥质页岩、泥灰岩等，并夹安玄岩、安山岩。在武昌五里墩，本组中下部含可采石膏达 180 m。总厚度 526～896.66 m。中下部含丰富的双壳类、腹足类、介形类及植物、孢粉等化石。与上覆的大寺组及下伏马架山组或其它更老的地层、闪长岩岩体均呈不整合接触。

本组底部砾岩的砾石成分，砾径均因地而异，灵乡一带砾石成分主要为斑状闪长岩、闪长岩，次为灰岩、硅质岩、石英粉砂岩及赤铁矿等，砾径 1～3 cm，大者可达 30～40 cm；保安王豹山一带砾石成分则以大理岩、灰岩为主，砾径可达 30～50 cm。

本组产有较丰富的双壳类、介形类、植物和孢粉及少量腹足类和轮藻等化石。其中双壳类主要有 *Nakamuranaia chingshanensis*，*N. elongata*，*Sphaerium jeholense*，*S. pujiangense* 等；介形类有 *Cypridea* (*Cypridea*) *spinosa*，*C.* (*C.*) *yumenensis*，*C.* (*Ulwellia*) *koskulensis*，*C.* (*Yumenia*) *suboriformis*，*Darwinula contracta*，*Clinocypris* cf. *scolia*，*Latonia* sp. 等；植物主要有 *Pseudofrenelopsis parceramosa*，*Brachyphyllum obesum*，*Cupressinocladus elegans*，*C. gracilis*，*Cladophlebis pachyphylla*，*Ptilophyllum boreale*，*P. pecten* 等；孢子花粉 *Classopollis*，*Pagiophyllumpollenites*，*Cicatricosisporites* 等。综上所述，灵乡组的生物群应为早白垩世或早白垩世早、中期产物，灵乡组中的各类火山岩（全岩）的同位素年龄值在 80～127 Ma，以部分样品视年龄数据计算的 $^{40}Ar/^{40}K$ 等时线年龄值为 138 Ma（关绍曾等，1984），属侏罗纪—白垩纪临界时期。

大寺组　K_1d　(42－0502)

【创名及原始定义】 由湖北省第四地质大队（1977）① 创名于大冶县保安镇大寺，关绍曾等（1984）介绍。原始定义：指不整合或假整合于灵乡组之上的由二个喷发旋回组成，主要岩性为安山岩、珍珠岩、流纹岩和凝灰岩夹薄层粉砂岩，厚度大于 594 m。为早白垩世。

【沿革】 该地层曾被谢家荣（1924）称之为灵乡砂砾岩层的上覆“斑岩及流纹岩层”，周圣生等（1953）称之为“上火山岩系的鸡子山流纹岩和茅山脑安山岩”。此后，得到后人的广泛沿用，直到 1977 年为湖北省第四地质大队改称为大寺组。

【现在定义】 不整合或假整合于灵乡组之上的由安山岩、珍珠岩、流纹岩和凝灰岩夹薄层粉砂岩之火山岩系。

【层型】 选层型为大冶盘查湖—李时伍剖面（114°43′00″，30°09′00″；关绍曾等，1984）。

大寺组　　总厚度＞594 m

① 湖北省第四地质大队，1977，1∶5 万金牛幅矿产普查报告（未刊）。
~~~~~~~~~

6. 斜长流纹岩、珍珠岩（未见顶） >275 m

5. 斜长流纹质凝灰岩 27 m

4. 斜长流纹岩 32 m

3. 灰白色酸性凝灰岩 52 m

2. 斜长流纹岩 53 m

1. 安山岩、珍珠岩夹薄层紫灰色粉砂岩 155 m

~~~~~~~~~~ 不 整 合 ~~~~~~~~~~

下伏地层：**灵乡组** 黄绿色页岩与浅黄色粉砂岩、细砂岩互层

【地质特征及区域变化】 本组仅见于大冶县大寺、大茗山至金牛镇一带。岩性可分上、下两部分：下部为流纹质火山角砾岩、凝灰岩；上部主要为斜长流纹岩及流纹质凝灰岩。在流纹岩的底部常见有英安岩与流纹岩成渐变接触。上、下部间为喷发不整合，与下伏灵乡组之间为角度不整合接触，全组总厚度 5 164～6 107 m。本组同位素年龄值经 K－Ar 法测定为 96～132 Ma，而平均年龄值为 121 Ma，其时代为早白垩世。

公安寨组 K_2E_1g (42－0503)

【创名及原始定义】 由江汉石油勘探处（1962）创名于京山县罗店镇公安寨。原始定义：指分布于宋河镇贾店—罗店镇公安寨间的一套棕红色薄至中层状细砂岩，粉砂岩与泥质粉砂岩夹红棕色、灰绿色砂质泥岩及劣质石膏的地层。

【沿革】 地质部第五普查勘探大队（以下简称五普）三分队（1965）① 指出该组建组时有缺陷，未能考虑沉积旋回，将应划归公安寨组底部的一个粗碎屑旋回误划在“贾店组”的顶部，破坏了公安寨组沉积旋回的完整性。此后，湖北省区测队（1980）沿用修正后的含义，测制了石庙，夜壶冲等剖面，建立了完整的公安寨组剖面。本次清理，将公安寨组引入整个鄂东、鄂东南地区，替代该地区“东湖群”。

【现在定义】 底部以砾岩与红花套组过渡，但绝大多数地方都以角度不整合于前白垩纪地层之上，顶部往往为断层或第四纪地层覆盖。是一套以棕色为主体色调的杂色碎屑岩系，由砾岩、砂岩、粉砂岩、泥岩组成多个韵律层，下部普遍夹厚度不等、层数不一的橄榄玄武岩，局部地段夹劣质石膏。

【层型】 选层型为京山县石庙剖面（113°17′40″，31°08′30″；湖北区测队，1980）。

公安寨组 总厚度>1926.48 m

24. 灰紫红色中—细砾岩夹砖红色砂砾岩、灰红色厚层状粗砾岩（未见顶） 161.95 m

23. 砖红色薄—中层状细砂岩 56.64 m

22. 灰、灰红色中厚层状细砾岩、砂砾岩夹砖红色砂岩 124.51 m

21. 砖红色中厚层状粉砂岩夹暗红色砾砂岩 70.17 m

20. 上部为砖红色中厚层状粉砂岩夹红色含砾砂岩，中部为暗红色薄层状细砂岩夹粉砂岩，下部为暗红色含砂质结核之粉砂岩夹细砂岩 71.95 m

19. 上部为浅红色薄层状细砂岩，下部为紫红色薄层状含砂质结核之砂岩夹灰红色粉砂岩 156.29 m

18. 上部为暗灰红色细砂岩，下部为暗红色砂砾岩夹浅灰紫色细砾岩 18.29 m

① 地质部第五普查勘探大队三分队，1965，江汉平原边缘白垩—第三系研究总结报告。
~~~~~~~~~~

17. 上部为砖红色粉砂岩及粉砂质泥岩，中部为暗红色细砂岩与泥质粉砂岩互层，下部为灰红色细砂岩、细砾岩、砂砾岩呈不等厚互层 66.98 m

16. 灰红色薄层状细砂岩 120.04 m

15. 上部为黄绿色粉砂质页岩，中部为紫红色粉砂质泥岩，下部为暗红色薄层状细砂岩，含介形类 *Cyprois guangzhouensis*，*Eucypris* sp.，*Scabriculocypris* sp.，轮藻 *Euaclistochara mundula* 75.84 m

14. 暗灰红色粉砂岩 112.81 m

13. 暗灰红色粉砂岩与黄灰色薄层状细砂岩互层，含介形类 *Talicypridea* cf. *amoena*，*Cyprois* sp.；轮藻 *Porochara anluensis*，*P. jingshanensis*，*P. sphaerica*，*P. stipitata*，*Sphaerochara parvura*，*Latochara yuananensis*，*Peckichara* sp. 132.45 m

12. 暗紫红色泥岩夹紫红色页岩 142.97 m

11. 暗紫红色泥质粉砂岩夹暗灰红色薄层状砂岩。含介形类 *Cyprois guangzhouensis*，*Cristocypridea* sp.，*Cyproidea* sp.，*Metacypris* sp.，*Clinocypris* sp.；轮藻 *Porochara anluensis*，*P. jingshanensis*，*P. sphaerica*，*P. stipitata*，*Turbochara specialis*，*Draechara* sp.，*Sphaerochara parvura* 185.28 m

10. 灰黄带暗紫红色泥质粉砂岩 29.33 m

9. 上部为黄色细砂岩夹灰绿色页岩，中部为暗紫色粉砂质泥岩，下部为暗紫色泥质粉砂岩与暗紫红色薄层状细砂岩互层 91.55 m

8. 上部为灰绿色页岩，中部为暗灰红色粉砂岩与暗灰黄及黄色薄层状细砂岩互层，含介形类 *Cristocypridea* cf. *amoena*，*Cyprois guangzhouensis*，*Limnocythere* sp.，*Eucypris* sp. 8.95 m

7. 上部灰绿色页岩；下部为黄灰色细砂岩，紫红色泥质粉砂岩。含介形类 *Cristocypridea* cf. *amoena*，*C. longa*；轮藻 *Porochara anluensis*，*P. jingshanensis*；叶肢介 *Yunmenglimnadia* spp. 77.04 m

6. 上部灰绿色及黄绿色页岩，下部暗红色泥质粉砂岩夹黄灰色薄层状细砂岩，含介形类 *Cyprois* sp.，*Cyprinotus* sp.；叶肢介 *Yunmenglimnadia* spp. 14.32 m

5. 上部灰绿色及黄绿色粉砂质页岩，下部暗灰红色泥质粉砂岩夹黄绿色薄层状细砂岩，含介形类 *Cyprinotus* sp. 23.36 m

4. 上部灰绿色粉砂质页岩；下部暗灰红色及砖红色粉砂岩，含不稳定薄层纤维石膏，含 *Cypridea*（*Pseudocypridina*）sp.，*Eucypris* sp. 24.83 m

3. 上部暗红色含砾粉砂岩与砖红色砂砾岩互层，下部为灰暗红色细砂岩、含砾细砂岩 57.62 m

2. 顶部紫红色细砂岩；上部紫红色细砾岩与灰紫红色中砾岩不等厚互层；中部灰紫红、棕红色中—细砾岩夹砂砾岩凸透镜体；下部灰紫红色中—厚层状细砾岩 103.33 m

———— 整　合 ————

下伏地层：**红花套组**　灰紫红色中砾岩夹紫红色砂砾岩

【地质特征及区域变化】　公安寨组分布于桐柏山东段南坡—大别山南麓以及幕阜山北侧之间的整个鄂东、鄂东南地区。由砖红色、灰色不等粒砾岩、砂砾岩、含砾砂岩、粉砂岩、泥岩（页岩）构成的多个韵律层叠覆组成。在京山、应城一带泥岩中夹3～4层，厚5～15 cm不稳定的劣质石膏。阳新、通山、安陆等地相当于上部的层位中，往往可见单层厚50 m±的1～14层玄武岩。本组底部以灰紫色中砾岩、细砾岩或砂砾岩与红花套组顶部薄层状泥质粉砂岩或紫红色钙质泥岩分界；在山间盆地中，底部多为砾岩，呈不等粒结构，砾石成分因地而异，受物源控制，砾石多为棱角状，由砂质、钙质铁质胶结。本组总厚度在随州、京山一带为 1800～2237 m，在鄂东、鄂东南一带为 200～3363 m。

古生物特征：除上述剖面所列介形类、轮藻、叶肢介等化石外，在安陆市王店，于本组下部 层位产恐龙蛋化石 *Dendroolithus wangdianensis*（赵资奎等，1988），新洲县旧街相当于本组上部层位产龟化石 *Anhuichelys xinzhouensis*（陈公信，1983）。其中介形类侯佑堂等（1978）称之为 *Talicypridea*－*Cypridea*－*Candona* 组合带；轮藻王振（1978）称之为 *Porochara anluensis*－*P. gonganzhaiensis* 组合带。上述化石除产于上部层位的龟化石为早第三纪早期古新世外，其它门类均属晚白垩世中晚期。因此，本组地质时代为晚白垩世至早第三纪早期古新世。

【其他】 鄂东、鄂东南地区流传久远的“东湖群”一名代表该地区晚白垩纪—早第三纪的一套山间盆地或湖盆相碎屑岩夹玄武岩地层，习惯称“红层”。东湖群一名是引自鄂西宜昌地区李四光等（1924）所创的“东湖系”或“东湖砂岩”。鉴于创名地区（宜昌）的东湖群早已解体（石门组和五龙组）而停止使用。本次研究考虑到鄂东、鄂东南一带的原“东湖群”与京山、安陆一带的公安寨组基本一致，故均用公安寨组一名代之，不再使用东湖群。

石门组 $K_1\hat{s}$ （42－0504）

【创名及原始定义】 由李四光、赵亚曾（1924）所创名的东湖系石门砾岩演变而来，创名地点位于宜昌市西北六公里之石门。原始定义：指分布于宜昌市西北、南津关一带呈南西-北东向展布的一套以角度不整合覆于寒武—奥陶纪地层之上的“红色陆相粗碎屑建造”。砾石大部分是钙质充填牢牢地胶结起来的带棱角的宜昌石灰岩碎块组成，层序的更高处，砾块愈圆并且流水冲刷作用很明显，因而石英岩、黑色燧石、花岗岩等等大量地出现于宜昌石灰岩砾块之间。

【沿革】 该地层曾被野田势次郎（1912）称之为：“赭色砂岩层下部厚层砾岩”，德日进、杨钟健（1935）将李氏等的底层和石门砾岩合并，称“上白垩统第一砾岩层”，北京地质学院三峡地层队（1960）① 称石门砾岩，江汉石油勘探处106队（1961）改称为石门组，一直沿用至今。

【现在定义】 指李四光（1924）所命名的底部岩层（基底层）及石门砾岩之和，以紫色为主体色调的一套巨厚层—块状砾岩，底部可见一层厚度不等的角砾岩，以角度不整合覆于前白垩纪地层之上。顶部夹含砾砂岩透镜体，与上覆五龙组砂岩呈递变过渡。

【层型】 正层型为宜昌市南津关—宜都县红花套白垩系剖面（111°15′52″，30°45′39″；雷奕振等，1987，重测）。

上覆地层：**五龙组** 棕红色泥质粉砂岩夹细砂岩、粉砂质泥岩

———— 整 合 ————

石门组

总厚度 275.36 m

4. 浅灰紫红色巨厚层砾岩，局部夹紫红色含砾粉砂岩。砾石以灰岩为主，砾径 4～20 cm，以 10～20 cm 居多。胶结物为灰紫色砂岩、含砾砂岩。滚圆度及分选较好。顶部砾石变小 231.20 m
3. 紫红色厚层—块状砾岩，夹泥质粉砂岩透镜体。砾石以灰岩为主，砾径 2～5 cm，大者达 30 cm，滚圆度及分选性尚好。 15.34 m
2. 灰黄、灰白、灰色厚层—巨厚层砾岩，局部夹灰色含砾砂岩及灰黑色泥质粉砂岩。砾

---

① 北京地质学院三峡地层队，1960，鄂西峡区秭归、宜昌一带地层志（油印本）。

石以灰岩为主，次为燧石。砾径一般 2～8 cm，大者 30 cm。滚圆度及分选性中等　7.14 m

1. 灰白色厚层—块状角砾岩，局部夹灰色含黄铁矿、水云母石英粉砂质泥晶灰岩（薄片鉴定）及紫红色含砾粉砂岩透镜体。角砾岩层理不清，成分为灰岩、燧石。砾径一般 2～8 cm，大的 40～80 cm。棱角状。基底式胶结，胶结物为钙质、泥质。分选差，大小混杂　21.68 m

~~~~~~~~~~ 不 整 合 ~~~~~~~~~~

下伏地层：**南津关组**　灰白色结晶灰岩

【地质特征及区域变化】　石门组仅见于宜昌市西及京山县东北等地，即江汉盆地西北部边缘的东、西两端。均以厚度不等的角砾岩为底，不整合于前白垩纪地层之上。岩性如现在定义所述，但砾石成分因地而异，故其成分和厚度在垂向、侧向上均有明显的变化。宜昌一带所见为南西-北东向展布于石头咀、王家坝、土城、大桥边、南津关、百果园以及宋家咀等地。自下而上砾径由大至小，由西向东厚度递减，总厚 37～275 m。京山县宋河镇东北的泉水河一带，形如一个向东南突出的“弓”形、展布于山前地带，厚 0～163 m，由泉水河向两侧厚度逐渐递减，至黑漆门楼尖灭。由下而上砾径由大变小、磨圆度、分选性变好。

本组化石稀少，近年据雷奕振等（1987）于宜昌王家坝的本组砾岩夹含碳质的细砂岩、粉砂岩中获得孢粉化石，以 *Cicatricosisporites* - *Exesipollenites* - *Tricolpites* 组合带为代表。其中蕨类植物占 63.39%。裸子植物占 35.56%，被子植物微量，占 0.23%。属于早白垩世中晚期，可能是巴列姆—阿普特期的群落。故石门组时代为早白垩世。

五龙组　K_1w　(42-0505)

【创名及原始定义】　由北京地质学院三峡地层队（1960）① 创立，命名地点位于宜昌市对岸五龙口。原始定义：指分布在宜昌市及其对岸的雏形山岭中那套覆于石门组砾岩之上，向南东倾斜的，相当坚硬的中粒砂岩。

【沿革】　该地层曾被李四光等（1924）命名东湖系上部的东湖砂岩，为早第三纪。德日进、杨钟健（1935）称宜昌砂岩，归属晚白垩世。北京地质学院三峡地层队（1960）改名为五龙砂岩，归属于东湖群，时代为老第三纪。此后，五龙组一名为峡东地区的地质工作者广泛引用。本次清理将江汉盆地边缘东部的“泉水河组”的砂岩段并入五龙组，停止使用泉水河组一名。

【现在定义】　指整合于石门组砾岩之上，与上覆罗镜滩组砾岩递变过渡的一套以紫红、棕红色为主体色调的中—厚层状砂岩，含砾砂岩为主的岩石组合，间夹砾岩、泥质砂岩薄层或透镜体，时代归属为早白垩世晚期。

【层型】　正层型剖面位置同石门组。雷奕振等（1987）重测。

上覆地层：**罗镜滩组**　灰棕色厚层、块状砾岩夹含砾细砂岩

———————— 整　合 ————————

五龙组　总厚度 1 866.86 m

35. 灰褐色中—粗粒砂岩、含砾砂岩、砂砾岩与浅棕红色厚层状泥质细砂岩互层。砂砾岩呈透镜状或似层状，有时组成斜层理　55.59 m

34. 浅黄棕色杂以灰绿色斑点及条带的中—厚层状细砂岩，含中、粗粒砂粒。局部夹中

① 北京地质学院三峡地层队，1960，鄂西峡区秭归、宜昌一带地层志（油印本）。
~~~~~~~~~~

粗粒砂岩。解理发育，风化面黑色 36.90 m

33. 灰褐、灰色含砾中—粗粒砂岩、砂砾岩，夹厚10余厘米的棕红色泥质细砂岩透镜体。砾径0.5 cm左右，分选及滚圆度较好，似层状排列，常组成斜层理 35.21 m

32. 浅棕红色夹灰绿色泥质细砂岩，夹灰褐色含砾砂岩透镜体 23.48 m

31. 暗灰、灰褐、棕红色含砾中—粗粒砂岩与浅棕红色泥质细砂岩互层，单层厚2～3 m。砾径一般0.5～1 cm，胶结不紧密，易风化而脱落，留下空洞 10.98 m

30. 浅棕红色夹灰绿色中薄层泥质砂岩，间夹薄层灰褐色含砾砂岩透镜体 14.86 m

29. 暗灰、灰褐色含砾中—粗粒砂岩。砾石分布不匀，似层状，与砂岩组成斜层理。层间时夹透镜状紫红色泥质粉砂岩 20.63 m

28. 浅棕红色厚层泥质细砂岩，杂以浅灰色斑点和条带 28.01 m

27. 暗灰、浅黄棕色中层状中粒砂岩，夹含砾砂岩和浅棕红色泥质细砂岩。斜层理发育 19.67 m

26. 浅黄棕色中—厚层状泥质细砂岩，含钙质结核（或称姜结石）。夹暗灰色中粒砂岩、含砾砂岩和棕红色泥质粉砂岩。 26.55 m

25. 灰、灰黄、浅棕色中、厚层含砾中粒砂岩，夹紫红色薄板状泥质细砂岩，局部为含砾粗砂岩 23.40 m

24. 浅棕红色夹浅绿色条带的薄层泥质细砂岩。上部变为中厚层状 34.30 m

23. 浅灰绿、灰棕色中—厚层状含砾粗砂岩，向上砾石减少，粒度变细，转变为中粒砂岩 56.85 m

22. 浅棕红、黄棕色中、厚层状泥质细砂岩，斜层理发育，夹灰绿、灰棕色中粒砂岩 43.92 m

21. 浅灰、暗灰绿、灰棕色含砾中粒砂岩夹粗砂岩，上部夹棕红色泥质粉砂岩 35.66 m

20. 紫红、灰黄色中薄层状泥质细砂岩，时有灰绿色条带，夹灰、灰白色含砾中粒砂岩 69.75 m

19. 灰、暗灰绿、浅棕色含砾中、粗粒砂岩，砾石大小不匀（1～4 cm），似层状分布，夹棕红色泥质粉砂岩 21.32 m

18. 浅棕红色巨厚层状泥质细砂岩，单层厚1.7～2 m，偶夹中薄层状细砂岩、含砾中、粗粒砂岩、层面呈球状风化，被切割成陡壁 36.51 m

17. 灰黄、浅黄棕色厚层状细粒泥质石英砂岩，层间偶夹砾石条带。上部夹灰白色含细砾粗砂岩 171.90 m

16. 浅紫黄色、灰黄色中、厚层状中、细粒砂岩，夹棕红色含泥砾的泥质粉砂岩透镜体 129.95 m

15. 黄棕、浅棕红色含砾细砂岩，夹灰色含砾中粒砂岩及呈扁豆状分布的紫红色含泥砾粉砂岩 60.95 m

14. 黄棕、浅棕红色薄层状泥质细—粉砂岩，偶见小砾石层。上部夹灰色中粒石英砂岩。层理和解理发育，泥质粉砂岩风化后呈叠瓦状 76.30 m

13. 浅棕红色泥质细砂岩、中粒砂岩，夹灰白色中—细粒砂岩、泥质粉砂岩。斜层理发育，有时砂岩呈大斜层理 114.55 m

12. 灰、灰白色中厚层状中粒石英砂岩，夹棕红色泥质细—粉砂岩，沿层面见星散状砾石。具交错层理 58.87 m

11. 浅棕红色中、厚层状泥质细砂岩，夹灰白色钙质中粒石英砂岩和泥质粉砂岩。棕红色层中时有灰绿色条带 25.16 m

10. 灰、灰白色薄层状中粒石英砂岩，层间时夹砾岩和灰黑色含碳质细—粉砂岩透镜体。透镜体中含孢粉化石，其中裸子植物居于优势，蕨类植物次之，被子植物少量。裸子植物中主要有 *Classopollis parvus*，*C. annulatus*，*Taxodiaceaepollenites hiatus*，

Ephedripites viesensis 等；蕨类植物以 *Schizaeoisporites* 为主，主要有：*S. evidens*，*S. kulandyensis* 等，*Cicatricosisporites* 次之，还有 *C.* sp.，*C. medostriatus* 等，另有少量 *Klukisporites vareigatus*，*Radiorugoisporites yichangensis* 等。被子植物为 *Tricolpites* sp. 73.56 m

9. 灰白色巨厚层状砾岩（俗称朱市街砾岩），层间夹粗粒砂岩及砂砾岩透镜体。砾岩层理不发育，层面不平整，常组成大斜层理。砾石成分以灰岩为主，砾径 1～4 cm，大者 35 cm。分选及滚圆度中等。小砾石与砂质胶结物混杂，填充在大砾石间组成胶结物，受浸蚀即散落 26.70 m

8. 浅灰、浅灰绿色薄、中层细、中粒砂岩，时含星散状砾石，当砾石集中时构成砂砾岩。斜层理及虫洞发育。底部有厚 15～25 cm 的浅灰绿色砂砾岩。下部夹 10～15 cm 厚的灰黑、灰绿色泥岩透镜体，含植物化石 *Pseudofrenelopsis parceramosa* 及孢粉化石。孢粉中以裸子植物居优势，主要为 *Classopollis annulatus*，*C. parvus*，*Taxodiaceaepollenites hiatus*，*Brevimonosulcites stelckii*，*B. stlikii*，*Ephedripites viesensis* 等；蕨类植物主要为 *Schizaeoisportes laevigataeformis*，*S. kulandyensis*，*S. evidens*，*Cicatricosisporites* sp.，*C. subrotundus*，*Hsuisporites multiradiatus*，*Rugutetraspora berberioides* 等；被子植物主要为 *Tricolpites* sp.，*T. globisum*，*Tricolpopollenites minutus* 等 387.20 m

7. 紫红色厚层状粉砂岩，夹浅灰色石英细砂岩，含钙质结核 13.90 m

6. 下部为厚 70 余厘米的灰色砾岩，上部为灰色中、细粒砂岩。砾岩分布不稳定沿走向渐尖灭。砾石以砂岩、灰岩居多，砾径 0.5～6 cm，大者 10 cm，滚圆度好，分选中等 10.30 m

5. 棕红色泥质粉砂岩，夹灰黄、棕红色细砂岩、紫红色粉砂质泥岩，局部见薄砾石层。中部为葛洲坝工程局砂石场占据，岩石出露不好。顶部为棕红色粉—细砂岩夹灰绿色砂岩 124.38 m

——————整　合——————

下伏地层：**石门组**　浅灰紫红色巨厚层状砾岩，局部夹含砾粉砂岩

【地质特征及区域变化】　本组分布于宜昌土城、大桥边、紫阳、朱市街、五龙、小溪塔—土门垭、宋家咀，当阳枣林及长阳东北部椰木溪以及京山宋河东北泉水河一带。其岩性可分三段：下段以棕红、浅灰色粉砂岩、细砂岩为主，夹中粒砂岩、粉砂质泥岩、薄层状砾岩及灰黑色泥岩透镜体，含少量植物化石及丰富的孢粉化石；中段以灰白、浅棕黄色中、细粒砂岩为主，夹泥质粉砂岩，含砾砂岩，其底以厚层状砾岩（朱市街砾岩）与下段分开，其下部含孢粉化石；上段为浅黄棕、棕红色中—细粒砂岩与含砾中、粗粒砂岩互层。本组岩性在宏观上变化不大，各地所见只是含砾、砾岩的多寡而已，总的趋势由西南向东北方向砾岩逐渐减少。即长阳王家坝一带以砾岩较多，往北东至宜昌南津关一带则明显减少，再至宋家咀缺乏下段沉积。再往东北渐趋尖灭，至京山泉水河再度出现。在宜昌市长江沿岸厚 1867 m，宋家咀 807 m，京山泉水河 715 m。本组与下伏石门组砾岩和上覆罗镜滩组砾岩均呈递变过渡关系，但其宏观界线明显，即以厚层至巨厚层砾岩的尖灭或出现为其底、顶界。

本组含有较丰富的孢粉化石，以 *Wulongspora reticulata* - *Zhonghuapollis plicatus* - *Tricolpites micromunus* 组合带为代表。其中蕨类植物占 14%～46%，裸子植物占 42.5%～86%，被子植物占 1.2%～9.6%。另有大孢子化石以 *Trileites*，*Horstisporites* 和 *Erlansonisporites* 占优势；*Hughesisporites*，*Maexisporites* 次之；*Bicharisporites* 少量。尚含少许植物化石 *Pseudofrenelopsis parceramosa*，另外，在宜昌窑湾相当于本组中段上部产有恐龙化石 cf. *Prodeinodon kwangshiensis*。从上述各门类化石来看，将五龙组置于早白垩世晚期是适宜的。

罗镜滩组　K_2l　(42－0506)

【创名及原始定义】　江汉平原石油地质综合研究联队（以下简称江汉石油地质联队）(1960)① 创名于宜昌市罗镜滩。原始定义：由暗灰、灰褐、紫红色厚层—巨厚层状砾岩，夹砂砾岩、含砾砂岩、砂岩透镜体组成的粗碎屑岩，时代归属为晚白垩世早期。

【沿革】　该地层曾被德日进、杨钟健（1935）称第二砾岩，为下第三系，南京大学（1956）和北京地质学院三峡地层队（1960）② 称虎门砾岩。江汉石油地质联队（1960）创名罗镜滩组以后沿用至今。

【现在定义】　指整合于五龙组砂岩之上，红花套组砂岩之下的一套灰红、紫红色、灰色厚层至块状砾岩。上部夹砂砾岩及含砾砂岩透镜体。

【层型】　正层型剖面同石门组、五龙组。雷奕振等（1987）重测。

上覆地层：**红花套组**　桔红色中厚层状泥质细粒石英砂岩

——————　整　合　——————

罗镜滩组　　　　总厚度 1037.6 m

38. 暗灰、灰白色厚层—巨厚层状砾岩，局部夹紫红色砂砾岩或粗砂岩透镜体。砾岩致密坚硬，砂泥质或钙质胶结，不易风化，形成陡峭山峦。砾石以灰岩为主，砾径 2.5 cm 左右，大者 20 cm，分选及滚圆度中等—差　　578.98 m

37. 暗紫、棕红色厚层、块状砾岩。成分以石英岩为主，次为灰岩。砾径 5～10 cm，大者达 30 cm，滚圆度好，分选差。钙泥质胶结易被风化，沿江岸断续出露　　68.13 m

36. 灰棕色厚层、块状砾岩，层间常夹十至数十厘米厚的棕红色含砾细砂岩，灰白色中粒砂岩的条带或扁豆体。砾岩致密坚硬，砂泥质胶结。主要成分为灰岩，次为砂岩、石英岩等。砾径 1～5 cm，大者 10～15 cm。滚圆度中等，分选差　　390.5 m

——————　整　合　——————

下伏地层：**五龙组**　灰褐色中—粗粒砂岩、含砾砂岩、砂砾岩与浅棕红色厚层状泥质细砂岩互层

【地质特征及区域变化】　罗镜滩组广泛分布于宜昌、当阳、远安、保康、钟祥、荆门、南漳、京山、安陆等地的山前地带，呈带状展布，常形成陡崖峭壁地貌。以厚—巨厚层状砾岩为其特征，在顶部可见砂砾岩、含砾砂岩透镜体。在南漳潘家湾一带则砂砾岩比较发育。砾石成分因地而异，受物源控制，滚圆度由下而上逐渐变好，砾径由下而上递减，胶结物多为钙、铁质。本组厚度 27.5～1 037.6 m，一般厚 400～600 m。在宜昌、京山等地本组与下伏五龙组呈整合接触，由五龙组顶部砂砾岩、砂岩的互层逐渐变为罗镜滩组的厚层块状砾岩。其它地区则以不整合超覆在前白垩纪地层之上。

本组目前尚未发现化石，但从其层位和沉积韵律考虑，它与上覆含晚白垩世的红花套组、跑马岗组构成一个沉积韵律旋回，属于红盆地沉积第二韵律旋回的起始岩石地层单位。故推定其时代为晚白垩世早期。

“潘家湾组”和“贾店组”（地质部第五普查勘探大队，1962 和 1963），“八房湾组”（江汉石油勘探处，1963）、何家坡组砾岩段（地质部第五普查勘探大队三分队，1965），“盘石岭

① 江汉平原石油地质综合研究联队，1960，湖北“东湖砂岩”地层时代及含油性研究报告（内刊）。
② 北京地质学院三峡地层队，1960，鄂西峡区秭归、宜昌一带地层志（油印本）。

组”（吴冲等，1965）等均为罗镜滩组的同物异名，建议停止使用。

红花套组 K_2h （42－0507）

【创名及原始定义】 由北京地质学院三峡地层队（1960）① 创名，创名地位于宜都县红花套。原始定义：指出露于宜都县红花套一带沿江分布的鲜红、棕红色块状砂岩、泥岩地层。

【沿革】 自建组以来，除时代归属有争议外，无实质性变化，并广为引用。

【现在定义】 指整合于罗镜滩组砾岩之上的一套以鲜艳的棕红、砖红色为主体色调的厚层状砂岩为主的地层，夹有泥质细砂岩及粉砂岩、泥岩（页岩）。与上覆跑马岗组杂色细砂岩、粉砂质泥岩、页岩呈递变过渡。

【层型】 正层型剖面同石门组。雷奕振等（1987）重测。

上覆地层：**跑马岗组** 暗紫红、暗棕红色灰质细粒含长石石英砂岩，夹浅灰绿、灰色钙质细砂岩

———————— 整 合 ————————

红花套组 总厚度 773.238 m

41. 桔红色中厚层状泥质、钙质细粒石英砂岩，夹灰白、灰色泥质细砂岩。砂岩纯净、分选好、棱角状。在龙王庙附近见 1.5 m 厚的桔红色含砾粗砂岩，砾石扁卵形，砾径 1～2 cm，沿层面定向排列 707.013 m
40. 暗棕红、桔红色厚层—块状砾岩、砂砾岩，夹桔红色含砾砂岩。砾石以灰岩为主，次为硅质灰岩、燧石和砂岩。砾径长轴 1～3 cm，大者 5 cm，小者 0.2～0.3 cm。分选中等，滚圆度好，沿层面定向排列 8.440 m
39. 桔红色中厚层状泥质细粒石英砂岩，桔红色中杂有由长石风化后形成的白色斑点。在与罗镜滩组砾岩的接触面处凹凸不平。底部受浸染，桔红色变为灰黄色。砂岩中杂有砾石 57.775 m

———————— 整 合 ————————

下伏地层：**罗镜滩组** 暗灰、灰白色厚层—巨厚层状砾岩

【地质特征及区域变化】 本组分布范围与罗镜滩组基本相同，但偏于盆地的内侧。以鲜艳的棕红、砖红色为其特征，岩性以块状细砂岩为主体，局部夹薄层状或透镜状砾岩、砂砾岩。在钟祥游家集西黄家陡坡、相当于本组顶部、夹有厚约 20 m 的气孔状玄武岩。京山、安陆一带下部夹黄绿色页岩。其厚度一般在 350～1500 m 间，与下伏罗镜滩组和上覆跑马岗组均呈整合接触，界线清楚容易区别。

本组在创名的标准地区宜都—宜昌一带目前尚无化石报道，但在钟祥、京山、安陆等地获得有较丰富的介形类和轮藻化石。其中介形类以 *Talicypridea－Cypridea－Clinocypris* 组合带为代表。主要分子是 *Talicypridea amoena*，*T. gibbera*，*Cypridea* (*Cypridea*) *cavernosa*，*C.* (*Pseudocypridina*) *gigantea*，*Clinocypris* cf. *longula*，*Cyprinotus inflatus*，*Cyprois guangzhouensis*，*Ziziphocypris simacovi*，*Mongolianella* sp. 等；轮藻以 *Porochara－Latochara－Obtusochara* 组合带为代表，主要分子是：*Porochara sphaerica*，*Latochara yuananensis*，*Obtusochara loudianensis*，*Gyrogona hubeiensis*，*Sphaerochara parvula* 等，以及在安陆发现恐龙化石 Ornithopoda，鳄鱼化石 Crocodilia 等。从上述化石而言，本组时代为晚白垩世早中期为宜。

对本组的成因有两种意见：吴萍等（1978）在本组中发现风棱石和风成砂。推其为戈壁

---

① 北京地质学院三峡地层队，1960，鄂西峡区秭归、宜昌一带地层志（油印本）。

荒漠平原。但雷奕振等（1987）在红花套附近发现该组两层各厚 8.44 m 和 1.5 m 的砾岩层的砾石显示流水作用下的沉积物。

跑马岗组　K_2p　（42－0508）

【创名及原始定义】　系江汉石油勘探处（1961）创名于当阳县跑马岗，原始定义：下部为棕、灰褐、灰白色中层细砂岩、粉砂岩与紫红色泥岩、砂质泥岩互层，间夹灰绿色粉砂岩及薄层紫红色页岩、砂质页岩；上部以灰绿夹褐色粉砂岩、细砂岩与棕红色泥岩互层为主，夹砂质泥岩及页岩，偶夹泥灰岩。上部偶见 2～3 层灰绿色薄层含铜页岩、下部夹有 2 层石膏层透镜体。

【沿革】　建组以来，一直为鄂西地区广泛应用，没有明显变动，五普一分队（1962），将南漳地区的本组下部碎屑岩创名为倒庙组，上部含泥灰岩创名周家寨组。湖北区测队（1982）1∶20 万南漳幅中，将跑马岗组修订为只限于上部含泥灰岩，其下部新创名连营山组。本次恢复跑马岗组原义，连营山组、周家寨组、倒庙组为其同物异名，建议停用。

【现在定义】　指整合于红花套组棕红色砂岩之上，富含生物化石的以棕黄色为主，夹灰绿、黄绿、灰白色的杂色砂岩、粉砂岩、粉砂质泥岩和泥岩。上部夹泥灰岩含 2～3 层含铜页岩；中、下部夹石膏层，局部形成工业矿层。与上覆龚家冲组底部砾岩过渡。但大多数地方均见不到顶，为第四纪松散沉积物所覆盖。

【层型】　正层型为当阳县新店洞垱—跑马岗剖面（111°42′00″，30°44′45″；雷奕振等，1987，根据五普一分队测制记录经整理并补测后发表）。

上覆地层：**龚家冲组**

————— 整　合 —————

跑马岗组　　总厚度 677.96 m

26. 棕红、灰绿、紫红色粉砂质泥岩与粉砂岩互层，夹灰棕色泥质细砂岩和泥岩，含介形虫 *Talicypridea latiovata*，*T.* cf. *quadrata*，*T. longiuscula*，*T. brevis*，*T.* sp.，*Cypridea*（*Pseudocypridina*）sp.，*Limnocythere paomagangensis*，*L. sinuata*，*Candonopsis camarata* 及轮藻化石　32.02 m

25. 棕红、黄棕、紫红色粉砂岩、泥质粉砂岩与粉砂质泥岩互层，夹紫红色薄层状泥岩和细砂岩，含介形虫 *Clinocypris* sp.，*Mongolianella* sp.，*Candoniella* sp.　21.3 m

24. 灰绿、紫红色粉砂岩、泥岩、夹棕红色粉砂质泥岩及灰绿色页岩。产介形虫 *Talicypridea grandis*，*T. brevis*，*T. quadrata*，*Cypridea*（*Morinia*）*xindianensis*，*C.*（*Pseudocypridina*）*gigantea*，*Mongolianella oblonga*，*Metacypris pulchra*，*Typhlocypris mutata*，*Limnocythere paomagangensis*，*Clinocypris* sp.，*Cyprois* sp.，*Cypris* sp.　12.76 m

23. 灰绿色含铜页岩及紫红色泥岩，含介形虫 *Limnocythere sinuata*，*Talicypridea irregularis*，*T. brevis*，*T. subelliptica*，*Cyprinotus* sp.　4 m

22. 棕红、紫红色粉砂岩与粉砂质泥岩互层，夹泥质、钙质粉砂岩和泥岩，产介形虫 *Cyprinotus* sp.，*Clinocypris* sp.；轮藻 *Sphaerochara parvus*，*Charites longiconica*，*C. tenuis*　60.28 m

21. 下部为灰绿色细砂岩；中、上部为紫红、灰绿、棕红色粉砂岩、泥质粉砂岩和粉砂质泥岩组成的韵律层，夹棕红色泥岩。产介形虫 *Talicypridea brevis*，*T. quadrata*，*Cypridea*（*Morinia*）*xindianensis*，*Limnocythere sinuata*，*Candona* sp.，*Darwinula* sp.　26 m

20. 灰棕、紫红、灰绿色粉砂岩、泥质粉砂岩夹紫红色泥岩及薄层细砂岩，含介形虫 *Nanxiongium formosum*，*Talicypridea subelliptica*，*T. quadrata*，*T. brevis*，*Cypridea* (*Pseudocypridina*) *gigantea*，*C.* (*P.*) *subtera*，*Limnocythere sinuata* 13.01 m

19. 灰绿色细砂岩、粉砂岩与棕红色泥质粉砂岩，夹紫红色泥岩，含介形虫 *Talicypridea chinensis*，*Candona* sp. 25.47 m

18. 灰绿色厚层状含铜页岩 7.07 m

17. 灰绿、紫红色粉砂岩、粉砂质泥岩和泥岩组成韵律层，夹泥质粉砂岩，介形虫化石铺满层面，有 *Talicypridea brevis*，*T. parallela*，*T. chinensis*，*T. quadrata*，*T. amoena*，*T.* sp.，*Limnocythere sinuata*，*Cypridea* (*Morinia*) *xindianensis*，*C.* (*Pseudocypridina*) *gigantea*，*C.* (*P.*) *subtera*，*C.* (*Bisulcocypridea*) *aureata*，*Typhlocypris dongdangensis*，*Candona demissa*，*C. scitula*，*Mongolianella oblonga*，*Candoniella trapezoides*，*C. minuta*，*C. candida*，*Cyproishamata*，轮藻 *Charites tenuis*，*C. longiconica*，*C. guangpingensis*，*Peckichara paomagangensis*，*Stephanochara jingmenensis* 85.07 m

16. 灰绿、灰棕、紫红色粉砂岩、泥质粉砂岩、粉砂质泥岩，夹棕红色泥岩。含介形虫 *Limnocythere sinuata*，*Candona deflecta*，*Darwinula* sp.，*Cyprinotus* sp. 9.03 m

15. 浅棕、灰绿、紫红色中层状粉砂岩，夹紫红、灰绿色粉砂质泥岩及泥岩，含介形虫 *Cypridea* (*Morinia*) *xindianensis*，*C.* (*Pseudocypridina*) *gigantea*，*Talicypridea brevis*，*Nanxiongium leatum*，*N.* sp.，*Limnocythere sinuata*，*Candoniella porrecta*，*Candona* sp.，*Cyprois* sp.；轮藻 *Grambastichara yuntaishanensis*，*G. yuntaishanensis* var. *acuta*，*Peckichara paomagangensis*，*Charites longiconica* 28.39 m

14. 棕红、灰绿、浅棕黄色中层状粉砂岩与紫红、灰绿色粉砂质泥岩、泥岩互层，夹细砂岩，含介形虫 *Cypridea* (*Morinia*) *xindianensis*，*Cyppridea* (*Bisulcocypridea*) sp.，*C.* (*Psendocypridina*) *gigantea*，*Talicypridea brevis*，*T. reticulata*，*T. chinensis*，*Candona postacuta*，*C. hunanensis*，*Limnocythere sinuata*，*L. peculiaris*，*Candoniella minuta*，*C. porrecta*，*Nanxiongium formosum*；轮藻 *Charites tenuis*，*Stephanochara* sp. 25.15 m

13. 紫红、灰绿、黄棕色中层状粉砂质泥岩，泥质粉砂岩夹紫红色泥岩、土黄、棕红色粉砂岩，含介形虫 *Cypridea* (*Morinia*) *xindianensis*，*C.* (*Pseudocypridina*) *gigantea*，*C.* (*P.*) *subtera*，*C.* (*Bisulcocypridea*) *aureata*，*Clinocypris aculeata*，*C. cyrtoformis*，*C. tumida*，*Limnocythere paomagangensis*，*L. sinuata*，*L. paramecoformis*，*Talicypridea brevis*，*T. reticulata*，*T. chinensis*，*T. parallela*，*Mongolianella oblonga*，*Nanxiongium formosum*，*Candona* sp.，*C. hengyangensis*，*C. demissa*；轮藻 *Stephanochara funingensis*，*S.* sp. 32.98 m

12. 灰绿、浅棕红、土黄色中层状粉砂岩、粉砂质泥岩和泥岩，含介形虫 *Cyprois guangzhouensis*，*Cypridea* (*Pseudocypridina*) *gigantea*，*Metacypris xindianensis*，*M. pulchara*，*M. principalis*，*Porpocypris panda*，*Limnocythere paomagangensis*，*Clinocypris lunata*，*Talicypridea brevis*，*T. chinensis*，*T. reticulata*，*T. longicuneata*，*Nanxiongium formosum*，*Candoniella trapezoides*，*C.* ? *porrecta*，*Cypria inornata*，*Candona* sp.，*C. obesa*，*C. disjuncta*，*Sclerocypris* sp.，*Paracandona compta*；轮藻 *Charites longiconica*，*C. tenuis*，*Peckichara paomagangensis* 18.96 m

11. 灰绿、棕红、紫红色中层状粉砂岩与粉砂质泥岩互层，夹紫红、黄绿色泥岩，产介形虫 *Limnocythere* sp.，*Cypridea* sp. 40.95 m

10. 灰绿、紫红、黄棕色粉砂岩、泥质粉砂岩及粉砂质泥岩组成韵律，夹紫红、灰绿色泥岩、细砂岩。产介形虫 *Limnocythere paomagangensis*，*Nanxiongium* sp.，

N. formosum, *Candona bagmodica*, *C. postacuta*, *C. scitula*, *Clinocypris triangularis*, *Talicypridea brevis*, *T. reticulata*, *T. subelliptica*, *Cyprois* sp., *Eucypris* sp., *Darwinula retusa*；轮藻 *Charites tenuis* 62.87m

9. 下部为灰白、黄棕色中层状中、细粒砂岩夹紫红色粉砂质泥岩；上部为灰绿、紫红、灰黄色粉砂岩、粉砂质泥岩夹泥岩。产介形虫 *Metacypris pulchara*, *M. kaitungensis*, *Candona bagmodica*, *C. demissa*, *C. postacuta*, *C. obesa*, *C. hengyangensis*, *C. deflecta*, *C. altanulaensis*, *Candoniella trapezoides* *C. minuta*, *Cypridea*(*Pseudocypridina*) *subtera*, *C.* (*P.*) *gigantea*, *C.* (*Morinia*) *xindianensis*, *C.* (*Bisulcocypridea*) *aureata*, *Cyprois guangzhouensis*, *Clinocypris parva*, *C. aculeata*, *C. triangularis*, *Dolerocypris* sp., *Talicypridea longiuscula*, *T. reticulata*, *T. chinensis*, *T. brevis*, *T. quadrata*, *T. latiovata*, *T. longa*, *T. longicuneata*, *Nanxiongium* sp., *Limnocythere paomagangensis*, *L. sinuata*, *Darwinula retusa*, *D. subretusa*, *Mongolianella*? *perlucida*, *Typhlocypris mutata*, *T. dongdangensis*, *Cyprinotus trotovalvala*；轮藻 *Latochara cylindrica*, *L. yuananensis*, *L. curtula*, *Sphaerochara parvus* 93.8 m

8. 灰绿、棕红色、浅黄棕色中层状粉砂岩、粉砂质泥岩组成多个韵律层，夹细砂岩、泥岩 13.48 m

7. 灰绿色中层状含泥砾细砂岩、细砂岩与棕红色粉砂质泥岩互层 3.55 m

6. 灰绿、灰白色中层状中细粒砂岩与粉砂岩、泥质粉砂岩互层 8.34 m

5. 灰绿、紫红、黄棕色细砂岩、粉砂岩、粉砂质泥岩组成小韵律层，产介形虫 *Talicypridea* sp., *Limnocythere* sp. 4.16 m

4. 灰白、浅黄棕色细砂岩与灰绿、紫红色粉砂质泥岩互层 11.85 m

3. 灰棕、灰绿、暗紫红色中层状细砂岩、粉砂岩、粉砂质泥岩 18.6 m

2. 浅棕红、灰绿色中、薄层状细砂岩与粉砂岩互层，夹粉砂质泥岩、中粒砂岩 18.87 m

——————— 整　合 ———————

下伏地层：**红花套组**　棕红色块状细砂岩，夹薄层状细砂岩 12.69 m

【地质特征及区域变化】 本组广泛分布于宜都、宜昌、当阳、远安、南漳、荆门、钟祥、建始、恩施、咸丰、来凤等地。其岩性特征如"现在定义"所述，顶部层位往往被第四纪松散堆积物所覆盖，仅在荆门、当阳、宜都等局部地段有顶部层位，与上覆龚家冲组的底部浅棕色厚层—块状中砾岩或砂砾岩渐变过渡关系。而其底界有二种情况：(1)与下伏红茶套组连续沉积，见于当阳、宜都等地，以出现灰绿色、黄绿色钙质细砂岩为底。(2)底界超覆于前白垩纪地层之上，呈角度不整合接触，见于荆钟断陷盆地及鄂西南的恩施、建始、咸丰、来凤山间盆地中，底部均可见一套厚度不等的角砾岩、砾岩，向上递变为中—厚层状含砾砂质粉砂岩、粉砂质泥岩或粘土岩(页岩)，富含化石。尽管本组在各地的顶、底有差异，但主体岩性无明显差异，均以内陆浅湖相—滨湖相沉积为主，晚期局部形成较深水湖相，沉积物的粒度较细，泥质含量较高，富含生物化石。在南漳县连营山出露厚度达700余米，下部为细碎屑岩与碳酸盐岩互层；上部碳酸盐岩夹细碎屑岩。秭归县仙女山盆地的沉积特征及岩相、古生物组合可与本组对比。

跑马岗组厚度变化较大，一般在170～890 m，宜都所见为0～282 m；当阳、荆门、钟祥一带为521～665 m；远安、南漳地区厚度较大，可达1 080～1 394 m。建始、恩施、来凤等地厚1 041～1 323 m。

本组除在宜都、来凤采得恐龙蛋化石 *Macroolithus yaotunensis* 及鱼化石 *Knightia yuyanga*，腹足类 *Truncatella maxima* 外，还含有较丰富的介形类、轮藻和孢粉等化石。其中介形类以 *Talicypridea* - *Cypridea* - *Candona* 组合带为代表；轮藻以 *Latochara cylindrica* - *Charites tenuis* 组合带为代表；孢粉以 *Multionodisporites taizhouensis* - *Ulmoideipites krempii* - *Jianghanpollis ringens* 组合带为代表。据以上化石组合特征本组时代为晚白垩世晚期。

渔洋组　K_2y　(42-0509)

【创名及原始定义】　系江汉石油勘探处（1963）创名于潜江县渔洋镇。原始定义：江汉盆地中部地区中新生代沉积的第一个地层单位，为一套砂砾岩，泥岩含膏地层，时代归于晚白垩世。

【沿革】　地质部第四物探大队（1963）将覆于渔洋组之上的新沟咀组并于渔洋组内。五普（1971）和中南地区地层表编写小组（1974）改称江陵组，时代归属于晚白垩世。关绍曾（1979）根据微体化石特征认为渔洋组与新沟咀组一致，于是渔洋组与新沟咀组再次合并，称新沟咀组，时代归属老第三纪。康一孑、李玲琍（1979）① 将盆地内古新世沙市组之下的一套地层称渔洋组。此后，渔洋组一名被广泛应用在江汉盆地中心覆盖区，代表了江汉盆地覆盖区第一套沉积地层。

【现在定义】　指不整合于前白垩纪地层之上，厚度大于 1000 m 的、下段为紫红色泥岩与紫红色钙质石英砂岩，钙质石膏质长石石英砂岩互层夹白色细砂岩、粉砂岩、砾岩，底部为含砾砂岩；上段为灰黑色泥岩、棕色泥岩（含石膏），钙芒硝泥岩互层，夹玄武岩、砂岩的地层序列。

【层型】　正层型为潜江县渔洋镇钻井综合剖面（无经纬度资料；江汉石油勘探处，1963）。

上覆地层：**沙市组**　紫红色泥岩夹灰色泥岩与岩盐互层，局部夹灰白色泥质白云岩和黑色玄武岩

———— 整　合 ————

渔洋组　　总厚度 1 010 m

2. 为灰黑色泥岩，棕色泥岩含石膏、钙芒硝泥岩互层，夹玄武岩，薄层砂岩　　500 m
1. 紫红色泥岩与紫红色钙质石英砂岩，钙质石膏质长石石英砂岩互层，夹白色细砂岩、粉砂岩、砾岩，底部为含砾砂岩　　510 m

~~~~~~ 不 整 合 ~~~~~~

下伏地层：**前白垩系**

【地质特征及区域变化】　渔洋组分布于江汉盆地中心掩覆区之下，面积达 2800 km^2。其岩性特征如上述剖面所列，区内南部、西部沉积物粒度较粗，砂岩发育，向北泥质增高，所见为泥岩夹砂岩。上部层位中含介形虫 *Talicypridea reticulata*，*T. jianghanensis*，*T. brevis*，*Cypridea* (*Pseudocypridina*) *aversa*，*C.* (*Morinia*) *xindianensis*，*Quadracypris* cf. *favosa*，*Mongolianella oblonga*，*Darwinula mianyangenensis*，*Candona sinensis*；轮藻 *Charites tenuis*，*C. longiconica*，*C. guanpingensis*，*Peckichara dangyangensis*，*Grambastichara yunyangensis*，*Gyrogona hubeiensis*；以及被子植物孢粉占优势。下部层位含介形虫 *Quadracypris jiadianensis*，*Cyprois jiadianensis*；轮藻 *Porochara anluensis*，*P. jingshanensis*，*Maedlerisphaera jiadianensis*，*Euaclistochara mundula*，*Obtusochara cylindrica* 以及占绝对优势的蕨类孢粉。综上述化石，本组时代为晚白垩世中、晚期。

---

① 康一孑、李玲琍，1979，江汉盆地下第三系地层划分及对比（内刊）。
~~~~~~

寺沟组　K_2s　(42－0510)

【创名及原始定义】　周世全等（1979）命名于河南淅川县滔河寺沟村。原始定义：下部为棕红色砂砾岩、砾岩与粉砂岩；上部为灰白、棕红色细砂岩与泥质钙质粉砂岩互层，夹砂质泥灰岩。下以棕红色砂砾岩为标志与马家村组整合接触；上以棕红色泥质粉砂岩为标志与玉皇顶组呈整合接触。时代归属晚白垩世。

【沿革】　该地层相当于李捷、朱森（1930）所命名的"范庄系"的底部地层。北京地质学院（1962）曾创名为"团湖组"。河南省地质局第十二地质队（1979）命名为胡岗组，一直为我省在该区所引用。本次清理，与河南省地层清理组协商，选用寺沟组。

【现在定义】　同原始定义。

【层型】　正层型为河南省淅川县黑豆崖—东西寺沟剖面。省境次层型为丹江口市将军山剖面（111°28′45″，32°30′40″；湖北区调所，1986）。

上覆地层：**玉皇顶组**　棕红色中至厚层状不等粒岩

———————— 整　合 ————————

寺沟组	总厚度 55.5 m
6. 棕红色、浅紫红色薄至中层状含粘土质钙质不等粒岩屑砂岩	12.4 m
5. 灰白色中至厚层状含砾钙质不等粒砂岩	5.2 m
4. 棕红色薄层状粉砂质泥岩，含介形类 *Cyprois* sp.，*Eucypris* sp.，*Clinocypris parva*，*Talicypridea amoena*，*Cypridea*（*Morinia*）*xindianensis*，*C.*（*Pseudocypridina*）*longa*	3.1 m
3. 棕红色中层状中—细粒砂岩夹灰白色砂质条带，层间夹泥砾状钙质结核	18.2 m
2. 棕红色中层状粘土质含砾不等粒砂岩	13.9 m
1. 紫红色厚层状不等粒砾岩，底部有 0.5 m 厚的暗紫色细砾岩	2.7 m

~~~~~~~~~~ 不 整 合 ~~~~~~~~~~

下伏地层：**武当山岩群**　变辉绿岩

【地质特征及区域变化】　本组在省境主要分布在青峰断裂以北，随州市以西的枣阳、谷城、丹江口市等及南襄盆地南缘地带。所见岩性可分上、下两段：下段以砾岩、砂砾岩为主夹含砾砂岩、粉砂岩；上段以砂岩、钙质粉砂岩为主，夹粉砂质泥岩，局部夹膏盐矿层。在谷城石花街获得恐龙蛋化石 *Macroolithus* sp.；在枣阳耿集、随州大洪山采获介形虫 *Cypridea*（*Pseudocypridina*）*subtera*，*Cyprois* cf. *guangzhouensis*，*Cyprinotus* sp.，*Limnocythere* sp.，*Candona* sp.，*Quadracypris* sp. 等，丹江口市将军山一带见岩性与李官桥盆地的寺沟组完全一致，并在上部砂岩段粉砂质泥岩夹层中产介形虫 *Cyprois* sp.，*Eucypris* sp.，*Clinocypris parva*，*Talicyridea amoena*，*Cypridea*（*Morinia*）*xindianensis*，*Cypridea*（*Pseudocypridina*）*longa*。此外，邱占祥等（1975）于竹山马家山砂岩中（近顶部）采得数枚完整的恐龙蛋。因此，省境之寺沟组时代应为晚白垩世。

龚家冲组　E_1g　(42－0551)

【创名及原始定义】　系雷奕振等（1987）创建于当阳县新店乡龚家冲。原始定义：以湖缘相红色细碎屑沉积为主，夹泥质沉积，偶见钙质沉积、局部地区出现洪积粗碎屑沉积。

【沿革】　该地层江汉石油地质联队（1960）① 在宜都曾称洋溪灰岩组下段，在南漳为走

① 江汉平原地质综合研究联队，1960，湖北"东湖砂岩"地层时代及含性研究报告（内刊）。
~~~~~~~~~~

马岭组中、下部，在当阳为夹马槽组中部，在荆门为麻城铺含膏组中部。江汉石油勘探处(1962)曾称岭北组；五普二分队(1962)称白石坡段，王振(1978)所称洋溪组、方家河组、寨子山组、石膏山组等的下部；雷奕振(1979)所称之寨子山；雷奕振(1987)创建龚家冲组代表江汉盆地边缘古新世沉积物。本次采用龚家冲组。

【现在定义】 整合于跑马岗组顶部棕红色泥质粉砂岩之上、伏于洋溪组之下，以棕红色厚层—块状角砾岩、砾岩或砂砾岩为底，中、上部以含钙质结核的褐红、紫红、咖啡色泥岩和粉砂岩为主，夹褐黄、棕红、灰白色砂岩及灰绿色泥岩，偶夹灰白色薄—中层状泥灰岩透镜体。

【层型】 正层型为当阳龚家冲—枝江百雀寺剖面(111°45′00″,30°42′30″;雷奕振等,1987,重测)。

上覆地层 **洋溪组** 灰白、浅棕色薄层—中层状泥质细砂岩与棕红色泥岩、砂质泥岩及粉砂岩互层。底部为棕黄色厚层状细砂岩。下部夹一层浅灰绿色砂质泥岩及灰白色泥灰岩

——————— 整 合 ———————

龚家冲组 总厚度 466.8 m

9. 棕红色泥质粉砂岩—粉砂质泥岩，夹浅灰、灰紫、浅棕、灰白色中层—厚层状含钙泥质细砂岩 36.9 m

8. 浅棕、灰紫、灰黄色中层状泥质细砂岩与钙质细砂岩互层，偶夹棕红、灰绿色砂质泥岩，下部泥质细砂岩中含钙质结核。本层在剖面附近之潭家冲产介形虫 *Sinocypris excelsa*，*Cypris* sp. 腹足类 *Assiminea latiovata* 61.4 m

7. 棕红色粉砂质泥岩、泥质粉砂岩与灰白色薄层钙质砂岩、浅棕色泥质砂岩不等厚互层 24.7 m

6. 下部为棕红、咖啡色泥岩，夹泥质细砂岩；中部为含钙质团块的灰褐色钙质砂岩、浅棕色泥质细砂岩，与棕红色泥岩互层；上部为棕黄、棕红色薄层泥质细砂岩与棕红色泥岩互层 48.4 m

5. 浅棕、棕红、褐黄、黄棕色薄—中层状泥质细砂岩与含钙质结核的粉砂质泥岩及泥质粉砂岩互层，底部为棕黄色厚层—块状泥、钙质细砂岩，上部泥质细砂岩含钙质结核，水平层理发育，局部见钙质砂岩透镜层 62.8 m

4. 棕红、咖啡色泥岩和粉砂岩，局部含钙质结核，夹浅棕、灰紫色细砂岩。底部为灰紫色细砂岩，上部含一层厚约 20 cm 之灰黄—浅红色砂质泥岩。泥灰岩中产介形虫 *Eucypris hengyangensis*, *Homoeucypris* cf. *subreticulata*, *Sinocypris excelsa*, *Ilyocypris* aff. *hengyangensis*, *Parailyocypris changzhouensis*, *Metacypris henanensis*, *M. launchuanensis*；腹足类 *Assiminea latiovata*, *Mirolaminatus validus*, *M. angustimarginatus*；轮藻 *Peckichara coronata*, *P. longa*, *P. minoriquadrata*, *P. subsphaerica*, *P.* sp., *Stephanochara fortis*, *S. jingmenensis*, *S. breviovalis*, *S. cuneiformis*, *S.* cf. *funingensis*, *S. acris*, *S.* sp., *Harrisichara retusa*, *H. poculiformis*, *H. yunlongensis*, *H. cylindrica*, *Rhabdochara cuneiformis*, *Rh. microsphaerica*, *Rh. jingmenensis*, *Rh.* cf. *bella*, *Rh.* sp., *Neochara huananensis*, *N. squalida*, *N. dangyangensis*, *Gyrogona huajiazhuangensis*, *G.* cf., *hubeiensis*, *G. qianjiangica*, *G.* sp., *Obtusochara lanpingensis*, *O. subcylindrica*, *O. jianglingensis*, *O.* sp., *Nemegtichara prima*, *Sinochara caopiensis*, *Maedleriella mangenoti*, *Raskyaechara stipitata*, *R. xinghuaensis*, *Grambastichara* sp., *Croftiella laevis*, *Latochara rara* 68.8 m

3. 棕红色泥质粉—细砂岩、粉砂质泥岩和泥岩，夹灰紫、浅棕色薄层—中层状钙、泥质细砂岩，偶见灰绿色细砂岩条带，局部含钙质结核，水平层理及微斜层理发育；中下部含一层咖啡色泥岩 70.2 m

2. 浅棕色中—厚层状含泥钙质细砂岩与棕红色泥质粉砂岩和粉砂质泥岩互层，夹薄层泥质细砂岩；底部和中部各见一层厚 5～10 cm 之细砾岩或含砾的灰白色松散砂岩 68 m

1. 棕红色泥质粉—细砂岩与浅棕色薄层细砂岩互层，夹灰白、灰绿色泥质细—中粒砂岩和浅棕色粉砂岩。底部为一层含细砾石之灰白、灰绿色细—中粒砂岩 25.6 m

—————— 整 合 ——————

下伏地层：**跑马岗组**

【地质特征及区域变化】 龚家冲组分布颇广，主要发育于宜都县徐家溪—长冲坳，当阳县龚家冲—七里冲，荆门严家坡—团林铺。南漳土门垭—张家坡等地。此外，在松滋县八眼泉等地也有零星出露。估计在京山罗店一带也含有零星出露。本组以湖缘相红色细碎屑沉积为主，夹泥质沉积及钙质沉积，局部地区出现洪积相粗碎屑沉积。其下部为褐黄、棕红色中厚层—块状砂岩，夹棕红色粉砂岩和泥岩，偶含灰白、灰绿、浅紫色砂岩。在松滋、宜都一带下部沉积物相变为棕红、黄褐色厚层—块状角砾岩、砾岩、含砾砂岩；中、上部以含钙质结核的褐红、紫红、咖啡色泥岩和粉砂岩为主，夹褐黄、棕红、灰白色砂岩和灰绿泥岩，偶含泥灰岩透镜体。全组厚约 60～470 m。在荆门一带厚度最大，可大于 500 m。龚家冲组与下伏跑马岗组呈整合接触，二者间的界线一般易于区分，宜都、松滋一带，本组底部为棕红色厚层—块状角砾岩、砾岩、含砾砂岩，与其下伏的跑马岗组顶部的棕红色粉砂质泥岩、泥质粉砂岩分界。在当阳、南漳一带，本组底部为褐黄色或浅红色厚层砂岩，在当阳地区仍以下伏的跑马岗组顶部的棕红色粉砂质泥岩或泥质粉砂岩分界，在南漳地区跑马岗组顶则为灰白色薄层状—中厚层状泥灰岩分界。京山罗店一带据路线资料来看，本组底部以浅黄色、黄白色松散状含砾砂岩为底。

本组中、上部富含腹足类、介形类、轮藻及孢粉等化石。其中腹足类的重要分子有 *Aplexa yangxiensis*，*Planobarius yidouensis*，*Sanshuispira mira*，*S. minuta* 等；腹足类口盖 *Mirolaminatus paravalidus* 等数种；介形类以 *Sinocypris excelsa* - *Eucypris hengyangensis* - *Parailyocypris changzhouensis* 组合带为代表；轮藻的重要分子有 *Peckichara coronata*，*P. longa*，*P. varians*，*Grovesichara changzhouensis*，*Neochara sinuolata*，*Harrisichara poculiformis*，*Gobichara deserta*，*Sinochara rudongensis*，*Stephanochara breviovalis*，*Dughiella* cf. *bacillaris* 等；孢粉以 *Pinaceae* - *Triporopollenites* 组合带代表下层位，*Pterisisporites-Ephedripites-Rhoipites* 组合带代表上层位。综上述化石特征，本组时代为古新世，与广东的浓山组、湖南的霞流市组、江西的池江组等时代相当。

洋溪组 E_2y (42-0552)

【创名及原始定义】 系德日进、杨钟健（1935）命名的“洋溪湖相石灰岩”演变而来。创名于宜都县洋溪镇。原始定义：系指宜都宫坪一带“红层”的第一层砾岩之上（不含第一砾岩）至洋溪镇西大套红砂岩之下的一段地层。

【沿革】 江汉石油地质联队（1960）① 将“洋溪湖相石灰岩”改称洋溪组，并将内涵扩

① 江汉石油地质联队，1960，湖北“东湖砂岩”地层时代及含油性研究初步报告。

大，包括了现行的龚家冲组和洋溪组。田慕钧等（1962）① 将第一套砾岩纳入洋溪组，于是洋溪组包括了现行跑马岗组上部、龚家冲组、洋溪组，这个方案为广泛应用。同一时期，不同单位和个人在不同地区，又分别命名了夹马槽组、分水岭组、方家河组、麻城铺含膏组、走马岭组、岭南组……直到1978年，侯佑堂等（1978）根据介形虫研究成果，把从第一套砾岩起第二套砾岩底界为止的地层从洋溪组中划出新创名新店群，归属上白垩统，从而修正为第二套砾岩的底为洋溪组的开始。雷奕振等（1987）厘订，将其下部湖缘相或洪积相碎屑岩从洋溪组划出新创名龚家冲组，而将洋溪组限其上部浅湖相碳酸盐岩或泥质岩夹碳酸盐岩组成的一套地层。基本恢复了德日进、杨钟健（1935）所命名的"洋溪湖相石灰岩"。本次遵循雷氏等含义。

【现在定义】 指整合于龚家冲组棕红色泥质粉砂岩之上，牌楼口组灰白、紫红色薄—中层状砂质灰岩之下的一套以灰褐、淡红、灰白色中—厚层状灰岩为主，夹杂色泥岩的浅湖相沉积地层。

【层型】 选层型剖面为宜都县徐家溪—松滋县策口剖面（111°32′00″，30°15′45″；雷奕振等，1987，重测）。

上覆地层：**牌楼口组** 灰紫、棕红、浅黄色厚层—块状中—细粒砂岩，产哺乳类化石

——————整　合——————

洋溪组　　总厚度 156.6 m

8. 灰白、棕红色中—厚层状砂质石灰岩，夹多层棕红色钙质泥岩和细砂岩；上部为紫红色团块状石灰岩，含同生砾石；顶部以一层灰黄色厚层砂质灰岩与车阳河组分界，砂质灰岩中水平层理发育，含同生砾石　　23.0 m

7. 下部为灰褐、灰紫色团块状砂质灰岩，上部为棕红色厚层钙质粉砂岩及富含钙质团粒的红棕色泥岩　　39.1 m

6. 下部为灰紫色厚层石灰岩，夹紫红色疙瘩状石灰岩、灰黑色泥岩；上部为灰白色薄层—中层状泥质灰岩。本层产介形虫 *Limnocythere hubeiensis*，*L. yangqiensis*，*Cypris henanensis*，*C.* sp.，*Cyprinotus dongyuemiaoensis*，*C. yangqiensis*，*Candona yangqiensis*，*C. combibo*，*C.* sp.，*Candoniella hubeiensis*，*Cyclocypris laevis*，*Darwinula truncata*，孢粉主要分子有 *Polypodiaceoisporites*，*Cyathodites*，*Platycaryapollenites*，*Ulmipollenites*，*Boehlensipollis*，*Talisiipites*，*Potamogetoniaceaepites*，*Sparganiaceaepollenites*，*Salixipollenites*，*Celtispollenites*　　41.9 m

5. 下部为紫红、淡红、淡褐色中层—块状石灰岩，上部为紫红、灰绿色泥岩及页岩，富含钙质结核，夹灰岩扁豆体。产腹足类 *Truncatella hubeiensis*，*Australorbis odhneri*，*Physa scitula*；介形虫 *Eucypris yanxiensis*，*Cyprinotus* sp.，*Paracandona reniformes*，*Candoniella ellipsoidea*　　21.6 m

4. 黄棕、棕红色含钙粉砂质泥岩，富含钙质团块或团粒，夹灰紫色中厚层石灰岩；底部以一层厚约5 m的灰黄—淡红色疙瘩状钙质粉砂岩—粉砂质灰岩与龚家冲组分界。顶部为厚约6 m的灰绿、紫红色泥岩、泥灰岩，夹灰岩扁豆体。产腹足类 *Hydrobia zhichengensis*，*H*，sp.，*Bithynia lordostoma*，*Melanoides striata*，*M. aspericostata*，*M. macra*，*Truncatella hubeiensis*，*Physa scitula*，*Australorbis odhneri*，*Sinopupoides hubeiensis*，*Mirolaminatus* cf. *lamellatus*，*M. validus*；鱼类 *Jianghanichthys* sp.；介形虫 *Sinometacypris*

---

① 田慕钧等，1962，湖北宜昌—当阳一带红色岩系研究初步报告（未刊）。

donyuemiaoensis, *Limnocythere hubeiensis*, *Candona combibo*, *C. abrupta*, *C. henanensis*, *C.* sp., *Paracandona reniformis*, *Cyprois* sp., *Sinocypris* sp., *Cypris henanensis*, *Eucypris dorsocurvata*, *Cyprois circularis*, *Yangqiensis bella*；孢粉主要分子有 *Cyathidites*, *Toroisporis*, *Ulmipollenites*, *Ulmoideipites*, *Potamogetoniaceaepites*, *Sparganiaceaepollenites*, *Taxodiaceaepollenites* 31.0 m

——————整　合——————

下伏地层：**龚家冲组**　棕红、紫红、黄绿色含钙粉砂质泥岩，富含钙质结核，夹灰岩及钙质粉砂岩

【地质特征及区域变化】　洋溪组属浅湖相沉积。在洋溪、八眼泉一带为灰褐、淡红、灰白色中—厚层状灰岩，夹灰绿、紫红、黑褐色泥岩及棕红色砂岩和粉砂岩，出露厚度100～150 m，宜都枝城以西、松滋斯家场以北和松滋口以东及当阳东岳庙、沈家冲、杨家冲等地为黄褐、浅棕及棕红色砂岩、粉砂岩、泥岩不等厚互层，夹灰绿、粉红色钙质泥岩或泥灰岩、黑色页岩，偶见灰褐色砂质泥灰岩，厚100～520 m；荆门、南漳等地为黄色中—厚层状砂岩、棕红色粉砂岩和泥岩，与黄灰色灰岩不等厚互层，偶夹薄层砾岩，厚约200～580 m。

洋溪组与下伏龚家冲组为连续沉积，界线不易区分，在宜都、松滋一带底部为一层厚约5 m左右的灰黄—淡红色钙质粉—细砂岩或砂质灰岩，此层岩石多具瘤状结构，风化面为灰白色，常呈羊背状出露于地表，宏观上易于识别；在当阳、南漳等地，以一层松散的棕黄色细砂岩或黄色块状含砾粗砂岩，整合于龚家冲组紫红色泥岩之上。

洋溪组化石丰富，下部产龟鳖类 *Aspideretes muyuensis*；下、中部产腹足类 *Melanoides macra*, *Truncataella hubeiensis*, *Hydrobia zhichengensis*, *Bithynia lordostoma*, *Physa scitula*, *Australorbis odhneri*, *Sinopupoides hubeiensis*；腹足类口盖 *Mirolaminatus paravalidus*, *M. validus*, *Assiminea retopercula*, *A. pressoopercula*, *Parafossarulus limatus*；介形类 *Cypris henanensis*, *C. pagei*, *Sinocypris reticulata*, *Limnocythere hubeiensis*, *L. spinosalata*, *Candona abrupta*, *Ilyocypris errabundoides*, *Candoniella habilis*, *Paracandona reniformis*, *Cyprois tantouensis*；鱼类 *Jianghanichthys hubeiensis* 及孢粉。上部产哺乳类 *Coryphodon zhichengensis*。从上述古生物的总体面貌来看，洋溪组置于始新世较为合适。

牌楼口组　E_2p　(42-0553)

【创名及原始定义】　江汉石油地质联队（1960）① 所创的“牌楼口砂岩组”演变而来。命名地点在松滋县牌楼口—策口的长江南岸。原始定义：指分布于宜都洋溪—松滋策口一带的洋溪灰岩之上的一套红色碎屑及泥质沉积地层，时代归晚白垩世。

【沿革】　本地层德日进、杨钟健（1935）曾称“红色页岩和软砂岩”；江汉石油地质联队（1960）在宜都称“牌楼口砂岩组”及“白洋群”之和，于当阳、南漳称“东岳庙组”；田慕劬等（1962）于宜都称白洋组、牌楼组，于当阳称夹马槽组；江汉石油勘探处（1962）于当阳称方家河组；五普二分队（1962）于宜都称梅子溪组；侯佑堂等（1978）于当阳称石子岭组；徐余瑄（1980）枝江的牌楼口组；雷奕振等（1987）新创名车阳河组和牌楼口组。

【现在定义】　指整合于洋溪组顶部灰白—紫红色薄—中厚层状砂质灰岩或棕红色钙质泥岩之上的一套以灰黄—浅紫红色厚层松散状砂岩为底的，整体以砂岩为主夹泥质细砂岩、泥岩、钙质细砂岩的地层。顶部往往被第四系松散堆积物所覆盖。

① 江汉石油地质联队，1960，湖北“东湖砂岩”地层时代及含油性研究初步报告。

【层型】 正层型为宜都徐家溪—松滋策口剖面（111°32′00″，30°15′45″；雷奕振等，1987，重测。本次清理将原剖面之牌楼口组与车阳河组合称牌楼口组）。

上覆地层：**第四系**

～～～～～～～～ 不 整 合 ～～～～～～～～

牌楼口组 总厚度＞501.9 m

21. 灰黄、灰绿、灰白色厚层—块状细砂岩，局部含泥质，与黄绿色粉砂质泥岩不等厚互层，底部为中粒砂岩，含泥砾及细砾石。产孢粉，主要分子有 *Pterisisporites*, *Ephedripites*, *Monosulcites*, *Retitricolpites*, *Araliaceoipollenites*, *Fraxinoispollenites*, *Euphorbiacites*, *Meliaceoidites*, *Salixipollenites*, *Scabiosapollis*, *Cornaceoipollenites* ＞36.1 m

20. 灰白、浅灰、灰黄色厚层—块状细砂岩，夹薄层钙质砂岩扁豆体、浅红色粉砂岩及棕红、浅褐色泥岩；中部夹一层浅蓝灰色含铜页岩；顶部灰色黄色砂岩中含植物化石碎片。砂岩中斜层理发育，含紫红色泥砾及细小砾石。产孢粉，主要分子有 *Osmundacidites*, *Pterisisporites*, *Ephedripites*, *Taxodiaceaepollenites*, *Monosulcites*, *Meliaceoidites*, *Quercoidites*, *Liliacidites*, *Retitricolpites*, *Euphorbiacites*, *Salixipollenites*, *Tricolporopollenites*, *Scabiosapollis*, *Rutaceoipollis*, *Boehlensipollis*, *Araliaceoipollenites*, *Sparganiaceaepollenites* 48.4 m

19. 下部为棕红、黄棕色砂质泥岩，与黄棕色厚层泥质砂岩、砂岩等互层；夹灰紫色钙质泥岩。上部为灰白、绿黄色薄—厚层状细砂岩、泥质粉砂岩，与浅棕、深褐色泥岩互层，夹薄层钙质砂岩扁豆体及棕红色泥砾岩和泥岩透镜体。产骨化石碎片及植物碎片 33.2 m

18. 浅灰、黄棕色厚层—块状中、细粒砂岩，夹浅棕、黄绿色粉砂岩及砂质泥岩和薄层钙质砂岩扁豆体。上部含一层灰绿色泥岩，其中含植物碎片。下部砂岩中斜层理发育，含泥砾及细砾石，上部砂岩中具有缓倾斜层理，含植物碎屑。产孢粉，主要分子有 *Osmundacidites*, *Pterisisporites*, *Ephedripites*, *Meliaceoidites*, *Scabiosapollis*, *Retitricolpites*, *Cornaceoipollenites*, *Euphorbiacites*, *Araliaceoipollenites*, *Sparganiaceaepollenites*, *Salixipollenites* 31.8 m

17. 浅棕、灰黄、棕黄、灰白色厚层—块状中—细粒砂岩，夹红棕、灰绿色砂质泥岩、钙质泥岩和泥质粉砂岩，含多层钙质砂岩扁豆体。砂岩中斜层理发育，富含泥砾。产植物碎片 28.1 m

16. 浅灰、灰白色厚层—块状中—细粒砂岩、泥质砂岩，夹红棕色砂质泥岩，砂岩中斜层理及交错层理发育，富含棕红色泥砾，偶见灰绿色泥质团块和细砾石。产介形虫 *Songziella elliptica*, *S. longa*, *S. paifangkouensis*, *S. triangularis* 36.8 m

15. 灰白、浅棕、灰黄色厚层—块状中—细粒砂岩，夹薄层泥质粉砂岩、棕红色泥岩透镜体。砂岩中斜层理发育，富含泥砾，底部及中部夹细砾岩条带，冲刷面发育，顶部具对称波痕 38.7 m

14. 灰白、浅棕色块状中—细粒砂岩，与棕红色泥质砂岩、粉砂岩、砂质泥岩等不等厚互层，夹薄层钙质砂岩及粉砂质泥岩透镜体。砂岩中交错层理发育，常含棕红色泥砾及细砾石，顶部粉砂岩中见波痕 50.9 m

13. 灰白、红棕色厚层—块状中—细粒砂岩，上部为泥质砂岩与砂质泥岩互层，夹薄层钙质砂岩透镜体。砂岩中大型斜层理发育，富含棕红色泥砾，上部泥质砂岩中小型波状层理发育 33.2 m

12. 灰白、浅棕色块状细砂岩及红棕色泥质砂岩，与红棕色砂质泥岩略等厚互层。砂岩底部含棕红色泥砾及石英、燧石细砾石，下部泥岩中夹串珠状钙质细砂岩透镜体。产哺乳类 *Manteodon youngi* 31.3 m

11. 浅黄、浅棕、灰白色厚层—块状细砂岩、泥质砂岩，与棕红色含钙砂质泥岩互层。各单层砂岩底部常见棕红色椭球状泥砾及石英、燧石等细砾石　　42.1 m

10. 灰黄、棕黄、棕红色厚层—块状中—细粒砂岩，常见斜层理、冲刷面和虫管，含棕红色泥砾及石英、燧石之细砾石，上部夹多层钙质砂岩扁豆体　　41.3 m

9. 灰紫、棕红、浅黄色厚层—块状中—细粒砂岩，胶结疏松，具棕红色椭球状泥砾，大型斜层理发育，本层大部被掩盖，仅出露 20 m 左右，估计厚约 40～50 m。产哺乳类 *Manteodon youngi*

——————— 整　合 ———————

下伏地层：**洋溪组**　灰白、棕红色中—厚层状砂质石灰岩，夹多层棕红色钙质泥岩和细砂岩；砂质灰岩中水平层理发育，含同生砾石

【地质特征及区域变化】　本组主要分布于宜都洋溪镇—松滋牌楼口—策口（松滋口）。此外，枝城白水港、姚店董家冲—毛家沱、枝江梅子溪和张店，以及当阳胡家堮—余家堮等地下段发育，上段在枝江鸦畈—白洋、当阳何家楼子—枝江石岭等地出露较好。与下伏洋溪组为连续沉积，其底在命名地为灰黄、浅紫红色厚层状松散砂岩，整合于洋溪组顶部灰白—紫红色薄层—中厚层状砂质灰岩之上。在其他地区则以黄棕—灰黄色厚层—块状砂岩或含砾砂岩为底盖于洋溪组棕红色钙质泥岩之上。全组厚度 323～962 m。

在宜都洋溪镇西，于本组下部砂岩中发现哺乳动物化石 *Eudinoceras* cf. *kholobolchiensis*（卞美年等，1936），在相距不远的枝江梅子溪，同一层位中又发现哺乳动物化石 *Manteodon youngi*（徐余瑄，1980）；本组中部产少量腹足类口盖：*Assiminea retopercula*，*Mirolaminatus angustimarginatus*，*M. paravalidus*，*M. lamelloides*，*Parafossarulus limatus* 等；介形类：*Cyprinotus placidus*，*C. capacious*，*Candoniella hubeiensis*，*C. habilis*，*Limnocythere spinisalata*，*Ilyocypris* sp.，*Cyprois* sp.，*Songziella longa*，*S. elliptica*，*S. paifangkouensis*，*S. triangularis* 等。本组上部孢粉比较丰富，为 *Ephedripites* - *Meliaceoidites* - *Retitricolpites* 组合带；轮藻有：*Maedlerisphaera chinensis*，*Sphaerochara rugulosa*，*Nemegtichara sadleri* 等。综上述化石总面貌，本组时代为始新世。

掇刀石组　N*d*　（42 - 0560）

【创名及原始定义】　由五普（1962）创名于荆门县（现改荆门市）掇刀石。原始定义：指零星分布在荆门、钟祥等地的一套灰白色泥灰岩及其底部的砾岩。

【沿革】　本组自创建以来，除江汉石油勘探处（1963）于当阳曾另创名为“白石咀组”外，其他地区一直广泛外用。故本次清理选用掇刀石组。

【现在定义】　指以白色为主体色调，上部为灰白色、瓷白色、浅肉红色泥灰岩夹灰绿色粘土层；底部为灰白色砾岩夹少量钙质粉砂岩的地层序列。以不整合覆于前新第三纪地层之上，顶部往往为第四纪松散物覆盖。

【层型】　正层型为荆门团林铺剖面（112°11′40″，30°52′20″；五普，1962）。

上覆地层：**第四系**

~~~~~~~~ 不整合 ~~~~~~~~

掇刀石组　　总厚度 59 m

2. 灰白色厚层—块状泥灰岩，含哺乳类化石　　38 m

1. 灰白色厚层状砾岩　　21 m
~~~~~~~~

～～～～～～～～ 不 整 合 ～～～～～～～～

下伏地层：**牌楼口组** 厚层状砂岩与薄层状砂岩、泥岩互层

【地质特征及区域变化】 本组零星分布于整个江汉盆地边缘地区，主要见于汉江沿岸的襄阳、谷城县界一带、宜城流水、钟祥斑竹铺、荆门团林铺和杨集，零星出露于宜昌鸦雀岭、枝江资福寺、襄樊市峪山等地。可见最厚处达 80 m（尚未见底），一般厚 40 m 左右。

湖北省地质科学研究所等（1978）于宜昌鸦雀岭本组砂砾岩层中采得象化石 *Tetralophodon* sp.，阎德发（1978）于荆门杨家集丁家坡采石场获得哺乳动物化石：*Dicerorhinus ringstroemi*，*Dorcatherium progressus*，*Hipparion* cf. *peychodus* 等，并指出该三种化石是华北地区三趾马动物群中常见分子。因此，掇刀石组的时代为上新世早期，但不排除下部属中新世的可能。

沙市组 E_1s （42－0555）

【创名及原始定义】 康一孑、李玲琍（1979）所创①，创名地点在沙市市（现称荆沙市）。原始定义：位于上白垩统渔洋组及下始新统新沟咀组之间，上部为灰黑色泥岩，含膏、芒硝泥岩夹紫红色泥岩及砂岩；下部为紫红色泥岩与石膏、盐岩互层。产近似古新世各门类的化石组合及少量的介形类、轮藻和孢粉化石。厚 200～1 900 m。

【沿革】 沙市组原属江汉石油勘探处（1963）新沟咀组底部三段，五普（1971）称“江陵组”，《中南地区区域地层表》（1974）称“新沟咀组下部”，雷奕振等（1979）称新沟咀组的二、三段。本次清理采用创始人的原义。

【现在定义】 指整合或平行不整合于渔洋组浅紫棕色厚层状砂岩之上的以深灰色泥岩为主，次为含膏泥岩、粉砂岩的地层序列：下段为一套紫色泥岩夹棕色、深灰色含膏泥岩、芒膏岩及盐膏岩组成的韵律层；上段为深灰色泥岩夹棕红色、浅灰色泥岩、泥膏岩、芒硝及石膏质粉砂岩；顶部以较稳定的泥膏岩和含膏泥岩层与上覆新沟咀组过渡。

【层型】 正层型为江陵县 190°，4.8 km 的米 2 井的 20 325—28 070 m。据高琴琴等（1989）② 介绍。

上覆地层：**新沟咀组** 深灰色、灰色泥岩夹浅灰色砂岩

——————整 合——————

沙市组 总厚度 774.5 m

2. 暗紫、棕紫、深灰色泥岩夹灰色含膏泥岩及深灰色、棕紫色砂质泥岩，下部以灰、浅灰色芒膏岩为主，次为泥岩，含膏软泥岩，底部为浅棕色粉砂岩与暗紫、深灰色泥膏岩略等厚互层，产介形类 *Metacypris* sp.；轮藻 *Gobichara deserta* 315.5 m
1. 棕、棕紫色泥岩、棕色软泥岩为主夹部分棕紫色砂质泥岩，薄层棕、灰色含膏泥岩，含膏软泥岩，产介形类 *Sinometacypris dongyuemiaoensis*，*Cypridea auersa*，孢粉 *Ulmipollenites*，*Ulmoideipites*，*Quercoidites*，*Rhoipitese*，*Ephedripites*，Pinaceae，*Taxodiaceaepollenites*，*Pentapollenites*，*Polypodiaceaeisporites*，*Rutaceoipollis* 459 m

——————整 合——————

下伏地层：**渔洋组**

① 康一孑、李玲琍，1979，江汉盆地下第三系地层划分对比（未刊）。
② 高琴琴、杜国清、万重芳、阎家林、陈钦保，1989，江汉盆地第三系（内刊）。

【地质特征及区域变化】 本组岩性如现在定义所述。其下段在江陵、沙市以北地区主要为膏盐地层。其它地区为泥岩、膏盐夹砂岩。本段电阻基值高，呈现高低起伏相间的曲线组合，明显区别于下伏地层。上段和顶部岩性较稳定，分布广。上段顶部电性特别明显，顶、底两个高峰，电阻一般 20～25 Ωm，最高可达 40 Ωm。可作为江汉盆地区域对比标志层。全组厚度 200～1 900 m。

本组下段仅米 2 井见有介形类 *Cypridea xindianensis*，*Sinocypris excelsa* 等重要分子；孢粉 *Ephedripites* 及 *Ulmipollenites minor* 等重要分子；上段重要的介形类有 *Sinocypris excelsa*；轮藻 *Stephanochara fortis*，*Gobichara deserta*；孢粉 *Ulmipollenites*，*Ulmoideipites*，*Pentapollenites* 等。从上述化石而言，本组时代为古新世。

新沟咀组 $E_{1-2}x$ (42－0556)

【创名及原始定义】 江汉石油勘探处（1963）所建。创名地点在潜江县新沟咀。原始定义：为深灰色泥岩、砂岩夹泥灰岩、泥膏岩，上部为棕红色泥岩，中部有一组泥膏层为区域对比标志层，下部为盆地内另一重要含油系。

【沿革】 自建组以来，顶界未变更，底界有所变化。五普（1971）将原新沟咀组第三段岩层划出创建“江陵组”，新沟咀组仅为建组时的一、二段之和。康一孑、李玲琍（1979）将原新沟咀组三段划出来创建“沙市组”。其下仍为新沟咀组，与五普厘定的新沟咀组基本一致。此后广为沿用。

【现在定义】 指整合于沙市组之上的一套深灰、紫红色泥岩、泥膏岩为主的地层序列。下段为深灰色泥岩夹砂岩、泥膏岩、油页岩及泥灰岩，其顶部为灰色泥膏岩及白色泥膏层，习称大膏层；上段为紫红、灰色泥岩夹泥膏岩、砂岩。与上覆荆沙组过渡。系江汉盆地重要含油、盐层位。

【层型】 复合层型，下段为潜江县 180°，9.3 km 的新 4004 井 1 268.0—1 555.5 m；上段为潜江县 195°，8.7 km 的新 16 井 2 430.5—2 661.0 m。江汉石油勘探处（1963），高琴琴等（1989）① 转载。

上覆地层：荆沙组 棕紫、暗紫、暗红色泥岩与浅棕、浅灰色钙质粉砂岩呈不等厚—略等厚互层，顶部具一层玄武岩，产介形类、轮藻

——————整 合——————

新沟咀组 总厚度 518.0 m

上段 230.5 m

5. 紫红、浅紫红色泥岩与灰、浅灰、灰白色泥膏岩互层，夹少量含膏泥岩、泥灰岩、粉砂岩，产介形类 *Limnocythere spinisalata*，*L. hubeiensis*，*Cypris decaryi*；轮藻 *Croftiella paracylindrica*，*Obtusochara lanpingensis*，*O. jianglingensis*，*O. subcylidrica*，*O. breviovalis*，*O. brevis*，*Gyrogona qianjiangica* 230.5 m

下段 287.5 m

4. 深灰、暗紫色泥岩、含膏泥岩，灰白色泥膏岩夹砂质泥岩。下部钙质增加，顶部有一层灰白色厚层状泥膏岩夹薄层绿灰色含膏泥岩，产介形类 *Limnocythere spinisalata*，*L. hubeiensis*，*Cypris decaryi*，*Ilyocypris cornae*，*Darwinula cylindrica*，*Eucypris laoxinkouensis*，*Metacypris luanchuanensis*，*Parailyocypris changzhouensis*，*Bisulco-*

① 高琴琴、杜国清、万重芳、阎家林、陈钦保，1989，江汉盆地第三系（内刊）。

cypris fangjiaheensis；轮藻 *Peckichara zhijiangensis*，*P. coronata*，*Amblyochara taixianensis*，*Obtusochara elliptica*，*Gobichara tenera* 等；孢粉 *Ulmipollenites*，*Ulmoideipites*，*Rhoipites*，*Quercoidites*，*Taxodiaceaepollenites*，*Meliaceoidites*，Pinaceae，*Ephedripites*，*Polypodiaceoisporites*，*Pentapollenites* 207.5 m

3. 深灰、灰色泥岩夹浅灰色砂岩，产孢粉 *Ulmipollenites*，*Ulmoideipites*，*Quercoidites*，*Epherdripites*，*Rutaceoipollis*；*Rhoipites*，*Pentapollenites* 80.0 m

——————整　合——————

下伏地层：**沙市组**　暗紫、棕紫、深灰色泥岩夹灰色含膏泥岩及深灰色、棕紫色砂质泥岩，下部以灰、浅灰色芒膏岩为主，次为泥岩，含膏泥岩及含膏软泥岩，底部浅棕色粉砂岩与暗紫色、深灰色泥膏岩略等厚互层，产介形类、轮藻

【地质特征及区域变化】　新沟咀组在江汉盆地内广泛分布，是盆地内重要含油、盐地层。其岩性如现在定义所述。下段自下而上可进一步划分为Ⅲ油组、泥隔层、Ⅱ油组和Ⅰ油组。电性以高电阻为主，夹两个明显的低阻段，顶部电阻特高，为盆地内区域对比标志层。上段电性为一套中梳状电阻。全组厚度 430～700 m，与下伏沙市组呈整合接触。

本组产丰富的介形类、轮藻和孢粉化石，及少量有孔虫和鱼化石。其中介形类以 *Cypris decaryi* - *Limnocythere hubeiensis* 组合带为特点，上段轮藻以 *Obtusochara lanpingensis* - *Grovesichara changzhouensis* - *Maedlerisphaera dongshanensis* 组合带为特点；孢粉于下段中、下部以 *Polypodiaceoisporites* 高含量带为特点，下段上部至上段以 *Ulmipollenites* - *Quercoidites* - *Taxodiaceaepollenites* 顶峰带为特点。据上述化石组合特征，本组时代为早始新世。

荆沙组　E_2j　(42-0557)

【创名及原始定义】　系原江汉五七油田第六团（1967）所创，命名于荆州与沙市之间的荆沙公路。原始定义：以棕红、紫红色泥岩夹砂岩为主，局部地区夹泥膏岩和盐岩。

【沿革】　该地层曾属湖北省地质局石油普查大队（1961）所建"膏盐组"的中、下部，江汉石油勘探处（1963）夹马槽群下部，五普五七厂地质处（1965）创建的潜江组下部四、五段。五七油田第六团（1967）将四、五段单独划出，创建荆沙组，除《中南地区区域地层表》（1974）将其并入潜江组外，荆沙组为盆地内井下所引用。

【现在定义】　指整合于以深灰、紫红色交替为主体色调的新沟咀组之上的一套棕红、紫红色泥岩夹少量灰绿色泥岩及粉砂岩，局部夹泥膏岩、盐岩和玄武岩。下段为棕紫、棕红色泥岩与粉砂岩或砂岩互层；上段为棕紫、紫色，少量灰色泥岩夹粉砂岩。与上覆地层呈整合或平行不整合接触。

【层型】　正层型为江陵县 117°，7.2 km 的沙 22 井 1 104—1 843 m。据高琴琴等(1989)① 介绍。

上覆地层：**潜江组**　白色盐、膏盐、灰褐色油浸泥膏岩、泥岩、油浸泥灰岩等组成的不规则韵律层

——————整　合——————

荆沙组 总厚度 739 m

7. 棕紫、暗紫色泥岩夹浅灰、浅棕色粉砂岩 202.5 m

6. 棕紫、暗紫、暗红色泥岩与浅棕、浅灰色钙质粉砂岩呈不等厚一略等厚互层，顶部具

① 高琴琴、杜国清、万重芳、阎家林、陈钦保，1989，江汉盆地第三系（内刊）。

一层玄武岩。产介形类 *Ilyocypris cornae*；轮藻 *Gyrogona qianjiangica*，*Obtusochara jianglingensis*，*O. subcylindrica*，*O. brevicylindrica*，*O. breviovalis* 536.5 m

——————— 整 合 ———————

下伏地层：**新沟咀组** 紫红、浅紫红色泥岩与灰、浅灰、灰白色泥膏岩互层，夹少量含膏泥岩、泥灰岩、粉砂岩

【地质特征及区域变化】 荆沙组分布范围基本同新沟咀组，岩性为棕红、紫红色泥岩夹少量灰绿色泥岩及砂岩。下段在蚌湖、小板、拖船埠一带，其上部夹盐岩、膏泥岩及泥膏岩。全组厚 600～1480 m，大路口一带最厚达 1480 m，与下伏新沟咀组呈整合接触。电性：下部电阻较高，呈中等锯齿状起伏；上部为一平直低电阻。

本组产丰富的介形类、轮藻及孢粉化石。其中介形类为 *Echinocypris* - *Tuberocypris* - *Pseudoeucypris* 组合带为特点；轮藻以 *Obtusochara jianglingensis* - *Gyrogona qianjiangica* 组合带为特点；孢粉以 *Ephedripites* - *Meliaceoidites* 顶峰带为特点。本组玄武岩的同位素年龄值为 54.7 Ma（K - Ar 法），故本组时代为中始新世。

潜江组 E_2q （42 - 0558）

【创名及原始定义】 系五普五七厂地质处（1965）创建，命名地为潜江县。原始定义：由深灰色泥岩、泥膏岩、钙芒硝泥岩、油页岩与盐岩组成的韵律层夹砂岩，厚度为 650～3550 m。其中包括了 157 个含盐韵律，盐岩累计厚度多者达 1800 m。

【沿革】 潜江组自创名以后广为沿用。但在具体划分上大同小异。此前湖北省地质局石油普查大队（1961）称周矶群中的膏盐组上部的一、二、三段，《中南地区区域地层表》（1974）将其厘定为潜江组的上部。

【现在定义】 指整合或平行不整合于以棕红、紫红色为主的荆沙组之上的一套深灰色泥岩、泥膏岩、钙芒硝泥岩、油页岩与盐岩组成的地层，夹砂岩，为江汉盆地重要含油、盐层系，与上覆荆河镇组呈整合接触。

【层型】 复合层型为潜江县 293°，4.2 km，王 14 井 647.5—2388.0 m 为一至四段上部；潜江县 343°，5.5 km 黄 4 井 1 825.5—2 719 m 为四段下部，据高琴琴等（1989）① 介绍。

上覆地层：**荆河镇组** 灰色、绿灰色泥岩与浅灰色、灰白色、棕黄色粉砂岩略等厚互层，夹深灰色油页岩

——————— 整 合 ———————

潜江组 总厚度 2634 m

一段

15. 灰色、浅灰色泥岩、含膏泥岩、泥膏岩夹深灰色、灰色油页岩、浅灰色泥岩，下部夹白色盐膏、盐岩。产孢粉 *Ephedripites*，*Ulmipollenites*，*Quereoidites*，*Taxodiaceaepollenites*，Pinaceae，*Rhoipites* 147.5 m
14. 浅灰色细砂岩、粉砂岩，夹少量棕红色泥岩、灰褐色油页岩。产孢粉 *Ephedripites*，*Quercoidites*，*Ulmipollenites*，*Rhoipites*，Pinaceae，*Taxodiaceaepollenites* 76 m
13. 灰色、深灰色泥岩，中部夹深灰色、褐黑色油页岩、油浸泥岩、泥膏岩。产孢粉 *Ephedripites*，*Quercoidites*，*Ulmipllenites*，Pinaceae，*Taxodiaceaepollenites* 146 m

二段

① 高琴琴、杜国清、万重芳、阎家林、陈钦保，1989，江汉盆地第三系（内刊）。

12. 由灰色泥膏岩、白色盐岩、膏盐、褐黑色色油浸泥岩（油页岩）、深灰色、灰色泥岩等 24 个韵律层组成，单个韵律层 15～35 m。产孢粉 *Ephedripites*，*Quercoidites*，*Ulmipollenites*，*Taxodiaceaepollenites*，Pinaceae　426 m

三段

11. 上部由五层油层与三层灰色泥岩，含膏泥岩组成；下部为灰色含膏泥岩，黑褐色油浸泥岩、泥岩组成的韵律层。产孢粉，主要有 *Ephedripites*，*Quercoidites*，*Ulmipollenites*，*Taxodiaceaepollenites*，Pinaceae　182 m

10. 黑褐色泥岩、油浸泥岩、白色芒硝岩盐组成的 14 个韵律层。产孢粉 *Ephedripites*，*Quercoidites*，*Ulmipollenites*，Pinaceae　310.5 m

四段上部

9. 由油组和韵律层组成，油组岩性为深灰色、灰色泥 岩、含油粉砂岩。韵律层由绿灰色泥岩、油浸泥岩、白色芒膏岩、灰色泥膏岩组成。产孢粉 *Ephedripites*，*Quercoidites*，*Ulmipollenites*，*Taxodiaceaepollenites*，Pinaceae　452.5 m

四段下部

8. 白色盐岩、膏盐、灰褐色油浸泥膏岩、泥岩、油浸泥灰岩等组成不规则韵律层　893.5 m

———————— 整　合 ————————

下伏地层：**荆沙组**　棕紫、暗紫色泥岩夹浅灰、浅棕色粉砂岩

【地质特征及区域变化】　潜江组分布于潜江、江陵、沔阳和小板凹陷。岩性组合特征见现在定义所述。全组包括 160 多个含盐韵律，盐岩累计厚度多者达 1800 m。向西至习家口，江陵地区变为泥岩、砂岩夹油页岩，向东至小板地区为泥岩、膏泥岩夹少量油页岩，本组岩性复杂，但潜二至四段的韵律性强。电性标志明显，高低相间，层次分明，二段 11～15 韵律，三段 4～8 韵律，四段 1～6 韵律，分布稳定，可作区域对比标志。潜一段电性为一套中高梳状电阻，具泥膏标志层。

在潜江凹陷膏盐发育区化石甚少，砂泥岩发育区产丰富的介形类、轮藻、孢粉，还产少量的有孔虫及鱼类化石。其中二至四段中重要介形类以 *Cyprinotus macronefandus*－*C. igneus* 组合带为特点；轮藻以 *Grovesichara kielani*－*Stephanochara globuta*－*Charites jinjiachangensis*－*Croftiella laticellula* 组合带为特点；有孔虫 *Quinqueloculina*－*Triloculina* 组合带；孢粉以 *Taxodiaceaepollenites*－*Quercoidites*－*Ulmipollenites*－*Ephedripites* 组合带为特点。一段主要以孢粉 *Taxodiaceaepollenites*－*Ephedripites*－*Quercoidites*－*Campenia* 组合带；轮藻 *Maedlerisphaera chinensis*－*Charites molassica* 组合带；介形类 *Cyprinotus jingheensis*－*Cyprois zhanggangensis* 组合带为特征。采自本组的玄武岩（K－Ar法）同位素年龄，潜江组二段为 43.1 Ma，44.3 Ma，潜江组四段为 47.8 Ma，潜江组四段下部为 46.5 Ma。据上述化石组合特征及同位素年龄值，潜江组中、下部（二至四段）时代为晚始新世，上部（一段）时代为早渐新世。

荆河镇组　E_3j　（42－0559）

【创名及原始定义】　由五普五七厂地质处（1965）创建于潜江县荆河镇。原始定义：上部绿灰色泥岩，下部深灰色泥岩，夹砂岩、泥膏岩、盐岩及油页岩，厚 150～1 500 m。

【沿革】　荆河镇组与湖北省地质局石油普查大队（1961）“灰绿色泥岩”，江汉石油勘探处（1963）“灰绿色砂泥岩组”和五普（1963）“灰绿色岩组”相当。时代归属为老第三纪。《中南地层表》（1974）称周矶组，归属渐新统。雷奕振（1979）恢复荆河镇组，康一孑、李玲琍（1979）又将荆河镇组底界下移包括了潜江组顶部一段，李奎文等（1982）和高琴琴等

(1989)① 又恢复荆河镇组原义。

【现在定义】 指整合于潜江组之上的一套绿灰、灰色泥岩与粉砂岩互层，夹油页岩及泥灰岩，局部呈杂色，下部夹薄层泥膏岩。自下而上，泥质岩颜色由暗红渐变杂色，砂质岩由多变少，与下伏潜江组呈整合接触，与上覆广华寺组呈角度不整合。

【层型】 正层型为潜江县西 270°，5.4 km 广 1 井 879—1 607 m 剖面，据高琴琴等(1989)①介绍。

上覆地层：**广华寺组** 棕黄、黄棕、黄绿、灰绿色粘土岩，夹石膏、泥质粉砂岩、杂色泥岩，局部夹淡水灰岩

～～～～～～ 整 合 ～～～～～～

荆河镇组	总厚度 809.5 m
一段	
20. 紫色、绿灰色泥岩、软泥岩夹浅灰色粉砂岩	74.5 m
二段	
19. 绿灰色、蓝灰色泥岩与浅灰、灰白色粉砂岩略等厚互层	243 m
三段	
18. 灰色软泥岩、绿灰、蓝灰色泥岩为主，夹浅灰色粉砂岩	170.5 m
17. 绿灰、蓝灰色泥岩与浅灰、灰白、绿灰色粉砂岩略等厚互层，产介形类 *Cyprinotus jingheensis*，*Cypris dercaryi*；孢粉 *Taxodiaceaepollenites*，*Ephedripites*，*Ulmipollenites*，*Rutaceoipollis*，Pinaceae，*Quercoidites*，*Ulmoideipites*，*Rhoipites*，*Liquidambarpollenites* 等个别见到，有孔虫：*Discorbis* sp.	164 m
四段	
16. 上部为绿灰色泥岩夹灰色软泥岩；下部为灰色、绿灰色泥岩与浅灰色、灰白色、棕黄色粉砂岩略等厚互层，夹深灰色油页岩	157.5 m

———— 整 合 ————

下伏地层：**潜江组** 灰色、浅灰色泥岩、含膏泥岩、泥膏岩夹油页岩、泥灰岩、白色盐膏、盐岩

【地质特征及区域变化】 本组主要散布于潜江凹陷、江陵凹陷及丫角—新沟低凸起的部分地区。全组岩性组合特征如现在定义所述。岩石电性由上而下，依次增高，电阻和井径曲线常出现小尖峰。

本组产少量介形类、轮藻、孢粉均是从下伏潜江组上部（一段）延续上来的组合。其中介形类有 *Cyprinotus jingheensis* - *Cyprois zhanggangensis* 组合带；轮藻有 *Maedlerisphaera chinensis* - *Charites molassica* 组合带；孢粉有 *Taxodiaceaepollenites* - *Quercoidites* - *Ulmipollenites* - *Ephedripites* - *Rutaceoipollis* 组合带，有孔虫以 *Discorbis* 为主。据此生物组合特征，本组时代属晚渐新世为宜。

广华寺组 N_1g (42 - 0560)

【创名及原始定义】 五普五七厂地质处（1965）创名，创名地位于潜江县广华寺。原始定义：为杂色粘土岩夹砂岩、砾岩，一般厚度为 300～900 m。

【沿革】 该地层曾为湖北省地质局石油普查大队（1961）、江汉石油勘探处（1963）称之为“杂色粘土岩组”，五普（1963）创名为“拾回桥组”。广华寺组创名后一直为江汉盆地

① 高琴琴、杜国清、万重芳、阎家林、陈钦保，1989，江汉盆地第三系（内刊）。

覆盖区广泛引用。

【现在定义】 指不整合于荆河镇组之上一套以灰黄色为主体色调的成岩度较差的杂色粘土岩、砂岩和砂砾岩互层，上、下部颗粒较细，中部颗粒较粗。

【层型】 正层型为潜江县282°，7.2 km，63—803 m剖面，据高琴琴等（1989）① 介绍。

上覆地层：**第四系**

～～～～～～ 不 整 合 ～～～～～～

广华寺组　　　　总厚度 740 m

23. 褐色、黄色粘土岩与灰色、浅灰、灰黄色泥质粉砂岩及砂岩互层、顶底夹二层砾岩，底以砾岩为界　　278 m

22. 黄褐、褐黄色粘土岩与浅绿、暗紫、棕红等杂色泥质粉砂岩及砂岩互层。顶、底夹二层砾岩，底以砾岩为界　　220.5 m

21. 棕黄、黄棕、黄绿、灰绿色粘土岩，上部夹石膏，下部夹灰、浅灰色泥质粉砂岩、杂色泥岩，局部夹淡水灰岩　　241.5 m

～～～～～～ 不 整 合 ～～～～～～

下伏地层：**荆河镇组**　紫、绿灰色泥岩、软泥岩夹浅灰色粉砂岩

【地质特征及区域变化】 本组地层在盆地内普遍存在，岩性无明显差别，详见现在定义。在钟市一带底部夹两层淡水泥灰岩，厚度300～900 m，与下伏荆河镇组呈不整合接触。电性，下部为平直低电阻，中部呈块状高电阻与低电阻不等厚互层，上部呈梳状电阻。

本组产少量介形类、轮藻和孢粉化石。重要属种有介形类 *Candonopsis zhongguoensis*，*Cypris arma*，*Ilyocypris subbradyi*；轮藻 *Tectochara meriani*，*Amblyochara subeiensis*，*Maedlerisphaera primorskensis*；孢粉 *Polypodiaceaesporites*，*Polypodiisporites* 等。据上述化石组合特征，本组时代为中新世。

玉皇顶组　$E_{1-2}y$　(42-0561)

【创名及原始定义】 河南省地质局石油地质队（1961）创名于湖北省均县（丹江口）玉皇顶。原始定义：岩性以浅肉红色泥灰岩及浅灰白色泥灰岩为主，夹浅紫红色钙质泥岩，“底部普遍以砖红色砾岩与寒武系灰岩呈不整合接触”，与上覆大仓房组呈整合接触。时代归属晚白垩世。

【沿革】 玉皇顶组自创名以来，一直沿用至70年代末无变化，周世全等（1979）修定玉皇顶组只限于其上部含始新世化石层位，而中、下部分出，下部创名胡岗组为晚白垩世、中部创名白营组为古新世；徐余瑄等（1979）再次厘定玉皇顶组为周世全等的白营组与玉皇顶组之和。此后，周、徐两种意见均有人采用。本次与河南省清理组协商后，认为白营组的沉积特征与玉皇顶组一致，故采用徐氏等的意见。

湖北省第十三地质队（1973）② 所建羊峪组，应为本组下部，军店组的含膏段和观兵场段应为本组的中、上部；雷奕振等（1979）③ 观兵场组和油坪组为本组中、上部，建议上述单位名称停止使用。

【现在定义】 以灰、灰黄、灰绿、棕红色砂质泥岩、钙质泥岩和灰白、浅肉红色泥灰岩

---

① 高琴琴、杜国清、万重芳、阎家林、陈钦保，1989，江汉盆地第三系（内刊）。
② 湖北省第十三地质队，1973，湖北房县红盆的构造演化及地层划分（内刊）。
③ 雷奕振等，1979，中南地区的第三系（未刊）。

为主，局部夹棕红、灰黄色砾岩和砂岩。与下伏晚白垩世寺沟组呈整合接触；与上覆大仓房组呈整合接触。时代归属古新世—始新世。

【层型】 正层型为湖北省均县玉皇顶—河南淅川大仓房剖面（111°26′00″，32°42′00″；徐余瑄等，1979，重测）。

上覆地层：**大仓房组** 灰、红褐、砖红色含砾砂质泥岩、含砾粉砂岩夹薄层浅灰色砂砾岩

——————整 合——————

玉皇顶组

8. 灰、灰绿、棕红、红褐色粉砂质泥岩与白色泥灰岩互层，产？*Gobiatherium* sp. 106.6 m
7. 浅棕红、浅灰绿色粉砂质泥岩夹灰白色泥灰岩 33.3 m
6. 灰、灰白色泥灰岩夹薄层钙质粉砂质泥岩和钙质泥岩，产 *Asiocoryphodon conicus*，*A. lophodontus*，*Manteodon flerowi* 223.7 m
5. 灰黄、浅灰色粉砂质泥岩，局部含钙质结核，产 *M.* cf. *meizixiensis* 75.5 m
4. 灰白、浅肉红色中厚层状泥灰岩夹砂质泥岩、钙质泥岩 113.4 m
3. 灰白、浅肉红色粉砂质泥灰岩夹钙质泥岩，层理清晰，含小砾石，有次生方解石脉或晶洞 36.9 m

——————整 合——————

下伏地层：**寺沟组** 棕红、红褐色含砾泥质砂岩、含砾砂质泥岩夹透镜状砾岩，含钙质结核，产恐龙蛋化石

【地质特征及区域变化】 本组出露于丹江口盆地将军山一带，李官桥盆地与房县盆地。全组岩性，下部为砖红色、棕红色含砾砂岩及粉砂岩夹砂质泥岩及细砾岩，局部地区出现角砾状灰岩；中部为一套棕红色泥岩、粉砂岩和浅灰、肉红色泥灰岩，局部见黑色碳质泥岩。含腹足类、介形类、轮藻及哺乳动物化石；上部、褐黄色砾岩、砂岩与棕红色粉砂岩和泥岩互层，含丰富的哺乳类化石。本组与下伏寺沟组（胡岗组）为连续沉积，与上覆大仓房组呈整合接触，出露厚度 502.1～1333.2 m。

本组中部含腹足类 *Australorbis pseudoammoninus*；介形类 *Cypris henanensis*，*Limnocythere hubeiensis*，*L. spinisalata*；轮藻 *Hornichara jintanensis*，*Gyrogona qianjiangica*，*Obtusochara jianglingensis*，*Charites sadleri* 等，于本组中，上部产哺乳类化石达 5 属 6 种，其较重要者有 *Asiacoryphodon conicus*，*A. lophodontus*，*Manteodon flerowi*，*Rhombomylus* sp. 等。据上述化石，本组中、上部应为早始新世，但考虑其下部尚未获得可资鉴定的化石，又与下伏晚白垩世的寺沟组（胡岗组）连续沉积。故全组时代归属古新世至早始新世为宜。

大仓房组 E_2d (42-0562)

【创名及原始定义】 系河南省地质局石油队（1961）创名于河南省淅川县大仓房。原始定义：为浅灰白色砾岩、棕黄色砂岩、紫红色砂质泥岩组成的律韵律沉积，上部砂质泥岩中夹石膏层，与下伏玉皇顶组及上覆核桃园组均呈整合接触。时代归晚白垩世。

【沿革】 省境该地层湖北省第十三地质队（1973）① 于房县盆地曾创建的军店组塘溪段，雷奕振等（1979）② 改称“龙脉沟组”，湖北区调所称“高后坪组下部”。本次采用大仓房组。

【现在定义】 岩性为褐红及棕红色泥岩、砂质泥岩、含膏泥岩、棕黄色砂岩、含砾砂岩、

① 湖北省第十三地质队，1973，湖北房县红盆的构造演化及地层划分（内刊）。
② 雷奕振等，1979，中南地区的第三系（未刊）。

灰、灰白色砂砾岩，夹灰白色泥灰岩，局部夹薄层石膏。与下伏玉皇顶组及上覆核桃园组均呈整合接触。时代归始新世。

【层型】 正层型在河南大仓房。省境次层型为房县龙脉沟剖面（110°37′00″，32°04′00″；湖北省第十三地质队，1973）。

上覆地层：**核桃园组** 下部为砖红、褐红色粉砂质泥岩夹厚层砾岩或含泥灰岩结核

——————— 整 合 ———————

大仓房组　　总厚度 398.1 m

6. 紫红、褐红色钙质泥岩及黄灰色、浅灰色厚层状泥质灰岩，产 *Australorbis pseudoammoninus huanghoensis* 　62 m
5. 灰红色块状泥灰岩、杂色泥岩及砖红色砂质泥岩夹薄层状泥灰岩及砂岩　150.6 m
4. 砖红色粉砂质泥岩，夹厚层状砾岩和砂砾岩　56.9 m
3. 砖红色粉砂质泥岩、中厚层状砾岩互层　63.9 m
2. 红色厚层状中粗砾岩，层间夹含砾粉砂岩　64.7 m

——————— 整 合 ———————

下伏地层：**玉皇顶组** 砖红粉砂质泥岩、含砾中粗砂岩及中细砂岩

【地质特征及区域变化】 本组在省境只分布于房县盆地，岩性以褐红、紫红色为主体色调的粉砂质泥岩为主，上部夹钙质泥岩及泥灰岩；中、下部由含砾粉砂岩、砂砾岩、砾岩等分别与泥质粉砂岩形成由粗至细的韵律层。底部以厚层中粗粒砾岩与下伏玉皇顶组整合接触。宏观上，自下而上组成一个由粗→细的沉积旋回，出露厚 360.3～514.1 m 不等。

本组目前尚未发现有时代意义的化石，根据上下层位，暂推定其时代为中始新世。

核桃园组　E_2h　（42－0563）

【创名及原始定义】 由河南省地质局石油地质队（1961）创名于河南省淅川县核桃园。原始定义：岩性以灰白、灰绿色中厚层泥灰岩为主，夹紫红色泥岩，下寺以西，核桃园一带夹有不稳定的煤层透镜体。与下伏大仓房组呈整合接触，与上覆上寺组呈整合接触，厚度 466.6 m，时代归白垩纪至老第三纪。

【沿革】 省境该地层湖北省第十三地质队（1973）曾创名军店组高后坪段，雷奕振等（1979）改称黑獐沟组，湖北区调所（1986）称高后坪组上段。本次采用核桃园组。

【现在定义】 岩性为棕红、灰绿色泥岩、钙质泥岩与灰白、灰绿色泥灰岩互层，下部局部夹碳质泥岩和浅棕红色粉砂岩，上部夹薄层砾岩。与下伏大仓房组及上覆上寺组均呈整合接触。

【层型】 正层型为河南省淅川县核桃园剖面。省境次层型为房县黑獐沟剖面（110°39′00″，32°02′00″；湖北省第十三地质队，1973）。

上覆地层：**上寺组** 含角砾泥岩或砖红色泥质粉砂岩与中—厚层状中砾岩互层

——————— 整 合 ———————

核桃园组　　总厚度 765 m

上部　淡红、褐红及黄绿色泥岩、泥灰岩，夹灰白色松散砂岩或细砾岩
下部　厚—中厚层状灰褐色砾岩、砂砾岩与浅棕色含钙质结核具灰绿色蠕虫状条带的钙质粉砂质细砂岩和粉砂质泥岩互层，局部夹米黄、深红及灰白色石灰岩
底部　巨厚层—块状砾岩

——————整　合——————

下伏地层：**大仓房组**　棕红色厚层状含砾粗砂岩与棕褐色粉砂质泥岩互层

【地质特征及区域变化】　本组仅分布于房县盆地。所见岩性下部为厚层—中层状灰褐色砾岩、砂砾岩与浅棕色含钙质结核，具灰绿色蠕虫状条带的钙质粉细砂岩和粉砂质泥岩互层，局部夹米黄色、淡红及灰白色石灰岩，底部为巨厚层—块状砾岩与下伏大仓房组分界；上部为淡红、褐红及黄绿色泥岩、泥灰岩夹灰白色松散状砂岩或细砂岩。厚度 200～765 m。

本组产腹足类：*Australorobis pseudoammoninus huanghoensis*，哺乳动物化石 *Breviodon minutus*，*Yuomys* sp.，*Hyrachyus* sp.，Mesonychiidae，Brontotheriidae 等（雷奕振等，1979）①。故本组时代为晚始新世。

上寺组　$E_3\hat{s}$　(42－0562)

【创名及原始定义】　由河南省地质局石油地质队（1961）命名于河南省淅川县上寺。原始定义："岩性为厚层—块状石灰砾岩，夹浅紫红色钙质泥岩"。下寺一带与下伏核桃园组为连续沉积，七里营及南部党子口一带，以轻微角度不整合超覆于大仓房组、玉皇顶组之上。上寺一带厚 437.7 m。时代归晚第三纪。

【沿革】　省境该地层，湖北省第十三地质队（1973）② 曾称军店组上部长望段和泗河段；雷奕振等（1979）厘定为长望组。本次研究认为长望组与李官桥盆地的上寺组基本一致，故采用上寺组代之。

【现在定义】　以灰褐色厚层状砾岩为主，夹浅棕红色泥岩，与下伏核桃园组呈整合接触，未见顶，在区域上与凤凰镇组呈不整合接触。

【层型】　正层型在河南省淅川县上寺。省境次层型为房县长望剖面（111°36′00″，32°01′30″；湖北省第十三地质队，1973）。

上覆地层：**沙坪组**　中—厚层状中砾岩、巨砾岩

～～～～～～不整合～～～～～～

上寺组		总厚度 672.0 m
上部	红色厚层状中—巨砾岩，砾石成分主要为灰岩	332.7 m
中部	肉红色、红白色钙质泥岩夹灰岩，底部为中粗砾岩，砾石成分为灰岩	115.3 m
下部	盆地西部边缘为含角砾泥岩，砾石成分为片岩，厚 224 m；(盆地东部为砖红色泥质粉砂岩与中—厚层中砾岩互层，层理清楚，厚 430.8 m)	224 m

——————整　合——————

下伏地层：**核桃园组**　砖红色、红白色钙质泥岩，局部夹细砂岩、细砾岩

【地质特征及区域变化】　本组仅分布于省境房县盆地，其岩性下部在盆地西部边缘为含角砾泥岩，东部边缘为砖红色泥质粉砂岩与中—厚层中砾岩不等厚互层；中部肉红色、红白色钙质泥岩夹泥灰岩，以中粗砾岩为底，与下部分界；上部、红色厚层中—巨砾岩，出露厚度 672.1～878.2 m

本组尚未获得化石，仅据其层位，推测其时代为渐新世。

沙坪组　$N\hat{s}$　(42－0566)

---

① 雷奕振等，1979，中南地区的第三系（内刊）。
② 湖北省第十三地质队，1973，湖北房县红盆的构造演化及地层划分（内刊）。

【创名及原始定义】 由湖北省第十三地质队（1973）[①] 创名于房县军店镇南东 5 km 的沙坪，原始定义：出露在房县盆地南缘，不整合于第三系之上的一套陆相地层，下部为中—厚层状中砾岩、巨砾岩；中部为黄白色泥灰岩，中厚层砂质泥灰岩，含砾泥灰岩、钙质泥灰岩夹灰黄色砂质砾岩；上部为灰黄、黄白色厚层含砾泥灰岩与中厚层砾岩、泥岩互层；顶部为红色块状中粗粒砾岩。时代归属中—上新世。

【沿革】 北京地质学院（1965）建古河组、岛岩组，归属新第三纪，湖北省地质局第十三地质队王寿琼等（1973）将其内划分为沙坪段、三海堰段，1975 年阎德发等将沙坪组顶部砾岩段划出，建“红塔组”，时代为上新世，其余仍称沙坪组，时代为中新世。本次采用沙坪组，并恢复其创名时含义。

【现在定义】 同原始定义。

【层型】 正层型为房县二郎岗至沙坪剖面（110°34′00″，32°01′00″；湖北省第十三地质队，1973）。

沙坪组	总厚度＞319.11 m
12. 红色块状中粗粒砾岩（与灯影组呈断层接触）	＞124.11 m
11. 灰黄色中厚层含砾泥灰岩与中厚层砾岩互层	63 m
10. 黄白色泥灰岩夹砂砾岩与泥灰岩互层	22 m
9. 灰黄色中厚层状砂质泥灰岩夹灰黄色钙质砂岩	14 m
8. 黄棕色含砾钙质泥岩夹黄色砂质泥岩	27 m
7. 灰黄色中厚层状含砂、砾的泥灰岩	5 m
6. 灰黄色砂质泥岩与砂砾岩互层	14 m
5. 灰黄色中厚层状砂质泥灰岩	1 m
4. 灰黄色中厚层状砾岩及砂砾岩	11 m
3. 灰黄色砂质泥灰岩	7 m
2. 灰黄色厚层状砾岩夹黄色钙质砂岩	5 m
1. 灰黄色砾岩和砂砾岩夹松散砂岩，产哺乳类化石：*Tesselatherium fanxianensis*，*Anchitherium aurelianese*，*Listriodon robastus*，*Oioceros*? *noveca*，*Zygolophodon* sp.	37 m

～～～～～～～ 不 整 合 ～～～～～～～

下伏地层：**上寺组** 淡红、褐红及黄绿色泥岩、泥灰岩夹灰白色松散砂岩及细砾岩

【地质特征及区域变化】 沙坪组呈东西向展布于房县盆地南部的盘峪河—七里河及红塔至三海堰一带。其岩性，下部由三个滨湖三角洲相—滨湖相沉积韵律组成一个旋回，每个自下而上沉积韵律由灰黄色砾岩、砂砾岩、钙质砂岩、泥灰岩或钙质泥岩组成；上部为红色块状巨砾岩。砾岩成分以白云岩为主，杂有白云质灰岩及黑色燧石，均呈角砾状，砾径较大，大者可达 1 m 以上，显然是山坡相产物，砾石均来自南侧与其呈断层接触的灯影组。

本组下部产哺乳类化石，如上面剖面中所列，这些化石是中新世欧亚大陆广泛分布的 *Anchitherium*－*Aceratherium* 动物群的重要分子。中、上部尚未发现化石。故将本组时代置于中、上新世。

---

① 湖北省第十三地质队，1973，湖北房县红盆的构造演化及地层划分（内刊）。

第二节　生物地层

湖北省白垩纪—第三纪地层具有比较丰富的介形类、轮藻、孢粉等化石，亦有双壳类、腹足类、有孔虫及脊椎动物和植物化石的报道。现根据前人资料，将其生物地层的划分简述如下：

介形类

①*Cypridea - Darwinula - Latonia* 组合带：见于灵乡组，伴生的主要分子有 *Cypridea* (*C.*) *spinosa*, *C.* (*Morinina*) *monosulcata*, *C.* (*Ulwellia*) *koskulensis*, *C.* (*Yumenia*) *suboriformis*, *Darwinula contracta*, *Latonia* sp. 等。是早白垩世早、中期的代表类型。

②*Cypridea - Cyprois - Clinocypris* 组合带：见于江汉盆地北缘东部的红花套组，伴生有：*Cypridea* (*C.*) *cavernosa*, *C.* (*Pseudocypridina*) *gigantea*, *Cyprois guangzhouensis*, *Cyprinotus inflatus*, *Ziziphocypris simacovi*, *Mongolianella* sp. 等，时代应归属晚白垩世中期。

③*Talicypridea - Cypridea - Candona* 组合带：除组合带各属的数种外，还有 *Limnocythere*, *Metacypris* 等，见于跑马岗组、渔洋组上部及公安寨组中部、寺沟组。是晚白垩世中、晚期标志化石。

④*Cypridea subtera - C. xindianensis - Sinocypris excelsa* 组合带：该组合带见于龚家冲组及沙市组下段，除组合带分子外，主要还有：*Cypridea oversa*, *Parailyocypris changzhouensis*, *Cypris favosa*, *Candoniella albicans*, *Ilyocypris* sp., *Candona* sp. 等，其时代仅限于古新世。

⑤*Sinocypris excelsa - Parailyocypris changzhouensis - Eucypris hengyangensis* 组合带：见于沙市组上段至新沟咀组下段及当阳龚家冲组中、上部。其特点是中生代分子灭绝，新生代分子大量出现，其中以 *Sinocypris*, *Eucypris*, *Cyprinotus* 占优势、次为 *Parailyocypris*, *Limnocythere* 等。其组合带面貌与南雄盆地浓山组基本一致，时代为晚古新世。

⑥*Cypris decaryi - Limnocythera hubeiensis - Sinocypris reticulata* 组合带：见于新沟咀组下段、洋溪组和玉皇顶组中部。本组合带的特点是属种繁多，数量丰富，是新生代介形类演化的极盛时期，横向分布稳定、便于区域对比。是古新世至始新世标志化石。

⑦*Echinocypris - Tuberocypris - Pseudoeucypris* 组合带：见于荆沙组、大仓房组及潜江组底部。本组合带的分子几乎以全新面貌出现。其中以 *Echinocypris* 为优势属，约占总数的30%，次为 *Cyprinotus*, *Tuberocypris*, *Pseudoeucypris*，再次为 *Eucypris*。其时代宜属始新世中期。

⑧*Cyprinotus macronefandus - C. igneus* 组合带：见于江汉盆地各凹陷潜江组中、下部及核桃园组。本组合带的属种单调，但数量丰富。以 *Cyprinotus* 占绝对优势，与上一组合带呈明显的过渡关系。但典型分子 *Echinocypris*, *Tuberocypris*, *Pseudoeucypris* 已消失；*Eucypris* 进一步衰退，代之而起的是 *Cyprinotus*。其时代属始新世晚期。

⑨*Cyprinotus jingheensis - Cyprois zhangganensis* 组合带：见于潜江组上部至荆河镇组及上寺组。本组合带以 *Cyprinotus macronefandus*, *C. igneus* 的消失，*Cyprinotus* 的大量繁盛为特征。除组合带分子外，主要还有 *Cyprinotus baturini*, *Cypris longus*, *Erpetocypris longa*, *Candoniella suzini*, *Ilyocypris dunshanensis* 等。其时代属渐新世。

⑩*Candonopsis zhongguoensis - Cypris arma - Ilyocypris subbradyi* 组合带：见于广华寺组。它们具有现代介形类的一般特点。主要属种除组合带分子外，还有 *Candoniella suzini*, *C. albicans*, *Ilyocypris cornae*, *I. errabundis*, *Darwinula stevensoni* 等。其时代属晚第三纪中

—上新世。

轮藻

①*Porochara - Latochara - Obtusochara* 组合带：见于江汉盆地北缘东部的红花套组。除组合带的各属分子外，伴生分子有 *Gyrogona hubeiensis*，*Peckichara* sp. 等。结合与其共生的介形虫组合及鸟脚亚目恐龙、鳄目等化石，将本组合带置于晚白垩世中期较为合适。

②*Porochara anluensis - P. gonganzhaiensis* 组合带：见于江汉盆地北缘东部公安寨组。组合带中以 *Porochara* 属为主，除组合带分子外主要还有 *P. jingshanensis*，*P. stipitata* 等。结合其它门类化石考虑，认为本组合带时代宜置于晚白垩纪晚期。

③*Latochara cylindrica - Charites tenuis* 组合带：主要见于江汉盆地西缘、北缘的跑马岗组中。本组合带中以 *Latochara*，*Peckichara*，*Charites*，*Gyrogona*，*Grambastichara*，*Sphaerochara* 各属为主，其时代为晚白垩世晚期。

④*Stephanochara fortis - Peckichara coronata - Gobichara deserta* 组合带：见于沙市组上部及龚家冲组中上部。本组合带以中生代具顶孔类型的绝灭、新生代具侧生瘤饰或顶心发育梅花形突起，顶盖、顶瘤类型的大量出现为特征。其中尤以 *Peckichara*，*Stephanochara*，*Gyrogona*，*Rhabdochara*，*Sinochara* 等达到空前繁盛阶段。其时代为晚古新世。

⑤*Neochara huananensis - Obtusochara elliptica - Amblyochara taixianensis* 组合带：见于新沟咀组下部、洋溪组中下部。该组合带以 *Neochara* 占优势的类群，同时 *Sinochara* 明显减少为特征。主要化石属种多由下伏组合的延续而来，同时出现了 *Amblyochara taixianensis*、*Neochara xinzhuanensis*、*Croftiella paracylindrica*、*C. stenoformis*、*C. humilis*、*Harrisichara camerata*、*Raskyaechara stipitata* 等。其时代为始新世早期下部。

⑥*Obtusochara lanpingensis - Grovesichara changzhouensis - Maedlerisphaera dongshanensis* 组合带：见于新沟咀组上段，其特征为具瘤状装饰的类型衰退、属种明显减少。*Stephanochara*，*Rhabdochara*、*Peckichara*、*Harrisichara*、*Raskyaechara* 等基本绝灭，*Gyrogona* 属中除小型的 *Gyrogona qianjiangica* 继续存在外，该属其余种及 *Neochara*、*Sinochara* 等已绝灭，代之而起的是 *Obtusochara*，但未形成优势。其时代为始新世早期的上部层位。

⑦*Obtusochara jianglingensis - Gyrogona qianjiangica* 组合带：见于荆沙组，以个体小、表面光滑、个体丰度高为特征。以组合带分子的两个小型种为首要种群，*Obtusochara* 为优势属，同时出现了 *Grovesichara kielani*、*Grambastichara toronata*、*Pseudolatochara aechma*、*Obtusochara breviconica*、*Sphaerochara bisulcata* 等。其时代为始新世中期。

⑧*Grovesichara kielani - Stephanochara globuta - Charites jingjiachangensis - Croftiella laticellula* 组合带：见于潜江组中下部，以 *Charites* 的大量出现和 *Obtusochara* 的继续存在为特征。属种繁多，主要以本组合带分子为代表，其时代为始新世晚期。

⑨*Maedlerisphaera chinensis - Charites molassica* 组合带：见于潜江组上部至荆河镇组。该组合带属种较下伏组合带明显减少，除出现 *Maedlerisphaera chinensis* 和 *Stephanochara jiangsuensis* 为新出现的种外，其余多为下伏组合带分子延续上来。其时代为渐新世。

⑩*Tectochara meriani - Amblyochara subeiensis - Maedlerispaera primorskensis* 组合带：见于广华寺组。本组合带以大型轮藻和小型轮藻混生为特征。大型轮藻有 *Tectochara*、*Amblyochara*、*Croftiella*、*Gyrogona* 等，小型轮藻以 *Maedlerisphaera*、*Hornichara* 等为主，未出现具瘤装饰的类型。其时代宜属中新世。

孢粉

①*Cicatricosisporites*－*Classopollis* 组合带：见于灵乡组。裸子植物花粉占50.1%～95%；蕨类植物孢粉含量占5%～49.6%；被子植物花粉仅占0.3%。裸子植物中以*Classopollis*、*Pagiophyllumpollenites* 为主；蕨类植物中以*Cicatricosisporites*，*Schizaeoisporites*、*Klukisporites* 等为主。其中*Cicatricosisporites* 是早白垩世的重要标志之一。故其时代为早白垩世早期。

②*Cicatricosisporites*－*Concavissimisporites*－*Exesipollenites*－*Classopollis* 组合带：见于石门组，以蕨类植物孢粉含量为51.5%～72.4%，裸子植物花粉次之（27.2%～48%），被子植物花粉仅零星出现。蕨类孢子中*Lygodiaceae* 约占组合中一半，尤以*Cicatricosisporites* 最繁盛，达到36.4%～45%，标志着早白垩世中、晚期时代特色。故其时代为早白垩世中、晚期。

③*Wulongspora*－*Zhonghuapollis*－*Tricolpites micromunus* 组合带：见于五龙组。其中蕨类植物孢粉含量14%～46.4%，裸子植物花粉42.5%～86%，被子植物花粉含量1.2%～9.6%，其中*Cicatricosisporites* 虽然丰富多彩，但含量仅为0.8%～14.8%。而*Wulongspora*、*Rugutetraspora* 及*Verrutetraspora* 构成了本组合带的特色。其时代为早白垩世晚期。

④*Schizaeoisporites*－*Ulmoideipites*－*Jianghanpollis*－*Callistopollenites* 组合带：见于跑马岗组和公安寨组中部，本组合带的最明显特征是被子植物花粉在类型和数量上已占优势，为45.2%～65.6%；裸子植物花粉占16%～22%；蕨类植物孢子占14.4%～32.8%。以被子植物花粉取代了裸子植物花粉在组合带中占优势地位。被子植物花粉不仅数量多，而且属种十分丰富多样，以*Ulmoideipites*、*Ulmipollenites* 居首位，裸子植物花粉中以*Ephedripites* 最丰富，蕨类孢子中仍以*Schizaeoisporites* 为主。其时代晚白垩世晚期。

⑤*Ephedripites*－*Ulmoideipites*－*Ulmipollenites minor* 组合带：见于沙市组下部、龚家冲组下部，该组合带的特点是以被子植物花粉为主（57.2%）。组合带成员及组合带中的主要分子常见于我国晚白垩世晚期—古新世地层中，特别是南方古新世地层中较普遍可见，故将本组合带时代定为古新世。

⑥*Ulmipollenites*－*Ulmoideipites*－*Pentapollenites* 组合带：见于沙市组上部至新沟咀组下部及龚家冲组中、上部，本组合带总的特征是被子植物花粉占优势（74%），以*Ulmoideipites*、*Ulmipollenites minor* 为优势属种，其时代宜属晚古新世。

⑦*Polypodiaceoisporites* 顶峰带：见于新沟咀组下、中部及洋溪组下部，本组合带被子植物花粉占优势（73.1%）；以蕨类孢子相当丰富为特征（24.1%）；尤以*Polypodiaceoisporites* 特别发育（18.5%）；裸子植物花粉极少（2.8%）。其时代为早始新世。

⑧*Ulmipollenites*－*Quercoidites*－*Taxodiaceaepollenites* 组合带：见于新沟咀组中、上部。该组合带总的特征是以被子植物花粉占绝对优势（78.6%），裸子植物次之（13.9%）；蕨类植物孢粉较少（6.5%），组合带显然继承了前三个组合带的特点，以具孔粉、三沟粉、三孔粉为特色，其时代为早始新世。

⑨*Ephedripites*－*Meliaceoidites* 顶峰带：见于荆沙组和牌楼口组。该顶峰带特征以热带、亚热带植物花粉丰富为特色，三沟类、三孔沟类花粉含量丰富，尤其发育大量的三孔沟类而明显区别于前述三个组合带，其时代属中始新世。

⑩*Taxodiaceaepollenites*－*Ephedripites*－*Quercoidites*－*Ulmipollenites* 组合带：见于潜江组中、下部及牌楼口组。组合带特征以被子植物花粉为主（52.9%），其中以*Quercoidites*，*Ulmipollenites* 为主，胡桃科、桦科花粉较多；裸子植物花粉以*Ephedripites*、*Taxodiaceaepollenites* 为主；蕨类孢子较少。其中*Taxodiaceaepollenites* 一般在晚始新世—渐新世发育。*Ephedripites eocenicus*，*E. trinata*、*E. cheganicus* 等，主要见于始新世。故其时代宜置于晚始新世。

⑪*Taxodiaceaepollenites* - *Ephedripites* - *Quercoidites* - *Campenia* 组合带：见于潜江组上部。以被子植物花粉略高于裸子植物花粉为其特征。主要成分为组合带分子。其时代宜置于渐新世。

⑫*Taxodiaceaepollenites* - *Quercoidites* - *Ulmipollenites* - *Ephedripites* - *Rutaceoipollis* 组合带：见于荆河镇组，组合带中以被子植物花粉为主（60.8%）基本特征与前一组合带一致。其时代为渐新世。

⑬*Polypodiaceaesporites* - *Polypodiisporites* 顶峰带：见于广华寺组，组合特征以被子植物花粉为主（52%），裸子植物花粉（24.3%）与蕨类植物孢子（24.1%）。被子植物花粉以温带植物为主，属种类型相当丰富。裸子植物花粉以松科花粉为特点，蕨类植物孢子以本顶峰带分子最发育。其时代为中新世。

双壳类

Nakamuranaia chingshanensis - *Sphaerium jeholense* 组合带：见于灵乡组，该组合带是我国"*T* - *N* - *P*"动物群的重要组成分子之一，常见于我国晚侏罗世至早白垩世地层中。

腹足类

①*Aplexa* - *Sanshuispira* - *Assiminea* 组合带：主要见于龚家冲组，玉皇顶组，大仓房组也可见及。主要由肺螺亚纲成员组成。

②*Mirolaminatus* - *Melanoides* - *Truncatella* - *Physa* 组合带：见于洋溪组和新沟咀组，主要由水生螺类组成。

上述二个组合带的成员，地史分布期较长，一般在整个老第三纪中都能见到，但以古新世—始新世地层中常见，于是我省只能确定其时代由晚古新世—始新世。

脊椎动物

脊椎动物化石，过去发现不多，研究不系统，已记述有鱼类、爬行类、恐龙蛋和哺乳类等，但它们对地层划分对比有一定意义。

（一）鱼类

①*Knightia yuyanga*：该化石产于宜都县姚店跑马岗组上部。刘宪亭（1963）曾将其置于中、晚始新世，后经雷奕振等（1987）在直覆于 *K. yuyanga* 之上的层位中获得不少恐龙蛋皮化石 *Macroolithus* cf. *yaotunensis*，而修正为晚白垩世晚期。

②*Jianghanichthys hubeiensis*：产于洋溪组中部，数量极为丰富，但种类单调。时代为始新世早期。

③*Tungtingichthys jingshanensis*：产于新沟咀组。该化石系我国南方 *Osteochilus* - *Tungtingchthys* 鱼化石群的重要分子之一。时代为始新世早期。

（二）龟鳖类

①*Anhuichelys xinzhouensis*：产于新洲县旧街公安寨组中上部。它与安徽西部古新世地层的 *A. tsienshanensis* 极为相似。故其时代为古新世。

②*Aspideretes muyuensis*：产于当阳、南漳洋溪组下部，它与广东茂名晚始新世的 *A. impressus* 相似，同时考虑其共生无脊椎动物化石，定其为始新世早期。

（三）恐龙

①cf. *Prodeinodon kwangshiensis*：产于宜昌市窑湾五龙组。它与广西 *P. kwangshiensis* 很相似，故其时代为早白垩世晚期。

②cf. Hadrosauridae：产于江汉盆地东北缘红花套组。它是鸟脚亚目进化过程中最后分化

出来的一群，生活于晚白垩世，且十分繁盛。

（四）恐龙蛋化石

①*Dendroolithus wangdianensis*：产于安陆县王店公安寨组下部。为晚白垩世早期。

②*Macroolithus yaotunensis*：产于宜都、来凤等地的跑马岗组及竹山马家山的寺沟组顶部，为晚白垩世。

（五）哺乳类

①*Asiocoryphodon lophodontus*，*A.* cf. *conicus*，*Coryphodon zhichengensis*，*Rhombomylus* sp.，*Hyopsodus* sp. 动物群：产于李官桥盆地玉皇顶组上部及宜都、当阳、枝江一带洋溪组。为始新世早期。

②*Manteodon youngi*：产于枝江县梅子溪牌楼口组下部，为始新世中期下部层位。

③*Yuomys* sp.，*Breviodon minutus*，*Hyrachyus* sp.，Mesonychiidae，Brontotheriidae 等：产于核桃园组。为始新世晚期。

④*Dicerorhinus ringstroemi*，*Dorcatherium progressus*，*Hipparion* cf. *peychodus* 等：上述化石是华北三趾马动物群中常见的重要分子。产于荆门县杨集丁家坡的掇刀石组泥灰岩中，其时代为中新世至上新世早期。

⑤*Tesselatherium fanxianensis*、*Anchitherium aurlianese*，*Listriodon robustus*，*Oloceros? noveca*，*Zygolophodon* sp. 等：产于房县盆地沙坪组下部。该生物群属于安琪马-利齿猪-矮脚犀-无角犀动物群的成员。故其时代为中新世。

植物

Pseudofrenelopsis parceramosa－*Cladophlebis pachyphylla* 组合带：见于灵乡组、五龙组。为早白垩世。

第三节　年代地层

湖北省白垩系—第三系的划分，本次仍采用我国传统的划分意见。即白垩系二分为下、上白垩统；第三系分为下第三系：古新统、始新统、渐新统；上第三系：中新统、上新统。现将各地层界线划分简述如下：

一、白垩系底界：湖北省境内除鄂东南地区外，其它地区之白垩系均以角度不整合覆于前白垩纪各不同时代地层之上，以此不整合面作为白垩系底界，清晰可辨。鄂东南地区，由于灵乡组之同位素年龄为 138 Ma，处于白垩纪与侏罗纪界线年龄 140～135 Ma 的临界值，且其下地层的同位素年龄为 146～142 Ma，为侏罗纪年龄值范围之内。同时，灵乡组内虽有侏罗纪—白垩纪的双壳类常见分子，但更有具早白垩世时代标志的介形类、孢粉组合与植物化石。因此，灵乡组之底界与白垩系底界在年龄值与古生物特征有明显的一致性，故鄂东南白垩系底界可以灵乡组底界为标志。

二、下、上白垩统之界线：省境以生物群特征与沉积旋回为依据，以含相似广西原恐齿龙（cf. *Prodeinodon kwangshiensis*），植物 *Pseudofrenelopsis parceramosa*、孢粉 *Wulongspora*－*Zhonghuapollis*－*Tricolpites micromunus* 组合带的地层代表早白垩世晚期的沉积，其上连续沉积之地层，若其沉积旋回反映代表后一次构造运动开始的沉积，则划归于晚白垩世沉积，故其沉积旋回之起始面，即为下、上白垩统之界面。

三、第三系底界：省境该地质时期属于陆相地层。有关陆相白垩纪—第三系的分界，传统概念是以脊椎动物中恐龙类的绝灭与哺乳类中真兽的突然爆发为标准。但近几十年来随着微体化石研究的进展，也常常以介形类、轮藻、孢粉的组合带特征来划分。晚白垩世生物群主要特征：一般有恐龙类或恐龙蛋化石，介形类以 *Talicypridea* - *Cypridea* - *Candona* 组合带、轮藻以 *Porochara*，*Latochara*，*Charites* 等为主，孢粉以 *Schizaeoisporites* - *Ulmoideipites* - *Jianghanpollis* - *Callistopollenites* 组合带为代表。古新世早中期生物特征：省境虽未发现哺乳类动物化石，但有被哺乳动物化石所证实为古新世的龟鳖类 *Anhuichelys xinzhouensis* 的产出，且介形类以 *Cypridea subtera* - *C. xindianensis* - *Sinocypris excelsa* 组合带，轮藻以 *Stephanochara fortis* - *Peckichara coronata* - *Gobichara deserta* 组合带，孢粉以 *Ephedripites* - *Ulmoideipites* - *Ulmipollenitesminor minor* 组合带为代表。据此，我省白垩系—第三系界线在鄂西北区划在寺沟组与玉皇顶组之间；在江汉盆地西区划在跑马岗组与龚家冲组之间，在江汉盆地中心区划在渔洋组与沙市组之间，在鄂东区这条界线则通过公安寨组中上部。另外，根据高琴琴等（1989）① 于江汉盆地白垩纪—第三系之分界置于龚家冲组之底，与所测得的古地磁的意见一致，正好位于 29nT 反向极性时带，相当于国际标准年 65 Ma。

四、始新统底界：以介形类 *Cypris decaryi* - *Limnocythera hubeiensis* - *Sinocypris reticulata* 组合带；轮藻 *Neochara huananensis* - *Obtusochara elliptica* - *Amblyochara taixianensis* 组合带；孢粉 *Polypodiaceoisporites* 顶峰带；哺乳动物 *Asiocoryphodon lophodontus*，*A.* cf. *conica*，*Coryphodon zhichengensis* 等冠齿兽科的出现为标志。据此，始新世底界在江汉盆地西区与洋溪组底界一致，在江汉盆地中心区划在新沟咀组下部、鄂西北区划在玉皇顶组中上部。同时，根据古地磁测定洋溪组底位于 24nT 反向极性时（带），与国际标准地磁极性年代确定的始新统底界一致。所以与上述生物确定的界线是不矛盾的。

五、渐新统底界：以介形类 *Cyprinotus jingheensis* - *Cyprois zhanggangensis* 组合带，轮藻 *Maedlerispaera chinensis* - *Charites molassica* 组合带，孢粉 *Taxodiaceaepollenites* - *Ephedripites* - *Quercoidites* - *Ulmipollenites* 组合带的出现为渐新世底界。据此，渐新统与始新统之间分界置于潜江组上部与中部（一段与二段）之间。江汉盆地西缘牌楼口组出露不全，据其出露之顶界古地磁资料为 16nT 正向极性时（带）相当于 39.86 Ma，尚未达到渐新统之底界（13nT 反向极性时相当于 38 Ma），说明该地区渐新世地层没有出露。鄂西北区，暂置于核桃园组与上寺组之间，是根据核桃园组产晚始新世的哺乳动物化石（见上节），而两者又为连续沉积而推之。

六、上、下第三系之界线：我国陆相上、下第三系的界线按传统的观点认为两者之间有一明显的造山运动，使其呈角度不整合接触或沉积间断，其界线是明显的。该界线之上、下的古生物群和沉积特征也确实存在较大差异。故省境的广华寺组、掇刀石组、沙坪组均以角度不整合分别覆于荆河镇组、牌楼口组、上寺组之上，并富含中新世或中、上新世的化石（见上节或第一节有关部分）。故它们的底界，代表了省境上、下第三系的界面。

---

① 高琴琴、杜国清、万重芳、阎家林、陈钦保，1989，江汉盆地第三系（内刊）。

第六章
结　语

湖北省境地处我国中部、长江中游，土地肥沃，矿产丰富，山河壮丽，多姿多态的名山大川闻名于天下，地质上既跨昆仑-秦岭活动带，又踞稳定的扬子陆块上，各地质时期的地层发育齐全，远在上世纪中叶就为中外地质工作者所关注，在一百多年来的研究历史中，有许多地层单位名称创建于我省境内。经清理初步统计，基本查明在省境前人曾使用过的 475 个地层单位名称中，创建于省内者有 364 个，引用外省区的有 111 个。通过本次清理，从中清理筛选出 167 个岩石地层单位名称，推荐给我省今后使用。这 167 个岩石地层单位中，于省境创建者 105 个，相应地明确或确定了 105 个单位层型剖面（正、选层型）；引用外省区的 62 个，也相应地指定了 62 条以上的主要参考剖面。同时，建立了湖北省地层数据库，录入了 167 套岩石地层单位成果卡和 202 条建议停用的地层单位名词条目（不包括引用外省的和补遗的 106 条）。对过去那些以生物化石的年代解释为依据创建的岩石地层单位名称或划分的地层单位界线，对那些同物异名、异物同名以及其它与岩石地层单位涵义不符者，均作了修订或提出建议停用等处理意见。另外一个值得重视的新进展，就是通过本次清理，对岩石地层单位的跨时、穿时的普遍性，作了必要描述。但是由于时间和其它客观因素，尚存在一些问题有待今后进一步调查研究逐步解决。

一、主要进展

1. 截止本次地层对比研究，湖北省前震旦纪地层各个岩群、群、组级正式或非正式构造地层单位或岩石地层单位均已系统建立。它们相互间在时序上的排列或对比客观地显示了省境前震旦纪地层在建造与改造上的序列和前震旦纪各地史时期省境地壳演化的历史与规律，为探讨扬子、秦岭、华北三大构造单元在前震旦纪地壳演化上的相互关系与各自特征提供了重要依据。

2. 对于原大别山群、桐柏山群、崆岭群、水月寺群、杨坡群等中深变质杂岩，按现代变质地质学理论，区分出变质表壳岩与交质侵入岩两个不同的岩石系列，并将变质表壳岩系列作为省境最古老的地层序列进行了研究，直观地反映出我省晚太古代—早元古代时期沉积古地理-古构造环境与格局，使其作为古老地层的涵义更加明确。

3. 对前震旦纪岩石地层成岩时代的探讨，在同位素地质年代学及古生物学两方面研究中，都列述了丰富的依据，使得我省前震旦纪各时代地层单位间的叠置关系及区域对比渐趋明朗。

4. 通过对峡东地区震旦纪莲沱组、南沱组、陡山沱组和灯影组的单位层型剖面核查，肯定了赵自强等（1985）重测、研究的上述单位层型剖面，符合岩石地层划分原则，其出露好，界线清楚，研究程度较高，是比较理想的单位层型剖面。

5. 通过对峡东地区寒武纪、奥陶纪地层的实地核查和室内资料的综合分析，我们认为前人所创建的“黄鳝洞组”（江纳言等，1972，提议；忠华、钱逸，1977，分别正式著文引用）、天柱山组（段）（赵自强等，1978、1980）、西蒿坪组（王寿琼等，1980）、沿家河组（陈平，1984）、西陵峡组（汪啸风等，1981）、磕膝包组、官山脑组、新坪组、雾渡河组（汪啸风等，1987）等，均是根据所获得化石的年代解释，是以生物化石界面来划分的地层，故本次建议停用。恢复了原灯影组（李四光等，1924）、水井沱组（张树森，1978 修订的）、覃家庙组、三游洞组（王钰，1938）等原意，他们的工作只能进一步解释这些地层单位的跨时性或穿时性问题。为了减轻地层单位名称过多重复的负担，在岩性特征基本一致、同一沉积盆地的情况下尽量统一命名，因而暂停用水井沱组、三游洞组，分别由牛蹄塘组、娄山关组代替。奥陶纪的南津关组与分乡组合并用南津关组代替，停止使用临湘组，将其并入宝塔组；停止使用五峰组，恢复原龙马溪组（李四光，1924，龙马页岩）。

6. 通过我们在钟祥云台观重测云台观组的层型剖面，确证云台观组岩性组合特征与武汉地区的珞珈石英岩（俞建章、郭鸿俊，1948）或“五通组”基本雷同，只是各地被剥蚀多少有差异而已，故本次统一命名，暂停使用“珞珈山群”和“五通组”。

7. 在鄂西松滋、宜都、长阳等地的泥盆纪—石炭纪之间的一段由数米至 20 余米的砂页岩组成的过渡性地层，由于近 10 多年来，于其下部层位发现晚泥盆世化石而创名为梯子口组，上部层位发现早石炭世化石又创名为长阳组。这两个以生物化石的年代解释而划分的地层单位，只能用于生物地层和年代地层，不符合岩石地层的划分原则，故予停用，将该段地层置于写经寺组上段（砂页岩段），是一跨纪的地层单位。

8. 二叠纪时期，由于湖北省地处上、下扬子海的过渡地带，因而反映在沉积的岩性、岩相上，具有上、下扬子区的穿插变化特点，即既有上扬子区特征的地层，如梁山组、茅口组、吴家坪组；又有下扬子区特征的地层，如栖霞组、孤峰组、龙潭组；还有地区特色的瓦屋湾组、大水沟组、武穴组和下窑组等（图 4-3 和图 4-4）。

9. 修正了省境过去以生物化石 *Eomorphotis*（*Asoella*）*illyrica* 出现为标准划分嘉陵组与巴东组之界线的做法，恢复原巴东组（谢家荣等，1925），即将含 *E.*（*A.*）*illyrica* 的白云质灰岩、白云岩划入嘉陵江组，是一跨世地层，以页岩、砂岩出现为嘉陵江组与巴东组之分界。

10. 省境中生代含煤地层及其上覆的连续沉积的红层，由于 70 年代以来的调研工作深入，先后发现了丰富的化石，因时、因地、因人而创建一批地层单位名称，致使地层名称复杂化，通过本次对比研究，查明其岩性基本相同的地层单位，采用统一的命名，停用或废弃同物异名的地层名称。

11. 白垩—第三纪地层：我们本着在岩性组合基本相同、层位大致相当的情况下，小盆地尽量沿用大盆地的地层划分原则，基本理顺了省境各盆地之地层划分对比序列；对鄂东、鄂东南地区曾广泛沿用的“东湖群”一名，由于其涵义不明确、又无层型剖面可依，故给予停用，选择了公安寨组一名代之，是目前较合适的做法。

二、存在的主要问题

1. 关于变质表壳岩系中各岩组的厚度及相邻岩组间的接触关系，鉴于以往剖面测制中均包含有古侵入体（花岗质片麻岩）、混合岩或混合花岗岩的厚度，因而本次清理拟定的变质表壳岩岩组的厚度已无法确定，岩组间关系亦无直接依据，且多表现为后期变形面理的接触关系，描述中这两方面内容也就省略。这是有待以后解决的问题。

2. 对于红安(岩)群和武当(岩)群各岩组的厚度，虽据以往剖面进行了描述，但从近几年运用构造解析方法的结果，证明所述厚度皆系岩石主期变形面理的垂直厚度，即构造地层厚度，至于原始地层厚度已无法确切描述与计算。同样，各岩组间的接触关系，所谓“整合”，也仅是主期变形面理的“整合”，并非沉积整合。由于以往资料中尚未对变形序次进行研究，变形构造样式也不清楚，致使各岩组所测量的厚度偏大甚多。

3. 武当(岩)群归并了原武当山群与随县群(或大狼山群)，所拟划分的两个岩组在武当山地区与随州地区的区域延伸特征与对比，还局限在对以往原有组的分析上，确切的划分与对比，有待今后填图中验证、补充与修订。

4. 原打鼓石群取消后，归入神农架群；花山组未取消，但可与马槽园群对比。这样处理，在打鼓石群原各组与神农架群各组的对比上，花山组与马槽园群具体组的对比上，都还有待验证。

5. 关于鹤峰走马坪一带前震旦纪地层的那套厚达 1 494 m 的灰绿色青灰色的板岩、绢云母板岩夹变余粉砂岩为主的浅变质岩系，底部有 27 m 厚的紫色、紫灰色绢云母板岩夹变余粉砂—细砂岩、高岭石页岩地层。有人将其置于板溪群内，但多数人是将其置于冷家溪群内。本次暂时沿用邻区湖南石门县杨家坪地区的张家湾组，其正确与否有待今后进一步工作来证实之。

6. 鄂西北一带的竹山—郧西地区的震旦纪至古生代地层，由于构造复杂，断裂发育，具有不同程度的区域变质作用，其调查研究程度较低，其中较早较多的区调工作是由陕西区调队完成，故本次清理工作是在同陕西清理组共同协商下确定的，看来与过去的划分上有较大的变动，其中必存在不少问题有待今后进一步工作解决。如竹山（岩）群的那一套板岩、千枚岩为主的地层，在我们省境是跨寒武纪至奥陶纪地层，而陕西省则置于志留纪地层内；又如石瓮子组，省境从前未沿用过，这次在鄂、豫、陕三省协商下，将我们过去沿用的蜈蚣垭组的那套以灰岩为主的地层用陕西省境内的以白云岩为主的石瓮子组代替，二者有所差别，但创名于陕西省的蜈蚣垭组一名已被陕西清理组废弃；还有泥盆—石炭纪地层，以往本区是沿用杨岭沟组、冷水河组、南羊山组，这次根据陕西清理组改用古道岭组、星红铺组和铁山组。诸如此类问题不少，有待今后实践中去验证。

总之本项目是一项综合性强的研究项目，又是由传统观念转向新概念的一个过程，由于我们的水平所限，再加上时间仓促，资料收集难免有遗漏，因此难免在报告中存在某些缺点，甚至错误或不当之处，敬请批评指正。

参考文献

安泰庠、杜国清、高琴琴等，1981，湖北宜昌黄花场地区奥陶系牙形石生物地层。中国微体古生物学会第一次学术会议论文选集，105—113。北京：科学出版社。

敖振宽、杨昌权，1959，湖南慈利石门间泥盆纪地层。地质学报，39（1）：94—102。

卞美年、德日进、杨钟健，1956，湖北宜昌红色层中的钝角类化石。中国地质学会志，15（2）：217—224。

陈　旭，1935，湖北东南部阳新灰岩之分层。中国地质学会志，14（1）：63—65。

陈楚震、黎文本、马其鸿等，1979，西南地区的三叠系。中国科学院南京地质古生物研究所著，西南地区碳酸盐生物地层。北京：科学出版社。

陈懋猷，1959，湖南西北部泥盆纪地层及其对比问题。地质学报，39（4）：457—470。

陈华成、王云慧、严幼因，1979，江苏及安徽南部早石炭世地层。地层学杂志，3（4）：247—250。

陈华成、吴其切等，1989，长江中下游地层志。合肥：安徽科学技术出版社。

陈忆元、张树森，1980，峡东松林坡早寒武世早期小壳动物化石。地质论评，26（3）：190—197。

陈公信，1975，鄂西荆当盆地香溪群含煤岩系的划分及其时代。地质科技，（3）。

陈公信，1983，湖北新洲盆地的龟化石。古脊椎动物与古人类，21（1）：42—48。

陈　平，1984，湖北省宜昌计家坡下寒武统底部小壳化石的发现及其意义。地层古生物论文集，13辑：49—64。

楚旭春，1950，武昌海相泥盆纪地层之发现。地质论评，15（1—3）：97。

德日进、杨钟健，1935，扬子江流域新生代地层之层序。中国地质学会志，14（2）：161—178。

地质部地质科学院地质研究所前寒武纪地质及变质岩研究室，1962，中国的前寒武系，全国地层会议学术报告汇编。北京：科学出版社。

地质部地质科学院，1962，湖北宜昌三峡地区中国前寒武系，全国地层会议学术报告汇编。北京：科学出版社。

地矿部天津地质矿产研究所、鄂西北地质矿产调查所、湖北省区域地质矿产调查所，1991，武当群地质特征。天津：天津科技翻译出版公司。

丁文江，1919，芜湖以下长江流域地质。上海黄浦浚港局研究报告，1号。

丁文江，1931，丰宁系之分层。中国地质学会志，10：31—48。

丁蕴杰、夏国英、许寿永等，1992，中国石炭—二叠系界线。北京：地质出版社。

段承华，1984，湖北神农架地区早寒武世西嵩坪组小壳化石——软舌螺和亲缘关系不明的骨骼化石。天津地质矿产研究所所刊，7号：143—188。

冯少南、孟繁松，1975，湘鄂边境写经寺组植物化石及菱铁矿层的地层时代。地层古生物论文集，第2辑：122—130。

冯少南、许寿永、林甲兴等，1984，长江三峡地区生物地层学（3）晚古生代分册。北京：地质出版社。

傅力浦，1977，西北地区上奥陶统。地层古生物论文集，第3辑。

高振西，1950，湖北南部之煤系及煤储量估计。地质论评，15（1—3）：76—77。

葛治洲、戎嘉余、杨学长等，1979，西南地区的志留系。中国科学院南京地质古生物研究所所著，西南地区碳酸盐生物地层。北京：科学出版社。

顾知微，1962，中国的侏罗系和白垩系，全国地层会议学术报告汇编。北京：科学出版社。

顾威国，1982，鄂东黄石地区“大埔组”的时代问题。地层学杂志，6（4）：319—312。

关绍曾，1979，中南地区白垩纪—早第三纪的介形虫组合及地层的划分和对比。华南中新生代红层，174—180。北京：科学出版社。

关绍曾、杨　忠、薛公为等，1984，鄂东南灵乡组的时代和侏罗系与白垩系的界线。地质学报，58（1）：18—25。

贵州省地质矿产局，1987，贵州省区域地质志。北京：地质出版社。

郝诒纯、苏德英、余静贤等，1986，中国的白垩系，中国地层（12）。北京：地质出版社。

何　炎、梁希洛等，1964，安徽长江沿岸古生代及三叠纪地层。中国科学院南京地质古生物研究所集刊（地层文集第1号）。北京：科学出版社。

河南省地质矿产局，1989，河南省区域地质志，北京：地质出版社。

赫德伯格ＨＤ，1976，国际地层指南（地层划分、术语和程序）。张守信译，1979。北京：科学出版社。

侯祐堂，1955，湖北西部上泥盆纪介形类化石。古生物学报，3（3）：205—226。

侯祐堂、何俊德、叶春辉，1978，江汉平原边缘地区白垩—第三纪介形类动物群。中国科学院南京地质古生物研究所集刊，第9号。北京：科学出版社。
侯鸿飞、王士涛等，1988，中国的泥盆系，中国地层（7）。北京：地质出版社。
湖北省地质局三峡地层研究组，1978，峡东地区震旦纪至二叠纪地层古生物。北京：地质出版社。
湖北省地质矿产局，1990，湖北省区域地质志。北京：地质出版社。
湖北省区测队，1984，湖北古生物图册。武汉：湖北科学技术出版社。
湖北房县文化馆，1976，湖北省首次发现中新世哺乳动物化石。古脊物动物与古人类，14（1）：封3。
湖南省地质矿产局，1989，湖南省区域地质志。北京：地质出版社。
黄其胜、卢宗盛，1988，鄂东南武昌组早侏罗世植物群。地球科学，13（5）：545—552。
计荣森，1940，长江三峡寒武纪古杯类。中国地质学会志，20（2）：122—145。
江　涛，1965，鄂西松滋、宜都早石炭世地层，地质论评，23（3）：163—171。
江西省地质矿产局，1984，江西省区域地质志。北京：地质出版社。
江苏省地质矿产局，1989，宁镇山脉地质志。南京：江苏科学技术出版社。
雷奕振、关绍曾、张清如、孙全英，1987，长江三峡地区生物地层学（5）白垩纪—第三纪分册。北京：地质出版社。
李四光、赵亚曾，1924，长江峡东地质及峡之历史。中国地质学会志，3（3—4）：350—392。
李四光、朱　森，1930，栖霞灰岩及其有关地层。中国地质学会志，9（1）：37—42。
李　捷，1928，湖北蒲圻、嘉鱼、咸宁、崇阳、武昌等县地质。地质研究所集刊，第3号。
李　捷，朱　森，1930，秦岭中段南部地质。地质研究所集刊，第9号。
李　捷，许　杰、吴燕生、马振图，1937，湖北矿产调查鄂西部分。前湖北省建设厅印制。
李　捷、谭　彭，1951，鄂西水成赤铁矿之地质时代。地质论评，16（1）：70—71。
李毓尧、李　捷、朱　森，1935，宁镇山脉地质。前国立中央研究院地质研究所丛刊，第11号：1—387。
李星学，1965，论中国五通群植物群的时代问题。地质论评，23（1）：8—14。
李星学、蔡重阳，1979，中国泥盆纪植物群。地层学杂志，3（2）：90—95。
李曼英、宋之琛、李再平，1978，江汉平原白垩—第三纪的几个孢粉组合。中国科学院南京地质古生物研究所集刊，第9号：1—60。
李善姬，1981，扬子区寒武系。项礼文等著，1981，中国的寒武系，中国地层（4）。北京：地质出版社。
李云通等，1984，中国的第三系，中国地层（13）。北京：地质出版社。
李福喜、聂学武，1987，黄陵断隆北部崆岭群地质时代及地层划分。湖北地质，1（1）。
李松生，1987，阳城铅锌矿的三步成矿模式。湖北地质，1（1）。
李松生，1989，重新认识鄂东北地区前寒武纪地层。湖北地质，3（1）。
李　铨、冷坚等，1987，神农架上前寒武系。天津：天津科学技术出版社。
林甲兴、黎汉明、陈家怀，1984，鄂西黄龙期有孔虫组合（带）及其与马鞍煤系富煤带分布规律。矿床地质，3（3）：85—93。
刘季辰、赵汝钧，1924，江苏地质志，前中央地质调查研究所，地质汇报，甲种4号。
刘祖彝，1933，安徽东北部和县及合山县地质，前中央研究院地质研究所丛刊，3号。
刘之远，1942，遵义县、桐梓县两县地质纲要，载于国立浙江文科研究所史地学部丛刊，第1号，11—27。
刘之远，1948，黔北地层发育史。前中央研究院地质研究所丛刊，第7号。
刘之远，1951，湖北西南部构造地质。中国地质学会志，31：1—8。
刘和甫、张博全、李树誉，1959，鄂西上泥盆纪宁乡式铁矿的分布规律。北京地质学院学报，（5）：35—42。
刘淑梅、李晋僧、郝树声、吴顺宝、林和茂、汪明洲，1959，湖北三峡新滩中志留纪罗惹坪世动物群的发现及其意义。北京地质学院学报，（5）。
刘鸿允、沙庆安，1963，长江峡东地区震旦系新见。地质科学，（4）：178—182。
刘鸿允等，1991，中国震旦纪。北京：科学出版社。
刘宪亭，1963，湖北宜都艾氏鱼（*Knightia*）的发现及其意义。古脊椎动物与古人类，7（1）：31—37。
刘第墉，1979，西南地区早寒武世早期的腕足类化石。古生物学报，18（5）：505—512。
刘永耀、孙振华、杨少铭，1984，鄂东南过渡类型的寒武纪、奥陶纪地层。地层学杂志，8（2）：94—106。
卢衍豪，1956，汉中梁山地区二叠纪并论中国南部二叠纪的分层和对比。地质学报，36（2）。
卢衍豪，1959，中国南部奥陶纪地层的分类和对比。中国地质学基本资料专题总结论文集，2号，北京：地质出版社。

卢衍豪，1962，中国的寒武系，全国地层会议学术报告汇编。北京：科学出版社。
卢衍豪，1975，华中及西南奥陶纪三叶虫动物群。中国古生物志，新乙种，11号。
卢衍豪、张日东、葛梅钰，1963，浙江西部下古生代地层。全国地层会议学术报告汇编，浙西地层现场会议。北京：科学出版社。
卢衍豪、穆恩之、侯祐堂、张日东、刘第墉，1955，浙西古生代地层新见。地质知识，(2)。
卢衍豪、朱兆玲、钱义元、林焕令、袁金良，1982，中国寒武纪地层对比表及说明书，中国各纪地层对比表及说明书。28—54页。北京：科学出版社。
罗志立、万湘仁，1957，四川盆地南部三叠纪地层时代划分的意见。地质论评，17 (4)。
马其鸿、陈金华、蓝　琇、顾知微、陈楚震、林敏基，1976，云南中生代瓣鳃类化石。云南中生代化石，上册。北京：科学出版社。
马国干、李华芹、薛晓峰，1980，峡东地区震旦系同位系年龄及我国震旦系地质年代的讨论。中国地质科学院院报宜昌地质矿产研究所分刊，1 (1)：39—55。
孟宪民，1929，湖北南漳、当阳、远安等县之煤田地质。前中央研究院地质研究所集刊，8号。
南京大学地质系，1956，湖北大洪山地区区域地质问题。南京大学学报，第5期。
倪世钊，1981，从峡东地区奥陶纪牙形石讨论几个地层问题。中国微体古生物学会第一届学术会议文选集，105—113页。北京：科学出版社。
倪世钊、桂建斌、杨道政，1991，湖北随县古城畈群奥陶系牙形类的发现兼论华北扬子地台牙形类的分布模式。微体古生物学报，8 (1)。
倪世钊、汪啸风、徐光洪、周天梅、曾庆銮、李志宏、项礼文、赖才根，1983，湖北宜昌黄花场寒武系与奥陶系的界线。中国地质科学院宜昌地质矿产研究所所刊，6号，69—92。
宁崇质等，1959，从鄂东大别山地质构造轮廓论淮阳山字型的孤顶和脊柱构造。地质部地质力学研究室，地质力学丛刊，1号。
区元任、敖振宽、冯燮彪，1957，武昌海相泥盆纪问题。中南矿冶学院学报，2 (2)：57—66。
区元任、敖振宽、冯燮彪，1958，武汉古生代地层及其化石。中南矿冶学院学报，3 (1)：1—10。
潘　江，1956，宁镇山脉古生代地层的新认识。地质学报，36 (1)：1—24。
潘　江，1957，中国泥盆纪鱼化石及其在地层上和地理上的分布。中国地质基础资料专题总结论文集，1号。北京：地质出版社。
潘　江、王士涛、刘运鹏，1975，中国南方早泥盆世无颌类及鱼化石。地层古生物论文集，第1辑，135—169。
钱　逸，1977，华中西南地区早寒武世梅树村阶的软舌螺及其化石。古生物学报，16 (2)：255—276。
钱　逸，1978，华中西南区早寒武世软舌螺化石的研究及其地层意义。中国科学院南京地质古生物研究所丛刊，11号，1—50，北京：科学出版社。
钱　逸、张师本，1983，湖北房县灯影组西嵩坪段小壳化石。古生物学报，22 (1)：82—94。
钱　逸、陈孟莪、陈忆元，1979，峡东地区下寒武统黄膳洞组的古动物化石。古生物学报，18 (3)：233—259。
乔　信、许多宾等，1990，陕西鲁家坪组小壳化石的发现及其意义。陕西地质，8 (1)：31—33。
瞿乐生、余林青、吴斯江等，1989，湖北省震旦纪岩相古地理。武汉：中国地质大学出版社。
陕西省地质矿产局，1989，陕西省区域地质志。北京：地质出版社。
盛金章，1959，关于“保安页岩”及其有关的一些问题。地质科学，第9期。
盛金章，1962，中国的二叠系，全国地层会议学术报告汇编。北京：科学出版社。
盛莘夫，1974，中国奥陶系划分和对比。北京：地质出版社。
斯行健，1949，鄂西香溪煤系植物化石。中国古生物志，新甲种，第2号，总号133册，前中央地质调查所印行。
斯行健，1951，鄂西南部栖霞灰岩底煤系之鳞木植物及其地层意义。科学记录，4 (2)。
斯行健，1952，中国上泥盆纪植物化石。中国古生物志，新甲种，第4号。
斯行健、周志炎，1962，中国中生代陆相地层，全国地层会议学术报告汇编。北京：科学出版社。
四川省地质矿产局，1991，四川省区域地质志。北京：地质出版社。
孙云铸、常安之、洪友崇、易庸恩，1957，三峡区志留纪地层的划分和对比。中国地质学会会讯，(11)：129—130。
孙振华，1982，湖北省大洪山南部早寒武世晚期的三叶虫。古生物学报，21 (3)：302—307。
汪啸风、曾庆銮、周天梅、倪世钊、徐光洪、李志宏，1983，中国长江三峡东部地区的奥陶系与志留系界线的生物地层。中国科学，12（3）：1123—1132。
汪啸风、倪世钊、曾庆銮、徐光洪、周天梅、李志宏、项礼文、赖才根，1987，长江三峡地区生物地层学（2）早古生代分册。北京：地质出版社。
汪啸风、曾庆銮、周天梅、倪世钊、徐光洪、孙全英、李志宏、项礼文、赖才根，1983，长江三峡东部地区奥陶纪晚期与志留纪初期的化石群并兼论奥陶系与志留系界线问题。中国地科院宜昌地质矿产研究所所刊，6号，96—163。
王　钰，1938，湖北"宜昌石灰岩"的时代问题。地质论评，3（2）：131—142。
王　钰、俞昌民，1962，中国的泥盆系，全国地层会议学术报告汇编。北京：科学出版社。
王曰伦，1955，中国震旦纪冰碛层及其地层划分的意义。地质学报，35（4）：327—360。
王绍伟、王家骏等，1966a，鄂东南地区晚二叠世含煤沉积及其含煤性的一些特征。地质汇报4号：63—100。
王绍伟、王家骏等，1966b，鄂东南地区中生代武昌煤系沉积及其含煤性的一些特征。地质汇报4号：101—137。
王国莲、孙秀芳，1973，秦岭石炭二叠纪有孔虫及其地质意义。地质学报，35（2）：37—178。
王　振，1978a，江汉盆地白垩纪轮藻类的研究兼论 Porocharaceae 和 Characeae 的分类。中国科学院南京地质古生物研究所集刊，第9号，61—100。
王　振，1978b，江汉盆地早第三纪轮藻类，中国科学院南京地质古生物研究所集刊，第9号，101—128。
王大宁、赵英娘，1980，江汉盆地晚白垩世—早第三纪早期孢粉组合特征及其地层意义。地层古生物论文集，第九辑。
王宗合，1989，鄂西北武当群的划分与对比。湖北地质，3（1）。
王增吉等，1990，中国的石炭系，中国地层（8）。北京：地质出版社。
王振东、霍向光，1994，陕鄂边界志留纪竹山岩群的划分。中国区域地质，第4期（总第51期）：348—353。
吴　萍、杨振强等，1979，中南地区白垩纪—第三纪岩相古地理及含矿性。国家地质总局宜昌地质矿产研究所主编，中南地区白垩纪—第三纪岩相古地理。北京：地质出版社。
西南地区区域地层表编写小组，1978，西南地区区域地层表·四川省分册。北京：地质出版社。
夏湘蓉、阎久祥等，1990，湖北省志·地质矿产。武汉：湖北人民出版社。
项礼文等，1981，中国的寒武系，中国地层（4）。北京：地质出版社。
谢家荣，1924，湖北东南部地层。中国地质学会志，3（2）：91—97。
谢家荣、赵亚曾，1925a，鄂西罗惹坪志留系剖面的研究。中国地质学会志，4（1）：39—44。
谢家荣、赵亚曾，1925b，扬子江峡谷的中生代地层。中国地质学会志，4（1）：45—52。
谢家荣、赵亚曾，1925c，湖北宜昌、兴山、秭归、巴东等县地质矿产。前中央地质调查所地质汇报，7号。
谢家荣、刘季辰，1927，湖北西南部地质矿产。前中央地质调查所地质汇报，9号。
徐余瑄，1980，湖北宜昌冠齿兽化石的新材料。古脊椎动物与古人类，18（4）：296—298。
徐余瑄、阎德发、周世全、韩世敬、张永才，1979，李官桥盆地红层时代的划分及所含哺乳动物化石的研究。华南中新生代红层，416—432，北京：科学出版社。
徐家英，1986，湖北省大冶的早侏罗世祁阳蚌（*Qiyangia*）动物群。古生物学报，25（4）：454—462。
许德佑，1938，中国南部三叠纪化石新材料。地质论评，3（2）：105—118。
许德佑、岳希新，1941，鄂西巴东系中之波纹石灰岩动物群。中国地质学会志，21（2—4）：253—256。
许寿永、杨德骊，1987，中南地区早石炭世生物地层特征。贵州省地质矿产局、贵州省地层古生物专业委员会主编，全国石炭纪会议论文集，21—46。北京：地质出版社。
许寿永、林甲兴、冯少南，1981，广东省的石炭系。中国地质科学院宜昌地质矿产所所刊，4号：33—56。
阎德发，1978，湖北荆襄地区掇刀石组的时代。古脊椎动物与古人类，16（1）：30—32。
阎廉泉，1959，秦岭区域地质测量及普查工作的基本成就。地质月刊，（11）：32—35。
杨敬之、穆恩之，1951，鄂西地层的几点新认识。科学通报，2（10）：1076—1078。
杨敬之、穆恩之，1953，鄂西泥盆纪地层。古生物学报，1（2）：58—65。
杨敬之、穆恩之，1954，鄂西"巫山石灰岩"的新观察。地质学报，34（2）：147—166。
杨敬之、盛金章、吴望始、陆麟黄，1962，中国的石炭系，全国地层会议学术报告汇编。北京：科学出版社。
杨敬之、吴望始、张遴信、王克良、陆麟黄、廖卓庭、王玉净、赵嘉明、夏凤生，1982，关于中国石炭系的划分和对比（中国石炭系对比表及说明书）。中国科学院南京地质古生物研究所编著，中国各纪地层对比表及说明书，124—136。北京：科学出版社。
杨遵仪、李子舜等，1982，中国的三叠系。地质学报，56（1）：10—11。

杨遵仪、殷鸿福、吴顺宝、杨逢清、丁梅华、徐桂荣等，1987，华南二叠-三叠系界线地层及动物群。地质专报，6号。北京：地质出版社。
杨道政、桂建斌，1989，湖北省随州市南部“古城畈群”的再研究。湖北地质，3（1）。
杨家騄，1988，东秦岭寒武纪构造古地理概况。地球科学，13（5）：473—480。
杨家騄等，1991，东秦岭—大巴山寒武纪地层岩相古地理及三叶虫动物群。武汉：中国地质大学出版社。
尹赞勋，1943，关于龙马溪页岩。地质论评，8（1—6）：1—8。
尹赞勋，1949，中国南部志留纪地层之分类与对比。中国地质学会志，29（1—4）：1—62。
尹赞勋，1980，二十年来我国地层工作的进展。地层学杂志，4（3）：162—190。
尹赞勋、谌义睿、秦鼐，1945，湄潭县之寒武纪地层。地质论评，10（5—6）：205—220。
俞建章，1931，丰宁系（中国下石炭纪地层）之时代及其珊瑚化石之分带。中国地质学会志。10卷：1—30。
俞建章、郭鸿俊，1948，武汉三镇地质志略。前中央研究院地质研究所丛刊，8号：173—179。
俞建章、舒文博，1929，湖北襄阳、南漳、宜城、荆门、钟祥、京山等县地质。前国立中央研究院地质研究所集刊，8号87—121。
俞建章、林英锡、黄柱熙，1980，中国下石炭统异珊瑚类。国际交流地质学术论文（4）：108—117。
余 汶，1979，湖北西部早寒武世最早期的单板类和腹足类及其生物地层学意义。古生物学报，18（3）:233—259。
岳希新，1948，鄂西之巫山石灰岩（英文）。北京大学五十周年纪念刊，77—101。
张德仁，1948，湖北蛇山龟山一带下二叠纪石灰岩之发现与珞珈火石层之时代问题。地质论评，13（3—4）：255—256。
张文堂，1962，中国的奥陶系，全国地层会议学术报告汇编。北京：科学出版社。
张文堂、李积金、葛梅钰、陈均远，1982，中国奥陶系的划分及对比（中国奥陶纪地层对比表及说明书）。中国科学院南京地质古生物研究所编著，中国各纪地层对比表及说明书，55—72。北京：科学出版社。
张文堂、李积金、钱义元、朱兆玲、陈楚震、张守信，1957，湖北峡东寒武纪奥陶纪地层。科学通报，（5）：145—146。
张文堂、卢衍豪、朱兆玲、钱义元、林焕令、周志毅、章森桂、袁金良，1980，西南地区寒武纪三叶虫动物群。中国古生物志，新乙种，第16号。北京：科学出版社。
张鸣韶、盛莘夫，1958，川黔边境的奥陶纪地层。地质学报，38（3）。
张仁杰，1981，湖北荆当盆地海相上三叠统之发现。地层学杂志，5（4）：308—312。
张仁杰、孟繁松、张振来，1982，湖北东南部三叠纪地层。宜昌地质矿产研究所所刊，第5号。
张振来、孟繁松等，1987，长江三峡地区生物地层学（4）三叠纪—侏罗纪分册。北京：地质出版社。
张守信，1992，理论地层学——现代地层学概念。北京：科学出版社。
张建华、陈均远，1992，牯牛潭组与庙坡组的界线。地层学杂志，16（3）：191—195。
赵亚曾、黄汲清，1931，秦岭山及四川地质研究。地质专报，甲种9号。
赵宗溥，1954，中国前寒武纪地层问题。地质学报，34（2）：169—195。
赵金科、张文佑，1959，广西地质（一）地层概要。北京：科学出版社。
赵金科、陈楚震、梁希洛，1962，中国的三叠系，全国地层会议学术报告汇编。北京：科学出版社。
赵金科、梁希洛、郑灼官，1978，华南晚二叠世头足类。中国古生物志，新乙种第12号。北京：科学出版社。
赵金科、陈楚震、王义刚、何国雄、陈金华，1982，中国海相三叠系的划分和对比（中国海相三叠系对比表及说明书）。中国科学院南京地质古生物研究所编著，中国各纪地层对比表及说明书，191—205。北京：科学出版社。
赵资奎，1978，晚白垩世恐龙蛋壳变薄及问题的探讨。古脊椎动物与古人类。16（4）：213—221。
赵资奎、黎作聪，1988，湖北安陆新的恐龙蛋类型的发现及其意义。古脊椎动物学报，26（2）：107—115。
赵自强、邢裕盛、丁启秀等，1988，湖北震旦系。武汉：中国地质大学出版社。
赵自强、邢裕盛、马国干、陈忆元等，1985，长江三峡地区生物地层学（1）震旦纪分册。北京：地质出版社。
赵银胜，1989，鄂东南沱期冰碛层的发现及震旦系的重新厘定。中国区域地质，（2）：106—112。
中南地区区域地层表编写小组，1974，中南地区区域地层表。北京：地质出版社。
中国科学院南京地质古生物研究所，1974，西南地区地层古生物手册。北京：科学出版社。
中国科学院南京地质古生物研究所，1979，西南地区碳酸盐生物地层。北京：科学出版社。
周圣生，1956a，湖北东南部地质及其构造特征。地质学报，36（1）：33—52。
周圣生，1956b，湖北省的地质和矿产。武汉：湖北人民出版社。
周圣生、蒋安，1953，湖北东南部湖相白垩纪地层与火山作用。地质学报，33（2）149—172。

周世全、韩世敬、张永才，1979，河南李官桥盆地“红层”划分意见。地质科学，(1)。
朱　森，1931a，江苏西南部山脉之研究。前中央研究院十八年度总报告，154—156。
朱　森，1931b，安徽和县含山县地质摘要。前中央研究院十八年度总报告，156—158。
朱　森、刘祖彝，1932，皖南贵池地质考查记略。前中央研究院十九年度报告，156。
朱兆玲，1978，川东、鄂西南一带晚寒武世地层。地层学杂志，2 (1)：57—66。
朱洪源，1981，湖北竹山县得胜一带变质岩的时代。地层学杂志，5 (3)：171—173。
朱洪源、陶金宝，1988，湖北均县杨家堡寒武纪地层。地层学杂志，12 (3)。
朱洪源、陶金宝，1993，湖北郧西地区石炭纪地层组的划分。湖北地质，7 (2)：11—18。
朱洪源、陶金宝、徐伦勋、顾道源，1992，湖北郧西范家坪早石炭世四射珊瑚。古生物学报，31 (1)：63—85。
朱家楠、胡雨帆、冯少南，1983，湘鄂交界地区中泥盆世晚期云台观组植物化石的发现及其意义。植物学报，25 (1)：75—81。
朱利东、丁梅华、刘华夏，1992，湖北大冶沙田下三叠统菊石、双壳动物群的发现及其地层意义。地球科学，17 (3)。
野田势次郎 (Noda S)，1915a，湖北省南部东部，地质。日本地质调查所地质要报，25 (1)：31—50。
野田势次郎 (Noda S)，1915b，湖北省西北部，地质。日本地质调查所地质要报，25 (1)：51—77。
野田势次郎 (Noda S)，1917a，湖北大冶兴国州（现为阳新县）。支那地学调查报告，2卷，241—287。
野田势次郎 (Noda S)，1917b，湖北省北西部。支那地学调查报告，2卷，259—502。
Ashraf A R & Li C S . 1993. Eine Mikroflora Aus Dem Oberdevon von Wuhan (Südchina). —Palaeontographica Abt. B, 230: 9—26, Stuttgart.
Blackwelder E . 1907. Stratigraphy of the Middle Yangtzi Province. Willis B , Blackwelder E and Sargent H . Reaserch in China, vol. 1, pt. 1, 256—280.
Grabau A W . 1923—1924. Stratigraphy of China. pt. I, Palaeozoic and Older, Geol. Surv. China.
Li C S & Hsü J . 1987. Studies on a new Devonian Plant *Protopteridophyton devonicum* assigned to primitive Fern from South China. —Palaeontographica Abt. B, 207: 111—131, Stuttgart.
Richthofen F v . 1912. China Ⅲ. Berlin.
Walossek D , Li C S & Brauckmann C . 1990. Ascorpion from the Upper Devonian of Hubei Province, China. N. Jb. Geol. Paläont. Mh. , H. 3, 169—180, Stuttgrat.
Willis B & others . 1907. Research in China. vol. 1, pt. 1, Carnegie Institution, Washington.

地质图说明书及区测报告

河南省区域地质测量队，1967，1:20万桐柏幅区域地质调查报告。
河南省区域地质测量队，1981，1:20万新县（大悟）幅区域地质测量报告。
湖北省煤田地质勘探公司，1979，1:20万湖北省煤田地质图说明书。
湖北省区域地质测量队，1965，1:20万武汉幅区域地质调查报告。
湖北省区域地质测量队，1966，1:20万通山幅区域地质调查报告。
湖北省区域地质测量队，1968，1:20万咸丰幅区域地质调查报告。
湖北省区域地质测量队，1970，1:20万长阳幅、宜昌幅区域地质调查报告。
湖北省区域地质测量队，1973，1:50万湖北省地质图说明书。
湖北省区域地质测量队，1974a，1:20万神农架幅区域地质调查报告。
湖北省区域地质测量队，1974b，1:20万罗田幅区域地质调查报告。
湖北省区域地质测量队，1975，1:20万黄陂幅、大悟南半幅区域地质调查报告。
湖北省区域地质测量队，1976a，1:20万蒲圻幅区域地质调查报告。
湖北省区域地质测量队，1976b，1:20万蕲春幅区域地质调查报告。
湖北省区域地质测量队，1980，1:20万钟祥幅、应城幅区域地质调查报告。
湖北省区域地质测量队，1982a，1:20万南漳幅区域地质调查报告。
湖北省区域地质测量队，1982b，1:20万宜城幅、随县幅区域地质调查报告。
湖北省区域地质测量队，1984a，1:20万巴东幅区域地质调查报告。

湖北省区域地质测量队，1984b，1:20万恩施幅、五峰幅区域地质调查报告。
湖北省区域地质矿产调查所，1986，1:20万竹山幅、谷城幅区域地质调查报告。
湖北省区域地质矿产调查所，1990，1:20万襄樊幅区域地质调查报告。
湖南省区域地质测量队，1966，1:20万桑植幅区域地质调查报告。
陕西省区域地质测量队，1961，1:20万商南幅地质图及矿产图说明书。
陕西省区域地质测量队，1965，1:20万平利幅地质图及说明书。
陕西省区域地质测量队，1966a，1:20万郧县幅地质图说明书。
陕西省区域地质测量队，1966b，1:20万紫阳幅地质图说明书。
陕西省区域地质测量队，1966c，1:20万安康幅区域地质调查报告。
陕西省区域地质调查队，1989，1:20万安康幅（修测）区域地质调查报告。
四川省第二区域地质测量队，1974，1:20万城口幅区调报告。
四川省107地质队，1975，1:20万黔江幅区域地质调查报告。
四川省107地质队，1984，1:20万万县幅、奉节幅、忠县幅区域地质调查报告。

附录Ⅰ　湖北省地层数据库建库情况及功能介绍

一、建库情况

1.湖北省地层数据库

该数据库是根据地矿部专项地勘科技项目（编号：DZ1992-01），于1992年立项，并成立了“全国地层数据库研建组”。地层数据库分省和全国二级，省级库作为基础库，由各省地层清理小组负责建立；全国库是在省级库基础上进行汇总的，其数据源来自各省和大区地层清理的最终核实资料。地层数据首先是以岩石地层单位为基本单元建库的，以全国地层清理项目统一制定和五张数据卡片为数据采集源。

地层数据库主要由三部分组成：(1) 数据采集系统，包括对原始数据的录入、修改、追加、删除、浏览、打印、插入等项功能及地层信息管理、索引管理、文献管理、数据备份等等；(2) 数据加工系统，包括打印数据卡片，汇总制表，地层信息查询检索，岩石单位命名监控等等；(3) 扩充部分接口，为地层数据的其它内容及以后的进一步开发留有接口。

2.地层数据库软件

软件情况有2种版本，分别在 DOS 和 Windows 环境下使用。

(1) 在 DOS 操作系统环境下

软件支撑环境：DOS 6.0　UcDos 3.0　FoxPro 2.0

(2) 在 Windows 系统环境下

软件支撑环境：Windows 3.1　Cstar 1.2　FoxPro for Windows 2.5

硬件运行环境：386主机（内存≥4MB，硬盘120MB），VGA 显示器，LQ-1600打印机

3.湖北省“地层数据库”建库情况

建库工作于1993年3月正式启动，至1995年7月20日结束，已录入数据库中的岩石地层单位369个，其中采用的岩石地层单位167个（附录Ⅱ），地层剖面597条；不采用的地层单位202个（省内创建的），另外，还有补遗和创名于外省的106个不采用的地层单位尚未录入（附录Ⅲ）。

4.“地层数据库”由湖北省区域地质矿产调查所“地层多重划分对比研究”项目组承担

建库人：(1) 卡片填制：陈公信、吴细松、金经炜、熊家枝、王义明、盛必信、张佐仁、张丽、刘贵兴；
(2) 计算机：夏建萍。参加地层数据库的数据录入人：夏建萍、马瑛。

5.今后负责管理维护“地层数据库”的单位：湖北省区域地质矿产调查所

二、“地层数据库”主要功能简介

1.输出打印数据卡片功能

按照全国地层清理统一要求填写的数据卡片格式和内容，地层数据库能将输入的原始数据还原制表，输出打印以下几张卡片：

岩石地层单位的卡片封面

卡Ⅰ　岩石地层单位的综合信息卡片。

卡Ⅱ　岩石地层单位的地层划分沿革卡片。

卡Ⅲ　岩石地层单位中的岩石地层单位剖面分布图和柱状对比图。

卡Ⅳ　岩石地层单位中的地层剖面卡片。

卡Ⅴ　岩石地层单位的参考文献卡片。

2.地层信息的查询检索功能

按照用户选择的省份、大区、经纬度、断代（纪）等不同控制参数，可在已建立的地层数据库中查询检索出满足要求条件的岩石地层单位信息，并能按照用户选择的不同内容自动绘制表格，对数字型数据自动统计汇总。可按以下几方面的内容进行检索。

(1) 检索地层单位：检索出满足选定时间的区域条件的地层单位。

(2) 检索地层剖面：检索出满足选定时间和区域条件的地层剖面。

(3) 检索地层单位名称：检索出与指定地层单位名称相同的地层单位。

(4) 检索地层单位名称（拼音）：检索出与指定地层单位名称的拼音相同的地层单位。

(5) 检索地层单位编号：检索出与指定地层单位编号相同的地层单位。

(6) 检索地层单位代号：检索出与指定地层单位代号相同的地层单位。

(7) 检索剖面名称：检索出与指定剖面名称相同的地层剖面。

(8) 检索参考文献目录：检索出与指定剖面编号相同的地层剖面。

(9) 检索参考文献目录：①按作者检索文献目录；②按发表时间检索文献目录；③按地层单位检索文献目录。

3.岩石地层单位的命名监控功能

根据用户选择的不同控制参数，可用以下几种方法对新建岩石地层单位进行命名监控。

(1) 地层单位同名的监控：检索出与指定地层单位名称相同的地层单位。

(2) 地层单位同名的监控（拼音）：检索出与指定地层单位名称拼音相同的地层单位。

(3) 地层单位同编号的监控：检索出与指定地层单位编号相同的地层单位。

(4) 地层单位同代号的监控：检索出与指定地层单位代号相同的地层单位。

(5) 新建单位有效性的监控：给定新建单位的经纬度及需检索的经纬度范围。检索出与新建单位相邻的层型及（或）参考剖面。然后与新建地层单位的各项地质内容进行对比研究，看是否能建立新的岩石地层单位。

附录Ⅱ　湖北省建议使用的岩石地层单位总表

附录Ⅱ-1

序号	地层单位名称		编号	代号	地质时代	创名人或单位**	创建时间	所在省	在本书页数
	英文	汉文							
1	Badong Fm	*巴东组	42-0403	T_2b	T_2	Richthofen	1912	湖北	187
2	Baguamiao Fm	*八卦庙组	42-0091	$\in_2b$	$\in_2$	秦岭区测队 (卢衍豪)	1959 (1964)	陕西	86
3	Baliya Fm	*八里垭组	42-0012	Pt_3b	Pt_3	李铨、冷坚等	1987	湖北	51
4	Baota Fm	*宝塔组	42-0156	$O_{2-3}b$	O_{2-3}	李四光等	1924	湖北	104
5	Chuanshan Fm	*船山组	42-0306	$C_2\hat{c}$	C_2	丁文江	1919	江苏	160
6	Dabieshan Gr.	*大别山(岩)群	42-0746	Ar_3Pt_1D	Ar_3—Pt_1	吴磊伯、宁崇质等	1959	湖北	9
7	Dacangfang Fm	*大仓房组	42-0562	E_2d	E_2	河南地质局石油队	1961	河南	248
8	Dafenggou Fm	*大枫沟组	42-0258	D_2d	D_2	陕西省第一地质队	1963	陕西	150
9	Daguiping Fm	*大贵坪组	42-0172	S_1d	S_1	陕西省区测队	1965	陕西	122
10	Dalong Fm	*大隆组	42-0358	P_2d	P_2	张文佑、陈家天	1938	广西	177
11	Dapu Fm	*大埔组	42-0304	C_2d	C_2	张文佑	1941	广西	157
12	Dashuigou Fm	*大水沟组	42-0360	$P_{1-2}d$	P_{1-2}	湖北区测队	1975	湖北	182
13	Dasi Fm	*大寺组	42-0502	K_1d	K_1	湖北省第四地质大队	1977	湖北	221
14	Datangpo Fm	*大塘坡组	42-0053	Z_1d	Z_1	江荣吉	1967	贵州	61
15	Dawan Fm	*大湾组	42-0153	O_1d	O_1	张文堂等	1957	湖北	100
16	Dawokeng Fm	*大窝坑组	42-0004	Pt_2dw	Pt_2	湖北区测队	1974	湖北	42
17	Dayanping Fm	*大岩坪组	42-0002	Pt_2d	Pt_2	湖北区测队	1974	湖北	40
18	Dayaogu Fm	*大药姑组	42-0017	Pt_2dy	Pt_2	湖北区测队	1976	湖北	49
19	Daye Fm	*大冶组	42-0401	T_1d	T_1	谢家荣	1924	湖北	183
20	Dengying Fm	*灯影组	42-0056	$Z_2\in_1d$	$Z_2\in_1$	李四光等	1924	湖北	66
21	Doushantuo Fm	*陡山沱组	42-0055	Z_2d	Z_2	李四光等	1924	湖北	63
22	Duodaoshi Fm	*掇刀石组	42-0554	Nd	N	地质部第五石油普查勘探队	1962	湖北	240
23	Fengjia'ao Fm	*冯家凹组	42-0085	$\in_{1-2}f$	$\in_{1-2}$	朱洪源、陶金宝	1988	湖北	92
24	Fentou Fm	*坟头组	42-0165	S_2f	S_2	潘江	1956	江苏	120
25	Gaojiawan Fm	*高家湾组	42-0175	Og	O	鄂东北地质大队 (杨道政、桂建斌)	1986 (1989)	湖北	113
26	Gaolishan Fm	*高骊山组	42-0302	C_1g	C_1	朱森	1931	江苏	154
27	Gaoqiao Fm	*高桥组	42-0170	O_1gq	O_1	徐宝政	1977	陕西	109
28	Gaotai Fm	*高台组	42-0070	$\in_{1-2}g$	$\in_{1-2}$	尹赞勋等	1945	贵州	79
29	Gong'anzhai Fm	*公安寨组	42-0503	K_2E_1g	K_2—E_1	江汉石油勘探处	1962	湖北	222
30	Gongguan Fm	*公馆组	42-0256	$D_{1-2}g$	D_{1-2}	陕西第一地质队 (陕西区调队)	1963 (1966)	陕西	148
31	Gongjiachong Fm	*龚家冲组	42-0551	E_1g	E_1	雷奕振等	1987	湖北	234
32	Guanghuasi Fm	*广华寺组	42-0560	N_1g	N_1	五普五七厂地质处	1965	湖北	246
33	Gucheng Fm	*古城组	42-0052	Z_1g	Z_1	赵自强等	1985	湖北	60

*代表查阅过原始文献。

**创名人栏（ ）内为介绍人；创建时间栏（ ）内为介绍时间。

序号	地层单位名称		编号	代号	地质时代	创名人或单位	创建时间	所在省	在本书页数
	英文	汉文							
34	Gucunping Fm.	*古村坪(岩)组	42-0723	Pt_2g	Pt_2	北京地质学院	1960	湖北	20
35	Gudaoling Fm	*古道岭组	42-0259	$D_{2-3}g$	D_{2-3}	赵亚曾、黄汲青	1931	陕西	151
36	Gufeng Fm	*孤峰组	42-0354	P_1g	P_1	叶良辅、李捷	1924	安徽	172
37	Guniutan Fm	*牯牛潭组	42-0154	O_1g	O_1	张文堂等	1957	湖北	101
38	Heishuihe Fm	*黑水河组	42-0092	$\in_3h$	$\in_3$	中国地质科学院第三室	1963	陕西	86
39	Hetaoyuan Fm	*核桃园组	42-0563	E_2h	E_2	河南地质局石油地质队	1961	河南	249
40	Hezhou Fm	*和州组	42-0303	C_1h	C_1	朱森	1931	安徽	156
41	Hong'an Gr.	*红安(岩)群	42-0040	Pt_2H	Pt_2	湖北区测队	1975	湖北	25
42	Honghuatao Fm	*红花套组	42-0507	K_2h	K_2	北京地质学院三峡地层队	1960	湖北	229
43	Honghuayuan Fm	*红花园组	42-0152	O_1h	O_1	张鸣韶、盛莘夫 (刘之远)	1940 (1948)	贵州	98
44	Huajiahu Fm	*花家湖组	42-0456	J_2h	J_2	湖北省地质矿产局	1990	湖北	195
45	Huangjiadeng Fm	*黄家磴组	42-0252	D_3h	D_3	杨敬之、穆恩之	1951	湖北	143
46	Huanglong Fm	*黄龙组	42-0305	C_2h	C_2	李四光、朱森	1930	江苏	158
47	Huangmailing Fm.	*黄麦岭(岩)组	42-0035	Pt_2h	Pt_2	湖北省第六(现鄂东北)地质大队	1980	湖北	26
48	Huangnigang Fm	*黄泥岗组	42-0164	O_3h	O_3	卢衍豪等	1963	浙江	109
49	Huashan Fm	*花山组	42-0014	$Pt_3h\hat{s}$	Pt_3	北京地质学院	1961	湖北	52
50	Huayansi Fm	*华严寺组	42-0075	$\in_2hy$	$\in_2$	卢衍豪、穆恩之等	1955	浙江	84
51	Huohe Fm	*霍河组	42-0060	Z_2h	Z_2	赵自强等	1988	湖北	72
52	Huoshaojian Fm	*火烧尖组	42-0013	Pt_3h	Pt_3	李铨、冷坚等	1987	湖北	51
53	Jinghezhen Fm	*荆河镇组	42-0559	E_3j	E_3	五普五七厂地质处	1965	湖北	245
54	Jingsha Fm	*荆沙组	42-0557	E_2j	E_2	江汉五七油田第六团	1967	湖北	243
55	Jialingjiang Fm	*嘉陵江组	42-0402	$T_{1-2}j$	T_{1-2}	赵亚曾、黄汲清	1931	四川	185
56	Jiangxigou Fm	*江西沟组	42-0059	Z_2j	Z_2	赵自强等	1988	湖北	71
57	Jianzhuba Fm	*箭竹坝组	42-0089	$\in_1j$	$\in_1$	陕西区调队	1966	四川	85
58	Jinling Fm	*金陵组	42-0301	C_1j	C_1	李四光、朱森	1930	江苏	153
59	Jiuligang Fm	*九里岗组	42-0406	T_3j	T_3	湖北区测队 (陈公信)	1973 (1975)	湖北	191
60	Kongling Gr.	*崆岭(岩)群	42-0745	Pt_2K	Pt_2	李四光等	1924	湖北	19
61	Kuangshishan Fm	*矿石山组	42-0005	Pt_2k	Pt_2	湖北区测队	1974	湖北	42
62	Lanjiafan Fm	*兰家畈组	42-0176	S_1l	S_1	湖北省第八地质大队	1977	湖北	127
63	Laobao Fm	老堡组	42-0057	Z_2l	Z_2	王曰伦 (赵金科、张文佑)	1936 (1952)	广西	68
64	Leigongjian Fm	*雷公尖组	42-0177	S_2l	S_2	湖北省第八地质大队	1977	湖北	128
65	Lengjiaxi Gr	*冷家溪群	42-0019	Pt_2L	Pt_2	王晓青、刘祖彝	1936	湖南	48
66	Liangshan Fm	*梁山组	42-0351	P_1l	P_1	赵亚曾、黄汲清	1931	陕西	164
67	Liantuo Fm	*莲沱组	42-0051	Z_1l	Z_1	刘鸿允、沙庆安	1963	湖北	57

序号	地层单位名称		编号	代号	地质时代	创名人或单位	创建时间	所在省	在本书页数
	英文	汉文							
68	Lingxiang Fm	*灵乡组	42-0501	K_1l	K_1	谢家荣	1924	湖北	219
69	Liqiuwan Fm	*立秋湾组	42-0081	$\in_{2-3}l$	$\in_{2-3}$	鄂东北地质大队 (杨道政等)	1986 (1989)	湖北	96
70	Liujiapo Fm	*刘家坡组	42-0071	$\in_1l$	$\in_1$	俞建章、舒文博	1929	湖北	74
71	Liuzuiqiao Fm	*留咀桥组	42-0161	O_1l	O_1	湖北区测队	1966	湖北	107
72	Longmaxi Fm	*龙马溪组	42-0157	O_3S_1l	$O_3—S_1$	李四光、赵亚曾	1924	湖北	105
73	Longtan Fm	*龙潭组	42-0356	P_2l	P_2	丁文江	1919	江苏	174
74	Loushanguan Fm	*娄山关组	42-0073	$\in_2O_1l$	$\in_2—O_1$	丁文江 (刘之远)	1930 (1942)	贵州	81
75	Luanshigou Fm	*乱石沟组	42-0003	Pt_2l	Pt_2	湖北区测队	1974	湖北	41
76	Lujiaping Fm	*鲁家坪组	42-0088	$Z_2\in_1l$	$Z_2—\in_1$	秦岭区测队	1959	陕西	72
77	Luojingtan Fm	*罗镜滩组	42-0506	K_2l	K_2	江汉石油地质联队	1960	湖北	228
78	Luoreping Fm	*罗惹坪组	42-0159	S_1lr	S_1	谢家荣、赵亚曾	1925	湖北	116
79	Macaoyuan Gr	*马槽园群	42-0016	Pt_3M	Pt_3	湖北区测队	1974	湖北	50
80	Majiashan Fm	*马架山组	42-0457	J_3m	J_3	周圣生、蒋安	1953	湖北	205
81	Manziying Fm	*蛮子营组	42-0179	$O_{2-3}m$	O_{2-3}	北京地质学院豫南区测队	1961	河南	112
82	Maobaguan Fm	*毛坝关组	42-0090	$\in_2m$	$\in_2$	陕西区测队	1966	陕西	85
83	Maokou Fm	*茅口组	42-0353	P_1m	P_1	乐森玥	1929	贵州	170
84	Maoshan Fm	*茅山组	42-0166	S_3m	S_3	李毓尧、朱森、李捷	1935	江苏	122
85	Meiziya Fm	*梅子垭组	42-0173	S_1m	S_1	陕西区测队	1965	湖北	123
86	Mengchuan Fm	*孟川组	42-0086	$\in_3m$	$\in_3$	杨家騄等	1991	湖北	91
87	Miaopo Fm	*庙坡组	42-0155	O_2m	O_2	张文堂等	1957	湖北	102
88	Miaowan Fm.	*庙湾(岩)组	42-0725	Pt_2m	Pt_2	北京地质学院	1960	湖北	23
89	Nanjinguan Fm	*南津关组	42-0151	O_1n	O_1	张文堂	1962	湖北	97
90	Nantuo Fm	*南沱组	42-0054	Z_1n	Z_1	Blackwelder	1907	湖北	62
91	Ningguo Fm	*宁国组	42-0162	O_1ng	O_1	许杰	1934	安徽	108
92	Niutitang Fm	*牛蹄塘组	42-0066	$\in_1n$	$\in_1$	刘之远	1942	贵州	73
93	Pailoukou Fm	*牌楼口组	42-0553	E_2p	E_2	江汉石油地质联队	1960	湖北	238
94	Paomagang Fm	*跑马岗组	42-0508	K_2p	K_2	江汉石油勘探处	1961	湖北	230
95	Penglaizhen Fm	*蓬莱镇组	42-0455	J_3p	J_3	杨博泉、孙万铨	1946	四川	203
96	Pingyuan Fm	*坪原组	42-0020	Pt_2p	Pt_2	唐晓珊等	1988	湖南	49
97	Puqi Fm	*蒲圻组	42-0404	T_2p	T_2	李捷	1928	湖北	189
98	Qianfoya Fm	*千佛崖组	42-0452	J_2q	J_2	赵亚曾、黄汲清	1931	四川	196
99	Qianjiang Fm	*潜江组	42-0558	E_2q	E_2	江汉五七厂地质处	1965	湖北	244
100	Qijiaoshan Fm.	*七角山(岩)组	42-0037	Pt_2q	Pt_2	湖北区测队	1975	湖北	29
101	Qinjiamiao Fm	*覃家庙组	42-0072	$\in_2q$	$\in_2$	王钰	1938	湖北	80
102	Qixia Fm	*栖霞组	42-0352	P_1q	P_1	Richthofen	1912	江苏	168

序号	地层单位名称		编号	代号	地质时代	创名人或单位	创建时间	所在省	在本书页数
	英文	汉文							
103	Quanhekou Fm	*权河口组	42-0711	$O_{1}q$	O_{1}	徐宝政	1977	陕西	110
104	Shamao Fm	*纱帽组	42-0160	$S_{1-2}\hat{s}$	S_{1-2}	谢家荣、赵亚曾	1925	湖北	118
105	Shangjin Fm	*上津组	42-0180	$S\hat{s}$	S	李捷、朱森	1930	湖北	126
106	Shangsi Fm	上寺组	42-0564	$E_{3}\hat{s}$	E_{3}	河南省地质局石油地质队	1961	河南	250
107	Shaping Fm	*沙坪组	42-0566	$N\hat{s}$	N	湖北省地矿局第13地质队	1973	湖北	251
108	Shashi Fm	*沙市组	42-0555	$E_{1}\hat{s}$	E_{1}	康一孑、李玲琍	1979	湖北	241
109	Shaximiao Fm	*沙溪庙组	42-0453	$J_{2}\hat{s}$	J_{2}	杨博泉、孙万铨	1946	四川	199
110	Shennongjia Gr	*神农架群	42-0015	$Pt_{2}\hat{S}$	Pt_{2}	江涛、华媚春	1962	湖北	38
111	Shicaohe Fm	*石槽河组	42-0009	$Pt_{2}\hat{s}$	Pt_{2}	江涛、华媚春	1962	湖北	46
112	Shijiagou Fm	*石家沟组	42-0257	$D_{2}\hat{s}$	D_{2}	陕西省第一地质队（西安地质矿产研究所）	1963 (1983)	陕西	149
113	Shilongdong Fm	*石龙洞组	42-0069	$\in_{1}\hat{s}l$	$\in_{1}$	王钰	1938	湖北	78
114	Shimen Fm	*石门组	42-0504	$K_{1}\hat{s}$	K_{1}	李四光、赵亚曾	1924	湖北	224
115	Shipai Fm	*石牌组	42-0067	$\in_{1}\hat{s}$	$\in_{1}$	李四光、赵亚曾	1924	湖北	75
116	Shiwengzi Fm	*石瓮子组	42-0178	$\in_{3}O_{1}\hat{s}$	$\in_{3}$—O_{1}	赵亚曾、黄汲清	1931	陕西	110
117	Shuangjianshan Fm	*双尖山组	42-0079	$\in_{1}\hat{s}j$	$\in_{1}$	湖北区测队	1982	湖北	95
118	Shuixiakou Fm	*水峡口组	42-0362	$P_{1}\hat{s}$	P_{1}	中国地质科学院三室	1961 (1963)	陕西	183
119	Shuiyuesi Gr.	*水月寺(岩)群	42-0748	$Ar_{3}Pt_{1}\hat{S}$	Ar_{3}—Pt_{1}	鄂西地质大队	1987	湖北	17
120	Sigou Fm	*寺沟组	42-0510	$K_{2}s$	K_{2}	周世全、韩世敬、张永才	1979	河南	234
121	Sixiakou Fm	*四峡口组	42-0308	$C_{1-2}s$	C_{1-2}	陕西区测队	1966	湖北	162
122	Songziyuan Fm	*送子园组	42-0010	$Pt_{2}sz$	Pt_{2}	湖北区测队	1974	湖北	47
123	Suining Fm	*遂宁组	42-0454	$J_{3}s$	J_{3}	李悦言、陈秉范	1939	四川	202
124	Taergang Fm.	*塔耳岗(岩)组	42-0038	$Pt_{2}te$	Pt_{2}	湖北区测队	1975	湖北	30
125	Taizi Fm	*台子组	42-0006	$Pt_{2}tz$	Pt_{2}	湖北区测队	1974	湖北	43
126	Tianheban Fm	*天河板组	42-0068	$\in_{1}t$	$\in_{1}$	张文堂等	1957	湖北	78
127	Tiantaishan Fm.	*天台山(岩)组	42-0036	$Pt_{2}t$	Pt_{2}	湖北区测队	1975	湖北	28
128	Tieshan Fm	*铁山组	42-0261	$D_{3}t$	D_{3}	叶连俊、关士聪	1944	甘肃	152
129	Tongbaishan Gr.	*桐柏山(岩)群	42-0747	$Ar_{3}Pt_{1}T$	Ar_{3}—Pt_{1}	河南区测队	1967	湖北	15
130	Tongzhuyuan Fm	*桐竹园组	42-0451	$J_{1}t$	J_{1}	湖北区测队（陈公信）	1973 (1975)	湖北	194
131	Wagangxi Fm	*瓦钢溪组	42-0011	$Pt_{2}wg$	Pt_{2}	湖北区测队	1974	湖北	47
132	Wanglongtan Fm	*王龙滩组	42-0407	$T_{3}J_{1}w$	T_{3}—J_{1}	湖北区测队（陈公信）	1973 (1975)	湖北	192
133	Wawuwan Fm	*瓦屋湾组	42-0361	$P_{1}w$	P_{1}	湖北区测队	1975	湖北	181
134	Wenshuihe Fm	*温水河组	42-0008	$Pt_{2}w$	Pt_{2}	李铨、冷坚等	1987	湖北	45
135	Wudang Gr.	*武当(岩)群	42-0039	$Pt_{2}W$	Pt_{2}	李捷、朱森	1930	湖北	33
136	Wujiaping Fm	*吴家坪组	42-0359	$P_{2}w$	P_{2}	卢衍豪	1956	陕西	179

序号	地层单位名称		编号	代号	地质时代	创名人或单位	创建时间	所在省	在本书页数
	英文	汉文							
137	Wulong Fm	*五龙组	42-0505	K_1w	K_1	北京地质学院三峡地层队	1960	湖北	225
138	Wuxue Fm	*武穴组	42-0355	P_1wx	P_1	陈旭	1935	湖北	173
139	Xiangxi Gr	*香溪群	42-0405	T_3J_1X	T_3—J_1	野田势次郎	1917	湖北	190
140	Xiaomuping Fm	*小木坪组	42-0018	Pt_2xm	Pt_2	唐晓珊等	1988	湖南	48
141	Xiaoyicun Fm.	*小以村(岩)组	42-0724	Pt_2x	Pt_2	北京地质学院	1960	湖北	21
142	Xiayao Fm	*下窑组	42-0357	P_2x	P_2	王绍卫等	1966	湖北	176
143	Xichahe Fm	*西岔河组	42-0255	D_1x	D_1	陕西区测队 (西安地质矿产研究所)	1979 (1983)	陕西	148
144	Xiejingsi Fm	*写经寺组	42-0253	D_3C_1x	D_3—C_1	谢家荣、刘季辰	1929	湖北	146
145	Xijiadian Fm	*习家店组	42-0083	$\in_2x$	$\in_2$	朱洪源、陶金宝	1988	湖北	93
146	Xinghongpu Fm	*星红铺组	42-0260	D_3x	D_3	秦岭区测队 (陕西区测队)	1960 (1965)	陕西	152
147	Xingouzui Fm	*新沟咀组	42-0556	$E_{1-2}x$	E_{1-2}	江汉石油勘探处	1963	湖北	242
148	Xintan Fm	*新滩组	42-0158	S_1x	S_1	Blackwelder	1907	湖北	114
149	Xiuzigou Fm	*袖子沟组	42-0084	$\in_3O_1x$	$\in_3$—O_1	北京地质学院豫南区测队	1961	河南	94
150	Xiyangshan Fm	*西阳山组	42-0076	$\in_3x$	$\in_3$	卢衍豪、穆恩之等	1955	浙江	84
151	Yangjiabao Fm	*杨家堡组	42-0077	$\in_1y$	$\in_1$	湖北省第五地质大队	1975	湖北	87
152	Yangliugang Fm	*杨柳岗组	42-0074	$\in_{1-2}yl$	$\in_{1-2}$	卢衍豪、穆恩之等	1955	浙江	83
153	Yangshan Fm	*羊山组	42-0309	C_2y	C_2	陕西区测队	1966	陕西	163
154	Yangxi Fm	*洋溪组	42-0552	E_2y	E_2	德日进、杨钟健	1935	湖北	236
155	Yangxin Gr	*阳新群	42-0363	P_1Y	P_1	谢家荣	1924	湖北	168
156	Yaolinghe Fm	*耀岭河组	42-0058	Z_1y	Z_1	阎廉泉	1959	陕西	69
157	Yemahe Fm	*野马河组	42-0007	Pt_2ym	Pt_2	李铨、冷坚等	1987	湖北	44
158	Yingwodong Fm	*鹰窝洞组	42-0001	Pt_2y	Pt_2	李铨、冷坚等	1987	湖北	40
159	Yuanjiagou Fm	*袁家沟组	42-0307	C_1y	C_1	陕西区测队	1966	陕西	160
160	Yuejiaping Fm	*岳家坪组	42-0093	$\in_{1-2}y$	$\in_{1-2}$	陕西区测队	1966	陕西	90
161	Yuhuangding Fm	玉皇顶组	42-0561	$E_{1-2}y$	E_{1-2}	河南省地质局石油地质队	1961	湖北	247
162	Yuntaiguan Fm	*云台观组	42-0251	$D_{2-3}y$	D_{2-3}	俞建章、舒文博	1929	湖北	140
163	Yuyang Fm	*渔洋组	42-0509	K_2y	K_2	江汉石油勘探处	1963	湖北	233
164	Zhangjiawan Fm	*张家湾组	42-0032	$Pt_3\hat{z}$	Pt_3	罗海晏等	1988	湖南	53
165	Zhuangzigou Fm	*庄子沟组	42-0082	$\in_1\hat{z}$	$\in_1$	湖北省第五地质大队	1975	湖北	89
166	Zhushan Fm	*竹山组	42-0080	$\in_1O_1\hat{z}$	$\in_1$—O_1	李捷、朱森	1930	湖北	88
167	Zhuxi Fm	*竹溪组	42-0174	$S_2\hat{z}$	S_2	陕西区测队	1965	湖北	124

附录Ⅲ　湖北省建议停用的地层单位总表

附录Ⅲ-1

序号	地层单位名称		编号	地质时代	创名人	创建时间	所在省	不采用的理由
	英文	汉文						
1	Aijiashan Series	艾家山系	42-0213	O_1	李四光等	1924	湖北	早已解体，大体相当大湾组、牯牛潭组、宝塔组
2	Baierhe Fm	白耳河组	42-0739	Pt	北京地质学院	1962	湖北	归入武当(岩)群
3	Baimatuo Mem	白马沱段	42-0135	Z_2	赵自强等	1985	湖北	分布不广，属于灯影组内
4	Baishakou Fm	白沙口组	42-0573	E_{1-2}	江汉石油勘探处	1963	湖北	无人引用，为沙市组代替
5	Baishizui Fm	白石咀组	42-0525	N	江汉石油勘探处	1963	湖北	与掇刀石组同物异名
6	Baizhaoshan Fm	白兆山组	42-0041	Z_2	湖北区测队	1982	湖北	灯影组的同物异名
7	Bajiao Fm	芭蕉组	42-0513	K_2	关绍曾等	1987	湖北	相当跑马岗组底部
8	Banhe Series	半河系	42-0208	O_1	常隆庆	1933	四川	早已解体，相当娄山关组顶部及南津关组
9	Banxi Gr	板溪群	42-0034	Pt	王晓青等	1931	湖南	早已为冷家溪群所代替
10	Bao'an Shale	保安页岩	42-0366	P_2	葛利普	1924	湖北	大隆组同物异名
11	Baoshipo Fm	宝石坡组	42-0125	$\in_1$	湖北省第八地质大队	1982	湖北	非岩石地层单位，归于灯影组顶部
12	Baotahe Fm	宝塔河组	42-0490	T_2	张振来等	1987	湖北	非岩石地层单位，维持原巴东组定义
13	Baotouhe Fm	包头河组	42-0713	Ar	湖北区测队	1974	湖北	其中表壳岩归入大别山(岩)群
14	Beijian Bed	北涧层	42-0364	P_2	Norin	1924	湖北	早已停用，可能为龙潭组和大隆组
15	Bingshuxia Limestone	兵书峡石灰岩	42-0322	C_2—P	野田势次郎	1917	湖北	早已停用，归大冶组及嘉陵江组
16	Caijiahe Fm	蔡家河组	42-0709	Ar	北京地质学院	1961	湖北	归入红安(岩)群七角山(岩)组
17	Cechuanshan Series	侧船山系	42-0608	K_1	周圣生等	1953	湖北	含义不清，为灵乡组一部分
18	Chahe Fm	岔河组	42-0098	Z_2	湖北区测队	1982	湖北	下部为耀岭河组、上部为陡山沱组
19	Changling Mem	长岭段	42-0063	Z_2	王寿琼等	1983	湖北	并入灯影组，无区域意义
20	Changshoufan Fm	常受畈组	42-0204	O_2	杨守仁	1962	湖北	原划分界线不清，相当宝塔组
21	Changyang Fm	长阳组	42-0310	C_1	许寿永	1984	湖北	非岩石地层单位，为写经寺组顶部
22	Chengchao Fm	程潮组	42-0603	J_1	湖北地矿局	1990	湖北	王龙滩组同物异名
23	Chenjiachong Fm	陈家冲组	42-0024	Pt_2	湖北区测队	1977	湖北	石槽河组同物异名
24	Chenjiawan Fm	陈家湾组	42-0730	Pt_1	河南区测队	1968	湖北	归入武当(岩)群
25	Chenjiawan Fm	陈家湾组	42-0500	J_2	张振来等	1987	湖北	属千佛崖组大部分
26	Cheyanghe Fm	车阳河组	42-0574	E_2	雷奕振等	1987	湖北	属牌楼口组下部
27	Chongqing Gr	重庆群	42-0458	J_3	哈安姆	1931	四川	引用的错误，即现沙溪庙组部分
28	Chongyang Fm	崇阳组	42-0144	$\in_1$	刘永耀等	1984	湖北	非岩石地层单位，属杨柳岗组部分
29	Cuijia'ao Fm	崔家坳组	42-0028	Pt	湖北区测队	1976	湖南	坪原组同物异名
30	Da'anzhai Fm (Limestone)	大安寨组(石灰岩)	42-0459	J_{1-2}	谭锡畴等	1935	四川	引用的错误，大体指桐竹园组或千佛崖组时夹灰岩部分
31	Dafan Limestone	大畈石灰岩	42-0202	O_2	谢家荣	1924	湖北	早已停用，大体指娄山关组至宝塔组
32	Dageng Fm	大埂组	42-0201	O_1	刘永耀等	1984	湖北	非岩石地层单位，归入宁国组
33	Dagushi Gr	打鼓石群	42-0033	Pt_2	北京地质学院	1961	湖北	并入神农架群上亚群

序号	地层单位名称 英文	地层单位名称 汉文	编号	地质时代	创名人	创建时间	所在省	不采用的理由
34	Dahongshan Conglomerate	大洪山砾岩	42-0030	Pt	北京地质学院	1961	湖北	并入花山组下部
35	Dalangshan Gr	大狼山群	42-0731	Pt	湖北省第八地质大队	1975	湖北	归入武当(岩)群
36	Dangpuling Fm	当铺岭组	42-0026	Pt_2	湖北区测队	1977	湖北	瓦钢溪组同物异名
37	Danigou Fm	大泥沟组	42-0217	S	陕西区调队	1989	湖北	归入上津组
38	Daomiao Fm	倒庙组	42-0518	K_2	五普一分队	1962	湖北	并入跑马岗组下部
39	Daotuo Fm	道沱组	42-0117	$\in_3$	湖北省第二地质大队	1979	湖北	非岩石地层单位,属娄山关组
40	Dashuijing Fm	大水井组	42-0102	$\in_3$	朱兆玲	1978	四川	归入娄山关组
41	Datang Fm	大塘组	42-0324	C_1	丁文江	1931	贵州	划分为高骊山组及和州组
42	Datianba Fm	大田坝组	42-0248	O_2	南古所	1974	四川	归入宝塔组
43	Dawangchong Fm	大王冲组	42-0604	J_1	湖北省地矿局	1990	湖北	桐竹园组同物异名
44	Dawu Fm	大屋组	42-0141	$\in_1$	刘永耀等	1984	湖北	非岩石地层单位,归石龙洞组下部
45	Dayanjiao Fm	大堰角组	42-0107	$\in_1$	湖北省第八地质大队	1977	湖北	下部为庄子沟组,上部为双尖山组
46	Dayukou Sandstone	大鱼口砂岩	42-0095	Z_2	俞建章等	1929	湖北	无人引用,相当莲沱组部分
47	Diaochuanggou Fm	吊床沟组	42-0165	O_2	陕西区测队	1965	陕西	归入蛮子营组内
48	Dingyuan Fm	定远组	42-0728	Pt_1	北京地质学院	1968	河南	归入武当(岩)群
49	Donghu Series (Gr)	东湖系(群)	42-0516	K_1	李四光等	1924	湖北	早已停用,相当于石门组和五龙组
50	Donghu Sandstone	东湖砂岩	42-0524	K_1	李四光等	1924	湖北	早已停用，相当于五龙组
51	Dongjiazhai Fm	董家寨组	42-0112	$\in_1$	鄂东北地质大队	1986	湖北	杨家堡组同物异名
52	Dongkeng Fm	东坑组	42-0138	$\in_1$	杨守仁	1962	湖北	牛蹄塘组同物异名
53	Dongshan Fm	东山组	42-0567	E_1	江汉石油勘探处	1963	湖北	洋溪组同物异名
54	Dongshanfeng Fm	东山峰组	42-0064	Z_1	湖南区测队	1980	湖南	古城组同物异名
55	Enshi Fm	恩施组	42-0512	K_2	李四光	1939	湖北	跑马岗组同物异名
56	Fangjiachong Fm	方家冲组	42-0711	Ar	湖北区测队	1974	湖北	其中变表壳岩为大别山（岩）群
57	Fangjiahe Fm	方家河组	42-0532	E	江汉石油勘探处	1963	湖北	分属洋溪组和牌楼口组
58	Fanjiaping Fm	范家坪组	42-0314	C_1	朱洪源等	1992	湖北	非岩石地层单位,属袁家沟组部分
59	Fanshang Fm	畈上组	42-0142	$\in_3$	刘永耀等	1984	湖北	非岩石地层单位,为华严寺组顶部及西阳山组
60	Fanzhuang Series	范庄系	42-0528	K—E	李捷、朱森	1930	河南	解体为寺沟组至上寺组等5个单位
61	Feihushan Fm	飞虎山组	42-0716	Ar	湖北区测队	1976	湖北	其中变表壳岩为大别山（岩）群
62	Fenghuangshan Limestone	凤凰山石灰岩	42-0369	P_2	李捷等	1928	湖北	下窑组同物异名
63	Fenghuangzhen Fm	凤凰镇组	42-0565	N	周世全等	1979	河南	相当掇刀石组
64	Fenglishan Fm	风梨山组	42-0487	T_2	李松生	1987	湖北	嘉陵江组上部
65	Fenshuiling Fm	分水岭组	42-0531	E	江汉石油勘探处	1963	湖北	划分为龚家冲组、洋溪组
66	Fenxiang Series (Fm)	分乡统(组)	42-0206	O_1	王钰	1938	湖北	并入南津关组

序号	地层单位名称		编号	地质时代	创名人	创建时间	所在省	不采用的理由
	英文	汉文						
67	Fuchikou Shale and Sandstone	富池口页岩砂岩	42-0203	S	谢家荣	1924	湖北	划分笼统，解体为新滩组和坟头组
68	Fuziya Limestone	夫子垭石灰岩	42-0094	Z_2	俞建章等	1929	湖北	陡山沱组同物异名
69	Gaojiabian Fm	高家边组	42-0218	S_1	葛利普	1924	江苏	底部归龙马溪组，其余归新滩组
70	Gaoqiaohe Fm	高桥河组	42-0706	Ar	北京地质学院	1961	湖北	归入七角山（岩）组
71	Gaomiao Fm	高庙组	42-0099	Z_1	王寿琼等	1985	湖北	属耀岭河组下部
72	Gaoyan Fm	膏盐组	42-0572	E_2	地质部第五石油普查勘探队	1963	湖北	非岩石地层单位，相当荆沙组、潜江组
73	Guanfang Fm	官坊组	42-0737	Pt	北京地质学院	1962	湖北	属于武当（岩）群
74	Guangshui Fm	广水组	42-0708	Ar	北京地质学院	1961	湖北	其中变表壳岩为桐柏山（岩）群
75	Guangzhuling Fm	光竹岭组	42-0115	$\in_2$	湖北区测队	1968	湖北	非岩石地层单位，现娄山关组部分
76	Guanmenshan Fm	关门山组	42-0717	Ar	湖北区测队	1982	湖北	其中变表壳岩为桐柏山（岩）群
77	Guanshannao Fm	官山垴组	42-0145	$\in_2$	汪啸风等	1987	湖北	非岩石地层单位，并入覃家庙组
78	Guanyinqiao Mem (Fm)	观音桥段（组）	42-0166	O_3	张鸣韶等	1958	四川	归龙马溪组内之观音桥层
79	Guanyinshan Fm	观音山组	42-0485	T_1	湖北省地矿局	1990	湖北	非岩石地层单位，属嘉陵江组中、下部
80	Guanyintang Fm	观音堂组	42-0103	$\in_1$	李四光	1936	江西	石牌组同物异名
81	Gui Bed	归层	42-0460	J	Richthofen	1912	湖北	含义笼统，无人引用
82	Guizhou Bed (Gr)	归州层(群)	42-0461	J	Abandanon	1906	湖北	早已解体为千佛崖组至蓬莱镇组
83	Gujing Fm	古井组	42-0733	$Qn—Z_1$	湖北区测队	1982	湖北	属武当（岩）群
84	Guodingshan Fm	锅顶山组	42-0273	S_2	潘江等	1975	湖北	非岩石地层单位，属坟头组上部
85	Guoluwan Fm	过路湾组	42-0097	Pt	湖北省第八地质大队	1977	湖北	耀岭河组同物异名
86	Hamajing Mem	蛤蟆井段	42-0133	Z_2	赵自强等	1985	湖北	无区域意义，灯影组一部分
87	Hanchenggou Fm	韩城沟组	42-0262	D_2	陕西区测队	1961	陕西	含义笼统，陕西已停用
88	Hanjiawa Fm	韩家洼组	42-0022	Pt_2	湖北区测队	1977	湖北	并入台子组上部
89	Hanyang Limestone	汉阳石灰岩	42-0372	P_1	俞建章等	1948	湖北	栖霞组同物异名
90	Haozituo Gr	耗子沱群	42-0118	$\in_3$	湖北区测队	1968	湖北	娄山关组同物异名
91	Hejiapo Fm	何家坡组	42-0514	K_2	地质部第五石油普查勘探队	1965	湖北	红花套组同物异名
92	Hepu Fm	河铺组	42-0712	Ar	湖北区测队	1974	湖北	其中变表壳岩为大别山（岩）群
93	Hezi'ao Mem	合子坳段	42-0134	Z_2	赵自强等	1988	湖北	无区域意义，牛蹄塘组底部或灯影组顶部
94	Huakou Fm	化口组	42-0736	Pt	北京地质学院	1962	湖北	归入武当（岩）群
95	Huangjiayuanzi Fm	黄家垸子组	42-0493	T_2	许德佑等	1941	湖北	并入巴东组
96	Huangjintang Limestone	黄金塘灰岩	42-0316	C_2	区元任等	1958	湖北	黄龙组同物异名
97	Huanglianghe Fm	黄凉（良）河组	42-0721	Ar	鄂西地质大队	1986	湖北	其中变表壳岩为水月寺（岩）群

序号	地层单位名称		编号	地质时代	创名人	创建时间	所在省	不采用的理由
	英文	汉文						
98	Huangling Granite-gneiss	黄陵花岗片麻岩		Pt	Blackwelder	1907	湖北	属古老花岗岩体
99	Huangmaolao Fm	黄毛佬组	42-0703	Ar	北京地质学院	1961	河南	其中变表壳岩为桐柏山（岩）群
100	Huangshandong Fm	黄鳝洞组	42-0129	$\in_1$	钱逸等	1977	湖北	非岩石地层单位，属灯影组顶部
101	Huangshi Series (Bed)	黄石系(层)	42-0606	P—J	野田势次郎	1912	湖北	无人引用，大体指龙潭组及王龙滩组至花家湖组
102	Huangtuzhai Fm	黄土寨组	42-0718	Ar	湖北区测队	1982	湖北	其中变表壳岩为桐柏山（岩）群
103	Hugang Fm	胡岗组	42-0526	K_2	河南省12地质队	1979	河南	寺沟组同物异名
104	Hujia'ao Fm	胡家凹组	42-0147	Z_1	赵银胜	1989	湖北	属耀岭河组下部
105	Humen Fm	虎门组	42-0517	K_2	南京大学	1956	湖北	罗镜滩组同物异名
106	Huoshishan Siliceous Bed	火石山矽化层	42-0373	P_1	俞建章等	1948	湖北	非岩石地层单位，属孤峰组
107	Hutian Gr	壶天群	42-0325	C_2	田奇瑪等	1932	湖南	相当大埔组、黄龙组、船山组之和
108	Jiadian Fm	贾店组	42-0519	K_2	地质部第五石油普查勘探队	1963	湖北	已解体，归跑马岗组及部分公安寨组
109	Jiamacao Fm	夹马槽组	42-0530	E	江汉石油研究联队	1960	湖北	龚家冲组同物异名
110	Jiangxidian Fm	浆溪店组	42-0707	Ar	北京地质学院	1961	湖北	其中变表壳岩为桐柏山（岩）群
111	Jieling Fm	界岭组	42-0701	Ar	北京地质学院	1961	河南	其中变表壳岩归入桐柏山（岩）群
112	Jigongjing Fm	鸡公颈组	42-0140	$\in_1$	刘永耀等	1984	湖北	牛蹄塘组同物异名
113	Jigongshan Fm	鸡公山组	42-0497	T_3	湖北区测队	1976	湖北	九里岗组同物异名
114	Jindingshan Fm	金顶山组	42-0109	$\in_1$	刘之远	1941	贵州	相当石牌组
115	Jinshandian Fm	金山店组	42-0605	J_1	湖北省地矿局	1990	湖北	并入桐竹园组
116	Jiulongshan Bed	九龙山层	42-0209	S	俞建章等	1929	湖北	相当于纱帽组
117	Jiusi Fm (Mem)	旧司组(段)	42-0326	C_1	丁文江	1931	贵州	相当高骊山组
118	Jixinling Limestone	鸡心岭石灰岩	42-0110	Z_2—O	Blackwelder	1907	川、鄂、陕三省交界处	早已停用，约包括覃家庙组至宝塔组
119	Jizishan Rhyolite	鸡子山流纹岩	42-0525	K_1	周圣生等	1953	湖北	属大寺组一部分
120	Kaili Fm	凯里组	42-0130	$\in_2$	卢衍豪	1963	贵州	相当杨柳岗组
121	Kejiawan Fm	柯家湾组	42-0483	T_1	李松生	1987	湖北	大冶组同物异名
122	Kexibao Fm	磕膝包组	42-0131	$\in_2$	汪啸风等	1987	湖北	非岩石地层单位，为覃家庙组部分
123	Kongwangxi Fm	孔王溪组	42-0043	$\in_2$	湖南区测队	1966	湖南	非岩石地层单位，为覃家庙组部分
124	Leijiatun Fm	雷家屯组	42-0257	S_1	南古所	1974	贵州	非岩石地层单位，属罗惹坪组中、下部
125	Lengshuihe Fm	冷水河组	42-0263	D_3	王六合	1978	陕西	非岩石地层单位，属铁山组下部
126	Leping Coal Series	乐平煤系	42-0365	P_2	黄汲清	1932	江西	龙潭组同物异名
127	Lingbei Fm	岭北组	42-0535	E	江汉石油勘探处	1962	湖北	龚家冲组同物异名
128	Liangchakou Fm	两岔口组	42-0167	O_3	陕西区测队	1977	陕西	为蛮子营组一部分
129	Lianggaoshan Fm	凉高山组	42-0402	J_{1-2}	谭锡畴等	1934	四川	为千佛崖组一部分

序号	地层单位名称		编号	地质时代	创名人	创建时间	所在省	不采用的理由
	英文	汉文						
130	Lianghekou Series	两河口系	42-0041	?	李捷、朱森	1930	湖北	地质构造复杂，层位不详，无法引用
131	Lingnan Fm	岭南组	42-0536	E	江汉石油勘探处	1962	湖北	牌楼口组同物异名
132	Lingyingshan Fm	连营山组	42-0522	K_2	湖北区测队	1982	湖北	为跑马岗组上部
133	Lijiazui Fm	李家咀组	42-0025	Pt_2	湖北区测队	1977	湖北	送子园组同物异名
134	Linxiang Fm	临湘组	42-0246	O_3	穆恩之等	1948	湖南	并入宝塔组
135	Liuchapo Flint Bed (Fm)	留茶坡燧石层(组)	42-0065	Z_2	王超翔等	1949	湖南	老堡组同物异名
136	Liufangzui Slate	六房咀板岩	42-0031	Pt	北京地质学院	1961	湖北	并入花山组上部
137	Liuhewan Gr	六合湾群	42-0106	$\in$—O	湖北省第八地质大队	1977	湖北	解体为立秋湾组和高家湾组
138	Liujiatang Fm	刘家塘组	42-0326	C_1	乐森珥等	1962	湖南	高骊山组同物异名
139	Liulin Fm	柳林组	42-0734	Qn—Z_1	湖北省第八地质大队	1975	湖北	归武当（岩）群
140	Longwangmiao Fm	龙王庙组	42-0615	$\in_1$	卢衍豪	1941	云南	非岩石地层单位，为娄山关组的一部分
141	Lucheng Fm	陆城组	42-0044	Z_1	湖北区测队	1976	湖南	归莲沱组下部
142	Lujiagou Fm	鹿家沟组	42-0488	T_2	张振来等	1987	湖北	归巴东组内
143	Lumensi Limestone	鹿门寺石灰岩	42-0114	$\in$	俞建章等	1929	湖北	无人引用，大体为覃家庙组至红花园组
144	Luohanling Fm	罗汉岭组	42-0023	Pt_2	湖北区测队	1977	湖北	分别归野马河组和温水河组
145	Luojia Quartzose Sandstone	珞珈石英砂岩	42-0271	D_3	俞建章等	1948	湖北	分别归云台观组和黄家磴组
146	Luojia Flint Bed	珞珈火石层	42-0377	P_1	张德仁	1948	湖北	孤峰组同物异名
147	Lushuihe Fm	陆水河组	42-0486	T_2	张仁杰等	1982	湖北	分属嘉陵江组和蒲圻组
148	Ma'an Coal Series	马鞍煤系	42-0374	P_1	李捷等	1937	湖北	梁山组同物异名
149	Ma'anshan Fm	马鞍山组	42-0463	J_{1-2}	谭锡畴等	1934	四川	为千佛崖组的一部分
150	Majiagou Limestone	马家沟石灰岩	42-0168	O_2	葛利普	1922	湖北	层位不详，无法引用，大致相当于牯牛潭组、宝塔组
151	Majiaochong Fm	马脚冲组	42-0219	S_1	葛治洲等	1979	贵州	非岩石地层单位，相当罗惹坪组上部
152	Maoshannao Andesite	茅山脑安山岩	42-0525	K_1	周圣生等	1953	湖北	为大寺组一部分
153	Maotian Fm	毛田组	42-0149	$\in_3$	贵州108地质队	1971	贵州	非岩石地层单位，为娄山关组一部分
154	Maozhuang Series	茅庄系	42-0368	P_2	谢家荣等	1927	湖北	龙潭组同物异名
155	Maqiao Fm	麻桥组	42-0715	Ar	湖北区测队	1974	湖北	其中变表壳岩为大别山（岩）群
156	Matupo Coal Series	麻土坡煤系	42-0375	P_1	高振西	1950	湖北	梁山组同物异名
157	Meijiang Fm	梅江组	42-0247	O_3	南古所	1974	四川	非岩石地层单位，并入宝塔组内
158	Meikeng Fm	梅坑组	42-0029	Pt	湖北区测队	1966	江西	相当大药姑组
159	Meirentuo Gneiss	美人沱片麻岩	42-0611	Pt	李四光等	1924	湖北	属崆岭（岩）群一部分

序号	地层单位名称		编号	地质时代	创名人	创建时间	所在省	不采用的理由
	英文	汉文						
160	Meitan Shale	湄潭页岩	42-0169	O_1	俞建章	1933	贵州	大湾组同物异名
161	Miaochuan Fm	庙川组	42-0315	C_1	朱洪源等	1993	湖北	非岩石地层单位，属于四峡口组下部
162	Micang Limestone Bed	米仓石灰岩层	42-0321	$C_2—T_1$	野田势次郎	1915	湖北	巫山石灰岩同物异名
163	Mingshan Bed	鸣山层	42-0378	P_1	刘季辰	1925	江西	孤峰组同物异名
164	Mingxinsi Fm	明心寺组	42-0150	$\in_1$	刘之远	1941	贵州	引用有误，加之贵州已停用，现天河板组一部分
165	Mopan Fm	磨盘组	42-0744	Pt_2	湖北区测队	1975	湖北	归入塔耳岗（岩）组
166	Motianling Fm	摩天岭组	42-0146	Z_1	崔广振等	1975	湖北	莲沱组同物异名
167	Nanhua Schist	南化片岩	42-0108	$\in_1$	李捷、朱森	1930	湖北	相当庄子沟组
168	Nanshan Shale	南山页岩	42-0212	O_1	葛利普	1939	湖北	早已停用，相当大湾组部分
169	Nanyangshan Fm	南羊山组	42-0264	D_3	王六合	1978	陕西	非岩石地层单位，相当铁山组上部
170	Niejiashan Fm	聂家山组	42-0602	J_{1-2}	湖北区测队	1984	湖北	千佛崖组同物异名
171	Niugan Limestone (Gr)	牛肝石灰岩（群）	42-0120	$\in—O_1$	野田势次郎	1915	湖北	早已解体，大体包括灯影组至宝塔组
172	Panjiawan Fm	潘家湾组	42-0522	K_2	地质部第五石油普查勘探队	1962	湖北	含义不清，无人引用，为红花套组一部分
173	Panjiawan Fm	潘家湾组	42-0096	Z_1	赵银胜	1989	湖北	属耀岭河组上部
174	Panshiling Fm	盘石岭组	42-0521	K_2	吴冲	1965	湖北	罗镜滩组同物异名
175	Pengjiayuan Fm	彭家院组	42-0245	S_1	南古所	1974	四川	非岩石地层单位，相当罗惹坪组下部
176	Pingba Limestone	平坝石灰岩		S_1	谢家荣	1924	湖北	无人引用，属罗惹坪组一部分
177	Pingqian Fm	坪阡组	42-0149	Z_1	李铨等	1987	湖北	古城组同物异名
178	Pingshanba Limestone	平善坝石灰岩		$\in—O_2$	野田势次郎	1915	湖北	无人引用，大体相当覃家庙组、娄山关组
179	Pingxigou Series	平西沟系	42-0214	S_1	李捷等	1930	湖北	划分笼统，无人引用
180	Qiliping Fm	七里坪组	42-0704	Ar	北京地质学院	1961	湖北	其中变表壳岩为桐柏山（岩）群
181	Qingquangou Fm	清泉沟组	42-0250	O_1	北京地质学院	1962	河南	早已停用，相当袖子沟组
182	Qingshanzhai Fm	青山寨组	42-0111	$Z_2—\in_1$	湖北省第八地质大队	1977	湖北	该组下部为灯影组，上部为杨家堡组
183	Qingxudong Fm	清虚洞组	42-0612	$\in_1$	尹赞勋等	1945	贵州	相当于天河板组和石龙洞组
184	Qiongzhusi Fm	筇竹寺组	42-0613	$\in_1$	卢衍豪	1941	云南	并入牛蹄塘组
185	Qizhou Bed	蕲州层	42-0327	C	野田势次郎	1915	湖北	无人引用，大体相当龙马溪组、新滩组、坟头组，可能还有黄龙组、船山组及梁山组
186	Quanshuihe Fm	泉水河组	42-0515	K_1	五普三分队	1963	湖北	该组下部为石门组、上部为五龙组
187	Quanshuisi Fm	泉水寺组	42-0710	Z	北京地质学院	1961	湖北	并入耀岭河组
188	Rongxi Fm	溶溪组	42-0220	S_1	葛治洲等	1979	四川	相当罗惹坪组上部
189	Ruiping Fm	瑞坪组	42-0481	T_1	张仁杰等	1979	湖北	大冶组同物异名
190	Sandouping Gr	三斗坪群	42-0614	Pt	李四光等	1924	湖北	早已停用，包括黄陵花岗岩及崆岭（岩）群

序号	地层单位名称		编号	地质时代	创名人	创建时间	所在省	不采用的理由
	英文	汉文						
191	Sanghu Sandstone and Conglomerate	桑湖砂、砾岩	42-0464	M_2	Richthofen	1912	湖北	含义不详，无法用，大致相当白垩—第三系那套砂砾岩层
192	Sanyoudong Fm	三游洞组	42-0128	$\in_2—O_1$	王钰	1938	湖北	娄山关组同物异名
193	Serpulites Bed	蠕虫迹层	42-0221	S_2	洪友崇	1958	湖北	非岩石地层单位，相当纱帽组一部分
194	Shang Vol. Fm	上火山岩组	42-0523	K_1	周圣生等	1953	湖北	非岩石地层单位，归为大寺组
195	Shangjiadian Fm	尚家店组	42-0148	Z_2	湖北省第八地质大队	1977	湖北	陡山沱组同物异名
196	Shangshaximiao Fm	上沙溪庙组	42-0465	J_2	斯行健等	1962	四川	非岩石地层单位，并入沙溪庙组
197	Shangsi Fm	上司组	42-0328	C_1	丁文江	1931	贵州	非岩石地层单位，相当于和州组
198	Shanpo Series	山坡系	42-0610	K	李捷	1928	湖北	含义不清，早已停用，属于公安寨组的一部分
199	Shazhenxi Fm	沙镇溪组	42-0496	T_3	陈楚震等	1979	湖北	九里岗组同物异名
200	Shengmushan Fm	圣母山组	42-0104	Z_1	北京地质学院	1962	湖北	并入耀岭河组
201	Shengwan Fm	盛湾组	42-0616	$\in_3—O_1$	杨家騄等	1991	河南	河南不采用，归入袖子沟组
202	Shibantan Mem	石板滩段	42-0137	Z_2	赵自强等	1985	湖北	无区域意义，归入灯影组内
203	Shigaoshan Fm	石膏山组	42-0569	E_1	江汉石油勘探处	1963	湖北	非岩石地层单位，相当龚家冲组上部
204	Shimengou Fm	石门沟组	42-0100	Z_1	王寿琼等	1985	湖北	并入耀岭河组中部
205	Shiwuzi Fm	石屋子组	42-0244	S_1	南古所	1974	湖北	非岩石地层单位，相当罗惹坪组上部
206	Shizikou Fm	狮子口组	42-0729	Pt_1	河南区测队	1968	湖北	归入武当（岩）群
207	Shiziling Fm	石子岭组	42-0567	E	王振	1978	湖北	解体为洋溪组及牌楼口组下部
208	Shizipu Fm	十字铺组	42-0181	O_{1-2}	乐森玥	1928	贵州	相当牯牛潭组
209	Shuanghezhen Fm	双河镇组	42-0222	S_2	西北地科所	1970	陕西	陕西停用，归上津组内
210	Shuangtai Fm	双台组	42-0741	Pt_2	湖北区测队	1986	湖北	归入武当（岩）群
211	Shuidonggou Fm	水洞沟组	42-0223	S_3	西北地科所	1965	陕西	陕西停用，并入上津组内
212	Shuigoukou Fm	水沟口组	42-0087	$\in_1$	陕西区测队	1966	陕西	陕西停用，解体为杨家堡组、庄子沟组
213	Shuijiawan Fm	水家湾组	42-0492	T_2	张振来等	1987	湖北	并入巴东组内
214	Shuijingtuo Fm	水井沱组	42-0127	$\in_1$	张文堂等	1957	湖北	牛蹄塘组同物异名
215	Shuitianhe Fm	水田河组	42-0182	O_1	陕西区测队	1965	陕西	陕西停用，相当石瓮子组大部分
216	Sijiazhuang Fm	四家庄组	42-0313	C_2	鄂西北地调所	1991	湖北	非岩石地层单位，是四峡口组中、上部
217	Suixian Gr	随县群	42-0732	$Qn—Z_1$	湖北区测队	1982	湖北	归入武当（岩）群
218	Sujiaba Mem	苏家坝段	42-0183	O_{2-3}	Blackwelder	1907	湖北	层位不清，无人引用，大致相当宝塔组
219	Taiyanghe Fm	太阳河组	42-0207	S_1	南古所	1974	湖北	非岩石地层单位，为新滩组部分
220	Taiyangsi Fm	太阳寺组	42-0021	Pt_2	湖北区测队	1977	湖北	并入台子组下部
221	Tanbao Mem	谭堡段	42-0618	Z_2	王寿琼等	1983	湖北	并入灯影组
222	Tanshanwan Coal Series	炭山湾煤系	42-0367	P_2	谢家荣	1924	湖北	龙潭组同物异名

序号	地层单位名称		编号	地质时代	创名人	创建时间	所在省	不采用的理由
	英文	汉文						
223	Tianzhushan Mem (Fm)	天柱山段（组）	42-0136	$\in_1$	赵自强等	1985	湖北	非岩石地层单位，现灯影组顶部
224	Tieye Fm	铁冶组	42-0714	Ar	湖北区测队	1974	湖北	其中变表壳岩为大别山（岩）群
225	Tizikou Fm	梯子口组	42-0274	D_3	冯少南等	1984	湖北	非岩石地层单位，并入写经寺组
226	Tongshan Fm	通山组	42-0143	$\in_2$	刘永耀等	1984	湖北	非岩石地层单位，并入西阳山组
227	Tuanhu Fm	团湖组	42-0527	K_2	北京地质学院	1962	湖北	寺沟组同物异名
228	Tuleping Fm	土乐坪组	42-0116	$\in_3$	湖北省第二地质大队	1979	湖北	非岩石地层单位，并入娄山关组
229	Tuqiao Bed	土桥层	42-0371	P_2	区元任等	1958	湖北	龙潭组同物异名
230	Wangyinpu Fm	王音铺组	42-0619	$\in_1$	王竹泉	1930	江西	牛蹄塘组同物异名
231	Wanhedian Gr	万和店群	42-0727	Pt_2	河南区测队	1968	湖北	并入武当（岩）群
232	Wuchang Coal Series (Gr)	武昌煤系（群）	42-0495	$T_3—J_1$	谢家荣	1924	湖北	香溪群同物异名
233	Wuchang Sandstone	武昌砂岩	42-0272	S_2	潘江	1957	湖北	非岩石地层单位，属坟头组一部分
234	Wuduhe Fm	雾渡河组	42-0122	$\in_3$	汪啸风等	1987	湖北	非岩石地层单位，属娄山关组中、上部
235	Wufeng Shale (Fm)	五峰页岩（组）	42-0205	O_3	孙云铸	1931	湖北	非岩石地层单位，属龙马溪组下部
236	Wugongya Fm	蜈蚣丫组	42-0621	$\in_3$	陕西区测队	1961	陕西	陕西停用，属石瓮子组下部
237	Wujialiang Fm	吴家梁组	42-0101	Z_1	王寿琼等	1985	湖北	属耀岭河组上部
238	Wujiaji Limestone	吴家集石灰岩	42-0113	$\in—O$	俞建章等	1929	湖北	含义笼统，早已解体，相当娄山关组、南津关组
239	Wulipai Fm	五里牌组	42-0620	$\in_1$	穆恩之等	1948	湖南	湖南停用，相当石牌组
240	Wushan Limestone	巫山石灰岩	42-0329	$C_2—T_1$	Blackwelder	1907	四川	含义笼统，早已解体，为大埔组至嘉陵江组
241	Wushaoling Marlite	乌梢岭泥灰岩	42-0524	N	李捷、朱森	1930	湖北	现归掇刀石组内
242	Wutong Fm (Gr)	五通组（群）	42-0265	D_3	丁文江	1919	浙江	为云台观组同物异名
243	Xiagu Limestone	峡谷石灰岩	42-0408	T	Abendanon	1908	湖北	含义不详，无人引用，约为巴东组中部
244	Xia Vol. Series	下火山岩系	42-0607	J_3	周圣生等	1953	湖北	非岩石地层单位，相当侧船山组
245	Xianfeng Limestone	咸丰石灰岩	42-0622	$\in—O_1$	刘之远	1951	湖北	划分笼统，无人引用，相当娄山关组、南津关组
246	Xiangmeng Fm	湘锰组	42-0623	Z_1	湖南区测队	1980	湖南	非岩石地层单位，相当大塘坡组
247	Xiangshuyuan Fm	香树园组	42-0242	S_1	南古所	1974	贵州	非岩石地层单位，并入罗惹坪组内
248	Xianju Bed	仙居层	42-0211	S	俞建章等	1929	湖北	罗惹坪组同物异名
249	Xiaohe Fm	小河组	42-0482	T_1	张仁杰等	1979	湖北	非岩石地层单位，属嘉陵江组中、下部
250	Xiaoheba Fm	小河坝组	42-0224	S_1	常隆庆	1933	四川	相当罗惹坪组大部分
251	Xiaoping Fm	晓坪组	42-0498	T_3	湖北省第七地质队等	1974	湖北	王龙滩组同物异名

序号	地层单位名称		编号	地质时代	创名人	创建时间	所在省	不采用的理由
	英文	汉文						
252	Xiaoxisi Limestone	消溪寺石灰岩	42-0210	O_1	俞建章等	1929	湖北	含义不清，无人引用，其包含了陡山沱组、灯影组、天河板组、红花园组等
253	Xiashaximiao Fm	下沙溪庙组	42-0467	J_2	斯行健等	1962	四川	非岩石地层单位，并入沙溪庙组
254	Xietan Mottled Shale	泄滩杂色页岩	42-0494	T_2	野田势次郎	1917	湖北	巴东组同物异名
255	Xietan Fm	泄滩组	42-0499	J_2	张振来等	1987	湖北	千佛崖组同物异名
256	Xihaoping Fm	西蒿坪组	42-0132	$\in_1$	王寿琼等	1980	湖北	非岩石地层单位，属灯影组顶部
257	Xilingxia Fm	西陵峡组	42-0123	O_1	汪啸风等	1981	湖北	非岩石地层单位，属娄山关组顶部
258	Xindian Fm	新店组	42-0719	Ar	湖北区测队	1982	湖北	其中变表壳岩为桐柏山（岩）群
259	Xingguo Bed	兴国层	42-0323	$C—T_1$	野田势次郎	1915	湖北	划分笼统，无人引用，大体为大埔组至吴家坪组
260	Xingshan Reddish Brown Sandstone Bed	兴山赭色砂岩层	42-0466	J_{2-3}	野田势次郎	1915	湖北	划分笼统，无人引用，大体为千佛崖组至蓬莱镇组
261	Xinlingzhen Fm	信陵镇组	42-0489	T_2	张振来等	1987	湖北	属巴东组一部分
262	Xinping Fm	新坪组	42-0124	$\in_2$	汪啸风等	1987	湖北	非岩石地层单位，并入娄山关组
263	Xinwu Fm	新屋组	42-0624	$\in_3$	朱兆玲	1978	四川	非岩石地层单位，娄山关组一部分
264	Xinxian Fm	新县组	42-0702	Ar	北京地质学院	1961	河南	其中变表壳岩为桐柏山（岩）群
265	Xiongjigou Series	雄鸡沟系	42-0215	S_3	北京地质学院	1959	湖北	含义不清，无人引用
266	Xiushan Fm	秀山组	42-0225	S_2	南古所	1974	四川	纱帽组同物异名
267	Xuefengshan Sandstone (Fm)	雪峰山砂岩（组）	42-0330	C_1	王曰伦等	1934	湖南	引用对比的错误，为写经寺组顶部
268	Xugou Fm	徐沟组	42-0625	$\in_3$	杨家騄等	1991	河南	河南停用，为孟川组的大部分
269	Yanglinggou Fm	杨岭沟组	42-0265	D_2	陕西区测队	1964	陕西	陕西不采用，为古道岭组一部分
270	Yangloudong Fm	羊楼洞组	42-0139	$\in_1$	湖北区测队	1976	湖北	牛蹄塘组同物异名
271	Yangping Fm	杨坪组	42-0738	Pt	北京地质学院	1962	湖北	归入武当（岩）群
272	Yangpo Complex	杨坡杂岩	42-0726	Ar	北京地质学院	1962	湖北	其中变表壳岩为崆岭（岩）群
273	Yanguan Fm	岩关组	42-0330	C_1	丁文江	1931	贵州	由于对比的错误，引入我省，相当写经寺组顶部及金陵组
274	Yanji Conglomerate	燕矶砾岩	42-0527	K?	周圣生等	1953	湖北	含义不明确，无人引用
275	Yanjiahe Fm	岩家河组	42-0119	$\in_1$	陈平	1984	湖北	非岩石地层单位，并入牛蹄塘组下部
276	Yanwugou Fm	岩屋沟组	42-0105	$\in_1$	朱洪源等	1988	湖北	庄子沟组同物异名
277	Yanzhijie Flint Bed	胭脂街燧石层	42-0370	P_1	俞建章等	1948	湖北	孤峰组同物异名
278	Yaoping Fm	姚坪组	42-0740	Pt_2	湖北区调所	1986	湖北	归入武当（岩）群
279	Yaozi Conglomerate	窑子砾岩	42-0568	N	李四光	1938	湖北	非第三纪砾岩，应为第四纪
280	Yaozihe Mem	鹞子河段	42-0626	Z_2	王寿琼等	1983	湖北	并入灯影组内
281	Yaozishan Fm	鹞子山组	42-0570	E_1	江汉石油勘探处	1963	湖北	属龚家冲组下部

序号	地层单位名称		编号	地质时代	创名人	创建时间	所在省	不采用的理由
	英文	汉文						
282	Yemadong Fm	野马洞组	42-0720	Ar	鄂西地质大队	1986	湖北	其中变表壳岩为水月寺（岩）群
283	Yichang Limestone	宜昌石灰岩	42-0121	$\in_1—O_1$	李四光等	1924	湖北	划分笼统，早已解体，为覃家庙组至南津关组
284	Yichang Sandstone	宜昌砂岩	42-0527	K_1	德日进、杨钟健	1935	湖北	五龙组同物异名
285	Yichang Series	宜昌统	42-0214	O_1	杨敬之等	1954	湖北	已解体，大体为南津关组、红花园组
286	Yijiaqiao Fm	易家桥组	42-0027	Pt	湖北区测队	1974	湖南	小木坪组同物异名
287	Yingshan Series (Gr)	应山系（群）	42-0743	Pt_1	喻德渊	1955	湖北	归入武当（岩）群
288	Yuanan Series (Fm)	远安系（组）	42-0491	T_2	许德佑	1938	湖北	属巴东组内
289	Yuanziwan Fm	垸子湾组	42-0735	$Qn—Z_1$	湖北区测队	1982	湖北	归入武当（岩）群
290	Yueliangshan Fm	月亮山组	42-0484	T_1	李松生	1987	湖北	含义不明确，为嘉陵江组的大部分
291	Yukou Fm	峪口组	42-0218	S_1	北京地质学院	1962	湖北	划分笼统，早已解体，约为大贵坪组和梅子垭组的一部分
292	Yulanping Shale	玉兰坪页岩	42-0480	T_1	刘之远	1951	湖北	属大冶组底部页岩
293	Yujiachong Fm	余家冲组	42-0078	$\in_1$	湖北区测队	1982	湖北	庄子沟组同物异名
294	Yuntaishan Fm	云台山组	42-0511	K_2	五普三分队	1963	湖北	并入公安寨组上部
295	Yunxiling Fm	郧西岭组	42-0312	C_1	鄂西北地调所	1991	湖北	非岩石地层单位，属袁家沟组一部分
296	Yunxi Gr	郧西群	42-0742	Pt	陕西区测队	1962	湖北	归入武当（岩）群
297	Yupingshan Series	玉屏山系	42-0609	K_1	周圣生等	1953	湖北	属灵乡组一部分
298	Zhaizishan Fm	寨子山组	42-0568	E_1	江汉石油勘探处	1963	湖北	龚家冲组同物异名
299	Zhengyang Fm	正阳组	42-0523	K_2	四川省107地质队	1974	四川	划归跑马岗组
300	Zhenzhuchong Fm	珍珠冲组	42-0469	J_1	谭锡畴等	1934	四川	归桐竹园组
301	Zhoujiahe Fm	周家河组	42-0722	Pt_1	鄂西地质大队	1986	湖北	其中变表壳岩为水月寺（岩）群
302	Zhoujiazhai Fm	周家寨组	42-0521	K_2	五普一分队	1962	湖北	属跑马岗组上部
303	Zhulianshan Fm	朱连山组	42-0249	O_1	北京地质学院	1962	河南	河南不采用，大体为石瓮子组
304	Zhushimiao Gr	祖师庙群	42-0627	$\in_1$	席文祥	1989	河南	河南不采用，相当庄子沟组
305	Zigui Series	秭归系	42-0468	J_{2-3}	翁文灏	1930	湖北	归州系同物异名，解体为千佛崖组至蓬莱镇组
306	Ziliujing Gr	自流井群	42-0470	J_2	哈安姆	1931	四川	对比引用的错误，大体为花家湖组、千佛崖组
307	Ziqiu Fm	资丘组	42-0311	C_1	许寿永	1984	湖北	高骊山组同物异名
308	Zoumaling Fm	走马岭组	42-0534	E	王振	1978	湖北	龚家冲组同物异名